编审委员会

主　任　侯建国

副主任　窦贤康　　陈初升
　　　　　张淑林　　朱长飞

委　员（按姓氏笔画排序）

方兆本　史济怀　古继宝　伍小平
刘　斌　刘万东　朱长飞　孙立广
汤书昆　向守平　李曙光　苏　淳
陆夕云　杨金龙　张淑林　陈发来
陈华平　陈初升　陈国良　陈晓非
周学海　胡化凯　胡友秋　俞书勤
侯建国　施蕴渝　郭光灿　郭庆祥
奚宏生　钱逸泰　徐善驾　盛六四
龚兴龙　程福臻　蒋　一　窦贤康
褚家如　滕脉坤　霍剑青

普通高等教育"十一五"国家级规划教材
"十二五"国家重点图书出版规划项目

中国科学技术大学 精品 教材

高等原子分子物理学
Advanced Atomic and Molecular Physics

第3版

徐克尊 著

中国科学技术大学出版社

内 容 简 介

本书是在大学"原子物理"和"量子力学"基础上为原子分子物理有关专业的研究生开设的"高等原子分子物理学"课程的教材。主要内容包括原子分子物理学的主要研究内容、原子的激发态结构、分子的能级结构、谱线宽度和线形、激光和同步辐射光谱学、电子能谱学和电子动量谱学以及其他一些重要研究手段等。

本书适合作为高等院校物理系原子分子物理专业和化学系物理化学专业研究生教材,亦可作为相关专业研究生和教学科研人员的参考书。

图书在版编目(CIP)数据

高等原子分子物理学/徐克尊著. —3 版. —合肥:中国科学技术大学出版社,2012.8

(中国科学技术大学精品教材)

普通高等教育"十一五"国家级规划教材

"十二五"国家重点图书出版规划项目

ISBN 978-7-312-03072-7

Ⅰ. 高⋯ Ⅱ. 徐⋯ Ⅲ. ① 原子物理学—研究生—教材 ② 分子物理学—研究生—教材 Ⅳ. O56

中国版本图书馆 CIP 数据核字(2012)第 186181 号

中国科学技术大学出版社出版发行
安徽省合肥市金寨路 96 号,230026
http://press.ustc.edu.cn
安徽省瑞隆印务有限公司印刷
全国新华书店经销

开本:710 mm×960 mm 1/16 印张:33 插页:2 字数:650 千
2000 年 8 月第 1 版 2012 年 8 月第 3 版 2012 年 8 月第 5 次印刷
定价:58.00 元

总　　序

2008年,为庆祝中国科学技术大学建校五十周年,反映建校以来的办学理念和特色,集中展示教材建设的成果,学校决定组织编写出版代表中国科学技术大学教学水平的精品教材系列。在各方的共同努力下,共组织选题281种,经过多轮、严格的评审,最后确定50种入选精品教材系列。

五十周年校庆精品教材系列于2008年9月纪念建校五十周年之际陆续出版,共出书50种,在学生、教师、校友以及高校同行中引起了很好的反响,并整体进入国家新闻出版总署的"十一五"国家重点图书出版规划。为继续鼓励教师积极开展教学研究与教学建设,结合自己的教学与科研积累编写高水平的教材,学校决定,将精品教材出版作为常规工作,以《中国科学技术大学精品教材》系列的形式长期出版,并设立专项基金给予支持。国家新闻出版总署也将该精品教材系列继续列入"十二五"国家重点图书出版规划。

1958年学校成立之时,教员大部分来自中国科学院的各个研究所。作为各个研究所的科研人员,他们到学校后保持了教学的同时又作研究的传统。同时,根据"全院办校,所系结合"的原则,科学院各个研究所在科研第一线工作的杰出科学家也参与学校的教学,为本科生授课,将最新的科研成果融入到教学中。虽然现在外界环境和内在条件都发生了很大变化,但学校以教学为主、教学与科研相结合的方针没有变。正因为坚持了科学与技术相结合、理论与实践相结合、教学与科研相结合的方针,并形成了优良的传统,才培养出了一批又一批高质量的人才。

学校非常重视基础课和专业基础课教学的传统,也是她特别成功的原因之一。当今社会,科技发展突飞猛进、科技成果日新月异,没有扎实的基础知识,很难在科学技术研究中作出重大贡献。建校之初,华罗庚、吴有训、严济慈等老一辈科学家、教育家就身体力行,亲自为本科生讲授基础课。他们以渊博的学识、精湛的讲课艺术、高尚的师德,带出一批又一批杰出的年轻教员,培养了一届又一届优秀学生。入选精品教材系列的绝大部分是基础课或专业基础课的教材,其作者大多直接或间接受到过这些老一辈科学家、教育家的教诲和影响,因此在教材中也贯穿着这些先辈的教育教学理念与科学探索精神。

改革开放之初,学校最先选派青年骨干教师赴西方国家交流、学习,他们在带回先进科学技术的同时,也把西方先进的教育理念、教学方法、教学内容等带回到中国科学技术大学,并以极大的热情进行教学实践,使"科学与技术相结合、理论与实践相结合、教学与科研相结合"的方针得到进一步深化,取得了非常好的效果,培养的学生得到全社会的认可。这些教学改革影响深远,直到今天仍然受到学生的欢迎,并辐射到其他高校。在入选的精品教材中,这种理念与尝试也都有充分的体现。

中国科学技术大学自建校以来就形成的又一传统是根据学生的特点,用创新的精神编写教材。进入我校学习的都是基础扎实、学业优秀、求知欲强、勇于探索和追求的学生,针对他们的具体情况编写教材,才能更加有利于培养他们的创新精神。教师们坚持教学与科研的结合,根据自己的科研体会,借鉴目前国外相关专业有关课程的经验,注意理论与实际应用的结合,基础知识与最新发展的结合,课堂教学与课外实践的结合,精心组织材料、认真编写教材,使学生在掌握扎实的理论基础的同时,了解最新的研究方法,掌握实际应用的技术。

入选的这些精品教材,既是教学一线教师长期教学积累的成果,也是学校教学传统的体现,反映了中国科学技术大学的教学理念、教学特色和教学改革成果。希望该精品教材系列的出版,能对我们继续探索科教紧密结合培养拔尖创新人才,进一步提高教育教学质量有所帮助,为高等教育事业作出我们的贡献。

侯建国

中国科学技术大学校长
中国科学院院士
第三世界科学院院士

第3版前言

本书第1版作为"中国科学院研究生教学丛书"在2000年出版，第2版作为"普通高等教育'十一五'国家级规划教材"和"现代物理基础丛书"在2006年出版，它们都由科学出版社出版。由于原子分子物理与凝聚态物理、等离子体物理以及化学、生物学的交叉，学科研究不断有新的进展，本书又涉及许多最新研究方向，因而需要跟随学科的进展而与时俱进，增加和修改书中相关的科学内容和数据。此外，作者在每年的教学中都会发现一些讲述不清、不妥和错误的地方。基于这两方面的原因，就有了本书这第3版的推出。尽管本书在第2版和第1版第2次印刷中已做了两次大的修订，但在这最新的第3版中我们还是做了较大的修订，修改的部分和增加的内容实际上比前两次改动的还要多。修订过程中作者希望不回避问题，致力于写清楚所涉及的物理思想、概念和必需的计算，尽量包括一些最新进展，希望读者能够满意。本书可与作者所著大学本科教材《近代物理学》一书前后呼应，相互配合。

除了内容和文字上大量小段落的修改和删去原子单位一段外，内容上主要有以下几方面大的改动：第一，对第1、2、3、5、6章部分节和段的次序做了调整。第二，根据学科最新进展和讲课的需要，增加了如下一些内容：光梳和光频标，宇宙形成和白矮星、中子星，石墨烯和低维纳米材料，量子通信，氢原子的复波函数和电子的概率分布，氢原子的实波函数和它们的角度分布，电子结合能和电离能，原子分子数据库网站，满壳层和轨道贯穿效应，全同粒子交换对称性和两个电子的磁相互作用，物质的磁性和原子分子磁矩，成键原则，价键方法，杂化轨道方法，等离子体中谱线增宽，自由电子激光器，鼓型能量分析器，光学近似和振子强度求和定则，反应成像谱仪。第三，对如下内容、段或节做了较大修改：原子钟，奇特原子，束箔光谱，Feshbach共振，形状共振，强电场中的原子，强激光场中的原子，光镊技术，量子计算机，相互作用耦合类型，跃迁类型，选择定则，两个等效电子形成的谱项和原子态，三个等效电子形成的谱项和原子态,过渡元素和稀土元素原子,分子的势能函数和势能面,独立电子近似,分子轨道,电子组态、谱项和分子态,分子点群的不可约表示与对称性分子轨道和能级,多原子分子的电子态结构,自发发射谱和吸收谱的洛伦兹线形和宽度,高斯线形和多普勒宽度,饱和增宽,仪器增宽,法诺线形,产生激光的基本条件,钛宝石和半导体等固体激光器,时间分辨光谱和快过程研究,同步辐射光源,原子分子物理实验站,筒镜型和圆柱面型能量分析器,半球型能量分析器,微分散射截面,光学振子强度和广义振子强度,电子动量谱的测量原理和基本理论方法,电子动量谱实验最新进展,固体激发态,质谱仪,原子分子束磁共振和分离振荡场方法,激光冷却,激光阱和磁光阱。第四,对图形也做了较多修改,其中小改65个,换5个,增加11个。第五,根据最新的数据值和2010年CODATA的最新基本物理常数推荐值,更换了附录中的全部数据。以上许多点也是原子分子物理学科还在不断发展的反映。

由于科学研究投入、设备和水平不断提高,现代科学技术发展日新月异,知识总量不断增长,因而在书中不断更新知识和增加新的研究成果,对培养高素质人才至关重要。实际上,作者希望本书不仅仅只是作为研究生教材,更希望本书成为原子分子实验物理方面的一本专著,供从事原子分子物理和化学以及相关学科研究的人员参考。因此,基于这方面的考量,在教学中可以不拘于现有章节次序,例如,可以将第1章放到最后讲。

本版修订过程中得到了中国科学技术大学原子分子物理实验室的紧密配合,他们提供了许多数据和图形;与许多老师和学生进行的讨论获益匪浅,其中特别是陈向军、朱林繁和苑震生教授,在此对所有给予过帮助和进行过讨论的老师和同学表示衷心的感谢。同时感谢中国科学技术大学出版社对本书第3版出版的支持。

由于书中相当多的材料涉及近期研究工作,并受作者本人学识的限制,书中肯定还会有不少错误和不妥之处,敬请读者批评指正,以便再版时不断完善。

徐克尊
2012年8月10日

第 2 版前言

本版是在第 1 版第 2 次印刷时做了大量修改的基础上，针对作者每年教学在书中发现的问题和印刷错误并根据科研中获得的经验和知识，再次做了较大的修改和补充而成的。主要有五方面改动：第一，改正了印刷错误，特别是图形、索引和公式中的大量错误；第二，修改了许多在文字上讲述不清或不妥的部分；第三，根据讲课和研究工作的需要，对全书内容做了较多的修改和变动，特别是在第 2 章增加了"氢原子波函数和电子的概率密度分布"及"跃迁类型和选择定则"两段内容，对第 3 章第 3 节"双原子分子的电子态结构和轨道与价键方法"进行了重写，在第 4 章增加了一段"多能级系统的跃迁概率、能级宽度和寿命"；第四，根据学科最新进展，增加和修改了书中许多章节有关的学科内容；第五，根据最新结果，更换了附录中的数据。后两点也是原子分子物理学科还在不断发展的反映。

由于书中相当多的内容不但涉及基础理论，而且涉及近期研究工作，鉴于作者本人学识的限制，书中肯定会有许多不妥之处，敬请读者指正。

徐克尊
2006 年 1 月 21 日

前　言

本书是根据作者在中国科学技术大学给"原子与分子物理"学科研究生讲"高等原子分子物理"课的讲稿，经不断修改和补充而成的，该课程要求读者有大学"原子物理"和"量子力学"的基础。拙著《近代物理学》是为大学本科生的"原子物理"课程而写的，本书是在《近代物理学》一书基础上为研究生课程"高等原子分子物理"而写的，两者有密切的联系。

本书以实验事实为基础，着重阐述物理概念和规律，力求说理清楚、重点突出、条理分明。既注意介绍原子分子物理学的基础知识，又着重介绍近四十年主要的原子分子物理实验研究前沿、进展。全书共7章，主要内容包括原子分子物理学的主要研究内容、原子的激发态结构、分子的能级结构、谱线宽度和线形、激光和同步辐射光谱学、电子能谱学和电子动量谱学以及其他一些重要研究手段等。

第1章着重介绍当前原子分子物理实验研究的主要前沿领域，当然在其他各章也会涉及一些前沿研究内容。第5～7章则是介绍当前原子分子物理实验研究的主要手段，它们分别是激光和同步辐射光谱方法、电子碰撞方法以及其他一些方法。第4章介绍谱学实验中常常会遇到的各种谱的线形以及造成谱线宽度增加的原因。大学"原子物理"课中原子结构主要讲基态结构，本书第2章主要介绍原子的激发态结构。大学"原子物理"课中分子结构介绍得很少，本书第3章详细介绍分子的能级结构，包括多原子分子的能级结构。

原子分子物理学作为一门学科自20世纪初开始发展，到30年代达到高潮，之后由于原子核物理和粒子物理的发展而进入低谷，许多人认为它已经是一门老的成熟的学科了，尽管它还属于近代物理范畴。但是，20世纪60年代以后，由于许多新的实验手段的出现，如激光光谱、同步辐射和高分辨电子碰撞等，原子分子物理的研究进入了许多新的领域；许多学科，如化学、生物学、天文学和材料科学等,已经进入原子分子层次;许多部门,如国防、医学、地质、能源等,已经越来越多地利用原子分子物理的数据、方法和技术。它们共同作用的结果,使原子分子物理的研究自20世纪70年代以后又进入一个新的高潮。

  作者要感谢李家明先生对本书写作的一贯鼓励和支持。北京大学高崇寿先生对本书进行了全面审阅,并建议作者将书名由《原子分子物理学》改为《高等原子分子物理学》,原子分子等物理学界和激光化学界的许多先生所写的评述文章以及做的一些工作给本书提供了丰富的材料,实验室的许多老师和学生在进行科研过程中,与作者进行过讨论,对本书的部分内容也做出了贡献,苑震生和张安宁同志为本书绘制了全部插图,作者一并表示衷心的感谢。

  由于书中相当多的内容涉及近期的研究工作,鉴于作者本人学识的限制,书中肯定会有许多错误和不妥之处,敬请读者指正。

徐克尊
2000 年 3 月 1 日

目　　次

总序 ………………………………………………………………（ⅰ）

第3版前言 ………………………………………………………（ⅲ）

第2版前言 ………………………………………………………（ⅴ）

前言 ………………………………………………………………（ⅶ）

第1章　原子分子物理学的主要研究内容 ……………………（1）
  1.1　原子分子物理学的发展概况 …………………………（1）
  1.2　激发态结构 ……………………………………………（7）
  1.3　精密测量 ………………………………………………（19）
  1.4　团簇和低维纳米材料 …………………………………（29）
  1.5　奇异原子结构 …………………………………………（37）
  1.6　碰撞 ……………………………………………………（45）
  1.7　强场效应 ………………………………………………（56）
  1.8　原子分子测控 …………………………………………（66）

第2章　原子的激发态结构 ……………………………………（95）
  2.1　氢原子能级的精细结构和波函数 ……………………（96）
  2.2　电子组态和各种相互耦合作用 ………………………（116）
  2.3　跃迁问题和原子分子数据 ……………………………（130）
  2.4　碱金属ⅠA族和ⅠB、ⅢA族原子 …………………（145）

2.5　ⅧA族和ⅡA、ⅡB族原子 ……………………………………… (155)
   2.6　ⅣA-ⅦA族原子 …………………………………………… (168)
   2.7　过渡元素原子、物质磁性和 X 激光 ………………………… (181)

第3章　分子的能级结构 …………………………………………… (194)
   3.1　玻恩-奥本海默近似和分子势能函数 ………………………… (194)
   3.2　双原子分子的转动和振动结构与光谱 ……………………… (201)
   3.3　分子的轨道和价键理论方法 ………………………………… (212)
   3.4　双原子分子电子态的能级结构 ……………………………… (231)
   3.5　电子跃迁谱带中的转动和振动结构 ………………………… (242)
   3.6　双原子分子波函数的对称性和电子跃迁选择定则 ………… (250)
   3.7　分子的对称性和点群表示 …………………………………… (256)
   3.8　多原子分子的转动和振动结构与光谱 ……………………… (267)
   3.9　多原子分子的电子态结构 …………………………………… (274)

第4章　能级和谱线宽度及谱线线形 ……………………………… (286)
   4.1　自然宽度和洛伦兹线形 ……………………………………… (287)
   4.2　多普勒增宽和高斯线形及沃伊特线形 ……………………… (292)
   4.3　碰撞增宽 ……………………………………………………… (297)
   4.4　饱和增宽 ……………………………………………………… (302)
   4.5　其他增宽和线形 ……………………………………………… (310)

第5章　激光和同步辐射光谱学 …………………………………… (319)
   5.1　光子的吸收和散射 …………………………………………… (319)
   5.2　激光光谱学中常用的激光器 ………………………………… (329)
   5.3　常用的激光光谱学方法 ……………………………………… (337)
   5.4　高分辨激光光谱学方法和技术 ……………………………… (346)
   5.5　同步辐射技术 ………………………………………………… (357)

第6章　电子能谱学和电子动量谱学 ……………………………… (368)

6.1 电子能谱技术 ·· (369)
6.2 散射截面和电离、解离截面 ··· (385)
6.3 振子强度 ·· (398)
6.4 电子动量谱学和波函数成像 ··· (410)
6.5 固体的电子碰撞谱学 ·· (424)

第7章 其他一些重要研究手段 ··· (434)
7.1 离子束源 ·· (434)
7.2 原子分子或离子的质量、动量和磁矩的测量和鉴别 ················· (438)
7.3 粒子囚禁和冷却技术 ·· (450)
7.4 扫描探针显微镜 ·· (464)

附录 ·· (479)
   附录Ⅰ 基本的物理化学常数 ·· (479)
   附录Ⅱ 元素周期表和原子壳层结构与基态价电子组态 ················ (481)
   附录Ⅲ 基态原子态和原子K、L、M与部分N壳层的电子结合能(eV) ··· (483)
   附录Ⅳ 原子与不同价离子的电离能和原子的亲和能(eV) ············ (490)
   附录Ⅴ 某些常见分子与自由基的第一电离能和亲和能(eV) ········· (494)

名词索引 ··· (495)

第 1 章 原子分子物理学的主要研究内容

本章首先介绍原子分子物理学的发展概况,重点是原子物理学的发展新高潮,主要内容是分节介绍当前原子分子物理实验研究的主要前沿领域和最新进展,着重介绍原子物理方面的内容,当然在其他各章也会补充一些前沿研究内容。

1.1 原子分子物理学的发展概况

1.1.1 早期发展

原子论最早是由古希腊哲学家为了论证唯物主义主张作为哲学而提出来的。但在当时,人们对自然界只有很肤浅的了解,还没有形成自然科学,所以人们把思想和认识上的东西统称为哲学。因此这一主张只不过是一个大胆的想法,一个哲学学派的有争议的思想而已,并没有任何实验根据可说。但是世界上的事总是合久必分,分久必合,螺旋式上升。当时的"合"是低水平的"合",是对自然规律不了解下的"合"。到 17 世纪以后,随着自然科学的发展,包括原子论在内的一大批思想终于脱离哲学的束缚而分离出来成为独立科学——自然哲学,随后又分化为各门学科,随着这些学科中一些学科的发展,尤其是化学学科的发展,原子分子论(简称原子论)才真正稳定地建立在实验和理论的基础上。这里值得提到的是 1774 年拉瓦锡(A. L. Lavoisier)的元素学说,1803 年道尔顿(J. Dalton)的原子学说,以及阿伏伽德罗(A. Avogadro)的常量假设。原子论指出:不同元素代表不同原子,原子在空间上按一定方式或结构结合成分子,分子进一步集聚成物体。分子的结构直接决定物体的性能。

注意当时的原子分子论基本上属于化学范畴。近代化学的框架基本上仍然建立在原子分子论的基础上。当时有个不成文的分工,物理学研究物体的运动规律和相互作用,分力、热、电、声、光学。现在的原子物理当时没有,所以叫近代物理。化学研究物体组成和结构以及分子的性质和反应。

然而,就原始的概念来说,物理是探索宇宙万物之理,物理学研究自然界和物质的属性、特征、原因、运动现象、作用及其规律。根据这个定义,现代的原子分子物理学研究原子的内部组成和结构(特别是能级结构)、原子如何构成分子、分子的结构和能级以及动力学问题,当然与其他科学交叉,也会发展一些新的研究方向。尽管光谱数据的积累从19世纪末已开始,但原子分子物理作为一门科学却是从20世纪开始的。汤姆孙在1897年发现电子之后,推动卢瑟福通过α粒子散射实验在1911年提出了原子的核式模型,玻尔在1913年分析了过去的氢原子光谱数据,提出了原子的电子处于不同能级状态的氢原子模型,弗兰克和赫兹随即用电子束与原子气体碰撞实验证实了原子的电子能级结构。1927年戴维孙和乔治·汤姆孙发现电子在晶体中的衍射现象,从而揭示了波粒二象性,在这前后,海森伯、薛定谔和狄拉克建立了量子力学的矩阵力学和波动力学,从而开始了原子物理发展的黄金时期。这一时期理论上主要是发展量子力学,实验上主要是利用光谱学方法研究原子的能级结构,利用电子碰撞研究动力学问题。随着光谱仪分辨率的提高,发现了能级精细结构和超精细结构现象。这时化学也在物理上这些重大成就的基础上向前发展,包括用量子力学来解释化学反应和计算化学反应率。物理与化学在新的基础上发生交融,促进了交叉学科量子化学和化学物理学的发展。卢瑟福、居里夫人、尤里得的是诺贝尔化学奖,但我们认为他们获奖的成就都属于原子物理方面的工作。事物发展分久必合,但是是在更高层次上的"合"。

自从1932年发现中子,特别是1936年发现裂变现象之后,人们的注意力发生了很大的变化,许多原子物理学家转移到原子核物理的研究上来,这是由于当时处于二次世界大战前夕,军事上的动力,即研制裂变武器和聚变武器的需求促成了这一转变,当然也有和平利用原子能和射线造福于人类的动力,以及核物理学科本身的探索发展动力。20世纪40年代以后,物理学家们建造了许多加速器,使核物理和粒子物理得到蓬勃发展,爆炸了原子弹和氢弹,原子能发电和放射性核素得到广泛应用,发现了各种各样的当时叫做"基本粒子"的微小粒子。

1.1.2 原子分子物理学发展新高潮

1970年肖洛(A.L. Schawlow)等研制成功窄带调频染料激光器,并用以发展了激光光谱学方法之后,由于高分辨率和高单色亮度的特点,光谱学方法成为研究原子分子价壳层激发态结构,特别是跃迁概率很小的能级的主要手段。与此同时,由西格班(K.M.Siegbahn)发展的用高分辨电子能谱仪测量光电子和俄歇电子的电子能谱方法,也被用来研究原子的价、内壳层能级结构,并由此发现了化学位移。20世纪80年代后,波长可调且短到真空紫外、软X射线和硬X射线能区的同步辐射发展成为研究原子分子高激发态、内壳层和离子激发态以及电离结构的主要手段,新发展的强流高电荷态离子源也成为研究离子的能级结构和动力学的重要手段。再加上X激光、受控核聚变、等离子体物理、化学和天体物理等大量需要高精度的原子、分子和离子的能级结构以及相互作用数据,这些使原子分子物理又重新被人们重视,并得到很快发展,促成了原子分子物理研究的新高潮[1,2]。

图1.1.1给出了每10年原子物理、核物理和粒子物理方面获得诺贝尔物理学奖的人数直方图,可以很清楚地看到历史的发展。原子物理学经历了从20世纪初到30年代的黄金发展高潮,现在第二个高潮又已来临。核物理学的第一次高潮是从30年代到70年代,现在高潮已经过去。粒子物理学的高潮从30年代开始,到现在已经达到它的顶峰。

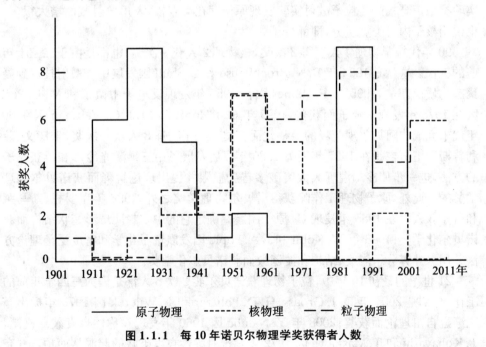

图 1.1.1 每 10 年诺贝尔物理学奖获得者人数

为什么这么说？80年代(这里指1981~1990年,后面类似)原子物理获奖3次9人中只有鲁斯卡一人是因为许多年前发明电子显微镜而得奖,其他人都是因为最近的工作。这就是:1981年布洛姆伯根和肖洛因发展调频染料激光器和激光光谱学研究,K·西格班因发展高分辨电子能谱仪和光电子能谱研究而获奖;1986年鲁斯卡因在1933年发明电子显微镜,宾尼格和罗赫尔因在1981年发明扫描隧道显微镜而获奖;1989年拉姆齐因发明分离振荡场方法并应用于氢激射器和其他原子钟,德默尔特和保罗因发展电磁阱囚禁带电粒子技术并应用于高精密测量基本物理常数和光谱而获奖。而粒子物理获奖3次8人中只有2人是近期工作,1984年鲁比亚由于在1983年实验中发现中间玻色子$W^{\pm}$和Z^0而获奖,另一人范德梅尔是因为在1972年提出束的"随机冷却"技术而得奖,这是由于当时虽然实现了e^+e^-、pp对撞,但由于$\bar{p}$束很弱而未实现p$\bar{p}$对撞,束冷却不是指平均温度下降,而是使$\bar{p}$能量分散减小,从而能够获得高强度高能量分辨$\bar{p}$束,因而才建成了CERN的p$\bar{p}$对撞机。另外两次获奖6人都是因为二十多年前的工作:1988年莱德曼、施瓦茨和斯坦伯格因为在1962年的中微子束工作中发现μ子型中微子,验证了轻子的二重态结构而获奖;1990年弗里德曼、肯德尔和泰勒因为在1967年做的高能电子对质子的深度非弹性散射实验,发现部分子,证明质子内部有结构而获奖,这个实验类似卢瑟福的α粒子散射实验发现原子存在类点核,大角散射截面增大很多,也说明核子内有类点组分,即部分子。

90年代粒子物理4人获得2次奖,核物理2人获一次奖,也都是由于二三十年前的工作。这就是1994年B. N. Brockhouse和C. Shull因发展中子散射技术到凝聚态物质而获奖,1995年F. Reines因在1956年发现反电子中微子和M. L. Perl因在1975年发现τ轻子而获奖,1999年G. t'Hooft和M. J. G. Veltman因在60年代末完成非阿贝尔规范场的重整化而获奖。原子物理3人获一次奖,朱棣文、菲利普斯和塔努吉是在1997年因为1985年以后发展了用三维激光冷却和俘获原子的方法,进一步使冷却温度大大突破多普勒极限并提出理论解释而获诺贝尔物理学奖的。此外,原子物理工作除获得诺贝尔物理学奖之外,1996年克罗托、斯马莱和科尔3人因在1985年发现C_{60}原子团簇并确定它的中空封闭球形笼状结构而获诺贝尔化学奖;1998年W. Kohn和J. A. Pople因发展量子化学和密度泛函理论方法并用来计算分子能级、结构和波函数而获诺贝尔化学奖。

21世纪的最初10年中,粒子物理获诺贝尔奖2次6人都是因为三四十年前的工作,分别是2004年D. J. Grouss、H. D. Politzer和F. Wilcrek因1973年提出夸克渐近自由理论而获奖;2008年Y. Nambu因1960年发现对称性自发破缺机制,T. Kobayashi和T. Maskawa因1972年发现对称性自发破缺的起源从而预言6夸克存在而获奖。而原子物理获诺贝尔奖3次8人都是因为最近的工作,分别是2001年授予在1995年实现了碱金属原子的玻色-爱因斯坦凝聚,并对冷凝物的性质做了早期研究的 3 位科学家康乃尔、维曼和克特勒；2005 年授予长期在超精密激光光谱学，包括在 2000 年后发展的光学频率梳技术上做出贡献的霍尔和亨施以及对光的相干性量子理论做出贡献的 R.J.Glaober；2010 年授予在 2004 年对二维空间石墨烯单层材料做了开创性实验研究的盖姆和诺沃肖洛夫，这虽然是凝聚态物理的工作，但却是从原子物理零维富勒烯和一维碳纳米管的研究延续下来的，因此也可以算是原子物理的工作。这些工作表明原子分子物理的发展势头仍未减弱，也表明当今原子分子物理与光学和凝聚态物理以及化学和生物学的结合越来越密切。

由于高能加速器的建造费用非常庞大，如美国的 SSC 就因建造费用超过 100 亿美元而下马，今后如果没有新原理和新路子可走，无疑将妨碍粒子物理向前发展。当然各个学科的发展总是有时出现高潮，有时出现低谷，这是符合事物是螺旋式向前发展的辩证规律的。

探究原子物理的这一新发展的原因，以下几点是值得重视的：

(1) 原子、分子是微观世界的第一、二层次，宏观凝聚态物质的性质决定于原子、分子的组成和结构。此外，原子、分子及离子、电子普遍存在于天体、星际空间、地球大气、等离子体、生物体和化学反应中，因此许多学科的发展与原子分子物理密切相关。同时一些学科的相互交会又往往发生在原子分子这一层次上，包括等离子体物理、表面科学、天体物理、空间物理、大气物理、环境科学、凝聚态物理、材料科学、化学、生物学、医学等。我国著名的科学家彭桓武先生说过："原子分子物理是发展交叉学科最有利、最重要的学科。原子分子物理的重点应是对激发态的研究，激发态 - 激发态作用将会引起化学或生物方面的概念性变化，生物过程应是非平衡态和激发态的过程。"他的话清楚地阐明了原子分子物理的基础性和重要作用。过去在化学和生物学中，化学反应根本不考虑激发态作用，不考虑反应物和产物的能态，现在则可以类似物理学处理碰撞过程动力学一样，从量子力学理论和实验两方面来对化学反应前的反应物初态和反应后的产物末态（粒子种类和能态）的动力学性质进行研究。李远哲获得诺贝尔化学奖就是因其在分子反应动力学中的贡献，现在化学反应中态 - 态作用已成为研究的热点。

(2) 当前世界和平与发展是主流，大多数国家都在致力于发展本国的国民经济，世界经济已从农业经济时代、工业经济时代进入到知识经济时代。在这一过程中，科学技术对社会生产力的提高和社会的发展起着越来越重要的作用，同时经济发展和生产力提高以后又反过来对科学技术提出更高的要求。彭桓武先生说过："新领域的开垦，虽然有时也可以从旧领域中提出要求，但主要由人们认识能力的工具的新发展所决定。""所谓认识能力的工具是指仪器设备、计算机加实验方法、计算方法之类。"当前不管是老的生产技术部门,如冶金、化工、采矿、地质,还是新兴的高科技产业,如半导体、集成电路、计算机、光纤通信、激光技术、航天技术、医学诊断治疗技术、纳米技术等,都需要各种认识能力的工具以及各式各样特性的材料和各种原子分子数据。它们中有一些领域的发展无论是理论上还是实验手段上都需要立足于原子分子物理。例如,原子物理发展起来的许多仪器如电子能谱仪、俄歇谱仪、各种光谱仪、X荧光分析仪、磁共振谱仪、电子显微镜和扫描探针显微镜等,以及各种实验技术和计算方法已在各方面得到广泛应用。

(3) 军事上尖端武器的研制也对原子分子数据和技术提出大量要求。过去发展核武器曾经对原子核物理提出大量数据要求,今天X激光武器、反导弹武器的研制需要的是大量各种各样的原子分子数据,如截面、能级结构、寿命等以及高精确的时间钟。例如,中国科学院上海光学精密机械研究所神光大功率激光器上实现的X激光用的就是类氖锗,科学家只有对这种离子的各种数据了解清楚才可能获得如此成功,而国际上这些数据均是保密而不发表的。

总结(1)、(2)和(3),由于认识能力的工具正走向精致,达到原子水平,原子、分子将不再是仅靠想象的或被统计计算的东西,而是能抓得住、移得动,可受操纵控制的东西。今天原子物理及相关的认识能力的工具不仅对各门学科,而且对核聚变、能源、材料、激光及光加工等生产技术领域以及国防、国家安全系统等提供理论、实验方法和数据,正在起着越来越大的作用。

(4) 由于核物理、粒子物理、光物理几十年的发展,拥有了许多这方面的人才,发展了许多新的仪器实验方法和技术,如各种粒子探测器、高性能激光器、各种光谱和能谱仪、同步辐射、快电子学、多道幅度和时间测量技术、计算机技术等。这些人才和技术转移到原子分子物理中后,使能谱和时间测量的分辨率和精度提高了几个数量级,使原子分子物理得到了很大发展,可以做许多过去不可能做的工作。

顺便说一下,原子分子物理研究对于培养和训练人才来说是最全面而有效的。粒子物理和高能核物理所用设备庞大,包括探测器、加速器、数据在线获取系统、离线分析等,各方面都需要很多人,各人分工较细,很难得到全面训练;固体物理、光学、磁学等常常是制作各种样品,拿到实验室利用现成的可以买到的仪器测量,对于现代化的测量仪器和技术往往没有机会深入了解和掌握;而原子分子物理研究所用设备不算太大,一两个人就可开展,但技术要求先进而全面,涉及真空技术、数据获取和处理技术、各种谱仪和探测技术、各种电子学技术、计算机技术等高技术,常常只能自己研制,因而能得到学习和锻炼的机会。此外,原子分子物理本身又是较为基础并和许多学科有较多联系的学科,因此原子分子物理研究生能很容易地适应其他专业工作。

1.2 激发态结构

原子分子结构和动力学是原子分子物理学的基本问题。研究内容包括原子分子结构(主要是能级结构,包括周围环境的影响)和各种粒子、辐射(包括电子、原子、离子、光子、微波)与原子分子的相互作用两个方面。研究的理论手段主要是量子力学,实验手段主要是光谱实验(包括波谱)和碰撞实验。当然还有一些其他重要的方面和方法,特别是原子分子的操纵、控制和识别在最近取得了重要进展。下面几节将分别详细介绍原子分子物理在这一新的发展时期的主要前沿研究工作,本节介绍激发态结构。

1.2.1 一般情况

人们已经对原子的电子能级、分子的电子、振动和转动能级做了长期研究工作,并积累了大量数据,特别是对基态及低激发态能级结构有了一个基本了解。实际上原子能形成的能级除内电子占据的内壳层能级和价电子占据的价能级外,还包含价电子或内电子激发而形成的各种激发能级结构:低激发态、高激发里德伯态、近电离阈伴线结构、双电子激发态、自电离态等。

分子是一个多核的量子力学体系,玻恩、奥本海默近似认为电子是在核的框架所形成的势场内运动,分子能态结构与核的几何构型紧密相关,激发态的构型又不同于基态。除由组成分子的各个原子的内满壳层电子围绕自身所在原子的中心库仑场运动形成的芯能级,以及价电子受到分子的各原子共同形成的非中心力作用而产生的占据的价能级和未占据的低激发价能级以外,还有类似上述原子那样由价电子或内电子激发而形成的高激发能级结构、里德伯态、超激发态和电离与解离通道,以及分子特有的由于原子核运动而形成的转动、振动能级,能谱结构非常丰富。由于大多数分子谱带相互重叠,又存在电子态能级的相互扰动及预解离等,对分子谱线的标志和研究比较困难。

因此,用早期传统的光谱学方法很难对原子分子的高激发态进行系统研究。这是因为经典光源的单色性差、能谱密度低,且频率固定不可调,采用光激发的方法很难将原子分子激发至所需要研究的激发态;其次,高激发态的寿命通常很长,且随主量子数 n 的增大而迅速增大,因此,吸收截面较小,自发辐射荧光十分微弱，一般很难用吸收方法和荧光探测方法来研究；最重要的是，由于高激发态的量子能级非常密集，受到光谱本身各种增宽机制和光谱分光元件的限制，传统光谱方法难以满足分辨高激发态的要求。

20世纪70年代之后，由于能谱测量方法和技术的发展（如激光光谱、X光谱、同步辐射光谱、电子能谱、离子能谱等），以及多通道量子亏损理论、量子力学和量子化学从头计算方法和大容量高速计算机技术的不断改善和发展，使测量的分辨率大为改善，目前对一些小分子的光谱，包括一些较高激发态的光谱已积累了丰富的数据，标志了大量转动分辨的光谱线。但对大分子和大量高激发态的了解还处于开始状态。在理论上，原子高激发态和电离连续态已可统一用多通道量子亏损理论解释，价键理论可以较好地解释分子的几何结构和化学反应性能，分子轨道理论可以定量计算分子光谱和激发态能级结构，分子势能面概念是研究分子反应动力学行为的基础，正在被更多地研究。目前对基态分子几何构型的计算已相当精确，对激发态小分子，用组态作用、多体微扰及电子相关能进行研究，亦得到相当好的结果。对激发态结构的研究正在更加深入，对能级结构的理解在定量方面和细致程度上正在不断提高。

当前主要是用新发展的各种高分辨能谱技术将原子分子这些丰富的激发态能级和动力学特性更多地测量出来，建立、完善和发展处理束缚态和连续态特别是高激发态的量子力学理论，研究热点已由低分辨率转入高分辨率；由低激发态进入高激发态；由外层电子激发进入内层电子激发；由简单原子分子进入复杂原子分子；由中性原子分子进入离化态原子分子。原子内壳层能级在大学本科阶段已讲过，原子和分子的基态与低激发态也讲了一部分，下两章要专门讨论它们，这里着重介绍里德伯态、自电离态和近阈结构。

在介绍之前，还要把几个经常用到的能级概念说明一下。上述激发态和电离态是以原子分子中的电子从外部获得能量发生跃迁运动的观点来说的，激发态是电子跃迁到具有确定激发能量的能级上，电子仍被原子分子束缚住，而电离态是电子可以获得不同能量脱离原子分子的束缚。除此之外，还可以从另外两种更严格的量子力学观点来讨论。一种是从电子波函数在坐标空间范围内的分布是否局域来区分，电子波函数局域于有限的坐标空间范围内的被称为"束缚态（bound state）"；电子波函数是弥散的，随径向坐标增大呈现振荡形式的被称为"散射态（scattering state）"。另一种是从电子本征值是否连续来区分的，电子能量本征值是分立的，在本征值邻近的很小区域内不包含其他本征值的被称为"分立态（discrete state）"；在激发能超过电离能的情况下，除有自电离态等分立态外，还存在电离连续区，其能量本征值是连续的，被称为"连续态（continuum state）"。严格说,分立态一定是束缚态,连续态一定是散射态,反过来,束缚态或散射态不一定是可测算符的本征态。一般情况下,束缚态可能是许多分立态的相干线性叠加[3]。当然从测量的能谱看存在分立峰和连续谱,分立峰是束缚态或分立态之间跃迁形成的,连续谱则是从束缚态跃迁到连续态形成的。

1.2.2 里德伯态

里德伯态[4]是原子或分子中电子(通常是一个)跃迁到主量子数 n 较高的轨道上所形成的高激发电子态。这个处于外层的电子离原子实(原子核加其他电子)很远,可以近似地看做是一个电子在一个电荷为 $+e$ 的库仑场中运动,即为类氢原子,只是中心体的质量可能大于质子质量。里德伯原子仍用原子态的符号表示。例如,氩原子的基态电子组态为 $1s^2 2s^2 2p^6 3s^2 3p^6$,其里德伯态是某一壳层中一个电子激发上去形成的,如 3p 轨道一个电子激发到更高的 $ns(n>3)$ 等轨道上形成的里德伯态是 $ns\,^2S_{1/2}$。

对于原子,情况则较为简单,低激发态已基本研究清楚,里德伯原子通常指原子中最外层一个电子处在主量子数 n 较大的高激发态,氢原子已观测到 n 高到 630 的里德伯态。

里德伯原子具有一系列的独特性质。它的尺度很大,因此碰撞截面也大,轨道半径由类氢原子公式近似确定为

$$r_n = \frac{n^2 \hbar c}{Z m c^2 \alpha} = \frac{n^2 a_0}{Z} \tag{1.2.1}$$

其中,a_0 是玻尔半径;m 为折合质量,近似为电子质量;$\hbar$ 为普朗克常数;c 为光速;α 为精细结构常数;Z 为原子实具有的有效电荷数,通常为 +1。例如,氢原子 $n=1$ 基态的半径为 5.3 nm,而 $n=100$ 的里德伯原子的半径为 0.53 μm,已达到细胞大小。

实际上原子实中还有其他电子,这些电子的电子云沿径向分布很远,而激发电子的电子云在近核处也有一定概率,从而造成激发电子云对原子实电子云的贯穿,使激发电子受到的原子实的有效静电作用的电荷 Z 大于 1。角量子数 l 越小的激发电子的电子云越扁,贯穿效应越严重。如果把 Z 还写为 +1,这种影响可改写到主量子数 n 中。因此,里德伯原子的能级能量为

$$E_{nl} = -\frac{Z^2 \alpha^2 m c^2}{2n^2} = -\frac{Z^2 I_H}{n^2} = -\frac{\alpha^2 m c^2}{2(n-\Delta_{nl})^2} = -\frac{1}{(n-\Delta_{nl})^2} I_H \tag{1.2.2}$$

其中,Δ_{nl} 为量子数亏损,由电子云的轨道贯穿效应引起,反映原子实中其他电子的影响,在 2.3 节中再详细讨论;$I_H = 13.6\,\text{eV}$,为氢原子的电离能。n 较大时 Δ_{nl} 可

忽略，能量与 n^2 成反比。

里德伯态的电离能 $I_p = -E_{nl}$，当 n 大时很小，相邻能级间隔 ΔE 也很小，是一个弱束缚系统，结构简单。

$$\Delta E = \left(-\frac{Z^2 I_H}{(n+1)^2}\right) - \left(-\frac{Z^2 I_H}{n^2}\right) \approx \frac{2n+1}{n^2(n+1)^2} I_H \approx \frac{2}{n^3} I_H \quad (1.2.3)$$

例如，氢原子基态和 $n=100$ 的里德伯态的电离能分别为 13.6 eV 和 1.36×10^{-3} eV，能级间隔分别为 10.2 eV 和 2.7×10^{-5} eV，与能级间隔相对应的辐射波长已经从紫外扩展到微波区域。

里德伯态的寿命很长，近似与 n^3 成正比，易受外电、磁场影响。例如，氢原子的 $n=2$ 的 2P 态寿命为 1.596 ns，而 $n=100$ 的里德伯态寿命 $\sim 1.6 \times 10^{-3}$ s，差别很大。

分子的情况比较复杂。里德伯态是电子被激发到远离分子中心的轨道上，并围绕整个分子中心运动，它的电子云也只有很小的概率进入未激发电子组合的电子云中，可以近似看做是在一个电荷为 $+e$ 的库仑场中运动，这又属于原子型的里德伯轨道，具有的能量可以用上述里德伯原子能量公式描述。例如，N_2 分子的基态电子组态为 $KK(\sigma_g 2s)^2(\sigma_u 2s)^2(\pi_u 2p)^4(\sigma_g 2p)^2$，共 14 个电子，其里德伯态是处于这些价轨道如 $\sigma_g 2p$ 价轨道上的一个电子跃迁上去形成的，用原子态符号表示，能级能量用公式(1.2.2)计算，这里 $n > 2$ 就行。对于这样的一个里德伯电子态，实际上还可分裂为一系列的振动态和转动态，相互间有交叉，这是与原子里德伯态不同的地方。里德伯态波函数可近似地用离子实的电子波函数、振动波函数、转动波函数和类氢里德伯轨道电子波函数的乘积表示。那些跃迁到 $\pi_g 2p$、$\sigma_u 2p$ 低激发分子轨道的仍是分子态，偏离里德伯态很多，可能与低激发的里德伯态有交叉。还有一种方法是用分子轨道模型，由分离原子的电子组态构成分子里德伯态。如 Na_2 分子可由两个外电子 $(3s + ns)$ 电子组态组成分子里德伯系列 $(n)^1\Sigma_g^+$，由 $(3s + nd)$ 电子组态构成 $^1\Sigma_g^+$、$^1\Pi_g$ 和 $^1\Delta_g$ 分子里德伯系列。上述第一种方法有助于判别分子里德伯态属性，第二种方法常用于标志分子里德伯态。

由式(1.2.2)可知，里德伯态除用主量子数 n 外，还要用量子数亏损 Δ_{nl} 描述。由于量子数亏损与主量子数 n 关系不大，主要决定于角量子数 l，Δ_{nl} 也可写为 Δ_l。Δ_l 通过测量若干里德伯态激发能由式(1.2.2)得到。例如，钠原子的 $l=1$ 的 n^2P 的 $n=3 \sim 8$ 里德伯态的量子数亏损分别为 0.883、0.867、0.862、0.860、0.859 和 0.858，它们之间相差不大。但不同的 l 相差则很大，这将在 2.2 节中给出。再如，以 C 原子为中心的分子(烷、烯等)的 Δ_s、Δ_p、Δ_d 和 Δ_f 分别大约为 1.0、0.6、0.1 和 0.0，不同的分子有一些小差别，而 C 原子的相应值分别为 1.2、0.7、0.2 和 0.0，与分子的比较接近。以 S 原子为中心的分子的相应值分别为 2.0、1.6、0.08 和 0.06，而 S 原子的相应值分别为 2.0、1.6、0.2 和 0.0，与分子的也比较接近[5]。

早期研究里德伯原子即把原子激发到高激发态多利用气体放电或紫外光子吸收方法，可调谐激光和同步辐射的应用使里德伯原子的研究工作得到新发展。例如，使用两束或多束激光分步激发或电离是非常有效的方法，称为共振电离光谱学，在 5.3 节有介绍。用这一方法使原子激发、退激发、再激发则可得到高 l 里德伯原子($s \to p \to d \to f$)。

下面举一个用两束激光分步多光子共振电离方法测量 Mg 的 $3snp\ ^1P_1$ 里德伯态光谱的具体例子，看看如何研究里德伯态[6]。Mg 的能级如图 1.2.1 左图所示，基态为 $3s^2\ ^1S_0$，如要测 $3snp$ 里德伯态能级能量，用直接单光子激发，需真空紫外区，除了同步辐射外是难以达到的，如采用两台可调谐激光器，一台双光子激发到 $3s4s\ ^1S_0$ 态，另一台双光子激发到 $3snp$ 态和电离，则易于探测。实验装置如图 1.2.2 所示，YAG 产生 1.06 μm 激光经谐波发生器二倍频和三倍频产生 532 nm 和 355 nm 输出，分别泵浦两台染料激光器，引入热管炉中与 Mg 蒸气原子作用。染料激光器 I 的输出被调到 $\lambda_1 = 459.74$ nm(2.7 eV)，产生 $3s^2\ ^1S_0 \to 3s4s\ ^1S_0$ 双光子共振激发；染料激光器 II 的输出在 $\lambda_2 = 553.0 \sim 555.0$ nm 之间扫描，通过炉内钨杆测量电离离子信号可得 $3snp\ ^1P_1$ 里德伯态。图 1.2.1 右图给出了测量结果。

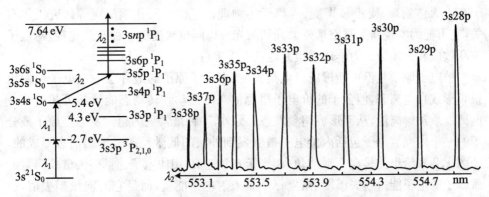

图 1.2.1 镁原子的高里德伯态激光光谱和相关能级

1.2.3 自电离态、超激发态和双电子激发态

随着对高激发里德伯态的研究取得很大进展，对激发能级结构的研究又逐步扩大到自电离态的研究上。自电离态和超激发态是一种特殊的电子激发束缚态，在原子情况下，它的激发能超过第一电离能，因而不是一个稳态。它主要有两种方

式回到稳态：通过放出一个正能量电子到达离子的低激发态或基态，即自电离，或者放出一个光子到达原子的低激发态或基态，即辐射。在分子情况下常常就叫超

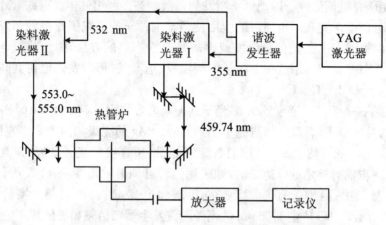

图1.2.2　两束激光分步多光子共振电离方法测量镁原子的高里德伯态

激发态，它是激发能超过分子的预解离能或第一电离能的不稳定束缚态。分子超激发态除能电离和放出光子退激发外，还可以解离成两个或多个离子或中性的原子与分子，这其中主要是由于自电离和中性解离过程的互相竞争。这种新颖的原子态与天体物理、受控核聚变、等离子体物理、大气物理、化学反应等研究工作有关，它可能为实现新型真空紫外激光和激光分离同位素提供一种有效途径，对电子关联效应和三体量子力学体系研究也具有重要意义。

单电子原子是不可能形成自电离态的，多电子原子的最外层一个电子激发也很难形成自电离态，但分子的价电子里德伯态的振动和转动态能量却可超过第一电离能或预解离能，从而形成超激发态。另外，一种最常见的超激发态是原子或分子的一个内壳层电子包括内价电子被激发到外层的低激发态或里德伯态形成的，如图1.2.3给出的是在0°散射角（相当于光学近似）用快电子能量损失谱仪测量的氪原子的电子能量损失谱图，横坐标不是入射电子能量，而是它的能量损失值，也就是原子分子从入射电子获得的能量。由图可以清楚地看到由氪的2s内价电子允许跃迁到$np(n=3,4,5,6)$轨道和禁戒跃迁到4s轨道上形成的一系列里德伯自电离态[7]。

再一类超激发态是双电子激发形成的。我们知道，在通常的原子分子物理中处理的是单电子激发态，实际上也存在双电子激发态甚至三电子激发态。不过这种过程的激发截面相当小，量子态数更多，能级和光谱也更复杂，现在也才是刚开

始研究。由于内壳层激发和双电子激发态一般都位于第一电离势以上,因而它们一般都是形成超激发态。例如,He 原子形成能量 60.1 eV 的 2s2p ^{1}P 双电子激发态,它可以通过两种方式衰变:

$$He(2s2p\ ^1P) \rightarrow He^+(1s) + e^- \ 或者 \rightarrow He(1s2s) + h\nu$$

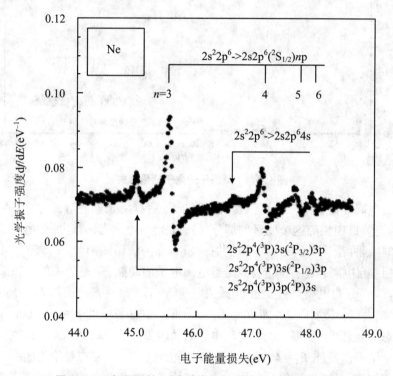

图 1.2.3 氖原子的 2s 内价电子跃迁的电子能量损失谱

两者是竞争的。这个能级寿命很短,宽度为 0.17 eV,主要以自电离方式衰变,因而是一个自电离态。图 1.2.4 给出了用快电子能量损失谱仪在 0°散射角测量的 He 原子的能量损失谱图[8],可以明显地看到由 $1s^2\ ^1S_0 \rightarrow 1snp\ ^1P_1$ 组成的分立单电子激发能谱,以及由 $2snp\ ^1P_1$ 组成的电离连续区双电子激发谱,它的前两个 $n=2$ 和 3 的自电离峰位置分别为 60.1 eV 和 63.5 eV,超过 He 的电离能 24.58 eV 很多。图 1.2.3 中的第一个能峰也给出了 Ne 原子的两个 2p 电子的双电子激发态。

短寿命的有空内壳层的多电子激发中性原子一般以电离方式衰变,是一种特殊的自电离态,称为中空原子[9]。使用同步辐射高能光子吸收可以得到中空原子,如锂原子的两个 1s 电子激发到上面的空能级即可形成中空原子(1s 空了),最近几年有不少这方面的研究。

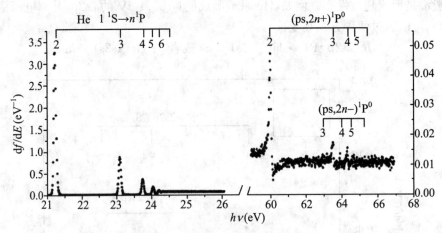

图 1.2.4　氦原子的电子能量损失谱

在自电离能区,原子或分子吸收激发能 E_j 后有两条途径导致电离,一是直接电离,为连续谱中相应这个能区的部分,另一是经自电离态间接电离,为叠加在连续谱之上的峰,两者干涉形成不对称的共振线形,称为法诺线形,在 2.5 节和 4.5 节将详细介绍。自电离态还有一个特点是自电离电子的动能 E_b 是单一的。如果离子处于基态,E_b 等于自电离态激发能 E_j 减去电离能 ε,即 $E_b = E_j - \varepsilon$;如果离子处于激发态,还要减去离子激发能 E_i,即 $E_b = E_j - \varepsilon - E_i$。例如,He 的 $n = 2$ 的 60.1 eV 双电子激发态自电离到离子基态的自电离电子的动能 $E_b = 60.1 \text{ eV} - 24.6 \text{ eV} = 35.5 \text{ eV}$,$He^+$ 离子第一激发能 $E_i = 40.8 \text{ eV}$,因而自电离到第一激发态是不可能的。

我们知道,量子力学仅对二体问题如氢原子和类氢离子有精确的解析解,多体问题只能用近似方法求解。例如常用的独立粒子模型中心场近似方法,是假设每个电子独立地在原子核吸引场和其他电子产生的平均排斥场所组成的平均场中运动。这等于假设每个电子与其他任意一个电子的对相互作用要比该电子与原子体系中其余部分的相互作用小很多。在实际情形下,当电子被束缚在闭壳层时,由于泡利不相容原理的限制,电子-电子作用引起的效应在很大程度上被抑制了,因而这一假设近似成立。当电子处于激发态时,电子的束缚减弱,电子-电子作用就变得重要起来,称为电子关联效应。

这种作用特别在双电子激发态中表现出来[10],当两个电子都处于激发态时,电子-电子相互作用甚至已可与电子与原子实的作用比较,因而两个电子的运动产生了关联。当两电子轨道靠近时可以产生强烈关联。利用激光激发可以随意改变两个电子的量子数,因而双电子激发里德伯态成为研究电子关联的理想体系,在理论上有重要意义。

为了考虑电子关联效应的影响,人们引入组态相互作用方法(CI),在此基础上又引入多通道量子亏损理论方法(MQDT)。这些方法在原子和分子的基态、低激发态以及只有一个电子处于高激发态(包括自电离态和超激发态)的研究中得到广泛应用并取得很大成功。但以上方法将电子关联效应的影响只考虑在原子实附近很小区域,是局域的,当电子远离这一区域时通常作为一个独立电子加以处理。对于有两个或更多个电子处于激发态的情形,这些方法就难以处理了,因为这样的体系当能量增加时,即两电子在远离原子实的大尺度范围内,相互关联作用甚至超过与原子实的作用,因此参与相互作用的组态或通道数目将迅速增加,使计算变得非常困难。

双电子激发态事实上已涉及量子力学体系中有关长程库仑作用的三体问题。理论上不仅是一个复杂的数学求解问题,而且有丰富的物理内涵。由于两个电子均处于激发态,整个原子体系的对称性、稳定性和拥有的好量子数(守恒量)都与人们熟知的独立电子模型有所不同,甚至差异会很大。

按独立电子模型,两个被激发的电子的主量子数用 N 和 n 表示。N 属于较低的那个激发电子,它的角量子数为 l';n 是外层电子的主量子数,它的角量子数为 l。两个电子按 LS 耦合的总轨道角动量和总自旋角动量分别为 L 和 S,宇称为 P,通常把双电子激发里德伯态记为 $Nl'nl\ ^{2s+1}L^P$。例如,He 从基态 $1s^2$ 允许跃迁的 $N=2$ 的双电子激发态为 $2snp\ ^1P^0$ 和 $2pns\ ^1P^0$,预期吸收光谱中这两个谱线系的强度相当,但实际上在 1963 年观察到一个强谱线系 $2snp\ ^1P^0$(如图 1.2.4 中给出的)和一个很弱的谱线系 $2pns\ ^1P^0$,第一次在实验上表明了电子关联效应的存在,使跃迁到具有相同总角动量和总自旋的不同谱线系的激发截面有数量级的差别[10]。由于实验上的困难,直到 20 世纪 80 年代之后,双电子激发态的研究才有了较大的进展。主要研究方法是同步辐射激发、电子碰撞激发和激光多光子共振激发。

现在已经知道,大致可以把双电子激发态分为两类:一个激发电子处在较低的轨道($N<10$)而另一电子在较高或较低激发态,以及双电子都在高激发态。在一个电子低激发态中,原子实的束缚依然较为紧密,两个激发电子间的关联相对还较弱,在这方面已积累了较多的实验数据,理论上也有较好的模型。在双电子高激发态中,两个激发电子的关联非常强烈,实验和理论均有较大的困难。

一般来说,原子的自电离态有较高的衰变率,谱线较宽。但最近也发现了不少窄线宽的自电离态,它们具有较长寿命,特别在双电子高激发态中出现。这种亚稳自电离态为产生真空紫外激光提供了可能性。严格说,独立电子模型中的单电子轨道角动量已不是好量子数，组态之间发生干涉，真正的原子态已不是原先的按独立电子模型所形成的组态了。原先的那种表示如 $2pns$ 已不确切。现在最好的一种理论是由林启东发展起来的用超球坐标方法描述[11]。

根据林启东的超球分类方案，关联波函数用

$$_N(K,T)_n^{A\ 2S+1}L^P$$

描述。这里的 L、S 和 P 分别是通常的两个电子按 LS 耦合组成的总轨道角动量、自旋和宇称量子数，n 和 N 是较外和较内的激发电子的主量子数，T 和 K 是两个电子的角关联量子数。T 等于总角动量在两个电子内部轴上的投影，$T=0$ 时两个电子运动在同一平面内，T 增加时两轨道平面间夹角增加，T 的可能值为：$0,1,2,\cdots,\min(L,N-1)$。K 也描述两个电子的角关联，当 K 有最大可能值时两个电子局域在核两边，如果 $P=(-1)^L$，K 的可能值为：$N-1-T,N-3-T,\cdots,-(N-1-T)$。$A$ 是两个电子的径向关联量子数，当 $A=+1$ 时两电子径向振荡同相位，$A=-1$ 时为反相，$A=0$ 时只有一点关联，类似单电子激发组态。K、T、A 和 L、S、P 之间必须满足一些关系，如当 $A=+1$ 时，$l+l'+K+S+N=$ 奇数，$n_{\min}=N$，而 $A=-1$ 和 0 时，$n_{\min}=N+1$。注意，有时将上述两种表述方法结合起来，写为 $(l'l,NnA)^{2S+1}L^P$。

对于 He 原子，从基态 $1s^2$ 激发的双电子激发态有一些简化规律：(1) $A=+1$ 的概率远大于 $A=-1$ 的概率，$A=0$ 的概率最小，这是因为当 $A=+1$ 时，两电子或者同时靠近或者同时远离核，因此靠近核的概率比 $A=-1$ 的概率高，因而波函数与基态重叠大，概率大。(2) T 越大截面越大。He 的 $n=N=2$ 的双电子激发态的 $L=0,1,2$，可有 $T=0,1$，相应的 $K=1,-1;0$。但实际上只存在从 $1s^2\,^1S$ 到 $2s2p$ 轨道的 $S=0$ 的单重态 $_2(0,1)_2^{+\ 1}P^o$ 的允许跃迁，前述实验中观测到的第一条强线就是它，其他 3 个双电子激发态是跃迁到 $2s^2$ 轨道的 $_2(1,0)_2^{+\ 1}S$ 和跃迁到 $2p^2$ 轨道的 $_2(-1,0)_2^{+\ 1}S$ 与 $_2(1,0)_2^{+\ 1}D$，这些是非电偶极跃迁，在前述实验中不能观测到，但在我们 2003 年完成的非 $0°$ 角电子碰撞实验中已观测到[12]。至于 $n>2$ 才有的 $A=-1$ 的系列 $_2(0,1)_n^{-\ 1}P^o$ 和 $A=0$ 的系列 $_2(0,1)_n^{0\ 1}P^o$，是非常弱的允许跃迁，其中能量在 62.756 eV 的 $_2(0,1)_3^{-\ 1}P^o$ 和能量在 64.118 eV 的 $_2(0,1)_3^{0\ 1}P^o$ 是 $2p3s\,^1P^o$ 和 $2p3d\,^1P^o$ 跃迁。而且 $A=-1$ 和 0 的跃迁线宽很窄（$\leqslant 4$ meV），实验观测很困难，直到 1992 年和 1996 年才用同步辐射发现[13]。

1.2.4　X 射线吸收精细结构

对原子分子内壳层激发态来说，X 射线吸收精细结构是一个重要现象。最早用 X 射线、同步辐射研究固体内壳层吸收时，发现在吸收曲线的吸收边附近不是简单的变化关系：当 $h\nu$ 增加到吸收边时，吸收系数很快增加，然后单调下降。实际上，X 射线吸收精细结构是原子分子内壳层 X 射线吸收曲线在吸收边附近出现的很复杂的振荡变化现象。如图 1.2.5 中所示的 $GeCl_4$ 气体分子的 K 吸收边精细结构[4]，它大致可分为两个区域：

(1) 近阈结构区(near-threshold structure)。范围从吸收边(即电离阈值)以下 10～30 eV 到吸收边以上 50～100 eV，由环境而定，也称 Kossel 结构。

(2) EXAFS 区(extended X-ray absorption fine structure)，即扩展 X 射线吸收精细结构区。从吸收边以上 40～70 eV 到 1 keV。在这一范围内在平滑下降的吸收曲线上叠加了一些小振荡，也称 Kronig 结构。

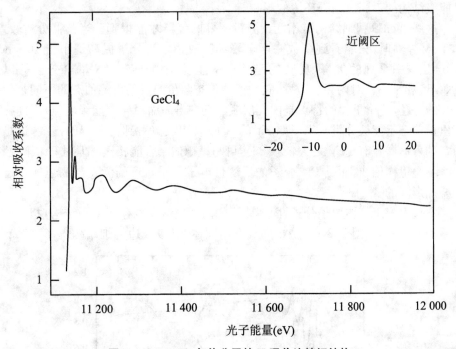

图 1.2.5 $GeCl_4$ 气体分子的 K 吸收边精细结构

这两个区合起来称为 XAFS(X-ray absorption fine structure)，即 X 射线吸收精细结构。实际上用电子碰撞方法(EELS)也可以研究，称为 EXELFS(extended energy loss fine structure)，即扩展能量损失精细结构。

EXAFS 区出现的是一系列和缓的振荡，这是由于受激电离出射的电子受到近邻原子的散射，以及这种散射波与出射的电子波之间的相干作用而形成的，与原子在复杂的分子或者在凝聚态中的周围环境有关。显然这对化学和凝聚态物理是最有价值的,这些已经成为它们的一种研究手段。

近阈区的情况则很复杂,包含的信息涉及原子中内壳层电子被激发形成低激发束缚电子态、自旋轨道耦合精细结构、里德伯态、激子态、电离连续区共振态(自电离态)以及化学位移等(这些过程在 1.6 节中会择要详细介绍)。这部分结构和能谱无论是对原子还是分子和固体都是很重要的,对于分子和固体,这些谱峰以及电离峰的位置和劈裂即化学位移都灵敏地反映出元素的结合状态。

各种原子的 XAFS 结构很不相同,例如,锗的 K 吸收边阈值附近有很强的一个峰和几个小峰,后面跟着扩展精细结构;Cu 的 K 吸收边则没有这个强峰;Zn、Mo、Ag 的 K 吸收边虽然没有单峰,却有一些结构。这些谱的复杂性反映了原子本身能级结构的不同及周围环境的影响。

这些 XAFS 精细结构需用能量分辨率好的仪器才能得到。当仪器分辨较差,如 1 eV 左右时,只能看到少数一两个峰和吸收边。当分辨提高到小于 100 meV 后,会出现一系列的尖峰,反映的是不同的里德伯电子态、LS 耦合分裂等以及 EXAFS 相干态。对内壳层激发,它的里德伯态与价壳层的里德伯态的不同是值得研究的课题,一个重要的特点是内壳层激发存在寿命缩短导致能级展宽,因而往往使里德伯态不能被分辨开来。如 Kr 的 K 吸收边没有看到可分辨的谱线,这是因为它的寿命展宽有 4 eV 之大($Z=36$),可与里德伯结合能相比。但对 Br_2 来说,阈处峰不是里德伯线,而是 Br_2 分子的反键价电子分子轨道的激发与高里德伯态相干叠加形成的峰。

不仅仅限于气体原子分子,固体原子的内壳层激发也存在近阈结构,相应的峰是激子峰。例如,图 1.2.6 是 Ar 的气态与固体 2p 吸收边精细结构[4],气态 2p 到

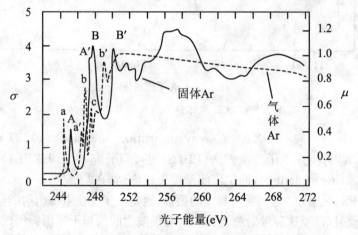

图 1.2.6 氩原子的气态和固态 2p 吸收边精细结构

4s 的 $^2P_{3/2}$(a)、$^2P_{1/2}$(a′)，到 3d 的 $^2P_{3/2}$(b)、$^2P_{1/2}$(b′)，到 4d 的 $^2P_{3/2}$(c) 已经分辨开来，线宽大约是 0.3 eV。固态 Ar 的激子峰也很明显，最低的两个峰 A 和 A′ 与固态 Ar 的 S 一类导带相应（相应气态电子 2p→4s 跃迁，结合能 3.4 eV），B 和 B′ 与 d 一类更高的导带相应。可以看到气态和固态 Ar 之间密切的相应关系。当然这类比较还很少，也不总是让人很满意，需要进一步开展研究。

1.3 精密测量

精密测量包括原子核的电、磁矩与原子内、外电磁场作用和高阶量子电动力学效应产生的超精细分裂，以及原子物理的基本参量，如里德伯常数、氢原子的 1s 到 2s 和 2p 的跃迁、兰姆移位和 g 因子的精确测量。这方面的研究虽然已开展几十年，但由于其巨大的理论意义和应用意义，如对量子电动力学的检验，原子频标和激光分离同位素，磁共振成像技术在医学和生物学中的广泛应用，以及由于各种高分辨能谱技术如波谱技术和激光光谱技术的发展，还有粒子阱技术的发展，使电子、离子甚至原子、分子处于几乎完全静止的无微扰的"自由"空间，超精细能级结构的研究仍是当前的一个活跃前沿。在这一领域拉姆齐(N. F. Ramsey)因发明分离振荡场方法并应用到氢微波激射器(maser)和其他原子钟，德默尔特(H. G. Dehmelt)和保罗(W. Paul)因发展离子捕获高精密测量技术，特别是在标准确定中起重要作用而获 1989 年诺贝尔物理学奖；霍尔(J. L. Hall)和亨施(T. W. Hänsh)因在超精细激光光谱学，包括光学频率梳技术上的贡献而获 2005 年诺贝尔物理学奖。本节首先介绍时间和长度等计量标准的确定，再介绍原子钟，为此详细讨论能级的超精细结构，最后讨论光梳技术和光频标，兰姆移位和 g 因子测量以及一些具体技术问题分别在 2.1 节和最后一章再讨论。

1.3.1 计量标准

在日常生活和科学实验中，常常需要回答这样一些问题：事件是在什么时刻发生的？事件持续了多长时间？这就需要时间标准，或叫时间单位，通俗地称为"钟"。

在介绍时间单位前，先介绍一下国际单位制的形成[15]。物理学是一门建立在实验基础上的科学，为了准确地描述各种物性和物理现象，人们引入了"物理量"的概念。每个物理量都需要度量,可表示为一个纯数和一个单位的乘积,如 12 cm 长。纯数较为简单,已统一到使用十进制。而单位的确定较为困难,这需要选定参考量,所有同类量都用它表示,如各种长度都用 m 表示。实际上在人类生产生活的历史长河中,早就形成了一系列的各不相同的单位,如中国的尺、斤,英国的英尺、磅。各个国家和地区均有各自统一的标准。但随着科学和经济的发展,国家间的交流日趋密切,从整个物理学考虑,要求各个物理量单位能形成一个合理的逻辑体系,用以进行物理量和物理定律之间各种关系的一贯完整的数学表示。这就是要建立一种由某些个基本单位构成的一贯单位制。这里有两个基本问题需要解决:选择哪些单位作为基本单位来形成单位制;用什么实物或现象作为各个单位的标准。这些是计量学的任务。

最早的单位制是以力学上的 3 个基本量——长度、质量和时间的单位米、千克、秒作为基本单位,其他均是导出单位。在 1889 年第一届国际计量大会上批准了永久保存在巴黎国际计量局中的一根铂铱合金米棒和一个铂铱合金千克砝码作为原器的长度和质量单位标准。但实际中只使用 3 个基本单位是很不方便的,于是像电学、磁学、光学等学科逐渐发展了一些实用单位制。实用单位制方便了各自学科的使用,但同时也带来了很大的不便和混乱。二战后,随着各国国际合作、商业往来和科技交流的日趋密切,促进了单位制的统一,在 1960 年第十一届国际计量大会上正式通过并命名建立起了"国际单位制",即 SI 制。现在国际单位制包括 7 个基本单位,包含物理学的力、热、电、光和原子物理各个方面。这 7 个基本单位是:长度(米,m)、质量(千克,kg)、时间(秒,s)、电流(安培,A)、热力学温度(开尔文,K)、光强度(坎德拉,cd)和物质的量(摩尔,mol)。另外还有两个辅助单位:平面角(弧度,rad)和立体角(球面度,sr),以及 47 个导出单位。辅助单位既可当做基本单位,又可当做导出单位。当然国际单位制不是一成不变的,随着物理学各分支学科的发展,这些单位的数目和定义均有变化,例如,基本单位由 6 个到 7 个,导出单位由 27 个到 47 个。

计量学最大的本质变化是用来作为标准的实物或现象的变化。过去的标准是以经典物理学为基础,以宏观实物或现象为标准或不变量来定义基本单位和导出单位的,如铂铱米棒和千克砝码。但它们仍然会由于各种外部因素和物质内部结构随时间变化而变化,如国际米原器的相对精度为 10^{-7},国际千克原器的相对精度为 10^{-9}。随着原子物理学和量子力学的发展,人们发现一些微观物理现象和物理量的稳定性和重复性大大超过宏观现象,用它们作为物理量的计量标准,其精度要高得多。下面我们首先从时间标准讨论起。

原则上说,某个物理现象具有重复性变化过程就可以用做钟。例如古代的日晷、刻漏,用单摆的旧式钟,用游丝的手表,以及用石英晶体的现代石英钟。但这些周期必须要用时间标准来校准。

过去在物理学中时间标准一直是以天体运动为基础来确定的,沿用地球自转一周为一天的标准,一平均太阳日是太阳(或任一恒星)回到同一位置的时间,由此定义了秒,1秒≡1平均太阳日的1/86 400。但后来,随着对测量精度要求的提高,人们发现太阳年长短和地球自转速度并不是完全不变的。如太阳年每世纪约增长0.5秒,北半球的地球自转速度夏季大些,冬季小些,而且逐年减小。这一不稳定(10^{-3}秒/天,相当于10^{-8})虽比机械钟好得多,但比石英钟差。1956年国际上重新定义秒为1900年的太阳回归年的1/31 556 925.974 7,使精度提高了许多个量级,但作为标准很不方便。

实际上由于原子物理学和量子力学的发展,物理学已经从宏观世界进入微观世界。人们在研究微观领域的规律时,发现其中的量子效应比宏观现象具有更好的不变性。例如,某些原子的能级具有很精确的能量,在特定条件下这个原子的某两个能级之间的跃迁所产生或吸收的辐射频率是非常精确、稳定的和可重复的,是很理想的不变量,十分适合用做标准来定义计量单位。再如,某些基本物理常数也是一类很好的不变量,它们的数值不随时间、地点和实验条件变化,在世界各地甚至宇宙空间内普遍适用。例如,真空中光速 c 是一个基本物理常数,无论是太阳、遥远星系来的光,还是电灯光,它们的速度都是一样的。引力常量 G、普朗克常量 h 等也是很好的不变量。

这个变化终于在1960年第十一届国际计量会议上开始反映出来,这次会议决定改用同位素 ^{86}Kr 原子放电时的 $5D_5 \rightarrow 2P_{10}$ 跃迁产生的一条橙色光在真空中的波长的1 650 763.73倍作为长度单位米。接着在1967年第十三届国际计量大会上,人们终于抛弃了几千年沿用的基于天文观测校准的钟,而决定采用原子钟,将秒定义为海平面上的 ^{133}Cs 原子基态的两个超精细能级在零磁场中跃迁辐射的周期的9 192 631 770倍。有了原子钟后,美国的霍尔利用 CH_4 稳频的 He-Ne 激光技术和饱和吸收光谱技术,通过与 Cs 原子钟的标准频率比较,精确测定了光在真空中的频率 v,再用由激光伺服控制的法布里干涉仪精确测定了此激光的波长 λ,从而由关系 $c = \lambda v$ 得到光的相速度,在真空中也即光的群速度。而传统方法是通过测量光通过的距离 L 和所用时间 t,由关系式 $c = L/t$ 得到光的群速。霍尔的这一方法使光速的测量精度提高了两个数量级,所以1983年第十七届国际计量会议上正式通过了用时间单位和光速值导出的米的新定义:"米"是光在真空中在1/299 792 458秒时间间隔内通过的路程长度。这样定义后,真空光速 c 成为无误差的常数,c = 299 792 458 m/s,长度测量的精度只取决于激光器频率的测量精度,长度标准与时间标准归一[16]。这已经反映在附录Ⅰ中的各种基本物理化学常数中光速是无误差的。

从1990年起,导出单位中的一些电学计量单位也正式采用由量子跃迁的有关效应来定义,它们是电压和电阻单位。电压单位(伏特,V)用超导交流约瑟夫森效应的跃迁频率和约瑟夫森常数 K_{J-90} = 483 597.9 GHz/V 来定义。约瑟夫森在1962年预言了这个效应,并因之获1973年诺贝尔物理学奖。在一个由两块超导体夹一层薄绝缘体构成的约瑟夫森超导隧道结的两端不加电压时会存在一股很小的超导隧道电流,但如加上不为零的直流电压 V,则会产生交变超导电流,其基频 ν 与 V 成正比,$\nu = 2eV/h$,还有丰富的谐波分量。为了易于测量,外加一个频率比 ν 低的 ν_1 微波场,让它对交变电流起频率调制作用,当调制频率满足

$$n\nu_1 = 2eV/h = K_J V \tag{1.3.1}$$

时,就会产生直流分量,在直流 I-V 特性曲线上出现一系列台阶。在实际测量时,固定辐照频率 ν_1,改变电压 V,每当满足上述关系时,则会在 I-V 曲线上出现电流台阶。这里 e 是电子电荷,n 为整数,$2e/h = K_J$ 就是约瑟夫森常数,它的1998年CODATA推荐值为 483 597.898 GHz/V。显然通过测量 V 和 ν_1 可以确定 K_J。实验发现:K_J 与辐照频率和功率、电流、台阶数、超导体类型及超导结的形式等无关,与由理论上 $2e/h$ 预言的一致。反过来,利用已知的 e 和 h 值算出 K_J,通过测量到的 ν_1 绝对值可定出电压 V 的绝对值,与测量到的 V 值比较就可给出电压单位伏特标准。

电阻单位(欧姆,Ω)用量子霍尔效应朗道能级跃迁中的克里青常数 R_{K-90} = 25 812.807 Ω 来定义。这个常数是1980年克里青在低温和强磁场下测量金属-氧化物-半导体场效应晶体管反型层中的霍尔效应时发现的,克里青因之获1985年诺贝尔物理学奖。当栅压 V 增加时,即反型层中电子密度增加时,霍尔电阻出现一系列台阶:

$$\rho_{xy} = -V/I = h/(ne^2) = R_K/n \tag{1.3.2}$$

$n = 1, 2, 3, \cdots$,为填满的朗道能级数。$R_K = h/e^2$ 即克里青常数,可以由 h 和 e 的精确值得到,它的1998年CODATA推荐值为 25 812.807 572 Ω。于是由计算的 R_K 值与测到的第一个台阶的霍尔电阻值比较可以定义电阻单位。电流单位定义未修改。由于这些变动,我国的电压单位值增大 8.90×10^{-6},电阻单位值增大 1.53×10^{-6},电流单位值增大 7.37×10^{-6}。

注意,CODATA推荐的1998年 K_J 和 R_K 值与1986年推荐的 K_{J-90} 和 R_{K-90} 值不一样,精度已有较大提高。因此,根据约瑟夫森效应与 K_J 和量子霍尔效应与 R_K 确定的电压和电阻国际单位 V 和 Ω 与由 K_{J-90} 和 R_{K-90} 确定的单位 V_{90} 和 Ω_{90}

不同,后者是1990年国际计量委员会为了实现测量的国际一致性而确定的,称为约定单位,它们之间有关系:

$$V_{90} = \frac{K_{J-90}}{K_J}V, \quad \Omega_{90} = \frac{R_K}{R_{K-90}}\Omega \tag{1.3.3}$$

我们相信,随着科学技术和原子物理的迅速发展,今后这种趋势还会延续。将会有更多的基本单位和导出单位采用这种频率和基本常数作为不变量来定义。目前国际计量界和物理学界正在研究的要重新定义的单位有质量、电流、温度和物质的量四个基本单位:千克、安培、开尔文和摩尔,它们的研究已取得很大进展[17]。例如,最为现实的一个是原子质量单位"千克"。美国学者普里查特利用原子(也可用带电离子)在磁场中的振动频率取决于原子质量这一效应,通过精确地测量某种元素(如硅)的单个原子的质量,则千克就可以用普朗克常数来定义。目前这种原子称重法的精度已经比现有的称重法精确16～100倍[28]。

1.3.2 超精细能级结构和原子钟

现在再回来详细讨论原子钟本身。原子钟也称原子频标,它是以原子超精细结构能级之间的量子跃迁频率作为时间标准的,原子钟最终成为时间标准是基于以下三方面的理论和技术工作:原子光谱的超精细能级结构的研究,分子束磁共振技术的发展以及分离振荡场方法的建立。后两种技术将在最后一章详细介绍,这里先讨论超精细能级结构。

从原子物理知识可知,电子的轨道运动角动量 L 和自旋运动角动量 S 与它们的磁矩 μ_L 和 μ_J 之间有如下关系:

$$\boldsymbol{\mu}_L = -\frac{e}{2m_e}\boldsymbol{L} = -\frac{g_L\mu_B}{\hbar}\boldsymbol{L} \tag{1.3.4}$$

$$\boldsymbol{\mu}_S = -\frac{e}{m_e}\boldsymbol{S} = -\frac{g_S\mu_B}{\hbar}\boldsymbol{S} \tag{1.3.5}$$

式中,电子带负电取负号,m_e 为电子质量,$\mu_B = e\hbar/(2m_e)$ 为玻尔磁子,联系磁矩和角动量的 g 因子 $g_L = 1$ 是经典电磁学和量子力学算出的原子中电子绕原子核运动产生电流形成的磁矩所要求的,$g_S = 2$ 是相对论量子力学计算给出电子内禀自旋与磁矩的关系所要求的。

由于电子的轨道运动产生的磁场与电子自旋磁矩作用使 L 与 S 耦合成总角动量 J,$J = L + S$,原子的总磁矩 $\boldsymbol{\mu} = \boldsymbol{\mu}_L + \boldsymbol{\mu}_S$,并导致原子能级按量子数 J 分裂出现精细结构。设 M_J 是 J 的 z 分量磁量子数,则原子的电子有效磁矩 μ_J 即 $\boldsymbol{\mu}$ 在 J 方向的分量和它的数值 μ_J 以及在 z 方向的分量 μ_{Jz} 分别为

$$\boldsymbol{\mu}_J = -g_J \frac{e}{2m_e}\boldsymbol{J} = -\frac{g_J\mu_B}{\hbar}\boldsymbol{J} \tag{1.3.6}$$

$$\mu_J = \sqrt{J(J+1)}g_J\mu_B \tag{1.3.7}$$

$$\mu_{Jz} = -M_J g_J \mu_B \tag{1.3.8}$$

g_J 是角动量 $\boldsymbol{J}$ 与磁矩 $\boldsymbol{\mu}_J$ 间相应的朗德 g 因子，在 LS 耦合下由矢量三角形公式可以算得

$$g_J = 1 + \frac{J(J+1)+S(S+1)-L(L+1)}{2J(J+1)} \tag{1.3.9}$$

现在讨论超精细能级结构，它涉及原子核角动量或自旋 $\boldsymbol{I}$ 和核磁矩 $\boldsymbol{\mu}_I$。$\boldsymbol{\mu}_I$ 和它的数值 μ_I 分别为

$$\boldsymbol{\mu}_I = g_I \frac{e}{2m_p}\boldsymbol{I} = \frac{g_I\mu_N}{\hbar}\boldsymbol{I} \tag{1.3.10}$$

$$\mu_I = \sqrt{I(I+1)}g_I\mu_N \tag{1.3.11}$$

式中，原子核带正电取正值，g_I 为原子核 g 因子，$\boldsymbol{I}$ 的数值为 $\sqrt{I(I+1)}\hbar$，I 为核自旋量子数，$\mu_N = \frac{e\hbar}{2m_p}$ 为核磁子，m_p 为质子的质量。

超精细结构是由于电子运动产生的磁场 $\boldsymbol{B}_e$ 与核磁矩之间的磁相互作用而产生的。$\boldsymbol{B}_e$ 包括两部分贡献：电子轨道运动产生的磁场和电子自旋运动产生的磁场，这两个磁场分别决定于电子的轨道角动量和自旋角动量。量子力学证明：$\boldsymbol{B}_e$ 与这两个角动量的矢量和即电子总角动量 $\boldsymbol{J}$ 成正比，方向相反。因此，这种超精细磁相互作用的哈密顿量为[18,19]

$$H_m = -\boldsymbol{\mu}_I \cdot \boldsymbol{B}_e = A_J \boldsymbol{I}\cdot\boldsymbol{J} \tag{1.3.12}$$

式中 A_J 为磁超精细作用常数，决定超精细结构中能级分裂的大小。用类似原子物理中求自旋轨道耦合作用能的量子力学方法求 H_m 的平均值可得磁超精细结构的能量，也即这种超精细作用引起的分裂能级相对于原来精细结构能级 E_J 的移动为

$$\Delta E_F = \frac{a_J}{2}[F(F+1)-J(J+1)-I(I+1)] \tag{1.3.13}$$

式中，$F = I + J$ 为原子体系的总角动量，F 为原子的总角动量量子数：

$$F = I+J, I+J-1, \cdots, |I-J| \tag{1.3.14}$$

$a_J = A_J\hbar$，氢原子和类氢离子基态(^{2}S)的系数 $a_J = a_S$ 为

$$a_S = \frac{(g_e\mu_B)(g_p\mu_N)}{4\pi\varepsilon_0 c^2}\frac{8\pi}{3}|\psi_{10}(r=0)|^2 = \frac{(g_e\mu_B)(g_p\mu_N)}{4\pi\varepsilon_0 c^2}\frac{8}{3a_0^3}$$

$$\tag{1.3.15}$$

其中，g_e 是电子的自旋 g 因子，即 g_S；g_p 是氢原子核即质子的 g 因子；而

$$|\psi_{10}(r=0)|^2 = |R_{10}(r=0)|^2 \cdot |Y_{0,0}|^2 = \frac{1}{\pi a_0^3}$$

是当量子数 $n=1, l=0$ 时电子在原子核处出现的概率密度，可由后面将要讲到的式(2.1.19)和式(2.1.23)求出。

由此可见，给定的精细能级分裂为超精细结构多重项，分裂能级 F 的数目等于 $2I+1$ 或 $2J+1$，两相邻能级间距 $\Delta E_F - \Delta E_{F-1} = a_J F$，随 F 增加按等差级数增加。此外，由于 $A_J \propto g_I$，当 g_I 为正值时 $A_J > 0$，因而 F 值大的能级在上面；反之，当 g_I 为负值时 F 值小的能级在上面。

不同超精细能级之间的电偶极跃迁满足选择定则：

$$\Delta F = 0, \pm 1 \quad (0 \to 0 \text{禁戒})$$
$$\Delta M_F = 0, \pm 1 \tag{1.3.16}$$

原子的总磁矩 $\boldsymbol{\mu} = \boldsymbol{\mu}_J + \boldsymbol{\mu}_I$，由于 $\mu_B = (m_p/m_e)\mu_N \gg \mu_N$，电子磁矩 μ_J 在磁场中的作用远大于核磁矩 μ_I 的，原子的总磁矩主要由电子磁矩贡献。因此，g_I 对 g_F 的影响也比 g_J 小三个量级，包括核角动量在内的原子总角动量 F 相应的朗德 g_F 因子主要由 g_J 决定：

$$g_F \approx g_J \frac{F(F+1) + J(J+1) - I(I+1)}{2F(F+1)} \tag{1.3.17}$$

现在讨论原子钟。典型的有两种：氢钟和铯钟。它们所利用的能级结构如图1.3.1所示，均是利用基态能级的超精细分裂。由于氢和碱金属原子都只有一个价电子，基态处在 $l=0$ 的 s 轨道，原子态为 $J=1/2$ 的 $^2S_{1/2}$ 态，不存在电子的自旋－轨道磁作用精细分裂，但由于 I 不为零，存在按量子数 F 的超精细分裂。

对于氢原子基态 $1s\,^2S_{1/2}$，$l=0, J=1/2, I=1/2, F=1,0, g_I=5.586$，因此分裂的两能级相对于原来能级的移动为 $\Delta E_{F=1} = a_S/4, \Delta E_{F=0} = -(3/4)a_S$。$F=1$ 在上面，$F=0$ 在下面，两者之间的裂距为

$$\Delta E = \Delta E_{F=1} - \Delta E_{F=0} = a_S = h\nu = \frac{2}{3} g_e g_p \alpha^4 \frac{m_e}{m_p} m_e c^2 \tag{1.3.18}$$

将最新的常数值 g_e、g_p、α、m_e、m_p、c 代入，并考虑到原子核的运动以及它的有限大小修正，则可以得到理论值 $\nu_t = 1.420\,403\,4(13)\,\text{GHz}$，与实验值 $\nu_e = 1.420\,405\,751\,766\,7(10)\,\text{GHz}$ 已很接近。这个频率 1.42 GHz 对应的就是著名的氢原子超精细波长 21 cm，用做时间标准时称为氢钟。

铯钟利用 ^{133}Cs 原子基态 $6s\,^2S_{1/2}$ 的超精细分裂，它的 $l=0, J=1/2, I=7/2$，$g_I=0.737$，所以超精细分裂为二，$F=4$ 和 3，$F=4$ 在上面，$F=3$ 在下面。

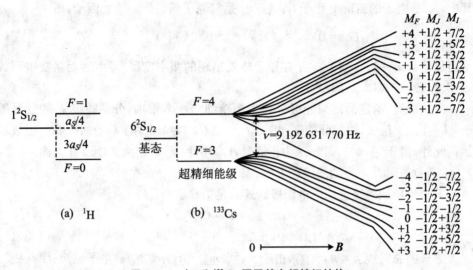

图 1.3.1 ^{1}H 和 ^{133}Cs 原子基态超精细结构

现在讨论外磁场的影响，在外磁场 B 中原子由于具有电子磁矩 μ_J 和核磁矩 μ_I 而获得附加能量，此外电子运动产生的内磁场与核磁矩作用也会附加能量，总的超精细结构哈密顿量为[19]

$$H_M = -\boldsymbol{\mu}_J \cdot \boldsymbol{B} - \boldsymbol{\mu}_I \cdot \boldsymbol{B} - \boldsymbol{\mu}_I \cdot \boldsymbol{B}_e = g_J \mu_B \boldsymbol{J} \cdot \boldsymbol{B}/\hbar - g_I \mu_N \boldsymbol{I} \cdot \boldsymbol{B}/\hbar + A_J \boldsymbol{I} \cdot \boldsymbol{J} \tag{1.3.19}$$

首先考虑弱磁场情况，如 B 小于 10^{-3} T，电子自旋和核自旋与外磁场的作用远小于电子运动产生的内磁场与核磁矩的作用，后者成为超精细能级分裂的主要原因。弱外磁场使每条超精细能级 F 又分裂为不同的 M_F 塞曼子能级，附加能量为

$$\Delta E_{FM_F} = g_F \mu_B \boldsymbol{F} \cdot \boldsymbol{B}/\hbar = M_F g_F \mu_B B \tag{1.3.20}$$

由式可见，当 g_F 为正时，M_F 为正的能量增加，M_F 越大能级越在上面，M_F 为负的能量减少，M_F 越负能级越在下面。当 g_F 为负值时能级次序相反。对 ^{133}Cs 来说，$g_J = 2$，$I > J$，$F = 4$ 的 $g_F = 1$ 为正值，$F = 3$ 的 $g_F = -1$ 为负值，能级次序如图 1.3.1 所示。

在强外磁场下，$g_J \mu_B B \gg A_J$，外磁场对原子的电子磁矩的作用大到远超过核自旋与电子角动量的耦合，使它们之间的耦合破坏，这时观测到帕邢-巴克效应，计算得到的相对无磁场下的能量移动变大，为

$$\Delta E_{M_J M_I} = M_J g_J \mu_B B - M_I g_I \mu_N B + a_J M_J M_I \tag{1.3.21}$$

第一项给出的是电子磁矩引起的以磁量子数 M_J 表征的多重精细能级塞曼分裂，

第二项给出的是核磁矩引起的塞曼分裂，比电子磁矩引起的小很多，可以不考虑，第三项给出的是每个精细塞曼支能级进一步分裂为$(2I+1)$个以量子数M_I表征的塞曼分裂。

在中等强度外磁场下，能量移动的计算公式很复杂，不是上述公式给出的线性关系。大致上，由于电子磁矩引起的分裂远大于核磁矩引起的，使$M_J = +1/2$的能级在上面，它的能量随磁场强度增加而增加，$M_J = -1/2$能级在下面，它的能量随磁场强度增加而减少；不同的M_I有微小的差异，主要由式(1.3.21)的第三项决定，在$M_J = +1/2$时，能量移动与M_I是正变关系，在$M_J = -1/2$时是反变关系。

总的如图1.3.1右边所示。图中右边所标各M_F值是在B很小即各F能级刚分裂时的能级次序，各M_J和M_I值是在B很大时能级的分裂次序。由此可见，即使是较弱的外磁场如地磁场引起的塞曼分裂也会对超精细分裂有影响，精确的原子钟要求测量在无外磁场下进行，或者由式(1.3.20)选择两个能级的M_F都等于0的无能量移动的超精细跃迁。铯钟是利用它的$F=4, M_F=0$能级到$F=3, M_F=0$能级之间的跃迁，其频率与外磁场无关，$\nu = 9.192\,631\,770$ GHz[20]。

为什么用氢和碱金属作样品？除了能级结构简单外，最主要的是它们的F为整数，因而有$M_F = 0$的子能级。在碱金属中之所以选铯是因为它的超精细裂距最大（下一章将给出）。另外除钫（放射性）外，铯是最重的元素，原子量大，多普勒频移小，因而谱线增宽小，可以得到更高的精确度。再者铯在自然界中只有一种同位素^{133}Cs。目前世界上最准确的钟是铯钟，其精度已达到5×10^{-16}，因此被定为时间标准钟；世界上最稳定的钟是氢钟，稳定度优于1×10^{-16}/天。当然，在应用中也还存在其他一些钟，如铷钟，其尺寸较小，利于放在天上。同时，人们也在利用激光抽运、离子储存、原子喷泉以及飞秒激光光梳等新技术来实现更高精度的时间标准。

1.3.3 光梳和光频标

原子钟为什么选用超精细能级之间的跃迁？这是因为它们相应的电磁波已经属于微波范围，而微波频率的测量准确度在电磁波段中可以做得很高，达到10^{-15}量级。这也是g因子和兰姆移位的高精度测量也用微波的原因。另外的原因是由于超精细能级之间能量差很小[式(2.3.2)将给出跃迁概率与能量的三次方成正比]，因而能级自然宽度[如式(4.1.10)指出的]很小，能够得到高精度。

但光波频率的测量精度却远不如微波频率的测量精度高，光波频率在数百THz，比微波频率GHz大4～5个数量级，如果能用原子钟微波频率来测量光波频率，则其测量的绝对误差相同，相对误差就会大大提高，原理上测量光波频率的光

钟的精度可达 10^{-19}。

随着激光技术的发展，上述想法成为可能。1969 年霍尔率领的小组研制了用 3.39 μm 的 CH_4 稳定的 He-Ne 激光器，之后通过非线性频率变换将激光频率变换到微波频率，并与铯钟标准频率比较，得到它的频率 f，这就是频率链方法。再精确测量它的波长，由公式 $\lambda = c/f$ 得到 $\pm 3.6 \times 10^{-9}$ 精度的光速，比以前测量的精度提高了 100 倍。1973 年第五次米定义咨询委员会推荐光速值 $c = 299\ 792\ 458$ m/s，不确定度为 $\pm 4 \times 10^{-9}$，这样才有了前述光速值从测量值变为定义值，并由频率测量得到长度米的计量标准，从此长度测量的精度由激光频率测量精度确定。

上述技术很难获得推广，这是由于要使用多个不同频率的经锁相的激光器和多次非线性变换，使装置庞大笨重，运行复杂，而且一条频率链只能测量一个激光频率。2000 年后霍尔和亨施两个小组使用新发展的固体飞秒激光器共同发展了飞秒激光光梳技术，原理如下：若谐振腔长为 L，它的脉冲重复周期等于光子在腔内往返一周的时间 τ。因此，在时间域内输出的是一系列等间距 τ 的非常窄的飞秒脉冲激光，$\tau = 2L/v_g$，光脉冲重复频率 $F = 1/\tau = v_g/2L$，v_g 为光的群速，即光脉冲包络峰点的传播速度。但光脉冲的载波是以相速度 v_p 传播的，由于介质的色散特性，将导致载波在腔内往返一周后与包络之间出现相位差：

$$\Delta\varphi = 2\pi f_0 \left(\frac{L}{v_g} - \frac{L}{v_p}\right) \tag{1.3.22}$$

式中 f_0 为光脉冲中心频率。激光脉冲经傅里叶变换在频域上要能形成稳定的分布，需要它的任何一个频率为 f_n 的光脉冲在腔内往返一周后与初始光波同相位，即相位差为 $2n\pi$，n 为整数，因而有 $2\pi f_n \tau = 2n\pi$，即有 $f_n = nF$。也就是说经锁模的激光器输出脉冲在频域分布上是一系列频率等间距 F 的纵模，成梳状结构，故称为光梳。

在以 F 为单位的频率轴上，考虑到相位差 $\Delta\varphi$ 的待测未知光学频率的绝对值为

$$f_x = f_n + \Delta f = nF + \delta + \Delta f \tag{1.3.23}$$

其中，Δf 是位于光梳中第 n 个纵模频率附近的待测频率与 f_n 的差，δ 是由于上述相位差造成的初始频率偏移，$\delta < F$，并有

$$\delta = \frac{\Delta\varphi}{2\pi\tau} = \frac{\Delta\varphi}{2\pi}F = \frac{f_0}{2}\left(1 - \frac{v_g}{v_p}\right) \tag{1.3.24}$$

由此可见，如果使第 n 个纵模的频率在光波段，就可以通过准确测量 F 和 δ 而得到 f_x。通常 F 和 δ 有一定抖动，精度还不够高，要想用微波原子钟来测量

光波频率以提高精度,要求 F 和 δ 到达微波段。由于 L 可用到 $1.5\sim150$ cm,τ 在 $0.1\sim10$ ns,因而 F 在 $0.1\sim10$ GHz,正好在微波段。δ 决定于激光器的脉冲宽度,即使皮秒激光的频率带宽也极其有限,到不了微波段。20 世纪 90 年代出现的飞秒激光带宽增加到 $700\sim900$ nm,再用可产生差频的晶体如光子晶体光纤扩展到 $500\sim1200$ nm,将其光谱的短波部分光 $f(2n) = 2nF + \delta$ 与长波部分的倍频光 $2f(n) = 2nF + 2\delta$,经差拍 $2f(n) - f(2n) = \delta$ 后就可以测得 δ。于是采用这个自参考技术,通过高精度的电子伺服反馈系统,用原子钟微波锁定 F 和 δ,测量出 Δf,就可以精确测定未知光波频率 f_x,实现光波频率与微波频率的直接连接。霍尔和亨施正是由于如上的这样一些工作而获得 2005 年诺贝尔物理学奖[21]。

因此,用飞秒激光光梳来测量激光频率,使测量变得相对简单许多,并能实现光频率的连续测量,可测量的激光器波长范围达到 $400\sim1200$ nm,即频率为 $750\sim250$ THz,测量精度也大大提高。以致原来独立的长度基准测量通过飞秒激光光梳用微波频标直接测量光学频标,其准确度归结到铯原子钟的精度[21]。此外,这一技术也诱发人们去研究下一代光钟,实现高精度的光频标即光钟,用光学频标标定微波频标,使时间测量精度再提高一大步。2008 年基于离子的光钟精度已达到 2×10^{-17},目前正在研究的载体有 $^{43}Ca^+$、$^{87}Sr^+$、$^{199}Hg^+$、$^{171,173}Yb$ 等离子。当然,困难还是很大的,例如激光器的线宽还不能做得更窄,测量波长难以向紫外和极紫外扩展等。

由于原子钟在测量时间和频率上具有的高精度,从而获得了广泛的应用。例如,前述基本物理常数的测量和计量,为电台、电视台提供标准时间和频率,为汽车、飞机、轮船定位,为人造卫星、宇宙飞船、运载火箭、战略核武器、潜艇等的发射点火、入轨、定位和落点等提供时间和位置的精确测量和控制。

1.4 团簇和低维纳米材料

1.4.1 团簇

原子除了聚合成稳定的分子和具有未配对电子、物理上稳定而化学上不稳定的自由基外(也有少量的稳定自由基分子,如 NO),大量的原子和分子还可以聚合成固体,包括纳米材料和高分子聚合物——塑料。然而介于原子分子与固体之间,若干个原子或分子还可以聚合形成微小集团,包含几个一直到成千上万个粒子。我们把这种集团分子称为团簇(cluster)。

第一篇介绍团簇的文章发表于1942年,当时用超声绝热喷射加冷凝过程方法产生团簇。后来出现了用几到几万 eV 能量的惰性气体离子束轰击靶溅射出二次离子来产生各种团簇的方法。到了20世纪60年代末期之后,用激光束轰击靶溅射产生团簇的新方法使团簇的研究更加兴旺。目前已制备出原子个数 n 高达 10^6 个的团簇 X_n,除了形成中性团簇外,还可以形成带正、负电荷的团簇离子。因此可以从实验上研究原子团簇结合的规律和性质变化的规律,如原子的基态和激发态能级结构如何随团簇的原子个数 n 和其几何形状变化。

任何元素都可以形成团簇和团簇离子。实验上对金属元素、惰性元素的 X_n 以及盐类和合金的 $X_m Y_n$ 都已累积了大量的数据。其中一个特别引人注意的现象是:像原子核(质子和中子组成的团簇)中存在幻数一样,团簇中也存在幻数。在 n 等于某些数字时,在质谱仪中出现的 X_n 信号(即丰度)比 $X_{n\pm1}$,$X_{n\pm2}$,$\cdots$ 的明显增强,说明 X_n 比 $X_{n\pm1}$,$X_{n\pm2}$,$\cdots$ 更为稳定,如图 1.4.1 所示铅团簇的质谱中的 7 和 10[22]。

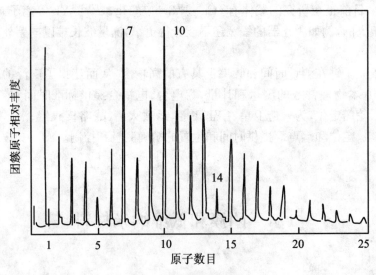

图 1.4.1 铅团簇质谱

团簇的离解实验结果与丰度谱十分吻合,相应于幻数的团簇离解速率有极小值(寿命长),也进一步说明幻数团簇的更稳定性。理论上仿照原子核的壳层模型,提出凝胶模型,假设电子运动在由其他电子和离子提供的平均场中,当团簇的凝胶和电子都被局限在很小的球或椭球内时则有壳层结构,出现幻数。团簇的电离能和光电子谱实验结果也证实了壳层结构,例如,在各壳层相继逐渐填满的过程中,电离能近似为一常数,而当一个壳层填满时,电离能便出现一次突变。

原子团簇介于单个原子分子和凝聚态之间,有人称它为介于物质气态和固态之间的"物质第五态"。团簇的结构及物理化学性质随所含的原子分子数目增加而变化,达到一定尺寸后就具有固体性质。如几何结构最后成为晶格结构,电子能级大小和结构演变成能带。演变规律除有共性外,还有个性,与原子周围环境效应紧密相关,因此它的研究在表面物理、凝聚态物理、材料科学、量子化学、化学反应动力学等学科中引起了研究者们广泛的兴趣。从1984年发现C_{60}稳定原子团簇之后,由于它的制备方法简单,易于大量生产,因而更加拓展了通向团簇的实际应用道路。除了C团簇之外,其他原子和分子团簇的研究也蓬勃发展起来。例如,20个Cu原子的团簇最稳定,是金字塔式结构,更多个Cu可形成笼形或管子;金团簇可做成一维、二维量子点阵排列;用Al、Co、Fe、Mo、Ti和TiN团簇做成薄膜可产生巨磁阻效应;以及Ge、Si团簇的发光增强现象等。

1.4.2 C_{60}团簇与C_{60}团簇固体

1984年E. A. Rohlfing等用飞行质谱仪研究在超声氦气流中激光蒸发石墨所得产物(烟灰)中的碳原子团簇时,除了证实在$n<30$以下出现幻数3、11、15、19外,还发现在$n>30$以上存在$n=60$和70的幻数,但未进一步讨论C_{60}的结构,只是错误地用线性链簇解释新的质谱,因而错过了一次伟大的发现。1985年H. W. Kroto(英)和R. E. Smalley(美)、R. F. Curl(美)等合作重复上述实验,但通过严格控制调节实验条件以使团簇体系更加接近平衡状态,因而稳定的团簇有更大的相对丰度。他们得到的$n=40$到120之间的质谱中仅观察到C_{60}和C_{70}的质谱峰,且C_{60}的丰度远大于C_{70},而其他的C_n信号均仅成了微弱的背景,如图1.4.2所示。这表明C_{60}具有极高的稳定性,不可能是链状结构。为了解释C_{60}的超稳定性,他们提出了C_{60}的中空封闭球形笼状结构设想,如图1.4.3所示,它是由20个六边形环和12个五边形环组成的32面体,其中五边形环只与六边形环相邻,而不相互连接。它的60个顶角上每个都有一个C原子,每一个C原子都是两个六边形和一个五边形的相交点。相邻的C与C之间既不是像金刚石晶体那样构成sp^3杂化结构,也不是像石墨晶体那样构成层状sp^2杂化结构,而是一种介于sp^2和sp^3杂化之间的新形态。其中碳六角环的电子轨道是sp^2杂化,五角环的电子轨道是sp^3杂化。每一六角环都类似一个苯环,因此,C_{60}是非平面三维芳香体系,在近似球状的笼内和笼外围绕着π电子云。这实际上是由单纯的C元素结合成的稳定分子,直径为 0.71 nm。他们三人因此获得 1996 年诺贝尔化学奖[23]。

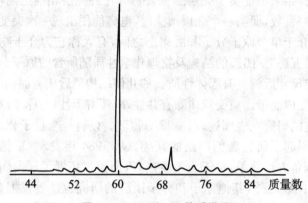

图 1.4.2 C_{60} 和 C_{70} 的质谱图

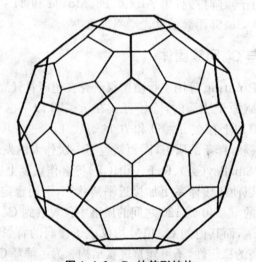

图 1.4.3 C_{60} 的笼形结构

C_{60} 的英文名字叫"fullerene","Fuller"是一位建筑学家的名字,他曾设计过类似形状的建筑,"ene"是烯类的意思。中文常把这一类笼状分子称为富勒烯,包括 C_{60}、C_{70} 等。球状的 C_{60} 富勒烯又叫布基球(Bucky-ball)。现在已经清楚 C_{60} 可用电弧或激光在高温(约 2000 ℃)环境下产生的过饱和碳蒸气,借助于与 He(或其他惰性气体)原子的碰撞而自发地形成。最初形成蛇形碳原子链,当碳链足够长(如 30~40 个碳原子)时,碳链相互连接,形成芳香环,随后在惰性气体原子碰撞下自发地卷曲,形成封闭笼形结构(其体系能量最低)。

C_{60}是球形笼状结构的一个证据是它的核磁共振谱。C元素中同位素^{12}C的丰度为98.89%，是偶偶原子核，核自旋$I=0$，没有核磁共振信号。^{13}C的丰度虽然仅占1.11%，但$I=1/2$，给出核磁共振信号。实验给出的C_{60}的核磁共振谱仅有一条^{13}C单峰，化学位移143×10^{-6}，这说明C_{60}中的60个C原子是等效的，与Kroto模型一致，每个C原子处在两个六边形环和一个五边形环的交点。C_{70}的核磁共振谱有5条，这是因为C_{70}是椭球形，C原子有5种对称位置。C_{60}的红外吸收光谱实验表明有4个峰，波数分别为1430 cm^{-1}、1182 cm^{-1}、577 cm^{-1}和527 cm^{-1}，与Kroto理论预期一致，也表明C_{60}的球形笼状结构。在紫外区有3个强吸收峰，波长分别为328 nm、256 nm和211 nm。可见光区吸收较弱。实验给出C_{60}的第一电离能为7.4 eV，第一激发能为2 eV，第一亲和能为2.6 eV，因此C_{60}分子很稳定，十分坚实。

1990年W. Kratschmer和D. R. Huffman等发现用石墨棒电弧法在200托*的He气中电弧放电可以大量产生由C_{60}团簇构成的C_{60}固体，这种稳定的C_{60}固体成为继金刚石和石墨之后碳的第三种同素异构体。它们可溶于极性较强的苯、正乙烷、二硫化碳等有机溶剂内，用色谱法可以分离C_{60}与C_{70}等。用此方法可以大量提供研究样品，使C_{60}的研究又迈进了一大步。

C_{60}固体为面心立方密堆积，室温下晶格常数$a=1.417$ nm，非常软，在任何方向上都可以用较小压力使之变形。一个大气压下，400 ℃升华，500 ℃熔化，在空气中450 ℃时开始燃烧。固体内C_{60}分子之间是范德瓦尔斯力，每个C_{60}分子的凝聚能为1.6 eV，约为C—C键能(3 eV)的一半。纯净的C_{60}晶体不导电，1991年贝尔实验室的A. F. Hebard等发现C_{60}团簇固体掺杂碱金属后，常温下呈金属电导性，低温下出现超导性，这更加引起了化学家和物理学家的重视。现在达到的超导转变点温度T_c分别为19 K(K_3C_{60})、30 K(Cs_3C_{60})、33 K($RbCs_2C_{60}$)，已大大打破有机物超导体的T_c最高记录。

1.4.3 纳米管、石墨烯和低维纳米材料

C_{60}是球状笼形结构，除了C_{60}外，还有一系列的笼形结构富勒烯，它们是椭球状笼形结构。如沿垂直于C_{60}一个五度轴的赤道面处剖开，增加一圈10个碳原子，就形成C_{70}椭球结构，增加两圈即为C_{80}。如沿垂直于C_{60}三度轴的赤道面附近剖开，可以增加一圈18个碳原子或两圈，就形成C_{78}、C_{96}椭球结构。因此，丰度图中

---

* 1托$=1.33322\times10^2$ Pa。

有 C_{60}、C_{70}、C_{78}、C_{80}、C_{90}、C_{96}。另外,1998 年还发现了具有纺锤形结构的 C_{36},其直径为 0.5 nm。

如果增加的圈数很多,就会形成两端戴着半个球形帽子的管状,称为碳纳米管或布基管(Bucky-tube)。它也可以是两端不戴帽子,1991 年由 R. E. Smalley 提出,同年 S. Iijima 用直流电弧放电方法在石墨阴极上得到。碳纳米管除可看做是布基球演变生长出来的微细管外,通常把它看做是由层状结构的石墨卷绕起来形成的,直径仅有几到几十 nm,长度可达几十 μm 甚至几 mm,最小的外径仅 0.33 nm,它们也称碳纳米丝[24]。

电子在碳纳米管内的运动在径向上受到限制,表现出典型的量子限制效应,而在轴向却不受限制,可以认为碳纳米管是典型的一维量子线。此外,开口碳纳米管中心还可吸入并存放各种物质,如金属、氧化物、极性分子,从而改变某些性质。可以在碳纳米管的外面包覆或在管中填充或在管内通过化学气相反应来制备一维纳米材料,这种低维半导体材料的制备是多年来凝聚态物理的研究热点之一。

碳纳米管有很奇异的导电性,由于结构的不同,它可以是禁带很窄的半导体(如 0.008 eV),或是中等禁带宽度的绝缘体,也可以成为很好的金属导体。甚至在同一根碳纳米管上,由于结构的变化,在不同部位也可以呈现出不同的导电性质,而在两个不同的导电性质部分的交接处会形成一个异质结,具有整流作用。这些电学性质由卷绕形成的方式不同造成结构不同而产生,与微管的直径、卷绕的螺旋度、微管长度等有关。

碳纳米管还有奇特的量子输运性质。在一根碳纳米管两端做两个金属电极,加上电压后,测量通过的电流 I 和所加电压 V 的关系曲线,发现它不遵从经典的欧姆定律,$I-V$ 曲线表现为阶梯状函数。如果在碳纳米管上再加一个栅极,固定两端电压,只变化栅极电压 V_c,会发现 $I-V$ 曲线表现为分离的梳状函数。梳状函数的每一个峰都具有一定的宽度,而峰与峰之间有一定的间隔。这一现象可以用半经典理论解释,把 100 nm 长的碳纳米管看做一个具有微小电容 C 的电容器,当有电荷量为 Q 的外电子注入时,电容器的电压变化为 $\Delta V = Q/C$,若 C 足够小,只要注入一两个电子的电量就会产生足够高的反向电压使电路被阻断,而当被注入的电子运动出电容器时,电流又可以通过电路。这就是库仑阻塞效应。当然严格地应当用电子在势阱中运动具有离散能级的量子力学来解释。1998 年人们已成功地利用单层独根碳纳米管和三个电极制成可在室温下工作的场效应三极管,当施加合适的栅极电压时,碳纳米管可由导体转变为绝缘体,从而实现二进制状态的转换,这标志着用碳纳米管制作量子电子学器件方面已迈出重要的一步。

此外,碳纳米管还具有优异的场致电子发射特性,这是由于它的长度和半径比非常大,有很大的定域尖端场增强效应,电荷在尖端的积累还会造成有效功函数(真空势垒)的非线性下降。

碳纳米管还具有非凡的力学性质。理论计算表明,它具有非常好的强度和韧性。例如,由一层碳原子的六方网格卷曲而成的单层碳纳米管的强度估计为钢的100倍,而比重只有钢的六分之一。它的最大延伸率可达20%。另外它的热稳定性也很好,真空中可达2800 ℃,大气中也可达750 ℃,是复合材料中加强材料的优秀候选者。

可以用许多方法制备碳纳米管,除了制出单根的碳纳米管以外,也可以是由不同直径的微管同轴地套构在一起,其管壁间的间距约为石墨的层间距大小0.34 nm。还可以是排成阵列而成束,它们是自由取向的,管之间或夹有碳纳米颗粒或烧结在一起。1996年中国科学院物理研究所解思深等发现一种方法,制备出大面积(3 mm×3 mm)、高密度、高纯度、管径一致而管与管之间又离散分布的碳纳米管阵列,每一管的管径为20 nm,管距为100 nm,长可达90 μm。

1992年D. Ugarte用强电子束辐照方法轰击碳纳米管,使它的结构发生畸变后逐渐非晶化,继而收缩趋于球形,最后得到一些封闭的多层石墨的球形笼子结构,称为碳纳米洋葱或布基洋葱(Bucky-onion)。例如,四层的碳纳米洋葱,直径$\varphi=2.72$ nm,中心为一个C_{60}分子($\varphi=0.7$ nm),向外依次为C_{240}、C_{540}、C_{960},相邻笼子间的间距约为0.34 nm,与石墨层间距差不多。实验上最大观察到了约有70层(直径47 nm)的碳纳米洋葱。

碳纳米洋葱的光谱与星际尘埃的光谱符合较好。一开始Kroto猜想星际尘埃的成分为碳原子团簇,但它的光谱与已知的碳素材料(包括布基球)的光谱不符,看来碳纳米洋葱才有可能是星际尘埃的主要成分。

除了用碳原子做成的纳米管之外,用其他材料和复合材料也做成了纳米管,如WS_2、Bi_2S_3、ZnS、GaN、BN、AlN和Eu_2O_3等,它们最长已做到几十 μm。除了层状物质卷绕方法外,也发展了其他一些方法[25]。

富勒烯是零维材料,纳米管是准一维纳米材料,它们有很多独特的性能,科学家自然想到研究二维材料。最初英国曼彻斯特大学的盖姆(A. K. Geim)想到用碳纳米管展开成一层原子厚的材料,但没有成功,后来人们开始探索由层状三维的石墨分离石墨烯,到2004年盖姆和诺沃肖洛夫(K. S. Novoselov)用机械剥离方法,将塑料胶带粘住石墨薄片的两侧,断开胶带使薄片一分为二,不断重复就可以最终得到仅由一层碳原子构成的较大尺寸石墨烯,并成功地转移到硅基底上,对其电学性能进行了研究。随后石墨烯独特的性能很快被广泛研究[26]。他们两人也因此获得2010年诺贝尔物理学奖。

石墨烯是由单层碳原子构成的二维六角蜂窝状结构,它有完美无缺的碳原子和高度有序的晶格结构,不存在杂质和缺陷。出乎人们预想的二维晶体材料不稳定而不能存在,由于碳原子之间的作用力很强,外部机械力只是使碳原子面在纳米级别上发生弯曲变形,而碳原子不必重新排列。石墨烯是构成其他维形式碳材料如富勒烯、碳纳米管和石墨的基本单元。

石墨烯的独特二维电子结构使其具有令人惊奇的二维电子气特性。传统半导体材料中电子的能量依赖动量的平方,遵循牛顿运动定律,用量子力学薛定谔方程描述。石墨烯六角形晶格的对称性使电子的行为不同,能量与动量是线性关系,费米面附近电子和空穴的色散也呈线性关系,使载流子具有零有效质量,表现出类似光子的行为,电子以 1/300 光速运动,远远超过了电子在一般导体中的运动速度,要用无质量的费米子量子电动力学狄拉克方程描述。这也使石墨烯表现出分数量子霍尔效应,而且可以在室温下观察到。因而,人们也利用石墨烯的这一特性,为验证难以观察的量子电动力学效应提供新的手段。

由于独特的完美晶格结构,石墨烯具有一系列优异的物理性能。在室温下石墨烯仍能稳定地保持其二维特性,具有双极性电场效应、远高于商用硅片的载流子迁移率,表现出室温亚微米尺度的弹道传输特性,其导电性能远优于一般的导体和半导体。石墨烯中电子传输不受晶格缺陷和杂质原子的散射,热导率超过任何其他已知热导体材料,比铜高 10 倍,电子能量不像传统电子元件相当部分以热形式耗散。石墨烯是已知最硬的材料,具有百倍于钢的强度,比钻石还硬,而且柔韧性和伸展性也很好。石墨烯透明性也很好,在很宽的波段内光吸收只有 2.3%。石墨烯又十分密集,甚至惰性气体氦也难以穿过它。

石墨烯优异的物理性能使它在电子、信息、能源、交通等许多领域获得应用,生产出创新型产品。例如,由于硅材料尺寸小于 10 nm 时造出的晶体管稳定性变差,而石墨烯的导电和导热性能即使到纳米尺度也高度稳定,因而可以用它代替硅材料制造集成电路晶体管。由于具有高的载流子迁移率,可以用于高频电子器件,如已研制出截止频率高达 100 GHz 的石墨烯场效应管。石墨烯可以作为超薄、超强、透明的柔性材料来替代已有产品,在触摸屏、液晶显示发光屏和太阳能电池等方面获得应用,甚至用于卫星、飞机和汽车等领域。实际上也可以把单原子层的石墨烯看做大分子,通过化学反应来制备新材料,如在石墨烯的每个碳原子上增加一个氢原子制成有绝缘特性的石墨烷,从而实现对其电学性能的调控。

通常把尺度在 1~100 nm 的材料称为纳米材料。纳米管和石墨烯是两种典型的低维纳米材料,由于它们在电学、光学、力学、磁学和热学等方面都显示出许多独特的性能,必将在许多领域获得很大应用,纳米工程(nanotechnology)在 21 世纪已引起各国政府的高度重视。一般的固体中电子可在三维方向运动,现在低维材料是材料科学的研究热点。由于它们具有高体积百分数的比表面,从而展现出高的化学活性和奇特的物理特性,通过物理和化学的修饰方法,还可以赋予纳米管和石墨烯新的功能特性,在信息元件、生物传感器、分子机器、智能药物、微工具和宇航高级材料等领域中有重要的应用前景。

1.5 奇异原子结构

普通原子是由质子和中子组成的带正电的核与核外带负电的电子形成的,它们具有一定的稳定性,在周期表上有一定位置。实际上还存在不同于普通原子的由正、负电荷粒子组成的量子力学体系,即电子被其他种带负电粒子代替,原子核被其他种带正电粒子代替,这就是奇异原子(strange atom)。例如,普通原子中的电子被其他种带负电的粒子代替形成的奇特原子(exotic atom);电子 e^- 和正电子 e^+ 形成的电子偶素与质子和反质子形成的质子偶素;正电子和反质子形成的反氢原子;在天体物理中可以近似看做汤姆孙原子结构模式的白矮星和中子星等。

显然,奇异原子的研究有很大意义,它使原子物理与核物理、粒子物理、化学以及天体物理的研究相互促进、相互渗透。下面举四个例子。

1.5.1 宇宙形成和白矮星、中子星

根据现在普遍认可的宇宙大爆炸理论[27],宇宙是距今 137 亿年之前在最初 10^{-35} 秒终结引力、强、电磁和弱相互作用大统一,由高度密集在一点的所有物质开始发生暴胀而形成的,温度非常高,达 10^{27} K。现在还未真正理解在暴胀之前的物理,也许是量子引力效应。到 10^{-32} 秒,暴胀结束,宇宙从 10^{-25} m 迅速膨胀到 0.1 m。这时,宇宙的主要成分是光子、夸克、轻子和色胶子,以及同等数量但电荷相反的反粒子,它们可以互相转变,物质和反物质是对称的,宇宙是不透明的。之后,宇宙逐渐膨胀,温度逐渐降低。到 10^{-10} 秒,强作用和电磁与弱作用分离,夸克和胶子合成强子,主要是质子和中子。由于自发对称破缺机制使物质和反物质的对称破坏,物质略多于反物质。此时宇宙温度已降到不足以产生新的强子-反强子对,由于湮灭造成不存在反强子。到 1 秒,电磁和弱作用分离,电子和正电子之间也发生类似过程,于是只剩余质子、中子和电子等物质,反粒子消失。到 10^3 秒,

轻原子核开始合成,主要生成 ^{4}He 核,但温度还很高,在 10^9 K,主要还是辐射能。到 10^{13} 秒(10^5 年),很多辐射能都已转化成原子核,辐射光子的能量已降到 1 eV,温度为 10^4 K,光子和重子完全退耦合,呈等离子态的自由电子与原子核开始结合形成原子。这之后宇宙才演化成以物质为主,变成透明的。在辐射能降到已不能激发原子时,就成为各向同性的背景辐射。到 10^{16} 秒(5 亿年),行星、恒星和星系开始形成。直到现在,宇宙已膨胀到 10^{26} m(百亿光年),寿命已达 10^{18} 秒(百亿年),总共有 10^{12} 个星系,我们所在的银河系有 10^{11} 个恒星,宇宙背景辐射的温度已降到 3 K,成为微波辐射。

原始恒星是由星际气体和尘埃介质凝缩成的星云继续凝缩而成的。它在引力作用下收缩而越来越密,且温度越来越高,当中心温度升高到氢点火温度而发生聚变反应之后便成为普通恒星,它们是靠燃烧自身的核燃料产生热压力来平衡自身的引力压缩。一些质量比 1.4 倍太阳质量小的晚期恒星,在它们核心中的氢作为热核聚变能源耗尽之后,星体的巨大质量引起的万有引力可将自身压缩成密度极大的天体,这个过程就是引力坍缩。这使外层物质逐渐向外抛射形成一个行星状星云,中心部分收缩成一颗白矮星,它的原子已破坏,电子离开核而形成电子海洋,核沉浸在其中,它们靠泡利不相容原理产生的电子简并压力来平衡自身引力,密度为 $10^9 \sim 10^{11}$ kg/m^3,比原子密度 $10^3 \sim 10^4$ kg/m^3 大很多。而质量比太阳更大的晚期恒星的电子简并压力已无法与引力抗衡,引力坍缩会造成超新星爆发,向外喷发出大量质量,在其中央形成中子星或黑洞。在中子星内,恒星的引力可将电子压入核内,与核内质子形成中子,整个星体主要由中子组成,还剩有少量质子和同等数量的电子。中子星的中子数 N 在 10^{57} 量级,质子数 Z 小于 10^{55} 量级,典型质量为太阳质量的两倍,而半径约 10 km,内心密度达 $10^{17} \sim 10^{18}$ kg/m^3,已经是核密度量级。如果超新星爆发后残余的质量超过 3 倍太阳质量,则中子的简并压力已无法平衡引力坍缩,就形成黑洞,其中的任何物质包括光线都无法逃逸出来。

白矮星和中子星整体是电中性的。白矮星可以说是一个巨型原子,但已经不是通常的卢瑟福原子,而是在原子物理领域内早已被淘汰了的无核式结构的汤姆孙原子了。这是废弃了的微观汤姆孙原子模型在宇观领域内的"复活"。每一个中子星都可看做原子核的 Z-N 分布图中在远离已知核半岛和超重岛的一片海洋中的一个 Z 值很大的巨型原子核岛,但各核子已不是由普通原子核内的强和电磁作用,而是由长程万有引力束缚在一起。

宇宙总质量是 10^{51} kg,主要分布在恒星中,恒星之间的物质包括原子分子气体、尘埃、星际云、磁场和宇宙线,统称星际物质,它们的质量约占 5%。除此之外,已有证据表明宇宙中存在大量暗物质。宇宙中含量最丰富的元素是氢,约占物质总量的 71%，其次是氦，约占 27%，其他元素统称为"重元素"，丰度只占 2%。氢核是在大爆炸后 1 秒内由夸克形成的，氦核是在大爆炸 3 分钟后由质子和中子合成的，几乎所有的重元素都是在恒星演化过程中经内部核反应合成的，少部分通过超新星爆发等途径进入星际空间，构成星际物质。

由此可见，天体物理的许多内容是与原子分子物理紧密相关的。

1.5.2 奇特原子和 μ^- 子催化核聚变

奇特原子是由不同于电子的其他种带负电荷粒子与普通原子核组成的量子力学体系，这些负电荷粒子包括质量分别是电子质量的 207、273、966 和 1836 倍的 μ^- 子、π^- 介子、K^- 介子或反质子，μ^- 子与原子核形成的奇特原子叫 μ 原子，其他的统称强子原子[28]。费米（E. Fermi）首先在 1940 年提出奇特原子理论，我国物理学家张文裕在 1947 年第一个用云室观测到宇宙线中 μ^- 子形成过程中放出的 X 射线。

当带负电粒子被原子俘获后，形成的奇特原子一般处于主量子数 n 较高的能态，带负电粒子由于质量比电子的大很多，处在核外电子轨道之内，可能通过俄歇效应把能量传给外层电子或通过 X 射线发射而级联跃迁到低能级，处在很靠近原子核的地方。原子原来的电子仍被保留在外，它们对奇特原子的影响可以忽略。

奇特原子可以用玻尔理论近似描述，由于带负电粒子的质量 m_- 比电子的质量 m_e 大很多，若 M 是原子核的质量，则折合质量

$$\mu = \frac{m_- M}{m_- + M} \tag{1.5.1}$$

很大，而且带负电粒子都是不稳定的，因而有一些不同于普通原子的奇特性质：

（1）奇特原子的半径

$$r_\mu = \frac{n^2 \hbar c}{Z \mu c^2 \alpha} = \frac{n^2 m_e a_0}{Z \mu} \tag{1.5.2}$$

很小。式中，Z 是原子核的电荷数，α 是精细结构常数，a_0 是玻尔半径。由于 $m_e \ll \mu$，$Z \geqslant 1$，奇特原子的半径比通常原子的小很多。

（2）奇特原子的能量

$$E_n = -\frac{Z^2 \alpha^2 \mu c^2}{2n^2} = -\frac{Z^2 \mu}{n^2 m_e} I_H \tag{1.5.3}$$

很大。式中 I_H 是氢原子的电离能。它的电离能和能级跃迁放出的能量比通常原子的大很多，也就是发出的电磁波能量很大，属于 X 射线能区。重原子的 Z 很大，形成的奇特原子放出的 X 射线能量更大得多。

(3) 奇特原子的寿命很短。这是由于这些带负电粒子在物质中都是不稳定的,寿命很短,它们可能在轨道上衰变而消失,也可能被原子核俘获。

下面用 μ 原子的一个应用例子即 μ 子催化核聚变来具体地讨论它们的特点。

在原子核的聚变反应中,如 (d,t) 反应,氘核 d 和氚核 t 必须克服它们之间的库仑斥力才能互相靠近,使核力起作用。通常这是在高温或高能情况下实现的,要求每个核具有几万 eV 动能即 2.4×10^8 K 温度。μ^- 子催化核聚变却很巧妙[29]。由于 μ^- 子的质量较大,$m_\mu = 207\, m_e$,根据式(1.5.2)和式(1.5.3),由 μ^- 子与原子核组成的 μ 原子半径是同种核组成的普通原子的 $\dfrac{1}{207Z}$,μ^- 子很快进入原子的内层电子以内,因而结合能量大 $\sim 207\, Z^2$ 倍。当 μ^- 子进入氘和氚的混合体后,在 10^{-9} 秒内经由 μ 原子 d_μ(或 t_μ)形成或者直接形成 μ 分子 $(d_\mu t)$,在 μ 分子内部 μ^- 子为两个核共用(类似 H_2^+ 中电子为两个核共用),因而两个核非常接近,且有大得多的相对动能,很容易诱发聚变反应:

$$(d_\mu t) \rightarrow \alpha + n + \mu^- + 17.6\ \text{MeV}$$

反应后 μ^- 子重新放出,可继续引发另一次聚变反应,如图 1.5.1 所示。

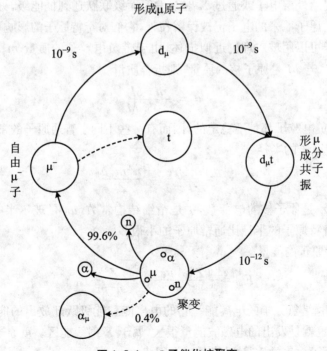

图 1.5.1 μ^- 子催化核聚变

当然，实际情况还是很复杂的，μ^-子寿命为 2.2×10^{-6} s，它不可能无限制地诱发下去，能够诱发反应的次数与形成 μ 分子的时间有关。以 ($d_\mu t$) 反应为最合适，μ^-子一生可以催化 200～300 次 ($d_\mu t$) 聚变反应，远远大于 ($d_\mu d$)、($d_\mu p$) 反应。

在 μ^-子催化核聚变过程中，虽然在 μ 分子内部的局部环境中，两个核的相对动能较高，可是 μ 分子的外部环境仍可以是低温液相或室温气相，因此也称为冷核聚变。由于不需要牵涉上亿度的高温和等离子体，也与氢弹无关，因此用它来实现聚变能的和平利用似乎很有吸引力。

阿尔瓦雷兹（L. Alvarez）1957 年首先观测到 μ^-子催化核聚变现象。他在 1968 年获诺贝尔奖的演说中说："当我们想到已经解决了人类今后的全部燃料问题时，我们十分兴奋，一些匆促计算表明，在液态氢气中，一个 μ^-子在衰变前催化足够多的聚变反应，供给的能量足以开动加速器产生更多的 μ^-子，足以从海水中提取 d，能量还有富余。正当其他人力图通过把氢等离子体加热到数百万度来解决核聚变时，我们代之以非常低的温度，偶然地找到了另外的解决办法了。"细致分析后发现他当时想得太简单了，问题还是很大。一个 μ^-子一生催化核聚变若为 150 次，获得的能量输出为 150×17.6 MeV～2 GeV，而要产生一个 μ^-子需 2 GeV 加速器束流输入能量，而电能转换为加速器束流能量的效率约为 0.2，也即能量输入与输出比为 10∶2，输入大于输出，还不能成为可用能源方式。现在还在继续研究，一方面继续设法提高一个 μ^-子的催化聚变数目，另外的方案是利用 μ^-子的聚变－裂变混合堆方案。当然，这里面还有大量的物理和工程技术问题要解决。

1.5.3 反氢原子

1928 年狄拉克建立相对论量子力学方程，预告了正电子的存在。安德逊在 1932 年发现反电子即正电子，1955 年发现反质子，随后发现一系列反粒子，如 $\bar{p}$、$\bar{n}$、$\bar{\Sigma}$，其中 $\bar{\Sigma}$ 是由我国物理学家王淦昌先生领导的小组发现的。1951 年发现电子偶素 e^+e^-（正反粒子组成的奇异原子），1965 年发现反氘核（2 个反粒子组成的反核）。长期以来，人们一直在寻找由反电子与反核组成的反原子形成的反物质，例如，在宇宙中寻找反物质星球和反物质，在地球上寻找反物质，但都失败了。当然人们并未灰心，目前正在建造大型探测器，放在国际空间站上以寻找宇宙中的反物质。同时人们也试图在地球上的实验室中产生反物质，终于在 1995 年底在实验室中产生并探测到世界上最简单的反物质——反氢原子（antihydrogen atom）$\bar{H} = e^+\bar{p}$[30]。

产生反氢原子的最大困难是合成截面太小，例如，在高真空中用一个 2 MeV

反质子束通过一个电荷为 Z 的原子核的库仑场会产生 e^+e^- 对,反质子会俘获其中的正电子而形成快速运动的反氢原子:

$$\bar{p} + Z \rightarrow \bar{p}\gamma\gamma Z \rightarrow \bar{p}e^+e^-Z \rightarrow \bar{H} + e^- + Z$$

由于所产生的正电子只有一个很小的概率刚好能有与入射反质子相同的速度并被它俘获,因此反氢原子的产生截面非常小,仅为 $2\text{ pb}\cdot Z^2$,如用 Xe 气($Z=54$),则为 $6\times10^{-33}\text{ cm}^2$。另外,气体靶必须很稀薄,否则形成的反氢原子又可能会被拆散。为了得到反氢原子,只有加大反质子通量,使反质子通过 Xe 原子团簇靶,才有可能获得足够多的反氢原子而被测量到。实验是由 W.Oelert 领导的一个欧洲研究组在 CERN 的 LEAR(low energy antiproton ring)上完成的,他们由 30 万个触发中得到 11 个有反氢原子特性的事例,其中两个由本底贡献(即事例数为 11 ± 2),这些与理论预期的 9 个事例相符[31]。

反氢原子的鉴别是这样的,如图 1.5.2 所示:反氢原子产生后将继续向前飞行 10 m 而到达一组硅探测器,反氢原子中的 e^+ 被探测器中的电子阻止而湮没,生成的两个光子以相反方向发射而为围绕的 NaI 量能器记录。剩下的反质子继续前进,通过下游的各种探测器(如闪烁计数器 Sc、漂移室 D、二极磁铁 B)测量粒子的径迹、飞行时间、磁偏转和能量损失等来确定粒子的电荷和质量等特性,从而鉴别出反质子。

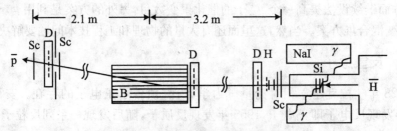

图 1.5.2　反氢原子的鉴别实验装置

由于在 LEAR 上得到的反氢原子寿命很短(在湮没前仅生存 37 ns),且数目很少,因此很难用来做氢与反氢原子光谱以及它们与电磁场作用的精确比较,这种比较理论上很有意义,能对 CPT 对称性进行更精确的检验,即告诉我们自然界在电荷共轭、空间反射和时间反演的共同作用下现象是否保持不变,并告诉我们物质和反物质受到的是否是同样的引力。

为此必须产生大量反氢原子,但飞行中的反质子和正电子形成反氢原子的截面很小,它们碰到周围的原子分子也会湮没消失,由于反氢原子具有磁矩,更好的方法是将反质子和正电子减速冷却囚禁在有磁场梯度的阱中以便它们碰撞产生反氢原子。现在科学家已将 CERN 上产生的 5 MeV 反质子束和 ^{22}Na 放射源放出的最大能量为 0.545 MeV 的正电子束减速后引入磁阱中并冷却(目前每小时已能将 $5×10^6$ 反质子和 $1×10^8$ 正电子囚禁并冷却),以生成大量的反氢原子。利用这一装置,他们测量了反氢原子的激发态分布和速度,希望产生更多的反氢原子,进一步冷却反氢原子到 0.5 K 并将激光引入,开展反氢原子的精密激光光谱学研究,以便进行物质与反物质的对比及最基本的对称理论检验[31]。

1.5.4 电子偶素

电子偶素(positronium, Ps)是道依奇(M. Deutsch)1951 年发现的,它是正电子靠近电子时由于库仑静电相互作用而与电子形成的类似氢原子一样的束缚态[32]。由于它的折合质量 $\mu = m/2$,是电子质量 m 的一半,因此相对氢原子来说有如下一些不同的性质:

(1) 电子偶素的能量是同一主量子数氢原子能量的一半,因此电子偶素的基态能量为氢原子的一半,电离能为

$$I_{\text{PS}} = \frac{\mu}{m_e} I_H = \frac{1}{2} I_H = 6.8 \text{ eV} \tag{1.5.4}$$

(2) 电子偶素的半径比同一主量子数的氢原子大一倍,因而基态半径为

$$r_{\text{PS}} = \frac{m_e}{\mu} r_H = 2 r_H = 1.06 × 10^{-10} \text{ m} \tag{1.5.5}$$

(3) 电子偶素的能级精细结构介于氢原子与氦原子之间,但更类似于氦原子而不是氢原子。这是由于正电子的磁矩大小等于电子的磁矩,比质子的大很多,造成正、负电子之间的自旋-自旋磁相互作用比在氢原子中的电子与质子之间的超精细作用大很多,不能忽略。正、负电子的自旋首先耦合成总自旋 S,然后再与轨道角动量 L 耦合成 J,这种情况类似于氦原子中的二电子耦合,因此,电子偶素的能级图如图 1.5.3 所示,分为两类,电子和正电子的自旋反平行的 $S=0$ 的单重态和平行的 $S=1$ 的三重态。但有两点与氢原子的能级不同。首先,在氦原子情况下,两个电子是全同粒子,由于交换效应,静电作用引起的自旋对称的 $^3S_1$ 态的能级比自旋反对称的 $^1S_0$ 态能级低,如 $2\,^3S$ 比 $2\,^1S$ 低 0.796 eV;而在电子偶素情况下,正电子的电荷与电子的相反,不是全同粒子,不存在交换效应,S 态又不存在自旋与轨道作用,因此,电子和正电子的自旋-自旋磁作用造成的精细结构效应的影响就显露出来了,由第 2 章中的式(2.5.15)的第二项可知,它造成自旋反对称的 $S=0$ 的 ^1S 态能级比自旋对称的 $S=1$ 的 $^3S_1$ 态的能级低。第二,由于正、负电子不是全同粒子,不受泡利原理限制,不像氢原子那样基态不存在 $1\,^3S_1$ 三重态,

电子偶素存在 $1\,^3S_1$ 态。基态分裂为 $1\,^1S_0$ 和 $1\,^3S_1$，$1\,^1S_0$ 能级低些，两者能量差为 8.45×10^{-4} eV。处于 $1\,^1S_0$ 单态的电子偶素称为仲电子偶素，记为 p-Ps；处于 $1\,^3S_1$ 三态的电子偶素称为正电子偶素，记为 o-Ps。

(4) 氢原子是稳定的，不衰变，而电子偶素却是不稳定的，这是由反粒子与粒子的湮没效应引起的。在正电子湮没中，主要发生的是双光子(2γ)和三光子(3γ)的湮没。双光子湮没是正、负电子自旋形成反平行的单态湮没，三光子湮没是正、负电子自旋形成平行的三态湮没。电子偶素 $1\,^1S_0$ 的寿命 $\tau=0.125$ ns，$1\,^3S_1$ 态的寿命为 142 ns。

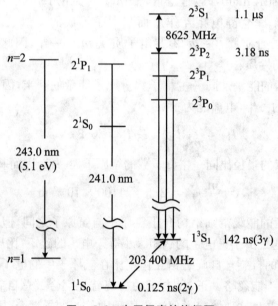

图 1.5.3　电子偶素的能级图

类似于正、负电子形成电子偶素，其他同种正、反粒子也可以形成偶素，并有类似的能级结构。例如，当今在粒子物理中被广泛研究的由粲夸克 c 和反粲夸克 $\bar{c}$ 组成的粲偶素($c\bar{c}$)，其基态 $1\,^3S_1$ 是 J/ψ 粒子，$2\,^3S_1$ 态是 ψ'粒子，$3\,^3S_1$ 态是 ψ"粒子。再有，由美夸克 b 和反美夸克 $\bar{b}$ 组成的美偶素($b\bar{b}$)，其基态 $1\,^3S_1$ 是 Υ(1S) 粒子，$2\,^3S_1$ 态是 Υ(2S) 粒子，现在已发现到 $6\,^3S_1$ 态，即 Υ(6S)。不过这种夸克偶素的作用势已不再是库仑势，而是具有不同形式的其他种势。

1.6 碰　　撞

入射粒子与原子分子发生碰撞，在碰撞过程中会发生能量、动量、电荷的交换，不同的碰撞结果除服从基本的能量守恒、动量守恒和电荷守恒以外，还与碰撞粒子的种类、它们相互作用的情况以及原子分子的结构有关。因此碰撞实验除用于研究原子分子的激发态结构之外，还可以用于研究各种入射粒子与原子分子或离子体系作用的动力学，主要是作用机制和作用速率即截面，包括总截面、微分截面、激发截面、角关联、振子强度、能量转移和动量转移等。由于入射粒子可以是光子、电子、正电子、质子、离子、原子或分子等，光子又可以是微波、远红外、可见、紫外、真空紫外、X射线、γ射线；碰撞对象可以是静止的，也可以是运动的；碰撞结果可以是激发，也可以是电离或解离；可以是二体碰撞，也可以是三体碰撞，因此存在着多种多样的碰撞过程和结果。

当前研究主要是在理论上建立和发展可靠的计算这类问题的量子力学方法，在实验上利用各种粒子束技术、交叉碰撞束技术和高分辨能谱技术精确测量原子分子能级结构、电子轨道以及各种碰撞过程的机理和截面。显然碰撞过程研究与化学反应、等离子体物理、惯性约束核聚变、核技术应用、辐射物理、空间科学、天体物理等有密切的关系。

在各种碰撞过程中，光子与原子分子碰撞在1.2节已有介绍，主要是被吸收后使原子分子激发和电离，在第5章还要详细讨论。这里着重介绍一下电子、离子、原子分子与原子分子的碰撞，以及电子、光子和离子与原子分子碰撞过程中发生的一些特殊碰撞过程，电子碰撞方面的内容在第6章还要详细讨论。

1.6.1 电子碰撞

电子与原子分子碰撞实验是从1914年弗兰克和赫兹(Franck-Hertz)测定Hg原子分立能级结构以及1921年冉绍尔和汤生(Ramsauer-Townsend)测定电场作用下电子通过氩气的平均自由程开始的，20世纪80年代后又再次蓬勃发展。在电子与原子分子碰撞过程中，入射电子的能量可以不变(弹性碰撞)或者改变(非弹性碰撞)，散射电子可以有不同的散射角，可以从原子分子中出射电子(电离)、光子(作用产物退激发而发射的)、两个或多个带电或中性粒子(分子解离)，也可能入射电子被正离子或原子分子俘获(复合或吸附)等。对这些过程进行研究的主要装置有电子能谱仪、电子能量损失谱仪、飞行质谱仪、(e,2e)谱仪以及光谱仪等,它们中主要的将在第6章讨论。利用这些装置,当前的一些主要研究方面有:

(1) 各种基本数据的测量和计算,如电离、激发、散射、复合、辐射俘获等的总截面和与角度有关的微分截面,以及绝对光学振子强度和广义振子强度等;

(2) 各种不同形式交换势和极化势的进一步探讨;

(3) 重原子中电子(尤其是内层电子)运动的相对论效应和其他效应;

(4) 内壳层电子激发和双电子、三电子激发或双电子复合;

(5) 由电子碰撞电离即(e,2e)过程,提供原子分子结构、电子动量谱和波函数信息;

(6) 电子-电子关联效应和其他效应;

(7) 利用极化电子束和极化原子靶研究自旋极化效应;

(8) 电子碰撞产生分子振动和转动态激发;

(9) 研究一些新现象,如后面讨论的某些特殊碰撞过程。

图 1.2.4 给出的是用快电子能量损失谱仪测量的 He 原子的能量损失谱图,纵坐标已经刻度为绝对光学振子强度密度。图 1.6.1 给出的是用同一装置测量得到的 He 原子 $1s^2\,{}^1S \rightarrow 1s2p\,{}^1P$ 及 $\rightarrow 1s2s\,{}^1S$ 的绝对微分散射截面和广义振子强度,入射电子能量为 1.5 keV[33]。由此可见,电子碰撞实验不仅能给出各种激发态结构,包括一些禁戒跃迁(如这里的到 $1s2s\,{}^1S$ 跃迁)、双电子激发态和自电离态的能量、谱形(如图 1.2.4 中的双电子激发态的法诺线形),而且能得到动力学知识(如图 1.2.4 中的绝对光学振子强度密度)。如果测量散射电子的探测器能转动角度,还可以得到微分散射截面和广义振子强度,如图 1.6.1 所示。如果除了测量散射电子的探测器之外,还有测量被电离出来的电子的探测器,即(e,2e)实验,还能得到三重微分截面、电子动量谱(参考第6章中图 6.4.1、图 6.4.5 和图 6.4.6 给出的几种原子分子轨道的测量结果)。把上述测量的结果与理论计算的结果比较,可以得到原子分子的能级结构、波函数和各种相互作用知识,并检查各种理论的正确性。

1.6.2 原子分子碰撞

碰撞实验中除用电子外,还可以用原子分子作为入射束,它们与原子分子碰撞除可以发生前述各种过程外,还可以使分子发生化学反应,例如,原子(或分子)A 和 M 碰撞生成别种原子分子 B 和 N:

$$A + M \rightarrow B + N \tag{1.6.1}$$

以上这些碰撞过程在高温气体、高密度气体和等离子体中是广泛存在的物理现象,它们也是化学反应的核心。

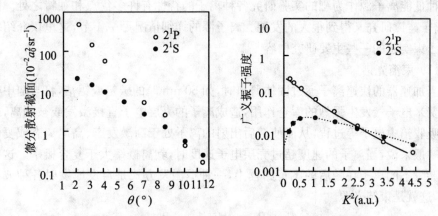

图 1.6.1　氦原子的绝对微分散射截面和广义振子强度

一种主要的研究方法是粒子束方法,利用超声射流、原子分子束、可调谐激光等可以得到各种特定状态的粒子,包括选择束中粒子的方向、能量、带电荷数、自旋极化取向以及各种激发态。用这些特定状态粒子与原子分子作用可以得到各种作用过程、反应通道,甚至反应过渡态和反应中间体的总截面和微分截面、作用机理,以及研究感兴趣的现象,其中许多已在上述电子碰撞研究内容中给出。在这里我们特别感兴趣的是涉及化学反应过程的碰撞截面、能量转移、电荷转移、滞留时间和取向变化等。

由于处于不同能态和取向的分子的化学活性很不相同,例如处于激发态的分子的反应速率可以比基态分子快很多,并且反应过程和反应产物也可能不同,所以研究不同能态分子的反应速率和机理,以及产物分子的能态分布,便成为理解化学反应的核心和关键之一,利用交叉分子束研究态-态反应动力学成为当前化学研究的重要前沿[34]。

1.6.3　离子碰撞

利用离子源和加速器产生的离子束来研究原子、离子和分子物理也是 20 世纪 60 年代之后兴起的。这是由于产生的离子束是定向的,能量单一而且可调,电荷态可以选择,电荷剥离度很高。由于用离子束作为"炮弹"来研究原子分子相对电子束的缺点(详见 7.1 节中的讨论),这方面的应用逐渐减少。但 90 年代以来,用电子回旋共振源(ECR)和电子束离子阱(EBIT)可得到高剥离态离子,可以产生周期表内任何元素的离子,除了用来研究通常的激发和电离之外,还可以用来研究电荷交换过程。这种离子束也可以是纯同位素,需要时还可产生极化离子源。此外,用这种低能离子源作为靶的实验研究各种离子的特性有许多优点和独特之处。因此,离子碰撞研究又得到很大的发展。离子源的详细情况见7.1节,这里仅介绍基于离子束实验的一些主要研究内容[35]。

(1) 束箔光谱

当加速器的快速离子通过固体薄箔时,如50 nm厚的碳箔或铝箔,将与箔中密集的费米电子气发生强烈的库仑作用,造成离子的壳层电子直接激发或被剥离,或离子吸收箔中电子等过程,从而使箔后出射的离子处于高激发态、高电离态或复合态。一般来说,当离子的速度超过壳层电子速度时,剥离概率大于复合概率。这些处于激发态的离子在随后的飞行路程中,一种退激发方式是自发地发射各种波长的光,这就是束箔光源。

$$A^{q+} + B \rightarrow A^{(q\pm n)+*} + B^{n\mp}$$
$$\hookrightarrow A^{(q\pm n)+} + h\nu \quad (1.6.2)$$

由于离子是束流,能量很大,离子束穿过箔的时间很短,在$10^{-14} \sim 10^{-15}$ s,可以认为束箔激发是瞬时的,因而束箔光谱的辐射按指数衰变规律减弱,能反映离子激发态寿命(4.1节中将有讨论)。束箔光谱学就是通过测量这些束箔光谱和束箔光相对激发产生时间的延迟时间曲线,来研究各种离子激发态的能谱、寿命、截面、能级超精细结构以及束箔相互作用机制等[36]。由于通常使用质谱仪对离子束流做质谱分析,可以得到同位素纯的束箔光谱。用离子束产生的这种束箔光源比起常规的高频激发、电子轰击、碳弧等方法来说,可以产生周期表中任何一种元素或同位素的高激发态和高电离态的光谱,以及双电子和多电子激发光谱。

(2) 共线快离子激光光谱

这是用波长可调的激光束和加速器产生的单能离子束在同一轴线上相互作用,使离子共振激发到待研究的能级上,以研究离子的能级特性。由于用了可调频激光器,可以选择激发到所感兴趣的能级。由于离子束聚速(velocity bunching)效应使快离子的多普勒增宽影响变小,由于共线作用使离子与激光飞行方向夹角分散造成的共振吸收激光频率的增宽大大减小,因此共线快离子激光光谱[37](collinear fast-ion-beam laser spectroscopy)极大地提高了能量分辨率。

(3) 在电、磁场中的快速运动离子

运动离子在磁场中除产生塞曼效应外,还会产生斯塔克效应,可以对它们进行研究。

(4) 利用电子束与离子束碰撞研究离子的激发和电离截面[38]

(5) 离子的兰姆移位

长期以来,兰姆(Lamb)移位研究一直吸引着人们的注意,到 2000 年,在德国 CSI 的重离子加速器上,已测量到类氢铀离子 U^{+91} 的 1s 能级的兰姆移位,结果为 $468±13\text{ eV}$[39]。除了高 Z 类氢离子的兰姆移位研究外,类氦离子的兰姆移位研究也在进行,不过实验更加困难。这方面详见 2.1 节兰姆移位部分。

(6) 辐射复合和双电子复合及其他电荷交换过程

辐射复合(radiative recombination)过程是电荷为 q 的离子俘获一个电子或靶原子中一个电子形成 $q-1$ 电荷态离子或原子的激发态,随后又放出光子的过程,也叫辐射重组。

$$A^{q+} + B \to A^{(q-1)+*} + B^+ \qquad (1.6.3)$$
$$\hookrightarrow A^{(q-1)+} + h\nu$$

双电子复合(dielectron recombination)是离子俘获一个电子或靶原子中一个电子后处于离子的激发能级,这时释放的能量又激发了离子的另一个电子,形成的双电子激发离子是一个自电离态。

$$A^{q+} + B \to A^{(q-1)+**} + B^+ \qquad (1.6.4)$$

因此,双电子复合过程是另外一种方式形成的双电子激发态,它是 Auger 过程的逆过程,电子转移发生在离子与原子之间,也叫共振转移激发。对这些过程及其截面的研究是很有意义的,特别是在高温等离子体中是电子复合的一个主要过程。

上述两种过程都是高电荷态离子与原子碰撞产生电荷交换过程中的纯单次电子俘获(election capture),也可以发生多重电子俘获过程,以及发生转移电离过程(transfer ionization)。在转移电离中,入射离子仅俘获了靶原子丢失电子的一部分,其余的电子都被电离了出去。对这些过程的动力学研究,特别是对于电子关联作用的研究是很有意义的。

(7) 电子脱附

负离子与正离子和中性原子分子的性能有很大不同,负离子是由中性原子或分子俘获一个电子,即与额外的电子束缚在一起的量子力学系统,由于中性原子分子的核外电子对原子核的库仑场屏蔽,额外的电子是依靠电子极化关联效应和交换效应被束缚住的。因此负离子的电子亲和能即额外电子的束缚能很小,一般不大于 1 eV,激发态很少,电子很容易离开,称为电子脱附(electron detachment)。一些原子和分子的电子亲和能见附录Ⅴ。此外,不存在稳定的双电荷负离子。电子脱附现象常常是在电子、光子或原子分子与负离子碰撞中发生,其作用截面很大,与入射粒子的种类、能量以及负离子的种类、结构和能量有关。通常惰性气体原子很难形成负离子,卤素原子的电子亲和能较大,较容易形成负离子。

1.6.4 某些特殊碰撞过程

在碰撞过程(主要是电子碰撞和光电离)研究中,会看到一些宽峰、窄峰和多峰,它们是最简单的原子分子理论不能解释的。实际上,它们是与一些精细相互作用、精细结构和特殊的碰撞过程相关联的,例如,自旋轨道耦合作用造成的精细结构、分子的里德伯态、在固体和分子中的原子的化学位移和结构等。涉及的特殊碰撞过程包括双电子和多电子激发过程或电离过程、自电离态、双电子复合过程、近阈伴线结构、超弹性散射、Feshbach 共振、振激和振离、碰撞后作用、形状共振、化学位移、Jahn-Teller 效应、电离激发、彭宁电离、共振俄歇效应等。前面几种过程已讨论过了,现在介绍后面几种作用。对这些过程的物理机制的理解有助于我们开展相关的研究工作。

(1) 超弹性散射

弹性散射是散射电子能量等于入射电子能量的过程,通常的非弹性散射是散射电子能量减少的过程,而超弹性散射(superelastic scattering)是散射电子能量增加的过程[48]。一种典型情况是处于激发态的原子分子(如用激光激发上去)被电子碰撞后回到基态,激发能给了散射电子。

$$e + A^* \rightarrow e' + A \quad (1.6.5)$$

(2) Feshbach 共振

Feshbach 共振最早是由 H. Feshbach 在原子核物理研究中发现的[41],它是两个粒子靠近的散射态和形成的复合体系束缚态之间的共振跃迁现象。在原子物理中最普通的是低能电子与原子碰撞过程中,当电子具有的能量正好合适时,能从电子与原子的散射态 Feshbach 共振跃迁到电子与原子形成的双电子激发负离子束缚态,通常它是不稳定的,然后又分解为电子和原子的散射态。

$$e + A \rightarrow A^{-*} \rightarrow e + A \quad \text{或} \quad e' + A^* \quad (1.6.6)$$

回到原子基态的是弹性散射,电子不损失能量,回到原子激发态的是非弹性散射[42]。例如,当入射电子的能量小于氢原子的第一激发能时,可以通过改变电子的能量得到在电子与氢原子的弹性散射中短暂形成的 Feshbach 共振束缚态:$2s^{2\,1}S(9.549\ eV)$,$2s2p\,^3P(9.736\ eV)$,$2p^{2\,1}D(10.115\ eV)$,$2s2p\,^1P(10.179\ eV)$,…,括号内的数字为电子具有的共振能量。为了确定此种共振态,用高分辨电子能量损失谱仪,固定电子能量损失值为零,改变入射电子能量,测量氢负离子放出电子回到原子基态的弹性散射电子,得到的能谱中有共振峰,相应的能量即为上述括号内数字。当入射电子的能量大于氢原子的第一激发能时,也可以观测到衰变到

激发态氢原子 $2s^2S$ 和 $2p^2P$ 的非弹性散射中的 Feshbach 共振,它们通过测量电子能量损失值固定在 10.2 eV(氢原子的 $n=2$ 激发态)的电子能谱,或直接用一光子探测器测量从末态氢原子激发态瞬时衰变(2p 激发态)和电场猝灭衰变(2s 激发态)所产生的 121.6 nm 的 L_α 光子来确定。

另外一种 Feshbach 共振是在碱金属原子蒸气中发生的[43]。碱金属原子最外层只有一个电子,当两个碱金属原子碰撞时能形成能量较低的总自旋 $S=0$ 的单重态和能量较高的 $S=1$ 的三重态,通常大多数形成三重散射态原子对,少量结合形成自旋单重态双原子分子,两态之间由于能量差别较低发生跃迁的概率很小。由于三重态的磁矩远大于单重态的磁矩,有外加磁场时三重态的最大塞曼能绝对值远大于单重态的塞曼能,通过调节外加磁场大小可以改变三重态与单重态的能量差,使单重分子态的某能级与三重散射态重叠,从而发生从三重态到单重态的 Feshbach 共振跃迁。此时原子的散射长度由负值经负无穷跳变到正无穷再到正值。在原子气体中,散射长度与原子之间的相互作用强度成正比,正散射长度意味着两体束缚态产生。此外,可以通过改变磁场大小,利用 Feshbach 共振使散射长度达到任何值来调节原子之间的相互作用强度,甚至达到强吸收或强排斥作用,从而形成原子对、双原子分子以及它们的费米子原子气体超流态和玻色-爱因斯坦凝聚,并获得应用。

(3) 形状共振

形状共振(shape resonance)是在低能电子散射或光电离过程中,散射电子或电离电子在吸引势与排斥势组合形成的有势垒的单阱或双阱势中暂时被捕获而形成束缚态的现象[44]。例如,SF_6 分子中 S 原子的一个 2p 电子处在 6 个负电性 F 原子形成的笼子中,电子离中心的正电性 S 原子较近,外层电子被屏蔽,于是 S 的 2p 电子受一个净吸引力作用,处在内阱中。当这个电子被激发到较远处时,电子受分子离子的吸引,处在外阱中。在中等距离由于负电性 F 原子的存在,可能导致形成一个膺势垒。因此,在此种双阱势中,如果原子分子内的一个电子被激发到的能态或低能入射电子与原子形成的能态的能量大于电离能,但小于势垒高度,由于隧道贯穿效应而有一定概率跑出去。这一现象经常在对入射能量的微分截面或积分截面谱中或电子能量损失谱中在电离能或激发能后几 eV 看到,往往是短寿命的,因而是宽共振,在 eV 量级。例如,SF_6 分子中 S 原子的 2p 电子被激发到 t_{1u} 态就会得到一个形状共振。

实际上形状共振和 Feshbach 共振具有共同性,都是在碰撞过程中,原子分子或形成的复合体系被激发到超激发态的现象,这个超激发态的能量高于形成的复合体系的解离能,因而是不稳定的。它们的差别在于 Feshbach 共振的入射粒子能量小于靶粒子的激发能,而形状共振的入射电子能量大于激发能,但它的激发电子在这个超激发态内被势垒束缚。由于这一差别,造成形状共振中共振峰宽度较宽,达 eV 量级,而 Feshbach 共振中共振峰宽度很窄,宽的也只有几 meV。例如,在上述非弹性 Feshbach 共振中在超过氢原子第一激发能的地方有一个宽共振 ^{1}P(10.215 eV),它就是一个形状共振。实际上在分子内价和内壳层电离阈之上出现宽的形状共振是较常见的现象。

(4) 振激和振离

振激和振离是在电子、光子、离子与原子分子的碰撞电离过程中,处于高激发态的原子分子体系在弛豫时产生的一种精细伴线现象,在内壳层电离中更容易发生。事实上,价电子被其他电子,特别是内层电子屏蔽,当一个内层电子被电离出射时,原子分子的有效电荷会突然增加,屏蔽被扰动,引起价电子云重新分布,如此的弛豫过程会使原子分子的另一个价电子激发或电离。造成激发的是振激(shake-up),是一些峰;造成电离的是振离(shake-off),是连续谱[45]。因而,伴随内层电子或内价电子直接电离,价电子以一定概率同时被激发到激发态(即振激)或发射出去(即振离),并形成伴线。例如,对电子碰撞情况,有

$$e + A \rightarrow e' + A^{+*} + e_{A内} \quad\quad 直接电离$$
$$\rightarrow e' + A^{+**} + e_{A内} \quad\quad 振激 \quad\quad (1.6.7)$$
$$\rightarrow e' + A^{2+*} + e_{A内} + e_{A价} \quad\quad 振离$$

守恒定律要求这个跃迁只有主量子数 n 变化,跃迁前后轨道的其他量子数不变,即 $\Delta l = \Delta s = \Delta j = 0$。例如,氖原子发生内层 1s 电离,即一个 1s 电子跃迁到电离连续区,如果外层 2s 和 2p 电子未发生能级跃迁,这就是直接电离(光电离或电子碰撞电离);如果同时一个价电子在突然近似下激发到更高的束缚态能级,且自旋同向,如 2p 到 3p,这就是振激;如果一个价电子到电离连续区,这就是振离,它们是相互竞争过程。当然,如果价电子处在激发态,也可能同时退激发,这就是振落(shake-down)。在光电离实验测量电离电子能谱 E_e 时,会看到直接电离主峰和能量较低的若干振激峰以及能量更低的连续振离谱等伴线结构,如图 1.6.2 所示。实际上振离谱很弱,图上已被放大了。在电子碰撞测量能量损失谱中,测量的不是电离电子,而是入射电子能量损失值,因此,直接电离是超过电离阈的连续谱,振激峰叠加在这个连续谱上,而振离谱则湮没在连续谱内。

(5) 碰撞后作用

碰撞后作用 PCI(post-collision interaction)是碰撞后末态敲出电子(如光电离电子、电子碰撞电离电子)或散射电子与跟着这个过程的另外物理过程产生的出射电子(如俄歇电子)同剩余离子之间的一种库仑作用[46]。这种作用要求前面出射

电子的能量较小,随后出射的电子能量比它大,在后出射电子未追上先出射电子之前,先出射电子是在正一价电荷芯的库仑场中运动,追上后则是在正二价电荷芯的库仑场中运动,需要多克服一些势能,因而出来后的能量要减少。而后出射电子正好相反,能量要增加。因此,PCI 会引起出射电子的谱线位置移动(能量损失或增加)和非洛伦兹线形增宽与形变。例如,在光电离情况下,后出射的俄歇电子比直接电离出的电子能量大就会发生碰撞后作用,即有

$$h\nu + A \rightarrow A^{+*} + e_{慢}$$
$$\hookrightarrow A^{2+*} + e_{快} \quad (1.6.8)$$

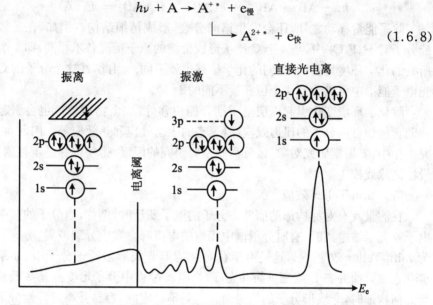

图 1.6.2 氖原子 1s 光电子能谱图上出现的直接光电离和振激、振离伴线

这种作用常涉及电子碰撞自电离、光电离或电子碰撞电离后的俄歇过程等。例如,低能电子与 He 产生能量在 $70.0\,\text{eV}$ 的 $N=n=3, K=1, A=+1$ 的非弹性散射双电子激发态,当散射电子剩余能为 $20\,\text{eV}$,自电离到 $\text{He}^+\ n=1$ 基态的自电离电子(能量 $45.4\,\text{eV}$)有比散射电子快的速度时,就有 PCI 作用,而到 $\text{He}^+\ n=2$ 激发态的自电离电子(能量 $4.6\,\text{eV}$)就没有。再如,近阈内壳层光电离或电子碰撞电离产生的俄歇电子的能量比电离电子以及散射电子的能量大很多,通常就有 PCI 作用。这时能量发生位移,谱形变得不对称,入射光子或电子能量越低这种现象越明显。

(6) 化学位移

原子中的内层电子受原子核库仑引力和核外其他电子的斥力作用,由于外层电子的波函数会延伸到内层电子处,从而对内层电子的原子核库仑场起屏蔽作用,

因此任何核外电荷分布的变化都会影响对内层电子的屏蔽作用。当外层电子密度减少时,屏蔽作用减弱,内层电子的结合能增加,反之结合能将减少。如果原子是被化合在分子内或处在固体的一个晶格位置上,它的外层电子密度会受周围其他原子的电子所产生的电场影响而发生变化,因而在光电子能谱图上会看到内层电子电离谱峰位置移动。通常把原子的内层电子结合能随原子周围化学环境变化的现象称为化学位移[47]。例如,在光电离情况下,有

$$h\nu + AB \rightarrow AB^{+*} + e(AB) \quad [E_e(AB) \neq E_e(A)] \quad (1.6.9)$$

除了能量移动之外,还会发生谱峰分裂,形成精细结构。例如,在三氟乙酸乙酯分子 $C_4H_5F_3O_2$ 中,与 4 个 C 原子形成价键的原子情况各不相同,即 4 个 C 原子所处的化学环境均不同,它们的化学位移也就不同。因此,在这个分子的 C 原子的光电子能谱中可以看到 4 个位移量不同的 1s 峰。

除化学环境变化引起内层电子结合能位移外,许多物理效应也会引起结合能移动。例如自由分子的压力效应、凝聚态的固态效应和热效应等。因此,在实际研究工作中,要根据研究对象,区分哪些是要研究的因素,哪些位移是干扰因素,必须设法清除或校正。

(7) Jahn-Teller 效应

在测量具有对称构形的简并态分子的电子跃迁时,例如,当分子的某个简并的电子亚壳层被电离时,有时分子谱中相应的电离峰会发生分裂或展宽,这一效应称为 Jahn-Teller 效应[48]。这是由于在对称构形非线形多原子分子中,如果基态轨道存在二重简并态 E 或三重简并态 T,当电离过程中分子形变到某些低对称性平衡几何构形时,非线形分子的轨道简并态是不稳定的,容易受高对称性分子的一种特殊振动方式(Jahn-Teller 活性振动)影响,使简并态退简并而分裂,称为 Jahn-Teller 定理。例如,C_2H_6 的基态价电子组态为 $(2a_{1g})^2(2a_{2u})^2(1e_u)^4(3a_{1g})^2(1e_g)^4$,它的基态的二重简并轨道 $1e_g$ 或 $1e_u$ 的电离谱峰就存在由于 Jahn-Teller 效应的分裂和展宽。这是由于从这个简并轨道中移去一个电子后,就破坏了电子的对称性,使简并轨道退简并分裂成两个成分,间隔约为 1.2 eV。如果用能量分辨大于 1 eV 的谱仪去测量,就不能把它们分开来,而得到的是展宽的单峰[48]。如果用能量分辨好的谱仪去测量,则可以得到清楚的双峰。

(8) 电离激发

电离激发(ionization-excitation)是原子分子被电离后处于离子激发态的过程。例如,用电子碰撞产生

$$e_a + A \rightarrow e'_a + e_b + A^{+*} \quad (1.6.10)$$

形成电离激发态的散射电子能量 E_a(或能量损失值)和敲出电离电子的能量 E_b 是

连续的，$E_b = E_0 - \varepsilon - E_i - E_a$，但两者之和为常数，$E_a + E_b = E_0 - \varepsilon - E_i$，这里 E_0 为入射电子能量，ε 为电离能，E_i 为离子激发能。这一点与经自电离态形成的离子激发态不同，在那儿能量损失值 $E_0 - E_a$ 和 E_a、E_b、$E_a + E_b$ 均为固定值。

(9) 彭宁电离

彭宁电离(Penning ionization)是处于激发态的原子与处于基态的原子分子碰撞，使后者电离而自身回到基态的过程[49]。

$$A^* + M \rightarrow A + M_i^+ + e_M \qquad (1.6.11)$$

显然这个过程要求原子的激发能 E_A 大于分子的电离能 ε_M。M 的下标 i 表示 M^+ 离子的各种电离态，因此测量敲出电子的能量分布 E_e(称为彭宁电离电子谱 PIES)可以研究原子分子的电离态结构。设分子电离态的激发能为 E_i，则有

$$E_e = E_A - \varepsilon_M - E_i \qquad (1.6.12)$$

(10) 共振俄歇效应和双俄歇效应

一般的俄歇效应是原子的内壳层电子被电离后，它外面壳层的电子回填后的多余能量又将另一个电子电离的过程，后被电离的电子称为俄歇电子 e_0。

$$h\nu + A \rightarrow A^{+*} + e \rightarrow A^{2+} + e + e_0 \qquad (1.6.13)$$

共振俄歇效应(resonant Auger effect)是指原子的内层电子不是被直接电离，而是被激发到外层空轨道上，这时电子回填内壳层空穴后的多余能量可以使那个激发电子电离，或使另一个电子电离。

$$h\nu + A \rightarrow A^* \rightarrow A^+ + e_0 \qquad (1.6.14)$$

在这个俄歇电子的电离过程中，还可能使那个激发电子再振离、振激或振落[50]。共振俄歇效应的另一个特点是这个内电子激发到不同的激发态的共振俄歇跃迁概率或能级宽度大致相同。这是因为这一宽度应为外层激发能级宽度和内层空穴宽度之和，虽然不同外层激发能级的宽度差很多，n 越大宽度越窄，但对应同一个内层空穴，它的宽度比外层的大很多，总的宽度就差不多了。

在普通俄歇效应和共振俄歇效应中还存在一定的概率(5%~20%)发生双俄歇效应(double-Auger effect)，在这种情况下，外层电子回填后多余的能量同时将两个俄歇电子电离出去。

$$h\nu + A \rightarrow A^{+*} + e \rightarrow A^{3+} + e + e_{01} + e_{02} \qquad (1.6.15)$$

1.7 强场效应

1.7.1 强磁场中的原子

强电、磁场效应是指外加的静电场、静磁场和交变电磁场的场强大到已不能作为微扰时对原子分子体系的物理和化学性质的影响。地球上实验室内所可能有的电、磁场对基态原子光谱和能级结构的影响过去已经在塞曼效应、斯塔克效应和电子顺磁共振中被研究过,不过这种影响还是较小,是一种精细结构效应。例如,实验室内能产生的稳定磁场通常只有几个特斯拉,即使是 10 T 的强磁场所能产生的能级塞曼分裂由式(1.3.20)推出

$$\Delta E_{M_J} = M_J g_J \mu_B B \tag{1.7.1}$$

也大约只有 $2\times 5.79\times 10^{-5} \mathrm{eV\cdot T^{-1}}\times 10\ \mathrm{T}\approx 1\ \mathrm{meV}$,对基态原子($\approx 10\ \mathrm{eV}$)来说,磁场作用比库仑静电作用小很多,是一种微扰。外磁场只对超精细能级产生很大的影响,这已在 1.3 节中讨论过。因此,在地球上实验室内要研究强场效应必须把原子激发到高里德伯激发态,例如,n 到几十,则原子的结合能要小到几千分之一,电子的库仑静电力已很弱,目前实验室能够提供的电场和磁场就可以算强外场了。利用这一方法,已经在实验室研究了强场对高激发态里德伯原子的能级结构和形状的影响,并发现了一些新现象[51,52]。

实验表明高激发态里德伯原子的能级特性与外场异常敏感而且复杂,而理论研究也很困难。在弱外场下,可用微扰方法求解薛定谔方程计算能级的劈裂、移动和展宽,得到与实验一致的结果。强外场下就不能用微扰方法,需要严格求解含外场的薛定谔方程,这变得很困难。这种困难主要在于外场的静电力、洛伦兹力和核的库仑力具有各自不同的对称性。大多数理论计算仍集中在氢原子,或以氢原子为模型的适当修正,如碱金属原子上。这是由于在均匀外电场中氢原子的哈密顿量在抛物坐标中变量是可分离的,相对容易计算一些。因此,强外场的实验也集中在氢原子和碱金属原子上。

1969 年美国 ANL 的 Garton 和 Tomkins 发现,在 2.4 T 磁场里测量 Ba 原子基态到激发态的吸收光谱时,较低激发里德伯态的无磁场的每条谱线变成几十条谱线,形成谱线簇,称为角量子数混合区。这个区域的光谱是有规律的,可用微扰

论解释,那就是有相同主量子数不同角量子数的简并态在磁场作用下塞曼分裂并混合起来,它们的 z 分量能量相差不大,形成一簇。

更高激发态的相邻谱线簇开始重叠,使谱线更复杂,称为主量子数混合区。这个区域一部分是规则的,另一部分已不规则。在电离阈附近,吸收谱变成平坦的连续谱。但他们发现在它之上叠加有一个周期振荡,它延续到电离能之上,称为准朗道振荡。朗道能级间距是电子在垂直于磁场方向运动(相当于谐振子运动)所产生的等间隔裂距[53],发现的这第一个准朗道振荡的周期即相邻峰能量差约为朗道能级间距的 1.5 倍。

1986 年首次得到了氢原子高激发态在强磁场中的高分辨谱,揭示了共振态结构的复杂性。发现当能量分辨率提高很多后,1.5 倍能级间距的振荡消失,新出现另一个 0.63 倍朗道能级间距的新振荡。能量分辨率再提高后,电离阈附近的振荡突然消失,吸收谱如噪声一般,但通过傅里叶变换到时间谱上则有不少尖峰,1.5 与 0.63 倍的振荡只不过是其中两个低频率的振荡。

1987 年中国人杜孟利和美国人戴劳斯(Delos)提出半经典的封闭轨道理论[51],解释了原子和负离子的阈上光吸收谱随能量或外磁场强度变化具有的多周期量子振荡现象,并把振荡的振幅、频率、相位与体系的经典闭合轨道定量对应起来。根据他们的理论,原子吸收光时,原来处于局域空间的电子基态获得能量,以电子波形式从原子核向外传播,先只受核库仑力作用,然后库仑力逐渐变弱,磁力越来越显现出来,两者都起作用。磁力作用使电子沿磁场垂直方向做圆运动,不能走向无限远处,合力将使沿某些特定方向离开原子核的电子在短时间内被挡回到原子核,形成封闭轨道,因而产生了量子干涉效应,于是磁场中原子的吸收截面作为能量的函数可表示为无场时的光滑吸收截面加上很多正弦振动项,类似 EXAFS 振荡。只不过那儿反射波也是向外,这儿则是向内形成封闭轨道,每一个振动项与电子在库仑场与磁场作用下的一个封闭轨道对应,振动的振幅取决于封闭轨道的稳定性,也取决于向外传播电子波的角分布和封闭轨道的出射角和入射角。振动周期对应于轨道时间。1.5 倍朗道间距的振荡是电子沿垂直于磁场方向离开原子核又回到原子核的封闭轨道引起的,这个轨道时间最短,也最稳定,因而它引起的振荡有最大振幅和最小频率,历史上最早发现。0.63 倍朗道间距的振荡是第二稳定、轨道时间第二短的封闭轨道。

1.7.2 强电场中的原子

现在讨论外电场对原子电离和能级的影响,包括斯塔克效应[52,54]。首先讨论静电场对原子电离的影响,这可以从简化的一维模型图 1.7.1 中看出。图中虚线是电子受到的原子内部库仑静电势阱,在两条虚线之间给出原子形成的分立能级,直线是电场强度为 $\mathscr{E}$ 的外场静电势,设为 z 方向,实曲线即为两者之和,是电子实际受到的静电势 V,它在正 z 方向降低,形成势垒,势垒顶点称为鞍点。氢原子受到的静电势为

$$V = -\frac{e^2}{4\pi\varepsilon_0 z} - \mathscr{E}z \tag{1.7.2}$$

鞍点对应的势 V_c 可由上式对 z 微分后取零得到:

$$V_c = -2\sqrt{\frac{e^2 \mathscr{E}}{4\pi\varepsilon_0}} \tag{1.7.3}$$

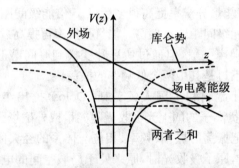

图 1.7.1　外静电场对原子电离的影响

设电子处在主量子数为 n 的里德伯态,能量为 E_n,则零电场氢原子电离能为

$$I_0 = -E_n = \frac{Rhc}{n^2} \tag{1.7.4}$$

有外电场的电离能为 $-(E_n - V_c)$。外电场强度增加会使鞍点势 V_c 下降,原子的电离能变小,具体值由电子在原子内的初始能量确定。在 V_c 接近但仍大于 E_n 时,电子仍被束缚在原子实附近,但通过量子隧道效应有一定电离概率,从而使原子形成窄的共振准稳态。随着外电场强度继续增加,电离概率增加,准稳能级变宽。当 $V_c < E_n$ 时,电子离开,原子被场电离。取 $V_c = E_n$,定义电场临界值

$$\mathscr{E}_c = \frac{4\pi\varepsilon_0 E_n^2}{4e^2} = \frac{4\pi\varepsilon_0 R^2 h^2 c^2}{4e^2 n^4} \tag{1.7.5}$$

它与里德伯态的主量子数 n 有关。当 $\mathscr{E} > \mathscr{E}_c$ 时,原子被电离。对于氢原子基态,$\mathscr{E}_c(n=1) = 3.2 \times 10^8$ V/cm,对 $n=30$ 的里德伯态,$\mathscr{E}_c(n=30) = \mathscr{E}_c(n=1)/n^4 = 400$ V/cm,因而只需要很弱的电场就可电离,使电场成为探测里德伯原子的灵敏手段。反过来,当外电场强度固定时,也可得到对应的电子被电离的临界能量 E_c,它被称为经典场电离阈:

$$E_c = -(E_n - V_c) = \frac{Rhc}{n^2} - 2\sqrt{\frac{e^2 \mathcal{E}}{4\pi\varepsilon_0}} \quad (1.7.6)$$

外电场不仅使原子的电离能变小,而且会通过原子的电偶极矩对原子能级产生影响。设$\langle r_i \rangle$是第 i 个电子相对原子核的平均位置矢量,$\langle r \rangle$和$\langle z \rangle$是电子的总的平均合成位置矢量和在 z 轴的投影,实际上$\langle r \rangle$和$\langle z \rangle$也就是电子的电荷分布中心与正电荷中心的平均距离和它的 z 分量,因此原子的固有电偶极矩 d_0 和 z 方向的分量 d_{0z} 分别为

$$\begin{cases} d_0 = -e \sum_i \langle r_i \rangle = -e \langle r \rangle \\ d_{0z} = -e \langle z \rangle \end{cases} \quad (1.7.7)$$

在无外电场情况下,由于氢原子和类氢离子基态 s 电子波函数是球对称的,因此正、负电荷中心是重合的,即固有电偶极矩 d_0 和 d_{0z} 为 0。对每一个 $n \neq 1$ 的激发态,量子力学可以证明:任意一个具有确定角动量量子数 l 的态的固有电偶极矩也为零,这可以从后面图 2.1.7 给出的各种 l 轨道的电子密度概率分布看出,电子的电荷分布对中心原子核是对称的,因而负电荷中心与正电荷中心重合。但如果 l 是简并的,如氢原子和类氢离子激发态,不同 l 态线性叠加的结果则使固有电偶极矩不为零。例如,氢原子第一激发态的固有电偶极矩 $d_0 = 3 ea_0 = 1.59 \times 10^{-8}$ $e \cdot$ cm。对多电子非氢原子,如碱金属原子,由于轨道贯穿效应使能级对 l 的简并破坏,它们的固有电偶极矩也为零。

现在讨论外电场对原子能级的影响。设均匀电场$\mathcal{E}$的方向为 z 方向,具有电偶极矩 d_0 的原子从外电场获得的静电势能也即能量改变为

$$\Delta E_e = -d_0 \cdot \mathcal{E} = -d_{0z}\mathcal{E} = e\langle z \rangle \mathcal{E} \quad (1.7.8)$$

如果外电场不影响电子相对于原子核的平均电荷分布,即 d_0 不变,由原子的固有电偶极矩导致的这种能量改变与场强成正比,这就是线性斯塔克效应,它在弱电场下是成立的。固有电偶极矩为零的原子的线性斯塔克效应不存在,只有固有电偶极矩不为零的,如氢原子和类氢离子才存在线性斯塔克效应。这就是斯塔克效应在早期的碱金属原子实验中未发现,直到 1913 年才被斯塔克在氢原子的巴耳末系实验中发现的原因。

强电场对原子的电荷分布会产生影响,原子的电偶极矩不能再认为不变,原子被极化,除具有固有电偶极矩 d_0 之外,外电场将诱导出电偶极矩 d_1。d_1 在外电场方向,与外电场强度成正比,比例系数为原子的静电极化率 α,因而能量改变与场强的平方成正比,这就是二阶即平方非线性斯塔克效应。α 值通常很小,非线性斯塔克效应比线性斯塔克效应弱得多。原子具有的总电偶极矩 $d = d_0 + d_1$,由于

斯塔克效应引起的总能量改变为

$$\Delta E_e = -\boldsymbol{d} \cdot \boldsymbol{\mathscr{E}} = -(d_{0z} + d_{1z})\mathscr{E} = e\langle z\rangle\mathscr{E} - \alpha\mathscr{E}^2 \quad (1.7.9)$$

通常斯塔克效应很弱。例如，氢原子基态电子运动所受到的库仑电场强度约为 5.14×10^9 V/cm，而实验室产生的电场 10^6 V/cm 已经是很强了。斯塔克效应造成的能级移动比原子能级间隔小很多。由于静电极化率 α 与主量子数 n 的高次方成正比，高 n 里德伯态原子的 α 很大，因而具有很大的电偶极矩 d_1，较弱的外电场也会产生明显的非线性斯塔克效应，因此在碱金属原子的非线性斯塔克效应实验中通常是用它的高激发态。

现在讨论在电场中氢原子能级和光谱的线性斯塔克效应分裂[54]。在磁场中用量子数 n、l、m_l 和 m_s 描述电子在原子中的运动以及能级，在电场中用什么量子数呢？只要外电场强度远小于原子内的库仑电场，n 仍有确定值。由于外电场在 z 方向，不会改变电子角动量在 z 轴的投影，m_l 和 m_s 也是有意义的。但电场会改变原子的电荷分布，轨道角动量 l 就不是好量子数了，为此需用新的抛物坐标系，用 $n, n_1, n_2, m=|m_l|$ 描述电子运动。有关系

$$n = n_1 + n_2 + m + 1 \quad (1.7.10)$$

其中 $m = 0, 1, \cdots, n-1$。新的抛物量子数 n_1 和 n_2 的物理意义显示在其差值 n_F 上：

$$n_F = n_1 - n_2 = 0, \pm 1, \cdots, \pm(n-1) \quad (1.7.11)$$

反映氢原子中电子的平均分布。当 $n_F \geq 0$ 时，电子平均分布在 z 的上半平面（$z \geq 0$）；当 $n_F < 0$ 时，在下半平面（$z < 0$）。

如果外电场很强以致它的作用远大于精细结构时，以上的量子数能够很好地描述电子的真实运动，量子力学给出外电场造成的能级分裂决定于 n 和 n_F，能量改变为

$$\Delta E_e = 6.402 \times 10^{-5} \frac{n n_F \mathscr{E}}{Z} \quad (1.7.12)$$

能量分裂单位是 cm^{-1}，电场单位是 V/cm，Z 是类氢离子的核电荷数。例如，$n=1$ 的氢原子能级不分裂；$n=2$ 的能级分裂为三条，$n_F = -1, 0, +1$，相应的 (n_1, n_2, m) 分别为 $(0,1,0), (0,0,1), (1,0,0)$；$n=3$ 的能级分裂为五条。

如果外电场的作用远小于精细结构，即在弱外电场和低激发态时，能级结构大致与精细结构相当，n、m、j 仍是好量子数，l 已不是好量子数。如氢原子的 $n=2$ 能级无外电场时分裂为三条，$j=1/2, l=0$ 和 1 以及 $j=3/2, l=1$，前两条简并。量子力学给出外电场造成简并的两条 l 不确定能级再分裂为两个，分别增加和减少如下能量：

$$\Delta E_e = \pm 3.201 \times 10^{-5} \frac{nm\mathscr{E}}{Zj(j+1)} \sqrt{n^2 - \left(j+\frac{1}{2}\right)^2} \quad (1.7.13)$$

实验结果大致证实了上述理论。氢原子和类氢离子激发态的固有电偶极矩不为零,在零场时,每一主量子数 n 形成的能级分裂簇是简并的。当存在外电场时,由上面两公式,线性斯塔克效应使每一 n 簇退简并而出现分裂;随外电场逐渐增强,每一 n 簇的精细结构间距和斯塔克分裂加大而形成扇形结构,这时存在长寿命的高 n 准稳态;外电场强度继续增加时,扇形结构逐渐增宽,不同 n 的扇形结构发生交叉,就会同时存在准稳态和非稳电离态,之后扇形结构完全消失,进入非稳态形成的假连续区。

在外电场单电子原子的光电离实验中,在正能区截面有很宽的共振峰,当增大外电场强度使由零场电离阈减小到经典场电离阈时,这些共振峰变窄,并逐渐产生新的共振态;在小于经典场电离阈后变为窄的准稳态。这些谱的演化也可用前述封闭轨道理论描述。

非氢原子的情况有所不同。由于 l 能级简并的破坏,不存在线性斯塔克效应,只有强电场下的非线性斯塔克效应。碱金属和碱土金属原子实验发现只有准稳态区和非稳态区,没有它们的共存区。这是由于这些原子的电子轨道贯穿效应是非库仑作用,使束缚态之间以及束缚态与连续态之间有相互作用而出现能级反交叉结构,即不同能级相遇时不再交叉而互相排斥形成间隔,然后相互再分离。此外,这些原子由于存在自电离态,电场对自电离态影响的研究也是有意义的。

1.7.3 强激光场中的原子

普通光源与原子分子作用表现为原子中电子吸收单个光子发生跃迁。激光由于其单色性好,因而单色亮度很强,如果强度较大,即使单光子能量不够大,不足以产生单光子吸收,也常常能使原子产生多光子吸收而到达高激发态或电离连续区[55]。我们知道,要使原子能瞬时吸收多光子的效应强,需要激光器的脉冲能量大,脉冲宽度窄,也就是功率 P 要大,同时激光束的直径或面积 S 要小。因此,光场强度 I 不是用单位立体角内接收的发光功率定义而是用单位面积上接收到的激光功率来表征激光器的这一性能指标,也称功率密度,它与电场强度 $\mathscr{E}$ 和脉冲功率的关系如下:

$$I = \frac{P}{S} = \frac{c}{8\pi}\mathscr{E}^2 = \frac{功率}{焦斑面积} \text{ (W/cm}^2\text{)} \quad (1.7.14)$$

自 20 世纪 70 年代以来,由于激光惯性约束核聚变以及原子分子物理学等研究的需要,高功率、超短脉冲激光技术迅速发展,激光器的光场强度(或简称光强)

迅速提高,通常把 $I>10^{10}$ W/cm² 的激光场称为强场。中国科学院上海光学精密机械研究所联合实验室的神光Ⅱ高功率钕玻璃激光装置有 8 路,三倍频波长 351 nm,每路的脉冲功率 3×10^{11} W,能量 300 J,脉冲宽度 1 ns,光场强度 5×10^{14} W/cm²。中国科学院物理研究所研制的极光Ⅲ号小型钛宝石激光装置的峰值功率达到 2×10^{11} W,脉冲宽度小于 30 fs,中心波长约 800 nm,重复频率 10 Hz,由于斑点和脉冲宽度很小,使光场强度达到 10^{18} W/cm² 以上。目前达到的极端参数是用 KrF 准分子激光系统实现的:能量 100 J,脉冲宽度 100 fs(10^{-13} s),光场强度超过 10^{22} W/cm²,激光的电场强度达到 4×10^{12} V/cm。

事实上 10^{14} W/cm² 的光场强度所对应的电场强度已经可以和原子核对电子的库仑作用相比,因而强激光场对原子中的电子运动会产生很大作用,原子在 fs 时间内立即多光子电离。由于激光场的交变特性,电离后的电子将在激光场的极化方向上来回振荡,有一定概率回到母原子实附近发生再碰撞和再散射行为,从而产生下面要讨论的许多新现象。例如,用极光Ⅲ装置进行实验,观测到能量高达 1 MeV 的超热电子以及超热电子的定向发射,并证明它们是由于在强激光场下原子形成的等离子体的极化产生的电场加速而发生的。同时还观测到 1 MeV 的 γ 射线,表明已经发生了核反应。

在忽略原子双电离而仅考虑单个电子电离情况下,按照激光场的光强,原子与强激光场的相互作用大致分成几个区域,如图 1.7.2 所示。

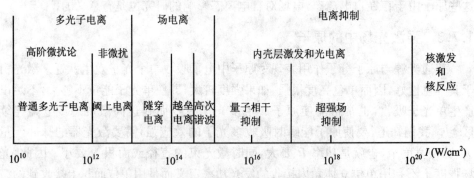

图 1.7.2 强激光场与原子相互作用分区

(1) $10^{10}\sim10^{12}$ W/cm²,发生感生束缚态间共振、普通多光子电离。在这一区域高阶微扰论和传统的原子分子理论仍适用,是非线性光学区。

(2) $10^{12}\sim3.5\times10^{16}$ W/cm²,激光场光强 3.5×10^{16} W/cm² 相应的电场强度已达到 $e/a_0^2=5.1\times10^9$ V/cm,相当于氢原子内电子所受的原子核束缚电场强度。这一区域可以发生阈上电离、隧穿电离、越垒电离和高次谐波等现象,较复杂,已是非微扰过程,可产生多光子和单光子以及高亮度 X 射线和 X 射线激光。

(3) $3.5 \times 10^{16} \sim 10^{20}$ W/cm², 发生内壳层光激发和光电离,这一区域已经是电离抑制区域。在这一区域激光的电场强度已远大于电子在原子内所受到的库仑场强度,原子会在极短时间内被电离,产生高能电子和质子,产生相对论等离子体和硬 X 射线。

(4) $>10^{20}$ W/cm², 在这一区域发生核能态的激发和核反应,进一步产生中子、γ 射线、惯性约束核聚变,以及产生 π 介子和 e^+e^-。

原子在强激光场中的上述各种过程中,最重要的是多光子电离,(1)中给出的多光子电离是窄意上的普通多光子电离过程,它指的是原子中一个电子吸收所需最少数目光子的能量后从基态跃迁到连续态,光电子动能很小。由于吸收更多光子的概率急剧减小,因而由此产生动能较大的光电子的概率可忽略。

阈上电离 ATI(above-threshold ionization)[56] 则是由于电子被多光子电离后,在完全离开原子之前还可继续吸收光子,因此光电子的动能较大。由于激光场很强,光电子再吸收光子的概率较大。阈上电离是另一种典型的强激光场中多光子电离现象。图 1.7.3 给出了 Xe 原子在波长为 1064 nm、脉冲宽度为 135 ps、强度为 10^{12} W/cm² 的脉冲场下的阈上电离光电子能谱,它具有如下特点:

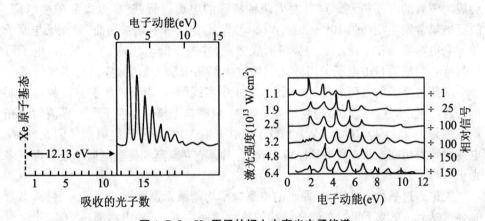

图 1.7.3　Xe 原子的阈上电离光电子能谱

(1) 光电子能谱由多个间距为一个光子能量的谱峰组成,峰的中心位置与光强无关,对应的电子动能 E_{ATI} 与普通光电离电子动能 E_e 分别为

$$\begin{cases} E_e = mh\nu - E_i, & m = 1,2,3,\cdots \\ E_{ATI} = E_e + nh\nu = Nh\nu - E_i, & n = 1,2,\cdots \end{cases} \quad (1.7.15)$$

式中,E_i 是无场时的原子电离能,m 是普通光电离吸收的光子数,n 是阈上电离吸

收的光子数，$N = m + n$，ν 是激光频率。谱中各个单峰相应于被电离的光电子的一系列相互独立的光子吸收过程，即光电子自由－自由跃迁，可用高阶微扰论解释。

(2) 峰的数目随光强增大而增多。

(3) 峰的高度随 n 的增大而迅速下降。

但在较高光强（$\geqslant 10^{13}$ W/cm²）下，阈上电离出现了一些新特点。随光强增大，首先是最低阶峰的幅值降低直至完全消失，接着第二个峰也被抑制。因此，发生低能峰抑制，最高峰向高能方向转移现象。这些不能用微扰论解释，一般可用连续谱的斯塔克效应来解释。另外，随激光脉冲变窄，阈上电离峰逐渐展宽、分裂，并向低能方向移动（红移）。这是由于在很短的脉冲期间，电子来不及穿过聚焦光束和被加速，因而只能获得一部分能量。

在激光场光强进一步增大后，光电子能谱中周期性斯塔克共振峰和阈上电离峰逐渐减弱，最后消失。要知道，如此强的激光光强所对应的电场强度已快接近原子内的库仑电场强度了，在强场下，激光的电场本身可以直接使原子发生单光子电离，这一过程即为前述强电场电离。当光强较小时，场电离的速率远小于碰撞电离的速率，场电离效应可以忽略。但在强场下，激光的场电离就逐步起作用，而最终会成为电离的主要机制。这时发生两种特殊的电离过程：隧穿电离和越垒电离。隧穿电离常发生在场强 $10^{13} \sim 10^{14}$ W/cm² 范围，这时库仑场被扭曲，激光场与原子的库仑电场联合作用使原子的势场形成势垒，并被压低，如图 1.7.1 所示，电子可以贯穿它而成为自由电子。当激光电场增大到某个临界值后，势垒高度降低部分等于或超过原子的电离电势时，如图 1.7.1 中实线所示，电子就能够直接越过它而成为自由电子，这一过程称为越过势垒电离，或越垒电离。相应于此临界值的激光场光强约为 $I_{\text{th}} = 4 \times 10^9 E_i^4 (\text{W/cm}^2)$，其中 E_i(eV) 是原子的电离能。因此，越垒电离大致发生在光强 $10^{14} \sim 10^{15}$ W/cm² 范围。隧穿电离和越垒电离已经不再是多光子电离了。

无论通过哪种方式电离，原子的电离速率均随激光强度增加而迅速增长，当激光强度达到一定程度时，在激光脉冲的持续时间内，原子的电离概率为 1，此时对应的激光强度称为饱和光强。在这种情况下，原子很容易被多次电离而形成高电荷离子。例如，即使是铀原子这样重的原子，在 10^{21} W/cm² 光强下，其中的电子也可以在极短的时间（$< 10^{-12}$ s）内被全部剥离，形成铀的裸核离子 U^{+82}。由此可以开展强激光原子物理研究。在 2.8 节中将给出，高离化离子的外层电子激发和退激发会吸收和发射处于 X 射线能区的光子，研究原子在强激光场中 X 射线的产生机制和辐射、吸收与输运过程，对于惯性约束核聚变和 X 射线激光是有重要意义

的工作。

在强激光与原子作用下产生高次谐波是另一个有趣的现象。在传统的非线性光学中,通常用非线性光学晶体材料产生频率为入射光频率倍数的谐波,如 2 倍和 3 倍的二次和三次谐波,以得到光子能量更大、波长更短的光。如入射光的波长是 532 nm,出射光波长也是 532 nm 是线性效应,能量是 2 倍和 3 倍的出射光波长 266 nm 和 177 nm 则是非线性效应了。但在激光强度相对应的电场强度达到原子中电子所受原子核的库仑作用（>10^{14} W/cm^2）时,会产生更高次谐波,目前用这种强激光场方法产生的高次谐波的最高阶数已超过 200 阶,波长可以从紫外到 X 射线范围。由于电子围绕原子核运动的时间在亚飞秒（1 fs = 10^{-15} s）级,这些高次谐波不仅能量很高,而且时间响应很快,目前已达到从飞秒到 100 阿秒（1 as = 10^{-18} s),又是相干的[57]。高次谐波的产生机制不同于在晶体中产生的通常的非线性谐波,是强激光与原子分子相互作用产生的,可以用半经典的理论解释。在强激光作用下,电子首先通过隧穿电离或越垒电离被电离出来,当电子出来的时间刚好在激光电场改变方向的峰位之后时,电子离开原子还来不及跑很远就被拉回"母"原子实。这时激光电场力的方向与库仑力的方向一致,电子获得的能量可以比自由电子获得的大很多,它与"母"原子实作用可以发生非弹性碰撞再电离出其他电子或被吸收复合掉。前者即为多次电离现象,对后者获得大能量的电离电子被复合后,多余的绝大部分能量就会以高能量的光子形式发射出去,即为高次谐波现象。当然,电子也可以发射轫致辐射或散射出去产生能量很大的电子,但概率较小。非线性光学晶体材料对高能量的高次谐波是不透明的,即使产生也出不来,而强激光与原子分子作用产生的等离子体形成的高次谐波可以是透明的,还具有上述特点,因而这是一种潜在的极超快和高能量的新型光源。例如,现在半导体制造工艺中用于光刻的短波长光源是 ArF 准分子激光器产生的深紫外 193 nm 等离子光源,为了制造集成度更高的电路,需要发展极端远紫外光源。一种方法就是利用强激光产生的高次谐波光源,目前用氩气体靶、液体靶和锡固体靶等产生的 13.5 nm 高次谐波光源已取得很大进展[58]。

激光场光强>10^{15} W/cm^2 时,就进入电离抑制区域,这时原子在强激光场中保持原子状态而不再被电离。在这一区域也可能发生内壳层多光子激发和多光子电离。当激光场光强>10^{20} W/cm^2 时,能发生核能态的激发和核反应,产生高能电子、高能质子、中子、γ射线、π介子和 e$^+$e$^-$,可以开展强激光核物理和粒子物理研究。例如,1999 年在美国劳伦斯·利弗莫尔实验室用高功率超短脉冲激光观测到贴有金箔的铀片的原子核裂变反应以及氘原子微团的聚变反应[59]。

1.8 原子分子测控

美国诺贝尔奖获得者费曼在1959年的一个报告中提出：如果有一天可以按人的意志安排一个个原子，将会出现什么样的奇迹？……这些物质将有什么性质？这是十分有趣的物理问题。虽然我不能精确地回答它，但我绝不怀疑当我们能在如此小尺寸上进行操纵时，将得到具有大量独特性质的物质。1984年钱学森提出：要发展应用原子分子物理，使其成为工程师们设计产品的工具，是"原子与分子工程"！不过在当初他们提出这些设想时，这还是一个概念，一种想象。我们可以认为从广义上讲，由各种元素合成新的化合物分子，生产各种新材料，原子束外延生长技术等，这些都是原子分子工程，它们现在已成为化学家和材料学家们的平常事。

不过这些操纵的是原子分子系综，而不是一个一个原子分子。我们在这儿所讲的应是狭义上的原子分子工程，就是按人的愿望实现**单原子分子测控**，或者说按人的意志安排一个个原子分子。这里要解决四个课题：在确定的空间和时间内实现对单个原子、分子或微小粒子的**成像**；**识别**这是何种原子或分子；**操纵**它们，包括捕获、提取、移动或转动；最后是**组合**或**分解**，以形成新的分子或器件，即将单个原子分子组装成新的分子或量子器件，或将大分子分解或修饰为较小的原子分子。因此，如果能实现单原子测控，我们就可以用一个个原子构造分子或一些有趣的结构，或用不同材料的微小粒子来构造新的纳米级乃至原子级的功能器件，或者反过来把分子分解成一个个原子，把材料上的一个个原子分子取下来。当然目前完全实现这些还只是一个梦想，是21世纪的一个伟大目标。不过自从20世纪80年代以来，由于扫描探针显微镜(SPM)技术、激光冷却和捕陷技术的出现和发展，人们已向这个梦想前进了一大步。人们用扫描隧道显微镜(STM)实现了在固体表面单个原子的成像以及单个原子分子的化合与分解，然后用激光冷却与捕陷实现了单个原子的制备。当然这些还只是初步和开始。所使用的方法和技术发展将在最后一章详细讨论，这里首先讨论原子分子操纵和识别问题，然后介绍一些涉及原子操纵与控制以及原子相干性的物理新现象。

1.8.1 单原子分子的成像和操纵

固体表面上单个原子的成像是原子分子测控的最初成就,它是扫描隧道显微镜在1982年发明[61]以来首先完成的工作。在7.4.1小节中图7.4.2给出的就是硅表面形貌图,可以清楚地看到Si(111)7×7表面重构后的原子结构。

人类第一次实现单原子操纵是在1990年由美国IBM公司Almaden研究中心的D. M. Eigler组完成的,他们用STM成功地移动了吸附在金属Ni(110)表面上杂乱分布的35个Xe原子,并组成了"IBM"三个字母,如图1.8.1所示[61]。实验在超高真空环境和液氦温度(4 K)下进行,这样才能保证因残余气体吸附所产生的污染足够小。为了获得Xe原子的STM像,工作偏压控制在0.01 V,隧道电流控制在1 nA。在此条件下,针尖和Xe原子间的作用力非常弱,在成像过程中Xe原子基本不移动。

图1.8.1 移动35个Xe原子组成的"IBM"三个字母

为了移动某个Xe原子就必须增加针尖与它的作用力,为此在针尖扫描到该原子上面时,停止移动针尖,增加参考电流大小,使STM反馈控制电流驱动针尖向Xe原子移动,从而增加隧道电流,因此针尖与Xe原子的作用力增大,这时再移动针尖,对应的Xe原子将随之移动到新的位置,停止移动针尖并恢复原来高度,这个Xe原子就固定在新的位置上。用同样方法,他们还移动了CO分子使之排成人形结构[61]。

以上基底为导体材料,用STM方法移动单个原子要在极低温度下进行。如果是半导体和绝缘体材料,则可在室温下进行。1991年日本科学家在室温下成功地用加电场脉冲的方法在二硫化钼晶体表面上赶走原子从而书写出"PEACE'91 HCRL"字样,字小于1.5 nm[62]。具体是将距表面仅0.3 nm的STM针尖对准硫原子,然后加一强电场脉冲,电场将推开围绕该原子的电子使之离子化,离子化的硫原子会在晶体表面上消失掉,由这些消失掉原子的空位就可组成各种结构。该技术为研制高密度数据存储器提供了科学依据。

运用其他方法也可实现单原子操纵。例如,1995 年美国康乃尔大学和日本神奈川科学技术院使用中空直径为 40 μm 和 7 μm 的光纤,分别运送单个铷原子获得成功[63]。该技术的关键是使用激光到光纤内壁,由于激光的频率大于(蓝失谐消逝波)或小于(红失谐高斯波)原子的共振频率时,与原子会产生斥力或引力,利用这种作用,原子不会被吸附在中空管道内壁上而在光纤内被导引通行。

再如光镊技术[64]。当单束光通过高数值孔径物镜形成会聚的三维光学势阱并作用于一个透明的物体时,如果物体的折射率大于周围介质的折射率,会产生梯度力把粒子推向光场最强处即轴线焦点。光镊就是利用在三维梯度全光学势阱中激光与物质间这种由于动量传递而产生的 pN 量级的力来捕获和移动微小物体,操控的是尺度为 10 nm～10 μm 的粒子或活细胞,产生的力足以使细菌在溶液中的运动速度提高 10 倍。通常直接用显微镜的物镜作光镊的聚焦透镜,可以同时用显微镜对被操控的微粒进行观测;激光波长选在 800～1200 nm,这样生物活体细胞样品很少被加热破坏。由于具有非接触、无损伤,以及微米量级的精确定位、选择和移动微粒如细胞的特点,光镊特别适合于生物活体细胞、亚细胞层次结构的研究,如对细胞或细胞器的捕获、分选、观测与操纵(弯曲、打孔、熔合或切割细胞等)。与其他技术的组合应用,使光镊自 1986 年以来已迅速应用到生物领域中开展分子生物学、细胞生物学研究,并将会引申到更多的新研究领域。

除了简单的原子搬迁外,1993 年 Eigler 组在超高真空和液氦温度下用电子束将 0.005 单层铁原子蒸发到清洁的 Cu(111) 表面,然后用 STM 将 48 个吸附的铁原子在这个表面上移动形成量子空心围栏[65],半径 7.13 nm。虽然每个铁原子之间距离为 0.95 nm,但这个围栏却能将所包围的一个表面态电子禁锢在其内部,从而可以用 STM 与 STS 同时研究禁锢电子的状态密度的空间和能量分布。图 1.8.2(a)是这个量子围栏的 STM 像,即 STM 探测到的表观高度的二维扫描图;图 1.8.2(b)是它的沿径向的 STM 扫描结果,反映表面局域态密度分布。

这儿要说明一下,Cu、Ag、Au 的电子结构有一个特点,就是在(111)表面存在表面电子态,其费米能级正好在体能带结构的禁带内,因此处于此表面态的电子既由于功函数的束缚而不能逸入表面之外的真空中,又由于体能带的限制而不能深入体内,便形成平行于表面方向运动的二维电子气。在这之前,人们发现 Cu(111) 表面吸附的铁原子对表面态电子有很强的散射作用。设表面只存在单个铁原子,则入射表面态电子波与从铁原子散射的电子波干涉会形成围绕 Fe 原子的驻波,从而引起表面局域电子态密度的变化。由于 STM 的微分电导 dI/dV 与表面局域电子态密度成正比,因此在恒流工作模式下,STM 针尖扫描轨迹即探测的表观高度相应于表面态密度即波函数模平方的等密度面,因而 STM 图像给出表面态密度变化,STM 的拓扑像可以告诉我们表面态的电子波函数是什么样子的。

(a) 由48个铁原子组成的量子围栏的STM像

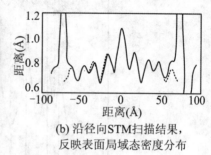
(b) 沿径向STM扫描结果,反映表面局域态密度分布

图 1.8.2　由 48 个铁原子组成的量子围栏

由于 Fe 原子对表面电子的强散射作用,上述围栏内的电子波如传播到围栏处,就因铁原子的强烈散射而被挡了回去,从而在围栏内形成同心圆状的驻波,导致围栏内同心圆状的局域态密度起伏。由图 1.8.2 可见,尽管铁原子并非密集排列,但它们的作用却同一个连续围栏(圆环形无限高势垒)差不多,很少有电子能透过这一围栏泄漏出去。

量子围栏除了能用 STM 测量电子态在表面空间分布的像以外,还可用扫描隧道谱(STS)测量电子态在能量上的分布。STS 即微分电导和针尖与样品之间偏压 V 的关系,如图 1.8.3 所示,共有三条曲线。最上面为针尖固定在距围栏中心 100 nm 的地方,即在围栏外,不感觉围栏存在,没有什么明显特色。中间是针尖在中心处,有 6 个明显谱峰。下面是针尖距中心 0.9 nm 处,除 6 个峰外,中间又多了几个峰。这些分立峰表明表面电子在围栏内存在一系列的分立能级,可以由量子力学给以解释,取平面极坐标(ρ,φ),在无限高圆环势下求得电子本征态 $\psi_{n,l}(\rho,\varphi)$ 正比于 $e^{il\varphi}J_l(k_{n,l}\rho)$,$J_l$ 为 l 级贝塞尔函数,本征能量 $E_{n,l} = h^2 k_{n,l}^2/2m^*$,$m^*$ 为电子有效质量,$k_{n,l} \cdot \rho_0$ 为 J_l 的第 n 个零点所在处,ρ_0 为围栏半径。当 $\rho=0$ 时,J_l 只有 $l=0$ 才不为 0,因此,中间曲线对应峰值为 $E_{n,0}(n=1,\cdots,6)$,即从左至右的 6 条竖直实线是 $\psi_{n,0}$ 贡献。虚线相应于 $l=1$,依次代表 $E_{n,1}(n=1,\cdots,6)$,是 $\psi_{n,1}$ 贡献。谱中峰宽度相应的寿命为 3×10^{-14} s,正好与自由表面态电子穿行围栏直径的时间 2×10^{-14} s 一致。以上分析同样可以用来解释图 1.8.2,由于 STM 观测时样品处于极低温,图 1.8.2 反映的实际上是处于费米能量 E_F 的表面态电子的局域态密度的二维分布。上述理论模型中只有 $\psi_{5,0}$、$\psi_{4,2}$ 和 $\psi_{2,7}$ 的本征能量接近 E_F,而图中虚线正是用 $J_0^2(k_{5,0},\rho)$、$J_2^2(k_{4,2},\rho)$ 和 $J_7^2(k_{2,7},\rho)$ 的线性组合所得的拟合结果。

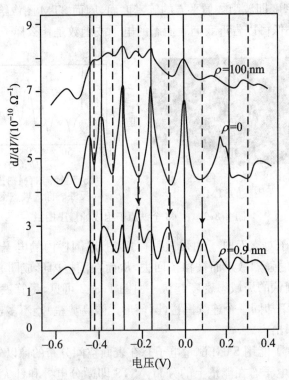

图 1.8.3 量子围栏的扫描隧道谱

在晶体表面写字只是一种最简单的原子操纵,表明可以搬迁原子,随心所欲地移动原子到想要去的地方,本身并没有太多的物理内容,只具有象征性的意义,表明一个时代的开始。现在人们已能够用单原子操纵技术实现在 Si(111)7×7 表面单原子缺陷的修复以及加工一条 Si 单原子链[66],21 世纪原子分子工程必将对科学和技术起巨大作用。量子围栏则是第一个物理例子,通过最简单的单原子移动就可构造一个纳米级的功能器件——二维无限高势阱量子力学体系,又一次表明"你能做任何人过去做梦也想不到的事"。在这个基础上研究人员可以考虑一系列新的研究课题,除了研究表面电子与吸附原子的相互作用,禁锢电子的性质以外,还可研究无缺陷表面上电子波的衰减,电子与声子激子相互作用,吸附原子自身之间的相互作用等。

分子的操纵也被实现了,除了简单的移动之外,吸附在固体表面的分子还有一个取向问题,如中国科学技术大学的朱清时、侯建国组用 STM 直接拍摄到能够分辨出化学键的、吸附在 Si(111)7×7 表面的 C_{60} 单分子图像[67],首次直接观测到 C_{60} 的笼形结构,实验得到 C_{60} 分子丰富而清晰的内部结构,并通过与理论模拟比较,确定了 C_{60} 分子在 Si(111)7×7 表面不同吸附位置的分子取向。同时进行的扫描隧道谱测量给出了 C_{60} 与 Si(111)7×7 表面相互作用后的局域电子态。

在某些条件下分子还能够旋转。有人在 Cu(100) 表面覆盖少量 HB-DC 分子,它的 STM 像应是由 6 个亮圆点构成的六边形,如图 1.8.4 所示。但在某些对称性低的吸附位置,HB-DC 分子发生了快速旋转,像成为环形,如图 1.8.4 中 B 图上的中心圆环。若把它平移一个 Cu 晶格距离 0.26 nm,圆环又变成了分子固定不动的六边形结构,如图 1.8.4 的 A 图所示[68]。由此可见,分子转子是一种几乎无摩擦、无磨损及无惯量的装置,利用热噪声驱动。此外,用在 STM 上连续加电压脉冲的方法,也观测到吸附在 Pt(111) 表面上的氧分子的旋转[69]。

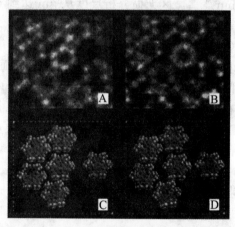

图 1.8.4　分子转子的 STM 图

1.8.2　单原子分子的化合、分解和识别

再来讨论分子的化学反应:化合和分解,这比操纵还困难。目前用原子力显微镜已可以将开环线形 DNA 生物大分子切断[70]。1999 年在低温下用 STM 操纵吸附在 Ag(110) 表面上的 CO 分子和 Fe 原子,使之发生成键反应而生成 Fe(CO) 分子,并进一步生成 $Fe(CO)_2$ 分子[71],从而首次实现了单个小分子的化学反应。2005 年用扫描隧道显微镜将 1.3 nm 大小的吸附在 Au(111) 表面的钴酞菁分子的外围苯环基团的 8 个氢原子打掉,实现了脱氢化学反应并使其与金属表面形成稳

定的化学键合，整个分子的空间结构和电子结构发生很大变化，由此改变和调控了中心钴离子的自旋态和整个分子的磁性[72]。

现在来讨论单个原子分子的探测识别。传统的原子分子物理主要是研究处于系综的自由态气相原子或分子的物理特性，如能级结构和动力学。进入21世纪，在固体表面上的非自由态单个原子的探测、运动、相互作用和能级结构这一类原子物理研究问题变得非常重要起来。

一个有非常重要应用意义的原子探测识别课题是样品微区无损原子识别。但到目前为止还没有达到单原子程度，实质上仍然是一种微量元素测量，是大量原子系综的统计测量，即使是处在分子内或凝聚态的原子也是。单原子探测识别可以说是从微区微量元素分析开始的，经过几十年的努力，空间分辨已有很大提高。早期用扫描质子微束(或质子微探针)荧光分析[73]，空间分辨最好能到 $0.1\ \mu m$。现在用场发射针尖电子枪和磁平行器的高分辨扫描俄歇谱仪，空间分辨可小于 10 nm，极端条件下可达到 1 nm[74]。微区无损分析尺度从 μm 达到 nm，应该说有了飞速进步，但还没有达到单原子水平。

用场离子显微镜(FIM)[75]结合飞行时间谱仪和位置灵敏探测器可以做到三维原子探针(3DAP)，其工作原理是用强电场使 FIM 针尖表面的原子蒸发，场蒸发后的离子进入飞行时间谱仪后可以确定原子的质量，阳极处的位置灵敏探测器可以得到所探测的原子在针尖上的位置信息，从而 3DAP 可以得到实空间中元素分布的三维图像[75]。3DAP 虽然做到了单原子元素分析，但缺点是样品必须制成针尖形状，且很难有选择地对某个特定的原子进行测量。

STM 结合飞行时间谱仪(STM + TOF)也可以做单原子元素分析[76]，它用 STM 的针尖扫描找到样品上感兴趣的原子，加脉冲电压将原子从样品上转移到 STM 针尖上，然后用强场使针尖上吸附的原子蒸发进入飞行时间谱仪被微通道板探测进行元素分析。

以上两种装置虽然都能进行单原子的元素分析，但二者都会在测量后将被测原子"丢失"。真正意义上的单原子检测要求原子级的空间分辨、单原子元素分析及无损探测，现在使用 STM 也只是实现了单原子搬迁，离单原子的探测识别还有一段路，仍没有解决，哪怕是较为容易的在固体表面上的单原子探测在世界上也还未解决。使用 STM 的扫描隧道谱工作模式，也只能探测表面费米能级两边几 eV 内的电子态，而不能确定固体表面的原子或分子种类，很难做到元素分析和进行能级结构与动力学研究。如果使用 STM 抓住原子，结合原子物理中经常使用的能谱测量技术(如电子能量损失谱、俄歇电子谱或特征 X 射线谱)，通过分析它的能谱来识别原子种类，有可能发展一种新的真正的单原子探测技术，解决在固体表面上探测识别单个原子这一难题。进一步还可能通过它的能级结构的变化来研究由原子形成团簇以至固体的规律,这些不仅对于单个原子的操纵和元素识别,而且对于纳米材料科学、介观物理和化学均有着极为重要的意义。

STM 工作是通过隧道电流的测量而实现的,隧道电流是电子流,如果在探针和样品之间加较大负电压,则探针将会发射电子流而被样品吸收。这样的扫描探针装置本质上是一个电子束装置,只不过束流非常细,可到原子尺度。在探针和样品原子之间加不同电压就会产生不同能量的电子束,于是可以通过测量电子束作用到那个原子上所产生的散射电子、俄歇电子或 X 射线,类似能量损失谱、俄歇电子谱和 X 射线分析方法,对原子的能级结构和动力学进行研究,这就是扫描探针电子能谱和 X 射线谱方法。

目前这些方法的研究处于原理性研究的开始阶段。主要问题有两个,第一是如何做到无损探测。通常用 STM 技术找原子时,例如是在 Si(111) 面上加 +2.0 V 电压和 0.5 nA 隧道电流。然而为了得到上述能谱,电子束需要能量几十 eV 以至 1.0 keV 以上。样品和探针表面结构在这样的电压下极易破坏,找到的原子也会跑掉。日本科学家 1996 年做过一个探索性研究,使用 7.5~19 V 的不同宽度的正脉冲加到 Si(111)7×7 样品上,发现从 Si 表面不能吸出一个原子的阈脉冲有如下规律:脉冲宽度越窄,阈脉冲电压越高,因此,如果要使用高电压幅度脉冲以便得到高能量的电子束,而又不从样品表面吸出硅原子而破坏样品表面结构,则可以使脉冲宽度变窄。我们的实验也证实了这一点[77]。第二是如何提高谱仪的探测效率。由于谱仪所张立体角和探测器的空间位置受到限制,因此几何探测效率很难做大,如何选择和设计探测器,使有尽可能大的接受立体角和物理效率是值得研究的课题。

分子的识别方面相对单原子识别来说进展较大。光学方法的能量分辨很高,使用扫描共焦荧光显微镜的光收集效率很高,可以探测单分子发出的荧光,但受到激光斑点大小限制,空间分辨还不能到单个小分子。因此,用它可以识别孤立的或相互距离较远的单个大分子。例如,聂书明等测量到吸附在 Ag 纳米颗粒上的单个若丹明 6G 分子的表面增强拉曼散射信号。这一技术特别在单个生物大分子的研究中得到很大应用[78]。

由于分子的振动转动能级的能量较低,扫描隧道谱(STS)最高只能测量几 eV 的能量,这正好能激发一些分子的振动能级,因此用 STS 的非弹性电子隧穿谱(见 7.4 节)测量分子振动谱方法可实现单个小分子的识别。W. Ho 组在 1998 年将 C_2H_2 分子吸附在 Cu(100) 表面,用 STM 扫描抓住一个 C_2H_2 分子,缓慢改变隧道偏压大小,并在偏压中加入高频小信号,通过锁相放大器直接测量 STS 的直接谱

($I-V$)、微分谱($dI/dV-V$)和二次微分谱(d^2I/dV^2-V),从后两个谱中可以看到,在 $V=356$ mV 处有明显的阶跃和峰,它代表 C—H 键的拉伸振动跃迁,能量为 358 meV。如果用 C_2D_2 分子,则振动峰的电压为 266 mV。图 1.8.5 是他们得到的 C_2H_2 和 C_2D_2 两个分子的各种扫描隧道图像[79],A 图为普通的扫描隧道图像,用隧道电流作控制得到的 C_2H_2 分子(左)和 C_2D_2(右)分子均表现突起,不能分辨;B、C、D 图是在偏压分别为 358 mV(B)、266 mV(C) 和 311 mV(D),用 d^2I/dV^2 信号作反馈控制得到的扫描图像,由图可见,两种分子已被清楚地分辨开了。此后,他们用这一方法还识别了 C_2H_4、CO 等单分子[79]。

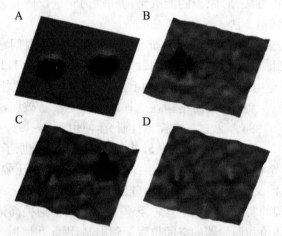

图 1.8.5　C_2H_2 分子和 C_2D_2 分子的各种扫描隧道图像

我们相信在 21 世纪,单个原子分子的化合、分解和探测识别一定会取得更大进展和获得许多应用,单个原子分子测控研究将会得到更大和更快的发展,原子分子工程将会迎来一个新的时代。

1.8.3　玻色－爱因斯坦凝聚

由自旋为半整数的费米子或由奇数个费米子构成的复合粒子组成的费米子系统(如质子、中子、电子和 ^{2}H、^{3}He、^{6}Li 原子)由于受泡利不相容原理的限制,每一个单粒子态上所占有的粒子数不能超过 2(对应两种不同自旋投影)。因此,即使在绝对零度下也只有两个粒子处于能量最低的基态,其余粒子按能量由低到高分布到不同的能态上。而由整数自旋玻色子或由偶数个费米子构成的复合粒子组成的玻色子系统(如 ^{1}H、^{4}He、^{7}Li、^{23}Na、^{87}Rb 原子和 H_2、$^6Li_2$ 分子)就不受泡利不相容原理的限制,在同一个单粒子态上所占据的粒子数不受限制,在高温时服从麦克斯韦-玻尔兹曼分布,在极低温度下粒子会向最低能态即基态聚集,这就是在1925年由爱因斯坦预言的玻色-爱因斯坦凝聚(Bose-Enstein condensation,BEC)[80]。

设处于 i 能态的粒子具有的能量为 ε_i,体系基态 $\varepsilon_i = \varepsilon_0$ 上的粒子数为 $N_0(T)$,玻色体系总粒子数为 N。若初始温度较高,基态上没有粒子,可以得到一个转变温度 T_c,当温度 T 降低到 $T<T_c$ 时,BEC 开始发生,$N_0>0$,即玻色子将在基态上迅速聚集,T_c 称为凝聚温度。当 $T \to 0$ K时,粒子将全部聚集到体系的基态上。在 $T<T_c$ 时,可把体系看做两相耦合,一是凝聚相,由凝聚于基态的粒子 N_0 组成,可以把它单独写出,另一是正常相,粒子(N_1 个)分布于各激发态。由统计物理学,有

$$N = N_0 + N_1 = N_0(T) + \int_0^\infty n_\varepsilon D(\varepsilon) d\varepsilon \tag{1.8.1}$$

其中,玻色子能量已由不连续化为连续,以便用积分形式代替求和。n_ε 为理想玻色子随能量 ε 的最可几分布函数,由玻色-爱因斯坦分布决定:

$$n_\varepsilon = \frac{1}{e^{(\varepsilon-\mu)/kT} - 1} \tag{1.8.2}$$

这里 k 是玻尔兹曼常量;体系的化学势 $\mu \leqslant 0$ 是温度的函数,$-\mu$ 随温度 T 逐渐降低而减小,直到 $T \leqslant T_c$ 时,$-\mu=0$,达到最小值。$D(\varepsilon)$ 为体系的态密度函数,对于处于体积为 V 的三维立体箱中的理想玻色气体,态密度函数为

$$D(\varepsilon) = 2\pi V h^{-3} (2M)^{3/2} \varepsilon^{1/2} \tag{1.8.3}$$

当温度 T 逐渐降低但还未小于 T_c 时,$N_0=0$,$N_1=N$ 保持常数。当 $T=T_c$ 时,$-\mu=0$,式(1.8.1)右边积分项可积出从而得到凝聚温度为

$$T_c = \frac{h^2}{2\pi Mk} \left(\frac{N}{2.612V}\right)^{2/3} \tag{1.8.4}$$

例如,氦原子 ^{4}He 是玻色子,由于 $V/N = V_0/N_0$,$N_0 = 6.02 \times 10^{23}$/mol,$V_0 = 27.6$ cm^3/mol,$M = 4/N_0$,于是得到 ^{4}He 的凝聚温度 $T_c = 3.13$ K,需要很低温度。这实际上是液体 ^{4}He 在 2.17 K 以下出现超流性的根本原因,这时在液氦中有少部分(约10%)^{4}He 原子发生玻色-爱因斯坦凝聚,从而导致超流性。

由式(1.8.1)和式(1.8.4)可以得到当 $T \leqslant T_c$ 时 N_0 的表示式:

$$N_0 = N\left[1 - \left(\frac{T}{T_c}\right)^{3/2}\right], \quad \text{当 } T \leqslant T_c \tag{1.8.5}$$

这一公式给出了处于凝聚相的玻色粒子数目随温度的变化,当 $T=0$ K 时,$N_0=N$,全部粒子都在 $\varepsilon=0$ 的基态上,随温度升高粒子逐渐激发到 $\varepsilon \neq 0$ 的态上,当 $T=T_c$ 时,$N_0=0$,全部粒子都被激发。

设粒子数密度为 $n=N/V$,达到凝聚温度时考虑坐标和动量的无量纲的相空

间密度为

$$\rho = n\lambda_D^3 = 2.612 \tag{1.8.6}$$

因此,理想玻色气体能形成 BEC 的判定条件为 $\rho > 2.612$,也就是在以德布罗意波长为尺度的三维空间内必须有多于两个原子才能形成 BEC。

上述讨论是针对理想玻色气体的,如果理想玻色气体被囚禁于一个空间变化的势场中,那么对于不同的囚禁势,表达式(1.8.6)也不相同。利用外部囚禁势阱的作用,可以使实现玻色-爱因斯坦凝聚的难度相对降低。此外,实际的玻色原子间存在着相互作用,使问题变得复杂。如果玻色子间为弱相互作用,可以用微扰论讨论,当相互作用势为排斥势情况时,可以形成稳定的凝聚,当相互作用势为吸引势情况时,则不能形成凝聚。只有利用合适的外部囚禁势才能形成稳定的 BEC。

由上述讨论可知,实现玻色-爱因斯坦凝聚的关键就是要不断地提高玻色气体的无量纲相空间密度 ρ,使大于公式(1.8.6)给出的数值,也就是要把玻色气体捕获和囚禁起来,增加囚禁的粒子数 N 以提高粒子数密度 n,并尽可能地降低气体温度 T。目前人们已经用激光冷却和囚禁技术获得大数目和高密度的超冷玻色原子气体,然后将样品装入静磁阱中,再利用射频蒸发冷却技术进一步降低温度,提高无量纲相空间密度,最后实现玻色-爱因斯坦凝聚。这一技术将在 7.3 节中讨论。可以采用第 5 章将要讨论的激光共振吸收技术来对得到的玻色-爱因斯坦凝聚态原子进行成像,从而可以确定原子的数目、密度、温度以及空间分布。

氢原子 ^{1}H 由两个费米子(一个电子,一个质子)组成,是最简单的玻色子原子,在过去 20 年里,人们利用激光磁光阱和蒸发冷却技术成功地使氢原子气体的相空间密度提高了 15 个数量级,但仍然没有用它第一个实现 BEC,这是因为它有较强的非弹性碰撞效应,如复合成氢分子和自旋改变碰撞。相对来说,碱金属原子的激光冷却和囚禁更容易一些,1995 年美国国家标准与技术研究所 NIST 和 Colorado 大学 JILA 的 E·A·康乃尔(Cornell)和 C·E·魏曼(Wieman)小组以及麻省理工学院 MIT 的 W·克特勒(Ketterle)小组[81]分别用碱金属原子 ^{87}Rb 和 ^{23}Na 在改进后的磁光阱中通过蒸发冷却技术实现了 BEC,Rice 大学的小组也报道了超冷 ^{7}Li 原子进入量子简并区域的实验现象。这样经过 70 年的不懈努力后,终于实现了物理学上的一个重大进展。2001 年的诺贝尔物理学奖因此被授予这三个人。1997 年后,又有许多实验室实现了 BEC,主要用 Rb,少数用 Na。1998 年 MIT 小组终于实现了氢原子的 BEC。

图 1.8.6 是 MIT 组在 BEC 形成后关闭磁光阱得到的原子云的激光共振吸收成像图,中间连续亮部主要是凝聚相部分原子,外圈点状亮部主要是非凝聚部分原子。可以看到,原子云从最初的由于磁阱的不对称性造成的凝聚态压扁状(图 a)

开始扩大,非凝聚部分原子的速度分布是各向均匀的,因而均匀扩散,而凝聚态部分主要沿 x 轴扩散。随时间推移,凝聚相部分逐渐扩散经由几乎圆形(图 c)到沿 x 轴的长扁形(图 f)。实验测得在 $T=2\ \mu K$ 时,凝聚态峰值数密度 $n_c=1.5\times 10^{14}$ cm^{-3},凝聚态原子数目 $N_c=5\times 10^6$,在射频场工作状态下,凝聚态寿命约 20 s,去掉射频场时,寿命减小到 1 s。

实现玻色原子的 BEC 本身就具有很大的物理意义,人们又在追求实现费米原子的凝聚。实际上费米子是不可能直接凝聚的,只有把费米原子在极低温度下两两配对而构成玻色分子或费米原子对才有可能,这已经用 $^6Li_2$ 和 $^{40}K_2$ 玻色分子及 ^6Li 和 ^{40}K 费米原子对实现[82]。此外,处在 BEC 状态下的物质会发生一些新的物理现象,例如,原子激射器就是一种,下面详细讨论。

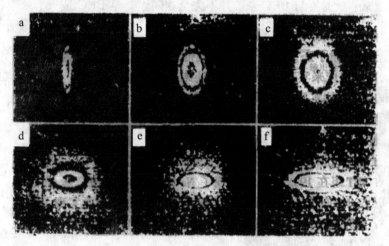

图 1.8.6 玻色-爱因斯坦凝聚成像及随时间扩散

1.8.4 原子激射器

原子激射器是相干原子束发生器[83],它的英文名字叫"atom laser",是根据光激射器(激光器,laser)取名的。但激光器发射的是相干电磁波,而原子激射器发射的是有质量的相干物质波,因而翻译成"原子激光器"不是太好,反而类似"微波激射器"(maser)之类的取名更合适些。

原子激射器产生的原子有很小的动能,具有较长的德布罗意波长,表现出鲜明的波动性。束中所有的原子处于同一量子态,它们是高度相干的。正是相干性这一点使原子激射器与普通的热原子束有根本的不同,这一区别也非常类似于激光器与普通热光源的关系。

原子激射器除具有波动性和相干性这两个主要特性之外,高的"光谱亮度"是另一基本特征,束中原子的能量分散很小,"单色性"很好,能谱处于单模。

由于原子激射器发射的相干原子束中的原子都处于同一量子态,因而可以准直行进相当距离而没有明显发散,即"方向性"好。

由此可见,原子激射器的几个基本特征都类似于激光器,而使其具有这些基本特征的本质原因在于原子激射器发射的原子都处于同一量子态。

如何才能使原子都处于同一量子态呢?目前看来唯一的途径就是将玻色原子制备成玻色-爱因斯坦凝聚态,然后用合适的方法将 BEC 中的部分原子耦合出激光阱,就形成了原子激射器,这与光学谐振腔中高简并度的光子被部分反射镜耦合输出形成激光一样。

但是原子激射器与 BEC 系统并不完全相同。一是 BEC 是一个处于极低温度下的热平衡系统,而原子激射器是一个开放系统;二是原子激射器中原则上只要求原子处于同一量子态,但并不一定要求是最低量子态。因此,原则上说,原子激射器可以不用 BEC 系统来实现,只不过现在还未找到其他途径。

自从 1995 年从实验上实现了 BEC 态,原子激射器的概念就产生了,很快到 1997 年就被美国 MIT 的 W. Ketterle 组和 NIST 的 D. Phillips 组从实验上实现并证实。类似激光器由谐振腔、激活介质和输出耦合器构成一样,原子激射器中谐振腔是囚禁原子的磁光阱,激活介质是玻色-爱因斯坦凝聚原子团,而输出耦合器用了射频脉冲。MIT 组在 1995 年首先实现了 Na 原子气体的 BEC 态,在这一基础上在磁光阱中输入与 Na 原子的一对超精细能级共振的射频脉冲而实现了玻色凝聚体的输出耦合。射频脉冲的作用是使部分原子在超精细能级之间发生跃迁,从而由原来的捕陷态变到非捕陷态,在重力作用下,相继离开磁光阱而形成相干原子束,如图 1.8.7 所示。实验上使用的射频脉冲宽度约 6.6 μs,脉冲间隔约 5 ms,每次形成 BEC 后能得到最多 8 个相干原子脉冲,每个脉冲在空间中呈月牙形分布。

为了证实形成 BEC 的原子以及使用射频

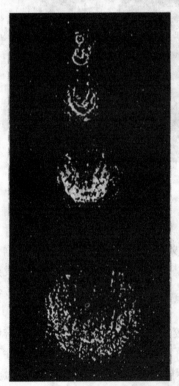

图 1.8.7　相干 Na 原子团脉冲成像图

式输出耦合器产生的原子脉冲都是相干的,该组用一束聚焦成截面为 12 μm×67 μm 的薄片状的 Ar$^+$ 激光射入磁光阱,将水平方向雪茄状 Na 原子团截成两段进行原子干涉实验。关断产生磁光阱的电流及激光器,让这两段 BEC 原子团自由下落并同时膨胀,经过 40 ms 后在相互重叠区用吸收成像法清楚地观测到了高反衬度的干涉条纹,如图 1.8.8(a)所示。由条纹间距可以得到原子德布罗意波的波长为 30 μm,是室温下对应波长的 $4×10^5$ 倍。更进一步,将关断磁光阱释放原子改成通过射频式输出耦合器输出原子,也观测到了高反衬度的干涉条纹,如图 1.8.8(b)所示。

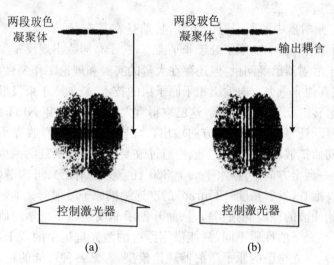

图 1.8.8 玻色-爱因斯坦凝聚体的原子干涉

从上述讨论可知,原子激射器和光激射器中的量子(原子和光子)都是玻色子,处于高度简并态,从量子力学基本原理看它们都有波动性。因此,相干原子束与相干光束一样,在许多方面具有共同特征,从而开辟了原子光学新领域[84]。它包括形成以原子衍射、原子干涉、原子全息术和原子激射器为代表的波动原子光学;以相干原子束的准直、聚焦、分束和反射为代表的几何原子光学;以 BEC、原子激射器和下面要介绍的原子纠缠态为代表的量子原子光学;以及以光速减慢和加快、原子四波混频和 BEC 中的超流为代表的非线性原子光学。其中有些在 7.3 节中再详细讨论。

但是由于这两种量子表现的性质不同,两种激射器也有若干不同的地方:

(1) 光子可以通过辐射过程产生,因此光可以在光激射器中被放大,使光子数增多,而原子激射器中的原子数却不能被放大,可以增加处于确定量子态的原子数,但同时又减少了处于其他态的原子数。

(2) 光子没有静质量,而原子有静质量,因此原子激射器运转中必须考虑地球引力作用。

(3) 原子之间有复杂的相互作用,使得原子激射器中的物理过程变得很复杂,输出的相干束也容易因相互作用而发散,像图 1.8.7 所示那样,在大气中相互作用更严重,只能行进很短,远不如相干光束。

(4) 原子有内部结构和量子能态,很容易受到外部因素(如热、电场、磁场、微波、光波等)的影响而改变,从而影响原子激射器的运转,当然也可以用某些外部因素去控制它的运转状态。

(5) 原子激射器中的原子温度极低,目前是在基态,处于玻色-爱因斯坦凝聚热平衡态,而光激射器中的原子处于非平衡态,粒子布居数出现反转。

虽然原子激射器已经问世,但还存在大量的实验和理论工作要做。例如,在实验上,研究在其他非重力方向输出相干原子束的技术、减少原子束发散的技术和设计新的连续运转的原子激射器等。这已取得重大进展,1999 年 NIST 组不用射频,而用激光拉曼跃迁将原子从一个方向输出,这是由于原子从吸收光子得到的反冲动量比它的初始扩散动量大很多。他们通过改变产生拉曼跃迁的两束激光波矢的夹角,研制成一台全方向(可在水平面上 360°任意方位射出)、可调谐(出射速度可任意调整)、高准直(发射角度<2 mrad)的准连续钠原子激射器。他们在这一基础上还完成了物质波的四波混频实验,从而开创了非线性原子光学的研究。在理论上,由于原子和光子的性质不同,只能借用原有的激光理论中的若干术语、概念和少量方法,必须建立全新的原子激射器理论模型,探索各种可能的机制,探讨相干原子束的特征及与其他物质系统的相互作用等。另外,探索原子激射器在原子钟、原子光学、基本常数的精密测量、基本对称性的检验、芯片制造中的原子束沉积及纳米技术中的应用也是很有意义的工作。

1.8.5 量子计算和量子通信

自 20 世纪出现集成电路以来,随着人们对计算机计算速度的要求越来越高,计算机所用集成电路的晶体管集成度由最初的每 12 个月到目前的每 8 个月增加一倍的指数速度向前飞速增长,被称为摩尔定律。这要求集成电路单位面积内包容的晶体管数目越来越多,也即晶体管越做越小。2005 年技术上已经实现的规模生产的刻蚀最小尺寸为 90 nm,根据国际半导体技术规划的指标,到 2014 年将达到 35 nm,计算机已经由微电子器件进入纳米器件。目前虽然在实验室已实现了这一指标,但与大规模生产的实现不是一回事,还有很长的路要走。此外,在如此小的尺寸上,电子运动还要考虑量子力学规律,再加上其他一些问题,如巨大的发热量,使现有的计算机方案在纳米尺度上还不能工作[85]。

人们设想了一些方案来解决这一难题,20世纪90年代以来的一个热门方案是量子计算机[86]。在讨论之初先给出有关信息学知识[87]。

存储经典信息的基本单元是位或比特(bit),通常用二进制表示。物理上比特是一个两态系统,它可以制备为两个可识别态中的一个,如是或非、真或假、半导体电路中的低或高电位。数学上一个比特表示一个二进制数据位,每个经典信息的数据位只能取两个数之一:0或者1。如二进制信息序列101101有6位,每位的态非0即1,所有态相互正交,不可能有叠加态。另外,经典信息的每一步变换(即计算)都将正交态演化为正交态,如0变换为1。

将量子力学运用于信息学就产生了量子信息学,存储量子信息的基本单元是量子位或量子比特(qubit)。与经典正交本征态不同,量子态一般是叠加态,之间通常不正交,一个量子位是两个正交态基$|0\rangle$和$|1\rangle$的相干叠加态$|\psi\rangle$,复组合系数a和b满足归一化条件:

$$|\psi\rangle = a|0\rangle + b|1\rangle, \quad |a|^2 + |b|^2 = 1 \tag{1.8.7}$$

即一个量子位不仅可以处在态$|0\rangle$或$|1\rangle$,还可以处在它们的叠加态上,是二维希尔伯特空间中的任意单位矢量,因而可以包含更多的信息量。而且这个叠加态的每一分量都能按同一幺正变换进行演化,形成并行的计算路径。量子计算对每一叠加分量实现的变换相当于一种经典计算,所有这些经典计算同时完成,并按一定的概率幅叠加起来,给出量子计算的输出结果,因而量子计算是许多态的并行计算,大大提高了计算机的效率。例如,某个函数$f(x)$的幺正变换U_f作用在叠加态上,将对每个基矢进行作用,并将所有结果进行线性叠加,产生一个输出叠加态。因此,只需用一次U_f就可以同时计算出不同x值对应的函数$f(x)$:

$$U_f \sum_i |i\rangle|0\rangle = \sum_i |i\rangle|f(i)\rangle \tag{1.8.8}$$

如果再考虑由L个量子位组成的量子存储器,量子计算机能够在一次操作中对所存储的这2^L个量子位进行并行的运算,而L位经典存储器一次只能存储2^L个数字中的一个,经典计算机要完成相同的任务还需重复2^L次相同的计算或使用2^L个并行工作的处理器。从以上这几点考虑,两者本质的区别是明显的,随L增加量子信息处理的优势更加明显。

纠缠(entanglement)也是量子系统独有的概念,量子纠缠反映一个量子态系统中两个或多个子系统之间存在相互依存的非定域、超空间关联,一个子系统状态发生变化必然使其他子系统状态发生相应变化,理论上这个系统的态矢量不能表示为组成它的子系统量子态矢的直积形式。目前实验上用激光参量下转换方法实现的光子最大纠缠数是空间分离的八个单光子纠缠[88]。

在量子力学中波函数塌缩指的是对其测量后波函数发生突变,测量到的只是它的一个本征态或有限个具有相同本征值的本征态的线性组合。例如,电子在空间内有一定的概率分布,在测量前不知道它在哪个位置,只知道它在哪个位置的概率由那点的波函数决定,一旦测量后就得到电子的准确位置,它在该点的概率为1,其他点的概率为0,也就是该电子的波函数在测量的瞬间塌缩到该点。对上述叠加态$|\psi\rangle$的测量也必然导致其突变,得到的只能是本征态$|0\rangle$或$|1\rangle$。如一个旋为零的粒子在空间分裂开成为两个有自旋的粒子,它们的自旋一定相反,在测量前各个粒子的自旋是随机的,若单独测量一个粒子的自旋,则可能朝上或朝下,概率各为1/2,但若已测量到一个粒子的自旋朝上,则另一个自旋一定塌缩朝下。同样,一个纠缠态系统即使各子系统在时空分离,对一个子系统的测量也必然影响其他子系统的测量结果,从而可以获得其他子系统的状态。在经过测量塌缩后纠缠态系统不再存在纠缠。

这从反面证明了量子力学中的量子不可克隆定理:对一个未知量子态进行精确复制的物理过程是不可能实现的。因此,不可能构造一个能够完全复制任意量子位,而不对原始量子位产生干扰的系统,也即量子信息在信道中传输,不可能被第三方复制窃取而不发生改变,从而能够被察觉。这个定理是量子密码学的安全性基石。

由于量子信息区别于经典计算的根本点就在于量子态的相干叠加,而实际的量子信息必然在一定程度上与环境耦合,环境是由大量粒子或运动模式构成的,其运动方式带有很大的随机性,其中包括外部电磁场、有限温度的热涨落和零温时的量子涨落。这些涨落会导致量子态叠加中相干性随时间减少,直至变成一个等概率分布的随机混态。这就是量子退相干,使量子信息出现错误,甚至完全失效。克服退相干是实现量子信息应用的一个必须要解决的问题,一种方法是通过量子编码纠错来纠正信息处理过程中产生的错误;另一种方法是在量子存储器辅助下实现纠缠纯化,如远距离城域之间的量子通信中的量子中继器方案、量子计算中基于暂存器的纠缠纯化等。

由此可见,量子信息处理比经典处理具有通道容量大、计算效率高和安全性优点,主要应用在量子计算和量子通信两个方向,量子计算机和量子通信机就是实现量子计算和量子通信的设备。

现在讨论量子通信。量子通信包括量子隐形传态、密集编码、量子密码术、远程量子通信等,主要是利用量子纠缠态来调控和传送量子信息,任何窃听者在信息传输过程中截取信息即测量都能被实时发现,从而提供一种不可窃听、不可破译的密码技术。

1994 年 Shor 给出大数因子分解量子算法,将分解一个大数所用的时间与这个数的位数的关系从经典的指数关系变成多项式关系,大大提高了运算速度,显示了量子并行计算的优越性,同时也使得建立在大数因式分解不易计算基础之上的经典保密体系面临破译,之后量子通信和量子计算在理论和实验上有了迅速的发展[86~95]。例如:理论上各种新的量子算法的提出,各种纠错码的产生;实验上已制备出 2~8 个光子的纠缠源,实现把量子态从纠缠光子对中的一个传送到另一个光子上、从分子中一个原子传送到另一个原子上等的量子隐形传态;利用量子密码术通过普通商用通信光纤已实现从北京到天津 125 km 光纤的量子密钥通信,在北京新华社建成有 4 个节点、3 个用户、长 20 km 的金融信息量子通信验证网,在合肥主城区建成有 46 个节点的量子通信试验示范网;基于卫星中转的全球通信网的研究也取得重大进展,实现了百 km 自由空间的量子态隐形传态和双向纠缠分发,证明无论是从高损耗的地面指向卫星的上行通道链路,还是从卫星指向两个地面站的下行双通道链路都是可行的[88~90]。各种量子存储器的研究也取得很大进展。

量子信息学包括对量子态的制备、存储、传送和操控。量子态的制备需要有载体,物理上任意两态量子体系都可成为量子信息载体,例如,两种偏振态(水平和垂直)的光子、二能级原子或离子、磁场中自旋 1/2(向上和向下)的粒子如电子或原子核,以及具有二能级的固体量子点、超导约瑟夫森结、自旋量子态、半导体硅基等,将在后面核磁共振方法中详细介绍。

量子计算和量子通信中的一个基本部件是量子存储器,在运算中需要对数据进行操作或变换,在通信中需要中继器克服退相干造成的量子信息损耗,有了存储器可以使运算和通信大大有效和节省设备与时间。由于光子以光速飞行且与载送通道耦合很弱,通常用光子作量子信息的携带和传送载体,但光子态不适于局域的长期保存,很难作存储器。当然利用电磁诱导透明也可以被存储,不过量子存储器主要还是使用有质量的介质,利用光和原子的相互作用将光子信息转化为存储介质的量子态,并可以用来操控和连接各个量子存储器[90]。

对量子态的操控是通过各种量子逻辑门来实现的,实际上门操作就是对量子态的幺正变换,量子计算就是将一系列量子逻辑门按各种量子算法组合起来进行幺正变换。门操作有多种,已经证明任意的幺正变换均可分解为对单量子位态矢的旋转操作(即单量子位转动门)和对二量子位态的"控制非"操作(即控制非或 CNOT 门)的组合。因此,实现量子计算机除了要制备有多个量子位的初态和量子存储器外,还要实现以单量子位转动门和二量子位控制非门为基础的各种量子算法操控,并能提供有效的操控和读出结果的测量手段。

在实验上单量子位门较容易实现,控制非门却较难实现。控制非门的二量子位是控制位和目标位,当控制位为$|0\rangle$时目标位不变,当控制位为$|1\rangle$时目标位翻转。由于对量子位的测量会影响它的状态,使叠加态发生"塌缩",因而不能像经典计算机那样,先测量控制位,再根据结果对目标位操作。在量子计算机中,控制非门的实现要靠两个量子位间的相互作用,即控制位和目标位要相互耦合,处于一种纠缠态,这是实现控制非门的前提。

到目前为止,已经提出了多种实现量子计算机的方案,包括光腔、离子阱、液体核磁共振、冷原子系统、量子点、超导约瑟夫森结和硅基核磁共振等方法。

光腔方法是最早提出的实现 CNOT 门的方法,它利用原子的里德伯能级、光子的偏振作为量子位,量子位之间的耦合通过原子与光腔作用或光子与光腔作用实现。这种方法的主要问题是很难实现量子门之间的连接,而且为减小环境辐射的影响,需要极低温超导光腔。因此,这并不是实现量子计算机的最佳方案。但是,光腔方法在量子通信领域有着广泛的应用前景,量子态的稳形传输实验的成功使量子通信达到了接近实用的地步,原子的 EPR 对的实现使量子通信得到了进一步的发展。

离子阱方法用束缚在冷阱中的规则排列的离子的精细结构或塞曼能级作为量子位,用两束频率相差很小的激光诱导拉曼跃迁来操控量子位的状态。调节激光的作用时间,就可以实现对单量子位态的任意旋转操作。离子通过相互间的库仑势和阱的束缚势耦合而做集体振动,不同的振动模式用不同的声子态来表示。激光作用时与离子水平振动方向有一个夹角,这样,激光的作用能同时影响离子内部的能级和外部的水平集体声子振动,从而使二者耦合起来。通过离子的水平集体声子振动,不同离子的量子位之间实现了相互纠缠。

离子阱方法的优点是可以直接实现"多控制位非"门操作,而不必用单量子位门和 CNOT 门去组合。但是,由于要求多个离子规则排列、多位激光寻址等技术上的困难,实验上很难实现多量子位,实现的是 CNOT 门和简单算法演示。

液体核磁共振方法是目前实验上最成功的方法[91]。它利用液体分子中原子的核自旋在磁场中的塞曼分裂作为量子位,如原子 ^{1}H 和 ^{13}C 的核自旋为 1/2,在磁场中能级塞曼分裂为二,对应核自旋方向平行或反平行磁场方向,即 1/2 和 $-1/2$,构成一个量子位的两个正交基。加频率合适的射频电磁波后就发生两分裂能级之间跃迁即核磁共振,核磁矩会以一定角度绕磁场方向产生拉摩进动,对应的就是量子位叠加态。例如,在垂直磁场方向加射频波一定时间后(10^{-6}秒量级)核磁矩会在 90°方向作拉摩进动,所对应的就是以等概率处于平行或反平行磁场方向的态,

即$|0\rangle$和$|1\rangle$的叠加态。由于溶液中两个分子核自旋之间的磁偶极作用被分子的无规则运动平均掉,每个分子的核磁矩也被核外电子的屏蔽而受外界本底杂散磁场影响很小,因此,每个分子的核自旋近似是一个独立的量子位体系,具有足够长的相干时间(几秒至几分)。通常使用有多个氢和碳原子的有机分子,这些原子所处的化学环境不尽相同,因而各个原子的核外电子对磁场的屏蔽作用不完全相同,造成不同的核磁共振频率,可以被用来定位并形成多量子位体系,如含N个氢原子的分子就用N个^{1}H核自旋代表N个量子位。各个原子在分子中通过化学键的标量耦合而相互影响,从而可以通过这种J耦合以及射频脉冲来实现对量子位的操控。当然同种原子的共振频率稍微不同,不同种原子如^{1}H和^{13}C的g_N因子差异很大,造成核磁共振频率差异也很大,不过同一分子中不管是同核还是异核之间都存在J耦合,这可以在各种实验中被用作所需的不同操控信号。与前面两种方法相比,由于单个分子中原子的核磁共振信号很弱,核磁共振方法不是基于单原子(光子、离子)的。这种方法中,量子位的态由大量同种分子的统计性质来表现,某一个量子位的态由相应原子的核自旋能级上的布居决定。分子中原子之间存在核自旋相互作用,这正好可以使量子位间产生耦合,得以实现CNOT门。

由于原子核被大量电子包围,受到很好屏蔽,处于近似独立状态,故核磁共振方法的优点是几乎不受电子和分子热运动的干扰,外部环境的干扰也较小,因而退相干时间长,而且实验在室温下进行。这些优点使量子计算机最近的实验进展全部集中在这方面,最近已经实现了7个量子位的计算机,并实现了最简单的Deutsch算法及Grover快速查找算法和量子博弈等的实验演示。缺点是不能实现较多量子位,随着量子位的增多,分子的选择、量子位的寻址、信号的读出都将发生困难。

前面几种方法和后面要介绍的掺杂晶体方法使用单个离子、原子或系综原子、分子,通常它们都不在极低温下。显然使用第7章介绍的激光阱约束冷原子系综作量子寄存器,可以避免热运动带来的缺点,如用碱金属^{87}Rb原子系综的超精细能级$F=2, m_F=0$和$F=1, m_F=0$作存储器的量子位态。这方面工作进展很快,目前已同时获得较长的存储寿命和较高的读出效率,实现了3.2 ms的存储寿命及73%的读出效率[90]。作为量子存储器最重要应用之一的量子中继单元至今也仅在冷原子系综体系内被实现。

以上四种实验方法是基于气体中的原子、离子或液体分子中的原子,已经用来进行一些原理性的研究,但是存在带宽窄和扩展性差等缺点。下面介绍几种掺杂晶体的固态量子系统,可以克服上述缺点,容易做到大量子位和稳定,且与固体微加工技术结合,更适合集成和小型化,是建造实用的量子计算机更有前景的方法。

不同于普通的三维、超晶格和量子阱二维以及量子线一维材料,量子点是 20 世纪 90 年代后在凝聚态物理中实现的一种零维态材料。它的三维体材料尺寸在纳米量级,介于原子尺寸和凝聚态尺寸之间,载流在三维方向上都受势垒限制而不能自由运动。因此,它的能级结构不是宽能带,而是像原子一样有窄的分立能级特性,只是能级宽度较宽,取决于材料在三个方向的特征尺寸,可小于 10 meV,像一个大的人造原子[92],如 GaAs、InAs、CdTe 量子点。一个量子点内可以有 1 个或少量电子或空穴,利用量子点中的电子自旋在磁场中的塞曼分裂作为量子位,用磁场来控制电子自旋,用电压来操控量子位之间的耦合,已经取得初步进展。

超导约瑟夫森效应在 1.3 节中已介绍,可以用它隧道结内的两个最低能级作量子位。超导约瑟夫森结方法目前实验上已实现的有电荷、磁通和相位三种量子位。电荷量子位基于结内库柏电子对箱(实则为量子点)中的两个电荷态作为两能级系统,在超导态下电子处于基态$|0\rangle$,盒子中有多余的电子对则处于激发态$|1\rangle$。磁通量子位用包含 1 个或几个约瑟夫森结的超导环并加磁通量构成,相位量子位用电流偏置的约瑟夫森结来实现,它们也能形成两能级。目前两个库柏对箱通过电容连接已实现盒子的量子态相干振荡,用在隧道结加电压脉冲制备的 4 个电荷态$|00\rangle$、$|01\rangle$、$|10\rangle$和$|11\rangle$形成的相干 4 能级系统演示了控制非门操作,并实现了三量子位纠缠态[93]。

硅基核磁共振方法将核磁共振与半导体技术结合起来,是 1998 年由 B. E. Kane 提出的[94]。与液体核磁共振方法不同的是,它的量子位是单原子的核自旋。方案的基本原理如图 1.8.9 所示,将^{31}P 施主原子有规律地镶嵌在半导体 Si 晶体表面之下,在 Si 晶体表面上加一绝缘薄层隔离,薄层上是金属电极。外加纵向的磁场和横向的射频场。磁场使^{31}P 原子的核自旋能级分裂,形成的二能级系统作为量子位;而射频场可以翻转核自旋,从而控制量子位的态。金属电极分为 A 门和 J 门两种,A 门位于各个^{31}P 原子上方,用来寻址;J 门位于两 A 门之间,用来控制量子位之间的耦合。

在低温下,^{31}P 原子提供的电子仍然会吸附在^{31}P$^+$离子周围运动。A 门加正电压可以提升电子波函数远离^{31}P 核,从而控制核自旋与电子的超精细作用强度,进一步控制核磁共振频率,达到"寻址"的目的。在两个 A 门之间的 J 门加正或负电压,使相邻^{31}P 原子的电子云连接起来或不重叠,从而使两原子的电子-电子之间的耦合打开或关闭。这样,不同原子的核自旋(即量子位)通过同一原子的核自旋与电子的超精细作用和不同原子之间的电子-电子作用关联起来,也就是把不同量子位纠缠起来。

此外,J 门还有一个重要作用,就是协助量子位的读出。J 门上电压加大会使

电子-电子作用增强,当作用强度超过一定限度时,核自旋态的基态和激发态就会对应于电子-电子相互作用态的单态($|\downarrow\downarrow\rangle$)和三态($|\uparrow\downarrow-\downarrow\uparrow\rangle$),这两个态可由测量 A 门间的电容来识别。

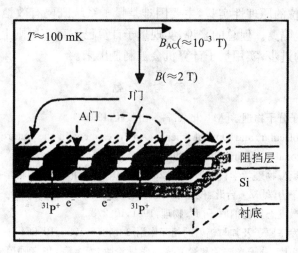

图 1.8.9　硅基核磁共振方法的原理图

实验选择 Si：^{31}P 系统来做量子计算机是因为：^{31}P 的核自旋 $I=1/2$,适合作为量子位,而自然丰度为 92.3% 的 ^{28}Si 的核自旋 $I=0$,它与 ^{31}P 的核自旋没有相互作用,避免了核-核之间自旋耦合带来的消相干。事实上在低浓度 ^{31}P 和低温($T=1.5$ K)下,电子自旋弛豫时间为几千秒,^{31}P 核自旋弛豫时间超过 10 小时。在 mK 温度下,声子限制的 ^{31}P 弛豫时间在 10^{18} s 量级。因此,这是一个理想的非消相干系统。

Kane 的方法利用了半导体微加工技术,量子位的多少不受限制,量子位之间的联结也非常容易。但实验需要极低温(100 mK)以防止热激发导致退相干。这个方案的实行在技术上的问题包括,如何将 P 原子有规律地镶嵌在 Si 晶体中,如何将 A 门电极做在 ^{31}P 原子上方,以及 ^{28}Si 晶体的同位素提纯。Si 中含有 4.7% 的 ^{29}Si($I=1/2$)和 3.0% 的 ^{30}Si($I=0$),必须把核自旋 I 不为 0 的 ^{29}Si 去掉,因为它会与 ^{31}P 的核自旋作用而引起消相干。

除了以上 7 种方法外,还有其他一些固态量子系统方法。例如,基于冷原子量子位链方法,将中性冷原子规则地俘获在光格子或原子芯片中,利用原子的精细分裂能级作量子位,对量子位的操控用激光完成[86]。再如基于金刚石晶体内杂质氮和它相邻的空位形成的氮-空穴中心的电子自旋基态分裂为 0 和 1 的二能级系统方法,以及基于半导体材料体系的电子自旋量子态(在 6.5.1 小节中讨论)方法[95],它们都是很有希望的研究热点,并有了较大进展,这儿不再介绍。

到目前为止,相对量子通信来说,量子计算机取得的进展特别是实验上还很有限,只有少量子位的原理性实验,主要困难是量子系统既要有效地被外界控制,又要与环境很好地隔离。但总的来说,实现量子计算已不存在原则上的困难,相信随着科学和技术的进步,实用量子计算机会被制造出来。

参 考 文 献

[1] 陈佳洱. 原子分子物理学[M]. 北京:科学出版社,1991.

[2] Atomic, Molecular, and Optical Science: An Investment in the Future[M]. Washington D. C. :National Academy Press,1994.
中国物理学会. 物理学学科发展报告:2007-2008[M]. 北京:中国科学技术出版社,2008.

[3] 黄克宁. 量子力学[M]. 台北:俊傑书局股份有限公司,2004:324.

[4] 张绮香. 高激发态里德伯原子[J]. 物理,1981,10:273.
张森. 高激发态原子及其与辐射的相互作用[J]. 物理,1990,19:654.
夏慧荣,王祖赓. 分子光谱学和激光光谱学导论[M]. 上海:华东师范大学出版社,1989: 195-201.
Gallaher T F. Rydberg atoms[R]. Reports on progress in physics,1988,51:143.
Rabin M B. High Excited States of Polyatomic Molecules[M]. New York:Academic Press,1975.
Briggs D. X 射线与紫外光电子能谱[M]. 北京:北京大学出版社,1984:21.

[5] 张群. 博士研究生论文[D]. 合肥:中国科学技术大学,1999.

[6] 陈志坚. 博士研究生论文[D]. 北京:中国科学技术大学北京研究生院,1992.

[7] Zhong Z P, et al. Phys. Rev. A,1997,55:3388.

[8] 凤任飞,等. 氦原子光学振子强度的高分辨 dipole(e,e)研究[J]. 中国科学 A,1996 (26):744.

[9] Winter H, Aunagr F. Hollow atoms[J]. J. Physics B,1999,32:R39.
Jownel L, et al. Physical Review Letters,1996,76:30.

[10] 黄雯. 原子的双电子高激发态与库仑三体问题[J]. 现代物理知识,1995,7(1):23.
Silverman S M, Lassetter E N. J. Chem. Phys. ,1963,40:1265.
Madden R P, Codling K. Phys. Rev. Lett. ,1963:10:516.

[11] Watanabe S, Lin C D. Physical Review A,1986,34:823;1984,29:1019.

[12] Liu X J, et al. Phys. Rev. Lett. ,2003,91:193-203.

[13] Domke M, Remmers G, Kaindl G. Phys. Rev. Lett. ,1992,69:1171.
Tang J Z, et al. Physical Review A,1993,48:841.

Domke M, et al. Physical Review A,1995,51:R4309.

Schulz K, et al. Phys. Rev. Lett. ,1996,77:3086.

[14] Winik H, Doniach S. Synchrotron Radiation Research[M]. New York:Plenum,1980.

魏光普.扩展X射线吸收精细结构及其应用[J].物理,1983,12:663.

陆坤权.扩展X射线吸收精细结构谱[J].物理学进展,1985,5:125.

[15] 沈乃澂.国际单位制的形成、建立和发展[J].物理,1991,20:183.

沈乃澂.基本物理常数最新推荐值评述[J].物理,2001,30:203.

[16] 赵克功.激光与计量基准[J].物理,1997,26:451.

罗学立,朱熙文.离子囚禁技术与量子计算基准的新进展[J].物理,1996,25:539.

[17] 岳峻峰,朱鹤年.SI基本单位的研究进展与改制动向[J].物理,2007,86:543.

[18] 杨福家.原子物理学[M].4版.北京:高等教育出版社,2008:387-396.

[19] A·科尼.原子光谱学和激光光谱学[M].北京:科学出版社,1984.

[20] 郭奕玲.铯原子钟的创建[J].近代物理知识,1990,6:10.

[21] 陈徐周.光的量子相干性与光频率的超精密测量[J].物理,2006,35:207.

魏志义.2005年诺贝尔物理学奖与光学频率梳[J].物理,2006,35:213.

陈扬骎,杨晓华.激光光谱测量技术[M].上海:华东师范大学出版社,2006:188-191.

[22] 张志三.簇离子物理[J].物理,1991,20:198.

王广厚.团簇物理学[J].物理,1995,24:13.

[23] 冯孙齐.C_{60}的发现、制备、结构、性质及其潜在应用前景[J].物理,1992,21:333.

藏文成,都有为.C_{60}原子团簇与C_{60}团簇固体[J].物理,1992,21:133.

Kroto H W, et al. Nature,1985,318:162.

[24] 谢希德,叶令.从"布基球"到"布基管"和"布基洋葱"[J].物理,1994,23:7.

解思深.碳纳米管列阵研究的新进展[J].物理,1997,26:193.

解思深.勒烯和它的基本物理、化学问题[J].物理,1997,26:195.

曹肇基,解思深.碳纳米管研究的最新进展[J].物理,1998,27:707.

Amelinckx S, et al. Electron diffraction and microscopy of nanotubes[J]. Rep. Prog. Phys. ,1999,62:1471.

彭练矛,等.亚纳米碳管的稳定性:碳纳米管到底可以小到多少[J].物理,2001,30:325.

李志兵,等.碳纳米管场致电子发射新机制[J].物理,2004,33:705.

[25] 张立德,张玉刚.非碳纳米管研究的新进展[J].物理,2005,34:191.

[26] 任文才,成会明.石墨烯:丰富多彩的完美二维晶体[J].物理,2010,39:855.

Novoselov K S, Geim A K, et al. Science,2004,306:666.

[27] 李宗伟,肖兴华.天体物理学[M].北京:高等教育出版社,2001.

陆琰.中子星与奇异星[J].物理,1997,26:387.

[28] Wu C S, Wilets L. Muonic atoms and nuclear structure; Backenstoss G. Pionic atoms; Sekai R, Wiegand C E. Kaonic and other exotic atoms,分别在Annual Review of Nucle-

ar Science,1969,19:527;1970,20:467;1975,25:241.

徐克尊,陈向军,陈宏芳.近代物理学[M].合肥:中国科学技术大学出版社,2008.

[29] 何景棠. μ 子催化冷核聚变[J].物理,1989,18:461.

[30] Holzscheiter M H, Charlton M. Ultra-low energy antihydrogen[R]. Reports on Progress in Physics,1999,62:1.

Baur G, et al. Search for antihydrogen at LEAL[J]. Phys. of Atomic Nuclei, 1996, 59:1509.

夏元复.反氢和反原子[J].物理,1996,25:449.

[31] Gabrielse G, et al. Phys. Rev. Lett. ,2004,93:073401;2008,100:11301;Phys. Today, 2010,63(3):68.

[32] 王少阶.电子偶素物理学[J].物理,1985,14:215.

Berko S, Pendleton H N. Positronium. Ann. Rev. Nucl. Port. Sci. ,1980,30:543.

[33] Xu K Z, et al. Physical Review A,1996,53:3081.

[34] 楼南泉,朱起鹤,王秀岩.态-态反应动力学和原子分子激发态[M].大连:大连理工大学出版社,1997.

[35] 陆福全,杨福家.基于加速器的原子物理学[J].物理学进展,1994,14:345.

[36] Berry H G, Hass M. Beam-foil spectroscopy[J]. Annual Review of Nuclear and Particle Science,1982,32:1-34.

叶慧,孙昌年,杨福家.束箔光谱学研究[J].物理学进展,1982,2:18.

邓磊,于桂菊.束箔光谱学及其近况[J].物理,1985,14:129.

[37] 陆福全,施伟,杨福家.共线快速激光光谱学及其应用[J].物理,1995,24:30.

Phaneuf R A, et al. Merged-beam experiments in atomic and molecular physics[J]. Rep. Prog. Phys. ,1999,62:1143.

[38] Datz S, et al. Atomic Physics Ⅲ Accelerator-Based Collisions[J]. Rev. Mod. Phys. , 1999,71:S225.

Williams I D. Electron-ion scattering[J]. Rep. Prog. Phys. ,1999,62:1431.

[39] Stohlker T, et al. Phys. Rev. Lett. ,2000,85:3109.

[40] Scholten R E, et al. Superelastic electron scattering from sodium[J]. J. Physics B,1993, 26:987.

[41] Feshbach H. Theoretical Nuclear Physics[R]. New York,1992.

[42] Warnet C D, et al. J. Physics B,1986,19:3297.

Williams J F. J. Physics B,1988,21:2107.

[43] 尹澜,玻色-爱因斯坦凝聚领域 Feshbach 共振现象研究进展[J].物理,2004,33:558.

Inouye S, et al. Observation of Feshback resonances in BEC[J]. Nature,1998,392:151.

Kohler T, et al. Production of cold molecules via magnetically tunable Feshback resonances[J]. Rev. Mod. Phys. ,2006,78:1311.

[44] Piancastelli M N J. Electron Spectrosc. Relat. Phenom,1999,100:167.
Kempgens B, et al. Physical Review Letters,1997,79:35.
Pavlychev A A, et al. Physical Review Letters,1998,81:3623.
[45] 薛增泉,吴全德.电子发射与电子能谱[M].北京:北京大学出版社,1993:164.
刘世宏,王当憨,潘承璜.X射线光电子能谱分析[M].北京:科学出版社,1988:54.
Cappello C D, et al. Physical Review A,1998,57:R693.
[46] Sherer N, et al. Physical Review Letters,1999,82:4615.
Hayaishi T, et al. Physical Review A,1996,54:4064.
Paripás B, et al. Nucl. Instr. Meth. B,2005,233:196.
[47] Briggs D.X射线与紫外光电子能谱[M].北京:北京大学出版社,1984:182.
刘世宏,王当憨,潘承璜.X射线光电子能谱分析[M].北京:科学出版社,1988:43.
[48] Briggs D.X射线与紫外光电子能谱[M].北京:北京大学出版社,1984:39.
薛增泉,吴全德.电子发射与电子能谱[M].北京:北京大学出版社,1993:167.
江元生.结构化学[M].北京:高等教育出版社,1997:203.
Tian S X, et al. J. Physics B,1998,31:2055.
[49] Tian S X, et al. J. of Electron spectroscopy and Related Phenomena,1999,105:99.
[50] Armen G B, et al. J. Phys. B,2000,29:R49.
Gelmukhanov F, Agren H. Phys. Rep. ,1999,312:87.
苑震生.博士研究生论文[D].合肥:中国科学技术大学,2003.
Viefhaus, et al. Phys. Rev. Lett. ,2004,27:083001.
[51] 杜孟利.磁场中的原子[J].物理,1992,21:263.
Du M L, Delos J B. Phys. Rev. Lett. ,1987,58:1731;Phys. Rev. A,1988,38:1896,1913.
Kleppner D, Delos J B. Foundations of Physics,2001,31:539.
[52] Clark W, Greene C H. Adventures of a Rydberg electron in an anisotropic world[J]. Rev. Mod. Phys. ,1999,7:821.
张森.高激发态原子及其与辐射的相互作用[J].物理,1990,19:654.
饶建国.强电、磁场中的原子[J].物理,1996,25:207.
Pinard J. Atoms in Strong Field[M]// Eds. Nicolaides C A. Clank C W, Nayfeh M H. New York:Plenum Press,1990:17.
[53] 黄昆.固体物理学[M].韩汝琦,改编.北京:高等教育出版社,1990:5.4 节.
[54] 杨福家.原子物理学[M].4 版.北京:高等教育出版社,2008:183-186.
[55] 张杰.强场物理[J].物理,1997,26:643.
胡希伟.强场物理简介[R].合肥:中国科学技术大学,1997.
张杉杉,刘学后,王骐.强激光场中的原子电离[J].物理,1997,26:339.
叶地飞,刘杰.飞秒强激光场中的原子、分子[J].物理,2009,38:908.
[56] Eberly J H, et al. Above-threshold ionization[R]. Physics Reports,1991,204:331.

[57] 张国平.原子、分子和纳米材料中非线性高次谐波的产生[J].物理,2006,35:424.

[58] 曾交龙,高城,袁建民.极端远紫外光刻的等离子体光源及其光学性质研究进展[J].物理,2007,36:537.

[59] Wallace J. Laser Focus World,1999,6:24.
Hogan H. Photonics Spectra,1999,7:34.
张光寅.光子学若干前沿问题[J].物理,2000,29:628.
王乃彦.激光核物理[J].物理,2008,37:621.

[60] 徐春凯,陈向军,徐克尊.单原子分子测控的进展[J].物理学进展,2001:21.
杨金龙,李震宇,侯建国,等.单分子科学进展[J].物理,2000,29:579.

[61] 白春礼.扫描隧道显微术及其应用[M].上海:上海科学技术出版社,1992:219.
Binning G, Rohrer H, et al. Phys. Rev. Lett.,1982,49:57;1983,50:120.
Eigler D M, Schweizer E K. Nature,1990,344:524.
Zeppenfeld P, Latz C P, Eigler D M. Ultramacroscopy,1992,128:42.

[62] Hosoki S, Hosaka S, Hasegawa T. Appl. Surf. Sci.,1992,60/61:643.

[63] Ito H, Sakaki K, Nakata T, et al. Ultramicroscopy,1995,61:91;Optics communications 1995(115),57;Phys. Rev. Lett.,1996,76:4500.
Renn M J, et al. Phys. Rev. Lett.,1995,75:3253.
胡建军,印建平.中性原子的激光导引及其应用[J].物理,2001,30:635.

[64] 吉望西,王义道.激光光钳在生物技术中的应用新进展[J].物理,1996,25:707.
李银妹,操传顺,崔国强.近十年来光镊研究的进展[J].科学通报,1997,42:2129.
姚建铨,安源,赵海泉.光镊技术的发展与应用[J].光电子激光,2004,15:123.

[65] 薛平,梁励芬,董树忠.量子围栏[J].物理,1994,23:582.
Grommie M F, et al. Science,1993,262:218.
Collins G P. Physics Today,1993,4(11):17.

[66] Huang D H, Uchida H, Aono M. J. Vac. Sci.& Technol. B,1994,12:2429.
Huang D H, Aono M. Surf. Sci.,1997,386:166.

[67] Hou J G, Yang J L, et al. Nature,2001,409:304;Phys. Rev. Lett.,1999,83:3001.

[68] Gimzewski J K, et al. Science,1998,281:531.

[69] Stipe B C, Rezaci M A, Ho W. Science,1998,279:1907.

[70] 田芳,李建伟.原子力显微镜及其对 DNA 大分子的应用研究[J].物理,1997,26:238.
Zhao A D, et al. Science,2005,309:1542.

[71] Lee H J, Ho W. Science,1999,286:1719.

[72] Zhao A D, Li Q X, et al. Science,2005,309:1542.
潘栓,赵爱迪,相金龙,等.通过单分子化学调控单个离子磁性[J].物理,2006,35:87.

[73] 徐永昌.质子微探针[J].物理,1983,12:559.
Cahill T A. Proton microprobes and particle-induced X-ray analytical systems[J]. Annu-

al Review of Nuclear and Particle Science,1980,30:211.

[74] 陆家和,陈长彦.表面分析技术[M].北京:电子工业出版社,1988:174-212.
Liu J, et al. Surf. Sci. ,1992,262:L111.
Liu J. Proceedings-Annual Meeting[C]. Microscopy Society of America 1993, San Francisco Press Inc. ,1993:720.

[75] 陆家和,陈长彦.表面分析技术[M].北京:电子工业出版社,1988:100-131.
Blavette D, et al. Rev. Sci. Instrum,1993,64:2911.
朱逢吾,职任涛,张瑷.原子探针的发展及其对金属内界面的研究[J].物理,1999,28:624.

[76] Spence J C H, Weierstall U, Lo W. J. Vac. Sci. & Technol. B,1996,14:1587.
Weierstall U, Spence J C H. Surf. Sci. ,1998,398:267.

[77] Mori Y, et al. Japan-China Bilateral Symposium on Advanced Manufacturing. Engineering,1996:131-135.
Xu Chunkai, et al. Chinese Physics,2007,16:2315.

[78] Shuming Nie, Emory S R. Science,1997,275:1102.
Shuming Nie, Zare R N. Annu. Rev. Biophys. Biomol. Struct. ,1997,26:567.
林丹樱,马万云.活细胞内的单分子荧光成像方法[J].物理,2007,36:783.

[79] Stipe B C, Rezaci M A, Ho W. Science,1998,280:1732.
Ho W. J. Chem. Phys. ,2002,117:11033.

[80] 陈徐宗,周小计,陈帅,等.物质的新状态:玻色-爱因斯坦凝聚[J].物理,2002,31:141.
王育竹,李明哲,龙全.碱金属气体中的玻色-爱因斯坦凝聚[J].物理,2002,31:269.
钟云霄.热力学与统计物理[M].北京:科学出版社,1988:第4章.
龚昌德.热力学与统计物理学[M].北京:高等教育出版社,1984:第7章.

[81] Anderson M H, et al. Science,1995,269:198.
Davis K B, et al. Phys. Rev. Lett. ,1995,74:5205.

[82] Greiner M, et al. Nature,2003,426:537.
Jochim S, et al. Science,2003,302:2101.
Regal C A, et. al. Phys. Rev. Lett. ,2004,92:040403.
Zwierlein M W, et al. Phys. Rev. Lett. ,2004,92:120403.

[83] 李师群,周义东,黄湖.原子激光器[J].物理,1998,27:11.
邓鲁.原子激光器与非线性原子光学[J].物理,2000,29:65.
周小计,陈徐周,王义遒.原子激光器研究的最新结果[J].物理,2000,29:121.
Mewes M O, et al. Phys. Rev. Lett. ,1997,78:582.
Hagley E W, et al. Science,1999,283:1706;Deng L, et al. Nature,1999,283:1.

[84] Adams C S, et al. Atomic Optics[J]. Physics Reports,1994,240:143.
Mustre P. Atom Optics[M]. Springer Verlag,2001.
印建平,王正岭.原子光学讲座:第一、二、三讲[J].物理,2006,35:69,151,330.

[85] 刘洪图,吴自勤.超大规模集成电路的一些材料物理问题(Ⅱ):尺寸缩小带来的巨大挑战[J].物理,2002,31:11.

[86] Steane A. Quantum Computing[R]. Reports on Progress in Physics,1998,61:117.
段路明,郭光灿.量子计算机[J].物理,1998,27:53.
徐春凯,徐克尊.基于单原子的量子计算机[J].物理,1999,28:337.
孙昌璞.量子测量问题的研究及应用[J].物理,2000,29:457.
薛飞,杜江峰,周先意,等.通向通用量子计算机之路:量子计算的物理实现[J].物理,2004,33:562-728.

[87] 张永德.量子力学[M].2版.北京:科学出版社,2010;量子信息物理原理[M].北京:科学出版社,2005.

[88] Yao Xing-Can, et al. Observation of eight-photon entanglement[J]. Nature Photonics,2011,6:225;Pan Jian-Wei, et al. Nature,2012,488:185.

[89] Yuan ZS, et al. Entangled photons and quantum Communication[J]. Physics Reports,2010,497:1-40.
薛鹏,郭光灿.量子通信[J].物理,2002(31):385;郭光灿.物理,2008,37:556.
张军,彭承志,包小辉,等.量子密码实验新进展[J].物理,2005,34:701.
郭光灿.量子信息科学在中国科学技术大学的兴起和发展[J].物理,2008,37:556.

[90] Yang Fan, et al. Transverse mode revival of a light-compensated quantum memory[J]. Phys. Rev. A,2011,83:063420;Bao Xiao-Hui, et al. Efficient and long-lived quantum memory with cold atoms inside a ring cavity[J]. Nature Physics,2012,8:517.

[91] 罗军,曾锡之.核磁共振量子计算机的实验实现[J].物理,2001,30:628.
Xu Nanyang, et al. Quantum Factorization of 143 on a Dipolar-Coupling Nuclear Magnetic Resonance System[J]. Phys. Rew. Lett.,2012,108:130501.

[92] 赵凤瑷,张春玲,王占国.半导体量子点及其应用Ⅰ,Ⅱ[J].物理,2004,33:249-327.

[93] Nakamura Y, Pashkin Y A, Tsai J S. Nature,1999,398:786.
Yamamoto T, et al. Nature,2003,452:941.
Matthew M, et al. Nature,2010,467:570.
刘建强.基于超导量子器件的量子计算[J].物理,2010,39:810.

[94] Kane B E. Nature,1998,393:133.

[95] 陈东敏,等.发展固态量子信息与计算的实验研究[J].物理,2008,37:433.

第 2 章　原子的激发态结构

在这一章要介绍周期表内各族原子的能级结构,基态结构在大学原子物理学课程中已经讲过,高激发态很复杂,有许多共性,在上一章已介绍过,本章着重介绍低激发态结构。在 2.1 节首先介绍用量子力学能够严格计算的氢原子的能级精细结构和它的复数与实数波函数及分布。在 2.2 节和 2.3 节介绍一些基本概念和理论方法,主要是与相互作用耦合和跃迁有关的问题。从 2.4 节开始按周期表分族介绍。周期表在附录Ⅱ中给出,与常见的有些不同,除考虑化学性质以外,也考虑到原子的电子排列结构。在 2.4 节讨论碱金属ⅠA 族原子和ⅠB、ⅢA 族原子,它们在满支壳层外都只有一个电子:s 或 p 电子,具有相似的能级结构,为此还介绍了满壳层和轨道贯穿效应。2.5 节介绍氦原子和ⅡA、ⅡB 族原子以及其他ⅧA 族惰性气体原子,它们都是满 s 或 p 支壳层原子,有不止一个电子,为此还介绍全同粒子交换对称性和两个电子的磁相互作用。最外层具有 2 个到 5 个 p 电子的ⅣA～ⅦA 族原子放在一起在 2.6 节介绍,这是因为它们的激发态结构较复杂,有相近的地方。最后一节介绍过渡元素包括稀土元素的ⅢB～ⅦB 和Ⅷ族原子,并介绍与它们有关的物质磁性与 X 激光。

在过去的原子物理学习中一般均用国际单位制,这已经在 1.3 节介绍了,主要的 3 个单位是:质量单位千克(kg),长度单位米(m),时间单位秒(s)。有时我们也用其他一些实用的单位,如能量用电子伏特(eV)。

但是在原子物理研究工作中,特别是理论计算中,为了使计算公式的表达简单,常使用"原子单位(atomic unit)",简写为 a.u.,使一些基本常数为 1:$m = e = \hbar = 4\pi\varepsilon_0 = 1$,参见文献[3,4],不过本书仍使用国际单位制。

本章以及下一章的内容是最基本的,但又是做原子分子物理研究必须掌握的基础知识。涉及本章的内容主要可参考文献[1～10]。

2.1 氢原子能级的精细结构和波函数

2.1.1 氢原子能级的精细结构

在原子物理中讨论氢原子和类氢离子的量子力学解时,用的是如下所示的非相对论薛定谔方程。式中哈密顿算符 H 包括电子的动能和电子与原子核的库仑势能两项,∇^2 是拉普拉斯算符,动量平方 $p^2 = -\hbar\nabla^2$,μ 是电子与原子核的折合质量,近似等于电子质量,r 是电子与原子核的距离。

$$H\psi(r) = \left[-\frac{\hbar^2}{2\mu}\nabla^2 + V(r)\right]\psi(r) = E\psi(r) \tag{2.1.1}$$

在库仑中心力作用下,$V(r) = V(r) = -Ze^2/4\pi\varepsilon_0 r$,采用球坐标并分离变量,可以得到径向和角向两个方程,从而得到氢原子和类氢离子的电子能量和波函数[1~3]。电子具有的能量为

$$E_n = -\frac{Z^2\mu c^2\alpha^2}{2n^2} \tag{2.1.2}$$

这部分静电作用构成了氢原子内部能量的主要部分。除此之外,还必须考虑其他一些作用,它们相对库仑中心静电作用是很小的,是精细作用或超精细作用。超精细能级结构在 1.3 节中已讨论,下面讨论由于电子轨道运动与本身自旋运动之间的磁相互作用和相对论效应引起的能级精细结构。

在相对论情况,薛定谔方程不成立,由于量子力学中算符应当是线性算符,狄拉克将能量算符中能量与动量之间的相对论非线性关系用线性关系代替,即 $E = (c^2p^2 + \mu^2c^4)^{1/2} = c(\boldsymbol{\alpha}\cdot\boldsymbol{p}) + \beta\mu c^2$,引入与坐标和时间无关的无量纲的常量算符系数 $\boldsymbol{\alpha}$ 和 β,β 是单位矩阵,$\boldsymbol{\alpha}$ 是与自旋角动量算符的泡利矩阵 $\boldsymbol{\sigma}$ 有关的矩阵算符,从而得到狄拉克方程[1,5]。对于氢原子和类氢离子,考虑电子是在原子核的库仑中心力场作用下运动,狄拉克方程中的电磁场矢势 $A(r,t) = 0$,标势 $\varphi(r,t)$ 为中心力场,$-e\varphi(r,t) = V(r) = -Ze^2/(4\pi\varepsilon_0 r)$,定态狄拉克方程简化为

$$H\psi(r) = [c(\boldsymbol{\alpha}\cdot\boldsymbol{p}) + \beta\mu c^2 + V(r)]\psi(r) = E\psi(r) \tag{2.1.3}$$

式中 $c\boldsymbol{\alpha}$ 代表电子的速度 v 算符,方括号内即为电子在有心力场中运动的相对论哈密顿算符。电子具有 1/2 自旋是狄拉克方程的必然结果,不需人为地引入。

在非相对论近似 $v \ll c$ 下,可以得到单电子氢原子及类氢离子的相对论狄拉克方程的近似表达式[2,5,10]为

$$\left[\frac{p^2}{2\mu} + V(r) - \frac{p^4}{8\mu^3 c^2} + \frac{1}{2\mu^2 c^2}\frac{1}{r}\frac{\mathrm{d}V}{\mathrm{d}r}\boldsymbol{S}\cdot\boldsymbol{L} - \frac{\hbar^2}{4\mu^2 c^2}\frac{\mathrm{d}V}{\mathrm{d}r}\frac{\partial}{\partial r}\right]\psi(r) = E\psi(r) \tag{2.1.4}$$

式中前两项即为非相对论薛定谔方程哈密顿算符 H_0,它的解即为式(2.1.2)。于是方程可以简写为

$$[H_0 + H_m + H_{ls} + H_d]\psi = E\psi \tag{2.1.5}$$

式中,H_m 是相对论质量修正项,H_{ls} 是自旋轨道相互作用项,H_d 是库仑势能的相对论修正项,是狄拉克方程特有的,叫达尔文项。这三项均很小,可以用微扰方法求得。我们直接用简单方法给出结果。

在大学原子物理中已讨论了,自旋轨道作用是原子中电子的轨道运动产生的磁场对电子自旋磁矩的作用,这是一种磁相互作用。在氢原子情况下,只有一个电子,它的自旋角动量和轨道角动量分别为 $\boldsymbol{S}$ 和 $\boldsymbol{L}$,自旋轨道作用就是这个电子以线速度沿半径为 r 的轨道运动产生的磁场 $\boldsymbol{B}$(相当于带电荷 Ze 的原子核绕这个电子运动在电子处产生的磁场)对电子本身自旋磁矩 $\boldsymbol{\mu}_s$ 的作用。代入式(2.1.4)中所给的表达式和库仑中心势 $V(r)$,得到能量修正项算符为[3]

$$H_{ls} = -\frac{1}{2}\boldsymbol{\mu}_s \cdot \boldsymbol{B} = \frac{1}{2\mu^2 c^2}\frac{1}{r}\frac{\mathrm{d}V}{\mathrm{d}r}\boldsymbol{S}\cdot\boldsymbol{L} = \frac{Ze^2}{8\pi\varepsilon_0 \mu^2 c^2}\frac{1}{r^3}\boldsymbol{S}\cdot\boldsymbol{L} \tag{2.1.6}$$

其中 1/2 因子是由于坐标系洛伦兹相对变换附加的。体系的能量修正值 E_{ls} 就是 H_{ls} 的平均值 $\int \psi^* H_{ls}\psi \mathrm{d}\tau$,也即在 ψ 态中对 r 求平均,代入以下关系:

$$\boldsymbol{S}\cdot\boldsymbol{L} = \frac{1}{2}(J^2 - L^2 - S^2)$$

$$\left\langle\frac{1}{r^3}\right\rangle = \frac{Z^3}{a_0^3 n^3 l(l+1/2)(l+1)}$$

可以得到自旋轨道耦合作用修正能量为

$$E_{ls} = \begin{cases} \dfrac{Z^4 \mu c^2 \alpha^4}{2n^3} \cdot \dfrac{j(j+1) - l(l+1) - 3/4}{2l(l+1/2)(l+1)}, & \text{当 } l \neq 0 \\ 0, & \text{当 } l = 0 \end{cases} \tag{2.1.7}$$

氢原子的 $Z=1$,$s=1/2$,对确定的 n、l 值,$j = l \pm 1/2$,所以 E_{ls} 有两个值,j 小的能级降低,j 大的能级升高。对确定的 n 值,能量与 l 和 j 均有关。

电子在原子内的运动具有相当的速度,由于相对论效应,电子质量随速度变化而变化,因而会附加一定能量 E_m。现在来求这个相对论效应附加的能量。在相对

论下,当电子的动能远小于电子的静止能量 mc^2 时,电子的动能为

$$T = (p^2c^2 + \mu^2c^4)^{1/2} - \mu c^2 = \mu c^2\left(\frac{p^2}{\mu^2 c^2} + 1\right)^{1/2} - \mu c^2$$

$$\approx \frac{p^2}{2\mu} - \frac{1}{8}\frac{p^4}{\mu^3 c^2} + \cdots$$

$T_0 = p^2/2\mu$ 为非相对论动能。因此,这两项即为式(2.1.4)中的第1、3项,也就是说式(2.1.4)中第3项是第1项电子动能的相对论一级近似修正。因此,由于相对论质量效应的能量修正项算符为

$$H_m = -\frac{p^4}{8\mu^3 c^2} = -\frac{T_0^2}{2\mu c^2} = -\frac{1}{2\mu c^2}(E_n - V(r))^2$$

$$= -\frac{1}{2\mu c^2}\left(E_n^2 + \frac{2Ze^2}{4\pi\varepsilon_0 r}E_n + \frac{Z^2 e^4}{(4\pi\varepsilon_0 r)^2}\right) \quad (2.1.8)$$

同样要得到微扰能量需要它对 r 求平均,代入 E_n,$\langle r^{-1}\rangle = Z/(a_0 n^2)$,$\langle r^{-2}\rangle = Z^2/(a_0^2 n^3(l+1/2))$,以及 $a_0 = 4\pi\varepsilon_0\hbar^2/(\mu e^2)$,得到相对论质量修正能量为

$$E_m = -\frac{Z^4\mu c^2\alpha^4}{2n^3}\left(\frac{1}{l+1/2} - \frac{3}{4n}\right) \quad (2.1.9)$$

这部分能量与自旋轨道耦合能量同数量级,只与 n 和 l 有关,与 j 无关,但使能级向下移动,n、l 越小,下降越厉害。

将式(2.1.4)中 H_d 代入库仑中心势,得到库仑势能的相对论修正项算符为

$$H_d = -\frac{\hbar^2}{4\mu^2 c^2}\frac{Ze^2}{4\pi\varepsilon_0}\frac{1}{r^2}\frac{\partial}{\partial r} = -\frac{Z\mu c^2\alpha^4 a_0^3}{4}\frac{1}{r^2}\frac{\partial}{\partial r} \quad (2.1.10)$$

同样要得到微扰能量需要对它取平均。由于在 H_d 中不含角度变量,只是 r 的函数,在求库仑势能的相对论修正能量时对角度平均归一不用考虑,只需考虑波函数的径向部分 $R_{nl}(r)$ 并对 r 求平均,因而库仑势能的相对论修正能量为

$$E_d = \int\psi^* H_d\psi d\tau = -\frac{Z\mu c^2\alpha^4 a_0^3}{4}\int_0^\infty R_{nl}(r)\frac{1}{r^2}\frac{dR_{nl}(r)}{dr}r^2 dr \quad (2.1.11)$$

比较后面式(2.1.18)给出的不同 l 的波函数 $R_{nl}(r)$ 形式可知,都含有 r 的负指数乘项,因而当 $r = \infty$ 时它们的取值为0。对所有 $l\neq 0$ 的都还含有 r 的乘项,当 $r = 0$ 时取值也都为0,只有 $l = 0$ 的 s 波有不含 r 的乘项,它们的积分原函数不为0,$R_{n0}(r) \cong 2(Z/(na_0))^{3/2}\exp(-Zr/(na_0))$。于是定积分后得到

$$E_d = -\frac{Z\mu c^2\alpha^4 a_0^3}{4}\left[-\frac{1}{2}R_{n0}^2(0)\right] = \frac{Z\mu c^2\alpha^4 a_0^3}{2}\left(\frac{Z}{na_0}\right)^3 = \frac{Z^4\mu c^2\alpha^4}{2n^3} \quad (2.1.11a)$$

由此得到库仑势能的相对论修正能量为

$$E_d = \begin{cases} \dfrac{Z^4 \mu c^2 \alpha^4}{2n^3}, & \text{当 } l = 0 \\ 0, & \text{当 } l \neq 0 \end{cases} \tag{2.1.12}$$

把几部分能量相加,发现不论是 $l=0, j=1/2$ 还是 $l\neq 0, j=l+1/2$ 与 $j=l-1/2$ 这三种情况下,均得到氢原子和类氢离子总能量的统一表示式:

$$\begin{aligned} E &= E_0 + E_{ls} + E_m + E_d \\ &= -\dfrac{Z^2 \mu c^2 \alpha^2}{2n^2} - \dfrac{Z^4 \mu c^2 \alpha^4}{2n^3}\left(\dfrac{1}{j+1/2} - \dfrac{3}{4n}\right) \end{aligned} \tag{2.1.13}$$

这里 μ 为折合质量,$\mu = m_e M/(m_e + M)$,m_e 是电子质量,M 是原子核质量。

由此可见,自旋轨道耦合使原子能级与 n、l、j 有关;相对论质量修正效应使原子能级与 n、l 有关;总的相对论效应综合作用结果,使氢原子能级仅与主量子数 n 和总角动量量子数 j 有关,而与 l 无关,造成部分退简并。由于 $\alpha \ll 1$,各个修正(乘以 α^2)是很小的,形成氢原子能级的精细结构。由上面公式计算,可以得到各部分对 $n=3$、2 和 1 能级的影响如表 2.1.1 所示("-"号下降,"+"号上升)。例如,对于 $n=2$ 的能级,2P 和 2S 的相对论质量修正分别为 -2.64×10^{-5} eV 和 -14.72×10^{-5} eV;相对论势能项修正分别为 0 eV 和 $+9.05\times 10^{-5}$ eV;自旋轨道耦合修正分别为 $+1.51\times 10^{-5}$ eV($j=3/2$)、-3.02×10^{-5} eV($j=1/2$)和 0 eV;联合作用的结果使 $j=3/2$ 和 1/2 的能级分别下降 1.13×10^{-5} eV 和 5.66×10^{-5} eV,它们相对于 $n=2$ 能级的激发能 10.2 eV 是很小的。图 2.1.1 给出氢原子 $n=3$ 能级分裂情况。

表 2.1.1 氢原子 $n=3$、2 和 1 能级的各部分精细结构修正

	1S	2S	2P	3S	3P	3D
$E_m(\times 10^{-5}\text{eV})$	-90.6	-14.72	-2.64	-4.70	-1.12	-0.403
$E_d(\times 10^{-5}\text{eV})$	+72.5	+9.05	0	+2.68	0	0
$E_{ls}(\times 10^{-5}\text{eV})$	0	0	+1.51($j=3/2$) -3.02($j=1/2$)	0	+0.447($j=3/2$) -0.895($j=1/2$)	+0.179($j=5/2$) -0.267($j=3/2$)
$\sum E$ ($\times 10^{-5}\text{eV}$)	-18.1	-1.13($j=3/2$), -5.66($j=1/2$)		-0.224($j=5/2$), -0.671($j=3/2$), -2.02($j=1/2$)		

氢原子能级的精细结构如图 2.1.2 所示。同一 n 的 $^2P_{1/2}$ 与 $^2P_{3/2}$、$^2D_{3/2}$ 与 $^2D_{5/2}$ 分开,$^2S_{1/2}$ 与 $^2P_{1/2}$、$^2P_{3/2}$ 与 $^2D_{3/2}$ 简并,如图上粗实线所示。图上 S 能级上面的点线能级是由于下面讨论的兰姆移位造成的 S 能级上移位置,1S 能级还给出两根由粗

实线表示的超精细结构分裂（F=0 和 1）。

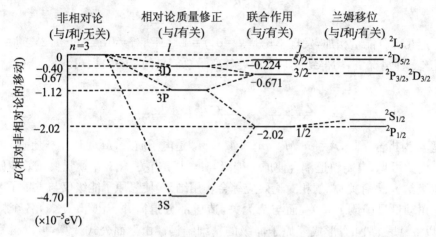

图 2.1.1　氢原子 $n=3$ 能级分裂情况

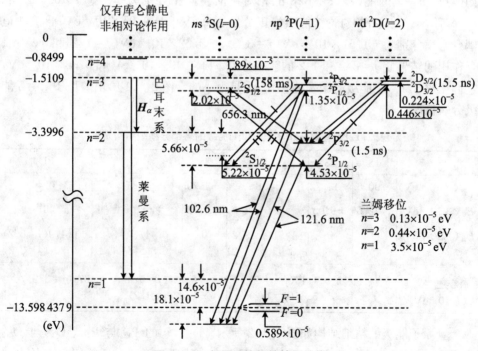

图 2.1.2　氢原子能级的精细结构

下面根据能级的精细结构来讨论光谱的精细结构。跃迁服从选择定则 $\Delta l = \pm 1, \Delta j = 0, \pm 1$。P 能级由于成为双层结构，因此各个 P 能级跃迁到 $n=1$ 的 1S 能级产生的莱曼系的精细结构是每条线具有双线结构。例如，第一条莱曼系为 $10.2\,\text{eV}(\lambda = 121.6\,\text{nm})$，分裂的两线差 $4.53 \times 10^{-5}\,\text{eV}$。$n=1$ 基态能级移动不影响分裂的双线差。

巴耳末系是较高能级跃迁到 $n=2$ 能级产生的。当然还有较高能级跃迁到 $n=3$ 能级的帕邢系和跃迁到 $n=4$ 能级的布喇开系，这里不详细讨论。图上给出了第一条巴耳末线 $H_\alpha(\lambda = 656.3\,\text{nm}, h\nu = 1.89\,\text{eV})$ 的分裂情况。它已经分裂为 7 条，其中 $3\,^2D_{3/2} \to 2\,^2P_{1/2}$ 和 $3\,^2P_{3/2} \to 2\,^2S_{1/2}$ 以及 $3\,^2S_{1/2} \to 2\,^2P_{1/2}$ 和 $3\,^2P_{1/2} \to 2\,^2S_{1/2}$ 是简并的，实际上分裂成 5 条。以能量最小的 $3\,^2S_{1/2} \to 2\,^2P_{3/2}$ 谱线能量为 0 计算，它们之间的能量差分别为 $0(3\,^2S_{1/2} \to 2\,^2P_{3/2})$、$1.35 \times 10^{-5}\,\text{eV}(3\,^2D_{3/2} \to 2\,^2P_{3/2})$、$1.80 \times 10^{-5}\,\text{eV}(3\,^2D_{5/2} \to 2\,^2P_{3/2})$、$4.53 \times 10^{-5}\,\text{eV}(3\,^2P_{1/2} \to 2\,^2S_{1/2}, 3\,^2S_{1/2} \to 2\,^2P_{1/2})$ 和 $5.88 \times 10^{-5}\,\text{eV}(3\,^2P_{3/2} \to 2\,^2S_{1/2}, 3\,^2D_{3/2} \to 2\,^2P_{1/2})$。

2.1.2 兰姆移位

由于能量差很小，在最初的氢原子的第一条巴耳末系的精细测量中只能分辨出两个峰，如图 2.1.3 上图所示，它们是从 $n=3$ 的能级跃迁到 $2\,^2P_{3/2}$ 和跃迁到 $2\,^2S_{1/2}$ 与 $2\,^2P_{1/2}$ 的线的平均。从前面分析的 5 条线来看，3 条跃迁到 $2\,^2P_{3/2}$ 的线中，$3\,^2D_{5/2}$ 的权重最大（J 值大，多重数大），$3\,^2S_{1/2}$ 最小。同样 $3\,^2P_{3/2}$ 与 $3\,^2D_{3/2}$ 分别跃迁到 $2\,^2S_{1/2}$ 和 $2\,^2P_{1/2}$ 的权重比 $3\,^2P_{1/2}$ 与 $3\,^2S_{1/2}$ 跃迁下去的权重大。按上面给的计算值，两峰平均能量差大约为 $(4.53-0.45) \times 10^{-5}\,\text{eV} = 4.08 \times 10^{-5}\,\text{eV}$，波数差约为 $0.329\,\text{cm}^{-1}$。1933～1934 年间最初的 3 个实验小组宣布的结果均比理论值小，其中一个组是我国物理学家谢玉铭参加做的，大约小 0.010，后来一个组又否定了自己的结果。这是由于光谱学实验在如此高的精度上所存在的困难。因此这种差别并未引起人们更广泛的注意，只是促使少数人去设计更新的实验。

1947 年兰姆（W. E. Lamb）和李瑟福（Retherford）用原子分子束磁共振学方法代替光谱学方法，使测量的精度大大提高，并因此得到了一些与理论预期不符的结果。图 2.1.3 下图是之后的一张分辨率较好的结果图。

他们的实验装置如图 2.1.4 所示。F 为原子束炉，氢分子在 2500 K 下离解。灯丝 B 产生电子，电子被加速到能量略大于 10.2 eV，与出射的氢原子束碰撞使其激发到 $n=2$ 的 $2\,^2S_{1/2}$ 或 $2\,^2P$ 态，$2\,^2P$ 态氢原子会很快自发跃迁回到基态 $1\,^2S_{1/2}$，但 $2\,^2S_{1/2}$ 态原子由于禁戒跃迁而是亚稳原子。飞行一段时间后只剩下激发态

$2\ ^2S_{1/2}$ 和基态 $1\ ^2S_{1/2}$ 氢原子。使这一原子束去撞击钨板 P，由于钨的脱出功小于 10.2 eV，亚稳态氢原子会释放激发能打出电子到达另一金属板 A，基态氢原子则不能打出电子，因此通过后接电子学线路可以测出这一电子流大小，从而知道亚稳态原子数。

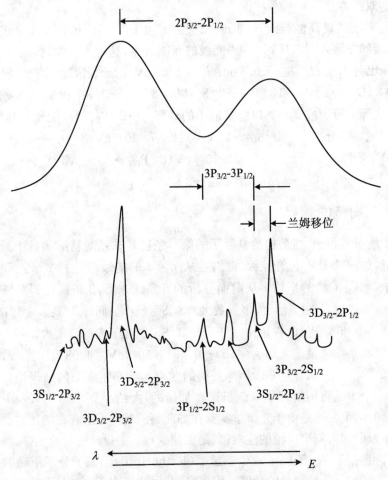

图 2.1.3　氢的精细光谱和兰姆移位

如果在原子束路径 R 处发出一射频波，当其频率满足 $h\nu$ 等于 2S 和 2P 能级的能量差时，亚稳原子会被激发到 2P 态，然后自发跃迁回到基态，从而减少到 P 板的亚稳原子数。实验上并不是调节电磁波的频率，这比较难做到，而是固定频率在几个不同数值上，加一磁场 M，调节磁场强度以改变塞曼分裂大小，通过观测电流的突然下降到最小值来确定对应的磁场强度值,然后由各个频率与磁场强度的关系外推到磁场强度等于零的频率,从而得到符合能级差要求的频率。

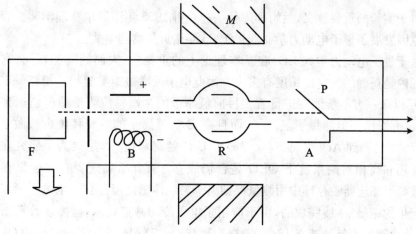

图 2.1.4　测量兰姆移位装置

实验表明,使原子从 $2S_{1/2}$ 跃迁到 $2P_{3/2}$ 的频率不是理论要求的 10 950 MHz(即波数 0.365 cm^{-1},能量 4.53×10^{-5} eV),而是少了 1000 MHz,以后用高分辨激光光谱方法做的更精确的直接实验又测到使原子从 $2S_{1/2}$ 跃迁到 $2P_{1/2}$ 的频率是 1058 MHz,即 0.0353 cm^{-1}(0.438×10^{-5} eV),而不是理论要求的 0(简并态),证明了 $2\,^2S_{1/2}$ 能级升高。这个 $2\,^2S_{1/2}$ 能级比 $2\,^2P_{1/2}$ 能级的升高值称为兰姆移位。这很清楚地显示在图 2.1.3 下图的谱分裂上。

$2\,^2S_{1/2}$ 能级升高的波数是 0.035 cm^{-1},比精细结构分裂 0.365 cm^{-1} 小一个数量级。实验表明 $l\neq0$ 或 $j\neq1/2$ 的能级即非 $^2S_{1/2}$ 能级的兰姆移位很小,可以忽略。

以后他们又测到 $3\,^2S_{1/2}$ 比 $3\,^2P_{1/2}$ 能级高 0.010 cm^{-1}(0.13×10^{-5} eV),而 $1\,^2S_{1/2}$ 能级由于兰姆移位上升了 3.5×10^{-5} eV,比 $2\,^2S_{1/2}$ 上升大一个量级。

兰姆移位实验事实是前面所讨论的量子力学理论不能解释的。这一实验事实以及电子 g 因子不等于 2 即存在反常磁矩(1948 年库什发现)促使薛温格、朝永振一郎和费因曼提出了消除量子电动力学发散困难的方法。在量子电动力学中,考虑到真空并非几何上的虚无,而是存在着物理内容,即虚粒子(这儿是虚光子),原子中的电子不断发射和再吸收虚光子,因而产生电磁场,造成"零场强"的涨落,场强涨落的平均值虽然为零,但它的平方平均值不为零。这种场强涨落作用于原子中的电子上,使电子的势能也即原子的能级产生的微小变化就是兰姆移位。兰姆移位对 $|\psi(0)|^2$ 不为 0 的态即 $^2S_{1/2}$ 态最显著。由此思想导出的兰姆移位公式为

$$E_\Lambda = \begin{cases} \dfrac{Z^4 \mu c^2 \alpha^4}{2n^3} \times 0.0485, & l = 0 \\ \approx 0, & l \neq 0 \end{cases} \quad (2.1.14)$$

由于实验的重要意义,兰姆和库什一起获得1955年诺贝尔物理学奖。薛温格三人也因发展了量子电动力学而获得1965年诺贝尔物理学奖。

由于量子电动力学(QED)在基本理论上的重要性,人们始终都在问:它在什么范围内是正确的? 它的精度有多大? 因此电子反常磁矩实验和兰姆移位实验自1947年以来一直不断地在进行着。目前氢原子的兰姆移位测量精度已达到百万分之九。此外,不但测量了氢原子,而且高 Z 类氢离子的兰姆移位也被做了。例如,1976年已测到 Ar^{17+},而2000年测了 U^{91+} 兰姆移位[12],主要为了研究在强库仑场作用和高相对论系统下QED是否仍成立? 有什么新现象? 实验是在德国GSI重离子加速器贮存环中用测量裸铀离子与气体靶碰撞俘获一个电子形成的类氢铀产生的莱曼 α_1 线完成的,由于应用了电子冷却减速技术,碰撞多普勒增宽减少了,使得到的类氢铀基态1S兰姆移位是(468 ± 13) eV,给出了最精密的QED检验,表明QED仍成立。

在 ATOMIC ENERGY LEVELS 原子数据书上氢原子的能级是计算给出的,采用 $R_H = 109\,677.581\ \text{cm}^{-1}$ 和 $\alpha^2 = 5.3256 \times 10^{-5}$,并考虑S能级的兰姆移位和狄拉克精细结构公式,总能量公式为

$$E_H = -\frac{\mu c^2 \alpha^2}{2n^2} - \frac{\mu c^2 \alpha^4}{2n^3}\left[\frac{1}{j+1/2} - \frac{3}{4n} - \Lambda_{nlZA}\right] \quad (2.1.15)$$

Λ_{nlZA} 仅在 $l = 0$ 时不为0,表的计算中用 $\Lambda_{nlZA} = 0.0485$($n = 2$ 的值),且设不随 n 和 A 变化。实际上,Λ 随 n 和 Z 缓慢地变化,不随 A 变化。如此得到的氢原子的电离能为 13.598 437 9 eV。

对于类氢离子,用里德伯常数 R_A 表示的总能量公式为

$$E = -\frac{R_A h c Z^2}{n^2} - \frac{R_A h c \alpha^2 Z^4}{n^3}\left[\frac{1}{j+1/2} - \frac{3}{4n} - \Lambda_{nlZA}\right] \quad (2.1.16)$$

实际上最后还要考虑一项由核磁矩与电子的磁相互作用造成的能级超精细结构劈裂,在原子钟一节已讲过,氢原子基态 $1\ ^2S_{1/2}$ 能级分裂能量的位移由式(1.3.13)和式(1.3.18)确定,上能级 $F = 1$ 往上移动 $\Delta E_{F=1} = a_s/4 = 0.147 \times 10^{-5}\ \text{eV}$,下能级 $F = 0$ 往下移动 $\Delta E_{F=0} = 3a_s/4 = 0.442 \times 10^{-5}\ \text{eV}$,上下能级差是 $0.589 \times 10^{-5}\ \text{eV}$,如图2.1.2所示。在图2.1.1中给出了考虑兰姆移位后的氢原子 $n = 3$ 能级的进一步分裂情况。

2.1.3 氢原子的复波函数和电子的概率分布

前两段讨论了电子的能量,现在讨论电子的波函数。在量子力学中用波函数描述电子轨道,在中心力场下采用球坐标并分离变量,可以得到氢原子和类氢离子的波函数[3]:

$$\psi_{nlm}(r,\theta,\varphi) = R_{nl}(r)Y_{lm}(\theta,\varphi) = R_{nl}(r)\Theta_{lm}(\theta)\Phi_m(\varphi) \quad (2.1.17)$$

$R_{nl}(r)$是径向波函数,为实数形式,与主量子数 n 和角量子数 l 有关,与磁量子数 m 无关。$n \leqslant 3$ 的表达式为:

$$R_{10}(r) = 2\left(\frac{Z}{a_0}\right)^{3/2} e^{-\frac{Zr}{a_0}}$$

$$R_{20}(r) = 2\left(\frac{Z}{2a_0}\right)^{3/2}\left(1 - \frac{Zr}{2a_0}\right)e^{-\frac{Zr}{2a_0}}$$

$$R_{21}(r) = \frac{1}{\sqrt{3}}\left(\frac{Z}{2a_0}\right)^{3/2}\left(\frac{Zr}{a_0}\right)e^{-\frac{Zr}{2a_0}}$$

$$R_{30}(r) = 2\left(\frac{Z}{3a_0}\right)^{3/2}\left(1 - \frac{2}{3}\frac{Zr}{a_0} + \frac{2}{27}\left(\frac{Zr}{a_0}\right)^2\right)e^{-\frac{Zr}{3a_0}}$$

$$R_{31}(r) = \frac{4\sqrt{2}}{3}\left(\frac{Z}{3a_0}\right)^{3/2}\left[\frac{Zr}{a_0} - \frac{1}{6}\left(\frac{Zr}{a_0}\right)^2\right]e^{-\frac{Zr}{3a_0}}$$

$$R_{32}(r) = \frac{2\sqrt{2}}{27\sqrt{5}}\left(\frac{Z}{3a_0}\right)^{3/2}\left(\frac{Zr}{a_0}\right)^2 e^{-\frac{Zr}{3a_0}} \quad (2.1.18)$$

$Y_{lm}(\theta,\varphi) = \Theta_{lm}(\theta)\Phi_m(\varphi)$是角向波函数,为球谐函数,描述波函数的角度部分,只与 l 和 m 有关,与 n 无关。其中,$\Phi_m(\varphi)$是方位角波函数,只与 m 有关:

$$\Phi_m(\varphi) = \frac{1}{\sqrt{2\pi}} e^{im\varphi} \quad (2.1.19)$$

当 $m \neq 0$ 时为复数;$\Theta_{lm}(\theta)$是极角波函数,与 l 和 m 有关:

$$\Theta_{lm}(\theta) = (-1)^m \sqrt{\frac{(2l+1)(l-m)!}{2(l+m)!}} P_l^m(\cos\theta) \quad (2.1.20)$$

$P_l^m(\cos\theta)$是连带勒让德多项式,通常取正整数 m 的连带勒让德多项式为

$$P_l^m(\cos\theta) = \frac{1}{2^l l!}(1 - \cos^2\theta)^{m/2}\frac{d^{l+m}}{d(\cos\theta)^{l+m}}(\cos^2\theta - 1)^l \quad (2.1.21)$$

m 取负整数时与正整数的表达式之间有对称关系:

$$P_l^{-m}(\cos\theta) = (-1)^m \frac{(l-m)!}{(l+m)!} P_l^m(\cos\theta) \quad (2.1.22)$$

代入 $P_l^m(\cos\theta)$的具体表达式,得到 $l=0、1$ 和 2 的各 l 和 m 的 $Y_{lm}(\theta,\varphi)$表达

式为：

$$\begin{cases} l=0: & Y_{00}(\theta,\varphi) = \sqrt{\dfrac{1}{4\pi}} \\ l=1: & Y_{10}(\theta,\varphi) = \sqrt{\dfrac{3}{4\pi}}\cos\theta \\ & Y_{1\pm1}(\theta,\varphi) = \mp\sqrt{\dfrac{3}{8\pi}}\sin\theta e^{\pm i\varphi} \\ l=2: & Y_{20}(\theta,\varphi) = \sqrt{\dfrac{5}{16\pi}}(3\cos^2\theta-1) \\ & Y_{2\pm1}(\theta,\varphi) = \mp\sqrt{\dfrac{15}{8\pi}}\sin\theta\cos\theta e^{\pm i\varphi} \\ & Y_{2\pm2}(\theta,\varphi) = \sqrt{\dfrac{15}{32\pi}}\sin^2\theta e^{\pm i2\varphi} \end{cases} \quad (2.1.23)$$

对于有确定量子数 n、l 和 m 的氢原子态，只要选取式(2.1.18)中相应的 $R_{nl}(r)$ 和式(2.1.23)中相应的 $Y_{lm}(\theta,\varphi)$，将它们相乘就可得到氢原子的总波函数 $\psi_{nlm}(r,\theta,\varphi)$，我们不再给出具体表达式。可以看到，上述波函数的表达式中凡是量子数 $m\neq 0$ 的都包含复数，一般说来，这种形式的波函数是空间位置的复数函数，在物理研究中通常使用这种波函数。

除了波函数外，波函数的平方 $|\psi_{nlm}(r,\theta,\varphi)|^2$ 也很有用，它有具体的物理图像，描述电子在原子分子中空间某点 (r,θ,φ) 单位体积内出现的概率，即概率密度。电子的这种空间概率密度分布常被形象地称做电子云，量子数不同，其概率密度分布不同，电子云的形状就不同。下面讨论波函数以及它的平方在空间各点的取值情况，先给出沿径向的分布，再给出角度分布，最后给出完整图像。

图 2.1.5 给出了在固定 θ 和 φ 的条件下，氢原子 $n=1$、2 和 3 的不同 l 电子的径向波函数 R_{nl} 和概率 R_{nl}^2、$R_{nl}^2 r^2$ 随径向半径 r 的变化[3]。其中图(a)是 $R_{nl}(r)$ 与 r 的关系图，表示径向波函数沿径向的变化，只与 n 和 l 相关。图中 R_{nl} 为 0 的点为节点，数目为 $n-l-1$。以节点到原点为半径的球面为节面，R_{nl} 均为 0。由图可见，只有 $l=0$ 的 1s、2s 和 3s 波函数在原点不为零。

径向函数的归一化条件为

$$\int_0^\infty [R_{nl}(r)]^2 r^2 dr = 1 \quad (2.1.24)$$

因此沿径向单位球壳体积内电子出现的概率为 $R_{nl}^2(r)$。图 2.1.5(b)给出了 $R_{nl}^2(r)$ 与 r 的关系，表示电子的概率密度沿径向的分布，反映电子云沿径向各点的取值情况,没有负值,有数值为0的节点和极大值分布。从图中可以看到:s电子在原子核附近有较大的概率密度,p电子和d电子在核上的概率密度等于零。由图可以粗略地估计电子云的延伸范围,随主量子数 n 增大,即周期数增加,电子云的分布会远离核;当然,随核电荷数 Z 增大,即同一周期内主族序列的增加,电子云的分布会靠近核。

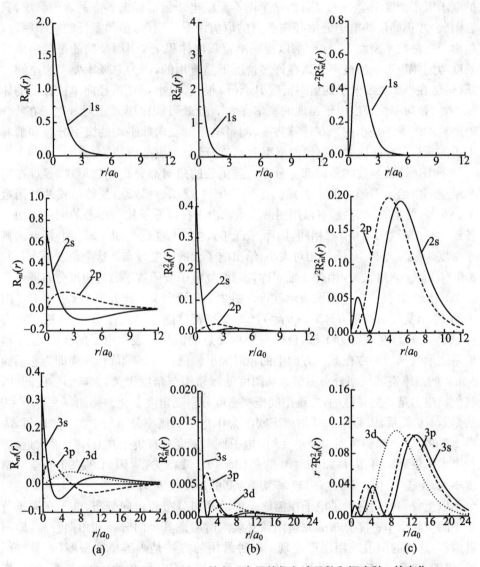

图 2.1.5　氢原子 $n=1、2$ 和 3 的各 l 电子的径向波函数和概率随 r 的变化

由式(2.1.24)可见,沿径向单位长度上电子出现的概率是 $R_{nl}^2(r)r^2$,它与单位长度所取的体积有关,图 2.1.5(c)给出了 $R_{nl}^2 r^2(r)$ 与 r 的关系。从图可见,所有函数 $R_{nl}^2 r^2$ 在原点的概率均很小,这与图(b)的情况不同,在那儿 s 电子在核附近有较大的概率密度。这是由于在 r 很小处,径向单位长度所包容的体积比 r 很大处小很多,小 r 处小的概率 $R_{nl}^2(r)r^2$ 被小的球壳体积一除,就会反映出空间大的电子概率密度 $R_{nl}^2(r)$。因此,这个图不反映电子云沿径向各点的取值情况,只有图(b)才正确反映电子云沿径向各点的取值情况。图(c)虽然不反映概率密度,但由于它是概率密度 $R_{nl}^2(r)$ 乘以径向单位长度体积 r^2,因而反映的是径向单位长度考虑体积影响的概率。这在许多情况下是有用的,因为总概率要考虑空间体积,虽然在小 r 处 s 电子的概率密度 $R_{nl}^2(r)$ 很大,但小 r 处沿径向单位长度的体积小,沿径向单位长度电子出现的概率在大 r 处就可能比小 r 处大,s 电子在小 r 处出现的概率还是小的。在计算势能、测量电子沿径向球平均的概率分布和解释电子的轨道贯穿效应时,图(c)的概率 $R_{nl}^2(r)r^2$ 分布更准确些。

下面讨论波函数的角向部分分布。波函数的角向部分是复数形式,很难在实三维空间中给出图形。但 $|\Phi_m(\varphi)|^2 = |e^{im\varphi}|^2/2\pi = 1/2\pi$,复数形式的波函数 $Y_{lm}(\theta,\varphi)$ 的平方是实数,可以用图形表示。由于在以原子核为中心的同一球面上各点的径向函数 $R_{nl}(r)$ 都相同,因而 $|Y_{lm}(\theta,\varphi)|^2$ 也就是同一球面上各点的概率密度 $|\psi_{nlm}(r,\theta,\varphi)|^2$ 的相对大小,给出电子云的角度分布。这个角度分布只与 θ 角有关,与 φ 角无关,相对 z 轴对称,因此,复电子波函数平方的角度分布图形很简单,用 $z-\theta$ 极坐标平面图表示就行。图 2.1.6 给出了如此处理的 s、p、d 和 f 电子的 10 个复波函数平方 $|Y_{lm}(\theta,\varphi)|^2$ 即概率密度随 θ 的角度分布[3],极点中心是原子核位置,竖直线为 z 轴,极轴与图形交点的极径不表示电子的径向坐标 r,而是表示波函数平方在此 θ 方向上的相对大小。只要沿 z 轴旋转一周即为它们的 θ 和 φ 的二维空间概率分布图形。从图可见,s 轨道与角度无关,为球形各向同性,其他轨道都是各向异性的,二维空间概率密度分布随角度变化。例如,$l=1, m=0$ 的是 $\cos^2\theta$ 关系,因而 $\theta=90°$ 的概率密度为 0,电子的概率分布集中在 z 轴附近,为沿 z 轴的两个"棒槌";而 $|m|=l$ 的电子概率密度分布集中在 xOy 平面附近,为一个水平粗环。再如,$l=2, m=0$ 的是 $(3\cos^2\theta-1)^2$ 关系,因而 $\theta=90°$ 的概率密度不为 0,是 $0°$ 时的四分之一,概率密度为 0 的角度在 $\theta\approx 54.7°$ 处。

以上我们分别讨论了电子在氢原子中的径向分布和角向分布,电子在原子分子中的空间概率密度分布的完整图像必须同时考虑其径向分布和角向分布,即两者乘积,这样的图很难用图形表现。一种常用的方法是画等概率密度(或等波函数)线图,也称等高图,选择某个平面,如通过原点的 $z=0$ 的 xOy 平面,把同样

$|\psi_{nlm}(r,\theta,\varphi)|^2$值的点连接起来成为一条等概率密度封闭曲线,选择不同概率值画若干条,正负值区域用正或负号标明,它们就构成等概率密度线图(第6章的图6.4.6右上画的就是这类图)。实际上这个等概率密度线是三维空间中等概率密度面与那个平面的交线。进一步还可以用三维网格图表示,取所选截面为水平

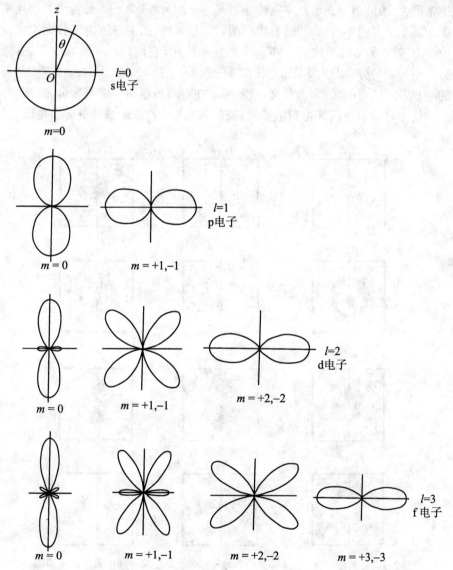

图2.1.6 氢原子s、p、d和f电子的各个复波函数平方即概率密度随θ角的分布

面,垂直方向表示概率值大小,看起来更形象一些(如图 6.4.6 右下图)。另一种方法是用点密度图表示[13],它们是 $z-\theta$ 极坐标平面图,极点中心为原子核位置,竖直线为 z 轴,与图 2.1.6 不一样,各个 θ 角方向上的极径表示电子与原子核的距离 r。空间某个地方的概率密度大或小用小黑点分布的浓或淡来表示,浓的地方表示概率密度大,淡的地方表示概率密度小。氢原子的 $n=1$、2 和 3 的各个态的点密度图如图 2.1.7 右列所示,为清楚看出是两者乘积来源,图中左边两列分别给出径向函数平方 R_{nl}^2 和角向函数平方 $|Y_{lm}|^2$ 的点密度图,它们只是一种数学表述,是假设另一个为均匀分布即为 1 而得到的,第三列 $|\psi_{nlm}(r,\theta,\varphi)|^2$ 的点密度图是前两者的乘积,才具有真实的物理意义,反映电子在空间各点的概率密度分布。将右列图形围绕 z 轴旋转一周即得到电子云,描述了电子云在原子核外的分布情况。

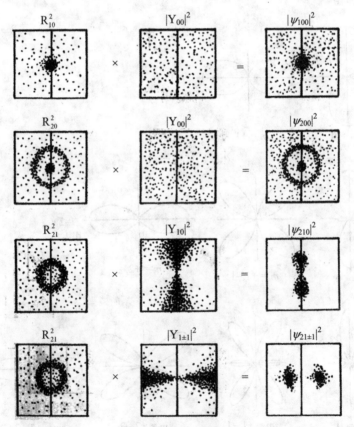

图 2.1.7　氢原子 $n=1$、2 和 3 的各电子态的概率密度分布的点密度平面图

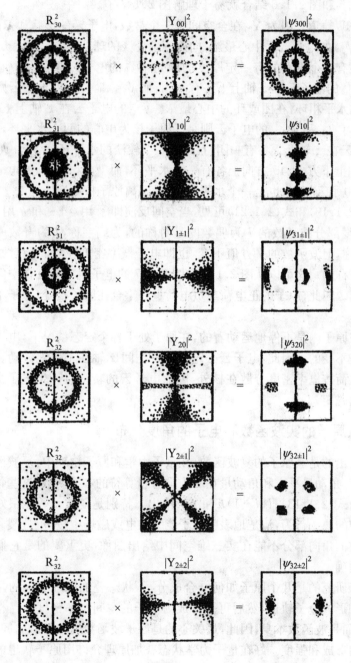

续图 2.1.7

图 2.1.5 和图 2.1.6 结合就易于理解图 2.1.7 了。图中态 ψ_{100}、ψ_{200} 和 ψ_{300} 即为 1s,2s 和 3s 轨道。因为 Y_{00} 在全空间是一个常数,电子云的形状和 R_{10}^2、R_{20}^2 和 R_{30}^2 相同,ψ_{100} 的电子云是中心最浓,向外逐渐变淡的球形;ψ_{200} 的电子云是在这样的球形外还有一个更大的有一定厚度的球壳;ψ_{300} 的电子云则是在中心球外有两个球壳。ψ_{210} 的电子云在 z 轴上下各有一团,而 ψ_{211} 和 ψ_{21-1} 的电子云则是以原子核为中心的水平粗环,在团或环的中心最浓。ψ_{310} 的电子云在 z 轴上下各有两团,内团较浓,而 ψ_{311} 和 ψ_{31-1} 的电子云则是以原子核为中心的两个水平环,内环较浓。ψ_{320} 的电子云在 z 轴上下各有一团,且还有一个较淡的水平环,ψ_{321} 和 ψ_{32-1} 的电子云是在 z 轴上下方、±45°方向上各有一个水平环,而 ψ_{322} 和 ψ_{32-2} 的电子云与 ψ_{211} 和 ψ_{21-1} 的电子云相似,也是一个水平环,只是距离原子核更远。

由式(2.1.19)和式(2.1.21)可见,当空间反演即 φ 用 $\varphi+\pi$ 和 θ 用 $\pi-\theta$ 代替时,虽然角度部分波函数的 l 为偶数的是对称的,为偶宇称,l 为奇数的是反对称的,为奇宇称,但波函数的平方值不变,也即电子概率密度在空间相对原子核作空间反演是对称的。这可以从图 2.1.6 和图 2.1.7 的电子概率密度在空间反演下是对称的看到。因此,原子的正电荷与负电荷重心重合在原子核处,原子不存在电偶极矩。

电子在原子内是不停地运动着的,在原子处于各个定态情况下,电子在空间的概率分布是不变的。因此,电子云必定是围绕空间 z 轴在不停地转动。由于电子的质量和电荷按概率密度分散在核外,因而电子云的转动将产生电子角动量的 z 分量和轨道磁矩。

2.1.4 氢原子的实波函数和电子的角度分布

上面给出的是氢原子的复波函数,在量子力学和原子物理中,复波函数的好处是它是能量、角动量平方和角动量在 z 方向分量算符的本征函数,这些物理量的本征值分别由式(2.1.13)、$l(l+1)\hbar$ 和 $m\hbar$ 给出。特别是复波函数能很好地描述电场或磁场中的原子行为,清楚地表明原子能级在电或磁场中按 m 分裂。但复数形式的波函数的角向部分不能在实三维空间中给出图像,更重要的是它们的空间分布取向不明确。

化学家研究的是几个原子如何结合成分子,状态叠加原理要求的是各原子波函数先叠加形成分子轨道,然后再平方成为电子的空间概率密度。互相叠加的不是电子云,而是波函数本身,因此,最关心的是原子波函数的空间取向问题,这关系到化学键的形成和强度。好在量子力学状态叠加原理允许用原子轨道的线性组合作为新的原子轨道,它们仍然是薛定谔方程的解。因此,在原子结合成分子时,可以用上述原子复数波函数线性叠加而生成的另外一组原子实数波函数来形成分子轨道,这样的原子轨道就能有方向性,在三维空间中能给出图像。在分子物理化学研究中,原子与原子形成分子轨道时通常使用这种原子的实波函数来线性叠加,它们能够很好地描述分子结构,特别是化学键的方向性和强度[13~15]。

例如,利用数学关系 $e^{i\varphi}+e^{-i\varphi}=2\cos\varphi, e^{i\varphi}-e^{-i\varphi}=2i\sin\varphi$,可将波函数 Y_{1+1} 和 Y_{1-1} 线性叠加,从而得到 $l=1$ 的 p 轨道的 3 个新的角向实波函数 p_x、p_y 和 p_z:

$$\begin{cases} p_x = \dfrac{1}{\sqrt{2}}(Y_{1+1}+Y_{1-1}) = \sqrt{\dfrac{3}{4\pi}}\sin\theta\cos\varphi = \sqrt{\dfrac{3}{4\pi}}\dfrac{x}{r} \\ p_y = \dfrac{-i}{\sqrt{2}}(Y_{1+1}-Y_{1-1}) = \sqrt{\dfrac{3}{4\pi}}\sin\theta\sin\varphi = \sqrt{\dfrac{3}{4\pi}}\dfrac{y}{r} \\ p_z = Y_{10} = \sqrt{\dfrac{3}{4\pi}}\cos\theta = \sqrt{\dfrac{3}{4\pi}}\dfrac{z}{r} \end{cases} \quad (2.1.25)$$

与 Y_{1+1}、Y_{1-1} 和 Y_{10} 一样,这 3 个态也是氢原子薛定谔方程的解,是能量和角动量平方的本征函数,仍为定态,只是不再是角动量 z 分量的本征函数。它们组成了某个 n 能级 $l=1$ 的另一组独立的 3 个态,大小分别与 x、y 和 z 成正比,有显著的方向性。

用同样的线性叠加方法也可以得到 $l=2$ 的 d 轨道的 5 个新的实波函数的角向部分:

$$\begin{cases} d_{z^2} = Y_{20} = \dfrac{1}{4}\sqrt{\dfrac{5}{\pi}}(3\cos^2\theta-1) = \dfrac{1}{4}\sqrt{\dfrac{5}{\pi}}\left[3\left(\dfrac{z}{r}\right)^2-1\right] \\ d_{xz} = \dfrac{1}{\sqrt{2}}(Y_{2+1}+Y_{2-1}) = \dfrac{1}{2}\sqrt{\dfrac{15}{\pi}}\sin\theta\cos\theta\cos\varphi = \dfrac{1}{2}\sqrt{\dfrac{15}{\pi}}\dfrac{xz}{r^2} \\ d_{yz} = \dfrac{-i}{\sqrt{2}}(Y_{2+1}-Y_{2-1}) = \dfrac{1}{2}\sqrt{\dfrac{15}{\pi}}\sin\theta\cos\theta\sin\varphi = \dfrac{1}{2}\sqrt{\dfrac{15}{\pi}}\dfrac{yz}{r^2} \\ d_{x^2-y^2} = \dfrac{1}{\sqrt{2}}(Y_{2+2}+Y_{2-2}) = \dfrac{1}{4}\sqrt{\dfrac{15}{\pi}}\sin^2\theta\cos 2\varphi = \dfrac{1}{4}\sqrt{\dfrac{15}{\pi}}\dfrac{x^2-y^2}{r^2} \\ d_{xy} = \dfrac{-i}{\sqrt{2}}(Y_{2+2}-Y_{2-2}) = \dfrac{1}{4}\sqrt{\dfrac{15}{\pi}}\sin^2\theta\sin 2\varphi = \dfrac{1}{4}\sqrt{\dfrac{15}{\pi}}\dfrac{2xy}{r^2} \end{cases} \quad (2.1.26)$$

知道了实波函数的角向部分后,再乘以径向部分波函数,就得到实数形式的波函数。表 2.1.2 列出了氢原子 $n=1$、2 和 3 的实波函数,它们是将式(2.1.18)中相应的 $R_{nl}(r)$ 和式(2.1.25)或式(2.1.26)中相应的 $p(\theta,\varphi)$ 或 $d(\theta,\varphi)$ 相乘而得到的,用球坐标和直角坐标两种形式表示。注意,由于 $l=0$、1、2 对应的分别是 s、p、d

轨道,表中已将波函数下标中的 l 量子数 0、1、2 分别改为轨道符号 s、p、d,由于波函数的实数形式的角向部分是直角坐标 x、y、z 的简单函数,在波函数的下标中直接标出 x、y、z 等,这样写可以直观地指明波函数的角向部分的空间取向和特性。

表 2.1.2 氢原子的 $n=1$、2 和 3 的实波函数

$$\psi_{1s} = \frac{1}{\sqrt{\pi}}\left(\frac{Z}{a_0}\right)^{3/2} e^{-Zr/a_0}$$

$$\psi_{2s} = \frac{1}{4\sqrt{2\pi}}\left(\frac{Z}{a_0}\right)^{3/2}\left(2-\frac{Zr}{a_0}\right)e^{-Zr/2a_0}$$

$$\psi_{2p_z} = \frac{1}{4\sqrt{2\pi}}\left(\frac{Z}{a_0}\right)^{5/2} e^{-Zr/2a_0} r\cos\theta = \frac{1}{4\sqrt{2\pi}}\left(\frac{Z}{a_0}\right)^{5/2} e^{-Zr/2a_0} \cdot z$$

$$\psi_{2p_x} = \frac{1}{4\sqrt{2\pi}}\left(\frac{Z}{a_0}\right)^{5/2} e^{-Zr/2a_0} r\sin\theta\cos\varphi = \frac{1}{4\sqrt{2\pi}}\left(\frac{Z}{a_0}\right)^{5/2} e^{-Zr/2a_0} \cdot x$$

$$\psi_{2p_y} = \frac{1}{4\sqrt{2\pi}}\left(\frac{Z}{a_0}\right)^{5/2} e^{-Zr/2a_0} r\sin\theta\sin\varphi = \frac{1}{4\sqrt{2\pi}}\left(\frac{Z}{a_0}\right)^{5/2} e^{-Zr/2a_0} \cdot y$$

$$\psi_{3s} = \frac{1}{81\sqrt{3\pi}}\left(\frac{Z}{a_0}\right)^{3/2}\left[27 - 18\frac{Zr}{a_0} + 2\left(\frac{Zr}{a_0}\right)^2\right]e^{-Zr/3a_0}$$

$$\psi_{3p_z} = \frac{\sqrt{2}}{81\sqrt{\pi}}\left(\frac{Z}{a_0}\right)^{5/2}\left[6-\frac{Zr}{a_0}\right]e^{-Zr/3a_0} r\cos\theta = \frac{\sqrt{2}}{81\sqrt{\pi}}\left(\frac{Z}{a_0}\right)^{5/2}\left[6-\frac{Zr}{a_0}\right]e^{-Zr/3a_0} \cdot z$$

$$\psi_{3p_x} = \frac{\sqrt{2}}{81\sqrt{\pi}}\left(\frac{Z}{a_0}\right)^{5/2}\left[6-\frac{Zr}{a_0}\right]e^{-Zr/3a_0} r\sin\theta\cos\varphi = \frac{\sqrt{2}}{81\sqrt{\pi}}\left(\frac{Z}{a_0}\right)^{5/2}\left[6-\frac{Zr}{a_0}\right]e^{-Zr/3a_0} \cdot x$$

$$\psi_{3p_y} = \frac{\sqrt{2}}{81\sqrt{\pi}}\left(\frac{Z}{a_0}\right)^{5/2}\left[6-\frac{Zr}{a_0}\right]e^{-Zr/3a_0} r\sin\theta\sin\varphi = \frac{\sqrt{2}}{81\sqrt{\pi}}\left(\frac{Z}{a_0}\right)^{5/2}\left[6-\frac{Zr}{a_0}\right]e^{-Zr/3a_0} \cdot y$$

$$\psi_{3d_{z^2}} = \frac{1}{81\sqrt{6\pi}}\left(\frac{Z}{a_0}\right)^{7/2} e^{-Zr/3a_0} r^2(3\cos^2\theta - 1) = \frac{1}{81\sqrt{6\pi}}\left(\frac{Z}{a_0}\right)^{7/2} e^{-Zr/3a_0} \cdot (3z^2 - r^2)$$

$$\psi_{3d_{xz}} = \frac{\sqrt{2}}{81\sqrt{\pi}}\left(\frac{Z}{a_0}\right)^{7/2} e^{-Zr/3a_0} r^2\sin\theta\cos\theta\cos\varphi = \frac{\sqrt{2}}{81\sqrt{\pi}}\left(\frac{Z}{a_0}\right)^{7/2} e^{-Zr/3a_0} \cdot xz$$

$$\psi_{3d_{yz}} = \frac{\sqrt{2}}{81\sqrt{\pi}}\left(\frac{Z}{a_0}\right)^{7/2} e^{-Zr/3a_0} r^2\sin\theta\cos\theta\sin\varphi = \frac{\sqrt{2}}{81\sqrt{\pi}}\left(\frac{Z}{a_0}\right)^{7/2} e^{-Zr/3a_0} \cdot yz$$

$$\psi_{3d_{x^2-y^2}} = \frac{1}{81\sqrt{2\pi}}\left(\frac{Z}{a_0}\right)^{7/2} e^{-Zr/3a_0} r^2\sin^2\theta\cos2\varphi = \frac{1}{81\sqrt{2\pi}}\left(\frac{Z}{a_0}\right)^{7/2} e^{-Zr/3a_0} \cdot (x^2 - y^2)$$

$$\psi_{3d_{xy}} = \frac{1}{81\sqrt{2\pi}}\left(\frac{Z}{a_0}\right)^{7/2} e^{-Zr/3a_0} r^2\sin^2\theta\sin2\varphi = \frac{1}{81\sqrt{2\pi}}\left(\frac{Z}{a_0}\right)^{7/2} e^{-Zr/3a_0} \cdot 2xy$$

图 2.1.8 是 s、p、d 和 f 电子的 16 个角向实波函数的二维角度分布图[15]。图

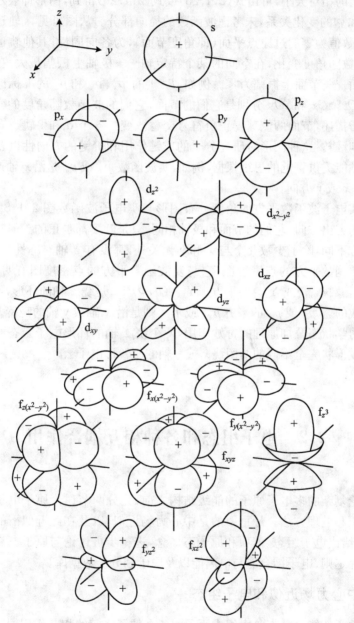

图 2.1.8　氢原子 s、p、d 和 f 电子的实波函数的二维角度分布

的中心为原子核位置,某个 θ 和 φ 角下的极轴与图形交点的径向距离表示波函数在此方向上的相对大小,可由式(2.1.25)或式(2.1.26)得到,图形即表示轨道实波函数随 θ 和 φ 的变化关系,未考虑波函数的径向部分。从图可见,s 轨道与角度无关,不存在数值为零的过原点平面(即角度节面),为各向同性;其他轨道都是各向异性,波函数随角度变化,在空间的某个特定轴——极轴上振幅最大,在空间的某个特定平面——节面上振幅为零。例如,$l=1$ 的 p_x、p_y 和 p_z 的下标即标记了极轴,平面 yOz,zOx 和 xOy 分别是它们的节面,它们的波函数随角度的变化由两个相切球形瓣描述,节面两侧球瓣正负符号交替改变。各个 d 和 f 轨道有更多个极轴、节面和叶瓣。这种图形对研究分子的成键作用和价键的方向性以及几何构型等化学问题能提供直觉的思维根据,例如,实波函数 p_x 或 p_y 是沿 x 轴或 y 轴的哑铃,成键在 x 或 y 方向。

角向实电子波函数平方的角度分布图形与实电子波函数图 2.1.8 是类似的,也有明显的突出方向,它们的节面和极轴相同,只是叶瓣都是正的。但它们与复波函数的平方不同,除了少数几个与 x 和 y 无关外,都没有 z 轴对称性。同样,也可以给出实波函数平方的点密度图,它与复波函数平方的点密度图有明显的差别。例如,复波函数 Y_{1+1} 或 Y_{1-1} 的平方 $|Y_{1\pm1}(\theta,\varphi)|^2$ 是绕 z 轴的环形,而它们相加或相减形成的态 p_x 或 p_y 的平方 p_x^2 或 p_y^2 则是沿 x 轴或 y 轴的哑铃。由此也可看出量子力学状态叠加原理的奇妙作用,两个绕 z 轴的环形电子云态的波函数叠加可以形成形状完全不同的两团绕 x 或 y 轴的哑铃形电子云。

2.2 电子组态和各种相互耦合作用

在讨论复杂的多电子原子的能级结构之前,先分两节讨论原子电子结构的基本物理思想和处理方法。最重要的是中心力场近似,以及在此近似下的几种微扰修正方法,给出电子组态、谱项和原子态概念,进一步再讨论与原子态有关的跃迁类型和选择定则、电子结合能与电离能以及原子和分子数据库。

2.2.1 中心力场近似和电子组态

一个原子的能量状态是由组成原子的各个粒子之间的相互作用力决定的。一般情况下,相互作用是很复杂的。氢原子的这种作用比较简单,是核外一个电子与原子核的库仑中心力场相互作用，在非相对论情况下，通过解薛定谔方程(2.1.1)式，可以得到氢原子的电子能量和波函数，如上节所给。在不考虑相对论效应和电子自旋时，轨道角动量 l 和它在 z 方向的分量 l_z 是守恒量，具有本征值 $\sqrt{l(l+1)}\hbar$ 和 $m\hbar$，l 和 m 分别是轨道角量子数和它的磁量子数。原子态的能量只与主量子数 n 有关，由式(2.1.2)给出，能级按 n 分成一群一群的，不同 l 和 m 的能量是简并的。如果考虑电子具有自旋量子数 s 为 1/2 的自旋角动量，则电子在原子中的运动状态与量子数 n、l、轨道磁量子数 m_l 以及自旋磁量子数 m_s 有关。氢原子态由 4 个量子数决定：

$$\begin{cases} n = 1,2,3,\cdots \\ l = 0,1,2,\cdots,n-1 \\ m_l = 0, \pm 1, \pm 2, \cdots, \pm l \\ m_s = \pm \dfrac{1}{2} \end{cases} \quad (2.2.1)$$

以上仅考虑了库仑静电作用。上节已给出，在中心力场 $V(r)$ 中运动的电子的相对论狄拉克方程过渡到非相对论情况时，哈密顿量中出现一项自旋轨道耦合作用项。如果考虑这种电子轨道运动与本身自旋运动之间的磁相互作用 $\zeta(r)\bm{s}\cdot\bm{l}$，那么轨道角动量 l 和自旋角动量 s 已不再是守恒量，但由于整个系统仍是球对称的，在中心力场中电子相对原点的总角动量 $j = l + s$ 和它的 z 分量 j_z 以及 l^2 仍为守恒量。本征值分别为 $\sqrt{j(j+1)}\hbar$、$m_j\hbar$ 和 $l(l+1)\hbar^2$，其中 j 和 m_j 分别是总角动量量子数和它的磁量子数，也是好量子数[1,2]。电子在原子中的运动状态与 n、l、j 和 m_j 有关，但不同 m_j 的能量是简并的，相应的本征函数记为 ψ_{nljm_j}，原子态由 4 个量子数决定：

$$\begin{cases} n = 1,2,3,\cdots \\ l = 0,1,2,\cdots,n-1 \\ j = l \pm \dfrac{1}{2} \\ m_j = \pm j, \pm (j-1), \cdots \end{cases} \quad (2.2.2)$$

现在考虑多电子原子，相互库仑作用除考虑各个电子与原子核的吸引外，还要考虑每一对电子之间的静电排斥力。整个体系的非相对论哈密顿算符是

$$H = -\frac{\hbar^2}{2\mu}\sum_i \nabla_i^2 - \sum_i \frac{Ze^2}{4\pi\varepsilon_0 r_i} + \sum_{i>j}\frac{e^2}{4\pi\varepsilon_0 r_{ij}} \quad (2.2.3)$$

各个电子与原子核的吸引力是库仑中心力，电子之间排斥力一般情况下不是中心力，而且电子的各种相互作用之间紧密关联，互相影响，无法严格求解，必须用

近似方法才能求解多电子原子方程。在处理能级结构这类定态问题时最重要的是微扰论方法,先考虑哈密顿量中最主要的项来解薛定谔方程,得到近似的波函数及相应状态的能量,然后用它们代入计算其他项对能量的微扰修正。

在原子物理中,各种近似方法的基本出发点是中心力场近似[5,9],即多电子原子中各个电子都独立地在一个中心力场中运动。它有两个假设。第一,每一个电子是在核的中心力场和其他电子所产生的一个平均力场中运动。这样多电子问题就简化为单电子问题,每个电子的运动就是独立的了,这就是独立电子近似。可以对每一个电子列一个单电子薛定谔方程,解得一个单电子波函数 ψ_i 和能量 ε_i,总能量 E 是各个电子具有的能量 ε_i 之和,总的波函数 ψ 近似是各个电子波函数 ψ_i 的乘积。第二,假设其他电子所产生的这个平均力场也是一个中心力场,这样,独立电子受到的两种力场就都是中心力场了,电子受到的作用力通过原子核,只与电子离原子核的距离有关,与方向无关。

在这两个假设即中心力场近似下,薛定谔方程的求解大为简化。设第 i 个电子受其他电子的作用势场是 $V_i(r_i)$,则这个电子的薛定谔方程是

$$\left[-\frac{\hbar^2}{2\mu}\nabla_i^2 - \frac{Ze^2}{4\pi\varepsilon_0 r_i} + V_i(r_i) \right]\psi_i(r_i) = \varepsilon_i \psi_i(r_i) \tag{2.2.4}$$

于是可以类似氢原子的求解方法[1~3],采用球坐标并分离变量,令

$$\psi_i(r_i) = R_{n_i l_i}(r_i) Y_{l_i m_i}(\theta_i, \varphi_i) \tag{2.2.5}$$

可以得到径向和角向两个方程:

$$\frac{1}{r_i^2}\frac{d}{dr_i}\left(r_i^2 \frac{dR_i(r_i)}{dr_i}\right) + \left[\frac{2\mu}{\hbar^2}\left(\varepsilon_i + \frac{Ze^2}{4\pi\varepsilon_0 r_i} - V_i(r_i)\right) - \frac{l_i(l_i+1)}{r_i^2}\right]R_i(r_i) = 0$$
$$\tag{2.2.6}$$

$$\frac{1}{\sin\theta_i}\frac{\partial}{\partial\theta_i}\left(\sin\theta_i \frac{\partial Y_i(\theta_i,\varphi_i)}{\partial\theta_i}\right) + \frac{1}{\sin^2\theta_i}\frac{\partial^2 Y_i(\theta_i,\varphi_i)}{\partial\varphi^2} + l_i(l_i+1)Y_i(\theta_i,\varphi_i) = 0$$
$$\tag{2.2.7}$$

后一角向方程解为球谐函数 $Y_{l_i m_i}$,与氢原子一样,已有现成结果,对所有原子均适用。前一径向方程解为 $R_{n_i l_i}(r_i)$,由于多了一项作用势 $V_i(r_i)$,它不同于简单的库仑势,$R_{n_i l_i}(r_i)$ 解与氢原子解不同,因此在中心力场近似下,原子结构的理论计算化为求解单电子的径向波函数和单电子能量。式中 n_i、l_i、m_{l_i} 分别是第 i 个电子的主量子数、角量子数和磁量子数。如果再考虑电子有自旋磁量子数 m_{s_i},一个电子就有 4 个量子数。原子的能量状态由这 4 个量子数 n、l、m_l 和 m_s 决定,在中心力场近似下,能量由主量子数 n 决定,考虑到下节讨论的轨道贯穿效应和极化效应,能量由两个量子数 n 和 l 决定,其中,n 决定了能量的主要部分,l 决定

了能量的次要部分。

在中心力场近似下,原子的总能量和总波函数分别为

$$E = \sum_i \varepsilon_i \tag{2.2.8}$$

$$\psi(r_1, r_2, \cdots, r_n) = \psi_1(r_1)\psi_2(r_2)\cdots\psi_N(r_N) \tag{2.2.9}$$

现在应用泡利不相容原理:一个原子中的各个电子具有的量子数不可能完全相同。对应于确定的 n、l、m_l,只能有两个电子存在,它们具有不同的量子数 m_s,即它们必须有相反的自旋。对应于确定的 n 和 l,由式(2.2.1)可以有 $2(2l+1)$ 个电子存在,它们具有不同的量子数 m_l 和 m_s。对应于某一个 n,最多只能有 $\sum_l 2(2l+1) = 2n^2$ 个电子存在,在只考虑中心力场的情况下,它们具有的能量相同,形成一个电子壳层,称为主壳层,$n = 1,2,3,4,5,\cdots$ 的主壳层分别称为 K,L,M,N,O,$\cdots$ 壳层。在同一主壳层中,相同的 l 电子形成一个支壳层,在考虑轨道贯穿效应和极化效应后,不同支壳层的电子具有的能量略有不同,$l = 0,1,2,3,\cdots$ 的支壳层分别称为 S,P,D,F,$\cdots$ 支壳层。处于这些壳层中的电子用 s,p,d,f,$\cdots$ 来表示,主量子数放在前面。这样,由中心力场近似和泡利原理可以得到原子中的电子具有壳层结构,它们形成一定的电子组态,这与实验结果大致符合。

一个中性原子有 Z 个电子,所谓电子组态是指一个原子的各个电子所处的 n、l 轨道组合。对原子基态,各个电子要遵从最低能量原理,先占据能量最低的轨道。例如,氦原子基态的电子组态为 $1s^2$,两个电子均处在 $n = 1, l = 0$ 的 1s 轨道上;氮原子基态的电子组态为 $1s^2 2s^2 2p^3$,$n = 1$ 的主壳层只能有 $2 \cdot 1^2 = 2$ 个电子,被填满了,第三、四个电子只能在 $n = 2, l = 0$ 的 2s 轨道,这个支壳层也被填满了,剩下的 3 个电子都在 2p 轨道上。

由于 $V_i(r_i)$ 已不再是简单的库仑势函数,方程(2.2.6)式不可能有精确的解析解。应用中心力场近似,核心问题是首先要找出恰当的中心场势能函数 $V_i(r_i)$,并用数值近似方法求解方程(2.2.6)式,得到单电子径向波函数 $R_{n_i}(r_i)$ 和能量 ε_i。在此基础上,再考虑各种非中心力修正,就可以逐步求出复杂原子能级的细微结构和相应的波函数与能量。这两类问题是原子结构理论计算的基础,前一类计算电子径向波函数问题几十年来已经发展了许多种有效的近似计算方法,其中最重要的是考虑到电子的交换反对称性的哈特利-福克(H-F)自洽场法,并在这一基础上进行了相对论效应和相关能修正。后一类是研究非中心力作用问题,下面简单讨论。

2.2.2 静电非中心力作用、LS 耦合、谱项和原子态

在前述的中心力场近似下,假设式(2.2.3)中最后一项电子与电子的静电排斥作用只是中心力,但在一般情况下,它们不通过原子核,作用力既包含中心力部分,也包含非中心力部分。中心力部分已被归到中心力场在上面讨论了,现在讨论作为微扰修正的静电非中心力作用[5,9]。这时哈密顿算符式(2.2.3)包括中心力场部分 H_0 和静电非中心力场部分 H_1,可以写为

$$H = H_0 + H_1 = \sum_i \left[-\frac{\hbar^2}{2\mu}\nabla_i^2 - \frac{Ze^2}{4\pi\varepsilon_0 r_i} + V_i(r_i) \right] + \left[\sum_{i>j} \frac{e^2}{4\pi\varepsilon_0 r_{ij}} - \sum_i V_i(r_i) \right]$$

(2.2.10)

2.4 节将证明,满支壳层(即闭壳层)的电子分布是球对称的,它们对价电子不产生非中心力场,只对原子核正电荷起电屏蔽作用,使原子能级产生移动,而不会引起原子能级分裂。因此,它们的作用可以归到中心力场中,目前可以不考虑内层满壳层电子的影响,非中心力只是价电子之间的相互作用引起的。

实际上价电子除受到静电相互作用外,还会受自旋轨道耦合、核自旋、外加电磁场等的磁相互作用,本段的讨论假设这些相互作用比静电非中心作用小很多,相反的磁作用大的情况将在下一段讨论。

在不考虑电子的自旋轨道耦合磁作用,只考虑静电非中心力作用情况下,每个电子的轨道角动量 l_i 不与自旋角动量 s_i 耦合成 j_i,由于电子之间的静电非中心力作用不影响自旋角动量,但使价电子的轨道角动量受到力矩作用,所以单个电子的轨道角动量 l_i 已不再守恒。由于力矩只改变轨道角动量的方向,不改变其大小,因而每个电子的量子数 n 和 l 仍是好量子数,只是 m_l 不再是好量子数。各个价电子的轨道角动量和自旋角动量在静电非中心力作用下分别耦合成总轨道角动量 L 和总自旋角动量 S:

$$L = \sum_i l_i, \quad S = \sum_i s_i \qquad (2.2.11)$$

由于整个原子不受外力作用,价电子对之间的斥力两两方向相反,电子系总的力矩为零,因此,原子的总轨道和自旋角动量 L 和 S 以及它们的 z 方向分量与这个电子组态的能量一样也是守恒的,即 L^2、L_z、S^2 和 S_z 是守恒量,它们的本征值分别为 $L(L+1)\hbar^2$、$M_L\hbar$、$S(S+1)\hbar^2$、$M_S\hbar$。也就是说,在只考虑静电非中心力作用情况下,一定的电子组态可以用 4 个量子数 L、M_L、S 和 M_S 来表征原子态。

如果再考虑到弱的自旋轨道耦合作用,L 与 S 耦合成总角动量 J:

$$J = L + S \qquad (2.2.12)$$

总角动量和它的 z 方向分量数值分别为

$$\begin{cases} J = L+S, L+S-1, \cdots, |L-S| \\ M_J = \pm J, \pm (J-1), \cdots \end{cases} \quad (2.2.13)$$

这种耦合就是 LS 耦合，又叫罗素-桑德斯耦合，可以用 4 个量子数 L、S、J、M_J 表征原子态，对应一组 L 和 S，可以有 $2S+1$ 个（当 $L \geqslant S$）或 $2L+1$（当 $L<S$）个 J 值。

由此可见，在不存在外电磁场，仅考虑中心力场和静电非中心力以及弱的自旋轨道磁力影响的情况下，计算得到的能级是由 v 个价电子形成的电子组态和原子态确定的，即由下列一组量子数：$(n_1, l_1), (n_2, l_2), \cdots, (n_v, l_v), L, S, J, M_J$ 决定。在一定的电子组态下，能级按不同的 L 和 S 分裂。为了分析方便，通常把用价电子的总轨道量子数 L 和总自旋量子数 S 来表征的一组性质类似的原子态称为谱项（spectroscopic term 或 term），用符号

$$^{2S+1}L \quad (2.2.14)$$

表示。每一个电子组态可以由角动量耦合定则式 (2.2.11) 耦合出不同的 L 和 S 值，即耦合出多个性质不同的谱项。例如 sp 电子组态可以耦合出 ^1P 和 ^3P 这 2 个谱项，2p3p 电子组态可以耦合出 ^1S、^1P、^1D、^3S、^3P 和 ^3D 这 6 个谱项。

每一个这样的谱项又是一个 LS 耦合下的多重项（multiplet），多重数是 $2S+1$，标在谱项的左上角，即由式 (2.2.12) 耦合出 $2S+1$（或 $2L+1$）个不同 J 值的原子态或能级。谱项对应的原子态有时也叫多重态。如 H 原子的 ^2S 谱项的多重数是 $2S+1=2$，^2S 是二重态，但因为 $L=0, S=1/2, L<S$，所以能级分裂为 $2L+1=1$，仅有一个原子态 $^2S_{1/2}$，而二重态 ^2P，^2D，$\cdots$ 的 J 值均有两个。

在存在弱的自旋轨道磁作用下，每一个多重谱项要按不同的 J 值分裂为 $2S+1$（或 $2L+1$）个能级。当然，如果有外电磁场作用，还要考虑 M_J 的能级分裂，每一个 J 能级分裂为 $2J+1$ 个，一个谱项总的原子态数为 $(2L+1)(2S+1)$ 个。因此，在 LS 耦合下，考虑到多重项，常用如下符号表示原子态：

$$^{2S+1}L_J \quad (2.2.15)$$

例如，氢原子基态的原子态为 $^2S_{1/2}(S=1/2, L=0, J=1/2)$，He 原子基态为 $^1S_0(S=L=J=0)$。

谱项和原子态还可以用空间宇称算符或轨道宇称算符 P_V 表征，描述空间坐标相对于坐标系原点反演 $r \to -r$ 下波函数的对称性行为，即有

$$P_V \psi(r) = \psi(-r) \quad (2.2.16)$$

由于自旋在空间反演下不变，波函数只需要考虑与空间坐标有关的部分。如果再次空间反演后波函数变回自己，则有 P_V^2 的本征值 $\lambda^2 = 1$，于是有 $\lambda = \pm 1$，轨

道宇称有两个本征值。空间反演后波函数不变号的具有偶宇称,$\lambda = +1$;波函数变号的具有奇宇称,$\lambda = -1$。如果空间两次反演后波函数不是原来的形式,则此波函数没有宇称。实验表明,在电磁相互作用和强相互作用中空间反演宇称是守恒的,即在原子分子物理和化学中空间反演宇称是不变量,具有本征值,在跃迁和化学反应中前后总的空间反演宇称是不变的。

由于球谐函数可以用连带勒让德多项式 $P_l^m(\cos\theta)$ 表示,在中心力场近似下,式(2.2.5)决定的单电子波函数可以进一步写为[3]

$$\psi_{nlm}(r) = R_{nl}(r)P_l^m(\cos\theta)e^{im\varphi} \tag{2.2.17}$$

在空间反演下,$\theta \to \pi - \theta, \varphi \to \varphi + \pi$,因而 $e^{im(\varphi+\pi)} = (-1)^m e^{im\varphi}$, $P_l^m(-\cos\theta) = (-1)^{l-m}P_l^m(\cos\theta)$,于是宇称算符作用在球谐函数波函数上有 $P\psi_{nlm}(r) = (-1)^l \psi_{nlm}(r)$,单电子原子态的宇称为

$$P_V = (-1)^l \tag{2.2.18}$$

$P_V = +1$ 是偶宇称,$P_V = -1$ 为奇宇称。也就是说,l 为奇数的 p,f,…电子形成的原子态的宇称为奇,l 为偶数的 s,d,…电子形成的原子态的宇称为偶,这可以从图 2.1.8 中波函数在空间反映下变不变号直接看出。在独立电子近似和中心力场近似下,多电子谱项和原子态的宇称由电子组态所包括的各个电子的宇称乘积决定,即由下式确定:

$$P_V = (-1)^{\sum l_i} \tag{2.2.18a}$$

由于满支壳层内电子是偶数,宇称是偶,可以不考虑,式中 l_i 为未满壳层内各电子的轨道角动量。通常在谱项和原子态的右上角标"o"(英文"odd"的缩写)表示奇宇称,标"e"(英文"even"的缩写)表示偶宇称(偶宇称"e"常常不标)。如 H 原子的 ^2S 为偶宇称,$^2P^o$ 即为奇宇称,应标"o"。He 原子 $^1S_0$ 为偶宇称,$l_1 + l_2 = 0$;而 C 原子基态电子组态为 $1s^2 2s^2 2p^2$,它所形成的原子态 $^1S、^1D、^3P$ 的宇称均为偶,因为 $l_1 + l_2 = 1 + 1 = 2$。由此可见,宇称只决定于 $\sum_i l_i$,与 L 和谱项无关,同一电子组态形成的各个谱项以及不同的 J 的原子态的宇称均相同。考虑到宇称 P_V(为了简化 P 的下标不写)后,原子态可表示为

$$^{2S+1}L_J^P \tag{2.2.19}$$

前面已指出,谱项决定于确定的电子组态,当给出一定的电子组态时,能形成的谱项除根据 LS 耦合定则确定外,还要考虑全同性原理和泡利原理的限制,因而在某些情况下能得到的谱项数目会减少。例如,由 n 和 l 值均相同的两个电子组成的 $2p^2$ 等效电子组态,由于泡利原理限制不能有前述 $^1P、^3S$ 和 ^3D 谱项,而只能有 $^1S、^1D$ 和 ^3P 谱项。再如,3p3d 电子组态不受泡利原理限制,而且 $l_1 + l_2 = 1 + 2$

$=3$，为奇数，所形成的原子态宇称均为奇，因此可有 $^1P^o$、$^1D^o$、$^1F^o$、$^3P^o$、$^3D^o$、$^3F^o$ 谱项。关于等效电子组态形成的谱项如何受到限制将在 2.6 节中详细讨论。

LS 耦合形成的多个谱项即分裂能级的高低由洪特定则经验规律确定：对一给定的电子组态，能量最低的原子态是泡利原理所允许的最大 S 值所确定的，相同 S 值的原子态中，L 值最大的态能量最低。在由等效电子组成的相同 S 和 L 值的原子多重态中，当占有电子数少于满支壳层电子数一半时，J 值小的原子态能量低，是正常次序；当占有电子数大于一半时，J 值大的态能量低，是倒转次序。注意，洪特定则只能帮助确定基态原子态，而不能确定任意一个电子组态的各谱项能级次序。例如，上述 pd 电子组态形成的原子态中 D 能级比 P 和 F 能级低，^{1}D 比 ^{3}D 低。这是由于各个 l 耦合成 L 时，最大和最小 L 是两 l 平行和反平行，中间 L 的两个电子的 l 轨道平面成一定角度，因此中间 L 值的 D 能级的两个电子的电子云重叠比 P 和 F 少，库仑排斥能小，能级更低。而 S 大的三重态能量比单重态低不是对每个 L 态而言，而是 L 的平均值。因此，上述 pd 电子组态中 ^{3}P 和 ^{3}F 低于 ^{1}P 和 ^{1}F，而 ^{3}D 则高于 ^{1}D[9]。

LS 耦合形成的分裂能级的间隔由朗德间隔定则确定：在一个多重态能级精细分裂中，两个相邻能级的间隔与它们的 J 值中较大的成正比，如 $^3P_2$、$^3P_1$、$^3P_0$ 三个能级之间的能量差之比为 2∶1。洪特和朗德定则都是经验规律，有一定的局限性，主要适用于原子基态，将在 2.5.1、2.6.1 和 2.6.2 小节中给以解释。

总的来说，在实际使用中，在中心力场近似和考虑静电非中心力和弱的自旋轨道耦合影响的情况下，一个原子态或能级的完全表示需用它的价电子组态和谱项来联合标示。例如，考虑到洪特定则，C 原子基态应为 $2p^2\,^3P_0$，激发态有 $2p^2\,^1D_2$、$2p^2\,^1S_0$ 等。在谱项前加电子组态可以区分具有同样类型和多重性的谱项，并可给出电子组态信息，这样的表示才能给出确定的原子态或能级。一般内壳层的电子组态不给。

2.2.3 自旋轨道耦合磁相互作用和 jj 耦合

考虑到电子除有静电相互作用外，还有自旋轨道耦合磁相互作用，原子体系的总哈密顿算符(2.2.10)式应改写为

$$H = H_0 + H_1 + H_2 = \sum_i \left[-\frac{\hbar^2}{2\mu}\nabla_i^2 - \frac{Ze^2}{4\pi\varepsilon_0 r_i} + V_i(r_i) \right]$$
$$+ \left[\sum_{i>j}\frac{e^2}{4\pi\varepsilon_0 r_{ij}} - \sum_i V_i(r_i) \right] + \sum_i \xi(r_i) l_i \cdot s_i \quad (2.2.20)$$

共有三部分，第一部分是中心力场中的哈密顿算符 H_0，第二部分是电子间静电作

用中非中心力场部分 H_1，第三部分是各个电子自身的自旋轨道耦合磁相互作用 H_2。在中心力场近似下，后两部分相对第一部分是微扰项而忽略掉，实际情况还必须考虑它们，对中心力场近似作修正，但根据两者之间大小的不同，有不同的处理方法，典型的有三种。上段介绍的是静电相互作用中的非中心力场部分远大于磁性相互作用的情况，即为 LS 耦合，原子基态和较轻的原子低激发态一般属于此类。下面介绍另外两类，本段先介绍 jj 耦合。

jj 耦合是静电相互作用中的非中心力场部分远小于磁性相互作用的情况。较重原子的激发态、较轻原子的高激发态以及离子一般属于此类，这是因为这类原子的内层电子多，电子云贯穿效应强，激发电子感受到的有效电荷数 Z^* 大，而离子的 Z^* 本来就大，由(2.1.7)式激发电子获得的自旋轨道耦合能量与 Z^* 的 4 次方成正比，而激发电子与其他电子之间的静电非中心力作用由式(2.1.2)大致与 Z^* 的 2 次方成正比，因此这类原子的自旋轨道耦合磁作用就比静电非中心力大很多。这时先略去静电作用中的非中心力场部分，哈密顿算符为

$$H = \sum_i \left[-\frac{\hbar^2}{2\mu}\nabla_i^2 - \frac{Ze^2}{4\pi\varepsilon_0 r_i} + V_i(r_i) \right] + \sum_i \xi(r_i) l_i \cdot s_i \quad (2.2.21)$$

第 i 个电子的 l_i 和 s_i 由于自旋轨道耦合磁作用而先耦合成 j_i：

$$j_i = l_i + s_i, \quad j_i = l_i \pm 1/2 \quad (2.2.22)$$

各个 j_i 都是好量子数，于是能级按 $j_1, j_2, \cdots$ 分。再考虑较弱的静电非中心力作用，各个 j_i 再耦合成总 J：

$$J = \sum_i j_i \quad (2.2.23)$$

M_J 仍由式(2.2.13)确定，J、M_J 也是好量子数，不同 J 能级产生精细分裂。

双电子组态的 jj 耦合原子态常表示为 $(j_1,j_2)_J$。例如，s、p 电子分别有 $j_1 = 1/2$ 和 $j_2 = 3/2$、$1/2$，因此 sp 组态有 $(1/2,3/2)_{1,2}$、$(1/2,1/2)_{0,1}$ 四个原子态。它们形成的原子态由自旋轨道耦合很强，$(1/2,3/2)$ 与 $(1/2,1/2)$ 分得很开，弱的静电非中心力耦合分得较小，形成两对能级：$(1/2,1/2)_0$，$(1/2,1/2)_1$ 和 $(1/2,3/2)_1$，$(1/2,3/2)_2$。pp′ 组态有 $(3/2,3/2)_{0,1,2,3}$、$(1/2,3/2)_{1,2}$、$(3/2,1/2)_{1,2}$ 和 $(1/2,1/2)_{0,1}$ 共 10 个原子态。对等效电子组态，要考虑不相容原理，由于电子的 n_i 和 l_i 相同，故 j_i 和 m_{ji} 不能完全相同。例如，p² 等效电子组态就不能全有上述 10 个原子态，它的 $(3/2,3/2)$ 中 $j_1 = j_2$，因此一定不能有 $m_{j1} = m_{j2}$。其中形成 $J=1$ 的是 $m_{j1} = m_{j2} = 1/2$ 或 $-1/2$，形成 $J=3$ 的是 $m_{j1} = m_{j2} = 3/2$ 或 $-3/2$，它们均不能存在。另外，$(1/2,3/2)_{1,2}$ 与 $(3/2,1/2)_{1,2}$ 只是两个电子交换，由全同性原理不可区分，也只能存在一个。$(1/2,1/2)$ 中 $j_1 = j_2$，形成 $J=1$ 的是 $m_{j1} = m_{j2} = 1/2$ 或 $-1/2$，泡利原理限制不能存在，只有 $(1/2,1/2)_0$。因此，对 2p² 等效电子组态，所

能具有的原子态只是 $(3/2,3/2)_{0,2}$，$(1/2,3/2)_{1,2}$ 和 $(1/2,1/2)_0$ 共 5 个，而不是 10 个。考虑到不同的磁量子数 m 亚能态，它具有的原子态总数为 $1+5+3+5+1=15$ 个，而不是 pp′ 的 36 个原子态。

对于多个电子的组态，使用母项分支方法，由去掉耦合最弱的一个电子后所剩下的 $Z-1$ 个电子所形成的母项的总角动量量子数 J' 和去掉的电子的量子数 j 耦合成总角动量 J，能级由 J'、j 和 J 表示，即 $(J',j)_J$。

满足电偶极允许跃迁的 jj 耦合的选择定则有 $\Delta J=0,\pm1(0\to0$ 除外$)$；$\Delta M_J=0,\pm1$（当 $\Delta J=0$ 时，$0\to0$ 除外）；$\Delta j=0,\pm1$（如 $\Delta j_1=0,\Delta j_2=0,\pm1$，或反之）。

2.2.4　$J'l$ 耦合和中间耦合

在上述 jj 耦合的多电子组态情况中提及使用母项分支方法，给出母项量子数 J' 和最后一个电子的量子数 j，在那儿由于自旋轨道耦合作用很强，最后那个电子的 l 和 s 已耦合成了 j，因而再 jj 耦合成 $(J',j)_J$ 谱项。

但如果最后一个电子的自旋轨道耦合作用很弱，而且这个电子与原子实之间与自旋取向有关的静电作用（即交换效应）也很弱，则这个电子的自旋取向对原子能级的影响是小的。在这种情况下，除这个电子的自旋角动量 s_i 外的其他角动量即这个电子的轨道角动量 l_i 与母项角动量 J' 耦合成 K：

$$J'+l_i=K,\quad K=J'+l_i,J'+l_i-1,\cdots,|J'-l_i| \qquad (2.2.24)$$

K 是好量子数，能级按 K 分开。最后 K 与耦合最弱的那个电子的自旋角动量 s_i 耦合成总角动量 J：

$$K+s_i=J,\quad J=K\pm1/2 \qquad (2.2.25)$$

这叫做 $J'l$ 耦合，也有叫 JK 耦合[5,9]，谱项记作 $[K]_J^o$。

由于 s_i 的作用很弱，不同 K 能级之间距离较大，而 $J=K\pm1/2$ 两能级之间裂距较小，能级成对排布，这是 $J'l$ 耦合的一个显著特征。在 jj 耦合中，仅两电子中一个是 s 电子时才有成对排列情况。

注意，在 $J'l$ 耦合中要求耦合最弱的那个电子自身的自旋轨道耦合磁作用远小于静电非中心力作用，这一点不同于 jj 耦合，而与 LS 耦合相同。$J'l$ 耦合与 LS 耦合的不同之处在于那个电子的轨道角动量 l 不是与母项的轨道角动量耦合，而是与母项的总角动量 J' 耦合，母项 J' 可以是多个电子耦合成的，也可以是单个电子 ls 耦合成的。

$J'l$ 耦合主要在惰性气体原子的激发组态中存在。惰性气体原子的基态电子组态是 6 个等效 p 电子，1 个电子激发后剩下的母项是 5 个等效 p 电子形成的 ^{2}P 组态，$J'=1/2$ 和 $3/2$。它们接近闭壳层，电子云接近球形，对激发电子的屏蔽好，激发电子的轨道贯穿效应小,感受到的 $Z^* \approx 1$。因此,激发电子的自旋轨道耦合作用较小,而它与 5 个 p 电子的静电非中心作用较大,造成前者比后者小很多,激发电子的轨道角动量自然与 J' 耦合成 K,K 再与它的自旋耦合成 J。l 大的激发电子沿径向分布更靠外,它的轨道贯穿效应更小,Z^* 更接近 1,因而激发电子自身的自旋轨道耦合作用相对更小,成为典型的 $J'l$ 耦合。

上面三种情况都是极端情况,当然还有其他极端耦合情况,不再讨论。现在来讨论一般情况,实际上对两个电子情况有 4 个角动量在互相耦合,常常是发生不同耦合类型交叉混合,这时许多能态并不能归属于某一种典型耦合,这种耦合称为中间耦合。中间耦合形成的能级使用上述量子数来表征并不确切,不过在实际应用时,人们仍不得不用某一组量子数来表征某态,例如,在 Moore 的书中仍用 LS 耦合的 L、S、J,我们需要注意。

事实上我们可以从各种原子的能级数据上看到这种情况。一个典型例子是对同一族元素,随 Z 增大,基态和低激发态能级结构从靠近 LS 耦合类型变化到靠近 jj 耦合类型,这是由于各个电子自身的自旋轨道耦合作用逐渐变大的缘故。例如,ⅣA 族 C、Si、Ge、Sn、Pb 的第一电子激发组态 $np(n+1)s$ 的原子态就具有显著的这种变化趋势。它们的能级如图 2.2.1 所示,它们的能级精细结构裂距数值在后面的表 2.6.2 中给出。C 原子是很典型的 LS 耦合,^3P 三重态间隔远小于 ^3P 与 $^1P_1$ 间隔,说明自旋轨道耦合作用远小于静电非中心力作用。三重态次序和间隔大致也服从 LS 耦合的洪特定则与朗德定则。随 Z 增大,三重态间隔逐渐变大,$^3P_2$ 与 $^3P_1$ 间隔相对 $^3P_1$ 与 $^3P_0$ 间隔也变大,而单态 $^1P_1$ 与三态 $^3P_2$ 的距离逐渐变小。这是由于随 Z 增大,电子轨道贯穿效应变大而使 Z^* 变大,从而使自旋轨道耦合磁作用逐渐大于静电非中心力作用而成为 jj 耦合。到 Sn 和 Pb 原子,$^3P_0$ 与 $^3P_1$ 间隔和 $^3P_2$ 与 $^1P_1$ 间隔已经远小于 $^3P_2$ 与 $^3P_1$ 间隔,实际上这已经是典型的 jj 耦合了,4 个能级从下往上次序为 $(1/2,1/2)_0$、$(1/2,1/2)_1$、$(1/2,3/2)_2$、$(1/2,3/2)_1$。注意,这儿分成了两对能级是因为在 jj 耦合中有一个是 s 电子的缘故。从表 2.5.1 和表 2.5.2 可看到其他族原子也有类似情况。

另一个例子出现在同一种原子的能级系列中。同一系列能级中,随激发电子的量子数 n 增大,能级就趋向于 jj 耦合。这是因为当这个电子被激发到更高激发态时,它与其他电子之间的静电相互作用迅速减小,静电非中心力也迅速减小。图 2.2.2 给出了 Si 的 $3pns$ 组态的 ^3P 与 ^1P 四个能级之间间隔随 n 增加的变化情况,可以看出,随 n 增加,三重态 $^3P_0$ 和 $^3P_1$ 之间间隔逐渐变小,即自旋轨道耦合作用逐渐变小,但相对变化不算太大,而 $^3P_2$ 与 $^1P_1$ 间隔迅速变小,即两电子之间静电非中心力作用随 r 增大而迅速变弱,从而使弱的自旋轨道耦合作用变成主要的,3p6s

之后已变成 jj 耦合了。

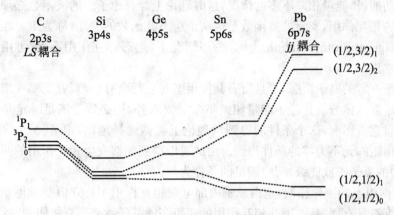

图 2.2.1　ⅣA族原子的第一电子激发组态形成的原子能级精细结构

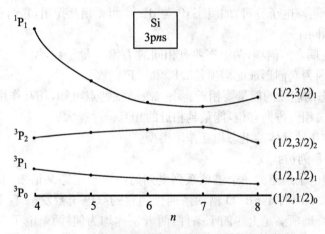

图 2.2.2　硅原子能级精细结构随主量子数的变化

2.2.5　组态相互作用

以上讨论都是假设原子属于某一特定电子组态,即各电子有一定的 n、l 值,原子态的波函数用这个组态的波函数来描述,即是它的一组基函数的线性组合,各个组态之间独立无关,没有相互作用。实际上这只是一种近似,在原子的单个价电子低激发态情况下,因各电子组态的能量相差比较大,相互间作用很小,这个假设常常是成立的。但在原子高激发态或多个电子激发情况下,或在分子有多个电子振动激发态情况下,常有两个或多个组态形成的能级(如分子两个电子激发态中的两个振动能级)能量相差不多的情况,这时理论上计算原子态的波函数必须考虑组态之间的相互作用,实际的波函数是这两个组态波函数的叠加,称为组态相互作用 CI(configuration interaction)[5,9]。一般情况下,组态相互作用不大,可用二级微扰方法求出。

对于一定的电子组态,不是所有其他组态对它都会有影响,究竟哪些组态对它有影响需要具体分析。除了能量相差不多的要求外,还必须是满足一定条件的组态才会对它有影响,这个条件的得到从理论上类似选择定则,由 a、b 二组态构成的非对角矩阵元不为零的条件得到。由此可以得到能够发生相互作用的两个组态(或其中的原子态或能级)所应满足的条件为:

① 两组态的宇称相同,这由原子内部电磁相互作用宇称守恒要求得到。由于哈密顿算符具有偶宇称,因此相互作用的两组态的基函数必须有相同的宇称。

② 两组态中最多只能有两个电子的轨道量子数不同。这是因为哈密顿量中只包含单电子与双电子算符,如组态 d^5 与 d^2sp^2 间无相互作用,它们有 3 个电子的轨道量子数不同。

③ 对 LS 耦合的谱项,两组态要有相同的 L 和 S 量子数,如 sp 和 sf 组态之间无相互作用,因为它们形成的谱项是 $^{1,3}P^0$ 和 $^{1,3}F^0$。

④ 两组态的能级的能量要相近。由二级微扰特点可知,相互作用的两个能级将彼此排斥,向相反方向移位,能量越相近相互排斥越大。

下面给出几种具体的组态相互作用类型。

(1) 谱项系列被扰动

某一类型电子组态的一个谱项系列受到另一电子组态某谱项的干扰。例如,图 2.2.3 所示 CaI 的 $4snd\ ^3D$ 谱项系列受到它的双电子激发态 T_0 谱项 $3d5s\ ^3D$ 的干扰,这两个谱项满足上述四个条件:两者宇称均为偶;两个电子没有不同的轨道量子数;有相同的 $L=2$,$S=1$;能量相近,因而能发生组态作用。干扰能级 T_0 在 4s8d 和 4s9d 之间,根据组态相互作用理论,相互作用的两个能级将彼此"排斥",向相反方向移位。因此,$n \geqslant 9$ 的能级向上移位,而 $n \leqslant 8$ 的能级向下位移,离 T_0 越近的能级影响越大,越远的影响越小。

如考虑精细结构,则除了上述谱项的重心位置移动之外,精细结构分裂也受到很大影响,如图 2.2.3 的右图所示。可见在 $n=9$ 附近,精细分裂反常地增大,朗德间隔定则也被破坏。

在分子中不同电子态的振动能级间也可能存在组态作用而发生能级位移,例如,N_2 分子的 $b\ ^1\Pi_u$ 电子态的 $v'=4$ 和 5 振动能级间隔由于 $c\ ^1\Pi_u$ 的 $v'=0$ 和

$c'\,^1\Sigma_u^+$ 的 $v'=0$ 的影响而加大。

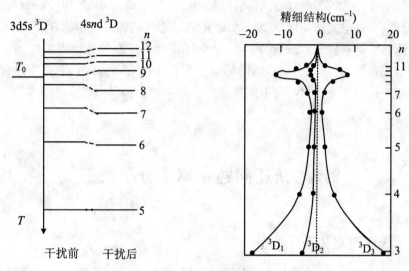

图 2.2.3　CaI 的 $4snd\,^3D$ 谱项受干扰情况

(2) 谱项系内部的组态相互作用

在一个谱项系内,主量子数不同的组态所形成的各个原子态的能量可能相近,因而它们之间可能出现相互作用。如 ArI 的 $3p^53d$ 与 $3p^54d$ 之间就有这种相互作用,结果使 $3p^53d\,^1P_1$ 位置下降,$3p^54d\,^1P_1$ 位置上升。

(3) 束缚态与连续态之间相互作用

一般来说原子中的连续态是束缚态的延续,每一里德伯分立能级系列 nl 都有自己的连续态,当 $n\to\infty$ 时就达到电离限,过了电离限就是由连续能级组成的连续态,这时电子具有正的能量 E,从零到很大的值,且具有角动量 l,可以用 El 来表征。另外,分子的解离常常也有一段连续区。处于连续态的电子将迅速脱离原子分子而成为自由电子,原子分子则成为电离态。

但有时会出现如 1.2.3 小节所述自电离情况:某一能级系列中的束缚态 a 的能量处于另一系列中的连续态 b 的能量范围内,初始束缚态可以直接跃迁到 a 态,也可以直接跃迁到 b 态,如果 a 和 b 态符合组态相互作用的条件,就会发生相互作用而互相影响,两者波函数将混合,使原来直接跃迁到束缚态 a 的原子有一定的概率放出一个电子处于连续态 b 而被电离,这种 a 态称为自电离态,这种相互作用较为复杂,会使原来叠加在连续电离谱上的自电离态 a 峰的峰位和峰形发生变化,甚至还会出现谷,这将在 4.5.3 小节详细讨论。

束缚态与连续态发生作用的一个例子由上一章图 1.2.3 给出,这是 Ne 原子的内价壳层电子 2s 激发到 np 上形成自电离态 $2s2p^6(^2S_{1/2})np$ 的电子能量损失谱。可以看到这个自电离态能级与 $2s^22p^5np$ 的连续态不可能发生组态相互作用,因为两者宇称相反,但是能与 $2s^22p^5ns$ 或 $2s^22p^5nd$ 电子组态的连续态发生组态相互作用而形成自电离。由图上看,谱的峰形已变化了,出现谷部分,它是在这部位的束缚态与连续态相互"排斥"使电离连续能级向两边位移而出现空白形成的。

2.3 跃迁问题和原子分子数据

2.3.1 跃迁速率和跃迁类型

对于二能级系统,如果不考虑无辐射跃迁,实际上存在三种辐射跃迁过程:自发辐射即处于高能级的原子自发地跃迁到低能级而发出辐射 $h\nu$,受激辐射即处于高能级的原子被外来辐射感应跃迁到低能级而发出辐射 $h\nu$,受激吸收即处于低能级的原子吸收辐射 $h\nu$ 后跃迁到高能级。

光的吸收和受激辐射还可以用非相对论量子力学来处理,把它们当做是在电磁场作用下原子在不同能级之间的跃迁。但普通的量子力学已经很难解释自发辐射现象了,因为当原子在初始时刻处于某激发能级的定态上时,如没有外界作用,原子的哈密顿量是守恒的,原子应该保持在该定态,电子不会跃迁到较低能级。因此,对这三种辐射跃迁的严格处理要用量子电动力学[16,17],像对兰姆移位和电子反常磁矩的解释一样,与零点能相联系的真空涨落电磁场造成了自发辐射。首先讨论电偶极辐射,将原子和电偶极辐射场作为一个整体系统处理,用 k 表示辐射的波矢,ε 表示偏振态,$-er$ 是电偶极矩,如果系统处在此场的模有 $n_{k,\varepsilon}$ 个量子的初始态(能量为 E_i)中,则单位时间内系统跃迁到有 $n_{k,\varepsilon}+1$ 个量子的终态(能量为 E_f)的概率即跃迁速率为

$$\lambda_{if} = \frac{(E_i - E_f)^3}{3\pi\varepsilon_0 \hbar^4 c^3} \left| \int \psi_f^*(-er)\psi_i \mathrm{d}\tau \right|^2 (n_{k,\varepsilon} + 1) \quad (2.3.1)$$

式中 $E_i - E_f = h\nu$。上式已对 k 和 ε 的各个方向取了平均,相当于原子与各向同性的非偏振辐射的相互作用,$\int \psi_f^*(-er)\psi_i \mathrm{d}\tau$ 是电偶极跃迁矩阵元 D_{if}。由此可见,跃

迁速率与跃迁能量的三次方以及跃迁矩阵元的平方成正比。此速率包括两项之和，第一项对应于受激辐射速率，通常可以忽略，只有在强光场中才明显出现。第二项对应于电偶极自发辐射速率，也即外界不存在辐射（$n_{n,\varepsilon} = 0$）时的辐射速率。

如果存在简并态，电偶极自发辐射的速率变为

$$\lambda_{if} = \frac{(E_i - E_f)^3}{3\pi\varepsilon_0 \hbar^4 c^3} \sum \left| \int \psi_f^* (-e\mathbf{r}) \psi_i \mathrm{d}\tau \right|^2 \quad (2.3.2)$$

"$\sum$"表示对末态 f 的所有量子态跃迁速率求和，对初态 i 的所有量子态跃迁速率求平均。

现在来讨论除电偶极辐射以外的其他种辐射。电动力学中用推迟矢势 $\mathbf{A}$ 描述远处很小空间的电荷和电流分布所辐射的电磁波[17]。为简化计算，假设在某体积内有连续分布的电荷密度，$\mathbf{J}$ 是具有一定角频率 ω 运动的带电粒子形成的电流密度，它与电荷密度由电荷守恒定律相联系，$\mathbf{r}'$ 是坐标原点到观测点的距离坐标，$\mathbf{r}$ 是原点到辐射源点的距离坐标，在此点取一个体积元 $\mathrm{d}\tau$，R 是辐射源点到观测点的距离，$\mathbf{k}$ 是电磁波的波矢，$k = 2\pi/\lambda = \omega/c$，$\lambda$ 为波长。如果坐标原点在辐射体积内，观测点远离辐射源，则有 $r \ll r'$，$R = |\mathbf{r}' - \mathbf{r}| \cong r' - \mathbf{n} \cdot \mathbf{r} \cong r'$，$\mathbf{n}$ 是 $\mathbf{r}'$ 方向的单位矢量，$k\mathbf{n} = \mathbf{k}$。由此得到此电磁波的推迟矢势的解为

$$\mathbf{A}(\mathbf{r}', t) = \frac{\mu_0}{4\pi} \mathrm{e}^{-i\omega t} \int \frac{\mathbf{J}(\mathbf{r}) \mathrm{e}^{ikR}}{R} \mathrm{d}\tau = \frac{\mu_0}{4\pi} \frac{\mathrm{e}^{i(kr' - \omega t)}}{r'} \int \mathbf{J}(\mathbf{r}) \mathrm{e}^{-i\mathbf{k} \cdot \mathbf{r}} \mathrm{d}\tau \quad (2.3.3)$$

在原子分子的电子跃迁产生的辐射问题中，辐射场源（电荷和电流）分布的线度量级为原子尺度，$r \approx 1 \times 10^{-8}$ cm，辐射光子波长为 500 nm 的 $k \approx 1 \times 10^5$ cm^{-1}，因而 $r \ll \lambda \ll r'$，$kr \ll 1$，这就是电偶极近似。在这一近似下，原子内电子分布的不同部分对所辐射电磁波的贡献的相位差可以忽略，即 $\mathrm{e}^{-i\mathbf{k} \cdot \mathbf{r}} \cong 1$，如果要计及不同部分贡献的相位因子，它可展开为

$$\mathrm{e}^{-i\mathbf{k} \cdot \mathbf{r}} = 1 - i\mathbf{k} \cdot \mathbf{r} + \frac{1}{2!}(i\mathbf{k} \cdot \mathbf{r})^2 - \cdots \quad (2.3.4)$$

将此式代入(2.3.3)式得到的展开式中第一项对应于电荷分布形成的电偶极矩所产生的辐射，用 E1 表示，前面(2.3.2)式即是量子电动力学给出的电偶极辐射的跃迁速率。第二项可以分成两个性质不同的分量，分别对应于电荷运动形成的电流产生的磁偶极矩和电荷分布产生的电四极矩所产生的辐射，用这些矩代替(2.3.2)式中的电偶极矩，即可得到相应的跃迁速率公式，相应的辐射是磁偶极辐射（M1）和电四极辐射（E2）。第三项对应的是磁四极辐射（M2）和电八极辐射（E3）。我们把除电偶极辐射之外的辐射称为禁戒辐射，这是由于 $kr \ll 1$，后一项的跃迁速率远小于前一项。注意，这儿的"禁戒"指的是对电偶极辐射禁戒，不是不可

以发生,而是它们的跃迁速率比电偶极辐射小很多。

因此重要的是各种禁戒辐射与电偶极辐射的跃迁速率的比值。量子电动力学计算表明[16],原子序数为 Z 的类氢离子的磁偶极辐射与电偶极辐射的跃迁速率之比为

$$\frac{\lambda_{M1}}{\lambda_{E1}} \approx \frac{1}{c^2}\left|\frac{\mu}{-er}\right|^2 \approx \left(\frac{Z\mu_B}{ea_0c}\right)^2 = \left(\frac{Z\alpha}{2}\right)^2 \approx 10^{-5} \quad (2.3.5)$$

式中 $-er$ 为电偶极矩, μ 为磁偶极矩, α 为精细结构常数。

电四极辐射与电偶极辐射的跃迁速率之比由式(2.3.4)要多乘一个因子,为

$$\frac{\lambda_{E2}}{\lambda_{E1}} \approx \frac{3}{40}(k \cdot r)^2 \approx \frac{3}{40}\left(\frac{\omega r}{c}\right)^2 \approx \frac{3}{40}\left(\frac{E_1}{\hbar c}\frac{a_0}{Z}\right)^2 = \frac{3}{40}\left(\frac{Z\alpha}{2}\right)^2 \approx 10^{-6}$$

$$(2.3.6)$$

上述几种辐射跃迁过程均只涉及一个光子,事实上还存在多光子辐射和吸收过程[16]。对于最简单的同时辐射两个光子的双光子辐射过程,两个光子角动量的耦合方式满足角动量守恒,它们的能量之和等于初态和末态的能量差:

$$h\nu_1 + h\nu_2 = E_i - E_f \quad (2.3.7)$$

双光子辐射与电偶极辐射的跃迁速率之比为

$$\frac{\lambda_{2\gamma}}{\lambda_{E1}} \approx \alpha(k \cdot r)^2 \approx \alpha\left(\frac{wr}{c}\right)^2 \approx \alpha\left(\frac{Z\alpha}{2}\right)^2 \approx 10^{-7} \quad (2.3.8)$$

也即比磁偶极辐射的跃迁速率还小两个量级,双光子辐射是一种更为稀少的禁戒辐射。

由此可见,在原子分子物理涉及电磁相互作用的跃迁中,磁偶极、电四极和双光子辐射的跃迁速率比电偶极辐射的跃迁速率小很多。如果二能级之间的电偶极跃迁是允许的,则电偶极辐射是主要的,磁偶极、电四极和双光子辐射跃迁可以忽略不考虑,它们对能级寿命、宽度影响很小。只有当电偶极跃迁是禁戒的情况下,才要考虑磁偶极和电四极跃迁,这样的能级预计寿命在 10^{-3} 秒量级或更长。同样,只有当电偶极、磁偶极和电四极跃迁均为禁戒时,双光子跃迁过程才能显示出来,因此涉及的这类能级都称为亚稳能级。通常情况下气体密度较大,由于碰撞退激发很难观测到禁戒辐射,而在地球极光、大气上层、日冕以及气体星云中常常能观测到禁戒辐射,当然在实验室也可以设法测量到禁戒辐射。

2.3.2 选择定则

各种类型跃迁除跃迁速率不同外,还要遵守不同的选择定则,它们是用来判断原子各能级之间能否跃迁的规则,实验室常常是利用某些选择定则来测量禁戒辐

射。最初选择定则由观测光谱从实验中总结出来，之后则可由量子力学跃迁速率也即跃迁矩阵元不为零以及守恒定律得到[2,5,16]。现在先以单电子原子为例讨论电偶极辐射的选择定则是怎么得到的。

在不考虑自旋的情况下，原子能级用量子数 n、l 和 m 来表征。上能级 $i(n_i, l_i, m_i)$ 和下能级 $f(n_f, l_f, m_f)$ 之间的自发跃迁速率由式(2.3.2)确定为

$$\lambda_{if} = \frac{e^2(E_i - E_f)^3}{3\pi\varepsilon_0 \hbar^4 c^3} \left| \int \psi^*_{n_f l_f m_f} \boldsymbol{r} \psi_{n_i l_i m_i} \mathrm{d}\tau \right|^2 \tag{2.3.9}$$

对于库仑中心力场，波函数可以用球坐标表示：

$$\psi_{nlm} = R_{nl}(r) P_l^{|m|}(\cos\theta) e^{im\varphi} \tag{2.3.10}$$

把 $\boldsymbol{r}$ 在球坐标中展开：

$$\boldsymbol{r} = -\frac{1}{\sqrt{2}} r\sin\theta e^{-i\varphi}\boldsymbol{\varepsilon}_{+1} + r\cos\theta\boldsymbol{\varepsilon}_0 + \frac{1}{\sqrt{2}} r\sin\theta e^{i\varphi}\boldsymbol{\varepsilon}_{-1} \tag{2.3.11}$$

其中 $\boldsymbol{\varepsilon}_{\pm 1} = \mp\frac{1}{\sqrt{2}}(\boldsymbol{i} \pm i\boldsymbol{j})$ 和 $\boldsymbol{\varepsilon}_0 = \boldsymbol{k}$ 是球坐标的三个基矢，$r = |x\boldsymbol{i} + y\boldsymbol{j} + z\boldsymbol{k}|$。

m 量子数的选择定则涉及跃迁矩阵元对角度 φ 的依赖关系，它由下式给出：

$$\int \psi^*_{n_f l_f m_f} \boldsymbol{r} \psi_{n_i l_i m_i} \mathrm{d}\tau = a\boldsymbol{\varepsilon}_{+1} \int_0^{2\pi} e^{i(m_i - m_f - 1)\varphi} \mathrm{d}\varphi + b\boldsymbol{\varepsilon}_0 \int_0^{2\pi} e^{i(m_i - m_f)\varphi} \mathrm{d}\varphi$$

$$+ c\boldsymbol{\varepsilon}_{-1} \int_0^{2\pi} e^{i(m_i - m_f + 1)\varphi} \mathrm{d}\varphi \tag{2.3.12}$$

式中系数 a、b、c 涉及对 r 和 θ 的积分。由于指数因子是 $\varphi = 2\pi$ 的周期函数，因而对 $\varphi = 0$ 到 2π 积分恒为 0，除非有一个指数因子中的指数等于 0 时，对 φ 的积分才为 2π，因而得到电偶极辐射中磁量子数 m 的选择定则为

$$\Delta m = m_i - m_f = 0, \pm 1 \tag{2.3.13}$$

只有满足其中之一条件，跃迁速率才不为 0。

l 量子数的选择定则涉及跃迁矩阵元对角度 θ 的依赖关系，由式(2.3.3)、式(2.3.4)和式(2.3.5)可知，矩阵元含 $\cos\theta P_l^{|m|}(\cos\theta)$ 和 $\sin\theta P_l^{|m|}(\cos\theta)$ 项，利用递推公式：

$$\cos\theta P_l^{|m|}(\cos\theta) = \frac{l+|m|}{2l+1} P_{l-1}^{|m|}(\cos\theta) + \frac{l-|m|+1}{2l+1} P_{l+1}^{|m|}(\cos\theta)$$

$$\sin\theta P_l^{|m|}(\cos\theta) = \frac{1}{2l+1} [P_{l+1}^{|m|+1}(\cos\theta) - P_{l-1}^{|m|+1}(\cos\theta)]$$

代入积分，考虑 $m_f = m_i$ 或 $m_i \pm 1$，及连带勒让德多项式的正交性（l 指数不一样的两个乘积为 0），可以得到积分不为 0 的条件，也就是角量子数 l 的选择定则为

$$\Delta l = l_i - l_f = \pm 1 \tag{2.3.14}$$

现在来考虑有自旋的情况,这时好的量子数是 l、s、j、m。如果原子从总角动量量子数为 j_i 的初态辐射跃迁到 j_f 终态,偶极辐射出的一个光子所带走的角动量为 $1\hbar$,根据角动量相加定律,得到总角动量量子数 j 的选择定则为

$$\Delta j = j_i - j_f = 0, \pm 1 \tag{2.3.15}$$

在特殊情况下,当初态和终态的总角动量均为 0,即 $j_f = j_i = 0$ 时,显然不可能满足角动量守恒原理,因而这种跃迁是绝对禁止的。

类似的考虑可以得到总角动量的 z 分量的磁量子数 m 的选择定则,它与式(2.3.13)相同,只不过在那儿 m 代表的是轨道角动量的磁量子数,这儿是总角动量的磁量子数。

以上讨论的选择定则都是对单光子跃迁中的电偶极辐射而言的。磁偶极辐射和电四极辐射也有稍微不同的选择定则,这三种辐射的选择定则被列在表 2.3.1 中[16]。表中前三个选择定则在不考虑核自旋条件下是严格成立的,它们是从普通的对称性和守恒定律导出的。

表 2.3.1　原子光谱中单光子跃迁的选择定则

定则	电偶极跃迁 E1	磁偶极跃迁 M1	电四极跃迁 E2
1	$\Delta J = 0, \pm 1$ ($0 \leftrightarrow 0$)	$\Delta J = 0, \pm 1$ ($0 \leftrightarrow 0$)	$\Delta J = 0, \pm 1, \pm 2$ $(0 \leftrightarrow 0, \frac{1}{2} \leftrightarrow \frac{1}{2}, 0 \leftrightarrow 1)$
2	$\Delta M = 0, \pm 1$	$\Delta M = 0, \pm 1$	$\Delta M = 0, \pm 1, \pm 2$
3	宇称改变	宇称不变	宇称不变
4	有单电子跃迁 $\Delta l = \pm 1$	无单电子跃迁 $\Delta l = 0, \Delta n = 0$	有或无单电子跃迁 若有则 $\Delta l = 0, \pm 2$
5	$\Delta S = 0$	$\Delta S = 0$	$\Delta S = 0$
6	$\Delta L = 0, \pm 1$ ($0 \leftrightarrow 0$)	$\Delta L = 0$	$\Delta L = 0, \pm 1, \pm 2$ ($0 \leftrightarrow 0, 0 \leftrightarrow 1$)

定则 1 来自角动量守恒。在量子电动力学中偶极辐射、四极辐射和八极辐射对应于总角动量量子数 $j = 1, 2$ 和 3 的光子场,j 称为辐射场的极次,就是前面 E1,M1,… 中的数字。现在就一般的多电子原子的初末态角动量确定的跃迁 $J_i \rightarrow J_f$ 来讨论,角动量守恒定律给出 $j = J_i - J_f$,可以得到发射的光子可能带走的总角动量(用角动量量子数表示)为

$$j = |J_i - J_f|, |J_i - J_f| + 1, \cdots, J_i + J_f \tag{2.3.16}$$

可能有多种极次 j 的辐射场。光子的总角动量 j 由光子的内禀角动量即自旋 s 和轨道角动量 l 相加而成，$j = l + s$，光子的自旋量子数 $s = 1$，由于电磁波的横波性，自旋只能与波矢平行或反平行，投影 $s_z = \pm 1$，即为右旋和左旋两个圆偏振波，因此光子的 j 不能为 0，最小为 1。由于跃迁速率随跃迁多极次 j 增加迅速减少，一般情况下只有最小极次 $j = |J_i - J_f| = 1$ 的辐射即偶极辐射才能出现。

由于 $s = 1$，辐射的光子轨道角动量量子数 $l = j - 1, j, j + 1$。$j = 1$ 的偶极辐射的 $l = 0, 1, 2$，$j = 2$ 的四极辐射的 $l = 1, 2, 3$。量子电动力学证明每一极次有电和磁的两种辐射，磁多极辐射 Mj 的 $l = j$，电多极辐射 Ej 的 $l = j + 1$ 或 $j - 1$，同一极次的电多极辐射的跃迁速率远大于磁多极辐射的。由于 E1 的跃迁速率远大于 M1 的，把 E1 称为允许跃迁。而 M1 和 E2 的跃迁速率差不多，如果 E1 被禁戒，则可能出现 M1 + E2 混合跃迁，称为一级禁戒跃迁。如果再被禁戒，则可能出现下一级的二级禁戒跃迁 M2 + E3。

对一定的多极辐射场 j，由角动量相加定律可知，能够产生它的原子分子初态和末态的总角动量量子数差为

$$\Delta J = J_i - J_f = \pm j, \pm (j - 1), \cdots, 0 \quad (2.3.17)$$

因此，对于 $j = 1$ 的偶极辐射，$\Delta J = \pm 1, 0$；对于 $j = 2$ 的四极辐射，$\Delta J = \pm 2, \pm 1, 0$。当然由于角动量要守恒，初态和末态的总角动量均为 0 的偶极辐射 0→0 是绝对禁戒的，四极辐射的 0→0，1/2→1/2 和 0→1 也是禁戒的，这些就导致定则 1。注意，上述选择定则是对辐射光子而言的，由于光子的 j 最小为 1，因而 0→0 跃迁不能存在。如果跃迁不涉及光子，则 0→0 跃迁也能存在，称为单极跃迁，原子分子能通过电子碰撞或其他无辐射方式发生 0→0 跃迁和其他禁戒跃迁。

定则 2 同样来自角动量守恒以及原子波函数相对量子化轴的角对称性质。

定则 3 来自电磁作用过程中的宇称守恒定律。这儿的宇称是指空间反演下的对称性，包括粒子的内禀宇称 $P_内$ 和轨道运动宇称 P_V 两部分[2,3]。内禀宇称是粒子内部波函数在空间反演下的对称性，纯中性粒子才有确定的内禀宇称，在粒子没有产生或湮灭的情况下一般不用考虑它。轨道宇称在 2.2 节中已讨论，是粒子空间运动波函数在空间反演下的对称性，由式(2.2.18)给出。空间反演宇称 P 是它们的乘积：

$$P = P_内 \cdot P_V \quad (2.3.18)$$

对初态、末态确定的辐射跃迁，涉及 3 个粒子，宇称守恒要求原子初态宇称和末态宇称 P_i、P_f 与辐射光子的宇称 P_γ 满足关系 $P_i = P_f P_\gamma$，因而初、末态宇称变化 P_i / P_f 等于光子宇称。光子的内禀宇称为 -1，对应一定 j 的辐射光子有三种 l 值，l 不适合用来标示具有横波性的光子态宇称。总的光子宇称可以这样确定：电偶极

辐射的宇称由式(2.3.2)中的跃迁矩阵元$\int\psi_f(-er)\psi_i\mathrm{d}\tau$确定,电偶极矩$(-er)$在空间反演下变号,宇称守恒要求原子初态和末态宇称也变号,因而电偶极辐射光子的宇称为奇。磁偶极和电四极辐射由式(2.3.4)展开式中第二项贡献,它们的矩要多乘一项$(-\boldsymbol{k}\cdot\boldsymbol{r})$,$\boldsymbol{k}\cdot\boldsymbol{r}$是标量,多乘的项在空间反演下多一个负号,因而磁偶极和电四极辐射光子的宇称相对电偶极辐射光子的宇称要变号,即宇称为偶,要求原子初、末态宇称不变化。由此可以用j来标示辐射光子的宇称,电多极辐射的总宇称P_γ为$(-1)^j$,磁多极辐射的为$(-1)^{j+1}$,同一多极次电和磁多极辐射的宇称相反。因此,磁偶极和电四极跃迁不可能与电偶极跃迁同时发生,也不会干涉。

从以上讨论可知,原子初态和末态宇称变化与光子角动量有如下关系:

$$\frac{P_f}{P_i}=P_\gamma=\begin{cases}(-1)^J, & \text{对 }Ej\\(-1)^{j+1}, & \text{对 }Mj\end{cases} \quad (2.3.19)$$

后三个选择定则是近似成立的,因为多电子原子的波函数只能是薛定谔方程的近似解。定则4只对所涉及的每个态都能用单一的电子组态描述才成立,例如,在2.2节中式(2.2.18)已给出l轨道上的单电子的宇称决定于$(-1)^l$,因而宇称守恒要求原子初、末态之间的电偶极辐射跃迁满足$\Delta l=\pm1$,即原子初、末态的宇称要改变。因此,宇称选择定则与轨道角动量l的选择定则从这点来说是匹配的。定则5和定则6适用于多电子原子的LS耦合。

用量子力学同样的方法即各种跃迁矩阵元不为零也可以导出多电子原子的LS耦合和jj耦合的选择定则,只是跃迁矩阵元中原子初、末态波函数要用相应的耦合波函数[2,5,16]。对于LS耦合情况,好的量子数是总的L、S、J和M,它们的选择定则见定则6、5、1和2,由守恒定律导出的与它们一致。其中电偶极和电四极跃迁的自旋量子数S的选择定则可以直接得到,由于电多极矩算符只包含轨道坐标,不包含自旋坐标,作用在初态上不改变它的自旋量子数S,而不同自旋量子数的态之间是正交的,因此,要求跃迁矩阵元不为零,就是要求初、末态的自旋量子数必须相同,从而导致定则5。

下面举几个例子。1.3节氢原子钟中所用的氢原子基态$1^2S_{1/2}$的两条超精细劈裂能级之间的跃迁是磁偶极辐射的一个例子,它们的所有量子数都满足磁偶极辐射的选择定则,定则3和定则4使电偶极辐射禁戒。

再如,从氢的$2^2S_{1/2}$亚稳能级到$1^2S_{1/2}$基态的跃迁属于双光子跃迁,它们的$\Delta l=0$给出禁戒电偶极跃迁,$\Delta n=1$给出禁戒磁偶极跃迁,$\Delta J=0(1/2\to1/2)$给出禁戒电四极跃迁。虽然由于兰姆移位,$2^2P_{1/2}$能级低于$2^2S_{1/2}$,但由于它们的能量差太小,由于电偶极跃迁速率与能量的三次方成正比,因而数值很小,可以忽略。因此可以利用氢来研究 $2^2S_{1/2}$ 和 $1^2S_{1/2}$ 之间的双光子跃迁过程。同样，氦的 2^1S_0 到基态 1^1S_0 也不能进行电和磁的单光子跃迁，它们之间主要的是双光子跃迁过程。现在经常利用功率较大的可调频激光器来研究双光子和多光子跃迁等稀有过程。

2.3.3 电子结合能和电离能

原子(包括分子和离子)除了有基态和普通的激发态外，还有激发能超过电离限能量的激发态，称为电离态。处于电离态的原子可以电离掉一个或几个电子而成为离子。设想原子的电离过程是入射粒子使原子的电子从原子初态 $|i\rangle$ 跃迁到电离态 $|j\rangle$，然后电子脱离原子而使其电离到达离子末态 $|f\rangle$。对光吸收电离情况，入射粒子是能量为 $h\nu$ 的光子，原子初态和电离态以及末态离子的能量分别为 E_i、E_j 和 E_f，如图 2.3.1 所示，电离时入射光子的能量转变为电子到电离态的激发能量 $(E_j - E_i)$，入射光子的能量比到离子末态所需的能量 $(E_f - E_i)$ 多的部分转变成电离电子的动能 E_k。有关系：

$$h\nu = E_j - E_i = (E_f - E_i) + E_k \tag{2.3.20}$$

电离态的能量是连续的，当电离电子的动能为零时，电离态的能量最小，等于末态离子能量，入射光子的能量等于电离限能量 $(E_f - E_i)$，电离限能量也被称为电离能。

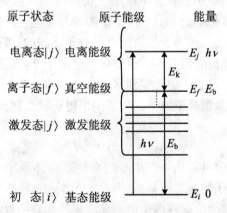

图 2.3.1　气相原子的能级和电离能

现在讨论电子结合能和电离能[5,18]。定义电子在原子(或分子和离子)中的结合能 E_b 是离子末态与原子初态之间的能量差 $(E_f - E_i)$，或者说具有零动能的一个电子与离子结合成原子放出的能量，也叫电子束缚能或绝热电离势。由于初态原子通常处于基态，而离子末态可以处于基态或激发态，基态电子组态也可以有不同谱项,每个谱项还有精细结构,严格地说,电子结合能是初态原子基态和末态离子基态的最低能级的能量差,当然也有用原子初态和离子末态的基态电子组态的平均能量之差来计算的。

显然,处于原子不同壳层的电子受约束程度不同,即不同壳层的电子结合能不同,越往内的电子的结合能越大。最弱受约束电子是在体系中结合最松散的电子,最容易被激发或电离,化学上最活泼,实际上是最外层电子,结合能最小[19]。

入射光子只要能量大于电子结合能就能使该电子电离,为了有确定值,定义电离能是能够电离的最小能量,即电离限能量,也即从原子基态到离子基态的电子结合能。这样的被电离电子所处的能级称为真空能级。通常确定能量有两个参考标准:真空能级和原子初态能级。如果选取真空能级为参考能级,则原子初态能量为 $-E_b$,如果选取原子初态能级为参考能级,则电子在真空能级具有的能量 E_V 也就是电子的结合能或电离能 E_b。基态原子失去一个电子成为 +1 价基态阳离子所需要的能量称为第一电离能,依次还有第二、第三电离能等,第二电离能是由 +1 价阳离子再失去一个电子形成 +2 价阳离子时所需的能量。通常所说的电离能就是第一电离能,即原子最外层最弱受约束电子的结合能。当然一般来说,对于内壳层也可以定义它的结合能为电离能,但需要特别指出是对哪个内壳层而言,详细见附录Ⅲ。

顺便指出,原子的电子亲和能是指原子获得一个自由电子成为一价基态负离子所放出的能量,也就是一价基态负离子电离掉一个电子所需要的能量。

气相样品可以近似地认为是由自由原子分子组成的。理论上最简单的处理是采用突然近似,认为电离时除某一轨道发射一个电子外,其他电子的运动状态不发生变化,处于被"冻结"状态。由此得到 Koopmans 电离势,即以真空能级为参考的电子结合能或电离能数值等于原子或分子的该电子轨道自洽单电子波函数的能量本征值 E_i 的负值:

$$E_b = -E_i = |E_i| \qquad (2.3.21)$$

实际上从某一轨道电离出一个电子时会使原来体系中平衡的势场遭到破坏,引起原子分子其他电子的轨道收缩或膨胀以及电荷的重新分布,最终达到新的平衡,这就是绝热近似理论。这种电子运动和结构的调整叫电子弛豫,弛豫的结果是放出弛豫能给电离电子。Koopmans 近似太简单,绝热近似已经考虑了弛豫能,用离子基组态的最低能量减去原子基组态的最低能量来定义结合能,也称绝热电离势,因而绝热电离势更接近真实值。实验上利用式(2.3.20)通过测量光电子能谱得到的结合能也减去了弛豫能,因而在绝热近似下的结合能定义为

$$E_b = E_f - E_i = h\nu - E_k \qquad (2.3.22)$$

电离能的更精确计算还要考虑电离电子的关联能、分子的振动和转动能等修正,此外还要减去离子的反冲动能。所有这些修正值相对都较小,除离子反冲动能外,在上述电离能公式中均已被自动减去。电离能在 3.1 节和第 5、6 章中还有讨论。

固相样品是能带结构,如图 2.3.2 左边方框所示。导体的价带(图上有斜线的方框)部分填满电子或虽然填满但与上面的导带(图上空白方框)交叠,而非导体即绝缘体和半导体在充满的价带和空的导带之间存在禁带,只是半导体的禁带较窄,在禁带中常有杂质能级。电子在能带中遵循费米-狄拉克分布,费米能级是指电子在能带分布中有无电子的分界能级,在 0 K 温度下,能量小于费米能级的所有能态都填满电子,大于它则没有电子;在非 0 K 温度下,由于热效应分布函数变得圆滑,不是那么界限分明。导体的费米能级在价带顶部,而非导体的费米能级通常在禁带中,固相中处于费米能级的电子就是最弱受约束电子。电子由费米能级出去到真空能级还要克服样品的功函数 φ_S,它定义为真空能级和费米能级的能量差:

$$\varphi_S = E_V - E_F \tag{2.3.23}$$

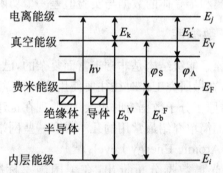

图 2.3.2　固相原子的能级和电离能

现在讨论固相原子的电子结合能,适合电子处于固相的任何能级,包括内层能级。类似气相原子也有两个能量参考标准:真空能级和费米能级,两者的差值为样品的功函数 φ_S。以它们为参考的结合能分别为

$$\begin{cases} E_b^V = h\nu - E_k \\ E_b^F = h\nu - E_k - \varphi_S = E_b^V - \varphi_S \end{cases} \tag{2.3.24}$$

在实验中样品托与谱仪分析器一同接地,造成它们的费米能级处在同一能量值。如果样品是导体,样品和分析器的功函数 φ_S 和 φ_A 不同,则它们之间就产生接触电位差 $\Delta V = \varphi_S - \varphi_A$,能量 $e(\varphi_S - \varphi_A)$ 加到电离电子的动能中,使它从 E_k 变

成谱仪测到的 E_k',如图 2.3.2 右边。因而以真空能级和费米能级作参考的实验测到的电子结合能分别为

$$\begin{cases} E_b^V = h\nu - E_k = h\nu - E_k' + (\varphi_S - \varphi_A) \\ E_b^F = h\nu - E_k - \varphi_S = h\nu - E_k' - \varphi_A \end{cases} \quad (2.3.25)$$

可以看到,实验上使用谱仪测量电子结合能时,以真空能级作参考的结果与样品和分析器的功函数都有关,而以费米能级作参考的结果只与谱仪的功函数有关。不同样品的功函数不同,且功函数与样品的表面情况有关,容易改变。但谱仪的功函数 φ_A 与样品无关,通常是固定不变的,同一功函数的校正值可以用到不同次测量中。因此,固相和液相的电子结合能数值通常用费米能级作参考给出,如用真空能级作参考必须对样品材料的功函数进行小心修正。当然,气相原子不存在样品功函数,用真空能级作参考给出电子结合能数值是方便的。

注意:《CRC 化学物理手册》一书和本书附录中的"原子和不同价离子的电离能"及"分子和自由基的第一电离能"指的是它们的气相第一电离能;"原子的电子结合能"给出原子各壳层的电子结合能数据,对气体和绝缘体来说是相对真空能级的,对金属导体来说是相对费米能级的,对半导体来说是相对价带顶部的,也即相对费米能级,因此,金属和半导体的数据与实验值差一个功函数。

2.3.4 原子和分子数据库

周期表各元素的原子能级结构是非常丰富而复杂的,已经被编辑成册,形成不同种类的书以供参考,在做研究工作时往往要使用到,而且经常使用里面的符号和数据。另外,其他一些原子分子数据有时也会用到,现在也建立了许多原子分子数据网站可供使用。下面简单介绍最常用的几本书和一些网站。

(1)《原子能级》(Atomic Energy Levels)[20]

这本书的数据由光谱数据分析推出,在美国国家标准局准备,编者 C. E. Moore,1948 年出版,1971 年重印。共三卷,第一卷从 H 到 VXⅣ,第二卷从 CrⅠ到 NbⅦ,第三卷从 MoⅠ到 AcⅢ,包括上述每一种原子和相应离子的各个能级的实验上确定的数据,少量是理论上推得的数据。这里元素符号后面的罗马字母Ⅰ表示中性原子,Ⅱ表示一价电离的离子,Ⅲ表示二价电离的离子,依此类推。现在这些数据已经上网,不断更新,可从后面给出的网址上得到最新的数据。这些数据主要包括 7 方面:

① Author,所引数据的作者名字;

② Configuration,电子组态;

③ Designation,指定的原子态标示;

④ Inner Quantum Number,总角动量量子数 J;
⑤ Atomic Energy Level,原子能量(波数);
⑥ Interval,能级间隔;
⑦ Observed g-value,观测的 g 因子值。

以上②、③、④、⑤4 项是必定有的,其他 3 项有的有,有的没有。例如,NⅠ的前几个原子能级的数据如表 2.3.2 所示。

表 2.3.2 NⅠ的前几个原子能级

电子组态	原子态标示	J	能级能量	能级间隔	观测 g 值
$2s^22p^3$	$2p^3\,^4S^0$	3/2	0		
$2s^22p^3$	$2p^3\,^2D^0$	5/2	19 223		
		3/2	19 231	−8	
$2s^22p^3$	$2p^3\,^2P^0$	3/2,1/2	28 840		
$2s^22p^2(^3P)3s$	$3s\,^4P$	1/2	83 285.5		2.670
		3/2	83 319.3	33.8	1.735
		5/2	83 366.0	46.7	1.603
$2s^22p^2(^3P)3s$	$3s\,^2P$	1/2	86 131.4		
		3/2	86 223.2	91.8	
$2s2p^4$	$2s2p^4\,^4P$	5/2	88 109.5		
		3/2	88 153.4	−43.9	
		1/2	88 173.0	−19.6	
$2s^22p^2(^3P)3p$	$3p\,^2S^0$	1/2	93 582.3		
...	...	...	...	...	
$2s^22p^2(^1D)3s$	$3s'\,^2D$	5/2	99 665		
		3/2	99 658	−7	

下面详细地对各部分做一个说明:

第一列是电子组态。内壳层电子不写,只写价壳层包括内价壳层电子组态。如 N 原子基态电子组态为 $2s^22p^3$,$1s^2$ 不写。对激发态,可看做附加一个 s,p,d,f,…电子到相应的电离极限谱项而形成,这个极限谱项是电离掉这个激发电子的原子的谱项。通常写在相应的电子组态后的括号内,像一个芯一样。芯后面写的电子就是激发电子。例如，N 原子的极限谱项可以是一个 2p 电子被电离掉而形成的 $2p^2(^3P)$、$2p^2(^1D)$，因此，N 原子的激发态的电子组态可以是 $2s^22p^2(^3P)3s$，$2s^22p^2(^3P)3p$，$2s^22p^2(^1D)3s$，$2s^22p^2(^3P)4s$，$\cdots$。

第二列是原子态标示。基态的原子态标示比较简单，把起作用的电子组态放在原子谱项前面来标示。例如，N 原子基态电子组态为 $2s^22p^3$，$2s^2$ 形成闭支壳层，仅 3 个 2p 等效电子起作用，$S=3/2$ 与 $1/2$，对 $S=3/2$，3 个电子有 3 个量子数全相同 (n,l,m_s)，因此 m_l 不能相同，分别为 $-1,0,+1$。所以 $M_L=0$，$L=0$，原子态为 $2p^3\,^4S_{3/2}$ 态。对 $S=1/2$，由 2.7 节的等效电子分析可得谱项为 ^2P、^2D。3 个 p 电子的宇称为奇，由洪特定则，对应的原子态为 $2p^3\,^4S^0$、$2p^3\,^2D^0$、$2p^3\,^2P^0$，标示（能量由低到高）在第二列。相应的 J 量子数应为 $3/2,5/2,3/2,3/2,1/2$，标示（能量由低到高）在第三列。

至于激发态，可以分三种情况标示。ScⅡ之前的除惰性气体原子外的为一种，惰性原子为第二种，复杂原子（ScⅡ及之后）为第三种。第一种情况是将激发电子写在原子谱项前作前缀，合起来标示。谱项是由激发电子与芯谱项耦合而成，通常芯谱项就不写了。例如，N 原子的 2p 电子激发到 3s 轨道后与 $2s^22p^2(^3P)$ 极限谱项 ^3P 耦合形成的原子态标示有两种：$3s\,^4P$ 和 $3s\,^2P$，相应的 J 量子数为 $1/2$、$3/2$、$5/2$ 和 $1/2$、$3/2$。而 $2s^22p^2(^1D)3s$ 电子组态形成的原子态标示为 $3s'\,^2D$。这儿"'"是为了在有两个或更多个极限谱项都是偶宇称或都是奇宇称出现时以示区别，而不管极限谱项是什么。例如，在上述 N 原子中，第一次出现的极限谱项是 ^3P，偶宇称，不同于 ^3P 偶宇称的第二种偶宇称极限谱项是 ^1D，因此它所形成的原子态 ^2D 前的激发电子 3s 加"'"。由此类推，第三种偶宇称极限谱项出现时，激发电子上加"''"。

至于由内价电子激发形成的原子态标示，像价电子激发形成的原子态一样，在原子态谱项前加激发形成的最外面电子组态，如 N 的一个 $2s\rightarrow 2p$ 形成的原子态标示为 $2s2p^4\,^4P$。

惰性气体是一类特殊原子，最后一个电子形成闭壳层，它们的激发态偏离 LS 耦合，而是 $J'l$ 或 jj 耦合，本书使用 $J'l$ 耦合，极限谱项的 J 值需要给出，能级成对出现而不是谱项系列，后面 2.5.3 小节专门介绍。

至于更复杂的涉及 d 和 f 电子的原子，谱项是如此多，以至于用它们的组态标示是不实际的，这时仅用谱项，不用电子组态，代替谱项前的电子组态，用前缀 a、b、c、d 来标示先后出现的宇称相同的（偶宇称或奇宇称）低谱项，用 z、y、x 等来标示先后出现的宇称相反的（奇宇称或偶宇称）低谱项，同样类型宇称的高谱项的前缀从 e、f、g 开始标示。这种标示从 ScⅡ开始，如 ScⅡ基态电子组态是

$(1s^22s^22p^63s^23p^6)3d(^2D)4s$,原子态标示为 $a\ ^3D$。第一激发态是 $3d(^2D)4s$ 形成的 $a\ ^1D$。再往上是 $3d^2$ 形成的 $a\ ^3F$、$b\ ^1D$,$4s^2$ 形成的 $a\ ^1S$,$3d^2$ 形成的 $a\ ^3P$、$a\ ^1G$,这些电子组态的宇称皆为偶;$3d(^2D)4p$ 形成的 $z\ ^1D^0$、$z\ ^3F^0$、$z\ ^3D^0$、$z\ ^3P^0$、$z\ ^1P^0$、$z\ ^1F^0$、$4s(^2S)4p$ 形成的 $y\ ^3P^0$、$y\ ^1P^0$,它们的宇称为奇;以及 $3d(^2D)5s$ 形成的 $e\ ^3D$,$e\ ^1D$,…,这是高谱项。

表中第四列给出能级的能量,它们已按原子态的不同总角动量 J 分别给出,一个谱项的各 J 值是按能量由低到高排列的。如果一个谱项的各 J 成分的能量未分解开,则把所有 J 值在一行给出,或给头与尾,如 S 的 $5f\ ^5F$ 谱项的 J 标示为 5 到 1。原子能量一列给出的都是实验值(除类氢),括号内值是由等电子系列数据外推而得到的,基态能量为零,激发态能量是相对基态的。表中给出值为波数值(cm^{-1}),换成能量(eV)应乘以 0.000 123 984 24。

能级间隔一列给出这个 J 能级与前一行相邻能级的能量之差。如果能级能量增加,J 值也增加,则间隔能量为正,为正常次序;反之为负,为倒转次序。

最后一列的观测 g 值是由加适当强度的磁场产生塞曼效应而测量得到的,在 LS 耦合下与理论计算符合较好。

(2)《原子能级和跃迁图》(Atomic Energy-Level and Grotrian Diagrams)[21]

这本书的编者是 S. Bashkin 和 J. O. Stoner,分两卷,Vol. Ⅰ从 HⅠ到 PXV,1975 年出版,Vol. Ⅱ从 SⅠ到 TiXXⅡ,1978 年出版。

全书都是图。分两种:一种是能级图,上下按能量大小排列,左右为多重态谱项(LS 耦合)或 $ns,np,nd,\cdots$(jl 耦合)。每一条能级画一道线,左边标能量(cm^{-1}),右边标 $n(J)$ 值,J 值按能量从低到高的次序排列,如图 2.3.3 中的 $2(2,1,0)$,$J=2$ 的能量最低。具有相同轨道量子数 l、不同主量子数 n 的里德伯能级序列放在一列上。同一原子(或离子)往往有好多种能级图,如按二重态、四重态各一张,既给 LS 耦合,又给 jl 耦合。另一种是跃迁图(grotrian diagram),既给出能级线,又给出跃迁线,但能级线只在右边给出电子轨道 nl(或主量子数 n)和 J 量子数,如 $4d(3,2,1)$,而不在左边给出能量值。跃迁线上给出跃迁能量,其他标示不变。我们在图 2.3.3 中同时给出这两种标示。

对复杂原子光谱项,这本书不像 Moore 的书用 a、b、c、z、y、x 前缀表示。这是因为这种方法有缺点:一个谱项前的字母先后出现有混乱,如 ScⅡ 的 $e\ ^4G$ 项在很后面,之前没有更低的 ^4G;且前缀和芯之间的联系不明显。这本书用"*"标记芯谱项,如 ScⅠ 最低激发态的 ^4F 项的标记 $3d^2(a\ ^3F)4sa\ ^4F$ 改为 $2^*\ 4s\ ^4F$。$2^* = 3d^2\ ^3F$,而 $0^* = 3d(^2D)4s\ ^3D$,是 ScⅡ 的基态谱项。

这本书除了普通单电子跃迁外,还有 He 的双电子跃迁,H 的兰姆精细结构图,有离子图。各个跃迁与能级图是多重态单独画(单、双、三、四……)。

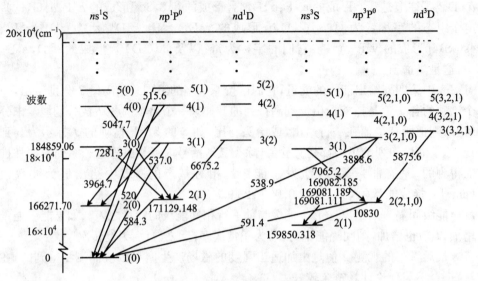

图 2.3.3 HeI 的跃迁图和能级图

(3)《CRC 化学物理手册》(CRC Handbook of Chemistry and Physics)[22]

这本书的主编是 Dowid R. Lide,他是美国国家标准和技术研究所的前所长。该书由 CRC 出版社出版,每年更新一次,2011~2012 年的是第 93 版。有关的内容有:标准原子量,原子质量和丰度,中性原子在基态的电子组态,能量单位转换因子,原子和分子的电子亲和能,原子和分子的极化率,原子和原子离子的电离势,气相分子的电离能,X 射线原子能级,元素的电子结合能,X 射线的自然宽度,光子减弱系数,元素的线谱,美国国家标准和技术研究所的原子跃迁概率表,气相分子的键长和键角,等。本书附录Ⅲ(基态原子态和原子 K、L、M 与部分 N 壳层的电子结合能)、Ⅳ(原子与不同价离子的第一电离能和原子的电子亲和能)和Ⅴ(某些常见分子与自由基的第一电离能和电子亲和能)中的数据主要根据它们而来。

(4)原子分子数据库网站

除了图书外,还可以从网上得到许多上面所述各种原子分子数据,并被不断更新。主要的原子分子数据库网站有:

① 中国原子分子数据库:网址是 http://www.camdb.ac.cn,由北京应用物理与计算数学研究所主持编辑,内容包括原子数据库和分子数据库。

② CODATA 中国理化数据库:网址是 http://dc.codata.cn,由国际科技数

据委员会、CODATA中国全国委员会、中国科学院和中华人民共和国科技部主持编辑,内容包括中国核物理基础数据库、中国原子分子数据库、中国化学基础性数据和化学应用性数据库、天然气水合物等34个专业基础和6个专业应用物理化学数据库。

③ Physical Reference Data(物理参考数据):网址是 http://www.nist.gov/pml/data,由美国国家标准和技术研究所(NIST)主持编辑,内容包括周期表、物理常数、原子光谱数据(包括原子和离子的能级、光谱和跃迁概率、基态能级和电离能等原子光谱数据库)、分子光谱数据(包括小分子、碳氢化合物和星际分子的光谱数据库)、原子分子数据(包括电子与原子分子碰撞截面、势能面等数据库)、X射线和γ射线数据(包括X射线和γ射线与元素和化合物作用数据库)、辐射剂量数据、核物理数据、凝聚态物理数据等。

2.4 碱金属ⅠA族和ⅠB、ⅢA族原子

2.4.1 满壳层和轨道贯穿效应

氢原子是最简单的,随着电子数的增多,原子的能级和光谱会变得复杂,但当电子数多到填满某个支壳层时,原子本身的状态以及这些电子对外部其他电子的作用又变得简单多了。

现在来讨论这种满支壳层电子组态形成的原子特性。从上节对波函数的讨论可知,对一确定的不为0的 n 和 l 支壳层,各 m 态的电子波函数的径向部分是相同的,角向部分不同,因而空间概率密度分布不为球对称。但从数学上球谐函数的性质可以证明[5,9]:

$$\sum_{m=-l}^{l} |Y_{lm}(\theta,\varphi)|^2 = \frac{2l+1}{4\pi} \quad (2.4.1)$$

即各 m 态的概率密度之和与 θ 和 φ 角无关,角分布为球对称。例如,p 支壳层的三个 m 态的概率密度之和由式(2.1.23)可以算出为 $3/4\pi$。因此,如果电子占满了支壳层,各个 m (以后用 m_l)态有两个自旋相反(即 $m_s=1/2$ 和 $-1/2$)的电子,所有电子的概率密度之和的分布为球对称的。满壳层的各个支壳层都填满,因此,满壳层和满支壳层的电子云分布都是球对称的,这就是后面章节中用到的电子占满

壳层或支壳层后,电场为球对称分布的原因。

由于泡利原理的限制,一定电子组态的各支壳层中每个电子的 m_l 和 m_s 量子数不能完全相同,满支壳层的电子占据了可能有的 m_l 和 m_s 量子数。因此,有 m_l 或 m_s 为正值的电子就有另一些电子是负值,所有电子的 m_l 值和 m_s 值相加之和为零,因而总轨道角动量 L 和总自旋角动量 S 为零,总角动量 J 也为零,只能是 $^1S_0$ 态。例如,2p 满支壳层有 6 个电子,各个电子的 $n=2$ 和 $l=1$ 相同,m_l 可以是 $+1、0、-1$,m_s 可以是 $+1/2$ 和 $-1/2$,6 个电子把 m_l 和 m_s 所有可能的 6 种不同组合分别占有,于是 2p 满支壳层的 $L、S$ 和 J 都为零。实际上由满支壳层的电场为球对称分布也表明是轨道角动量 L 为零的 s 型轨道。满壳层由各个满支壳层组成,因此满壳层也有同样的结果。

如果近似假定价电子的电场不影响内满壳层电场的球对称分布,则内满壳层的电子不存在对价电子的非中心静电力作用,它们不会对价电子的轨道和自旋角动量产生力矩,因而对原子态和谱项就没有贡献。因此,原子态和谱项就由价电子决定,内满壳层和内满支壳层的电子不用考虑,原子结构的周期性也是这样形成的。

同样,由于满支壳层的总轨道角动量和总自旋角动量为零,导致总磁矩和 z 分量也为零,因而不存在内满支壳层和内满壳层的电子与外面其他电子的自旋轨道和自旋自旋磁相互作用,原子的磁相互作用仅由价电子决定。

形成球对称电子云分布的满壳层和满支壳层的作用矩阵元虽然与角度无关,不影响原子态和谱项,但仍是一种中心力作用,会屏蔽价电子受到的原子核 $+Z$ 电荷产生的静电场的吸引,因而对原子的能量会有贡献。假如这种屏蔽是完全的,内层有 N 个电子,则外层电子受到的不是 Z 个而是 $Z^*=Z-N$ 个正电荷的库仑中心作用。例如,中性碱金属原子的外层只有一个价电子,$Z^*=1$,像氢原子一样。因此,虽然内满壳层和内满支壳层的电子不影响原子的原子态和价电子的磁相互作用,但它们使价电子能级上升。

此外,电子云沿径向有一定的分布,如图 2.1.5 和图 2.1.7 所示,价电子的电子云在近核方向有一定概率存在,它的一部分会贯穿到内层空间,而内层电子的电子云在远离核方向也有一定概率存在。这些导致内层电子对外层电子的屏蔽不完全,这就是价电子云对原子实电子云的贯穿效应,也简单地称为轨道贯穿效应。例如,碱金属原子既不像完全屏蔽的氢原子,又不像没有屏蔽的类氢 Z 离子,它们的价电子受到的是大于 $+1$、小于 $+Z$ 的有效核电荷 Z^* 的库仑作用。这种轨道贯穿效应使原子的价电子能级比完全屏蔽的情况又下降,能量介于同样主量子数 n 的氢原子和类氢 Z 离子之间,反映到能级的能量公式上,用有效原子核电荷数 Z^* 代

替 Z：

$$E = -\frac{Z^{*2}Rhc}{n^2} \tag{2.4.2}$$

但经常使用量子数亏损 Δ_{nl} 这一概念来描述这一电子云贯穿效应[5,9]。Z 值由 1 增大到 Z^* 相当于主量子数 n 值由 n 减小到 n^*，由于 $Z^*>1$，则 $n^*<n$，因而有 $n^* = n - \Delta_{nl}$，Δ_{nl} 被称为量子数亏损，表征能级移动大小，Δ_{nl} 越大，能级移动越大。于是碱金属原子的能级能量公式用量子数亏损表示为

$$E_{nl} = -\frac{Rhc}{n^{*2}} = -\frac{Rhc}{(n-\Delta_{nl})^2} = -\frac{13.598\,\text{eV}}{(n-\Delta_{nl})^2} \tag{2.4.3}$$

量子数亏损如何得到呢？式(2.4.3)是以电离态能量为零计算的，如以基态能量为零计算，某个激发能级的能量为 E_{nl}'，已知线系电离能为 E_∞，则式(2.4.3)中 E_{nl} 可用关系 $E_{nl} = E_{nl}' - E_\infty$ 代替。因此，某个能级的量子数亏损可以通过测到的激发能由下列公式求出：

$$\Delta_{nl} = n - \left(\frac{Rhc}{-E_{nl}}\right)^{1/2} = n - \left(\frac{13.598\,\text{eV}}{E_\infty - E_{nl}'}\right)^{1/2} \tag{2.4.4}$$

2.4.2 碱金属ⅠA族原子的精细结构

碱金属ⅠA族原子最外层有一个价电子，里面是由原子核与内满壳层和满支壳层电子组成的原子实，它们的基态价电子在 s 轨道，电子组态如下：

锂　$_3$Li($1s^2 2s$)

钠　$_{11}$Na(K$2s^2 2p^6 3s$)

钾　$_{19}$K(KL$3s^2 3p^6 4s$)

铷　$_{37}$Rb(KLM$4s^2 4p^6 5s$)

铯　$_{55}$Cs(KLM$4s^2 4p^6 4d^{10} 5s^2 5p^6 6s$)

钫　$_{87}$Fr(KLMN$5s^2 5p^6 5d^{10} 6s^2 6p^6 7s$)

由于满壳层和满支壳层的电子对原子态结构不起作用，ⅠA族原子的能级结构主要由最外层 1 个 s 电子决定，它们的能级精细结构有与氢原子能级相似之处：基态为 ^{2}S；这个价电子跃迁到轨道 s，p，d，… 后即形成相应的二重原子态 ^{2}S，^{2}P，^{2}D，…；由于相对论质量效应使 S，P，D，… 能级下降并分开，由于达尔文项和兰姆移位使 S 能级上升，由于自旋轨道耦合使能级进一步一分为二。

除有与氢原子相同之处外，也有不同之处。最主要的是碱金属原子不像氢原子只有一个直径很小的核，在核外还有 $Z-1$ 个内层电子，这些电子构成满壳层和满支壳层，与原子核一起组成原子实。因此，存在价电子云对原子实电子云的贯穿

效应,使碱金属原子能级的能量由式(2.4.2)和式(2.4.3)决定。

由图 2.1.5 可见,价电子云的径向分布与它所具有的主量子数 n 和角量子数 l 有关。同一 n 不同 l 的电子云贯穿很不同,l 小的电子云在近核方向有较多的电子密度,轨道贯穿效应大,Δ_{nl} 大。同一 l 的电子随 n 增大,电子云在近核方向减少不多,轨道贯穿效应变化小。因此,Δ_{nl} 与 l 关系最大,与 n 关系较小。这可以从表 2.4.1 上钠原子的各个激发能级的量子数亏损看出,Δ_{nl} 几乎不随 n 变化,但随 l 增大很快减小,$\Delta_s \approx 1.36$,$\Delta_p \approx 0.87$,$\Delta_d \approx 0.01$,$\Delta_f \approx 0.002$。在周期表随 Z 增加的电子填充次序中,从 1s、2s、2p、3s、3p 后不是先填充 3d 轨道,而是填充 4s 轨道,这正是由于 ns 比 $(n-1)$d 有更大的轨道贯穿效应而使 ns 的能量更低的缘故。另外,从表 2.4.2 碱金属各种原子的最低激发态的参量可见,随 Z 增加 Δ_{nl} 增加也很快,这是由于随 Z 增加,内层电子数 $Z-1$ 增加,价电子云的贯穿效应变大,Z^* 变小,使内层电子的屏蔽减弱的缘故。

表 2.4.1 钠原子各个激发能级的能量、精细劈裂和量子数亏损($E_\infty = 5.1391$ eV)

l	原子态		$n=3$	$n=4$	$n=5$	$n=6$	$n=7$	$n=8$
0	$^2S_{1/2}$	E(eV) δE(meV) Δ_{nl}	0 0 1.373	3.1913 0 1.358	4.1164 0 1.354	4.5096 0 1.352	4.7129 0 1.351	4.8315 0 1.351
1	$^2P_{3/2}$	E(eV) δE(meV) Δ_{nl}	2.1044 2.13 0.883	3.7533 0.70 0.867	4.3448 0.31 0.862	4.6243 0.16 0.860	4.7785 0.09 0.859	4.8725 0.06 0.858
2	$^2D_{5/2}$	E(eV) δE(meV) Δ_{nl}	3.6170 0.006 0.0110	4.2835 0.003 0.0134	4.5920 0.003 0.0145	4.7594 0.002 0.0156	4.8613 0.000 0.0161	4.9258 0.000 0.0155
3	$^2F_{7/2}$	E(eV) δE(meV) Δ_{nl}		4.2884 0.000 0.0019	4.5946 0.000 0.0026	4.7610 0.000 0.0029	4.8613 0.000 0.0036	4.9264 0.000 0.0043

表 2.4.2　碱金属原子和氢原子的最低激发 $^2P^0$ 态的参量和电离能、第一激发能

原子	谱项	δE(meV)	n^*	Δ_{nl}	Z^*	电离能(eV)	第一激发能(eV)
$_1$H	$2\,^2P^0$	4.5×10^{-2}	2	0	1	3.400	1.889
$_3$Li	$2\,^2P^0$	4.2×10^{-2}	1.959	0.041	0.967	5.3917	1.848
$_{11}$Na	$3\,^2P^0$	2.13	2.117	0.883	2.73	5.1391	2.102
$_{19}$K	$4\,^2P^0$	7.16	2.232	1.768	3.85	4.3407	1.610
$_{37}$Rb	$5\,^2P^0$	29.5	2.279	2.721	5.57	4.1771	1.560
$_{55}$Cs	$6\,^2P^0$	68.8	2.329	3.671	7.00	3.8939	1.386

注意,表 2.4.1 上的量子数亏损是由式(2.4.4)算出的。如果电离能不知道,可以通过测 l 一定、n 变化的里德伯系列至少三个能级以上的激发能 E_{nl}' 得到,这是由于公式内两个未知量中一个 E_∞ 是常数,另一个 Δ_{nl} 是缓变量,可以通过拟合而得到 E_∞ 和一系列 Δ_{nl}。

电子云贯穿效应静电作用只是造成 S,P,D,⋯能级分离,不会造成谱项的不同 J 原子态分裂,只有考虑自旋轨道耦合磁作用后才会造成能级按 J 分裂。下面讨论由于自旋轨道耦合作用而产生的能级劈裂大小。式(2.1.7)已给出自旋轨道耦合造成 $l\neq 0$ 的能级的能量变化为

$$E_{ls}=\frac{\mu c^2\alpha^4 Z^{*4}}{2n^{*3}}\cdot\frac{j(j+1)-l(l+1)-3/4}{2l(l+1/2)(l+1)} \quad (2.4.5)$$

这儿为了区分两种作用的影响,公式稍有改动,Z^* 已经不是前面意义上的有效原子序数,那已经反映到量子数亏损或 n^* 中,这儿的 Z^* 是自旋轨道耦合作用中电子感受到的有效电荷数,与 n 和 l 也有关。由于满支壳层的电子对自旋轨道耦合能的贡献为零,只需考虑价电子就行。碱金属原子与氢原子一样,J 和 L 就是单个价电子的 j 和 l,$j=l\pm 1/2$,也是分裂为两条能级,j 小的下降,j 大的上升,它们之间能量差为

$$\delta E_{ls}=E_{ls}\left(j=l+\frac{1}{2}\right)-E_{ls}\left(j=l-\frac{1}{2}\right)=\frac{\mu c^2\alpha^4 Z^{*4}}{2n^{*3}l(l+1)} \quad (2.4.6)$$

由此可见,能级分裂与 Z^{*4} 成正比,与 $n^{*3}l^2$ 成反比。因此,n^* 越小、l 越小、Z^* 越大,分裂就越大。Na 原子各个能级的能量 E、量子数亏损 Δ_{nl} 和精细劈裂 δE 见表 2.4.1。对同一种原子,由于 Δ_{nl} 随 n 变化很小,δE_{ls} 随 n 和 l 变小而迅速增大,p 电子的 l 最小,s 电子是特例,不分裂,分裂最大的是 3P,然后是 4P,5P,⋯。

此外，H 的 $Z^* = 1$，Na、K 的内层电子越来越多，电子云贯穿越来越大，因而碱金属原子的精细结构分裂比氢原子大很多，而且 Z 越大，Z^* 比 1 大得越多，分裂也就大得越多。这可从表 2.4.2 中不同碱金属原子和氢原子的最低激发的同样 $^2P^0$ 态的精细分裂看出。表中 n^* 和 Δ_{nl} 是由公式(2.4.3)从能级移动反过来算出，Z^* 是根据能级精细结构分裂公式(2.4.5)反过来算出。由表可见，对不同种原子，Δ_{nl} 也随 Z 增大显著增大，而使 n^* 变化不大，约等于 2，n 较大的轨道（如 Cs 的 $n=6$）却相当于 H 原子的 $n=2$ 的轨道，Z^* 对碱金属原子的第一激发能级的分裂起主要作用。

表中也给出了电离能数据，碱金属原子是使 $n\ ^2S_{1/2}$ 基态电子电离而形成闭壳层 $^1S_0$ 态离子所需能量，由于 $^1S_0$ 态和 $^2S_{1/2}$ 态均不存在精细分裂，因此只有一个电离能值。随 Z 增大，价电子所在壳层 n 增大，本来电离能应更明显变小，与氢原子的相应的 n 能级的电离能一致，但由于价电子云能贯穿更多的壳层，使 n^* 变大不多，仍接近 2。所以碱金属电离能较小，随 Z 增大缓慢变小，并趋近于氢原子的 $n=2$ 的电子的电离能 $13.6 - 10.2 = 3.4 (eV)$。这样碱金属原子的第一激发能和氢原子的由 $n=2$ 激发到 $n=3$ 的激发能也相近，见表 2.4.2。

以上讲的都是理想情况，实际上还存在一些其他影响精细结构的因素，致使碱金属原子的能级次序有某些颠倒。例如 Li 的 $10d\ ^2D$ 跑到 $8d\ ^2D$ 之前；Na、K 和 Rb 原子的 $nd\ ^2D$ 的能级的 $J = 5/2$ 比 $3/2$ 低，为反常次序，Li 和 Cs 却正常，Na 的 $np\ ^2P^0$ 和 $nf\ ^2F^0$ 的两个 J 次序正常，Rb 和 Cs 的 ^2F 能级的 J 也是颠倒的。照理 d、f 电子的轨道均近于氢轨道，反而发生这种反常的原因可能是相对论效应改正、电子关联效应、交换效应修正等，有不同的解释。

总的来说，碱金属原子有类似的能级图和相近的电离能与第一激发能，如图 2.4.1 和表 2.4.2 所示。与氢原子相比，同一 n 能级要下降，n 越小下降越多；同一 n 不同 l 的能级也要下降，l 越小下降越多，^2S 下降最多；同一 nl 不同 J 的能级要分裂，相对下降要小很多。碱金属原子除通常的 ns 电子激发形成的激发态外，紧跟着的是一个内层电子 $(n-1)p$ 激发到 ns 形成的 ns^2 电子组态，但激发能较大，远大于电离能。如 K 的 $3p^5(^2P_{3/2,1/2})4s^2$ 的 $^2P_{3/2}(18.7179\ eV)$ 和 $^2P_{1/2}(18.9778\ eV)$ 的激发能比它的 ns 电离能 $4.34\ eV$ 大 3 倍多。

根据以上能级结构，由于同一 n 不同 l 的能级分裂较大，光谱线还要考虑按 l 区分。因此，碱金属原子的光谱线系与氢原子不同，有从 $l=1$ 的各 $n'p\ ^2P_{1/2,3/2}$ 能级跃迁到 $ns\ ^2S_{1/2}$ 基态的主线系光谱，精细分为双线；有从 $l=0$ 的各 $n's\ ^2S_{1/2}$ 能级跃迁到 $np\ ^2P_{1/2,3/2}$ 的锐线系双线光谱；有从 $l=2$ 的各 $n'd\ ^2D_{3/2,5/2}$ 能级跃迁到 np

$^2P_{1/2,3/2}$的漫线系三线光谱；也有从 $l=3$ 的各 $n'f\,^2F_{5/2,7/2}$ 能级跃迁到 $nd\,^2D_{3/2,5/2}$ 的基线系三线光谱。

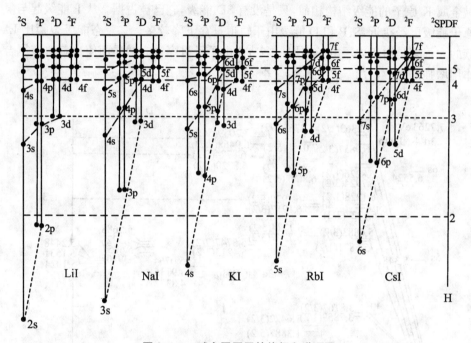

图 2.4.1 碱金属原子的能级和谱项图

2.4.3 ⅠB族原子

周期表中ⅠB族元素(铜Cu、银Ag、金Au)的原子能级与碱金属原子类似，都是满支壳层外多一个s电子。基态和激发态都决定于这个电子所处的能级，当然这儿的激发态指的是价电子激发态，而不是内壳层电子的激发态。

ⅠB族原子基态的电子组态如下：

$\quad$ 铜 $\quad _{29}$Cu(KLM4s^1)

$\quad$ 银 $\quad _{47}$Ag(KLM4s^{2}4p^{6}4d^{10}5s^1)

$\quad$ 金 $\quad _{79}$Au(KLMN5s^{2}5p^{6}5d^{10}6s^1)

它们的价电子仍是s电子，只是内层比碱金属原子多10个d电子，金还要多14个4f电子，是满支壳层。能级结构与碱金属的相似，基态也是$^2S_{1/2}$，一价电离态也是$^1S_0$单态；它们的光谱与碱金属原子的光谱十分相似；不同 n、l 的能级要下降；精细结构也是二重态。图2.4.2给出了Cu原子的各个低激发态的能量和能级劈裂。表 2.4.3 给出了ⅠB族原子的电离能、第一激发能和 $np\,^2P$ 能级自旋轨道耦合分裂 $^2P_{3/2}$ 与 $^2P_{1/2}$ 的裂距。从能级图可见,正常的 4s 电子跃迁形成的激发态与碱金属 K 原子的能级结构相似,只是没有 3D 能级,它已被占据。从 F 能级起与氢原子能级已经接近,S,P 和 D 能级由于轨道贯穿下降较多。二重态能级裂距比ⅠA族的大很多是由于内层电子增加很多造成电子云贯穿效应增强而使自旋轨道耦合作用增强的缘故。

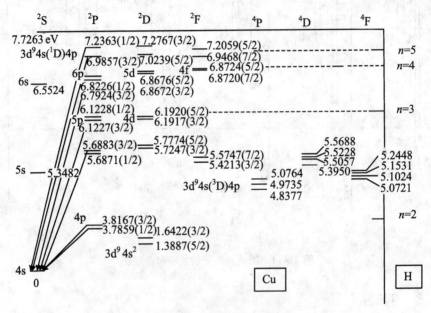

图 2.4.2 铜原子能级图

表 2.4.3 ⅠB 和ⅢA 族原子的电离能、第一激发能和 $np\,^2P$ 能级裂距(eV)

原子	Cu	Ag	Au	B	Al	Ga	In	Tl
电离能	7.726	7.576	9.226	8.298	5.986	5.999	5.786	6.108
第一激发能	3.786	3.664	4.632	4.964	3.143	3.073	3.022	3.283
$np\,^2P_{3/2}-{}^2P_{1/2}$	0.031	0.114		0.002	0.014	0.102	0.274	0.966

但ⅠB族原子的第一个内壳层比ⅠA族原子多 10 个满支壳层 $(n-1)d$ 电子,d 电子形成的能级比 $(n-1)p$ 电子形成得高,但比 s 价电子能级低,成为内层能级。它上面一个 d 电子激发到 ns 上形成 ns^2 满支壳层比ⅠA族的第一个内壳层 $(n-1)p$ 电子激发上去所需的能量就小很多,甚至并不一定就比 ns 电子激发的

大。因此，对 Cu 原子来说，除了 4s 电子激发外，还必须考虑 $(n-1)$d 电子激发的电子组态，如 $3d^94s^2\,^2D_{3/2,5/2}$，其激发能 1.389 eV($^2D_{5/2}$)和 1.642eV($^2D_{3/2}$)比 4s→4p 激发能 3.786 eV 还小很多。另外还有 $3d^94s4p$ 电子组态，$3d^94s$ 可以形成 ^3D 与 ^1D。^3D 是第二个出现的偶宇称极限谱项，第一个为基态 $3d^{10}(^1S)4s$ 中的 ^1S，因此，^3D 与 4p 再耦合成 $4p'^4P^0_{5/2,3/2,1/2}$，$4p'^4F^0_{9/2,7/2,5/2,3/2}$，$4p'^4D^0_{7/2,5/2,3/2,1/2}$，$4p'^2F_{5/2,7/2}$，$4p'^2P^0_{1/2,3/2}$，$4p'^2D^0_{3/2,5/2}$，均要加"'"。$^1D$ 是第三个出现的偶宇称极限谱项，与 4p 耦合成 $4p''^2F^0_{7/2,5/2}$，$4p''^2P^0_{3/2,1/2}$ 和 $4p''^2D^0_{5/2,3/2}$。它们的能量在电离能之下，在图上均画出。此外，还有 $3d^94s5s,3d^94s5p,3d^94s4d$ 等形成的许多原子态，它们的激发能均超过了电离能。因此ⅠB族原子的 d 电子激发将给出很丰富的能级系列。

根据选择定则，能形成允许跃迁的有：$4s\,^2S$ 激发到 $np\,^2P^0$ 的跃迁，以及 $3d^{10}4s\,^2S\to 3d^94s(^3D)4p\,^2P^0$ 和 $3d^94s(^1D)4p\,^2P^0$ ($\Delta S=0$，$\Delta L=1$，宇称反号)。

2.4.4 ⅢA族原子

ⅢA族原子的能级结构与碱金属和ⅠB族原子的也类似，在满支壳层外多一个电子，但又有些不同，它们基态的电子组态如下：

硼　　$_5$B($1s^22s^22p$)

铝　　$_{13}$Al(KL$3s^23p$)

镓　　$_{31}$Ga(KLM$4s^24p$)

铟　　$_{49}$In(KLM$4s^24p^64d^{10}5s^25p$)

铊　　$_{81}$Tl(KLMN$5s^25p^65d^{10}6s^26p$)

由此可见，它们比同一周期的ⅠA族(对 $n=2,3$)或ⅠB族(对 $n=4,5,6$)原子多1个 s 电子和1个 p 电子，它们的价电子是一个 p 电子，内价电子是两个满支壳层 s 电子，因此，基态有精细结构分裂，是二重态 $np\,^2P^0_{1/2}$ 和 $^2P^0_{3/2}$，$^2P^0_{1/2}$ 低，二者差较小。硼为 2.0 meV，随 Z 增大，内层电子数增多，电子云贯穿效应增强，Z^* 变大，电子本身的自旋轨道耦合作用变强，二重态之间的裂距很快增加，但总的仍是 LS 耦合。其他的能级结构相似，一价电离态也是闭壳层 $ns^2\,^1S_0$ 态，这样电离能的数目就有两个。它们的电离能、第一激发能和基态能级精细结构裂距见表 2.4.3，电离能和第一激发能均是以基态精细结构分裂的下能级计算的。

但有两点明显差别，一是激发到 np 的能级是光学偶极禁戒，只存在到 ns 和 nd 的光学允许跃迁。二是内价壳层激发电子组态 $nsnp^2$ 是允许的，跃迁概率很大。由于等效电子组态 np^2 可形成的原子态为 $^3P_{0,1,2}$，$^1S_0$，$^1D_2$，$nsnp^2$ 可形成的原

子态为 $^4P_{1/2,3/2,5/2}$、$^2D_{3/2,5/2}$、$^2S_{1/2}$ 和 $^2P_{1/2,3/2}$，能级次序大致是根据洪特定则确定，如图 2.4.3 所示。因为这个电子组态 $nsnp^2$ 是电子在同一主壳层的内价壳层跃迁 $ns \to np$ 产生的。形成的这 4 个谱项能量差异较大，$2s2p^2{\,}^2P$ 甚至在电离阈之上，为自电离态，它们均在硼原子中见到，在铝原子中只看到 $3s^23p^2{\,}^4P$，镓和铟原子中看到 $nsnp^2{\,}^4P$ 和 ^2S、^2P，后两者均在电离阈之上，镓的分别超过 1.7 和 2.16 eV，铟超过 1.54 eV。由 B 原子能级图 2.4.3 可见，$2s^2nd$ 组态形成的能级量子数亏损很小（如 $\Delta_{3d} = 0.003$），与氢原子能级差异小，而 $2s^2$ 与 ns 或 np 形成的能级的量子数亏损较大，如 $\Delta_{3s} = 0.980$，$\Delta_{4s} = 0.967$，$\Delta_{2p} = 0.720$，能级下降较多，介于碱金属锂与钠能级之间。

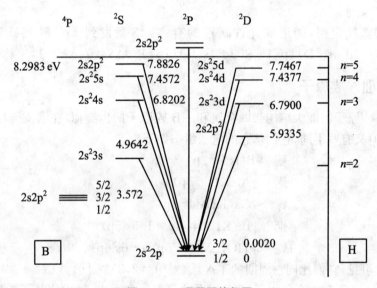

图 2.4.3 硼原子能级图

到基态的允许跃迁来自 $2s^2(n+1)s\ ^2S$、$2s^2nd\ ^2D$ 以及 $2s2p^2{\,}^2S$、^2P、^2D。$2s2p^2{\,}^4P$ 由于 $\Delta S \neq 0$ 而禁戒。

再来看ⅠA、ⅢA 与ⅠB 族原子的电离能、第一激发能和第一个二重态 ^2P 的精细结构裂距的变化。同一族原子中随 Z 增大电离能与第一激发能减小通常是由于电子处在更大 n 轨道，本来电离能应小得更多，但由于内层电子数增多，电子云贯穿效应更显著，增大了库仑引力，使电离能又大许多，而使互相差异变小，甚至ⅢA 和ⅠB 族原子最后一周期的电离能反而增大。同一周期中 Z 大的ⅢA 比ⅠA 的大是正常的，这是由于ⅢA 比ⅠA 多两个电子，一个填到 s 支壳层，使其变满，另一个填到 p 轨道，ⅢA 的 p 电子云与同壳层的 s 电子云相距较近，因而ⅢA 电子云的贯穿效应较大，使库仑引力变大的原因。至于ⅠB的电离能和第一激发能比ⅠA大，则是由于它们增加的满支壳层的 d 电子和 f 电子是在 $n-1$ 内壳层上，它们的电子云比较接近球形些，同时电子数目又多很多，因此电子云较扁的外层 s 电子的贯穿效应造成的有效 Z^* 要大一些。至于同一族中以及同一周期中 ^2P 态的精细结构裂距随 Z 增大而增大，也是由于价电子的轨道贯穿效应增大而使 Z^* 变大的缘故。

2.5 ⅧA族和ⅡA、ⅡB族原子

2.5.1 全同粒子交换对称性和两个电子的磁相互作用

氦原子有两个电子，比氢原子复杂得多，它的薛定谔方程为

$$H\psi(1,2) = E\psi(1,2) \tag{2.5.1}$$

式中 1 和 2 表示两个电子。由式(2.2.3)可得到只考虑静电作用的非相对论哈密顿算符为

$$H_0 = -\frac{\hbar^2}{2\mu}\nabla_1^2 - \frac{\hbar^2}{2\mu}\nabla_2^2 - \frac{Ze^2}{4\pi\varepsilon_0 r_1} - \frac{Ze^2}{4\pi\varepsilon_0 r_2} + \frac{e^2}{4\pi\varepsilon_0 r_{12}} \tag{2.5.2}$$

式中第一、二项为两个电子的动能；第三、四项为它们与原子核的库仑势能，是中心力场；第五项为两电子相互排斥势能，包括中心力场部分和非中心力场部分。与氢原子方程相比，氦原子方程难解的根源是这一排斥势的存在，只能用近似计算处理。

下面给出经近似处理的此方程的波函数和能量解[1,10]。先不考虑两个电子之间的静电作用以及微弱的与电子自旋相关的磁相互作用，只考虑两个电子与原子核之间的静电作用。设 r 是电子的空间坐标 (r,θ,φ)，于是得到薛定谔方程的零级近似波函数的空间部分是分别处在 i 态和 j 态的两个 $Z=2$ 的类氢氦离子的本征波函数的乘积，零级近似能量解是两个类氢氦离子的本征能量 ε_1 和 ε_2 之和：

$$\begin{cases}\psi(r_1,r_2) = \psi_i(r_1)\psi_j(r_2) \\ E_n^{(0)} = \varepsilon_1 + \varepsilon_2\end{cases} \tag{2.5.3}$$

波函数还要考虑自旋部分，在分离轨道运动和自旋运动近似下，即不考虑弱的自旋轨道磁相互作用，自旋与空间波函数可以分离，总波函数可以表示为空间坐标

波函数与自旋坐标波函数的乘积。再考虑到两个电子是全同费米粒子,全同性原理和泡利原理要求两全同粒子坐标交换不影响其哈密顿量和存在的概率密度,全同费米子总波函数 Ψ 是全反对称的,也就是要求或者是空间波函数 ψ 对称、自旋波函数 x 反对称,或者是空间波函数反对称、自旋波函数对称。由此得到零级近似波函数应为

$$\begin{cases} {}^1\Psi = \psi_S(\bm{r}_1, \bm{r}_2) x_A(1,2) \\ {}^3\Psi = \psi_A(\bm{r}_1, \bm{r}_2) x_S(1,2) \end{cases} \tag{2.5.4}$$

如果 $\psi(\bm{r}_1, \bm{r}_2)$ 和 $x(1,2)$ 是归一的,量子力学给出归一化的零级对称和反对称空间波函数分别为

$$\begin{cases} \psi_S(1,2) = \dfrac{1}{\sqrt{2}}[\psi_i(\bm{r}_1)\psi_j(\bm{r}_2) + \psi_i(\bm{r}_2)\psi_j(\bm{r}_1)] \\ \psi_A(1,2) = \dfrac{1}{\sqrt{2}}[\psi_i(\bm{r}_1)\psi_j(\bm{r}_2) - \psi_i(\bm{r}_2)\psi_j(\bm{r}_1)] \end{cases} \tag{2.5.5}$$

其中 $1/\sqrt{2}$ 是归一化系数。对称的自旋波函数有三个,反对称的有一个,它们分别为

$$\begin{cases} \chi_S(1,2) = \begin{cases} \chi_{1/2}(1)\chi_{1/2}(2) \\ \dfrac{1}{\sqrt{2}}[\chi_{1/2}(1)\chi_{-1/2}(2) + \chi_{-1/2}(1)\chi_{1/2}(2)] \\ \chi_{-1/2}(1)\chi_{1/2}(2) \end{cases} \\ \chi_A(1,2) = \dfrac{1}{\sqrt{2}}[X_{1/2}(1)X_{-1/2}(2) - \chi_{-1/2}(1)\chi_{1/2}(2)] \end{cases} \tag{2.5.6}$$

其中,$\chi_{1/2}(1)\chi_{1/2}(2)$ 表示第一个电子处在 z 方向自旋量子数 $s_z = 1/2$ 的态而第二个电子处在 $s_z = -1/2$ 的态。波函数 $\chi_S(1,2)$ 对应的是总自旋量子数 $S = 1$、z 方向分量量子数 $S_z = 1, 0, -1$ 的态,是自旋三重态;波函数 $\chi_A(1,2)$ 对应的是 $S = 0$、$S_z = 0$ 的态,是自旋单重态。

再应用微扰论方法,把两电子之间作用作为微扰,即代入(2.5.2)式和上述零级近似波函数到方程(2.5.1),利用线形变分法可以求出能量的一级近似解。求得的解相应于每一个 n 和 l 有两个值,分别对应于单重态和三重态:

$$\begin{cases} {}^1E_{nl} = E_n^{(0)} + C + J \\ {}^3E_{nl} = E_n^{(0)} + C - J \end{cases} \tag{2.5.7}$$

其中,C 是库仑积分项,J 是交换积分项。一个电子在基态另一个电子在任意态的单电子跃迁氦原子态的 C 和 J 分别为

$$C = \frac{e^2}{4\pi\varepsilon_0} \iint \psi_{100}^*(\mathbf{r}_1) \psi_{nlm}^*(\mathbf{r}_2) \frac{1}{r_{12}} \psi_{100}(\mathbf{r}_1) \psi_{nlm}(\mathbf{r}_2) \mathrm{d}^3\mathbf{r}_1 \mathrm{d}^3\mathbf{r}_2 \quad (2.5.8)$$

$$J = \frac{e^2}{4\pi\varepsilon_0} \iint \psi_{100}^*(\mathbf{r}_1) \psi_{nlm}^*(\mathbf{r}_2) \frac{1}{r_{12}} \psi_{100}(\mathbf{r}_2) \psi_{nlm}(\mathbf{r}_1) \mathrm{d}^3\mathbf{r}_1 \mathrm{d}^3\mathbf{r}_2 \quad (2.5.9)$$

由于式(2.5.8)中 $e\psi_{100}^*(\mathbf{r}_1)\psi_{100}(\mathbf{r}_1)$ 和 $e\psi_{nlm}^*(\mathbf{r}_2)\psi_{nlm}(\mathbf{r}_2)$ 分别是100基态电子在 $\mathbf{r}_1$ 处和 nlm 态电子在 $\mathbf{r}_2$ 处的平均电荷密度，库仑积分项就是分布在空间中的两个电子的库仑相互作用能量，也叫库仑能。而式(2.5.9)交换积分项是由于粒子的全同性原理要求粒子的零级波函数一定要是对称的或反对称的，从而由式(2.5.5)给出的波函数的平方就多出来这一交叉项，其中 $e\psi_{100}^*(\mathbf{r}_1)\psi_{100}(\mathbf{r}_2)$ 不能直接用经典的电荷密度来解释，可以理解为第一个电子部分在 $\mathbf{r}_1$ 处部分在 $\mathbf{r}_2$ 处所产生的电荷密度，称为交换密度。交换积分项没有经典物理意义，是量子力学结果，也称为交换能。显然交换能与交换密度有关，两电子离得越近使 $\mathbf{r}_1 \approx \mathbf{r}_2$，则它们的波函数在空间重叠越多，交换能越大；反之，两电子离得越远，交换能越小。由此可见，库仑能和交换能都与磁相互作用无关，是库仑静电作用产生的。

具有单重态能级的氦即所谓的仲氦，具有三重态能级的氦即所谓的正氦，由式(2.5.7)可知，两者能量相差 $2J$。式(2.5.8)和式(2.5.9)给出 C 和 J 的数值为正，因此，$S=1$ 的三重态能量比 $S=0$ 的单重态能量小，这也就是洪特定则中 S 大的原子态的能量低的原因。从上面的讨论也可以理解这一点，当两电子靠近即有 $\mathbf{r}_1 \approx \mathbf{r}_2$ 时，它们的空间重叠 $\psi_1(\mathbf{r}_1)\psi_1(\mathbf{r}_2)$ 变大，由式(2.5.5)两者和的波函数 ψ_S 变大，即单重态 $^1\Psi$ 存在的概率变大，两者差的波函数 ψ_A 变小，即三重态 $^3\Psi$ 存在的概率变小。也即全同粒子交换对称性使单重态的两电子倾向靠近，三重态的两电子倾向远离。但两电子的库仑斥力使原子能级上升，从而使两电子远离比靠近的能量低。因此，由于全同粒子的交换效应使能级能量与两电子的自旋取向有关，两电子远离的原子三重态的能量比单重态低。对于有更多电子的情况，全同粒子交换对称性使一个电子组态中的各个电子尽可能地保持自旋同向平行并远离填充不同轨道，以使能量最低。

现在再进一步考虑与电子自旋相关的磁作用引起的精细结构[5]，这需要用相对论狄拉克方程。在非相对论近似下，氦原子的总哈密顿量用算符表示为

$$H = H_0 + H' + H_{ls} + H'_{ls} + H_{ss} \quad (2.5.10)$$

其中能量 H_0 是上述非相对论部分，是能量的主要部分；H' 是相对论效应中与电子自旋无关的部分，包括类似氢原子中的质量以及库仑势的相对论修正项，它们只使不同 n 和 l 的能级发生位移，而不造成新的分裂；后三项是与电子自旋有关的磁相互作用。

H_{ls} 是每一个电子自身的自旋轨道相互作用项,与氢原子情况类似,由前面的式(2.1.6)有

$$H_{ls} = \frac{kZ^*}{r_1^3} l_1 \cdot s_1 + \frac{kZ^*}{r_2^3} l_2 \cdot s_2 \qquad (2.5.11)$$

H_{ls}' 是两个电子之间的自旋轨道相互作用项,根据毕奥-萨伐尔定律,在非相对论下有

$$H'_{ls} = \frac{k}{r_{12}^3}[(r_{12} \times p_1) - 2(r_{12} \times p_2)] \cdot s_1 + \frac{k}{r_{12}^3}[(r_{21} \times p_2) - 2(r_{21} \times p_1)] \cdot s_2$$

$$(2.5.12)$$

它包括两部分,一部分是由于电子"2"的存在使电子"1"在运动中感受到的磁场以及由于电子"2"的运动在电子"1"处产生的磁场共同与电子"1"的自旋磁矩发生的相互作用,前者还需要经相对变换修正(除以2),两式中 k 为常数。

量子力学也可以证明两个电子的复杂的自旋轨道相互作用可表示为

$$H_{ls} + H'_{ls} = AL \cdot S + aL \cdot T \qquad (2.5.13)$$

其中,$S = s_1 + s_2$,$T = s_1 - s_2$,$L = l_1 + l_2$。$L \cdot T$ 项仅在 L 相同,S 不同的多重态之间才不为 0,它导致单重态与三重态混合,使 S 不是好量子数,但这项一般可忽略。于是两个电子之间的自旋轨道作用可近似地表示为类似单电子自旋轨道相互作用那样的简单形式:

$$H_{ls} + H'_{ls} = AL \cdot S \qquad (2.5.14)$$

H_{ss} 是两个电子的自旋磁矩之间的相互作用:

$$H_{ss} = 2\alpha^2 \left[-\frac{8\pi}{3} s_1 \cdot s_2 \delta(r_{12}) + \frac{1}{r_{12}^3}\left(s_1 s_2 - \frac{3(s_1 \cdot r_{12})(s_2 \cdot r_{12})}{r_{12}^2}\right)\right]$$

$$(2.5.15)$$

第一项没有经典对应关系,叫费米接触作用,当两电子位置重合时才起作用。第二项是普通的两个磁矩之间的磁作用能。注意,这儿的两个电子的自旋-自旋作用是电子的自选磁矩之间的磁相互作用,与 2.2 节中讨论的各个电子的自旋角动量耦合相加不同,那是静电非中心力作用。量子力学也可以证明:

$$H_{ss} = B\left[3(L \cdot S)^2 + \frac{3}{2}(L \cdot S) - L^2 S^2\right] \qquad (2.5.16)$$

A 和 B 是与量子数 J 无关的参数,分别大致正比于自旋-轨道磁相互作用和自旋-自旋磁相互作用,当 L 和 S 取为角动量量子数时,A 和 B 的单位是 eV。

总的来说,由于三种与自旋有关的磁作用造成的能级精细分裂都与 L 和 S 的耦合有关,为

$$E_{fs} = \frac{A}{2}X + B\left[\frac{3}{4}X(X+1) - L(L+1)S(S+1)\right] \quad (2.5.17)$$

其中

$$X = 2\boldsymbol{L}\cdot\boldsymbol{S} = J(J+1) - L(L+1) - S(S+1) \quad (2.5.18)$$

由此可见,在只考虑静电中心力作用和轨道贯穿效应情况下,原子的能级按主量子数 n 和角量子数 l 分裂;进一步考虑电子之间的静电非中心力作用和量子力学的全同粒子交换对称性后,原子的能级还按总轨道量子数 L 和总自旋量子数 S 分裂;再进一步考虑电子之间的磁作用后,如果磁作用远小于静电非中心作用,也就是在 LS 耦合情况下,原子的能级还按总角动量量子数 J 分裂,形成能级精细结构。

由式(2.5.17)可知,三种磁相互作用均造成谱项精细分裂,但分裂间隔与磁作用类型有关,下面进行分析。式中第一项由自旋轨道磁作用产生,它造成的能级分裂正比于 X,分裂间隔服从朗德间隔定则。这可以这样得到:由于自旋轨道耦合作用造成的能级分裂大小正比于 X,三重态中三个相邻能级 $J+2$、$J+1$ 和 J 之间的能量差可由式(2.5.18)得到关系:

$$\frac{E_{J+2} - E_{J+1}}{E_{J+1} - E_J} = \frac{(J+2)(J+3) - (J+1)(J+2)}{(J+1)(J+2) - J(J+1)} = \frac{J+2}{J+1} \quad (2.5.19)$$

此外,还可以估计自旋轨道磁作用造成的能级分裂顺序,它与式(2.5.17)中系数 A 的正负有关。对于同一多重态的每个能级,当 $A>0$ 时,J 值小的能量低,这就是洪特定则的正常次序;当 $A<0$ 时,J 值大的能量低,这就是洪特定则的倒转次序。

式(2.5.17)中第二项由自旋-自旋磁相互作用产生,它造成的能级分裂正比于 X^2,叠加在自旋轨道分裂上面,如果它的作用较强,会使分裂间距偏离朗德定则。因此,也可以由能级间隔倒过来求 A、B 值,从而知道两种磁作用的相对大小。

2.5.2 氦原子能级的精细结构

现在讨论氦原子的能级结构,它是最简单的多电子原子,能级结构如图 2.3.3 所示,形成单重态和三重态两套能级系统,这是典型的由两个电子组成的能级结构。它应属于哪种作用类型呢?各种相互作用的大小如何?这从它的能级结构和数值可以作一个分析。

(1) 静电作用能是主要的。

基态氦原子的电子组态是 $1s^2$,由于 $n_1 = n_2 = 1$,$l_1 = l_2 = 0$,$m_{l_1} = m_{l_2} = 0$,泡利原理要求只能处在自旋反对称(即 m_s 不同)、坐标对称的 $^1S_0$ 态,不存在三重态 $^3S_1$。如果不考虑 He 中两电子之间的相互排斥作用,而把两电子看做分别绕 He

原子核作独立运动,则 He 原子的基态总能量即是式(2.5.3)的零级微扰能量,由此算得 $E_n^{(0)} = E_{10}^{(0)} = 2 \times Z^2 E_H = -2 \times 54.4 \text{ eV} = -108.8 \text{ eV}$。He 的电离能(一个电子电离)应为 54.4 eV,与氢原子的电离能 24.5866 eV 相差甚远,这说明 He 原子中两电子之间相互作用是较大的。

先不考虑交换能,只考虑由式(2.5.8)给出的一级微扰库仑积分项 C,其中 nlm 是 100,将氢原子基态波函数 $\psi_{100}(r) = \sqrt{Z^3/\pi a_0^3}\, e^{-Zr/a_0}$ 代入,经一定处理可算出

$$C = \frac{5}{8} \frac{Ze^2}{4\pi\varepsilon_0 a_0} = 34.0 \text{ eV} \tag{2.5.20}$$

因此,不考虑交换能的氦原子基态静电作用能量是

$$E_{10} = \frac{e^2}{4\pi\varepsilon_0 a_0} \cdot \left(-Z^2 + \frac{5}{8}Z\right) = -108.8 \text{ eV} + 34.0 \text{ eV} = -74.8 \text{ eV}$$

一个电子离开 He 原子要克服 54.4 eV 核的库仑吸引力能量,同时也失去了与另一电子的排斥能量 34.0 eV,因此,电离能变为 54.4 eV − 34.0 eV = 20.4 eV,与实验值 24.6 eV 已很接近了。这说明就氦原子来说,电子与原子核以及两电子之间的静电库仑作用是主要的,比磁相互作用大很多。

(2) 交换能较小,并造成同一电子组态形成的单重态与三重态的能量简并解除,三重态能级较低。

交换效应来源于电子间的静电库仑斥力,是由于全同粒子系必须是反对称态导致的一种非中心力。它没有改变原子的平均能量,而是使能级按 S 分裂为 2。两能级的能量差由式(2.5.7)可算得等于 $2J$。由于 J 值为正,S 小的单重态能级上升,S 大的三重态能级下降。氦原子最低的一对单态与三态是 1s2s 形成的 $^1S_0$ 和 $^3S_1$,$^3S_1$ 能级低,它们的劈裂为 $^1E_{20} - {}^3E_{20} = 20.6150 \text{ eV} - 19.8189 \text{ eV} = 0.7961 \text{ eV}$;第二个一对单态与三重态是 1s2p 形成的 $^1P_1$ 和 $^3P_{2,1,0}$,它们的劈裂为 $^1E_{21} - {}^3E_{21} = 21.2173 \text{ eV} - 20.9634 \text{ eV} = 0.2539 \text{ eV}$,与理论计算的 $2J$ 值 0.208 eV 相近。可以看到,两者都远小于静电能,即有 $J \ll C$,交换能远小于库仑能。

(3) 与自旋有关的磁作用能量很小,并造成三重态简并解除。

氦的最低的一个三重态 1s2p $^3P_{2,1,0}$ 的三个能级的能量分别为 20.963 35 eV,20.963 36 eV 和 20.963 49 eV,相差分别为 −0.000 009 7 eV 和 −0.000 123 eV,是倒转次序。这三个能级的能量差远小于上述交换能,此外它们之比 0.08 与朗德间隔定则要求的 2 完全不一致,说明叠加在自旋轨道相互作用上的另一种自旋-自旋相互作用 H_{ss} 比较强,使能级分裂偏离朗德定则。将氦的这三个能级的 J、L、S 值代入自旋轨道耦合总精细分裂能量公式(2.5.17)式,可得 $E_{J=2} - E_{J=1} = 2A + 3B$ 和 $E_{J=1} - E_{J=0} = A - 15B/2$,从能量差实验值得到 $A = -0.000\,024\,5 \text{ eV}$,$B = 0.000\,013\,1 \text{ eV}$。

这说明自旋-轨道与自旋-自旋两种作用都重要,但强度都很小。氦的 1s3p ^{3}P$_{2,1,0}$ 三能级能量分别为23.006 337 eV,23.006 358 eV,23.006 382 eV,能量差为 $-0.000\,020\,5$ 和 $-0.000\,023\,8$ eV,由此算得 $A=-0.000\,012\,5$ eV, $B=0.000\,001\,50$ eV, $A\gg B$,说明自旋-轨道耦合作用比自旋-自旋耦合更强些,能级间隔比例更接近朗德定律也说明了这一点。这一点也易于理解,$n=3$ 轨道的电子运动半径和它们之间的距离变大,自身的自旋轨道耦合作用减小,两电子之间的相互作用变小得更厉害。

总起来看,氦原子中两个电子与原子核之间以及两电子之间的静电相互作用能是主要的,两电子之间的交换作用能是次要的,较小,但引起能级单重态与三重态分裂。而与自旋相关的磁相互作用是很小的,它产生的能级分裂在零点几 meV 量级,远小于交换效应产生的能级分裂 0.8 eV。由于氦原子中没有显著的与自旋相关的磁相互作用,总自旋 S 相当好地守恒,单重态与三重态之间的跃迁概率是很小的,$\Delta S=0$ 的选择定则遵从较好,氦的 2^1S_0 和 2^3S_1 能级均是亚稳态。因此,氦原子的光谱线系有两套,即单重态之间跃迁形成的单重线系和三重态之间跃迁形成的三重线系,每个线系又像碱金属原子一样分为主线系、锐线系、漫线系和基线系,氦从基态的允许跃迁是 $1s^{2\,1}S_0 \to 1snp\,^1P_1$。

2.5.3　ⅧA族惰性气体原子

惰性气体过去通常称为0族,现在用ⅧA族更合理些。它们除氦外,其他原子的最外层 p 支壳层都是满的 6 个 p 电子,它们的基态电子组态为

氖　　$_{10}$Ne($1s^2 2s^2 2p^6$)

氩　　$_{18}$Ar(KL$3s^2 3p^6$)

氪　　$_{36}$Kr(KLM$4s^2 4p^6$)

氙　　$_{54}$Xe(KLM$4s^2 4p^6 4d^{10} 5s^2 5p^6$)

氡　　$_{86}$Rn(KLMN$5s^2 5p^6 5d^{10} 6s^2 6p^6$)

惰性气体最外层 6 个 p 电子由于泡利不相容原理而占满了 $m_l=0$、± 1 和 $m_s=\pm 1/2$ 所组成的 6 个态,各个电子具有的 m_l 和 m_s 是正和负成对出现的,因而造成总和 $M_L=0$, $M_S=0$,于是 $L=0$, $S=0$, $J=0$,基态为 $^1S_0$ 态。

这些原子的基态与 He 及ⅡA族原子的基态一样都是满支壳层 $^1S_0$ 态,由于是满支壳层,电子云是球形,但该支壳层内一个 s 或 p 电子要被同一壳层上其他 s 或 p 电子云部分屏蔽,电子云贯穿效应变强,Z^* 比 1 大很多,该电子比ⅠA和ⅢA族电子结合得更紧密,基态能级下降很低,因而激发能和电离能比ⅠA和ⅢA族原子大很多,是各族原子中最大的,这是惰性气体原子的又一共同特点,如表 2.5.1 和

表 2.5.2 所示。

但是惰性气体的激发态结构与 He 及 ⅡA 族原子的是很不同的,这是由于惰性气体原子的最外层是 6 个 p 电子而不是 2 个 s 电子。惰性气体的 np^5ml 激发电子组态形成的结构不属于 LS 耦合,偏离 LS 耦合比其他族原子大。即使是第一激发电子组态形成的 4 个态的能级间隔也有很大偏离,如表 2.5.1 所示,Ne 和 Ar 的四个能级间隔差异不太大,Kr、Xe 和 Rn 已经是两两成对了,而所有原子的第二激发电子组态的四个能级都是两两成对。为了表示这种偏差,一般使用 $J'l$ 耦合,它的特点是能级成对出现。但对于原子序数 Z 较小的原子以及低激发态也不是典型的 $J'l$ 耦合,即 $J'l$ 耦合的不同 K 量子数的两组能级之间间距大多数并不比同一 K 而分裂成的 $J = K \pm 1/2$ 两个能级差大很多,这是由于电子的自旋作用必须考虑。但由于能级往往成对出现,用 $J'l$ 耦合表示这种 LS 耦合偏离还是很方便的,也有合理之处:剩下的 5 个等效 np 电子相互作用较强,很自然是 LS 耦合成 J',它们接近闭壳层,电子云接近球形,对激发电子的屏蔽好,$Z^* \approx 1$,激发的 ml 电子的自旋轨道耦合作用能与它的轨道半径的三次方成反比,而这个电子与 5 个 p 电子之间的静电非中心力作用能与相距的一次方成反比,因此,激发电子的自旋轨道耦合作用与 J' 耦合成 K,K 再与 ml 电子的 $s = 1/2$ 耦合成 J。当 Z 大或 n、l 大时,电子自身的自旋轨道耦合作用相对更小,成为典型的 $J'l$ 耦合,如 Xe 和 Rn 原子的第一电子激发组态,以及各惰性气体的 $np^5(n+2)s$、np^5mf 组态,见表 2.5.1。注意碱金属原子的原子实为 6 个 np 电子,照理这种 $J'l$ 耦合更强,但 np^6 是满支壳层,L、S、J 均为 0,不存在 $J'l$ 作用,只有相对较弱的电子自旋轨道作用,为 LS 耦合。

表 2.5.1 惰性气体原子的电离能、第一激发能和低 np^5ms 电子组态形成的原子态裂距(eV)

原 子	Ne	Ar	Kr	Xe	Rn
电离能	21.565	15.760	14.000	12.130	10.749
第一激发能	16.671	11.624	10.033	8.436	6.772
$(n+1)s[3/2]_2^o - (n+1)s[3/2]_1^o$	0.052	0.075	0.117	0.121	0.170
$(n+1)s[3/2]_1^o - (n+1)s'[1/2]_0^o$	0.045	0.100	0.530	1.011	3.718
$(n+1)s'[1/2]_0^o - (n+1)s'[1/2]_1^o$	0.132	0.105	0.081	0.122	0.134
$(n+2)s[3/2]_2^o - (n+2)s[3/2]_1^o$	0.024	0.022	0.033	0.031	
$(n+2)s[3/2]_1^o - (n+2)s'[1/2]_0^o$	0.072	0.163	0.644	1.275	
$(n+2)s'[1/2]_0^o - (n+2)s'[1/2]_1^o$	0.019	0.014	0.007	0.010	

np^5 形成的 J' 是 3/2 和 1/2,根据洪特定则为倒转次序,$^2P_{3/2}^o$ 态能级低,$^2P_{1/2}^o$

高。因此，惰性气体价电子电离能实际上有两个，分别电离到 $np^5\,{}^2P^0_{3/2}$ 和 $np^5\,{}^2P^0_{1/2}$，前者电离能小，后者大，如氖分别为 21.565 和 21.662 eV，表中仅给出能量小的到 ${}^2P_{3/2}$ 态的。同样，激发能级分成两个系列：$np^5[{}^2P_{3/2}]ml$ 和 $np^5[{}^2P_{1/2}]ml$，记为 ml 和 ml'，分别对应于 $J'=3/2$ 和 $1/2$。

下面举例说明。Ne 的第一激发态相当于 2p 电子激发到 3s 上，电子组态为 $2p^5({}^2P_{3/2})3s$ 和 $2p^5({}^2P_{1/2})3s$，$J'=3/2$ 和 $1/2$，$K=J'=3/2$ 和 $1/2$，J 分别为 2、1 和 0、1，形成的原子态记为 $3s[3/2]^0_{2,1}$ 和 $3s'[1/2]^0_{0,1}$。第二激发态为 2p→3p，形成的原子态为 $3p[1/2]_{1,0}$、$3p[5/2]_{3,2}$、$3p[3/2]_{1,2}$ 以及 $3p'[3/2]_{1,2}$、$3p'[1/2]_{1,0}$。然后是 2p→4s 形成的 $4s[3/2]^0_{2,1}$、$4s'[1/2]^0_{0,1}$ 以及 2p→3d 形成的 $3d[1/2]^0_{0,1}$、$3d[7/2]^0_{4,3}$、$3d[3/2]^0_{2,1}$、$3d[5/2]^0_{2,3}$、$3d'[5/2]^0_{2,3}$、$3d'[3/2]^0_{2,1}$。从能级间隔看，3d 形成的各对之间间隔 8.2、1.9 和 7.8 meV 与对内间隔 1.8、0.2、3.6 和 0.2 meV 之比同 3p 的比已大很多，明显地显露出 $J'l$ 耦合特征。而 Ar 的 4f 形成的各对之间间隔 2.3、2.7 和 2.5 meV 已经远大于对内间隔 0.04、0.05、0.03 和 0.00 meV，是典型的 $J'l$ 耦合。惰性气体氖原子的能级示意如图 2.5.1 所示。

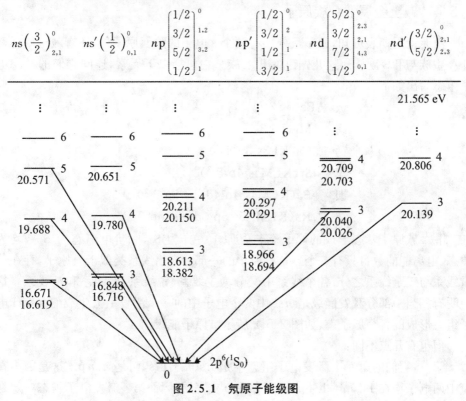

图 2.5.1　氖原子能级图

当然低 l 激发态如到 ms 与 mp 的电子组态实际上不是一种典型的耦合形式。如氖的第一激发态 $2p^5 3s$ 电子组态形成的 4 个原子态能量分别为 16.619 eV，16.671 eV，16.716 eV 和 16.848 eV，间隔分别为 0.052 eV，0.045 eV 和 0.132 eV，总角动量分别为 2,1,0,1。如把它们看成 LS 耦合则为 $^3P_{2,1,0}$ 和 $^1P_1$，大致符合洪特定则，S 大的低，倒转次序，但不符合朗德定则。Ne 的第二激发态 $2p^5 3p$ 电子组态所形成的原子态，如看做 LS 耦合，则连洪特定则都不成立，LS 耦合已很不成功。因此可以说静电非中心力、自旋轨道耦合力、自旋-自旋耦合力、静电交换力均需要考虑。

从基态 $np^6\,^1S_0$ 能够发生偶极允许跃迁的能级是这样一些：由宇称守恒，只能产生到 ms 和 md 电子组态的跃迁。从总角动量选择定则 $\Delta J = 0, \pm 1 (0 \to 0$ 除外)，则只能发生 $J = 0 \to 1$ 的跃迁，因此只能发生到 $ms[3/2]_1^o$、$ms'[1/2]_1^o$、$md[1/2]_1^o$、$md[3/2]_1^o$、$md'[3/2]_1^o$ 的跃迁，图中能级下边标的能量除 $3s[3/2]_2^o$ 的 16.619 eV 外，均是对 $J = 1$ 的能级。

2.5.4 碱土金属 ⅡA 族原子

由元素周期表可知，原子最外层有两个 s 电子的除氦原子外，还有碱土族元素 ⅡA 主族与 ⅡB 副族。这儿先讨论 ⅡA 族。它包括以下元素，连同它们的基态电子组态写出如下：

  铍 $_4$Be$(1s^2 2s^2)$

  镁 $_{12}$Mg$(KL3s^2)$

  钙 $_{20}$Ca$(KL3s^2 3p^6 4s^2)$

  锶 $_{38}$Sr$(KLM4s^2 4p^6 5s^2)$

  钡 $_{56}$Ba$(KLM4s^2 4p^6 4d^{10} 5s^2 5p^6 6s^2)$

  镭 $_{88}$Ra$(KLMN5s^2 5p^6 5d^{10} 6s^2 6p^6 7s^2)$

ⅡA 族原子基态形成的原子态与氦原子一样为 $^1S_0$，一价电离态为 $^2S_{1/2}$，均为单态，电离能的数目只有一个。这些原子的一部分光谱线系类似于氦原子，存在单重线系与三重线系之分，各个线系中又分为主线系、锐线系、漫线系和基线系。这说明有相当一部分激发能级是 ns^2 中两个电子中的一个激发上去生成的 $nsml$ 电子组态形成的各个原子态，如图 2.5.2 所示铍原子能级图。

但也有几点不同：

第一，它们的第一个激发电子组态不是 $ns(n+1)s$，而是 $nsnp$。这是因为在氦中两电子均在 $1s^2$，$n = 1$ 主壳层不存在 p 支壳层，因而第一激发电子组态一定是

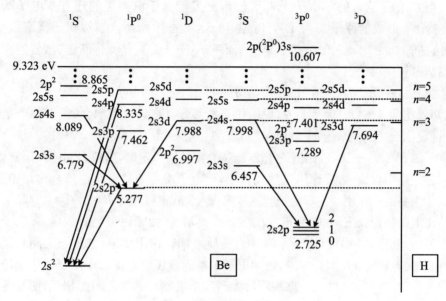

图 2.5.2 铍原子能级图

1s2s,而 $n=2$ 及以上的碱土原子 ns^2 中,一个 ns 电子激发上去是 np,形成 $nsnp$,因而碱土原子一开始的激发能级是比氦原子多的,它们是 $nsnp$ 组成的 $^3P_{0,1,2}$ 和 ^1P,能级次序符合洪特定则,^3P 比 ^1P 低,^3P 中 J 为正常次序,$^3P_0$ 最低,$^3P_2$ 最高。由于是激发到本主壳层的另一个支壳层,因此激发能较低,如 Be 为 2.725 eV。
ⅡA族原子的电离能、第一激发能($ns^{2\,1}S_0 \to nsnp\,^3P_0$)在表 2.5.2 中给出。Be 的下一个激发电子组态 $ns(n+1)s\,^3S$ 的电子高一个主壳层,因而激发能较大,为 6.457 eV,与电离能差 2.866 eV,与 He 的相应的 $(n+1)s\,^3S$ 的激发能与电离能之差 4.768 eV 相去就不远了。

表 2.5.2 ⅡA族原子的电离能、第一激发能和第一电子激发组态 $nsnp$ 的能级裂距(eV)

原子	He	Be	Mg	Ca	Sr	Ba	Ra
电离能	24.587	9.323	7.646	6.115	5.695	5.212	5.278
第一激发能	19.819	2.725	2.709	1.879	1.775	1.521	1.621
$^3P_1 - ^3P_0$	−0.00012	0.000084	0.00249	0.00647	0.0232	0.0459	0.114
$^3P_2 - ^3P_1$	−0.00001	0.000291	0.00505	0.0131	0.0489	0.1089	0.333
$^1P_1 - ^3P_2$	0.254	2.552	1.629	1.034	0.843	0.564	0.499

第二,除了通常的单电子 ns 跃迁外,激发能低于电离能的还有双电子跃迁 $ns^2 \to np^2$,形成的原子态为 $^1D_2$,$^3P_{0,1,2}$ 和 $^1S_0$,如图中所示。当然跃迁概率很小。此外,还有 Ca 的 $4s^2 \to 3d4p$ 等。至于 $ns^2 \to np(n+1)s$,是允许跃迁,激发能大于电离能,是自电离态。

第三,Be 原子的 $2s2p\ ^3P$ 分裂为 $0.000\,291$ eV 和 $0.000\,084$ eV,为正常次序,两者比为 3.64,已经靠近 2,说明相当大部分是自旋轨道耦合,仍有部分是自旋-自旋耦合。Mg 原子的 $3s3p\ ^3P$ 三态裂距分别为 $0.005\,05$ eV($^3P_2 - ^3P_1$) 和 $0.002\,49$ eV($^3P_1 - ^3P_0$),比例近于 2,既符合洪特选择定则,又符合朗德间隔定则。说明磁作用中自旋-自旋作用虽然仍较小,但电子本身的自旋轨道耦合作用增强,而成为主要的磁作用。实际上把间隔数值代入公式也可算得 $B = 0$,$A = 0.0025$ eV,也给出上面结论:$\Delta E_{ss} = 0$,为正常次序。Z 再增大,由于内层电子数增多,电子云贯穿效应增强,Z^* 增大,电子本身的自旋轨道耦合作用增强,三重态之间裂距变大,但仍大致符合 LS 耦合规则,说明电子本身的自旋轨道耦合作用仍远小于静电非中心作用,直到 Ra 的三重态裂距已大到和单重态与三重态间距相近,明显偏离 LS 耦合规则。

第四,与 He 原子相比,Be 原子的 $2s2p\ ^3P$ 与 $2s2p\ ^1P$ 态间距像三态裂距增大一样也变大很多,为 2.552 eV,几乎与第一激发能 2.725 eV 差不多,这是由于内层电子多了,使静电交换效应增强。Mg 原子的 $3s3p\ ^3P$ 与 $3s3p\ ^1P$ 间距为 1.629 eV,它们也比三重态裂距大很多。随 Z 增大,单态与三态间距逐渐减小,这是由于随 Z 增大,r 变大,交换能变小。表 2.5.2 中也给出了 ⅡA 族原子第一激发态 $nsnp\ ^3P$ 的三重态裂距和单态与三态间距。

第五,从 Mg 开始 $ns \to md$ 形成的 ^1D 态常比 ^3D 态低。这一点是不符合洪特定则的。

2.5.5 ⅡB 族原子

ⅡB 族原子的最外层也是两个 s 电子,只是内层比 ⅡA 族原子多 10 个满支壳层 d 电子,汞原子的更内层还要多 14 个 f 电子。它们的基态电子组态是

$\quad$ 锌 $\quad _{30}$Zn(KLM$4s^2$)
$\quad$ 镉 $\quad _{48}$Cd(KLM$4s^2 4p^6 4d^{10} 5s^2$)
$\quad$ 汞 $\quad _{80}$Hg(KLMN$5s^2 5p^6 5d^{10} 6s^2$)

ⅡB 族原子基态也为 $^1S_0$,能级结构和光谱线与 ⅡA 族原子相似。但 ⅡB 族与 ⅡA 族的一个不同点是内壳层更接近满壳层,ⅡA 族 Be 和 Mg 是满壳层,Ca 以后

内壳层离满壳层差很多，Ca 差 $3d^{10}$，Sr 差 $4d^{10}$ 和 $4f^{14}$。而ⅡB族的 Zn 比 Ca 多 10 个 3d 电子，是满壳层，Cd 比 Sr 多 10 个 4d 电子，Hg 比 Ba 多 14 个 4f 电子和 10 个 5d 电子。因此，电子云贯穿效应强，Z^* 大，结合能大，能级下降多，电离能和第一激发能比同一周期的ⅡA族更高。这已被给出在表 2.5.3 中。

表 2.5.3　ⅡB族原子的电离能、激发能和第一电子激发组态 $nsnp$ 的能级裂距(eV)

原　子	Zn	Cd	Hg
电离能	9.394	8.994	10.438
第一激发能	5.796	3.734	4.667
$^3P_1 - {}^3P_0$	0.0236	0.0672	0.219
$^3P_2 - {}^3P_1$	0.048 2	0.145	0.574
$^1P_1 - {}^3P_2$	1.718	1.471	1.243

　　ⅡA和ⅡB族原子基态的价电子形成满支壳层 ns^2，比ⅠA和ⅠB族原子一个 ns 电子结合稳定得多，结合能大，因此，它们的电离能和第一激发能比相应的ⅠA族和ⅠB族的更大，也比ⅢA族的大，这是因为ⅢA族比ⅡA族多的一个未满电子到了 np 支壳层。

　　ⅡB族原子也有双电子跃迁 $ns^2 \to np^2$ 形成的原子态。由于同样原因，它们的激发能均较大，超过电离能，如 Zn 的 $3d^{10}4p^2\ {}^3P_0$ 为 10.017 eV。

　　由表 2.5.2 和表 2.5.3 所列可见，ⅡB族原子的第一激发态 ^3P 的三重态裂距和三态与单态间距比ⅡA的大，而且符合洪特定则和朗德定则。这是由于内层多了许多个 d 电子和 f 电子，使自旋轨道耦合磁作用和静电交换效应增强的缘故。如 Zn 的 $4s4p\ {}^3P_{0,1,2}$ 间距为 0.0236 eV 和 0.0482 eV，比率约为 1∶2。ⅡB族的 ^1D 态比 ^3D 态低，不符合洪特定则，但 ^3D 三态次序和间隔又大致符合。这些与ⅡA族大致相同。随 Z 增大，^3P 三重态裂距逐渐增大，虽稍有偏离，但仍大致符合朗德间隔定则，说明磁相互作用在增强；^3P 与 ^1P 间距减小，但 Hg 仍远大于 ^3P 裂距，仍是 *LS* 耦合。更高激发的 $nsmp\ {}^3P$ 和 $nsmd\ {}^3D$ 三重态也符合洪特定则与朗德定则。

　　ⅡA和ⅡB族从基态的允许跃迁较简单，只有 $ns^2 \to nsmp$。

2.6 ⅣA－ⅦA族原子

2.6.1 ⅣA族原子

ⅣA族包括以下原子，它们的基态电子组态为

　　　碳　　$_6$C($1s^2 2s^2 2p^2$)
　　　硅　　$_{14}$Si(KL$3s^2 3p^2$)
　　　锗　　$_{32}$Ge(KLM$4s^2 4p^2$)
　　　锡　　$_{50}$Sn(KLM$4s^2 4p^6 4d^{10} 5s^2 5p^2$)
　　　铅　　$_{82}$Pb(KLMN$5s^2 5p^6 5d^{10} 6s^2 6p^2$)

它们的基态为两个等效 p 电子，遵从 LS 耦合。我们来讨论两个等效 p 电子组态 np^2 如何形成可能的谱项和原子态。首先列出表2.6.1。横行为 M_S，纵列为 M_L，括号内为二电子各自的 m_l 和 m_s 值，1、0、−1 表示每个电子的 m_l 值，+、− 分别表示 m_s = +1/2 与 −1/2，各个电子的 m_l 或 m_s 相加即得 M_L 或 M_S。因此每个电子可有 6 个不同态，表中给出两个电子的各种 m_l、m_s 值的可能组合，共 36 种状态。如($1^+ 1^-$)表示第一个电子 m_l 和 m_s 为 1 与 +1/2，第二个电子为 1 和 −1/2，所以合成的 $M_L = 2$，$M_S = 0$。如果不是等效电子组态，则这 36 种态均可能形成，分属于 ^1S、^1P、^1D、^3S、^3P 和 ^3D 等 6 个谱项。但对等效电子组态，表2.6.1 中的($1^+ 1^+$)、($1^- 1^-$)、($0^+ 0^+$)、($0^- 0^-$)、($-1^+ -1^+$)和($-1^- -1^-$)这 6 个态中两个电子的 4 个量子数全相同，泡利原理不允许存在。每一列中并排写的两个态（其中一个是圆括号）是两个全同粒子态，不可区分。例如，第一行中 1 号电子的 $m_l = 1$、$m_s = 1/2$，2 号电子的 $m_l = 1$、$m_s = −1/2$ 的态[$1^+ 1^-$]，与 1 号电子的 $m_l = 1$、$m_s = −1/2$，2 号电子的 $m_l = 1$、$m_s = 1/2$ 的态($1^- 1^+$)只是相当于交换了位置，由微观粒子的全同性原理，这两个态不可区分，完全等同，为一个态。这样就剩下方括号内的 15 个态。

表 2.6.1 两个 p 电子组态 np^2 可能有的各种 m_l 和 m_s 组合值

M_S M_L	1	0	-1
2	(1^+1^+)	$[1^+1^-],(1^-1^+)$	(1^-1^-)
1	$[1^+0^+],(0^+1^+)$	$[1^+0^-],(0^-1^+)$ $[1^-0^+],(0^+1^-)$	$[1^-0^-],(0^-1^-)$
0	(0^+0^+) $[-1^+1^+],(1^+-1^+)$	$[1^+-1^-],(-1^-1^+)$ $[0^+0^-],(0^-0^+)$ $[-1^+1^-],(1^--1^+)$	(0^-0^-) $[-1^-1^-],(1^--1^-)$
-1	$[0^+-1^+],(-1^+0^+)$	$[0^+-1^-],(-1^-0^+)$ $[-1^+0^-],(0^--1^+)$	$[0^--1^-],(-1^-0^-)$
-2	(-1^+-1^+)	$[-1^+-1^-],(-1^--1^+)$	(-1^--1^-)

现在来讨论两个 p 等效电子形成的这 15 个态如何组成谱项和原子态。首先，在 $M_S=1$ 和 -1 的两列各只有 3 个态，它们的两个电子的自旋都是"平行"同向的，m_s 同为 1/2 或 -1/2，属于 $S=1$ 和 $M_S=\pm1$ 的三重态，它们的 M_L 分别为 1、0、-1，应属于 ^{3}P 谱项。^{3}P 应有 $(2L+1)(2S+1)=9$ 个原子态，剩余的 3 个原子态在 $M_S=0$ 的列中，M_L 应分别为 1、0、-1。其次，在剩下的 $M_S=0$ 列的 6 个原子态中，M_L 绝对值最大的是 $M_L=\pm2$ 的两个态，它们应属于两个电子的自旋"反平行"的 $S=0$ 的单重态 ^{1}D 谱项，它共有 5 个原子态，M_L 分别为 2、1、0、-1、-2。最后剩下的 1 个原子态的 $M_S=M_L=0$，即为 ^{1}S 态。因此，np^2 等效电子组态形成的原子态为三重态 $^3P_{0,1,2}$ 和单重态 $^1D_2$、$^1S_0$，满足洪特定则，^{3}P 能级最低，两个 p 电子小于半满支壳层数 3，为正常次序，基态为 $^3P_0$ 能级。

再进一步通过讨论这三个原子态的次序来理解洪特定则。在 2.5 节的全同粒子交换对称性中指出，自旋对称排列 S 大的即电子互相远离的原子态的能量低，因此，一个电子组态的未满支壳层中的各个电子的自旋会优先对称排列以使 S 最大。对原子 p 轨道，有三种波函数 Y_{1+1}、Y_{10} 和 Y_{1-1}，或者是 p_x、p_y 和 p_z，它们分别取向不同的坐标轴，处于上面的电子彼此远离。在 ⅣA 族原子基态情况，最外层有两个电子处于同一 np 轨道，它们形成的能量最低的原子态应该是这些电子相互距离最大以便斥力最小，因而这些电子必须尽可能地分别处在不同取向的 p 态，这样才能使电子云重叠得最少，电子间距最远，斥力最小，能量最低。由此可见，np^2 等效电子组态形成的三个原子态中能量最低的首先是要求自旋对称 S 大的 ^{3}P 态。

在剩下的两个单重态 ^1D 和 ^1S 中,要求电子尽可能分占不同取向的 p 轨道。^1S 的 $M_L=0$,两个电子的 $m_l=0$,轨道相同,电子云重叠多,电子间距近;^1D 的 $M_L=2$、1、0、-1、-2,两个电子的 m_l 组合分别为 (1,1)、(1,0)、(1,-1)、(0,-1)、(-1,-1),M_L 最大和最小的相当于两个电子的 m_l 平行和反平行,但中间 M_L 值对应两个电子的 m_l 值不同,轨道平面成一定角度,因此两个电子云重叠相对 ^1S 少,电子间距远,因而 L 大的 ^1D 态比 ^1S 能量低,^3P 态能量最低,这就是洪特定则所要求的。

第一个激发的电子组态为 $np(^2P)(n+1)s$,能形成的原子态为 $^3P_{0,1,2}$ 和 $^1P_1$。在图 2.2.1 中已经给出它们的相对能级间隔,指出 C 和 Si 还是明显的 LS 耦合,^3P 的三条能级间隔远小于 ^3P 与 ^1P 差,Sn 和 Pb 已明显是 jj 耦合,随 Z 增加逐渐过渡。ⅣA 族原子的电离能、第一激发能和第一激发态精细结构裂距见表 2.6.2。

表 2.6.2　ⅣA 族原子的电离能、第一激发能和第一激发
态精细结构裂距 (eV)

原子	C	Si	Ge	Sn	Pb
电离能	11.260	8.152	7.899	7.344	7.417
第一激发能	7.483	4.393	4.674	4.295	4.334
$^3P_1-^3P_0$	0.002 4	0.009 6	0.031	0.034	0.041
$^3P_2-^3P_1$	0.005	0.024	0.176	0.461	1.600
$^1P_1-^3P_2$	0.197	0.129	0.112	0.078	0.155

往上的电子组态为 $np(n+1)p$,这是非等效电子组态,几种原子态都能存在,它们是 $^3D_{1,2,3}$、$^3P_{0,1,2}$、$^3S_1$、$^1D_2$、$^1P_1$ 和 $^1S_0$。它们大致与 $np(n+1)s$ 情况相同,轻的 C 和 Si 原子属于 LS 耦合,三重态 $^3D_{1,2,3}$ 和 $^3P_{0,1,2}$ 分裂间隔较小,自旋轨道耦合作用较小,不同 S 和 L 的谱项分开较大。三重态不同 J 分裂的能级次序是 J 小的低。但已不是 ^3D 最低,而是 ^1P 态最低,C 原子的次序为 ^1P、$^3D_{1,2,3}$、$^3S_1$、$^3P_{0,1,2}$、$^1D_2$ 和 $^1S_0$。在这里 ^1P 能级次序不遵从洪特定则而下降很多,这是因为两个 p 电子在不同的壳层,相距较远,静电非中心力作用减少很多,已不是典型的 LS 耦合。Si 原子以后,^3P 低于 ^3S,其他不变。图 2.6.1 给出了碳原子的能级图。

再往上的电子组态是 $np(n+1)d$,原子态次序为 $^1D_2^0$、$^3F_{2,3,4}^0$、$^3D_{1,2,3}^0$、$^1F_3^0$、$^1P_1^0$、$^3P_{2,1,0}^0$,它们与 $np(n+1)p$ 有相似的地方,三重态裂距仍很小,自旋轨道相互作用较小,能级次序也是单重态中间的 $^1D_2^0$ 下降很多。

显然价电子 np 跃迁到 ms 和 md 的是允许跃迁。但考虑选择定则 $\Delta S=0$,

$\Delta L = 0、\pm 1$ 的限制,只有 2p3s ^{3}P、2p3d ^{3}P 和 2p3d ^{3}D 是到基态的电偶极允许跃迁。注意,ⅣA族原子的基态为三重态,一价离子基态^{2}P 是二重态,考虑到精细分裂,电离能和激发能不唯一,表中数据均是以它们的最低能量态即^{3}P$_0$ 和^{2}P$_{1/2}$为准。如 C 和 Si 的电离能分别为 11.268 eV 和 8.151 eV,第一条允许跃迁(到 $np(n+1)$s ^{3}P)能量分别为 7.843 eV 和 4.393 eV。

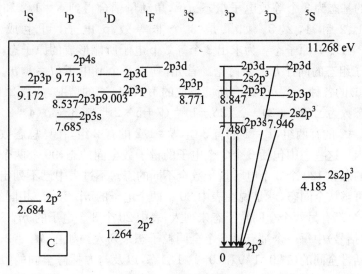

图 2.6.1 碳原子能级图

ⅣA族原子与ⅢA族原子相似的一点是内价电子 ns 可以激发到 np 而形成较低的激发态。例如,C 原子的 $2s2p^3$ 电子组态可以形成一系列谱项,$2p^3$ 为等效电子组态,下节要给出,它能形成的谱项为^{4}S^0、^{2}D^0、^{2}P^0,它们与 2s 耦合得到自旋平行的原子态^{5}S$^0_2$、^{3}D$^0_{3,2,1}$和^{3}P$^0_{2,1,0}$,以及自旋反平行的原子态^{1}D$^0_2$、^{3}S$^0_1$ 和^{1}P$^0_1$,前者能量低,后者能量高,甚至超过电离能。对 C 原子来说,$2s2p^3$ ^{5}S$^0_2$ 能级能量比 $2s^22p3s$ 中最低的^{3}P^0 还要低,$2s2p^3$ ^{3}D^0 能级介于 $2s^22p3s$ 与 $2s^22p3p$ 形成的能级之间,而 $2s2p^3$ ^{3}P^0 则介于 $2s^22p3p$ 与 $2s^22p3d$ 形成的能级之间。也就是说由于有 3 个 p 电子在同一主壳层,$2s2p^3$ 电子组态中静电非中心力造成的 S、P、D 态分裂能量是很大的。从基态到 $2s2p^3$ ^{5}S 是禁戒跃迁($\Delta S = 1$),到 $2s2p^3$ ^{3}D 和 ^{3}P 是允许跃迁。至于 Si 原子,由于电离能减少,因而电离限下只有 $3s3p^3$ ^{3}D 原子态。

2.6.2 ⅤA族原子

ⅤA族包括以下原子,它们的基态电子组态为

氮 $_7$N($1s^2 2s^2 2p^3$)

磷 $_{15}$P(KL$3s^2 3p^3$)

砷 $_{33}$As(KLM$4s^2 4p^3$)

锑 $_{51}$Sb(KLM$4s^2 4p^6 4d^{10} 5s^2 5p^3$)

铋 $_{83}$Bi(KLMN$5s^2 5p^6 5d^{10} 6s^2 6p^3$)

它们的基态为3个等效电子组态 np^3，角动量耦合得到 $S=1/2$ 和 $1/2,3/2$，$L=1;0,1,2$ 和 $1,2,3$。如果是3个非等效 p 电子，可生成 ^{2}S、^{2}P、^{2}D、^{2}F 和 ^{4}S、^{4}P、^{4}D、^{4}F 原子态。为求出3个等效 p 电子所能形成的原子态，我们用分析 np^2 电子组态的同样方法来讨论。首先，列出3个 p 电子（$l=1, m_s = \pm 1/2, m_l = \pm 1,0$）的各种 m_l、m_s 组合所能形成的 M_L、M_S 态的情况，如表2.6.3所示。共有原子态数为 $\sum(2L+2) \cdot \sum(2S+1) = (7+5\times2+3\times3+1)(4+2\times2) = 216$ 个，这里 $L=2$ 的有两组，$L=1$ 的有3组，$S=1/2$ 的有2组，在算总态数时要把它们计算在内。这些态中包括6个3个电子的量子数全同的态，90个两个电子的量子数全同的态和120个3个电子量子数全不同的态。不过表中已不列出电子交换位置的不可辨认全同态，就是说在表中30个两个电子的 m_l 和 m_s 相同的态（圆括号）中每一个都有另两个全同粒子态未列入，表中20个3个电子的 m_l 和 m_s 全不同的态（方括号）中每一个都有另5个全同粒子态未列入。如在 $M_L=2, M_S=1/2$ 栏内与圆括号全同的 $(1^+ 0^- 1^+)$ 和 $(0^- 1^+ 1^+)$ 态，以及与方括号全同的 $[1^+ 0^+ 1^-]$、$[1^- 0^+ 1^+]$、$[1^- 1^+ 0^+]$、$[0^+ 1^+ 1^-]$ 和 $[0^+ 1^- 1^+]$ 态。表中圆括号内的是泡利原理限制必须去除的36个态，剩下方括号内的共有20个态，是允许存在的。

表2.6.3 3个 p 电子组态 np^3 可能有的各种 m_l 和 m_s 组合值

M_S \ M_L	3/2	1/2	-1/2	-3/2
3	$(1^+ 1^+ 1^+)$	$(1^+ 1^- 1^+)$	$(1^+ 1^- 1^-)$	$(1^- 1^- 1^-)$
2	$(1^+ 1^+ 0^+)$	$[1^+ 1^- 0^+]$, $(1^+ 1^+ 0^-)$	$[1^+ 1^- 0^-]$, $(1^- 1^- 0^+)$	$(1^- 1^- 0^-)$
1	$(1^+ 1^+ -1^+)$ $(1^+ 0^+ 0^+)$	$[1^+ 1^- -1^+]$, $(1^+ 1^+ -1^-)$ $[1^+ 0^+ 0^-]$, $(1^- 0^+ 0^+)$	$[1^+ 1^- -1^-]$, $(1^- 1^- -1^+)$ $[1^- 0^- 0^+]$, $(1^+ 0^- 0^-)$	$(1^- 1^- -1^-)$ $(1^- 0^- 0^-)$

续表

M_S \ M_L	3/2	1/2	-1/2	-3/2
0	$[1^+ -1^+ 0^+]$ $(0^+ 0^+ 0^+)$	$[1^+ -1^+ 0^-]$, $[1^+ -1^- 0^+]$, $[1^- -1^+ 0^+]$, $(0^+ 0^+ 0^-)$	$[1^+ -1^- 0^-]$, $[1^- -1^+ 0^-]$, $[1^- -1^- 0^+]$, $(0^+ 0^- 0^-)$	$[1^- -1^- 0^-]$ $(0^- 0^- 0^-)$
-1	$(-1^+ 1^+ -1^+)$ $(-1^+ 0^+ 0^+)$	$[-1^+ -1^- -1^+]$, $(-1^+ -1^+ 1^-)$, $[-1^+ 0^+ 0^-]$, $[-1^- 0^+ 0^+]$	$[-1^+ -1^- -1^-]$, $(-1^- -1^- 1^+)$, $[-1^- 0^+ 0^-]$, $[-1^+ 0^- 0^-]$	$(-1^- -1^- 1^-)$ $(-1^- 0^- 0^-)$
-2	$(-1^+ -1^+ 0^+)$	$[-1^+ -1^- 0^+]$, $(-1^+ -1^+ 0^-)$	$[-1^+ -1^- 0^-]$, $(-1^- -1^- 0^+)$	$(-1^- -1^- 0^-)$
-3	$(-1^+ -1^+ -1^+)$	$(-1^+ -1^+ -1^-)$	$(-1^+ -1^- -1^-)$	$(-1^- -1^- -1^-)$

现在用类似上节方法讨论这 20 个态如何组成谱项和原子态。首先,在 $M_S=3/2$ 和 $-3/2$ 两列中只各剩 1 个态,它们的 $M_L=0$,是 $L=0$ 的 S 态,它们的 $M_S=\pm 3/2$,应属于 $S=3/2$ 的四重态 ^{4}S 谱项,^{4}S 的另两个态的 M_S 值分别为 $1/2$ 和 $-1/2$。其次,这 20 个态中 M_L 绝对值最大的是 $M_L=\pm 2$,它们是 $L=2$ 的 D 态,$M_S=1/2$ 和 $-1/2$,应属于 $S=1/2$ 的二重态 ^{2}D 谱项。^{2}D 应有 10 个原子态,在 $M_S=\pm 1/2$ 列各有 5 个,M_L 分别为 2、1、0、-1、-2。最后,去掉 ^{4}S 和 ^{2}D 谱项后,20 个原子态就剩 6 个原子态,其 $M_S=\pm 1/2$,$M_L=0$、± 1,即为 ^{2}P 态。由此可见,等效 np^3 电子组态能形成四重态 ^{4}S$_0$ 及二重态 ^{2}P$_0$ 和 ^{2}D$_0$ 谱项,原子态为 ^{4}S$^0_{3/2}$、^{2}P$^0_{3/2, 1/2}$ 和 ^{2}D$^0_{5/2, 3/2}$。基态能级精细分裂满足洪特定则,^{4}S$^0 < {^2}$D$^0 < {^2}$P^0,如氮原子的能级图图 2.6.2 所示。从 3 个态的间距看,^{4}S 与 ^{2}D 间距 2.383 eV 大于碳的 2p^2 的 ^{3}P 与 ^{1}D 间距 1.264 eV,这是 3 个电子交换效应更强的原因。^{2}D 与 ^{2}P 间距与碳的 ^{1}D 与 ^{1}S 间距差不多,说明普通的静电非中心力差不多。

这里顺便给出等效 p 和 d 电子组态能形成的 LS 耦合原子谱项,如表 2.6.4 所示[6]。s 电子组态很简单,s 形成 ^{2}S 谱项,s^2 形成 ^{1}S 谱项,满壳层 p^6 和 d^{10} 形成 ^{1}S 谱项,表中都不再给出。文献[6]中还给出了 f 电子组态能形成的 LS 耦合原子谱项。至于等效电子组态能形成的 jj 耦合原子谱项,在 2.2 节中已给出 p^2 形成的,这儿在表 2.6.5 中顺便给出几种等效 p 和 d 电子组态能形成的 jj 耦合原子谱项[5,6],表中带 * 者有两个,至于更多个等效 d 电子的电子组态可以参考文献[6]。当然 $J'l$ 耦合情况由于激发电子不在同一壳层而不存在等效电子组态。

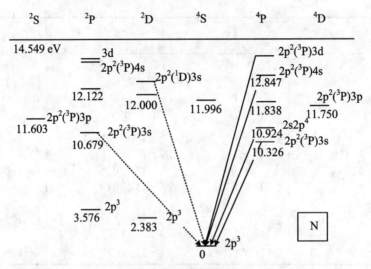

图 2.6.2　氮原子的能级图

表 2.6.4　等效 p 和 d 电子组态能形成的 LS 耦合原子谱项

组　态	谱　项
p, p^5	^2P
p^2, p^4	$^3P, ^1D, ^1S$
p^3	$^4S, ^2D, ^2P$
d, d^9	^2D
d^2, d^8	$^3F, ^3P, ^1G, ^1D, ^1S$
d^3, d^7	$^4F, ^4P, ^2H, ^2G, ^2F,$ 两个 $^2D, ^2P$
d^4, d^6	$^5D, ^3H, ^3G,$ 两个 $^3F, ^3D,$ 两个 $^3P, ^1I,$ 两个 $^1G, ^1F,$ 两个 $^1D,$ 两个 ^1S
d^5	$^6S, ^4G, ^4F, ^4D, ^4P, ^2I, ^2H,$ 两个 $^2G,$ 两个 $^2F,$ 三个 $^2D, ^2P, ^2S$

　　氮原子的第一个激发的电子组态为 $np^2(n+1)s$，np^2 可形成 $^3P, ^1D, ^1S$，与 $(n+1)s$ 电子形成的原子态为 $np^2(^3P)(n+1)s\ ^4P, ^2P; np^2(^1D)(n+1)s\ ^2D$。实验上未见 ^2S。下一个电子激发组态是内价壳层激发 $nsnp^4$，它能形成的谱项与上面相同，不过在氮原子中只发现它形成的谱项 ^4P。再下一个是禁戒跃迁激发态 $np^2(n+1)p$，在氮原子中发现的有 $^2S, ^4D, ^4P, ^4S, ^2D, ^2P$ 谱项，次序不遵从洪特定则。跟着的是 $np^2(n+2)s$ 和 $np^2(n+1)d$(或 nd)电子组态，如图 2.6.2 所示。

表 2.6.5　几种等效 p 和 d 电子组态能形成的 jj 耦合原子谱项

组 态	谱 项
p²	$(1/2,1/2)_0$, $(1/2,3/2)_{1,2}$, $(3/2,3/2)_{0,2}$
p³	$(1/2,1/2,3/2)_{3/2}$, $(1/2,3/2,3/2)_{1/2,3/2,5/2}$, $(3/2,3/2,3/2)_{3/2}$
d²	$(3/2,3/2)_{0,2}$, $(3/2,5/2)_{1,2,3,4}$, $(5/2,5/2)_{0,2,4}$
d³	$(3/2,3/2,3/2)_{3/2}$, $(3/2,3/2,5/2)_{1/2,3/2,5/2}{}^*,{}_{7/2,9/2}$, $(3/2,5/2,5/2)_{1/2,3/2}{}^*,{}_{5/2}{}^*,{}_{7/2}{}^*,{}_{9/2,11/2}$, $(5/2,5/2,5/2)_{3/2,5/2}$

显然价电子从基态跃迁 $np \to ms, md$ 是允许跃迁,再考虑选择定则 $\Delta S = 0$,$\Delta L = 0, \pm 1$,比较强的跃迁应是 $np^2(^3P)ms\,^4P$、$nsnp^4\,^4P$、$np^2md\,^4P$。

表 2.6.6 给出 ⅤA 族原子的第一电子激发组态形成的 $^4P_{1/2,3/2,5/2}$、$^2P_{1/2,3/2}$ 和 $^2D_{3/2,5/2}$ 原子态精细分裂间隔与不同谱项间距随 Z 也即随主量子数 n 增加的变化,表中也给出了它们的电离能和第一激发能。注意,ⅤA 族原子基态 ^4S 谱项为单重态,电离态 ^3P 有精细结构,这儿电离能是指到低态 $^3P_0$ 的。由此可见,对低 Z 原子 N 和 P,这是典型的 LS 耦合,相同电子组态的自旋轨道耦合作用造成的精细分裂远小于交换效应造成的不同 S 多重态间($^4P - {}^2P$)差距和普通的静电非中心力造成的不同芯原子态间($^2P - {}^2D$)差距。随 Z 增大,同ⅣA 碳族原子相似,自旋轨道耦合作用迅速增大,造成多重态内裂距迅速增加;电子云径向范围增大造成普通的静电非中心力和交换效应减小,使多重态之间($^4P - {}^2P$)及($^2P - {}^2D$)间隔减小,逐渐趋于 jj 耦合,只是比ⅣA 族的 $np(n+1)s$ 组态复杂得多。

表 2.6.6　ⅤA 族原子的电离能、第一激发能和能级精细结构裂距(eV)

原 子	N	P	As	Sb	Bi
电离能	14.534	10.487	9.789	8.608	7.286
第一激发能	10.326	6.936	6.285	5.362	4.040
$np^2(^3P)(n+1)s\,^4P_{1/2} - np^2(^3P)(n+1)s\,^4P_{3/2}$	0.004	0.019	0.114	0.334	1.522
$np^2(^3P)(n+1)s\,^4P_{3/2} - np^2(^3P)(n+1)s\,^4P_{5/2}$	0.006	0.031	0.160	0.296	0.449
$np^2(^3P)(n+1)s\,^4P_{5/2} - np^2(^3P)(n+1)s\,^2P_{1/2}$	0.343	0.191	0.029	−0.166	−0.319
$np^2(^3P)(n+1)s\,^2P_{1/2} - np^2(^3P)(n+1)s\,^2P_{3/2}$	0.011	0.037	0.182	0.298	0.439
$np^2(^3P)(n+1)s\,^2P_{3/2} - np^2(^1D)(n+1)s\,^2D_{3/2}$	1.667	0.866	0.770	0.724	
$np^2(^1D)(n+1)s\,^2D_{3/2} - np^2(^1D)(n+1)s\,^2D_{5/2}$	0.001	0.000	0.002	0.061	

2.6.3 ⅥA 和 ⅦA 族原子

ⅥA 族包括以下原子,它们的基态电子组态为

氧 $_8\text{O}(1s^2 2s^2 2p^4)$

硫 $_{16}\text{S}(\text{KL}3s^2 3p^4)$

硒 $_{34}\text{Se}(\text{KLM}4s^2 4p^4)$

碲 $_{52}\text{Te}(\text{KLM}4s^2 4p^6 4d^{10} 5s^2 5p^4)$

钋 $_{84}\text{Po}(\text{KLMN}5s^2 5p^6 5d^{10} 6s^2 6p^4)$

它们的基态为 4 个等效 p 电子组态 np^4。由于满壳层 np^6 组态合成的原子态的总角动量、总自旋角动量和总轨道动量均为 0,即 $^1S_0$ 态,因而 np^4 电子组态相当于满壳层缺两个电子即有两个空穴 np 电子组态 np^{-2},它形成的原子态相当于满壳层外有两个电子形成的原子态 np^2,即角动量相同,只不过方向相反。因此,np^4 电子组态形成的原子态与 np^2 组态形成的原子态相同,只是洪特定则确定的 J 能级次序倒转,基态原子态为 $^3P_{2,1,0}$、$^1D_2$ 和 $^1S_0$。一般说来,v 个等效电子的组态 $(nl)^v$ 形成的原子态与 $(nl)^{N-v}$ 形成的原子态相同,如表 2.6.4 所给,$N=2(2l+1)$ 为满支壳层电子数。

第一个电子激发的组态是 $np^3(^4S_{3/2})(n+1)s$、$np^3(^2D_{5/2,3/2})(n+1)s$ 和 $np^3(^2P_{3/2,5/2})(n+1)s$,$np^3(^4S)$ 是 np^3 的最低谱项。这三个电子组态形成的原子态分别为 $(n+1)s\ ^5S_2^0$、$(n+1)s\ ^3S_1^0$;$(n+1)s'\ ^3D_{3,2,1}^0$,$(n+1)s'\ ^1D_2^0$;$(n+1)s''\ ^3P_{2,1,0}^0$,$(n+1)s''\ ^1P_1^0$。氧原子的能级图如图 2.6.3 所示,这 6 个原子态都存在。这些原子态的精细分裂间隔与不同谱项间距随 Z 增加的变化如表 2.6.7 所示,表中也给出了它们的电离能(电离态 ^4S 为单态,初态为能量低的 $^3P_2$ 态)和第一激发能(到 $np^3(^4S)(n+1)s\ ^5S_2^0$)。总的来说类似 ⅣA 和 ⅤA 族。由表可见,低 Z 原子氧和硫主要是 LS 耦合,自旋轨道耦合作用比 ⅣA、ⅤA 族更小,不同 J 之间的精细分裂很小,表中未给出,只是在更高 Z 原子(Se)情况下,自旋轨道作用才开始明显起来。与 ⅤA 族一样,不同谱项之间的间隔较大,静电非中心力造成的 $^3S_0$ 与 $^3D_0$ 和 ^1D 与 ^3P 的间隔远大于交换效应造成的不同多重态之间的间隔,以至于氧原子的 $3s''\ ^3P^0$ 和 $3s''\ ^1P^0$ 能级已在电离阈之上。

第二个电子激发组态为禁戒跃迁能级 $2p^3(^4S^0)3p$、$2p^3(^2D^0)3p$ 和 $2p^3(^2P^0)3p$,它们形成的原子态为 $3p^5P_{1,2,3}$、$3p^3P_{2,1,0}$、$3p'\ ^3D_{3,2,1}$、$3p'\ ^3F_{4,3,2}$、$3p'\ ^1F_3$、$3p'\ ^1D$、$3p''\ ^3D$、$3p''\ ^1P$、$3p''\ ^1D$、$3p''\ ^1S$,只有前两个谱项在电离阈之下。同样还有 $2p^3 4s$、$2p^3 3d$ 形成的谱项。

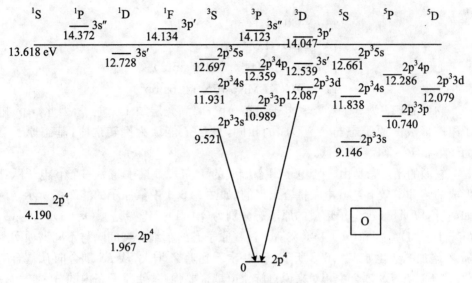

图 2.6.3 氧原子的能级图

表 2.6.7 ⅥA 族原子的电离能、第一激发能和 $np^3(n+1)s$ 组态的能级裂距(eV)

原子	O	S	Se	Te	Po
电离能	13.618	10.360	9.752	9.010	8.414
第一激发能	9.146	6.525	5.974	5.481	4.845
$np^3(^4S)(n+1)s^5S - np^3(^4S)(n+1)s^3S$	0.375	0.336	0.349	0.298	0.213
$np^3(^4S)(n+1)s^3S - np^3(^2D)(n+1)s'^3D_3$	3.018	1.548	2.840		
$np^3(^2D)(n+1)s'^3D_1 - np^3(^2D)(n+1)s'^1D_2$	0.187	0.173	0.153		
$np^3(^2D)(n+1)s'^1D_2 - np^3(^2P)(n+1)s''^3P_2$	1.395	0.979	0.932		
$np^3(^2P)(n+1)s''^3P_0 - np^3(^2P)(n+1)s''^1P_1$	0.247	0.137	0.113		

ⅥA 族包括以下原子,它们的基态电子组态为

氟　$_9\mathrm{F}(1s^22s^22p^5)$

氯　$_{17}\mathrm{Cl}(KL3s^23p^5)$

溴　$_{35}\mathrm{Br}(KLM4s^24p^5)$

碘　$_{53}\mathrm{I}(KLM4s^24p^64d^{10}5s^25p^5)$

砹　$_{85}\mathrm{At}(KLMN5s^25p^65d^{10}6s^26p^5)$

它们的基态为 5 个等效 p 电子组态 np^5，离满壳层缺 1 个电子，因此，np^5 电子组态形成的原子态与 np 形成的相同，只是 J 能级为倒转次序，基态原子态为 $^2P^0_{3/2}$ 和 $^2P^0_{1/2}$，$^2P^0_{3/2}$ 能级低。

它们的激发态是由 np^4 电子组态形成的 ^3P、^1D、^1S 谱项与另一个 p 电子跃迁形成的 s、非等效 p 或 d 电子耦合出来的，如图 2.6.4 中氟原子的能级图所示。例如，它们与 $(n+1)s$ 电子形成的原子态分别为 $(n+1)s\,^4P_{5/2,3/2,1/2}$、$(n+1)s\,^2P_{3/2,1/2}$、$(n+1)s'\,^2D_{5/2,3/2}$ 和 $(n+1)s''\,^2S_{1/2}$。这些原子态的精细分裂间隔与不同谱项间距随 Z 增加的变化如表 2.6.8 所示。又一次看到随 Z 增大，从 LS 耦合向 jj 耦合变化，只不过在 LS 耦合中相对来说自旋轨道耦合要强些，使原子态内的分裂较大一些，与 ⅤA 族原子类似。同样，表中电离能是指两个低能态 $^2P_{3/2}$-$^3P_2$ 之间跃迁产生的。再往上是与 $(n+1)p$ 电子形成的原子态 $3p\,^4P^0$、$3p\,^4D^0$、$3p\,^2D^0$、$3p\,^2S^0$、$3p\,^4S^0$、$3p\,^2P^0$。

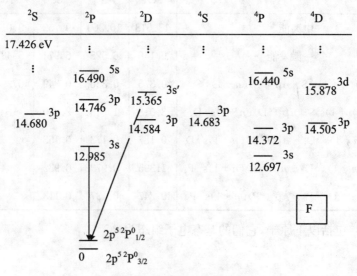

图 2.6.4　氟原子的能级图

表 2.6.8　ⅦA族原子的电离能、第一激发能和 $np^4(n+1)s$ 组态的能级裂距(eV)

原　子	F	Cl	Br	I
电离能	17.423	12.968	11.814	10.451
第一激发能	12.697	8.921	7.864	6.774
$np^4(^3P)(n+1)s\,^4P_{5/2} - np^4(^3P)(n+1)s\,^4P_{3/2}$	0.034	0.066	0.182	0.891
$np^4(^3P)(n+1)s\,^4P_{3/2} - np^4(^3P)(n+1)s\,^4P_{1/2}$	0.020	0.042	0.245	-0.115
$np^4(^3P)(n+1)s\,^4P_{1/2} - np^4(^3P)(n+1)s\,^2P_{3/2}$	0.234	0.173	0.037	-0.595
$np^4(^3P)(n+1)s\,^2P_{3/2} - np^4(^3P)(n+1)s\,^2P_{1/2}$	0.040	0.079	0.222	0.880
$np^4(^3P)(n+1)s\,^2P_{1/2} - np^4(^1D)(n+1)s'\,^2D_{5/2}$	2.339	1.147	1.034	0.351
$np^4(^1D)(n+1)s'\,^2D_{5/2} - np^4(^1D)(n+1)s'\,^2D_{3/2}$	0.0001	0.0002	0.002	0.041
$np^4(^1D)(n+1)s'\,^2D_{3/2} - np^4(^1S)(n+1)s''\,^2S_{1/2}$			-0.176	0.496

2.6.4　各族能级结构比较

从ⅢA到ⅧA这6个族的最外层都是p电子,从1个到6个。它们之间的电离能和第一激发能相差较大,大致是随这些p电子数增多而变大。这是由于随p电子数增多,p支壳层的电子云逐渐向球形转变,激发电子对它的贯穿效应逐渐增强,使 Z^* 逐渐变大,它所受静电中心力作用逐渐增强,从而使电离能和激发能越来越大。当然ⅢA和ⅣA族原子比同一周期的ⅠA和ⅡA族原子多两个内支壳层s电子,因此ⅠA和ⅡA族原子的电离能分别比相应的ⅢA和ⅣA族原子的小一些。所有原子的电离能和第一激发能之差却相差不大,大多数在3~4 eV之间。这是由于一个电子被激发到主量子数 n 更大的轨道上之后,剩余电子和原子核对这个电子的屏蔽效应就完善得多,它们对这个电子的作用就近似于一个带 $+e$ 电荷的原子实的库仑作用,因此它们的电离能与第一激发能的差值与氢原子的差值 3.4 eV 相近。它们之间的小差异是由于剩余的电子数不同,电子云也各异,激发电子的电子云的弱贯穿效应不同,造成 Z^* 值不同。

现在来比较一下各族原子的基态能级结构。所有原子的基态电子组态均按 LS 耦合定则形成原子态,也就是说主要是静电非中心力作用造成基态不同谱项的原子态能量差异较大,电子的自旋轨道磁作用很弱,造成的精细分裂很小。当然由于它们的电子组态不同,能形成的谱项和原子态也不同。ⅧA、ⅡA和ⅡB族原子的电子组态是满支壳层,形成一种原子态 $^1S_0$,不分裂。ⅠA、ⅠB、ⅢA和ⅦA族原子的电子组态均相当于单电子组态,它们形成的原子态是二重态 $^2S_{1/2}$ 或 $^2P_{1/2,3/2}$,均为一种谱项，ⅠA 和 ⅠB 族原子的基态实际上也不分裂，ⅢA 和 ⅦA 族原子分裂为两个精细能级，但差得很小。ⅣA 族和 ⅥA 族原子有三种谱项 $^3P_{0,1,2}$、$^1D_2$ 和 $^1S_0$，相当于两个等效 p 电子组态形成的；ⅤA 族原子也有三种谱项 $^4S_{3/2}$、$^2P_{3/2,1/2}$、$^2D_{5/2,3/2}$，是由三个等效 p 电子组态形成的。由于静电非中心力较强，这三族原子的基态的三个原子谱项之间的能级差距均较大，远大于各个谱项的精细结构分裂。

同样原子被电离后形成 +1 价离子的基态能级结构也较复杂，ⅠA、ⅠB 和 ⅢA 族原子最外层为单电子，它们电离后形成 $^1S_0$ 态，不分裂。ⅡA、ⅡB、ⅣA 和 ⅧA 族原子电离后相当于形成单电子组态 ^2S 或 ^2P，^2P 态有精细分裂。至于 ⅤA、ⅥA 和 ⅦA 族原子态电离后形成的原子就更复杂了，能级数目均不只一个，因此，电离态能量用离子基态的最低能级减去原子基态最低能级的能量差确定。

我们再来比较一下它们的第一个激发的电子组态所形成的谱项的精细分裂间隔和不同谱项间距随 Z 增加的变化。ⅢA 族只有一个 p 电子，它激发到 $(n+1)$s 电子轨道，芯原子态为闭支壳层，不起作用，因而形成简单的 $^2S_{1/2}$ 原子态，没有精细分裂和第二个谱项。ⅠA 和 ⅠB 族原子只有一个 s 电子，它激发到 np 轨道，形成简单的二重态 $^2P_{1/2,3/2}$，也只有一个谱项，精细分裂很小，都是 LS 耦合。

ⅡA 和 ⅡB 族的第一激发电子组态是 nsnp，原子态是 ^3P 和 ^1P，有两个谱项，不同 Z 的谱项均为 LS 耦合。ⅣA 和 ⅧA 族的第一个激发电子组态均相当于 np$(n+1)$s，原子态也为 ^3P 和 ^1P，有两个谱项，精细分裂为 4 个能级，$J = 2, 1, 0$ 和 1。仔细看它们有共同之处，当 Z 小时(Be、Mg、Ca、Zn、Cd、C、Si、Ne)，最高的两个能级的间距($^1P - ^3P_2$)比低的两个间距大许多，是 LS 耦合类型，当然 ⅧA 族不是很典型，而是 $J'l$ 耦合；当 Z 大时，能级两头间距远小于中间间距，是 jj 耦合了，这一点之所以与 ⅡA 和 ⅡB 族不同是因为在价壳层多了一些电子使电子云贯穿效应增强，从而使自旋轨道作用增强的缘故。

ⅤA 和 ⅦA 族第一激发电子组态相当于 np$^2(n+1)$s，有 4 种谱项，ⅥA 族更有 6 种谱项。它们的能级结构虽然较复杂，但当 Z 小时，精细分裂远小于谱项间距，为典型的 LS 耦合；当 Z 大时，精细分裂间隔迅速增大，甚至逐渐大于谱项间距，而出现复杂的情况。

2.7 过渡元素原子、物质磁性和 X 激光

2.7.1 过渡元素和稀土元素原子

在以前的讨论中已指出,第四周期的ⅠA 和ⅡA 族的 K 和 Ca 原子不是按壳层正常填充次序填 3d 支壳层,而是先填充 4s 轨道,这是由于轨道贯穿效应使 ns 轨道比 $(n-1)$d 有更低的能量的缘故。当两个 4s 电子填充后,ⅢB 族的 Sc 原子再填充 3d。这时由于 4s 满支壳层电子云为球形对称分布,贯穿效应不再严重,3d 电子的能量又低于 4s 而回到内壳层。

过渡元素是从第四周期 Sc 开始才有,一直到第七周期,包括ⅢB-ⅦB 和Ⅷ族元素,它们的最外层有两个 s 电子,极少数有一个,次外层是未填满的 d 电子。它们是在前一周期 $(n-1)$p 轨道填满后,先填充 ns 轨道,待 ns 填满后不是填 np 轨道,而是先填 $(n-1)$d 轨道。d 电子数目从 1 个逐渐增加到 8 个,Ⅷ族每一周期有 3 个元素。其中第四周期填充 3d 的 8 种元素又称铁族元素,它们的电子组态是 $KL3s^2 3p^6 3d^{1\sim 8} 4s^2$。ⅠB 和ⅡB 族的次外层是 10 个 d 电子,形成次满壳层,原则上不属于过渡元素,前面已经讨论过。La 系 $(Z=57-71)$ 和 Ac 系 $(Z=89-103)$ 元素是过渡元素中的特类,在最后两个第六和第七周期存在。它们是在 ns 轨道填满、$(n-1)$d 轨道未填充前先填充 $(n-2)$f 轨道,由 1 个 f 电子逐个增加到 14 个 f 电子,都填满,少部分也填充 1 个 $(n-1)$d 电子,个别填 2 个。因为有的有一个 d 电子,一般把它们归类到ⅢB 族。周期表总的核外电子填充支壳层的次序是:1s-2s-2p-3s-3p-4s-3d-4p-5s-4d-5p-6s-4f-5d-6p-7s-5f-6d-7p。各种过渡元素原子的最外两或三层电子组态见附录Ⅱ。通常将 La 系 15 种元素加上另外一种ⅢB 族元素 $Y(Z=39)$ 称为稀土元素。我国是稀土大国,种类齐全,储量丰富,产量占全世界的 90% 以上。

由于上述特殊的电子排列结构,过渡元素的物理和化学性质有许多共同的特点,用过渡元素为组元的化合物材料的结晶盐或溶液具有大的磁性和呈现多种多样颜色,是最受重视的一大类功能材料,在黑色冶金、核能、石油化工、玻璃陶瓷、彩色电视、磁性材料、电子工业、电光源、医学、农业、激光材料及金属材料改性等领域有广泛的应用。例如,U、Th 和 Pu 是最重要的核燃料;高温超导体就是由某些种

过渡材料构成的,如 $YbBa_2Cu_3O_7$ 和 $La_{2-x}Sr_xCuO_4$;铁磁性材料不管是老的 Fe、Co、Ni,还是第三代稀土永磁材料 Nd-Fe-B,都是用了过渡元素;含稀土元素合金制造的轻质磁铁普遍用在新能源风力发电涡轮机和电动汽车的电动机中;稀土元素 La 也是电动汽车电池的关键原料。这些性能与 f 和 d 电子的特性和它们形成的原子结构有关,对它们的原子结构的研究以及原子结构如何造成了这些材料的特殊性能的研究是一件十分有意义的工作。

ⅢB 族基态价壳层电子组态为 $(n-1)dns^2$:Sc 是 $3d4s^2$,Y 是 $4d5s^2$,Lu 是 $5d6s^2$。ns^2 为满支壳层,对原子态不起作用,原子态由 $(n-1)d$ 电子决定,基态原子态为 $a\,^2D_{3/2,5/2}$,基态为 $a\,^2D_{3/2}$。最低的两个激发电子组态为 $(n-1)d^2ns$ 和 $(n-1)dnsnp$。第一个激发电子组态的等效 d^2 电子组态能形成的原子态为 ^3F、^3P、^1G、^1D、^1S,因而 $(n-1)d^2ns$ 形成 $a\,^4F$、$a\,^2F$、$a\,^4P$、$a\,^2P$、$b\,^2D$、$a\,^2G$、$a\,^2S$,$a\,^2S$ 未见。最低的 $(n-1)d^2(a\,^3F)ns$ 形成的原子态和它的多重态为 $a\,^4F$ 和 $a\,^2F$。对于钪(Sc)原子,它们之间能量间距为 403 meV,$a\,^4F$ 和 $a\,^2F$ 精细裂距分别为 4.6 meV、6.5 meV、8.3 meV 和 14.3 meV,因而是典型的 LS 耦合,如图 2.7.1 所示。第二个电子激发组态的 $(n-1)dns$ 形成 ^3D、^1D,所以 $(n-1)dnsnp$ 形成原子态 $z\,^4F^0$、$z\,^4D^0$、$z\,^4P^0$,以及 $z\,^2P^0$ 和 $y\,^2P^0$,$z\,^2D^0$ 和 $y\,^2D^0$,$z\,^2F^0$ 和 $y\,^2F^0$,每种各两个,非常多且复杂,能量相互交叉,图上并未把所有原子态画出。ⅢB 族中的 La 系和 Ac 系原子是一特例,基态电子组态为 $(n-2)f^{1-14}ns^2$,由于是多个 f 电子,原子态更多。

ⅢB 族之后就更复杂了,甚至连基态电子组态形成的原子态都很复杂。如ⅣB 族为 $(n-1)d^2ns^2$,能形成 $a\,^3F$、$a\,^1D$、$a\,^3P$、$a\,^1G$ 和 $a\,^1S$,图 2.7.1 上给出钛(Ti)作为例子,未见 $a\,^1S$。ⅤB 族为 $(n-1)d^3ns^2$,能形成 $a\,^4F$、$a\,^4P$、$a\,^2G$、$a\,^2P$、$a\,^2D$、$a\,^2H$ 和 $a\,^2F$,图 2.7.1 上也给出钒(V)作为例子,未见 $a\,^2F$。由此可见,过渡元素原子的能级结构的一个特点是基态和激发电子组态能形成的原子态很多,分裂也很大。

过渡元素原子还有一个特点,除占满 10 个 d 电子和两个 s 电子的ⅡB 族外,第一激发能均很低,约在 2 eV 以下。这是由于一个 ns 电子跃迁到 $(n-1)d$ 或 np 轨道形成,而 $(n-1)d$ 与 ns 轨道相近,ns 电子云贯穿厉害,静电非中心力较强,使同一电子组态形成的不同谱项间隔较大,第一激发电子组态形成的较低能量原子态下降较多,如表 2.7.1 所示。

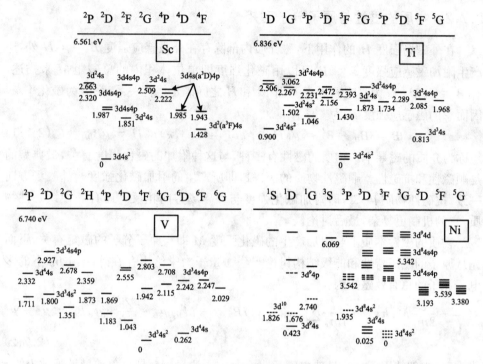

图 2.7.1 钪、钛、钒和镍原子能级图

表 2.7.1 铁族元素原子的电离能、第一激发能和头一个基态与第一激发态的裂距(eV)

原 子	Sc	Ti	V	Cr	Mn	Fe	Co	Ni	Cu	Zn
族	ⅢB	ⅣB	ⅤB	ⅥB	ⅦB	Ⅷ	Ⅷ	Ⅷ	ⅠB	ⅡB
电离能	6.562	6.828	6.746	6.767	7.434	7.902	7.889	7.640	7.726	9.394
第一激发能	1.428	0.813	0.263	0.961	2.114	0.859	0.432	0.025	1.389	4.006
基态裂距	0.021	0.021	0.017			0.011	0.050	0.110		
第一激发态裂距	0.005	0.005	0.005	0.007	0.009	0.021	0.048	0.084	0.253	

还有一点要指出,过渡元素原子的基态和低激发态是以 LS 耦合为主,基态和第一激发态的自旋轨道耦合分裂通常远小于不同谱项之间间隔,如表 2.7.1 所示。同一周期随 Z 增大,自旋轨道耦合作用逐渐增强,造成第一激发态的精细分裂逐渐增大,由于第一激发能较小,甚至Ⅷ族的镍原子的基态和第一激发态裂距已经大于第一激发能。

2.7.2 物质的磁性与原子分子磁矩

在外磁场强度 H 的作用下,磁介质内部除存在外磁感应强度 $B_0 = \mu_0 H$ 外,还产生附加磁感应强度 B'。B' 可以用磁化强度即单位体积内的总磁矩 M 来描述,有 $B' = \mu_0 M$,μ_0 为真空磁导率。而 M 和 H 之间满足线性关系,系数为磁化率 κ。因而总的磁感应强度 B 为

$$B = B_0 + B' = \mu_0 H + \mu_0 M = (1+\kappa)\mu_0 H = \mu B_0 \qquad (2.7.1)$$

μ 称为介质的磁导率。物质的磁性有多种,与这种附加的磁化强度有关,最典型的是顺磁性和抗磁性。顺磁性物质的 $\mu > 1$,即所产生的附加磁化强度与外磁场方向一致;抗磁性物质 $\mu < 1$,即附加磁化强度与外磁场方向相反。还有一种铁磁性物质,它的机制更复杂,最后讨论。

物质的磁性本质上与附加产生的磁化强度 M 即与原子分子的磁矩有关,下面先从原子的磁矩特性和能级结构讨论[23,24]。量子力学给出存在外磁场 B_0 下的多电子原子的总有效磁矩为

$$\mu_z = -\frac{e}{2m_e} M_J \hbar g_J - \frac{e^2}{4m_e} \sum_i (x_i^2 + y_i^2) B_0 = -M_J g_J \mu_B - \frac{Ze}{3\hbar} \overline{r_i^2} \mu_B B_0 = \mu^p + \mu^A \qquad (2.7.2)$$

式中 g_J 为朗德因子,μ_B 是玻尔磁子,m_e 是电子质量,M_J 是总角动量量子数 J 的 z 分量磁量子数,x_i 和 y_i 是轨道平面上第 i 个电子的坐标,r_i 是它与原子核的距离。第一项 μ^p 是由式(1.3.14)决定的电子自旋轨道耦合下的总磁矩 μ_J 在外磁场 z 方向的分量,即原子固有的有效磁矩,与磁场强度 B_0 无关,导致顺磁性。第二项 μ^A 与原子磁矩无关,是由于原子内部电子的轨道运动在外磁场中会受到力矩作用,产生附加的拉摩进动,从而感生出电流所产生的附加磁矩,与 B_0 成正比。拉摩进动的旋进角速度方向沿磁场方向,由于电子带负电荷,感生磁矩方向与磁场 B_0 反方向,形成抗磁性。这从公式中 $r_i^2 > 0$ 也可见 μ^A 永远为负。即使电子分布为球对称的满壳层和满支壳层,这一项也不为零,它们的 $x_i^2 + y_i^2$ 的平均值为 $2\overline{r_i^2}/3$,一个原子有 Z 个电子,式(2.7.2)中求和可以近似用每个电子的平均值乘以 Z 代替,因而所有电子对抗磁性都有贡献。由此可见,抗磁性是普遍存在的,随原子序数的增加而增大,所有物质都有抗磁性。

式(2.7.2)所给磁矩是一个原子的,对于有许多原子的系综,对外显示的有效磁性应该是各原子的磁矩累加。抗磁性较简单,方向都在磁场反方向,是各原子之和。顺磁性则较复杂,现在来讨论。在无外磁场时,由于无规则热运动,各原子磁

矩 $\boldsymbol{\mu}_J$ 的方向是任意的，它们的平均磁矩为零。但在外磁场中，原子磁矩要转向外磁场方向，有效磁矩 μ^{p} 在 $\pm z$ 方向上按 M_J 有 $2J+1$ 个不同的分量，$M_J = \pm J, \pm(J-1), \cdots$，原来简并的能态也分裂为 $2J+1$ 个，能量为

$$E_M = -\mu^{\mathrm{p}} B = M_J g_J \mu_{\mathrm{B}} B \tag{2.7.3}$$

由于原子的无规则热运动造成相互碰撞而交换能量，达到热平衡时原子在各能态的布居不是等量的，而是由第 3 章 (3.2.21) 式玻尔兹曼分布决定，M_J 为负的能量低的能态的原子数比能量高得多。这样求出的各原子的平均有效磁矩为

$$\overline{\mu^{\mathrm{p}}} = \frac{\sum \mu^{\mathrm{p}} \mathrm{e}^{-E_M/k_{\mathrm{B}}T}}{\sum \mathrm{e}^{-E_M/k_{\mathrm{B}}T}} = \frac{\sum -M_J g_J \mu_{\mathrm{B}} \mathrm{e}^{-M_J g_J \mu_{\mathrm{B}} B/k_{\mathrm{B}}T}}{\sum \mathrm{e}^{-M_J g_J \mu_{\mathrm{B}} B/k_{\mathrm{B}}T}} \tag{2.7.4}$$

式中 $\sum$ 是对各 M_J 求和。在通常磁场强度和温度下，$M_J g_J \mu_{\mathrm{B}} B \ll k_{\mathrm{B}} T$，指数可以展开并取前两项 $1 - M_J g_J \mu_{\mathrm{B}} B / k_{\mathrm{B}} T$，利用如下求和值：$\sum 1 = 2J+1$，$\sum M_J = 0$，$\sum M_J^2 = J(J+1)(2J+1)/3$，得到

$$\overline{\mu^{\mathrm{p}}} = \frac{J(J+1) g_J^2 \mu_{\mathrm{B}}^2 B}{3 k_{\mathrm{B}} T} = \frac{\mu_J^2}{3 k_{\mathrm{B}} T} B \tag{2.7.5}$$

由此可见，由于玻尔兹曼分布造成总角动量不为零的原子系综在外磁场中的平均磁矩不再为零，而且是正值沿外磁场方向，显示顺磁性。当然外磁场撤消后，顺磁性和抗磁性都消失。

计算表明顺磁性数值远大于抗磁性，通常大几个数量级。当前者不为 0 时，尽管抗磁性仍存在，但总的表现结果是顺磁性物质，只有当前者为 0 时物质才显示出抗磁性。由于原子的满壳层和满支壳层的电子总轨道、总自旋和总角动量都为零，因而磁矩为零，对顺磁性没有贡献。因此，原子的顺磁性不用考虑原子内壳层和满支壳层的电子，只要考虑原子价电子的总磁矩。如果价壳层电子也是满的，即具有饱和电子结构的原子不存在顺磁性。

分子的电子也有轨道运动和总磁矩，因此分子系综也像原子系综一样有顺磁性和抗磁性，使用同样公式计算。要指出的是分子磁矩不一定与原子磁矩一致，而与分子的电子结构密切相关。许多原子具有磁矩，但它们结合成分子时常会失去磁矩。大多数分子是电子自旋两两配对的共价键分子或总角动量为零，它们没有固有磁矩，不存在顺磁性。例如，氮和氧原子基态的 J 分别为 3/2 和 2，而氮和氧分子基态的 J 分别为 0 和 1，因而氮气是抗磁性的，而氧气是顺磁性的。

总之，抗磁性由原子分子内部作轨道运动的电子在磁场中感应产生，是普遍存在的；顺磁性则由原子分子的固有总磁矩引起，只有在原子分子的总磁矩 $\neq 0$ 即总

角动量≠0时才存在。抗磁性比顺磁性小很多,抗磁性物质不存在顺磁性,而顺磁性物质总是存在抗磁性,只是被顺磁性掩盖了。

　　固体和液体由原子和分子组成,与分子一样,它们的感生抗磁性也是普遍存在的,而顺磁性也与它们的电子结构有关,较为复杂。具有惰性气体结构的离子晶体以及靠电子配对耦合成的共价键晶体,都形成饱和的电子结构,总角动量为零,没有固有磁矩,不存在顺磁性,它们是抗磁性的。金属的内层电子和半导体的基本电子结构也是饱和电子结构,也是抗磁性的。但由于还存在少量导电的载流子,而晶体中也存在少量杂质和缺陷,还必须考虑它们的自旋磁矩对顺磁性的贡献,会部分抵消抗磁性,通常金属和半导体的抗磁性比离子晶体的低。

　　以上这些固体往往呈现抗磁性或微弱的顺磁性,还有一类固体包含顺磁离子即过渡元素化合物,特别是稀土元素离子,它们的顺磁性特别大,现在来讨论。过渡元素原子的电子组态由外层s电子和次外层部分填充的d或f电子组成,再内层填满的电子不用考虑。当过渡元素原子与其他原子形成化合物结晶盐或溶液时,通常s电子和少数几个d或f电子作为价电子配对成键不用考虑,其他剩余的d或f电子不参与成键,构成过渡元素离子的电子组态。大多数这类化合物之所以具有大的顺磁性,正是由于这些未填满的d特别是f电子的作用,也与这个原子周围的配位原子的结构有关。

　　由于这些电子靠外,容易受周围与它配位离子的非中心静电场作用。一种情况是这种配位场作用很强,会破坏电子本身的轨道运动与自旋的耦合。全同粒子交换对称性和洪特定则给出,一个电子组态中的各个电子尽可能地保持自旋同向平行并填充不同轨道,以使能量最低。原子的s、p、d、f轨道中,l 大的d或f轨道分裂多,简并的d轨道可以分裂成5个轨道,f轨道分裂成7个。基态的$(2l+1)$个分裂轨道的磁量子数 m_l 有正有负,如果电子较多,要分占不同的轨道,轨道磁矩平均为零或近于零,对顺磁性没有贡献或贡献较小。例如,d轨道最多可填充10个电子,5个以内的电子分占不同的分裂轨道,电子自旋同向平行,未成对的电子数是电子数相加,5个以外的电子要与已占有分裂轨道的电子配对,从而使未成对的电子数反而减少。由于成对电子自旋为零,单个电子的自旋量子数为1/2,总自旋量子数 S 与未成对电子数 n' 有关系,$S = n'/2$,自旋 g 因子 $g_s = 2$,因此,原子分子的有效磁矩为

$$\mu_{\text{eff}} = g_s \sqrt{S(S+1)} \mu_B = \sqrt{n'(n'+2)} \mu_B \qquad (2.7.6)$$

n' 越大 μ_{eff} 越大。例如,$[V(H_2O)_6]^{3+}$ 离子的两个剩余d电子在不同d轨道,$n'=2$,有 $\mu_{\text{eff}} = 2\sqrt{2}\mu_B$;$[Cr(H_2O)_6]^{3+}$ 的3个剩余d电子在不同d轨道,$n'=3$,

故 $\mu_{eff} = \sqrt{15}\mu_B$。更多个 d 电子可以按上述规则耦合成高自旋,也可以耦合成低自旋,填充一个或全部填满 d 轨道的离子和分子的磁性小,最高的是 $n' = 5$,使 $\mu_{eff} = \sqrt{35}\mu_B$,如$[Fe(NH_3)_6]^{3+}$ 和 $[Mn(NH_3)_6]^{2+}$。许多过渡元素化合物之所以具有大的顺磁性,正是由于这些 d 或 f 轨道电子的大的自旋有效磁矩造成的。

当然也有过渡元素原子如许多稀土元素离子的 4f 电子受周围配位场的影响较小,它们的总角动量仍按 LS 耦合给出,不过由于 l 较大,使耦合的 J 也很大,由式(1.3.13)磁矩很大,顺磁性也很强。

至于过渡元素化合物之所以具有多种颜色,也是和过渡元素原子含有 4f 或 3d、4d 电子以及这个原子周围的配位原子的结构有关。由于等效电子组态耦合成的谱项很多,如由表 2.6.4 可知等效电子组态 d^4 有 16 个谱项,而在化合物中受配位场作用,能级退简并分裂很大,因此,这些分裂的 d-d 或 f-f 跃迁能吸收或发射从紫外到近红外区各种颜色丰富多变的荧光。

最后说一下铁磁性,某些物质如铁、钴、镍和少数其他元素以及它们的合金和化合物,在外磁场中显示出比顺磁性强得多的磁性,而且去掉磁场后还保留磁性,这一现象就是铁磁性。铁磁性也来源于原子的磁矩,但与顺磁物质不同,它们近邻原子电子之间存在库仑相互作用产生的交换能,这导致原子磁矩之间的直接作用,发生自发磁化,在小区域内原子磁矩沿一个方向排列,形成很强的磁化强度,这样的小区就是磁畴。一块磁性材料有非常多的磁畴,但每个磁畴的磁矩方向是无规则的,在未加磁场前对外不显磁性,在外加磁场后,各磁畴的磁矩方向转向外磁场方向,显现出比顺磁性强得多的宏观磁性。由此可见,铁磁性已经不像抗磁性和顺磁性那样表现的是孤立原子分子的磁性,铁磁性同固体结构相关。

2.7.3 X 射线激光

X 射线是指波长在 30~0.01 nm 之间的电磁波,30~2 nm 之间的 X 射线又称为软 X 射线。通常所用的激光器波长范围是在可见光区、红外和紫外,自 1984 年至今,100~3.5 nm 更短波长范围的远紫外和软 X 射线激光在实验室内已实现。激光的工作原理在 5.2 节中有详细讨论。X 射线激光有如下一些特点:它的单光子能量比可见光子大几个量级,从而有极强的穿透能力;由于单色性好,使光源亮度比同步辐射高几个量级;方向性强,发散度小;具有很好的时间和空间相干性[25,26]。因此它有巨大的应用前景,如实现晶体内的三维电子分布和活细胞组织的三维全息图,目前首先已被用来诊断稠密等离子体状态[27]。

由于 X 射线的能量比传统激光的能量大得多，要实现 X 射线激光的一种方法是利用电子加速器产生自由电子激光（参见 5.5 节），它的波长可连续调，从远红外到真空紫外，目前正在向软 X 射线区发展。

要想用传统的粒子数反转的受激辐射来产生 X 射线激光，需要有的三个最基本要素是合适的能实现上、下能级粒子数反转的工作介质、受激辐射放大的谐振腔和激发工作介质到上能级的强大泵浦源（详见 5.2 节）。利用中性原子和分子的价壳层电子跃迁是不可能实现的，只有原子和分子的内壳层跃迁或离子的外壳层电子跃迁才有可能。要产生内壳层电离和激发以形成空穴虽然不难，但由于内壳层空穴的寿命很短（小于 10 fs），能级反转的持续时间很短，需要超短超高强度驱动源才能产生足够的粒子数反转；在这么短时间内也难于得到足够长度的增益介质。另外，各个外层电子都有相应的概率跃迁到该空穴，因而难于实现特定能级间的粒子数反转。此外，介质对发射谱线的吸收不但会大大减小出射谱线的强度，也会复合空穴[29]。因此，至今还未实现用原子内壳层跃迁的较硬的 X 射线激光，现在实现的 X 射线激光是用了具有闭壳层结构的高离化离子的外壳层激发态跃迁形成的。

为了使中性原子高次离化，必须剥离原子较外壳层中的许多电子，这需要提供极大能量的离化泵浦源。同时，产生激光的另一个必要条件是到上能级的泵浦速率必须大于该能级向下能级跃迁的自发跃迁速率，对于高次离化的离子的激发能级来说，自发跃迁速率远比中性原子的价壳层激发能级的自发跃迁速率大得多。因此产生 X 射线激光的泵浦源还必须能够提供极高的功率密度（不小于 10^{13} $W \cdot cm^{-2}$），使大量中性原子生成为高温高密度高离化度等离子体，作为 X 射线激光的增益介质。目前使用的泵浦源有三种方式：大型高功率光学激光装置，高强度粒子束和核爆炸泵浦，主要用大型高功率光学激光装置。

那么为什么用闭壳层结构的离子作激光介质产生 X 激光呢？这是因为对等离子体中各离化态间的离化平衡的研究表明，最外层电子组成闭壳层的离子的产生丰度较大，有助于在较大的动态范围内产生大量粒子数反转。这样的离子有：两个 1s 电子组成最外壳层的类氦结构离子，6 个 2p 电子组成最外闭壳层的类氖结构离子和 10 个 3d 电子组成最外闭壳层的类镍结构离子。注意，这些离子的基态仍然是 LS 耦合形成的 $^1S_0$ 态，但激发态已不是惰性气体的 $J'l$ 耦合，由于是高电荷态正离子，激发电子距原子核近很多，内满壳层电子也多，感受到的 Z^* 很大，因而自旋轨道作用很强，耦合成为 j，这些离子的激发态是 jj 耦合。使用闭壳层离子的其他原因可以从下面给出的类氖离子和类镍离子产生 X 激光的物理机制中看到。

由于 X 射线波段的光学器件反射效率很低以及高温高密度等离子体维持时

间非常短,X射线激光器还难以像普通激光器那样采用谐振腔,使受激辐射往返多次通过工作介质而获得放大。通常都是用高功率强激光单向或双向聚焦打靶,沿着焦线方向形成高温等离子体柱,在一定条件下,等离子体柱中特定离子的某两个能级可形成粒子数反转,当等离子体柱足够长后,所发射的 X 射线在沿着等离子体柱传播过程中被无谐振腔的单通道自发辐射放大形成 X 射线激光。目前产生粒子数反转的机制主要是靠 2.3 节中指出的无光子吸收的电子碰撞单极激发,其跃迁截面在电子能量接近阈值时可能大于电偶极跃迁。这时,处于基态的闭壳层离子被电子碰撞迅速单极激发到激光跃迁上能极,它到基态是光学禁戒跃迁,而激光跃迁下能级到基态是光学允许跃迁,它通过自发辐射快速退激到基态而被抽空。当然还有其他一些形成粒子数反转的机制,如电子碰撞复合形成的低一级离化的离子在退激发中可能形成粒子数反转,此外还有光电离和线共振等机制,不过都有很多困难。

1984 年美国劳伦斯·利弗莫尔国家实验室(LLNL)用最大激光器 Novette 的两路激光,从两面聚焦在硒的薄膜靶上,首次成功地获得 20.6 与 21.0 nm 高增益软 X 射线激光。强激光使硒靶加热、烧蚀而爆炸,形成均匀的高次离化的柱状等离子体,其中类氖硒(Se^{+24})的产生丰度较大,基态能级为 $2p^6\ ^1S_0$。类氖硒被用来产生 X 射线激光的上能级为 $2p^53p$,下能级为 $2p^53s$,如图 2.7.2 所示。使用电子碰撞激发机制,利用等离子体中大量存在的自由电子与类氖硒碰撞,使它从 $J=0$ 的 $2p^6$ 基态单极激发跃迁到 $2p^53p$ 上能极的激发速率远大于到 $2p^53s$ 下能级的偶

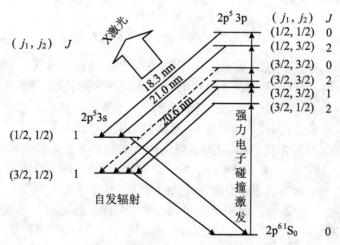

图 2.7.2　用电子碰撞激发类氖离子产生 X 激光的能级图

极激发速率。由于 $2p^53p$ 能级与 $2p^6$ 基态之间为偶极禁戒跃迁,只有 $J=1$ 的两条 3s 下能级 $\left(\frac{1}{2},\frac{1}{2}\right)_1$ 和 $\left(\frac{3}{2},\frac{1}{2}\right)_1$ 与基态之间才有共振偶极跃迁,较容易被抽空而形成粒子数反转布居,这样主要产生两条受激软 X 射线激光。X 射线激光在等离子体的轴线方向得到了 10^6 倍的单通道放大,信号如图 2.7.3 所示[25,29],随着靶长增加,两条 X 射线激光迅速增强。中国工程物理院也用激光装置"神光"对类氖锗获得 $\lambda = 23.2$ 和 23.6 nm 两条深度饱和发散角小于 1 mrad 的高质量 X 激光束[30]。

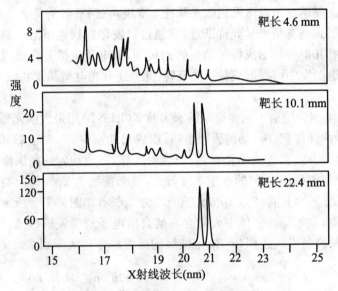

图 2.7.3 类氖硒产生的 X 射线激光

类镍(Ni)结构是过渡元素的一个特例,它是产生波长更短到小于碳的 K 吸收边 4.376 nm 的水窗(2.3~4.4 nm)内的 X 激光的一个途径,水对水窗范围 X 光是透明的,不吸收,而波长更长和更短的 X 光则被水吸收。生物活组织除含碳氢化合物外,含水量很高,因此水窗范围 X 光具有无损穿透水且容易被碳原子 K 吸收的特性,而且由于 X 激光的脉冲很短,对生物活细胞基本上无损伤,因此可用于生物活体研究。这是唯一的一种可做生物活细胞和亚细胞结构的显微术和全息术的方法,将在生物学和医学领域引起划时代的变化。镍原子的能级见图 2.7.1,它的基态电子组态为 $3d^84s^2$,类似于钛原子,能形成的原子态为 a^3F、b^1D、a^3P、a^1G。它的第一激发电子组态 $3d^94s$ 形成的原子态 a^3D 和 a^1D 位置也较低,特别是 a^3D 与基态 a^3F 相近。类镍离子与镍原子结构不同,基态最外层是 $3d^{10}$,是满支壳层,也是满壳层 $3s^23p^63d^{10}$,为 ^1S 态,低激发态是 jj 耦合。

为要产生 X 激光,形成粒子数反转,使用同样的电子碰撞方法,使 3d 电子从 $J=0$ 的 $3d^{10}$ 基态通过电单极激发跃迁到 $3d^94d$ 能级,因为 $3d^94d$ 与基态 $3d^{10}$ 是偶极禁戒跃迁,它可以经电偶极跃迁到两条 $J=1$ 的 $3d^94p$ 下能级,后者与 $3d^{10}$ 有很强的共振偶极跃迁,到 $3d^94p$ 的电子很快通过辐射衰变回到 $3d^{10}$ 基态,因而能够形成 $3d^94d$ 与 $3d^94p$ 能级的粒子数反转,产生 X 激光。这一跃迁和类氖离子比有较大的单极激发速率,因而有较高的泵浦效率。为得到同样波长和增益的 X 激光,用类镍离子所需的泵浦源强度比用类氖离子的小很多。1987 年美国 LLNL 实验室用世界上最大的激光装置 Nova 在类镍 Eu^{35+} 离子上产生了波长为 6.583 和 7.100 nm 的 X 激光[31]。之后英国卢瑟福实验室(RAL)和 LLNL 又在类镍 Sm(7.5 nm)、类镍 Yb(5.0 nm)、类镍 Ta(4.5 nm)、类镍 W(4.3 nm)和类镍 Au(3.5 nm)等离子体中观测到 X 激光,成功地进入水窗。实验发现主要观测到的是 $J=0\rightarrow 1$ 间跃迁形成的 X 激光。图 2.7.4 为电子碰撞激发类镍钽(Ta^{+45})离子产生 4.483 nm X 激光的能级结构[25,26]。

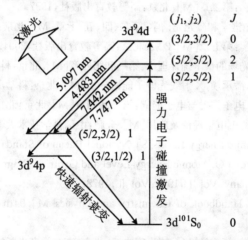

图 2.7.4 电子碰撞激发类镍钽离子产生 X 激光的能级图

参 考 文 献

[1] 曾谨言.量子力学[M].4 版.北京:科学出版社,2007.
    张永德.量子力学[M].4 版.北京:科学出版社,2008.
[2] 张启仁.量子力学[M].北京:高等教育出版社,1989.
    邹鹏程.量子力学[M].2 版.北京:高等教育出版社,2003.
[3] 徐克尊,陈向军,陈宏芳.近代物理学[M].2 版.合肥:中国科学技术大学出版社,2011.

[4] 杨福家.原子物理学[M].4版,北京:高等教育出版社,2008.

[5] 郑乐民,徐庚武.原子结构与原子光谱[M].北京:北京大学出版社,1988.

[6] 王国文.原子与分子光谱导论[M].北京:北京大学出版社,1985.

[7] H·哈肯,H·C·沃尔夫.原子物理学和量子物理学[M].北京:科学出版社,1993.

[8] 威切曼.量子物理学[M].北京:科学出版社,1978.

[9] 方泉玉,颜君.原子结构、碰撞与光谱理论[M].北京:国防工业出版社,2006.

[10] Bransden B H, Joachain C J. Physics of atoms and molecnles[M]. 2ed. Pearson Education, 2003.

[11] Lamb W E, Retherford R C. Phys. Rev., 1947, 72:241.
Kugel H W, Murnick D E. Reports on Progress in Physics, 1977, 40:297.
Hansch T W, et al. Nature, 1972, 235:56.

[12] Stohlker T, et al. Phys. Rev. Lett., 2000, 85:3109.

[13] 喀兴林.量子力学与原子世界[M].山西:山西科学技术出版社,2000.

[14] 赵凯华,罗蔚茵.量子物理:第四章[M].北京:高等教育出版社,2003.

[15] 江元生.结构化学:第二章[M].北京:高等教育出版社,1997.

[16] A·科尼.原子光谱学和激光光谱学:第二、四、五、七章[M].北京:科学出版社,1984.

[17] 郭硕鸿.电动力学:第五章[M].2版.北京:高等教育出版社,2004.
曾昌祺.辐射和光场的量子统计理论:第一和第四章[M].北京:科学出版社,2006.

[18] 刘世宏,王当黎,潘承璜.X射线光电子能谱分析[M].北京:科学出版社,1988:34-42.
薛增泉,吴全德.电子发射与电子能谱:第一和四章[M].北京:北京大学出版社,1993.

[19] 郑能武.最弱受约束电子理论及应用[M].合肥:中国科学技术大学出版社,2009.

[20] Moore C E. Atomic Energy Levels[S]. National Bueau of Standards, 1971.

[21] Bashkin S, Stoner J O. Atomic Energy-Level and Grotrian Diagrams[M]. North-Holland Publishing Company, Vol Ⅰ, 1975; Vol Ⅱ, 1978.

[22] Lide D R. CRC Handbook of Chemistry and Physics[M]. 94th ed(2008~2009). CRC Press.

[23] 黄昆.固体物理学:第八章[M].韩汝琦改编.北京:高等教育出版社,1990.

[24] 徐光宪,王祥云.物质结构:第十一章[M].北京:科学出版社,2010.
李俊清,何天敬,王俭,等.物质结构导论:第八章[M].合肥:中国科学技术大学出版社,1995.

[25] R·C·埃尔顿.X射线激光[M].北京:科学出版社,1996.
彭泽民.X射线激光[M].北京:国防工业出版社,1997.
张毓泉.X射线激光器[J].物理,1996,25:472.

[26] 沈在飞,徐至展.实现水窗波段X射线激光的途径[J].光学学报,1995,15:703.
张杰.X射线激光研究的进展概述[J].物理,1995,24:129.

[27] 顾援,等.X射线激光在稀密等离子体诊断中的应用[J].物理,2005,34:455.
[28] 王琛,等.内壳层跃迁:实现超短波长激光的途径[J].物理,2005,34:143.
[29] Matthews D L, et al. Phys. Rev. Lett. ,1985,54:110,106.
[30] Shiji Wang, et al. Chinese Journal of Lasers B3,1994,507.
[31] MacGowan B J, et al. Phys. Rev. Lett. ,1987,59:2157.

第3章 分子的能级结构

远离的两个或多个中性原子为什么能结合在一起构成一个稳定的分子呢？这是因为当它们接近时，外层价电子云的重叠会由于量子力学中的状态叠加原理的神奇作用而克服相互排斥，使能量比远离时小，形成负值势能曲线，也就使它们之间产生了引力而结合成分子。在化学中用化学键来描述原子价电子之间的引力即结合力，常见的化学键有离子键、共价键、金属键和范德瓦耳斯键。在分子物理中主要是共价键，这是中性原子形成分子的最重要的机制，其他几种键主要在液体和固体中起重要作用。这一章要在上一章原子的能级结构和波函数的基础上介绍分子的基态和激发态能级结构。在3.1节先讨论分子能级结构最重要的一个近似假定——玻恩-奥本海默近似以及由此导出的分子势能函数。3.2和3.4节分别讨论双原子分子的转动、振动和电子态能级结构。3.3节是为讨论分子的电子态结构建立基础，给出另两个重要的研究分子能级结构的近似假定——独立电子近似和自旋与轨道运动分离近似，并给出轨道理论和价键理论的初步知识。3.5节讨论三种能级结构之间的关联，包括电子运动对转动和振动能级的影响。3.6节讨论双原子分子波函数的对称性和选择定则。3.7节介绍分子的对称性和对称点群，为讨论多原子分子的能级结构准备基础。3.8和3.9节分别讨论多原子分子的转动、振动和电子态能级结构。

3.1 玻恩-奥本海默近似和分子势能函数

3.1.1 玻恩-奥本海默近似

设电子和原子核是质点，忽略电子的自旋作用，则多原子分子的非相对论薛定

谔方程和势能算符分别为

$$H\psi(\boldsymbol{r}_i,\boldsymbol{R}_\alpha) = \left[-\frac{\hbar^2}{2m}\sum_i \nabla_i^2 - \frac{\hbar^2}{2}\sum_\alpha \frac{1}{M_\alpha}\nabla_\alpha^2 + V(\boldsymbol{r}_i,\boldsymbol{R}_\alpha)\right]\psi(\boldsymbol{r}_i,\boldsymbol{R}_l)$$
$$= E_t\psi(\boldsymbol{r}_i,\boldsymbol{R}_\alpha) \tag{3.1.1}$$

$$V(\boldsymbol{r}_i,\boldsymbol{R}_\alpha) = \sum_\alpha\sum_{\beta>\alpha}\frac{Z_\alpha Z_\beta e^2}{4\pi\varepsilon_0 R_{\alpha\beta}} - \sum_\alpha\sum_i \frac{Z_\alpha e^2}{4\pi\varepsilon_0 r_{i\alpha}} + \sum_i\sum_{j>i}\frac{e^2}{4\pi\varepsilon_0 r_{ij}} \tag{3.1.2}$$

式中，α 和 β 是核的标记，i 和 j 是电子标记；M_α 为第 α 个原子核的质量；m 为电子的质量；$\boldsymbol{r}_i$ 和 $\boldsymbol{R}_\alpha$ 分别是各电子和核的坐标的集合；Z_α 和 Z_β 是核 α 和 β 的原子序数；$R_{\alpha\beta}$、$r_{i\alpha}$ 和 r_{ij} 分别是核与核之间、电子与核之间和电子与电子之间的距离。(3.1.1)式中 $\psi(\boldsymbol{r}_i,\boldsymbol{R}_\alpha)$ 是分子的总波函数，E_t 是分子总能量；第 1 和第 2 项是各电子和核的动能算符。(3.1.2)式中第 1 和第 3 项是所有核之间和所有电子之间的排斥能，第 2 项是所有电子与核之间的吸引能；$\beta>\alpha$ 和 $j>i$ 表示求和中不要重复计算。

由此可见，分子的哈密顿算符 H 一般情况下是很复杂的。为了简化求解薛定谔方程的本征值和本征函数，考虑到原子核质量比电子的质量大 $10^3\sim 10^5$ 倍，动量守恒要求分子体系中电子的运动速度比原子核的运动速度快得多，这使得当原子核作任何微小运动时，电子都能迅速地运动建立起适应于核位置变化后的新的平衡。因此，玻恩和奥本海默把电子运动和核运动分开处理，假设在讨论电子运动时，近似认为电子是在不运动的原子核力场中运动；而在讨论核运动时，由于电子运动速度很快，可以近似认为各个核是在一个与电子坐标无关的等效势场中运动，这就是玻恩-奥本海默近似[1~3]。由此可得，总能量是两种运动能量之和，总波函数是与电子运动相关的部分 ψ_e 和与核运动相关的部分 ψ_N 两部分相乘：

$$\psi(\boldsymbol{r}_i,\boldsymbol{R}_\alpha) = \psi_e(\boldsymbol{r}_i,\boldsymbol{R}_\alpha)\psi_N(\boldsymbol{R}_\alpha) \tag{3.1.3}$$

电子波函数 ψ_e 在参数上依赖核坐标，但独立于核的量子状态，当核坐标固定时仅决定于电子状态；核波函数 ψ_N 描述在电子的势场中核的振动与转动。

对电子运动来说，可以把核看做不动，$\boldsymbol{R}_\alpha$ 为固定值，即固定核近似，因而可忽略去 H 中核的动能项，相应的电子运动薛定谔方程可以写为

$$H_e\psi_e = \left[-\frac{\hbar^2}{2m}\sum_i \nabla_i^2 + V(\boldsymbol{r}_i,\boldsymbol{R}_\alpha)\right]\psi_e = V(\boldsymbol{R}_\alpha)\psi_e \tag{3.1.4}$$

H_e 是习惯上所说的电子的哈密顿算符，是 H 中电子动能算符和势能 $V(\boldsymbol{r}_i,\boldsymbol{R}_\alpha)$ 之和。因而 $V(\boldsymbol{R}_\alpha)$ 是在给定电子状态下包括了核排斥势能 V_{NN} 和纯电子能量 E_e 的电子本征能量，通常称为固定核时的分子能量。

$$V(\boldsymbol{R}_\alpha) = E_e + V_{NN}$$

对于确定的分子的每个构型,核之间距离 $R_{\alpha\beta}$ 近于固定,核排斥能是常数,它只使能量本征值减少一个常数而不改变电子波函数 ψ_e。当核运动时,核构型改变,R_α 变化,电子的波函数和能量均要变化。因此可以用 R_α 为参量求解(3.1.4)式而得到 ψ_e 和 $V(R_\alpha)$,这一方程是研究分子的电子激发态的基础。

现在来讨论核运动方程。把式(3.1.3)代入式(3.1.1),并考虑到 ψ_e 含有坐标 R_α,ψ_e 不能从 ∇_α^2 中提出,∇_α^2 作用需遵从下式:

$$\nabla_\alpha^2 \psi_e \psi_N = \psi_e \nabla_\alpha^2 \psi_N + 2(\nabla_\alpha \psi_e)\cdot(\nabla_\alpha \psi_N) + \psi_N \nabla_\alpha^2 \psi_e$$

于是在玻恩-奥本海默近似下可以得到不考虑电子自旋作用的分子的薛定谔方程为

$$\psi_e\left\{-\sum_\alpha \frac{\hbar^2}{2M_\alpha}\nabla_\alpha^2 - \sum_i \frac{\hbar^2}{2m}\nabla_i^2 + V(r_i, R_\alpha)\right\}\psi_N$$

$$-\sum_\alpha \frac{\hbar^2}{2M_\alpha}[2(\nabla_\alpha\psi_e)\cdot(\nabla_\alpha\psi_N) + \psi_N\nabla_\alpha^2\psi_e] = E_t\psi_e\psi_N \quad (3.1.5)$$

ψ_e 是核坐标 R_α 的慢变化函数,表明核运动对电子态还存在微扰作用,可以在绝热近似下忽略这种微扰,即认为电子波函数对核的位置和动量的变化不敏感,对核的运动可以及时进行准静态调整,则 $\nabla_\alpha\psi_e = 0$,因此可略去上式内方括号项,运用式(3.1.4),于是得到核运动的薛定谔方程为:

$$\left[-\sum_\alpha \frac{\hbar^2}{2M_\alpha}\nabla_\alpha^2 + V(R_\alpha)\right]\psi_N = E_t\psi_N \quad (3.1.6)$$

显然,在一定的原子核坐标下,电子运动方程(3.1.4)式中电子体系本征能量 $V(R_\alpha)$ 恰是原子核运动方程(3.1.6)式中原子核运动的等效势能算符,称为分子势能函数,它决定了分子的许多性质。由于电子状态是给定的,又称为绝热势能函数。注意,分子势能函数与方程(3.1.2)式表示的分子势能 $V(r_i,R_\alpha)$ 不同,它是基于玻恩-奥本海默近似下才存在的。分子势能函数是电子运动方程的电子能量本征解,包括电子的动能和势能以及核排斥势能,不包括核动能。核运动即振动和转动是在分子势能函数作为核运动方程的势函数基础上进行的。核运动方程的本征能量 E_t 是分子的总能量,包括电子运动能量和核运动能量,动能和库仑势能全在里面。这一方程是研究分子振动能和转动能的基础。

由此可见,在玻恩-奥本海默近似下,即联合固定核近似和绝热近似下,得到了电子运动方程(3.1.4)和核运动方程(3.1.6),从而可以将分子的电子运动和核运动分别处理,分别得到分子的电子态能级结构和振动、转动能级结构,本章以后各节所讨论的双原子和多原子分子的能级结构就是建立在这一近似基础上的。

下面讨论玻恩-奥本海默近似的可靠性[1]。由于 ψ_e 对电子坐标变化的敏感性和对核坐标变化的敏感性差不多，$\hbar\nabla_\alpha\psi_e$ 应与 $\hbar\nabla_i\psi_e$ 同数量级，因此前面式 (3.1.5) 中忽略的后一项在数量级上相当于如下能量：

$$\sum_\alpha \left(\frac{p_i p_\alpha}{M_\alpha} + \frac{p_\alpha^2}{2M_\alpha} \right) \tag{3.1.7}$$

式中 p_i、p_α 为单个电子和核的动量。这相当于要求它的值比核动能 $\sum_\alpha p_\alpha^2/2M_\alpha$ 小很多。因为

$$\frac{p_i p_\alpha}{M_\alpha} + \frac{p_i^2}{2M_\alpha} = \frac{p_\alpha^2}{2M_\alpha}\left[\frac{2p_i}{p_\alpha} + \left(\frac{p_i}{p_\alpha}\right)^2 \right]$$

因此，玻恩－奥本海默近似成立的条件是

$$\frac{p_i}{p_\alpha} \ll 1 \tag{3.1.8}$$

现在以双原子分子情形估算一下这一条件。分子中电子动量大致以氢原子 $n=1$ 轨道上的电子动量为代表，可以求出为 $p_i = (2m_e(-E_{n=1}))^{\frac{1}{2}} = mc\alpha$。由分子振动能公式 (3.2.15) 式可知，原子核通过平衡位置时，动量 $p_\alpha = (2\mu E_v)^{1/2} = [2\hbar(\mu k_e)^{1/2}]^{1/2}$，$\mu = M_A M_B/(M_A + M_B)$ 为二原子核折合质量，k_e 为力常数，由表 3.2.1 双原子分子的典型值为 10^6 dyn/cm，代入其他常数值，近似有

$$\frac{p_i}{p_\alpha} \approx \left(\frac{m_e}{\mu}\right)^{1/4} \frac{m_e^{3/4} c\alpha}{\sqrt{2}\hbar k_e^{1/4}} \approx \left(\frac{m_e}{\mu}\right)^{1/4} \ll 1$$

一般分子都满足这个条件，所以玻恩－奥本海默近似是一种好的近似。只有对很轻的分子这个比值较大，偏离大些，如氢分子的 $p_i/p_\alpha \approx (1/918)^{1/4} \approx 0.18$，稍重的如 Li_2 分子的偏离已很小。

3.1.2 分子的势能函数和势能面

分子的电子运动方程 (3.1.4) 式的本征能量即分子的势能函数 $V(R_\alpha)$ 是一个重要的物理量[2,3]，它是各个原子核坐标 R_α 的函数，即有 $V(R_1, R_2, \cdots)$，实际上构成了通常所说的势能面。分子的势能函数由解电子运动方程得到，不同分子、不同电子态都不一样，分子的每个电子状态有不同的势能函数 $V(R_\alpha)$。双原子分子的核构形只与核间距离 R 有关，因此对一个确定的分子的电子束缚态，势能函数最简单，只有一个变量 $V = V(R)$，是一条势能曲线。当核构形改变时，R 变化，即有转动和振动运动，电子波函数和能量也变化。以 V 对 R 作图就得到常见的势能曲线，如图 3.1.1 所示。注意，本章讨论的电子运动、电子势能函数和电子能级都是对价电子而论的。

双原子分子的势能曲线主要有三大类。第一类是只有势阱的能形成稳定平衡结构的势能曲线,如图 3.1.1 中曲线(1),由于 $V(R)$ 中包含核间的排斥能,在 $R\to 0$ 时,排斥能急剧增大,使 $V(R\to 0)\to\infty$;在 $R\to\infty$ 处,$V(\infty)$ 等于分离成两个原子的能量之和,在这个图上设为零。在曲线极小处核间距为平衡位置 R_e,差

$$D_e = V(\infty) - V(R_e) \tag{3.1.9}$$

叫平衡解离能,即处于某个稳定的电子态的分子解离成分离原子所需做的功。分离原子可能处于基态,也可能是激发态原子。基态分子分离形成基态电子态的原子的平衡解离能叫分子结合能,也称为键能。这类势能曲线广泛地存在于基态和激发态,如图中曲线(1)和(4)。分子解离也可以形成两个带正、负电的离子,由于需要克服库仑吸引力作用,在 $R\to\infty$ 的渐近线的能量应比解离成中性原子的高,如图中虚线 $A^+ + B^-$。高出部分应等于 A 原子的电离能与 B 原子的电子亲和能之差,如 H_2 为 $13.60-0.75=12.85$ (eV),NaCl 为 $5.14-3.72=1.42$ (eV)。

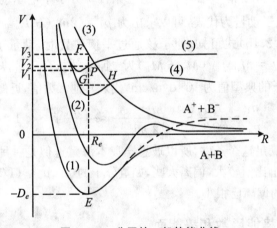

图 3.1.1 分子的一般势能曲线

第二类势能曲线是有势阱和势垒的能形成稳定(或亚稳定)分子的势能曲线,如图 3.1.1 中曲线(2)。这类势能曲线具有两个极点:一个是极小点,即平衡点;另一个是极大点,即形成势垒。形成势垒的原因有多种,例如,带电离子分子解离为两个同种极性电荷的离子,它们的库仑排斥力作用使在相距较远时形成势垒;后面谈到的预解离也会导致极大。

第三类是排斥势能曲线(3),随着两原子距离的减少,分子势能增高,不出现任何势阱。这类势能曲线对应不稳定的排斥态。

图中曲线(5)是中性分子电离后的离子的势能曲线,图上画的也是形成稳定离子的第一类势能曲线,如果假设曲线(1)和(5)分别是分子和它的一次电离的离子

的基态势能曲线,那么曲线(1)和(5)的极小点之间的能量差即为中性分子的绝热电离势,或电离能、电子结合能:

$$E_b = V_1 + D_e \qquad (3.1.10)$$

通过光电离实验由入射光子能量减去测量得到的光电子能量或(e,2e)实验由入射电子能量减去测量得到的两出射电子能量可以从实验上得到分子的电离能(见第6章)。当然,从实验考虑,如果能够分辨开振动谱,则从分子基态电子态的 $v=0$ 到离子基态电子态的 $v'=0$ 的能量相应于绝热电离势,对应谱带开头处谱线,而从 $v=0$ 垂直线往上与离子基态势能曲线相交处 P 点的 v' 的能量 $V_2 + D_e$ 称为垂直电离势,对应谱带最强谱线。在不能振动分辨时,电离能的实验值应是平均值,由3.5节的弗兰克-康登原理,应更接近垂直电离势。通常垂直电离势大于绝热电离势。

无论是分子的电离还是解离,入射光子能量或入射电子的能量损失超过电离能或平衡解离能的那部分能量主要转移为电离电子或解离离子的动能。因此,在分子的吸收谱中,除了分立谱之外,还会出现连续谱。电离的情况如上所述,一种常见的解离情况是:分子吸收光子由稳定的束缚态(1)跃迁到不稳定的排斥态(3),这时最概然的吸收跃迁是从低态势能极小点 E 垂直向上到达 F 点,然后沿曲线(3)解离成 A + B。由于光子和电子的传能时间很短,远小于原子核的运动时间,因此非垂直跃迁概率较小。分子的解离能应是 F 点与 E 点的能量差 $V_3 + D_e$,不等于分子的平衡解离能 D_e,多余部分 V_3 变为解离后两粒子 A 和 B 的动能。

还有一种解离情况称为预解离,这是分子被从曲线(1)激发到曲线(4)上的情况。由于曲线(4)是束缚里德伯态,与解离曲线(3)在 H 点有交叉,当(3)与(4)对应的电子态对称性相同,如果曲线(4)的振动能的高度 G 点能够达到 H 点高度时,从曲线(1)E 点跃迁到曲线(4)G 点以上的分子就不通过正常的辐射或自电离回到分子基态,而将经由曲线(3)无辐射跃迁到连续区而解离,其寿命比正常的谱线跃迁短得多,称为预解离。因此,类似原子自电离情况由于束缚态(曲线(4))和连续态(曲线(3))的相互作用而导致预解离。预解离导致吸收谱是一个弥散的宽峰,而发射谱则发生中断[1~3]。

一般离子键和共价键形成的分子的电子基态势阱较深,D_e 较大,因而它们在物理上和化学上是稳定的。有些分子在常温下不能形成稳定气体,如 P_2 和 OH,它们的 D_e 较小,与室温下分子的平均热运动能相近,有一定概率经碰撞而解离,在化学上不稳定。还有一类分子,如 He_2、Ar_2、Ne_2、Xe_2、ArO 等,它们是由范德瓦尔斯力构成,基态 D_e 比室温下热能还小很多,物理上、化学上均不稳定,在室温和低压下,绝大多数分子自动解离成两个原子。但是有些这类分子的低激发态是原子结合的稳定态,这类分子称为准分子(excimer),它是"激发的二聚物(excited dimer)"的缩写。这类分子的例子和势能曲线见 5.2 节和图 5.2.5。由于它的基态会解离,在低气压下很难形成准分子,都处于原子态。当压力较大时,原子经常处于碰撞状态,有相当多的原子会形成准分子态。

下面再进一步讨论势能函数。由势能曲线 $V(R)$ 可以计算出原子间相互作用力 $F(R)$[2]:

$$F(R) = -\frac{dV(R)}{dR} \qquad (3.1.11)$$

若 $F(R)>0$,则原子间的作用力属排斥力,所在的区间为排斥支;若 $F(R)<0$,则为吸引支。对于稳定态分子,如曲线(1),在分子的平衡核间距 R_e 处,$F(R_e)=0$,即在这一点上原子间的吸引力正好等于排斥力,$R<R_e$ 区间为排斥支,$R>R_e$ 区间为吸引支。

进一步可以定义出各阶力常数:

$$f_n = \frac{d^n V(R)}{dR^n}\bigg|_{R=R_e}, \quad n = 2,3,4,\cdots \qquad (3.1.12)$$

f_n 为 n 阶力常数,f_2 又称为谐性力常数,而其余的为非谐性力常数。力常数与分子中化学键的振动有关,它们(如 f_2、f_3、f_4)与下一节将要给出的一些谐性和非谐性光谱常数之间有一定的如式(3.2.27)表示的函数关系。我们可由光谱实验得到的系列转动和振动光谱数据,再用(3.2.26)式拟合得到各个光谱常数,最后通过式(3.2.27)求得这些力常数,从而直接通过拟合实验数据得到势能曲线。

双原子分子的势能曲线仅需用一个变量,其形式是简单的,可以从光谱数据和动力学散射数据计算求得势能曲线,后面的图 3.4.4 就是一个计算给出的 O_2 分子的势能曲线例子。但是计算不能提供一个势能曲线的解析式。几十年来人们已提出了许多种简单的解析式势能函数,其中最著名的势能函数的经验形式是莫尔斯(Morse)函数[2]:

$$V(R) = D_e [e^{-2\alpha(R-R_e)} - 2e^{-\alpha(R-R_e)}] \qquad (3.1.13)$$

式中,α 是莫尔斯参量,由式(3.1.12)可得 $f_2=2D_e\alpha^2$,因此 α 可由光谱数据得到。这个函数符合势能函数的要求:$V(\infty)=0$,$V(R_e)=-D_e$,$V(0)$ 虽不趋于 ∞,但也是一个大值。

这些较好的势能函数不仅能较好地给出分子的解离能,而且由于在平衡核间距附近有良好行为,也能较好地给出较低的振动转动能级特性。但它们对于远离平衡核间距即在渐近区和解离区则难有好的表现。因此,获得分子势能曲线的另一种方法是选择某种参数化的分析势能函数,直接拟合实验中观测的光谱振转能级数据来确定各参数。近年来,孙卫国等重新仔细研究了力常数和光谱数据的关系,选择已有好的势能函数作主体,增加一项变分修正,用能量自洽法得到的势能函数在渐近区也能更好地描述实验行为[4]。

由 N 个原子组成的多原子分子的势能函数就比双原子分子复杂得多,不再是一条曲线,其势能面 $V(\boldsymbol{R}_\alpha)$ 是 $3N$ 个坐标参量的函数。在玻恩-奥本海默近似下,势能面不受分子平动和转动的影响,$V(\boldsymbol{R}_\alpha)$ 可用 $3N-6$(对线形分子是 $3N-5$)个内禀振动坐标来描述。从几何上看,势能面 $V(\boldsymbol{R}_\alpha)$ 是以 $3N-6$ 个内禀振动坐标为基矢的高维空间中的一个超曲面。不仅内禀坐标多,而且分子几何构形变化也多样,因此多原子分子的势能面的形状是十分复杂的。

势能面上最重要的特征是势能面上的稳定点,在稳定点能量梯度为零,即势能对 $3N-6$ 个内禀振动坐标的一阶偏微分值均为零。有意义的是形成极小点的势阱,向任意方向作一微小变化,势能都增大,即势能对所有内禀振动坐标的二阶偏微分值均大于零。实际上通常会出现多个有稳定点的势阱,处于这些稳定点的态称为平衡态,能量最低的点就代表分子的最稳定基态,而其他的极小点均为亚稳态。

还有一类稳定点——鞍点也是有意义的,它们的二阶偏微分值中只有一个是负值。势能面上的鞍点通常是连接稳定极小点、反应物通道和产物通道的能量最低曲线(即反应路径)上的极大点,但对鞍点的其他主坐标又是最小点。例如,对一个存在阈能的放能化学反应 X+YZ→XY+Z,如图 3.1.2 所示,处于 R 点的初态反应物通道能量比处于 P 点的产物通道能量高 ΔV_0,在反应路径(实线)上存在势垒。势垒顶点 T 即为鞍点,与初态能量差即为势垒高度 V_C。当 X 在 R 点逐渐靠近 YZ 时,由于电子的相互作用,使 Y-Z 键强度减弱,导致 YZ 解离,体系势能增加,当 X-Y 之间的吸引逐渐增强时势能又下降,最终达到 P 点形成 XY+Z。当然反应也可逆向进行,称为吸能反应,其势垒高度为 $V_C+\Delta V_0$。鞍点的结构、能量和力学性质靠从头计算理论给出,也可从不稳定的过渡态光谱进行实验研究,因此鞍点对于化学反应中间过渡态的研究有重要意义。

由此可见,势能面和势能函数的形式是非常复杂的[2],这里不再详细介绍。

3.2 双原子分子的转动和振动结构与光谱

3.2.1 刚性转子的转动能级和纯转动光谱

这一节首先讨论双原子分子的转动和振动能级结构[1,3,5~10],它由上节核运动

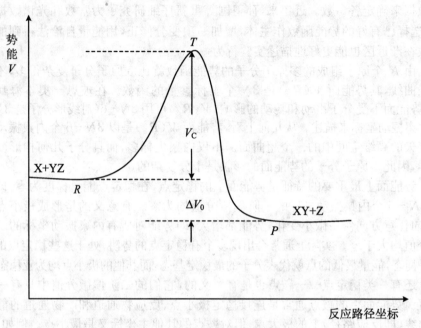

图 3.1.2　反应路径和鞍点

方程确定：

$$\left[-\frac{\hbar^2}{2M_A}\nabla_A^2 - \frac{\hbar^2}{2M_B}\nabla_B^2 + V(R)\right]\psi_N = E_t\psi_N \qquad (3.2.1)$$

式中前两项分别是分子两个核 A 和 B 的动能。这是一个两体问题，可以通过坐标变换用它们的质心坐标和相对坐标代替两个核的各自坐标，于是有

$$-\frac{\hbar^2}{2M_A}\nabla_A^2 - \frac{\hbar^2}{2M_B}\nabla_B^2 = \frac{P_M^2}{2M} + \frac{P_\mu^2}{2\mu} = \frac{P_M^2}{2M} - \frac{\hbar^2}{2\mu}\nabla^2 \qquad (3.2.2)$$

其中，$M = M_A + M_B$，μ 为折合质量，$\mu = \dfrac{M_A M_B}{M_A + M_B}$。因此，双原子分子的核运动在质心系就化为在分子势能 $V(R)$ 作用下的质量为 M 的质心平动和质量为 μ 的单粒子运动，后者代表分子的内部运动，即转动和振动。如果取分子质心为坐标原点，坐标轴随分子平动而不转动，则平动只影响总能量，不影响转动和振动波函数，平动可以不考虑。于是两体问题就简化为在势场 $V(R)$ 作用下一个质量为 μ 的单粒子运动，方程(3.2.1)化为

$$\left[-\frac{\hbar^2}{2\mu}\nabla^2 + V(R)\right]\psi_N = E\psi_N \qquad (3.2.3)$$

这里 ψ_N 是除平动以外的核运动波函数；E 是除平动能以外的分子能量，包括振动

能 E_v、转动能 E_r、核排斥能和电子能量。

由于 $V(R)$ 只依赖核间距 R，在球坐标下，这是一个中心力场问题，可以分离变量，令

$$\psi_N = F(R) Y_J^M(\theta,\varphi) \tag{3.2.4}$$

式中 $Y_J^M(\theta,\varphi)$ 是球谐函数，只与分子的转动角度 θ 和 φ 有关；$F(R)$ 是径向函数，只与核间距有关。像氢原子一样[5]，可以得到

$$\left[-\frac{\hbar^2}{2\mu}\frac{1}{R^2}\frac{\partial}{\partial R}\left(R^2\frac{\partial}{\partial R}\right) + \frac{1}{2\mu R^2}L^2 + V(R)\right]F(R)Y_J^M(\theta,\varphi) = EF(R)Y_J^M(\theta,\varphi) \tag{3.2.5}$$

L^2 是分子转动角动量算符，是 θ、φ 的函数。假设分子的核振动只发生在它的平衡位置 R_e 附近很小的区域，有幂级数展开式：

$$\frac{1}{R^2} = \frac{1}{R_e^2}\left[1 - 2\frac{R-R_e}{R_e} + 3\frac{(R-R_e)^2}{R_e^2} - \cdots\right] \tag{3.2.6}$$

方程(3.2.5)中哈密顿量的第 1、3 项只是 R 的函数，第 2 项 R^2 用常数 R_e^2 代替则只是 θ 和 φ 的函数，于是分离变量后两边共同等于一常数 $-E_r$，就得到

$$-\frac{1}{F(R)}\frac{\hbar^2}{2\mu}\frac{1}{R^2}\frac{\mathrm{d}}{\mathrm{d}R}\left(R^2\frac{\mathrm{d}F(R)}{\mathrm{d}R}\right) + V(R) - E$$

$$= -\frac{1}{Y_J^M(\theta,\varphi)}\frac{1}{2\mu R_e^2}L^2 Y_J^M(\theta,\varphi) = -E_r$$

由此得到两个方程：

$$\frac{1}{2\mu R_e^2}L Y_J^M(\theta,\varphi) = E_r Y_J^m(\theta,\varphi) \tag{3.2.7}$$

$$-\frac{\hbar^2}{2\mu}\frac{1}{R^2}\frac{\mathrm{d}}{\mathrm{d}R}\left(R^2\frac{\mathrm{d}F(R)}{\mathrm{d}R}\right) + V(R)F(R) = (E-E_r)F(R) \tag{3.2.8}$$

第二个为径向振动方程，下段讨论。第一个方程为角向转动方程，是在假设分子是刚性即 $R=R_e$ 情况下得到的，现在来讨论它的解。由于角动量平方算符有本征值：

$$L^2 Y_J^M(\theta,\varphi) = J(J+1)\hbar^2 Y_J^M(\theta,\varphi)$$

由此得到分子的刚性转动能量 E_r 为

$$E_r = \frac{\hbar^2}{2\mu R_e^2}J(J+1) = \frac{\hbar^2}{2I_e}J(J+1) = hcB_e J(J+1) \tag{3.2.9}$$

式中 J 为转动量子数，$J=0,1,2,\cdots$。转动惯量 I_e 和转动常数 B_e 分别为

$$I_e = \mu R_e^2, \quad B_e = \frac{\hbar}{4\pi I_e c} = \frac{h}{8\pi^2 I_e c} \tag{3.2.10}$$

以氢分子为例,它的转动能比其他分子大很多,将表3.2.1中B_e数据代入求得在16 meV量级,可见比电子运动能量小3个数量级。波函数为式(2.1.23)所示的球谐函数$Y_J^M(\theta,\varphi)$。能级对磁量子数M是简并的,$M=0,\pm 1,\pm 2,\cdots,\pm J$,简并度为$2J+1$。由此得到分子转动能级如图3.2.1上图。邻近能级间隔

$$\Delta E_r = hcB_e[J(J+1)-(J-1)J] = 2hcB_eJ \tag{3.2.11}$$

不是等间隔,是hcB_e的2,4,6,8,$\cdots$倍。

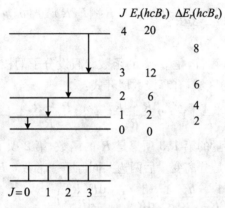

图3.2.1 分子的转动能级(刚性转子模型)

像原子一样,同一电子态和振动态的不同转动能级之间的电偶极跃迁(即发射和吸收光子)服从角动量的选择定则:

$$\Delta J = \pm 1, \quad \Delta M = 0, \pm 1 \tag{3.2.12}$$

$\Delta J = +1$相应于吸收过程,$\Delta J = -1$相应于发射过程,不存在$\Delta J = 0$的跃迁。这是由于光子的角动量量子数为1,宇称为$-$,在发射和吸收光子的电偶极跃迁中,角动量守恒要求ΔJ不能大于1。此外,在2.1节中已证明球谐函数的宇称由$(-1)^J$决定,因而对确定的电子态,相邻转动能级的宇称相反。因此,宇称守恒和角动量守恒要求只有相邻能级之间能够发生电偶极跃迁,如图3.2.1所示。各转动光谱线的能量ΔE_r是不相同的,但各转动光谱线的能量间隔是相同的,均为$2hcB_e$。如图3.2.1下图和图3.2.3所示。

以上结果是在假设核间距不变的情况下导出的,这是刚性转子模型。

注意,分子的核转动方程(3.2.7)式与氢原子以及多电子原子在中心力场近似下的定态薛定谔方程的角向方程(2.2.7)式相同,因此原子的电子动能就是绕核运动的转动能。由于原子的μ小很多,其转动能比分子的大很多。实际上分子和原子的径向方程中的动能和势能函数包括的内容不同,从它们所得到的总能量E也

就不同。原子的 E 包括电子的库仑势能和动能,分子的 E 除包括电子的这两部分能量外,还包括原子核的转动和振动能。这造成了原子的电子能级结构与分子的核运动能级结构不同。

3.2.2 简谐振子的振动能级和振动转动光谱

为了求解振动方程,假定核的振动发生在它的平衡位置附近很小的区域内,可以把势能函数 $V(R)$ 在 R_e 附近展开成泰勒级数:

$$V(R) = V(R_e) + V'(R_e)(R - R_e) + \frac{1}{2}V''(R_e)(R - R_e)^2$$
$$+ \frac{1}{6}V'''(R_e)(R - R_e)^3 + \frac{1}{24}V''''(R_e)(R - R_e)^4 + \cdots \quad (3.2.13)$$

前面给出在 $R = R_e$ 处 $V(R)$ 有极小值,$V(R_e) = -D_e$,而且 $V'(R_e) = 0$, $V''(R_e) > 0$。对小振动,$R - R_e$ 为小量,略去三次方及以上项,有

$$V(R) \approx V(R_e) + \frac{1}{2}V''(R_e)(R - R_e)^2 \quad (3.2.14)$$

经典简谐振动的物体所受的力与它的位移成正比:

$$f = -k_e(R - R_e)$$

其中 k_e 为倔强系数。它的势能

$$V_h(R) = -\int_{R_e}^{R} f \, d(R - R_e) = \frac{1}{2}k_e(R - R_e)^2$$

为抛物线形。因此,分子的势能函数与简谐振动的势能形式一致,同样描述一维线性振动,可以把双原子分子近似看成一个简谐振子,它的平衡振动频率为

$$\nu_e = \frac{1}{2\pi}\left(\frac{k_e}{\mu}\right)^{1/2} = \frac{1}{2\pi}\left(\frac{V''(R_e)}{\mu}\right)^{1/2} \quad (3.2.15)$$

其中,$k_e = V''(R_e)$,即为前述二阶力常数 f_2,$f_2 = 4\pi^2\mu\nu_e^2$,μ 为谐振子的质量,这儿是双原子分子的折合质量。由此可见,式(3.2.14)表示的势能是抛物线形,如图 3.2.2 中虚线 V_h 所示。可以看到,实际的分子势能曲线(实线)只在 R_e 附近与 $V_h(R)$ 相符。在 $R < R_e$ 一侧,由于核排斥能迅速增大,$V(R)$ 曲线比抛物线要陡。在 $R > R_e$ 一侧,由于核排斥能减少得快,$V(R)$ 曲线比抛物线要平缓。

将式(3.2.14)代入式(3.2.8)核振动方程就得到一维线性谐振子方程:

$$-\frac{\hbar^2}{2\mu}\frac{1}{R^2}\frac{d}{dR}\left(R^2\frac{dF(R)}{dR}\right) + \frac{1}{2}k_e(R - R_e)^2 F(R)$$
$$= [E - E_r - V(R_e)]F(R) = E_v F(R) \quad (3.2.16)$$

量子力学可严格求出此线性谐振子方程的解即振动能为

$$E_v = \left(v + \frac{1}{2}\right)h\nu_e \tag{3.2.17}$$

振动量子数 $v = 0, 1, 2, \cdots$。

再考虑转动能和电子能后,分子除平动能以外的能量为

$$E = V(R_e) + E_v + E_r = V(R_e) + \left(v + \frac{1}{2}\right)h\nu_e + J(J+1)hcB_e \tag{3.2.18}$$

$V(R_e)$ 项是包括核排斥能在内的势能曲线底部 R_e 处的电子能量,决定于所处的电子态,对给定电子态为常数,$V(R_e) = E_e(R_e) + Z_A Z_B e^2/R_e$。转动能级和振动能级是从势能曲线底部往上排列。由此得到的分子振动能级如图 3.2.2 所示,按振动量子数 $v = 0, 1, 2, \cdots$ 从势能曲线底部往上排列。邻近能级间隔与转动能级不同,是等间隔的:

$$\Delta E_v = h\nu_e \tag{3.2.19}$$

相应于简谐振动能量。$v = 0$ 的最低能级有零点能 $(1/2)h\nu_e$。由此可见,分子的实际解离能 D_0 要减去这部分零点能,比平衡解离能 D_e 小。

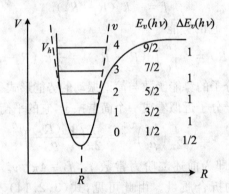

图 3.2.2　分子的振动能级(简谐振子模型)

振动能级之间的电偶极辐射服从选择定则:

$$\Delta v = 0, \pm 1, \quad (\pm 2, \pm 3 \cdots) \tag{3.2.20}$$

括号内表示跃迁概率很小,它们对一维线性振动跃迁是禁戒的,是由于后面要讨论的非谐性效应造成的。对同一电子态,即不涉及电子跃迁时,$\Delta v = 0$ 给出分子的纯转动光谱,不发生振动跃迁,这对非极性分子成立;$\Delta v = \pm 1, \pm 2, \cdots$ 给出振动-转动光谱,对极性分子成立。$\Delta v = +1, +2, \cdots$ 的是吸收光谱,写为 $v+1 \leftarrow v, v+2 \leftarrow v, \cdots$。$\Delta v$ 为负号的是发射光谱。

在振动转动跃迁中,转动量子数的选择定则 $\Delta J = \pm 1$ 仍成立。虽然在这儿 $\Delta J = 0$ 不受能量守恒限制,但角动量守恒和宇称守恒要求使 $\Delta J = 0$ 的跃迁像纯转动跃迁一样不能存在。不过与纯转动跃迁不同,在那儿受能量守恒限制,ΔJ 只能等于 $+1$ 或 -1,而在这儿无论是吸收跃迁还是发射跃迁,$\Delta J = \pm 1$ 均存在,因此,在振动转动光谱中存在两个支。相应于 $\Delta J = +1$ 的称为 R 支,它的波数为

$$\tilde{\nu} = \tilde{\nu}_e + 2B_e(J+1), \quad J = 0,1,2,\cdots$$

相应于 $\Delta J = -1$ 的称为 P 支,它的波数为

$$\tilde{\nu} = \tilde{\nu}_e - 2B_e J, \quad J = 1,2,3,\cdots$$

$\tilde{\nu}_e = (E_{v'} - E_v)/hc$,是纯振动光谱的波数,$J$ 是下转动能级的量子数。由此可见,振动转动光谱的谱线是围绕 $\tilde{\nu}_e$ 向两边等间隔($2B_e$)扩展而形成谱带。由于 $\Delta J \neq 0$,$\tilde{\nu}_e$ 不能发生,是一条缺线,称为基线,相应于纯振动跃迁不能发生。图 3.2.3 所示的 HBr 的基频谱带($v = 1 \leftarrow 0$)的转动结构就显示了如上特性[3,6],中间有一条缺线,两边有两支 P 和 R。

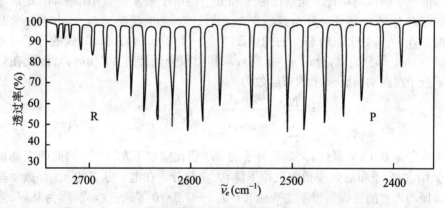

图 3.2.3　HBr 分子的基频振动吸收谱带($v = 1 \leftarrow 0$)的转动结构

最后来比较一下几种能量的数量级。对 H_2 分子基态,解离能 $V(R_e) = 4.72\,\text{eV}$,电离能 $= 15.43\,\text{eV}$,第一电子激发能为 $11.3\,\text{eV}$,振动能为 $h\nu_e = 0.2\,\text{eV}$,转动能为 $2hcB_e = 1.6 \times 10^{-2}\,\text{eV}$。由此可见,电子激发能的间隔比振动能的间隔大很多,而振动能的间隔又比转动能的间隔大很多。质量更重的分子转动惯量更大,B_e 更小,转动能级间隔更密,两个振动能级之间有更多的转动能级。

3.2.3　不同能级上的布居和对光谱的影响

如果没有外界作用,只有热运动,由于分子之间碰撞而彼此交换能量,使有些

分子被激发到较高能态，有些退激发到较低能态。达到热平衡时，处在各个能态 i 的分子数 N_i 即布居数取决于状态的能量 E_i 和温度 T，服从玻尔兹曼分布[11]：

$$N_i = \frac{N_0 g_i \mathrm{e}^{-E_i/(k_\mathrm{B}T)}}{\sum_i g_i \mathrm{e}^{-E_i/(k_\mathrm{B}T)}} \tag{3.2.21}$$

k_B 为玻尔兹曼常数，N_0 是分子总数，N_i 是处在 i 能态的分子数，g_i 是 i 能态的统计权重，即能级的简并度。由上式可得，处在二能级上的分子数 N_2 与 N_1 之比为

$$\frac{N_2}{N_1} = \frac{g_2}{g_1}\mathrm{e}^{-(E_2-E_1)/(k_\mathrm{B}T)} \tag{3.2.22}$$

现在来讨论原子分子在各种能态上的布居分布。对于电子激发态，能级间隔 ΔE_e 通常在室温下远大于 $k_\mathrm{B}T$（当 $T=300$ K 时，$k_\mathrm{B}T=0.0258$ eV），因此 E_i 越大，能级越高，则分子数或原子数越少，基态上数目最多。如 Na 原子的 $E_2-E_1=2.14$ eV，原子的能级简并度为 $2(2l+1)$，基态 3^2S 的 $g_1=2$，第一激发态 3^2P 的 $g_2=6$，有 $N_2=2.5\times10^{-36}N_1$，室温下钠原子几乎全部在基态。

但分子的振动和转动能量比原子和分子的电子激发能量小很多，因此常常不全在基态上，有一部分会分布到激发态上[1,3]。对于振动激发态 v，由于振动态没有简并，$g_i=1$，处于振动态 v 的能量 $E_v=(v+1/2)h\nu_e$，(3.2.21)式的分子分母中的 $(1/2)h\nu_e$ 部分消掉，分母 $v=0$ 到 ∞ 求和用积分代替得 $kT/(h\nu_e)$，因此在热平衡下分子在振动能级 v 上的布居数为

$$N_v = \frac{N_0 \mathrm{e}^{-vh\nu_e/(k_\mathrm{B}T)}}{\sum_{v=0}^{\infty}\mathrm{e}^{-vh\nu_e/(k_\mathrm{B}T)}} \approx \frac{N_0 h\nu_e}{k_\mathrm{B}T}\mathrm{e}^{-vh\nu_e/(k_\mathrm{B}T)} \tag{3.2.23}$$

由于 $h\nu_e$ 是 0.1 eV 量级，大多数分子的 $h\nu_e$ 仍比室温下 $k_\mathrm{B}T$ 大，因此随振动量子数 v 增大，分子布居数按指数规律下降，大多数分子在电子基态的 $v=0$ 振动基态上。振动光谱的吸收谱带系主要由 $1\leftarrow0,2\leftarrow0,3\leftarrow0$ 等跃迁组成，称为基频、第一泛频和第二泛频等，强度逐次减弱，由选择定则限制，如图 3.2.4 所示[3]。

某些分子振动频率较低，或在较高温度下，则可以观察到 $v'\leftarrow0$ 谱带旁边的从 $v\neq0$ 跃迁的较弱的热带，基频谱带旁边的热带是 $2\leftarrow1,3\leftarrow2$ 等，由于振动非线性，能级间不是完全等间隔，因此热带并未与基频重合，而是在旁边紧靠它。

对于转动激发态 J，能级 J 的简并度 $g_J=2J+1$，(3.2.21)式中的分母用积分代替，得到 $k_\mathrm{B}T/(hcB_e)$。因此处于 $v=0$ 的各转动能级 J 上的分子数布居为

$$N_J = \frac{N_0(2J+1)\mathrm{e}^{-hcB_eJ(J+1)/(k_\mathrm{B}T)}}{\sum_{J=0}^{\infty}(2J+1)\mathrm{e}^{-hcB_eJ(J+1)/(k_\mathrm{B}T)}} \approx \frac{N_0 hcB_e}{k_\mathrm{B}T}(2J+1)\mathrm{e}^{-hcB_eJ(J+1)/(k_\mathrm{B}T)}$$

$$\tag{3.2.24}$$

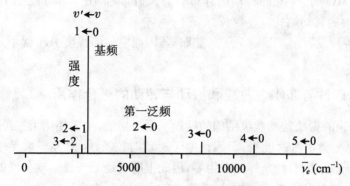

图 3.2.4 HCl^{35} 分子的振动吸收谱带系

这时随 J 增大的分子布居数不仅与公式中的指数下降有关,简并度 g_J 的作用也变得可观。由于室温下在低激发区转动能级间隔 $2hcB_eJ \ll k_BT$, N_J 中指数部分随 J 增大开始下降较缓,而 $g_J = 2J+1$ 随 J 线性增大上升较快,因此分子数按能级转动量子数 J 的布居不是单调分布,而是先上升后下降,它的最大值不是出现在 $J=0$ 基态。由上式对 J 微分并取 0 得

$$J_{\max} = \sqrt{\frac{k_BT}{2hcB_e}} - \frac{1}{2} \qquad (3.2.25)$$

例如,CO 分子的 $B_e = 1.922 \text{ cm}^{-1}$,300 K 时处于 $v=0$ 的各转动能级上的布居如图 3.2.5 所示[1],有一最大值,$J=7$,按上式算出 $J = 6.9 \approx 7$。

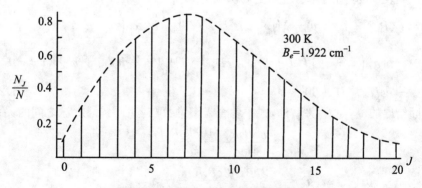

图 3.2.5 CO 分子基态纯转动吸收谱

至于振动跃迁中伴随的转动跃迁,如果是在室温下发生的吸收谱线,其转动谱的强度分布较为简单,也是有极大值的分布,这是由于分子是从 $v=0$ 振动带往上跃迁,分子在初能态有如上的转动分布。因此,无论是 P 支还是 R 支,分子的振转

吸收谱类似 CO 的 $v=0$ 的转动谱分布有最大值布居,图 3.2.3 上的 HBr 基频谱带($v=1\leftarrow0$)的转动结构就是这样。

当然,各种发射谱不反映分子的热布居,因而它们的强度分布就不具有如上所述的分布。

3.2.4　非谐性与非刚性效应和振动与转动的耦合作用

前面讨论的振动转动能级结构的处理不是严格的,主要使用了三种近似:

① 玻恩－奥本海默近似,即假设电子运动时核不动,总波函数是电子的与核的乘积,电子波函数对核坐标微分为零,因此把电子运动与核运动分开处理。

② 核运动方程(3.2.5)式中与角动量有关的项中的核距离 R 近似为常数——核平衡距离 R_e,即分子是刚性转子,略去(3.2.6)式中 $(R-R_e)$ 一次方及以上的项,从而把转动运动与振动运动分开处理。

③ (3.2.13)式中的分子势能函数用抛物线近似处理,略去 $(R-R_e)$ 的三次方及以上的项,得到线性谐振子解。

②和③近似实际上均是假设了分子在核之间作小振动,这只在电子能量基态和低振动激发态的情况下才较好地描述了分子振动转动能级结构。

用定态微扰方法对上述近似下得到的能量进行修正,可以得到上述 $E^{(0)}$ 的一次微扰和二次微扰修正 $E^{(1)}$、$E^{(2)}$。微扰项取 $V(R)$ 展开式中 $(R-R_e)$ 的三次项和四次项以及 $1/R^2$ 展开式中 $(R-R_e)$ 的一次项和二次项,得到总能量用一系列光谱常数表示的经验公式,忽略更高次项为[1,2,3]

$$E = V(R_e) + h\nu_e\left(v+\frac{1}{2}\right) + hcB_eJ(J+1) - h\nu_e x_e\left(v+\frac{1}{2}\right)^2$$

$$- hca_e\left(v+\frac{1}{2}\right)J(J+1) - hc\bar{D}_eJ^2(J+1)^2 + hY_{00} + h\nu_e y_e\left(v+\frac{1}{2}\right)^3$$

$$+ hcH_eJ^3(J+1)^3 \tag{3.2.26}$$

除前面给出的 ν_e 与 f_2 关系外,式中各个光谱常数与各阶力常数 f_n 之间的关系为

$$\nu_e x_e = \frac{c^2 B_e^2 R_e^4}{4h\nu_e^2}\left[\frac{10cB_e R_e^2 f_3^2}{3h\nu_e^2} - f_4\right]$$

$$a_e = -\frac{2cB_e^2}{\nu_e}\left[\frac{2cB_e R_e^3 f_3}{h\nu_e^2} + 3\right]$$

$$\bar{D}_e = \frac{4c^2 B_e^3}{\nu_e^2}$$

$$Y_{00} = \frac{c^2 B_e^2 R_e^4}{16h\nu_e^2}\left[f_4 - \frac{14cR_e^2 B_e f_3^2}{9h\nu_e^2}\right] \tag{3.2.27}$$

式(3.2.26)中前三项的物理意义前面已叙述了,即分子解离能、线性振动能和刚性转动能。第四项代表振动能级的非谐性效应,与 $V(R)$ 展开项中 $(R-R_e)$ 的三次项和四次项有关,是势能函数偏离谐振子势的结果。$\nu_e x_e$ 称为非谐性常数,大多数分子是正值,降低振动能级。x_e 值远小于1,因而非谐性修正较小,但它的影响随振动量子数 v 增大而迅速增加,使振动能级间隔逐渐减小,能级越来越密。图3.2.6是 H_2 分子基态势能曲线和振动能级,在 $v=14$ 以上的振动能级超过了解离能,进入连续区,虚线为莫尔斯函数[3,7]。

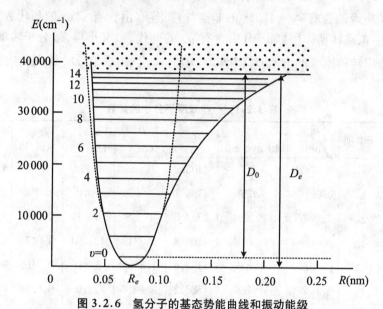

图3.2.6 氢分子的基态势能曲线和振动能级

式(3.2.26)中的第五项代表振动和转动相互作用,α_e 称为振动-转动耦合常数。由于振动能量比转动能量大很多,这一项实际上反映了振动运动对转动能级的影响,可以合并到第三项,把 B_e 改为 $B_v = B_e - \alpha_e(v+1/2)$。由于 f_3 为负,通常 α_e 为正,使转动能量减少。物理上这样理解:由于势能的非谐性,$R>R_e$ 边势能函数上升较缓,使随 v 增加,平均核间距增加,有效转动惯量增加,转动能就减小了。另外,即使势能没有非谐性,即 $f_3=0$,α_e 也不为零,$\alpha_e=-6cB_e^2/\nu_e$。不过这个修正一般小于前者。

式(3.2.26)中的第六项代表离心畸变,$\bar{D}_e$ 称为离心畸变常数,代表转动能级的非刚性效应。当转动量子数增大(转快了),由于分子是非刚性的,离心力使 R 增大,有效转动惯量增大,转动能量降低。一般 $\bar{D}_e \ll B_e$,较低的 J 能级这个效应很小,只有很大的 J 能级才有显著影响。

式(3.2.26)中的第七项是常数,由势能非谐性引起,很小,一般可不考虑,归到零点能中去。

式(3.2.26)中的最后两项是用更高级的微扰理论计算的对振动和转动能量的更高次修正,事实上修正值也很小,一般不再考虑。

表 3.2.1 是一些双原子分子的光谱常数[3],其中 $\tilde{\nu}_e = \nu_e/c$。由表中数值可以看出,通常分子的转动能(由含有 B_e 的列代表)远小于振动能(由含有 $\tilde{\nu}_e$ 的列代表),振动能级的含有 $(v+1/2)^2$ 的非谐性修正项(由含有 $\tilde{\nu}_e x_e$ 的列代表)比转动能大一些,振动转动作用修正项(由含有 α_e 的列代表)又小很多,分子转动的非刚性效应造成转动能级的含有 $J^2(J+1)^2$ 项的修正(由含有 $\bar{D}_e$ 的列代表)更加小得多。

表 3.2.1 一些双原子分子的常数

分子	电子谱项	R_e (nm)	k_e (10^5 dyn/cm)	$\tilde{\nu}_e$ (cm^{-1})	B_e (cm^{-1})	$\tilde{\nu}_e x_e$ (cm^{-1})	α_e (cm^{-1})	$\bar{D}_e$ (cm^{-1})
H_2	$X^1\Sigma_g^+$	0.07412	5.756	4403.2	60.85	121.3	3.06	4.7×10^{-2}
HF	$X^1\Sigma^+$	0.09168	9.659	4138.7	20.956	90.0	0.796	2.2×10^{-3}
N_2	$X^1\Sigma_g^+$	0.10977	22.94	2358.0	1.998	14.1	0.0177	5.7×10^{-6}
CO	$X^1\Sigma^+$	0.11283	19.018	2169.8	1.9313	13.294	0.0175	6.2×10^{-6}
CO	$d^3\Delta$	0.13700	5.366	1152.6	1.3099	7.281	0.0168	5.8×10^{-6}
O_2	$X^3\Sigma_g^-$	0.12074	11.766	1580.2	1.4456	12.0	0.0158	4.8×10^{-6}
I_2	$X^1\Sigma_g^+$	0.2667	1.720	214.52	0.0374	0.61	0.0001	4.5×10^{-6}

3.3 分子的轨道和价键理论方法

分子除了有原子核的转动运动和振动运动形成的能级之外,还有电子运动形成的电子能级,它与前面讨论的分子势能函数紧密相关。像在原子中一样,分子中电子也有各种轨道运动和自旋轨道相互作用,能形成不同的能量状态即电子态。我们这一节先以双原子分子为例讨论分子的电子轨道运动形成的能态及轨道描述，然后简要给出分子的 LCAO 轨道理论和价键理论方法。

3.3.1 独立电子近似和双原子分子轨道

分子比原子复杂得多。双原子分子与原子不同，有两个力心，核的电场失去了球形对称性，是非中心力作用，价电子的轨道角动量平方算符 l^2 不再与电子运动哈密顿算符 H_e 对易，l 不再是守恒量，轨道角动量量子数 l 不是好量子数。但核电场在通过两原子核的连轴方向（即 z 方向）上是对称的，电子在轴对称联合电场中运动，虽然角动量 l 不再守恒，但由于联合轴对称电场作用在轴对称分布电子云上的力是轴对称的，平均通过 z 轴，对 z 轴力矩为 0，因而 l 在对称轴上分量 l_z 是守恒量，有意义的是 l_z。若 m 是它的磁量子数，它的数值 $l_z = m\hbar$，$m = 0, \pm 1, \pm 2, \cdots, \pm l_z$。不同于磁场情况，在电场对称轴相反方向的两个对应于 m 值为正和负的态有同样能量，即为简并态，只不过电子云绕 z 轴转动方向相反而已。因此，在双原子分子中，不用量子数 l 和 m 来描述电子状态，而是引入一个新的量子数 $\lambda = |m|$ 来描述单个电子的能量定态[3,8]，一定的 λ 表示这个电子的能量和角动量 z 分量是确定的：

$$\lambda = |m| = 0, 1, 2, \cdots, l_z \tag{3.3.1}$$

对应于 $\lambda = 0, 1, 2, 3, \cdots$ 的电子定态用符号 $\sigma, \pi, \delta, \varphi, \cdots$ 表示，类似原子中的 s, p, d, f, $\cdots$，处于这些态的电子分别称为 σ 电子，π 电子，$\cdots$。由于 σ 电子的 $\lambda = m = 0$，σ 电子态是非简并的单态，其他电子态的 $m = \pm \lambda$，都是二重简并态。

如果分子中有多个电子，由于在方程(3.1.2)中电子和电子的排斥势能项中包含 r_{ij}^{-1} 形式，难以分离变量，即使用了玻恩－奥本海默近似分离了电子和核的运动，也无法严格求解多电子体系的电子运动薛定谔方程(3.1.4)式。为此，类似多电子原子情况，还要进一步使用独立电子轨道近似，简称独立电子近似[12]，不去精确考虑电子之间和核之间复杂的库仑作用，而把分子中每一个电子看成是在其他电子和核所形成的平均库仑势场中独立地运动，于是单电子的哈密顿算符及波函数就只与一个电子的坐标相关联，n 个电子体系的总哈密顿算符 H_e 可以写成单电子哈密顿算符 $H_i(r_i)$ 之和，总轨道波函数 ψ_e 可写成 n 个单电子波函数 ψ_i 的乘积：

$$H_e = \sum_i^n H_i(r_i)$$

$$\psi_e(r_1, r_2, \cdots, r_n) = \psi_1(r_1)\psi_2(r_2)\cdots\psi_n(r_n) \tag{3.3.2}$$

于是可以将多电子问题的求解分解为 n 个分立的单电子薛定谔方程求解，这就是单电子近似方法。单电子波函数 $\psi_i(r_i)$ 被称为轨道，满足单电子定态薛定谔方程：

$$H_i(\boldsymbol{r}_i)\psi_i(\boldsymbol{r}_i) = \varepsilon_i\psi_i(\boldsymbol{r}_i) \tag{3.3.3}$$

在分子中电子态还与电子波函数的对称性即宇称有关,将在3.6节中详细讨论。这里先给出两种对称操作[3,13],它们都是在固定于分子的坐标系 xyz 中进行的,如图3.3.1所示。第一种对称操作相对分子的对称中心 O 作空间反演变化,从 e 点反演到 e' 点,即 $x \to -x, y \to -y, z \to -z$,称 i 变换,或反演交换,对称中心 O 也称反映中心。i 变换后波函数对称的态为 g(偶),反对称的为 u(奇),写在电子态符号右下方,如 $\sigma_g, \sigma_u, \pi_g, \pi_u$。显然只有同核或同电荷(即同位素)双原子分子和对称线形多原子分子才存在这种空间反演对称性,异核双原子分子和一般的多原子分子不存在对称中心,因而它们的电子态没有这种对称性,即没有 u、g 之分。此外,即使是前类分子,如果是不同种类的原子轨道组合的,如图3.3.5中的(c)和(e)分子轨道,也没有这种对称性。

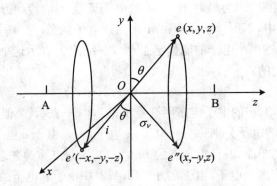

图 3.3.1 分子的 i 变换和 σ_v 变换

第二种对称操作为 σ_v 操作,表示相对于过核 A 和 B 的对称轴 z 的平面作镜面反映,如相对 xz 平面反映,从 e 点反映到 e'' 点,即 $x \to x, y \to -y, z \to z$。$\sigma_v$ 变换后波函数对称不变的为 +,变号的为 -,写在电子态的右上方。量子力学可以证明:Σ 电子态的(+)、(-)态能量不同,需要加以标记区分;$\lambda \neq 0$ 的 Π、Δ 态的(+)、(-)态能量相同,是二重简并态,σ_v 变换后简并态互换,不具有平面反映对称性,不再区分。因此有 $\Sigma_g^+, \Sigma_g^-, \Sigma_u^+, \Sigma_u^-, \Pi_g, \Pi_u, \Delta_g, \Delta_u$ 等态。当然如果考虑电子态与转动态的相互作用,这种简并解除,$\Lambda \neq 0$ 的电子态分裂为两个能级,一个为(+)态,另一个为(-)态。注意,同核和异核双原子分子以及线形多原子分子都有这种对称性。

现在来讨论分子轨道 MO(molecular orbital)。分子轨道是电子在分子中的位置的描述,在量子化学中这种描述是用定态波函数来体现的,因此,所谓分子轨道是指前述独立电子近似下分子中处于能量定态的单电子波函数 ψ_i。在这里分子轨道不包括自旋波函数,如包括则称为分子自旋轨道 MSO。由于双原子分子的单个电子的轨道角动量在分子对称轴方向上的分量是守恒的,大小为 $\lambda\hbar$,一定的 λ 对应一定的电子能量定态。因此我们也常用量子数 λ 来标记分子的单电子轨道,把 $\lambda=0,1,2,3,\cdots$ 分别记为 $\sigma,\pi,\delta,\varphi,\cdots$ 轨道。但像原子一样,仅有这一个量子数还不能完全给出分子的能量状态,它们常与组成分子的原子轨道相联系,特别是那些原子内壳层电子轨道。在分子中组成分子的原子的量子数 n 和 l 已不是好量子数,但在两种极端情况下,即联合原子近似和分离原子近似下,可用 n 和 l 近似描述[3,2]。

在联合原子近似情况下,设想两原子靠得很近,核间距 $R\to 0$,近似成为联合原子。如 H_2^+ 成为 He^+,H_2 成为 He。这种情况对中心力场的偏离不大,主量子数 n 和轨道量子数 l 仍近似有原来的意义,可用 n 和 l 近似描述。单电子的分子轨道用联合成的原子量子数 n、l 和分子的 λ 量子数标记,n、l 写在 λ 前面,记为 $nl\lambda$。例如,$n=1$ 的分子只有 $l=0$、$\lambda=0$ 的 $1s\sigma$ 轨道,$n=2$ 的分子有 $2s\sigma$ 和 $2p\sigma$、$2p\pi$ 轨道,$n=3$ 的分子有 6 个轨道:$3s\sigma$、$3p\sigma$、$3p\pi$、$3d\sigma$、$3d\pi$、$3d\delta$。注意,由于在 $\lambda\ne 0$ 时分子轨道的 $m_l=\pm\lambda$ 态有同样能量,所以 $\pi,\delta,\cdots$ 轨道二重简并。因此,分子中电子的运动状态用一组新的量子数 (n,l,λ,m_l,m_s) 表示。

在分离原子近似情况下,设想两原子远离,核间距 $R\to\infty$,近似成为两个原子。如 CO 成为 C 和 O,N_2 成为两个 N 原子。这时虽然分子不存在中心力场,不能用 n 和 l 描述,但两原子本身存在中心力场。因此,单电子的分子轨道可以近似用两分离原子具有的量子数 n 和 l 与分子的 λ 量子数标记,习惯上把 n、l 写在 λ 后面表示分子轨道的来历,记为 λnl。例如,有 $\sigma 1s_A$、$\sigma 1s_B$、$\sigma 2s_A$、$\sigma 2s_B$、$\sigma 2p_A$、$\sigma 2p_B$、$\pi 2p_A$、πp_B 等轨道。

如果是同核分子即 A=B,轨道波函数有中心反演对称性 g 和 u 之分,分离原子近似则不必再标 A 和 B 了,如 $\sigma_g 1s$、$\sigma_u 1s$、$\sigma_g 2s$、$\sigma_u 2s$、$\sigma_g 2p$、$\sigma_u 2p$ 等。联合原子也有这种中心反演对称性,像原子一样,l 为偶数(s,d,$\cdots$)的轨道为 g,l 为奇数(p,f,$\cdots$)的轨道为 u,因此不用再标示。另外,对于 σ_v 变换,分子的电子态 Σ 有对称性正和负之分,Σ^+ 和 Σ^- 能量不同,但分子轨道在 σ_v 变换后是对称的,即只有 σ^+,没有 σ^-,故在分子轨道中不使用 σ_v 变换宇称,只记 σ 轨道,σ_v 变换只用在分子谱项和电子态。

对于多电子双原子分子,根据独立电子近似,电子逐个填入上述轨道。电子填充次序类似原子情况,要考虑轨道的能量由低到高填入,还要遵守泡利原理。表 3.3.1 为联合原子近似下分子轨道的电子填充次序,轨道能量从左到右增加。考

虑到 m_s 有两个值，σ 轨道只能最多有两个电子（自旋方向不同），π,δ,⋯轨道各有最多 4 个电子（$m_l = \pm \lambda$，然后自旋不同，共 4 种）。表中电子填充次序未标出 g 和 u，同核双原子分子有 g 和 u 之分，联合原子近似下可以不标出，如标出则为

$$1s\sigma_g, 2s\sigma_g, 2p\sigma_u, 2p\pi_u, 3s\sigma_g, 3p\sigma_u, 3p\pi_u, 3d\sigma_g, 3d\pi_g, 3d\delta_g, \cdots$$

表 3.3.1 联合原子近似下分子轨道的电子填充

n	1	2			3					
l	0	0	1		0	1		2		
λ	0	0	0	1	0	0	1	0	1	2
m_l	0	0	0	+1 −1	0	0	+1 −1	0	+1 −1	+2 −2
m_s	↑↓	↑↓	↑↓	↑↓ ↑↓	↑↓	↑↓	↑↓ ↑↓	↑↓	↑↓ ↑↓	↑↓ ↑↓
分子轨道	1sσ	2sσ	2pσ	2pπ	3sσ	3pσ	3pπ	3dσ	3dπ	3dδ

对于分离原子近似下的分子轨道，A≠B 异核和 A＝B 同核情况下的分子轨道的电子填充次序分别为

异核：$\sigma 1s_A, \sigma 1s_B, \sigma 2s_A, \sigma 2s_B, \sigma 2p_A, \pi 2p_A, \sigma 2p_B, \pi 2p_B, \cdots$

同核：$\sigma_g 1s, \sigma_u 1s, \sigma_g 2s, \sigma_u 2s, \sigma_g 2p, \pi_u 2p, \pi_g 2p, \sigma_u 2p, \cdots$

由于后面讨论的分子轨道成键作用，实际的填充次序与这儿写的次序不全相同。另外对于分离原子近似轨道，像联合原子近似一样，每个 σ 轨道中最多只能有两个电子，每个 π,δ,⋯轨道中最多可有 4 个电子。

当然分子实际情况既不是核间距 $R \to 0$ 的联合原子型，也不是 $R \to \infty$ 的分离原子型，而是介于这两种极端近似之间，不同分子的 R 不同。常把联合原子的分子轨道与分离原子的分子轨道关联起来，就可大致把分子轨道随分子的核间距由小到大的过渡情况表示出来。图 3.3.2 上图和下图即为异核和同核分子的轨道相关图，图中已把各轨道按能量次序排列起来[3,14]。两种极端轨道之间的连线要遵守以下规则：(1) 由下往上 σ 与 σ，π 与 π 相连，这是因为 λ 总是守恒不变；(2) 由于此，相同类型轨道连线也不能相交；(3) 对同核分子，对称性相同的轨道才能相连，因此，分离原子近似的 $\sigma_g 1s, \sigma_u 1s, \pi_u 2p$ 轨道只能分别与联合原子近似的 1sσ，2pσ、2pπ 相连。还有一点要指出，异核分子的分离原子的两组能级不再重合，相互距离与核电荷 Z_A、Z_B 有关，因而相关图的形式不是唯一的，图是两组原子能级比较接近的相关图。

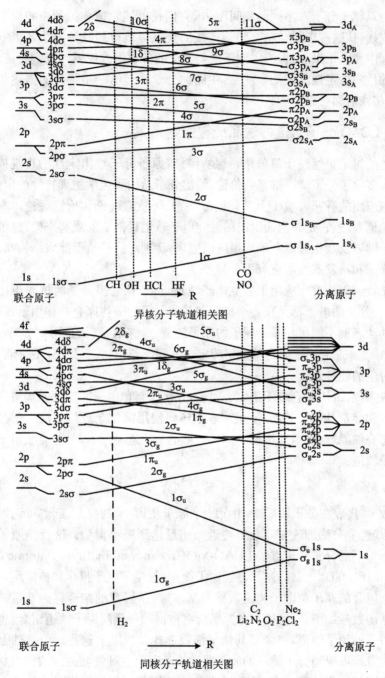

图 3.3.2 异核和同核双原子分子的轨道相关图

各种双原子分子有不同的核间距 R，它们在上述轨道相关图中相应于某一条竖直的虚线，从这些虚线与各个轨道连线的交点可以得到此种分子各个电子轨道的能量次序和电子组态，再考虑到下面要讨论的各轨道的成键与反键特征，便可以对分子的性质做定性的推测。注意，中间的分子轨道已经用了新的描述和标示方法，它们将在后面讨论。

3.3.2 LCAO 分子轨道方法和成键原则

以上的讨论仍然过于简单化，只是针对双原子分子给出定性的直观描述。为了能用在多原子分子情况解释共价键，给出分子结构和化学物理特性的定量描述，现在普遍应用的有两种量子力学理论方法：分子轨道理论和价键理论。本段先讨论分子轨道方法，它是在上面给出的独立电子轨道近似下发展起来的，把价键理论中双电子键以及杂化等概念和成果应用进来，特别对描述轨道能级结构和跃迁，阐明分子光谱和激发态性质更有用[10,13~16]。

分子轨道理论首先应用了独立电子轨道近似，认为当分子的核间距接近到成键距离时，分子的电子都是在各个核势和其他电子的平均库仑势作用下独立运动，它的运动状态就不能再用每个原子的原子轨道 φ_j 来表征，而是用一个确定的单电子波函数 ψ_i 来描述，ψ_i 满足单电子薛定谔方程(3.3.3)式，每个分子轨道 ψ_i 有一个与之对应的能量 E_i。

一般来说，平均库仑势不是中心力场，直接求解单电子薛定谔方程来得到单电子波函数和能量是不行的，分子轨道理论还要使用第二个近似方法。现在普遍是利用状态叠加原理，近似地用原子的某些单电子轨道 φ_j 的线性组合轨道来描述单电子分子轨道：

$$\psi_i = \sum_j c_{ji}\varphi_j \tag{3.3.4}$$

组合系数 c_{ji} 代表在分子轨道 Ψ_i 中第 j 个原子轨道 φ_j 的权重，起着可调参数的作用，通过线性变分法即改变其数值使近似能量达到极小得到。这就是原子轨道线性组合近似下的分子轨道方法 LCAO-MO(linear combination of atomic orbitals-molecular orbital)。当然，这儿已经做了简化，忽略了电子排斥和核排斥势。

参加组合的原子单电子波函数称为基函数，基函数的结合称为基组。可以适当选择基函数参加组合，可以是各原子所有占据的价壳层原子轨道组合，也可加上某些未占据的原子轨道，或者是其他基函数形式。在以上这些近似基础上严格求解薛定谔方程以得到分子能级的波函数和能量以及各种性质的方法称为从头计算法。在实际的从头计算法中，常常不是选用真实的原子轨道，而是采用 Slater 型或

Gauss 型函数来构造基函数。

式(3.3.3)中通常只有少数几个原子轨道贡献较大,为简化起见,经常只采用两个轨道成对组合,也能得到近似结果。下面讨论这些轨道能够成键的条件,也就是对组合轨道的要求。

若两个原子 A 和 B 各提供一个原子轨道 φ_a 和 φ_b 参与组合,设轨道的能量 $E_a < E_b$,利用变分法可以计算出线性组合的两种分子的近似轨道波函数和能量分别为

$$\begin{cases} \psi_+ = c_{a1}\varphi_a + c_{b1}\varphi_b = N_+(\varphi_a + k\varphi_b), & E_+ = E_a - h \\ \psi_- = c_{a2}\varphi_a + c_{b2}\varphi_b = N_-(k\varphi_a - \varphi_b), & E_- = E_b + h \end{cases} \quad (3.3.5)$$

其中,N_+ 和 N_- 是归一化因子,两个原子轨道的能量 E_a 和 E_b、相对权重因子 k、能量移动 h、交换能 β 和波函数重叠因子 S 分别为

$$\begin{cases} E_a = \int \varphi_a^* H \varphi_a \mathrm{d}\tau, \quad E_b = \int \varphi_b^* H \varphi_b \mathrm{d}\tau \\ k = \dfrac{c_{b1}}{c_{a1}} = -\dfrac{c_{a2}}{c_{b2}} = -\dfrac{h}{\beta} \\ h = \dfrac{1}{2}\{[(E_b - E_a)^2 + 4\beta^2]^{1/2} - (E_b - E_a)\} \geqslant 0 \\ \beta = \int \varphi_a^* H \varphi_b \mathrm{d}\tau, \quad S = \int \varphi_a^* \varphi_b \mathrm{d}\tau \end{cases} \quad (3.3.6)$$

组合系数 c_{a1}、c_{b1}、c_{a2}、c_{b2} 及 k 和 h 与两个原子轨道的能量差 $E_b - E_a$ 及波函数重叠 S 有关。当两原子相距很远波函数没有重叠时,$S \to 0$,$\beta \to 0$,从而 $h = 0$,$E_+ = E_a$,$E_- = E_b$,表明原子不成键。一般情况下,$h > 0$,ψ_+ 是成键分子轨道,两个原子轨道同位相相加,对应的能量是 E_+,比能量较低的原子轨道的能量 E_a 低 h;ψ_- 是反键分子轨道,两个原子轨道反位相相加,对应的能量是 E_-,比能量较高的原子轨道的能量 E_b 高 h,如图 3.3.3 所示。

分析以上公式可以得到原子轨道能够有效组合成分子轨道的条件[13~16]。首先,两原子波函数重叠 S 越大,β 就越大,h 也越大,成键效应也越强。原子的内层电子比外层电子在空间分布上更靠近原子核,原子形成分子时它们的内层电子还是更多地局域于自身的原子核附近。因此,两原子内层轨道重叠很少,实际上不参与成键,这种基本上是原来原子轨道的分子轨道称为非键轨道。在处理成键问题时,只考虑原子的价电子轨道就能得到分子轨道的主要特征。

在核间距固定情况下要求波函数有最大重叠也就是要求它们的分布不均匀,较长较细,有较突出的方向。这样两原子波函数在这些特定方向相对取向才有最大重叠,即成键倾向于发生在轨道角度分布有最大值的方向上,这是共价键有方向

性的原因。图 2.1.8 显示除 s 轨道外其他原子轨道都具有方向性,尤其是 p_z、p_x、p_y 和 d_{z^2} 最突出。例如,p_z 轨道在 z 方向有最大值,s 轨道只能在 z 方向与 p_z 有最大重叠。

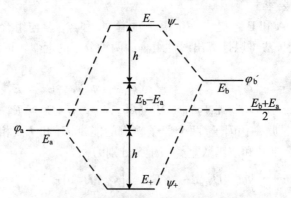

图 3.3.3 成键和反键分子轨道能级图

其次,如果 $E_b - E_a \gg 2\beta$,则 $h \approx 0$,$c_{a1} \ll c_{b1}$,$c_{b2} \ll c_{a2}$,这两个原子轨道就不能形成有效的分子轨道,其成键轨道和反键轨道实际上是原来能量较低和较高的原子轨道。只有能量相近的原子轨道才能组合形成有效的分子轨道使能量移动 h 变大,而且能量越接近,h 越大,成键能级的能量降低越多,成键效应越显著。

第三,成键要求对称性匹配即要求两原子轨道相对键轴有相同的对称性。图 2.1.8 显示 s 轨道是球对称的,对过球心的任一轴作旋转和过 z 轴平面的反映操作均不变,p_z 轨道对过 z 轴的旋转和过 z 轴平面的反映也是对称的,因此 s 轨道与 s、p_z 轨道以及 p_z 轨道与 p_z 轨道对过 z 轴的旋转和过 z 轴平面的反映有相同的对称性,s 轨道能与 s 或 p_z 轨道组合成成键分子轨道,p_z 轨道与 p_z 轨道也能组合成成键分子轨道。而 p_x 和 p_y 轨道则对过 z 轴的旋转不对称,对过 z 轴平面的反映一般不对称,s 或 p_z 轨道就不能与对称性不同的 p_x 或 p_y 轨道组合成分子轨道。此外,s 轨道还能与 d_{z^2} 轨道成键,p_x 轨道只能与 p_x 或 d_{xz} 轨道成键,p_y 轨道只能与 p_y 或 d_{yz} 轨道成键,$d_{x^2-y^2}$ 轨道只能与 $d_{x^2-y^2}$ 轨道成键。

因此,不是任意的两个原子轨道都能组合成成键分子轨道,以上三条成键原则即能量相接近、波函数重叠大和对称性匹配就是各原子轨道能够有效地组合成分子的成键轨道需要满足的条件,这是分子轨道理论的第三个要点。

以最简单的氢分子离子 H_2^+ 为例,它有一个电子,它的基态分子轨道是由两个氢原子的等价 1s 轨道组合而成的,因而 $E_a = E_b$,计算给出 $k = 1$,$c_{a1} = c_{b1}$,$c_{a2} = -c_{b2}$,有

$$\psi_+ = N_+(\varphi_a + \varphi_b), \quad \psi_- = N_-(\varphi_a - \varphi_b)$$

它们的能级图与图 3.3.3 相似,只是两原子的能量相等,成键分子轨道能量 E_+ 降低的量与反键分子轨道能量 E_- 升高的量相同。两个分子轨道的波函数和电子云的分布如图 3.3.4 所示[17],其中(a)图是成键分子轨道,(b)图是反键分子轨道,A

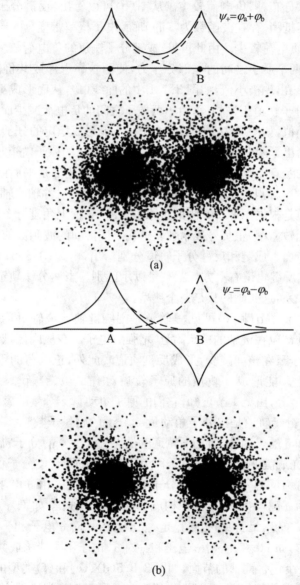

图 3.3.4 H_2^+ 的成键和反键分子轨道的波函数和电子云的分布图

点和 B 点分别标示两个原子核。各个图的上方表示波函数的叠加情况,虚线是叠加前的,实线是叠加后的。曲线下方是波函数的平方的空间分布点密度平面图,将图平面绕两质子连线旋转 180°即成为电子云的分布。从图(a)可以看出,成键分子轨道没有波函数为零的节面,电子概率密度$|\psi_+|^2$ 除在两核周围分布较大外,在两核之间也有较大分布,即负电荷较多。从图(b)可以看出,反键分子轨道在两核之间的波函数相互抵消,存在波函数为零的节面,电子概率密度$|\psi_-|^2$ 在两核之间分布反而减少,即负电荷较少。由此可见,成键分子轨道的负电荷较多地集中在两质子之间,抵消了两个质子之间的一部分斥力,使两核靠近形成共价键,系统总的势能降低,势能曲线出现极小值,如图 3.1.1 中的曲线(1),从而形成稳定的束缚态分子 H_2^+。反键分子轨道正好相反,由于两质子之间的负电荷减少而使斥力增大,势能曲线没有极小值,如图 3.1.1 中的曲线(3),不能形成稳定的分子。

图 3.3.5 给出了两个同种核属于同一主量子数 n 的原子轨道组合成的某些分子轨道波函数的示意图[10,13~16],除(g)是立体图外,其他都是平面图。两原子核 A 和 B 在图上用两个黑点表示,它们之间的连线是水平向对称轴 z 轴,在这儿也就是键轴。原子轨道是根据图 2.1.8 画的过原子核的 xz 面上角度分布图,分子轨道线画的是其等波函数值图,正负号表示各轨道在不同区间的波函数值正负,虚线表示波函数为零的节面。成键和反键分子轨道分别给出,由式(3.3.5)中波函数 ψ_+ 和 ψ_- 确定,通常在反键轨道右上方标"*"号以示区别。当然分子轨道图与两核之间的距离有密切关系,这儿画的只是一个典型。

由图 3.3.5(a)、(b)和(c)可见,σ 轨道是围绕键轴 z 成轴对称的,波函数叠加时增强或抵消的部位在键轴的中点附近,增强时电子云在核间区域密集,形成成键轨道;抵消时电子云在核间减少,形成反键轨道。此外,正电荷的重心与负电荷的重心均在键轴上。能形成 σ 轨道的原子轨道对有 $s-s$、$s-p_z$、$s-d_{z^2}$、p_z-p_z、$p_z-d_{z^2}$、$d_{z^2}-d_{z^2}$ 等,由 2.1 节可知,它们的原子角动量 z 分量的磁量子数 m_l 都等于 0。而双原子分子轨道是按分子角动量 z 分量的磁量子数 $\lambda=|m_l|=0$、1 和 2 来分类为 σ、π 和 δ 的。因此,所谓 σ 轨道就是 $\lambda=m_l=0$ 的分子轨道,分成键 σ 和反键 σ^* 轨道。在成键 σ 轨道上的电子称为成键 σ 电子,它使分子稳定;在反键 σ^* 轨道上的电子称为反键 σ 电子,它使分子有离解的倾向。由 σ 电子的成键作用构成的共价键称为 σ 键,由一个 σ 电子构成的叫单电子 σ 键,如 H_2^+;由一对 σ 电子构成的叫 σ 键或单键,最常见,也最稳定,如 H_2;由一对 σ 电子和一个 σ^* 电子构成的叫三电子 σ 键,如 He_2^+;一对 σ 电子和一对 σ^* 电子不可能构成共价键。

π 轨道有一个包含键轴的节面,如图 3.3.5(d)、(e)和(f)类型的轨道。波函数叠加时增强或抵消的部位不在键轴上,增强时电子云在核间区域密集,抵消时电子

云在核间减少。此外，正、负电荷的重心均不在键轴上。能形成 π 轨道的原子轨道对有 $p_x - p_x$、$p_x - d_{xz}$、$p_y - p_y$、$p_y - d_{yz}$、$d_{yz} - d_{yz}$、$d_{xz} - d_{xz}$ 等。同样可知，它们都是磁量子数 $m_l = \pm 1$ 的原子轨道，π 轨道就是 $\lambda = |m_l| = 1$ 的分子轨道，也分成键 π 和反键 π^* 轨道。同样，在成键 π 轨道上的电子称为成键 π 电子，在反键 π^* 轨道上的电子称为反键 π 电子；由 π 电子的成键作用构成的共价键称为 π 键，与 σ 电子一样，有单电子、双电子和三电子 π 键。

同样，如图 3.3.5(g) 类型的 δ 轨道有两个包含键轴的节面，能形成 δ 轨道的原子轨道对有 $d_{xy} - d_{xy}$、$d_{x^2-y^2} - d_{x^2-y^2}$，是两个成键原子的对称性匹配的 d 轨道面对面重叠形成的，δ 轨道就是 $\lambda = |m_l| = 2$ 的分子轨道。

分子如果有多个同类型的轨道，为了区分常从能量最低的开始进行编号，如 $1\sigma_g, 2\sigma_g, 3\sigma_g$。有时为了表明分子轨道的来源，将其写在轨道符号前面，如 $1\sigma_g n s, 2\sigma_g n p$。

同核双原子分子的对称轴的中点为对称中心，有些 σ 与 δ 成键轨道和 π 反键轨道对这一中心反演（即 i 变换）是对称的，标为 $\sigma_g, \pi_g, \delta_g$；有些 σ 与 δ 反键轨道和 π 成键轨道对这一中心反演是反对称的，标为 $\sigma_u, \pi_u, \delta_u$，这可以从图 3.3.5 的(a)、(b)、(d)、(f) 和 (g) 上看出。但也有些由不同种原子轨道组合的分子轨道不存在这种对称性，如 (c) 和 (e) 图上的 σ 和 π 轨道。另外，从图上还可看出，这几种 σ 轨道对通过键轴的任何平面反映（即 σ_v 变换）都是对称的，而 π 轨道有两个对称平面 yz 和 xz，σ_v 变换分别为奇和偶，δ 轨道则分别有两个对称平面使 σ_v 变换为奇和偶，其他过 z 轴的平面都没有这种对称性。异核双原子分子不存在对称中心，也就没有 g 和 u 对称性，但它们对围绕分子轴旋转操作仍保持不变，故 λ 仍是好量子数，只有前一种表示方法，如 σ 或 σ^*。

如果两原子轨道的能量不同，$E_a < E_b$，分子轨道 (3.3.5) 式中 k 有关系 $0 \leqslant k \leqslant 1$，因而成键轨道 ψ_+ 中 φ_a 的系数大于 φ_b 的系数，电子密度偏向能量较低的 A 核，这个原子更容易获得电子，即原子 A 的电负性比原子 B 大。因此，能量较低的成键轨道以电负性较大的原子的轨道为主要成分，反键轨道则以电负性较小的原子的轨道为主要成分，合成的结果使分子轨道的电荷分配不均，分子轨道波函数不完全与图 3.3.5 相同，导致异核双原子分子产生极性，具有非零电偶极矩。但这种电荷分配不均并不影响 σ_v 变换的对称性，异核双原子分子轨道的 σ_v 变换与上述同核双原子分子相同。

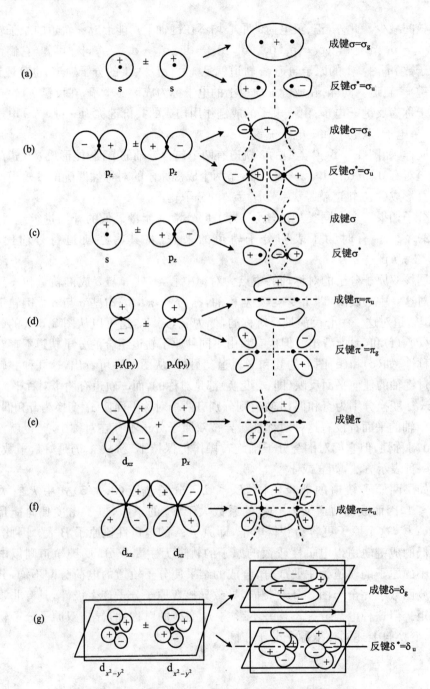

图 3.3.5 两个同核原子轨道组合成分子轨道的示意图

3.3.3 价键方法

现在来讨论价键理论[10,12~16],它起源于用量子力学方法计算氢分子基态能量。氢分子的薛定谔方程为

$$H\psi(1,2) = E\psi(1,2) \tag{3.3.7}$$

如不考虑弱的与自旋相关的磁相互作用,即分离轨道运动和自旋运动近似下,只考虑两个电子与原子核以及它们之间的静电相互作用,H_2 分子的哈密顿算符为

$$H = -\frac{h^2}{2m_e}\nabla_1^2 - \frac{h^2}{2m_e}\nabla_2^2 - \frac{e^2}{4\pi\varepsilon_0 r_{a1}} - \frac{e^2}{4\pi\varepsilon_0 r_{b1}}$$

$$- \frac{e^2}{4\pi\varepsilon_0 r_{a2}} - \frac{e^2}{4\pi\varepsilon_0 r_{b2}} + \frac{e^2}{4\pi\varepsilon_0 r_{12}} + \frac{e^2}{4\pi\varepsilon_0 R} \tag{3.3.8}$$

式中 r 是一个电子与一个原子核或另一个电子的距离,r 的下标 1 和 2 表示两个电子,a 和 b 表示两个原子核;R 是两个原子核的距离。第一、二项为两个电子的动能,第三、四和五、六项分别为电子 1 和 2 与原子核 a 和 b 的库仑势能,第七、八项为两电子之间和两原子核之间的排斥势能。

现在来求氢分子的薛定谔方程的解,以基态为例说明。与 He 原子的情况不同,一个电子是在两个原子核作用下运动,与氢分子离子 H_2^+ 的情况也不同,要考虑两个电子之间的静电作用。因此要精确求解波函数不可能,零级波函数也必须用近似方法得到。当两原子核远离也即 $R \to \infty$ 时,可以近似地认为电子 1 在原子核 a 周围运动,电子 2 在原子核 b 周围运动,互相独立。设 r 是电子的空间坐标 (r,θ,φ),于是得到氢分子基态的近似的零级能量解是两个氢原子基态能量 E_H 之和,近似的零级空间坐标波函数是两个基态氢原子波函数 $\varphi(r_{a1})$ 和 $\varphi(r_{b2})$ 的乘积:

$$\begin{cases} E_0 = 2E_H \\ \varphi^{(0)}(1,2) = \varphi(r_{a1})\varphi(r_{b2}) \end{cases} \tag{3.3.9}$$

在分离轨道运动和自旋运动近似下,总波函数是空间坐标波函数与自旋坐标波函数的乘积。考虑到两个费米电子的全同粒子交换效应和泡利原理,类似 2.5 节中 He 原子的讨论,要求两粒子坐标交换总波函数 ψ 是反对称的,也就是要求或者是空间波函数 φ 对称、自旋波函数 χ 反对称,或者是空间波函数反对称、自旋函数对称。因此,零级近似波函数应为

$$^1\psi(1,2) = \varphi_S(1,2)\chi_A(1,2) = c_1[\varphi(r_{a1})\varphi(r_{b2}) + \varphi(r_{b1})\varphi(r_{a2})]\chi_A(1,2) \tag{3.3.10}$$

$$^3\psi(1,2) = \varphi_A(1,2)\chi_S(1,2) = c_2[\varphi(r_{a1})\varphi(r_{b2}) - \varphi(r_{b1})\varphi(r_{a2})]\chi_S(1,2) \tag{3.3.11}$$

式中 $\chi_A(1,2)$ 和 $\chi_S(1,2)$ 由式(2.5.6)确定,但归一化系数 c_1 和 c_2 与 He 的式(2.5.5)中的不同,不是常数,也不相等。这是因为实际上氢分子中两原子并不相距 ∞,括号中两项并不正交,两电子波函数重叠积分不为零。

再用微扰论方法,把电子之间、核之间和电子与另一核的作用作为微扰加到哈密顿算符中,在薛定谔方程(3.3.7)式中代入上述零级近似波函数,利用线性变分法可以求出 R 有限的氢分子基态波函数的系数 c_1 和 c_2 以及能量一级微扰解:

$$c_1^2 = \frac{1}{2(1+S^2)}, \quad c_2^2 = \frac{1}{2(1-S^2)} \quad (3.3.12)$$

$$\begin{cases} {}^1E = E_n + E_{n'} + \dfrac{e^2}{4\pi\varepsilon_0 R} + \dfrac{C+J}{1+S^2} \\ {}^3E = E_n + E_{n'} + \dfrac{e^2}{4\pi\varepsilon_0 R} + \dfrac{C-J}{1-S^2} \end{cases} \quad (3.3.13)$$

式中 S 是重叠积分,描述两个电子波函数在空间各点乘积对整个空间的积分,反映它们的重叠程度,重叠多,S 大。C 是库仑积分,给出 A 原子中电子 1 对 B 原子中电子 2 的库仑排斥能,以及电子 2 对 a 核和电子 1 对 b 核的库仑吸引能。J 是交换积分,由全同粒子交换对称性的要求而得到。S^2、C 和 J 由下列公式给出:

$$S^2 = \left[\int \varphi(r_{a1})\varphi(r_{b1}) \mathrm{d}^3 r_1\right]\left[\int \varphi(r_{a2})\varphi(r_{b2}) \mathrm{d}^3 r_2\right] \quad (3.3.14)$$

$$C = \frac{e^2}{4\pi\varepsilon_0} \iint \varphi(r_{a1})\varphi(r_{b2}) \left(\frac{1}{r_{12}} - \frac{1}{r_{a2}} - \frac{1}{r_{b1}}\right) \varphi(r_{a1})\varphi(r_{b2}) \mathrm{d}^3 r_1 \mathrm{d}^3 r_2 \quad (3.3.15)$$

$$J = \frac{e^2}{4\pi\varepsilon_0} \iint \varphi(r_{a1})\varphi(r_{b2}) \left(\frac{1}{r_{12}} - \frac{1}{r_{a2}} - \frac{1}{r_{b1}}\right) \varphi(r_{a2})\varphi(r_{b1}) \mathrm{d}^3 r_1 \mathrm{d}^3 r_2 \quad (3.3.16)$$

算出积分后可以得到氢分子基态电子组态形成的两个态能量的一级微扰近似值 ${}^1E$ 和 ${}^3E$,它们分别对应于自旋波函数反对称的单重态 ${}^1\Sigma$ 和自旋波函数对称的三重态 ${}^3\Sigma$,${}^1\Sigma$ 是基态,${}^3\Sigma$ 是激发态。能量近似值是核间距 R 的函数,如图 3.3.6 左边所示,纵坐标以两个氢原子基态能量之和为 0,此曲线反映势能函数。

由图可见,${}^3\Sigma$ 态随 R 减小能量单调上升,总是大于 0,原子间相互作用为斥力,不能形成稳定分子。而 ${}^1\Sigma$ 态在一段区间能量 <0,吸引力大于排斥力,能够形成稳定分子。图中也给出 $e^2/(4\pi\varepsilon_0 R) + C/(1+S^2)$ 曲线,可以看到它只有一个很浅的极小值,因此,仅靠普通平均库仑力是不足以构成稳定氢分子的,量子力学交换效应产生的交换能在形成稳定分子中起了决定性作用。

比较式(3.3.16)和式(2.5.9)可知,氢分子中 $J<0$,而氦原子中 $J>0$,因而氢分子与氦原子相反,自旋单重态能级低。这一点是由于氢分子中是两个核而不是一个核对两个电子存在库仑吸引力造成的。由式(3.3.10)和式(3.3.11)可知,当两电子在两原子核之间靠近时,即 $r_{a1} \sim r_{a2} \sim r_{b1} \sim r_{b2}$ 时,反对称空间波函数由于相减而使 $\varphi_A \sim 0$,三重态存在概率较小,而对称空间波函数由于相加而使 φ_S 大,单重态存在概率较大。这可以从图 3.3.6 右边理论计算的这两个态的电子概率密度分布图中看出,这是一个等高图,图中数字表示概率密度的相对值,1 最小,6 最大。因此,两个电子靠近并处在两个核之间,对应于自旋反对称、坐标对称的 $^1\Sigma$ 态,这时电子与两个核之间吸引力都大,对应的能量低。而自旋对称、坐标反对称的 $^3\Sigma$ 态对应于两电子远离,电子只与一个核吸引力大,对应的能量高。而在氢原子情况,只有一个核,两电子远离的坐标反对称三重态的电子排斥力小,对应的能量低,因此,三重态能级低。从这儿和前面氢分子离子的讨论中可以很清楚地看到共价键是怎么通过状态叠加原理形成的。

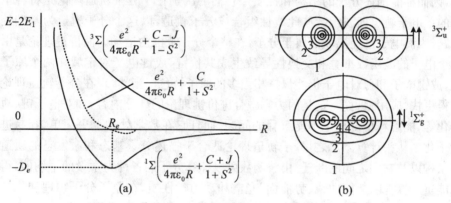

图 3.3.6　氢分子最低两个态的势能函数(a)和电子概率密度分布(b)

从上面两个氢原子形成氢分子的讨论中可见,若两个原子分别有一个未配对的价电子,当两原子靠近时,两个电子波函数开始重叠,从而自旋相反地配对形成共价键,成键电子对定域在两个成键原子之间,波函数重叠越多键越强,这就是价键理论的要点。

能形成共价键的轨道称为成键轨道,形成 σ 轨道的共价键叫 σ 键,形成 π 轨道的共价键叫 π 键。但如果一个原子的某个轨道被自己的两个电子占据,则它们形成一对自旋相反的孤对电子,没有成键能力,这样的轨道被称为孤对轨道。孤对轨道是非成键轨道,原子的内层轨道都被电子填满,因而都是非键轨道,不用考虑。以这一理论为基础,发展并推广到更复杂分子的共价键处理,就形成了化学键的价键理论。

由此可见,原子具有未成对的电子是形成共价键的先决条件。各具有一个未配对电子的原子 A 和 B 可形成一个单键分子 A—B;具有两个未配对电子的原子 C 和 D 可形成双键分子 C=D,或形成两个单键分子 A—C—B;还可以有三键等更多未配对电子的原子的成键情况。实际上原子中未配对的电子数就是原子价。

  价键理论也可以解释共价键的饱和性和方向性。一个电子和另一个电子配对后就不能再与第三个电子配对,原子未配对电子数是一定的,因此,原子形成共价键的数目是一定的,这就是共价键的饱和性。一个原子轨道的成键能力取决于它与其他原子轨道的重叠程度,因此,有效的共价键总是倾向于在两个原子轨道的角度分布有最大值的方向上发生,这样才能使重叠最大,这就是共价键的方向性。

  总之,分子轨道理论和价键理论是处理共价键的两种基本理论方法,它们都是在应用量子力学状态叠加原理和全同费米子交换对称性原理的基础上发展起来的,因而都能描述分子的结构和性质。它们的区别在于分子轨道理论是将各个原子的单电子轨道即波函数彼此线性组合成分子轨道,以这个分子轨道为基础处理问题,因而电子已经离域而属于分子,在整个分子范围内运动。而价键理论是由于两个电子的波函数重叠和交换性导致生成共价键,成键电子对定域在两个原子之间,成键电子和孤对电子仍然保持相当多的原子特色。当然,现在分子轨道理论发展得更快、应用得更多,这是因为它融合进价键理论的部分内容,如双电子键、轨道杂化等,能解释价键理论不能解释的问题,而且它在数学处理上更简单,容易进行量子化学从头计算。总之,分子轨道理论适合于描述分子基态和激发态的轨道能级结构以及它们之间的跃迁,由波函数可以计算分子的各种力学量的平均值,得到总能量、电离能、势能曲线、势能面、光谱和动力学性质,在原子分子物理和化学中用得较多;而分子价键理论适合于处理分子基态的性质,如分子的化学键、化学反应、磁性、几何构形和离解能等,在化学和凝聚态物理中用得较多。Mulliken 因分子轨道理论获 1960 年诺贝尔化学奖,福井谦一因前线轨道理论及 Hoffmann 因分子轨道对称守恒原理获 1980 年诺贝尔化学奖,Pople 因量子化学计算特别是分子轨道从头计算,以及 Kohn 因密度泛函理论获 1998 年诺贝尔化学奖。

3.3.4 杂化轨道方法

  上述简单的分子价键理论仍然过于理想化,稍微复杂的情况就不能解决,问题在于它只是使用两个原子的各一条轨道来形成共价键。例如,实验给出 CH_4 分子表现出四个等价键,键角为 $109°28'$,为正四面体型分子。H 原子的价电子是 4 个 1s 电子,而 C 原子的价电子是两个 2s 电子和两个 2p 电子,两个 2s 电子形成孤对电子,不参与成键;如果形成共价键放出的能量使一个 s 电子激发到 2p 轨道,则 3 个 p 电子形成的 C—H 键互相垂直,1 个 s 电子形成的 C—H 键的方向本可以在任意方向，但这个 H 原子的电子受到其他 3 个 H 原子电子的排斥作用，使这个 C—H 键与其他 3 个 C—H 键成 125°16′角度而能量最低。这样 CH_4 的四个键不等价，键角也不对，无法解释。为此发展了杂化轨道理论[10,12,14]。

所谓杂化，是指同一原子的能量相近的不同种类原子轨道的线性组合，这时参与成键的轨道不再是纯粹的 s、p、d 原子轨道 φ_i，而是 n 个轨道 φ_i 线性组合成的 n 个新轨道，第 k 个新轨道 h_k 为

$$h_k = c_{k1}\varphi_{k1} + c_{k2}\varphi_{k2} + \cdots + c_{kn}\varphi_{kn}, \quad k = 1,2,\cdots,n \quad (3.3.17)$$

式中 c_{ki} 是归一化系数，c_{ki}^2 表示在第 k 个杂化轨道中原来第 i 个轨道所占的百分比，有 $c_{k1}^2 + c_{k2}^2 + \cdots + c_{kn}^2 = 1$。这样的新轨道就叫杂化轨道，混合过程就叫原子轨道的杂化。

由态叠加原理，杂化轨道同参与组合的原子轨道一样，也是原子中单电子可能存在的状态，于是这些杂化轨道上的电子可以与其他原子的电子成键。注意，杂化轨道和 LCAO 分子轨道虽然都是不同的原子轨道线性组合成的新轨道，但后者是一个分子内有一定距离的不同原子的原子轨道的线性组合，两原子轨道重叠越多越能成键，而杂化轨道则是有共同核心的同一原子的原子轨道的线性组合，杂化只是使它们的形状和夹角发生变化，杂化轨道的电子云在某些方向比纯轨道更聚集突出，如后面图 3.3.7 例子所示，因而用它与其他原子的合适轨道重叠的成键能力更强，这也就是原子轨道为什么要杂化的原因。当然，杂化轨道与 LCAO 分子轨道的另一个不同是它的能量介于参与杂化的轨道的能量之间，这种杂化要能产生，要求参与杂化的两个轨道之间的能量差不大。在这里不同种类原子轨道之所以能产生杂化，是由于共价键的形成改变了原子轨道的能量，从而使杂化成为可能。

杂化轨道有等性和不等性之分，某一条原始轨道在生成的各个杂化轨道中的贡献相同的称为等性杂化，贡献不相等的是不等性杂化。例如，sp^3 杂化中生成的第 k 条杂化轨道 $h_k = c_{k1}s + c_{k2}p_x + c_{k3}p_y + c_{k4}p_z$，等性杂化即在生成的 4 条杂化轨道中 s 轨道有相同成分：$c_{11}^2 = c_{21}^2 = c_{31}^2 = c_{41}^2 = c_1^2 = 1/4$。两条等性杂化轨道 k 和 l 之间的夹角 θ_{kl} 相等，对原始轨道 i 来说不等性和等性杂化轨道之间的夹角也是键角，分别由下面两式确定[13~15]：

$$\cos\theta_{kl} = -\sqrt{\frac{c_{ki}^2 c_{li}^2}{(1-c_{ki}^2)(1-c_{li}^2)}}, \quad \cos\theta_{kl} = -\frac{c_i^2}{1-c_i^2} \quad (3.3.18)$$

由下面讨论的几种典型的杂化轨道例子可以看到，原子轨道杂化之后使杂化轨道在角分布最大值方向上伸展得更远，并且杂化轨道之间夹角更大，这两点增加了不同原子轨道成键时的重叠，减小了杂化原子的成键电子对之间及与孤对电子

之间的排斥。这样形成的杂化轨道能量变低,对原子轨道组合成分子轨道更有利,也就是说杂化使成键能力提高。由于影响分子几何构形的是原子轨道的角度部分,因此,杂化轨道理论主要用于解释多原子分子的几何构形,在处理时可用原子轨道的角度部分来代替原子轨道。

(1) sp 杂化。这是由一条 s 轨道和一条 p 轨道形成的两条杂化轨道。由于 p 轨道可以有不同方向,sp 杂化轨道可以是等性或不等性。不过通常 sp 杂化是指 s 和 p_z 轨道形成的等性杂化轨道。这时 s 轨道在每条杂化轨道中的成分占 1/2,由此 $\cos\theta = -1$,两条杂化轨道之间的键角 $\theta = 180°$。由于 p_z 沿 z 轴,两条杂化轨道沿 z 轴指向相反方向,为直线形,一头大一头小,如图 3.3.7(a)。N_2、CO、CO_2、C_2H_2、HCN 等有 sp 杂化轨道。

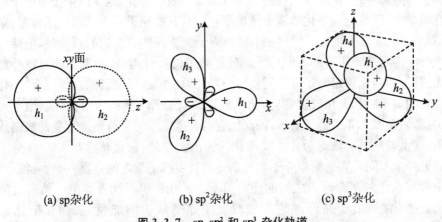

(a) sp 杂化　　(b) sp^2 杂化　　(c) sp^3 杂化

图 3.3.7　sp、sp^2 和 sp^3 杂化轨道

(2) sp^2 杂化。这是由一条 s 轨道和两条 p 轨道形成的三条杂化轨道。通常 sp^2 杂化是指 s、p_x 和 p_y 轨道形成的等性杂化轨道,s 轨道在每条杂化轨道中占 1/3,即 $c_{kl}^2 = 1/3$,各条杂化轨道之间的键角 $\theta = 120°$。由于 p_x 和 p_y 分别指向 x 和 y 轴,这三条杂化轨道共 xy 面,排列成正三角形,互成 120° 夹角,也是一头大一头小,如图 3.3.7(b)。BF_3、C_2H_4、C_4H_6、C_6H_6、SO_3 分子和石墨晶体等有 sp^2 杂化轨道,因此石墨是层状结构。

(3) sp^3 杂化。这是由一条 s 轨道和三条 p 轨道形成的四条杂化轨道。通常 sp^3 杂化是指 s、p_x、p_y 和 p_z 轨道形成的等性杂化轨道,s 轨道在每条杂化轨道中占 1/4,即 $c_{kl}^2 = 1/4$,各键角 $\theta = 109°28'$,比原来 p 轨道之间夹角 90° 大。四条杂化轨道分别从正六面体或正四面体的中心指向顶点,也是一头大一头小,如图 3.3.7(c)。CH_4、NH_4^+、C_2H_6、C_3H_8、$CHCl_3$ 分子和金刚石晶体有 sp^3 杂化轨道,C_{60} 既

有 sp^2 也有 sp^3 杂化轨道,如 1.4 节中所述。

(4) 不等性杂化。上面讨论的三种杂化是等性杂化轨道,但它们的键角也可能由于某种因素而偏离上述正常值成为不等性杂化轨道。由于偏离的原因不同,不等性杂化的方案不具有唯一性,要由实验确定的键角和键长来决定。

至于各种杂化轨道的具体例子,将在后面讨论分子的电子态结构时给出。

除了上面介绍的几种常用的杂化轨道之外,还有其他一些杂化轨道,例如 d-s-p 杂化轨道(包括 dsp^2、dsp^3 和 d^2sp^3 轨道),它是原子的 d 轨道能量与 s 和 p 轨道的能量相近时形成的。第 2 章中讨论的过渡元素原子的 d 轨道就是 d-s-p 杂化轨道,例如,铁族元素原子的 3d 轨道与 4s 和 4p 轨道杂化,形成的 d-s-p 杂化轨道与各种配位体结合成络合物就产生一些特殊性能。当然 d-s-p 杂化轨道也有等性与不等性杂化轨道之分。

杂化概念和方法不仅用在价键理论,而且在分子轨道理论中也被广泛使用。这是由于分子轨道是原子轨道的线性组合,同一原子的不同种类原子轨道的杂化线性组合自然地可以放到分子轨道理论中。

3.4 双原子分子电子态的能级结构

有了用原子轨道线性组合方法形成各种分子轨道后,就可以进一步讨论如何用这些分子轨道形成分子的轨道能级,再由分子的电子组态形成谱项和电子态,最后给出若干典型例子。本节先讨论双原子分子的电子态能级结构。

3.4.1 分子的轨道能级

氢分子有两个电子,类似前面讨论的氢分子离子,基态分子轨道也由两个氢原子的 1s 轨道线性组合而成,这两个电子都可以处在图 3.3.3 上的能量较低的成键轨道 ψ_+ 上。实际上 ψ_+ 和 ψ_- 这两个轨道就是图 3.3.5(a)中给出的分子 $\lambda=0$ 的 σ_g 成键和 σ_u 反键轨道,在分子轨道理论中用 $1\sigma_g$ 和 $1\sigma_u$ 来表示氢分子的这两个最低轨道,两个电子处在能量较低的成键 $1\sigma_g$ 轨道上,自旋方向相反。对照价键理论,$1\sigma_g$ 和 $1\sigma_u$ 轨道对应的分子态就是图 3.3.6 上的自旋波函数反对称的单重态 $^1\Sigma$ 基态和自旋波函数对称的三重态 $^3\Sigma$ 激发态。

量子力学可以证明由 k 个原子轨道线性组合成的分子轨道应有 k 个,如 H_2

分子基态两个原子轨道只能组合成两个分子轨道。这也容易理解，每个原子的 s 轨道最多容纳两个电子，两个原子的 s 轨道线性组合的分子轨道最多容纳 4 个电子，而一个分子的 σ 轨道最多也只能容纳两个电子，因而只能组合成两个分子 σ 轨道。

p 轨道有向量性质，沿任一轴向的 p 轨道可表示为 p_x、p_y 和 p_z 的线性组合，两个同核原子的 p 轨道可以线性组合成 $\Lambda=0$ 的 σ_g 和 σ_u 分子轨道（由两个 p_z 轨道组合成）和 $\Lambda=1$ 的 π_g 和 π_u 二重简并轨道（由两个 p_x 或 p_y 轨道组合成），共 6 个，最多可占有 $2\times2+2\times4=12$ 个电子。每一对组合均生成一个成键和一个反键轨道，σ_g、π_u 为成键类，σ_u、π_g 为反键类，如图 3.3.5(b) 和 (d)。

现在来讨论 N_2 分子的轨道能级。氮原子电子组态为 $1s^2 2s^2 2p^3$，当两个 N 原子结合成 N_2 分子时，根据 LCAO 分子轨道方法，能量相等或相近的同类型原子轨道可结合成分子轨道。因此，一个 N 原子的 1s、2s、$2p_x$、$2p_y$、$2p_z$ 轨道可分别与另一个 N 原子的同类型轨道结合而生成 10 个分子轨道，其轨道能级次序可由图 3.3.2 的 N_2 分子轨道相关图中看出。14 个电子占据其中 7 个，优先占据能量低的轨道，如图 3.4.1(a) 所示。原子的内层电子更多地局域于自身的原子核附近，两原子内层轨道 1s 重叠很小，合成的分子轨道 σ_g1s 和 σ_u1s 更接近原子轨道 1s，实际上不参与成键。两个内价轨道 2s 合成分子轨道 σ_g2s 和 σ_u2s。由两个 $2p_z$ 轨道组合成的 σ_g2p 和 σ_u2p 分子轨道比由两个 $2p_x$、$2p_y$ 轨道组合成的 π_g2p 和 π_u2p 分子轨道成键作用更强，分裂大，形成图 3.4.1(a) 排列。这是由于 p_z 轨道沿 z 轴方向延伸，两个 p_z 是头对头（如图 3.3.5(b) 所示）组合成 σ 轨道，波函数重叠大；而两个 p_x、p_y 轨道是肩并肩（如图 3.3.5(d) 所示）组合成 π 轨道，重叠小。

这样的同核双原子分子轨道能级图仍然是过于理想化的，适合于 O_2 及以后的分子，而与 N_2 分子的实验给出的最高占领轨道是 σ_g 不符。当然可以通过调整轨道组合作用大小来改变 σ_g 和 σ_u 的次序，但引入杂化概念常常是有用的。无杂化时的 2s 以及 $2p_z$ 轨道的线性组合为：$\sigma_g 2s = N_1(2s_A + 2s_B)$，$\sigma_u 2s = N_2(2s_A - 2s_B)$，$\sigma_g 2p = N_3(2p_{zA} + 2p_{zB})$，$\sigma_u 2p = N_4(2p_{zA} - 2p_{zB})$。$N_2$ 分子中有杂化时，原子自身的 2s 和 $2p_z$ 先形成 sp 杂化轨道：$h_1 = N_5(2s + k2p_z)$，$h_2 = N_6(k2s - 2p_z)$，杂化轨道的能量介于形成它的原子轨道的能量之间。然后将它们形成的杂化轨道线性组合成分子轨道：$2\sigma_g = N_7(h_{2A} + h_{2B})$，$3\sigma_u = N_8(h_{2A} - h_{2B})$；$3\sigma_g = N_9(h_{1A} + h_{1B})$，$2\sigma_u = N_{10}(h_{1A} - h_{1B})$。$h_{2A}$ 与 h_{2B} 主要是 $2p_z$ 轨道，它们的相互作用大，组合的 $2\sigma_g$ 与 $3\sigma_u$ 间隔比主要是 2s 轨道的 h_{1A} 与 h_{1B} 组合的 $3\sigma_g$ 与 $2\sigma_u$ 间隔大，使 $2\sigma_g$ 低于 $3\sigma_g$，如图 3.4.1(b) 所示[10,17]。

同类型的任意两个分子轨道之间还有相互作用，如 $2\sigma_g$ 与 $3\sigma_g$，$2\sigma_u$ 与 $3\sigma_u$。这

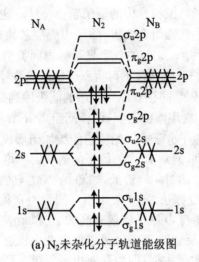

(a) N_2未杂化分子轨道能级图

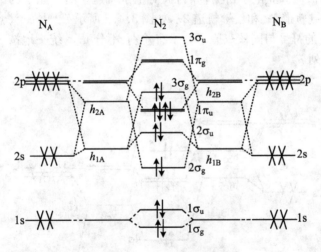

(b) N_2杂化分子轨道能级图

图 3.4.1　氮分子的轨道能级图

种作用是两轨道的能量向相反方向移动,能量差变大,使 $3\sigma_g$ 和 $3\sigma_u$ 上升,$2\sigma_g$ 和 $2\sigma_u$ 下降,从而使 $3\sigma_g$ 超过 $2\sigma_u$,$2\sigma_g$ 低于 $2\sigma_u$。N_2 分子中的各个 N 原子的另外两个 p 轨道 $2p_x$ 和 $2p_y$ 相互无杂化的线性组合成 $1\pi_u$ 成键和 $1\pi_g$ 反键分子轨道,$3\sigma_g$ 和 $3\sigma_u$ 也超过了 $1\pi_u$ 轨道,使弱成键轨道 $3\sigma_g$ 成为最高被占据轨道。N_2 分子的正确分子轨道能级如图 3.4.1(b)所示。

注意,在最后的 N_2 分子轨道能级图中,用了符号 $1\sigma_g$、$1\sigma_u$、$2\sigma_g$、$2\sigma_u$、$1\pi_u$、$3\sigma_g$、

$1\pi_g$、$3\sigma_u$ 等,去掉分离原子轨道符号中的原子轨道符号。这是因为现在的分子轨道已经是原子轨道杂化后的线性组合轨道,除了内壳层芯轨道 $1\sigma_g$ 和 $1\sigma_u$ 之外,不再与特定的原子轨道相一致。σ、π 前的数字只是标志同类型分子轨道的能量增加次序,如 $2\sigma_g$ 能量比 $1\sigma_g$ 高。目前这种不再写原子轨道的符号已普遍用于同核双原子分子。N_2 分子的能级序列是同核双原子分子的能级序列的最可能的一种,另一种可能的次序是 $1\pi_u$ 和 $3\sigma_g$ 次序颠倒,这与两核间距离 R 有关,见图 3.3.2。

下面再讨论异核双原子分子 CO 的轨道能级如何形成。将两个原子各轨道能级按它们的能量大小排列,通常 Z 大的原子的能级由于电子与核的库仑作用大而比与之结合的另一个原子的对应轨道低,如 O 的 2s 比 C 的 2s 低。CO 的杂化情况与 N_2 有很大不同,C 和 O 原子的 sp 杂化轨道能量差别很大,使 C 原子能量较低的 2s 和 $2p_z$ 杂化轨道 h_{1C} 与 O 原子能量较高的 2s 和 $2p_z$ 杂化轨道 h_{2O} 相匹配,组合成分子成键轨道 4σ 和反键轨道 6σ。另外两个杂化轨道 h_{1O} 和 h_{2C} 形成非成键轨道 3σ 和 5σ,为两对孤立电子占据,即为孤对电子轨道。两个原子的 $2p_x$、$2p_y$ 轨道组合成分子成键轨道 1π 和反键轨道 2π,如图 3.4.2 所示[19,16,13]。注意由于不存在 g、u 对称性,用的符号与同核双原子分子有差别,不分 g、u,统一地按 σ、π、δ 从 1 顺序增加往上排列。

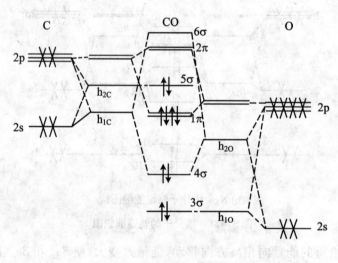

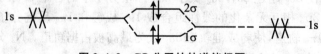

图 3.4.2 CO 分子的轨道能级图

在量子化学中常用 HOMO 表示最高占据的分子轨道（highest occupied molecular orbit），用 LUMO 表示最低未占据分子轨道（lowest unoccupied molecular orbit）。例如，N_2 的 HOMO 是 $3\sigma_g$，LUMO 是 $1\pi_g$。这两个轨道又叫前线轨道。化学中前线轨道理论认为分子在反应过程中首先起作用的是前线轨道，反应时电子从一个分子的 HOMO 流向另一个分子的 LUMO，导致旧键的断裂和新键的形成，完成一个化学反应。要使反应能进行，HOMO 和 LUMO 之间必须满足前面给出的分子轨道成键三条件：两轨道的能量相近、波函数最大重叠和对称性匹配。

3.4.2 电子组态、谱项和分子态

分子的电子组态类似原子的电子组态，用分子的各电子所占轨道按能量由低到高的排列次序表示。为此通常可利用同核或异核双原子分子轨道相关图上的能量高低次序，只是分子轨道符号去掉其中的原子轨道符号部分，按上面规则在前面加上数字编号，如图 3.3.2 中间。当然每个分子还要根据实验结果做必要修正。

当形成分子基态时，原来处在分立的各原子轨道上的电子像原子物理中情况一样，将按如下一些原则移入分子轨道[16]：

(1) 泡利原理，即每一条分子轨道上至多只能容纳两个电子，它们的自旋必须相反。当然对于二重简并轨道 π、δ 等至多可以容纳 4 个电子，这些电子构成一个次壳层。

(2) 最低能量原理，即在不违背泡利原理的前提下，电子将首先占据能量最低的分子轨道。

(3) 洪特定则，即在简并轨道上，电子将首先分占不同轨道，并且自旋方向相同。这个规则是近似的。

注意，对于分子激发态，只有泡利原理不能违反，电子可以占据较高能量分子轨道而使较低能量分子轨道空着。

现在来讨论如何得到分子谱项。在原子情况，首先得到原子轨道及其填充次序，然后据此给出原子的电子组态，并由角动量耦合模型推出原子谱项。分子情况也类似，首先由分子轨道理论得到分子轨道，然后电子填充这些轨道而形成分子的电子组态，最后由角动量矢量耦合模型将各个轨道电子的角动量耦合成分子的总角动量，从而得到分子谱项和电子态。分子轨道和电子组态前面已讨论，下面讨论如何由角动量耦合得到分子谱项和电子态[3]。

在多电子分子情况下，各个角动量的耦合很复杂。分子中内层电子主要围绕它的原子核运动，起主要作用的是价电子。价电子围绕所有原子核和内层电子运

动,它们的轨道半径较大,轨道贯穿效应不严重,受到的有效静电作用的正电荷 Z^* 小,这两点使电子自身的自旋-轨道耦合作用较小,通常可以把各个电子的轨道运动和自旋运动分离开来近似处理。要求出总角动量首先要求出各个价电子的总轨道角动量和总自旋角动量,然后在弱的自旋-轨道耦合作用下它们再耦合成总角动量,即为 LS 耦合。

在独立电子近似下,分子的总轨道角动量 L 是各个价电子的轨道角动量 l_i 之和,$L = \sum l_i$。对双原子分子来说,守恒的是电子在轴对称电场方向上的轨道角动量,即在这个分子对称轴方向上的各个价电子的轨道角动量分量 $l_{iz} = m_{li}\hbar$ 和总轨道角动量分量 $L_z = M_L\hbar$,L_z 是各个 l_{iz} 之和,$L_z = \sum l_{iz}$。与上节讨论的单电子情况一样,由于在电场对称轴相反方向对应于 M_L 值为正和负的态是能量简并的,但具有不同 $|M_L|$ 值的态的能量是不同的,在双原子分子中有意义的是量子数 $\Lambda = |M_L|$。因此,我们用量子数 Λ 来标示和分类分子的电子能量和能级状态,Λ 是各个电子的轨道角动量量子数 m_{li} 的代数和的绝对值,可以取值为

$$\Lambda = |M_L| = \left|\sum m_{li}\right| = 0, 1, 2, \cdots, L \tag{3.4.1}$$

双原子分子的电子态是按 $\Lambda = 0, 1, 2, 3, \cdots$ 分为 $\Sigma, \Pi, \Delta, \Phi, \cdots$ 分子态,分别具有确定的能量和轨道角动量 L_z,L_z 的值为

$$L_z = M_L\hbar = \pm\Lambda\hbar \tag{3.4.2}$$

$\Lambda = 0$ 的 Σ 态是单态,$\Lambda \neq 0$ 的 Π、Δ、Φ 等态是双态,两者角动量值相反,能量相同,是能量简并态。

现在考虑电子自旋的影响。电子自旋不受电场影响,分子总自旋角动量 S 是分子中各电子自旋角动量 s_i 按矢量相加方法合成的结果:

$$S = \sum s_i \tag{3.4.3}$$

每个电子的自旋量子数 s 为 1/2,合成的总自旋量子数 S 可以取零、半整数和整数。

由于总轨道角动量 L_z 在对称轴 z 方向,如果电子的 $\Lambda \neq 0$,则电子轨道运动在 z 方向产生磁场,它作用于电子的总自旋磁矩,使总自旋角动量在 z 方向产生 $2S+1$ 个分量 $M_S\hbar$,其量子数 M_S 在分子光谱中常用 Σ 代替:

$$\Sigma = M_S = \pm S, \pm(S-1), \cdots \tag{3.4.4}$$

注意,由于是磁场作用,与 Λ 不同,Σ 有相同数值不同符号的态有不同能量,需要分别给出。当然,$\Lambda = 0$ 的 Σ 态不存在磁场对总自旋 S 的作用,量子数 Σ 没有意义。

进一步考虑弱的电子自旋-轨道耦合作用。在不计及电子运动与分子的核运

动耦合的情况下,分子的总角动量 $J = L + S$,有意义的是在分子对称轴 z 方向的总角动量 Ω,如图 3.4.3 所示。Ω 的量子数 $\Omega = |\Lambda + \Sigma|$,但取值由 $\Lambda + \Sigma$ 决定,有 $2S + 1$ 个:

$$\Lambda + \Sigma = \Lambda \pm S, \Lambda \pm (S-1), \cdots \tag{3.4.5}$$

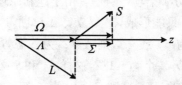

图 3.4.3 分子的电子运动角动量相加

因此,对应一个 Λ 态有 $2S+1$ 个分子多重态。分子的光谱项或称谱项用量子数 Λ 和 S 以下列方式来标记:

$$^{2S+1}\Lambda \tag{3.4.6}$$

分子的电子态或称分子态还要加上 $\Lambda + \Sigma$(而不是 Ω),以下列方式来标记:

$$^{2S+1}\Lambda_{\Lambda+\Sigma} \tag{3.4.7}$$

例如,两个 $\lambda = 0$ 的 σ 电子组态 σ^2 能组合成 $\Lambda = 0$ 的 Σ 态,两个电子合成的 $S = 0$ 和 1,谱项为 $^1\Sigma$ 单重态和 $^3\Sigma$ 三重态。两个 $\lambda = 1$ 的 π 电子组态 π^2 组合的 $\Lambda = 0 (M_L = +1-1)$ 或 $2(M_L = +1+1$ 或 $-1-1)$,谱项为 $^1\Sigma$ 与 $^1\Delta$ 单重态和 $^3\Sigma$ 与 $^3\Delta$ 三重态。再如 $\Lambda = 1, S = 3/2$ 的多电子分子的谱项为 $^4\Pi$,电子态为四重态:$^4\Pi_{5/2}, ^4\Pi_{3/2}, ^4\Pi_{1/2}$ 和 $^4\Pi_{-1/2}$,后两个态虽然 $\Omega = 1/2$ 相同,但能量不同,分别标记。

但通常只用谱项来分类表示分子态。由于分子中存在若干个谱项符号相同的分子态,像原子一样,分子态更完整的标记应将分子的电子组态放在谱项前以示区别,但这很麻烦,常常用字母 $X, A, B, C, \cdots$ 及 $a, b, c, \cdots$ 加在谱项符号前以示区别。X 表示电子基态,与基态有相同多重性的谱项前用大写字母 $A, B, C, \cdots$;与基态多重性不同的谱项前用小写字母 $a, b, c, \cdots$。

更完全的分子态表示还要在右下角标出 i 变换宇称,在右上角标出 σ_v 变换宇称。两个电子组态形成的 i 变换宇称由各电子的宇称按下列规则给出[13]:u×u = g×g = g, u×g = u。多个电子组态的宇称可以由此进一步得到。量子力学可以证明[13]:ππ 组态形成的两个 $^3\Sigma$ 和 $^1\Sigma$ 分子态对 σ_v 变换各有一个 + 和 -,即有 $^3\Sigma^+, ^3\Sigma^-, ^1\Sigma^+$ 和 $^1\Sigma^-$,而形成的其他种类分子态 Π, Δ, Φ 是两重简并态,经 σ_v 变换后两个简并态互换,不具有平面对称性。δδ 组态也有这种情况。

满壳层电子组态如 σ^2, π^4 和 δ^4 有类似原子物理的一个规则,就是它们的所有电子合成的总轨道角动量、总自旋角动量和总角动量均为 0,它们的电子态为 $^1\Sigma$,同核双原子分子为 $^1\Sigma_g$,它们对各种总角动量没有贡献。因此,在求谱项和分子态时不用考虑分子电子组态中满壳层电子的贡献,仅考虑所有非满壳层内的电子。

表 3.4.1 给出某些非等效电子组态所能形成的分子谱项,表 3.4.2 给出某些等效电子组态所能形成的分子谱项[1]。后者由于泡利原理限制,形成的谱项要少。如两个等效 π 电子组态 π^2 只能形成 $^1\Sigma^+$、$^3\Sigma^-$、$^1\Delta$ 谱项,这是由于两个 π 电子的 n 和 l 相同,$\lambda=1$,若 m_l 均为 +1 或 -1,则 $\Lambda=2$,为 Δ 态,这时两个电子必为自旋反平行,即一个为 $m_s=1/2$,另一个为 $-1/2$,这样 S_z 和 S 必为零,即为单重态 $^1\Delta$;若一个电子的 $m_l=+1$,另一个为 -1,则 $\Lambda=0$,为 Σ 态,这时可以形成两电子自旋平行的 $^3\Sigma^-$ 态和反平行的 $^1\Sigma^+$ 态。三个等效 π 电子组态 π^3 比满壳层差一个电子,谱项与一个 π 电子同,为 $^2\Pi$ 谱项。至于等效电子与非等效电子混合情况,可先对一种角动量求和,再对其他求和。例如 $\sigma\pi^2$ 电子组态,先求等效电子 π^2 的谱项,然后 σ 电子再与得到的三个谱项求和得到表 3.4.2 中的 4 个谱项。

表 3.4.1 某些分子非等效电子组态能形成的分子谱项

电子组态	σ	π	σσ	σπ	ππ	σδ	πδ	δδ	σσσ	σσπ	σσδ
分子谱项	$^2\Sigma^+$	$^2\Pi$	$^1\Sigma^+$ $^3\Sigma^+$	$^1\Pi$ $^3\Pi$	$^1\Sigma^+,^3\Sigma^-,^1\Sigma^-$ $^3\Sigma^-,^1\Delta,^3\Delta$	$^1\Delta$ $^3\Delta$	$^1\Pi,^1\Phi$ $^3\Pi,^3\Phi$	$^1\Sigma^+,^3\Sigma^+,^1\Sigma^-$ $^3\Sigma^-,^1\Gamma,^3\Gamma$	$^2\Sigma^+,^2\Sigma^-$ $^4\Sigma^+$	$^2\Pi,^2\Pi$ $^4\Pi$	$^2\Delta,^2\Delta$ $^4\Delta$

表 3.4.2 某些分子等效及混合电子组态能形成的分子谱项

电子组态	σ^2	π^2	δ^2	π^3	δ^3	$\sigma\pi^2$	$\sigma^2\pi$	$\sigma^2\delta$	$\pi^2\pi$	$\pi^2\delta$	$\pi^3\sigma$
分子谱项	$^1\Sigma^+$	$^1\Sigma^+,^1\Delta$ $^3\Sigma^-$	$^1\Sigma^+,^1\Gamma$ $^3\Sigma^-$	$^2\Pi$	$^2\Delta$	$^2\Sigma^+,^2\Sigma^-$ $^2\Delta,^4\Sigma^-$	$^2\Pi$	$^2\Delta$	$^2\Pi(3)$ $^2\Phi,^4\Pi$	$^2\Sigma^+,^2\Sigma^-,^2\Delta(2)$ $^2\Gamma,^4\Delta$	$^1\Pi$ $^3\Pi$

3.4.3 若干分子的能级结构

现在来讨论若干具体的分子电子组态、谱项和分子态[10,13,14]。

前面已指出氢分子离子 H_2^+ 基态的一个电子处于能量较低的成键轨道 $1\sigma_g$ 上,它的电子组态为 $1\sigma_g$,这个 σ 电子的 $\Lambda=0,S=1/2$,谱项为 $^2\Sigma_g$,实际是单重态。由图 3.3.5(a)、(b) 和 (c) 可以看出,由 s 和 p_z 轨道组成的 σ 分子成键和反键轨道波函数都是以分子对称轴 z 为键轴成圆柱形对称的,它们对 σ_v 变换也是对称的,为 +,因此,H_2^+ 基态的分子态为 $X\,^2\Sigma_g^+$。

氢分子 H_2 有两个电子,基态第二个电子也进入能量较低的轨道 $1\sigma_g$,电子组态为 $(1\sigma_g)^2$。两个 σ 电子轨道角动量合成的 $\Lambda=0$,自旋合成的 S 可以是 0 或 1,由于泡利原理的限制,在同一轨道上的两电子的自旋方向必须相反,$S=0$,为单重态。两个电子均在宇称为 g 的 σ 轨道上,σ_v 变换也是对称的,因此,氢分子 H_2 基态谱项为 $^1\Sigma_g^+$,分子态为 $X\,^1\Sigma_g^+$。由同核分子轨道相关图 3.3.2 可知,H_2 的第一激发电子组态为 $1\sigma_g 2\sigma_g$,由表 3.4.1 可知,形成的分子态为 $A\,^1\Sigma_g^+$ 和 $a\,^3\Sigma_g^+$。第二激发电子组态为 $1\sigma_g 1\sigma_u$,形成的分子态为 $B\,^1\Sigma_u^+$ 和 $b\,^3\Sigma_u^+$。第三激发电子组态为 $1\sigma_g 1\pi_u$,形成的电子态为 $C\,^1\Pi_u$ 和 $c\,^3\Pi_u$。

如果氢分子中再加一个电子形成氢分子负离子 H_2^-,第三个电子只能进入能量较高的反键轨道 $1\sigma_u$,它将氢分子中两个成键电子的引力抵消一部分,仍为稳态,能够存在。H_2^- 基态的电子组态为 $(1\sigma_g)^2(1\sigma_u)$,谱项仅由 $1\sigma_u$ 电子决定,为 $^2\Sigma_u^+$,分子态为 $X\,^2\Sigma_u^+$。

氦分子正离子 He_2^+ 基态的电子组态为 $(1\sigma_g)^2(1\sigma_u)$,谱项为 $^2\Sigma_u^+$,分子态为 $X\,^2\Sigma_u^+$。氦分子 He_2 基态的电子组态为 $(1\sigma_g)^2(1\sigma_u)^2$,谱项应为 $^1\Sigma_g^+$。但由于氦分子中 $1\sigma_u$ 轨道是两个反键电子形成的,将两个成键电子的引力抵消,因此无法形成稳定的氦分子 He_2。

锂分子 Li_2 有 6 个电子,由图 3.3.2 可知,第 5、6 个电子进入 $\sigma_g 2s$ 轨道,即 $2\sigma_g$ 成键轨道,基态的电子组态为 $(1\sigma_g)^2(1\sigma_u)^2(2\sigma_g)^2$,或记为 $KK(2\sigma_g)^2$,K 表示原子内层 K 轨道已填满电子,实际为原子轨道,不参与成键。最后两个电子是成键的,能形成锂分子 Li_2,基态分子态类似氢分子,为 $X\,^1\Sigma_g^+$。Li_2 的第一激发电子组态是 $(1\sigma_g)^2(1\sigma_u)^2(2\sigma_g)(2\sigma_u)$,与氢分子的不同,分子态为 $A\,^1\Sigma_u^+$ 和 $a\,^3\Sigma_u^+$。

铍分子 Be_2 有 8 个电子,基态的电子组态为 $KK(2\sigma_g)^2(2\sigma_u)^2$,类似于氦分子 He_2 情况,无法形成稳定的铍分子 Be_2 基态 $X\,^1\Sigma_g^+$,但由于 sp 轨道少量杂化,Be_2 在低温下存在。

硼分子 B_2 有 10 个电子,最后两个 p 电子进入成键轨道 $1\pi_u$,能形成分子,基态的电子组态为 $KK(2\sigma_g)^2(2\sigma_u)^2(1\pi_u)^2$。两个电子未填满 $1\pi_u$ 轨道,谱项为 $^1\Sigma_g^+$、$^3\Sigma_g^-$ 和 $^1\Delta_g$,实验给出基态分子态为 $X\,^3\Sigma_g^-$。

碳分子 C_2 有 12 个电子,最后 4 个 p 电子进入成键轨道 $1\pi_u$,结合力较强,能形成分子,基态的电子组态为 $KK(2\sigma_g)^2(2\sigma_u)^2(1\pi_u)^4$,填满 $1\pi_u$ 轨道,基态谱项为 $^1\Sigma_g^+$,分子态为 $X\,^1\Sigma_g^+$。

氮分子的基态电子组态前面已经讨论过，为 $KK(2\sigma_g)^2(2\sigma_u)^2(1\pi_u)^4(3\sigma_g)^2$，基态分子态为 $X\,^1\Sigma_g^+$。由于历史的原因，N_2 分子的标记是例外，基态是单重态，而 $A,B,C,\cdots$ 则加在三重态的激发谱项之前。它的第一电子激发态是电子从 $3\sigma_g$ 跃迁到 $1\pi_g$ 形成的分子态 $a\,^1\Pi_g$ 和 $B\,^3\Pi_g$，第二电子激发态为电子从 $1\pi_u$ 跃迁到 $1\pi_g$ 形成的分子态 $A\,^3\Sigma_u^+,W\,^3\Delta_u,B'\,^3\Sigma_u^-,a'\,^1\Sigma_u^-,w\,^1\Delta_u,b'\,^1\Sigma_u^+$。

O_2 分子有 16 个电子，基态电子组态为 $KK(2\sigma_g)^2(2\sigma_u)^2(3\sigma_g)^2(1\pi_u)^4(1\pi_g)^2$。由于 O 和 F 原子的 2s 和 2p 能量差比 C 和 N 原子大，波函数重叠较小，sp 杂化弱，$3\sigma_g$ 低于 $1\pi_u$，恢复未杂化正常次序。$2\sigma_g$ 和 $2\sigma_u$ 主要是各个 O 原子的 2s 电子组合成的，$3\sigma_g$、$1\pi_u$ 和 $1\pi_g$ 主要是各个 O 原子的 2p 电子组合而成。O_2 分子的基态 HOMO 是未填满的轨道 $1\pi_g$，有两个电子占据，因此 $\Lambda=0(\Sigma),2(\Delta)$，$S=0,1$，这是两个等效电子，受泡利原理限制，只能有 $^1\Sigma_g^+,^3\Sigma_g^-,^1\Delta_g$，实验定出基态分子态为 $X\,^3\Sigma_g^-,a\,^1\Delta_g,b\,^1\Sigma_g^+$。$O_2$ 的第一激发电子组态是电子从 $1\pi_u$ 跃迁到 $1\pi_g$ 形成的 $(1\pi_u)^3(1\pi_g)^3$，分子态为 $c\,^1\Sigma_u^-,A\,^3\Delta_u,A\,^3\Sigma_u^+,B\,^3\Sigma_u^-,a\,^1\Sigma_u^+,a\,^1\Delta_u$，$O_2$ 分子的部分势能函数曲线如图 3.4.4 所示[18]。

F_2 分子又多了 2 个电子，基态电子组态为 $KK(2\sigma_g)^2(2\sigma_u)^2(3\sigma_g)^2(1\pi_u)^4(1\pi_g)^4$，是满壳层，基态分子态为 $X\,^1\Sigma_g^+$。其中除 $1\sigma_g$ 和 $1\sigma_u$ 为两个 F 原子的 1s 电子形成的芯能级轨道外，其余是各个 F 原子的 2s、2p 轨道线性组合而成的。

Cl_2 分子有 34 个电子，基态电子组态为 $KK(2\sigma_g)^2(2\sigma_u)^2(3\sigma_g)^2(1\pi_u)^4(1\pi_g)^4(3\sigma_u)^2(4\sigma_g)^2(4\sigma_u)^2(5\sigma_g)^2(2\pi_u)^4(2\pi_g)^4$，是满壳层，基态分子态为 $X\,^1\Sigma_g^+$。其中 $2\sigma_g-3\sigma_u$ 为 L 壳层轨道组合成的，可以不写而用 LL 代替，$2\sigma_g,2\sigma_u$ 是 2s 电子组合成的，$3\sigma_g,1\pi_u,1\pi_g$ 和 $3\sigma_u$ 是 2p 电子轨道线性组合成的，$4\sigma_g,4\sigma_u$ 主要为 3s 电子组合轨道，之后的 3 个分子轨道主要是 3p 轨道组合成的。

OH 基团有 9 个电子，基态电子组态为 $(1\sigma)^2(2\sigma)^2(3\sigma)^2(1\pi)^3$，是未满壳层，基态分子态为 $X\,^2\Pi$。O 的 1s 轨道和 H 的 1s 轨道能量差太大，可以不考虑它们的组合，1σ 为 O 的 1s 电子形成的芯壳层轨道，其他是 O 的 2s 与 2p 杂化轨道与 H 的 1s 轨道组合成的价电子轨道。由于 O 的 2s 与 2p 能量差也不小，仍可以近似把 2s 作非键轨道 2σ，剩下的 O 的 $2p_z$ 和 H 的 1s 组合成成键的 3σ 轨道和反键的 4σ 轨道，O 的 $2p_x$ 和 $2p_y$ 轨道组合的非键轨道 1π 介于 3σ 和 4σ 之间。

HF 分子的基态电子组态是 $(1\sigma)^2(2\sigma)^2(3\sigma)^2(1\pi)^4$，是满壳层，基态分子态为 $X\,^1\Sigma^+$。1σ 是 F 的内壳层 1s 电子形成的，其他是 F 的 2s 与 2p 杂化轨道与 H 的 1s 轨道线性组合成的价电子轨道。

CO 分子的基态电子组态是 $(1\sigma)^2(2\sigma)^2(3\sigma)^2(4\sigma)^2(1\pi)^4(5\sigma)^2$，前面也已讨论

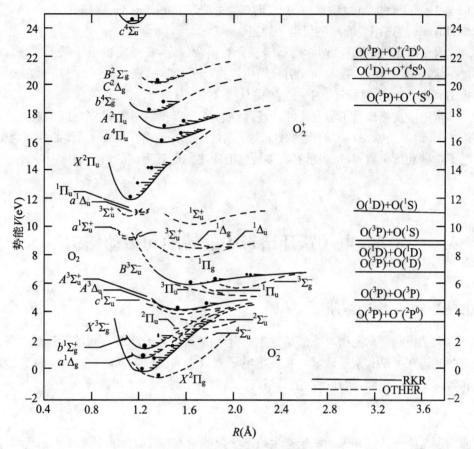

图 3.4.4 O_2 分子的势能函数

过。1σ、2σ 是 O 和 C 的内壳层 1s 电子形成的轨道,其他是价电子轨道线性组合成的,其中 3σ 和 5σ 是孤对电子轨道。基态分子态为 $X\,^1\Sigma^+$。CO 的第一电子激发态是电子从 5σ 跃迁到 2π,分子态为 $a\,^3\Pi$ 和 $A\,^1\Pi$,第二激发态是电子从 1π 跃迁到 2π,分子态为 $a'\,^3\Sigma^+$,$d\,^3\Delta$,$e\,^3\Sigma^-$,$I\,^1\Sigma^-$,$D\,^1\Delta$ 和 $D'\,^1\Sigma^+$。第三激发态是 5σ 跃迁到 6σ,电子态为 $b\,^3\Sigma^+$ 和 $B\,^1\Sigma^+$。

NO 分子的基态电子组态是 $(1\sigma)^2(2\sigma)^2(3\sigma)^2(4\sigma)^2(1\pi)^4(5\sigma)^2(2\pi)^1$,其能级结构类似 CO 分子,只是多的 1 个电子填充到 2π 轨道,是未满壳层,基态分子态为 $X\,^2\Pi$。

HCl 分子的基态电子组态是 $(1\sigma)^2(2\sigma)^2(3\sigma)^2(1\pi)^4(4\sigma)^2(5\sigma)^2(2\pi)^4$,是满壳层,基态分子态为 $X\,^1\Sigma^+$。1σ 是 Cl 的 1s 轨道形成的,2σ 是 Cl 的 2s 轨道形成的,

3σ与1π是Cl的2p轨道形成的,它们都是芯壳层。4σ、5σ、2π是Cl的3s、3p轨道与H的1s轨道组合而成的价电子轨道。

为了简化描述跃迁,国际光谱学联合委员会规定:在给定的电子跃迁中,高态写在前,低态写在后,吸收和发射分别用箭头"←"和"→"表示。例如,$^1\Pi \to {}^1\Sigma$ 表示从 $^1\Pi$ 到 $^1\Sigma$ 态的发射跃迁,$^1\Pi \leftarrow {}^1\Sigma$ 则是从 $^1\Sigma$ 到 $^1\Pi$ 态的吸收跃迁。

至于涉及振动量子数变化的跃迁,例如 $v' = 2$ 与 $v = 3$ 振动态之间的跃迁,记作 $2-3$ 谱带或 $(2,3)$ 带,前面的数字表示高电子态振动量子数 v',后面的数字为低电子态振动量子数 v,带表示有许多转动能级之间跃迁形成的谱线结构。

3.5 电子跃迁谱带中的转动和振动结构

3.5.1 电子振动转动光谱

电子振动转动光谱[1,3,6,10]是发生在分子的不同电子能级之间的跃迁产生的,它的光谱在可见和紫外区域。在发生电子能级之间跃迁的同时,也常伴随有振动和转动跃迁。因此,跃迁所产生的谱线的波数为三种跃迁之和:

$$\tilde{\nu} = \frac{E' - E}{hc} = \frac{\Delta E_e}{hc} + \frac{\Delta E_v}{hc} + \frac{\Delta E_r}{hc} \tag{3.5.1}$$

前两项是电子跃迁和振动跃迁产生的电子振动光谱的波数 $\tilde{\nu}_{ev}$,第三项是由于转动量子数的变化造成的谱线差异,若上、下转动能级量子数分别为 J' 和 J,则有

$$\tilde{\nu}_r = B_e'J'(J'+1) - B_eJ(J+1) \tag{3.5.1a}$$

现在讨论电子振动转动光谱中的转动量子数选择定则。这时跃迁前后的角动量守恒还要考虑电子态的角动量,如果跃迁前后两个电子态都是 $\Lambda = 0$ 的 Σ 态,与振动转动光谱一样,选择定则 $\Delta J = 0$ 被禁止,只有 $\Delta J = \pm 1$ 的光谱,即只有 R 支和 P 支。如果跃迁前后有一个电子态不是 Σ,这个禁戒就不成立。在下一节中给出,在空间反演下,宇称守恒除考虑转动波函数外,振动波函数不考虑,但要考虑电子波函数。因此,在涉及有电子能级的跃迁的谱线中,由于宇称守恒要求而被限制的 $\Delta J = J' - J = 0$ 的跃迁也是可能的,因此有一个电子态不为 Σ 态的电子振动转动光谱中 J 的选择定则为

$$\Delta J = 0, \pm 1 \quad (J' = J = 0 \text{的跃迁除外}) \tag{3.5.2}$$

由此可见,与振动转动光谱中由于 $\Delta J \neq 0$ 的要求而不存在纯振动光谱不同,即使是非极性分子也能产生纯电子振动光谱,不存在缺线。另一点不同是由于 J' 和 J 分属两个不同的电子态,两个势能曲线一般不相同,平衡距离也不相同,$B_e' \neq B_e$,而且可能差得很远。第三点不同是在电子振动转动光谱中,除了在振动转动光谱中原有的 R 支($\Delta J = +1$)和 P 支($\Delta J = -1$)外,还会出现 $\Delta J = 0$ 的 Q 支,转动结构更加复杂,分析更困难。将不同的 ΔJ 值代入转动能量公式(3.5.1a)式,光谱带的三支分别为

R 支($J' = J + 1$):
$$\tilde{\nu} = \tilde{\nu}_{ev} + 2B_e' + (3B_e' - B_e)J + (B_e' - B_e)J^2, \quad J = 0, 1, 2, \cdots$$

P 支($J' = J - 1$):
$$\tilde{\nu} = \tilde{\nu}_{ev} - (B_e' + B_e)J + (B_e' - B_e)J^2, \quad J = 1, 2, 3, \cdots$$

Q 支($J' = J$):
$$\tilde{\nu} = \tilde{\nu}_{ev} + (B_e' - B_e)J + (B_e' - B_e)J^2, \quad J = 1, 2, 3, \cdots \quad (3.5.3)$$

在电子振动转动光谱中,由于两个电子态的势能曲线不相同,振动频率也不相同,而且也不能再看做是简谐振子跃迁,在振转光谱中的 Δv 选择定则要发生变化,初态振动能级量子数 v 和末态振动量子数 v' 不受限制。因此 v 的选择定则为

$$\Delta v = 0, \pm 1, \pm 2, \cdots \quad (3.5.4)$$

由于较高电子态的每个振动态均可与较低电子态的每个振动态组合,(v', v) 带很多。因此,一对电子态之间的跃迁可以包含很多对振动能级之间的跃迁,产生的光谱是由很多个谱带组成的谱带系。为便于分析,把电子谱带系分成若干组[3]。一种分法是把 $\Delta v = $ 常数的挑出来,称为谱带序(sequence),如 $(0,0)$ 序包括 $(0,0)$ 带、$(1,1)$ 带等,$(1,0)$ 序包括 $(1,0)$ 带、$(2,1)$ 带、$(3,2)$ 带等。由于不同谱带系的 B_e' 与 B_e 有些许差异,导致它们不重合。另一种分法是把起始(或终止)于某一振动能级的谱带挑出来,组成谱带列(progression),如 $v = 0$ 的吸收谱带 v' 列是所有起始于 $v = 0$ 到各 v' 的谱带,有 $(0,0)$、$(1,0)$、$(2,0)$ 带等。这儿 v 不变,随 v' 增加,B_e' 与 B_e 的差异变大很多,导致它们之间的间隔也大很多。当然如果涉及不同电子态之间的跃迁,由于后面要讨论的非谐性和非刚性效应更严重,使这些谱带系的 B_e' 与 B_e 的差异又大很多,导致它们之间的间隔大得更多。

分子的电子振动转动光谱与分子的振动转动光谱一样,吸收谱相对发射谱要简单,这是由于在室温下,通常分子处于下面的电子态的 $v = 0$ 的最低振动态,因此只有从 $v = 0$ 能级往上面电子态的各振动能级 v' 的吸收谱带系,即只有 $v = 0$ 的 v' 列,比发射谱少很多。

3.5.2 电子角动量对转动能级的影响

以上讨论把电子运动与核运动分开考虑,在这种玻恩-奥本海默近似下,研究分子的转动时并没有考虑电子运动的影响。事实上分子坐标系的转动会对电子角动量产生科里奥利力作用,使电子运动与核转动耦合。实际的分子总角动量 J 应当是电子的轨道运动角动量 L、电子自旋 S 和核转动角动量 N 的合成:

$$J = L + S + N \tag{3.5.5}$$

真正守恒的量是分子的总角动量 J。前两种在上节中已经讨论了,现在来考虑这对分子的转动能级与转动能量的影响[1,3]。

这种影响以及最后合成的总角动量不像公式那样简单,而与这三种角动量的具体情况和所处的分子环境有关,洪特把它分成以下四种情况:

(1) 洪特情况(a)

核的轴对称电场很强,而且电子轨道运动在核的轴对称方向上产生的磁场也较强,并使电子自旋和轨道运动的耦合强,它们与核的转动运动耦合弱,这适合于 $\Lambda \neq 0$ 和 $S \neq 0$ 的电子态。这时如上节所讨论的,L 和 S 在对称轴上的投影 Λ 和 Σ 合成电子总角动量 Ω。核转动角动量 N 是垂直于对称轴的,它与 Ω 合成分子的总角动量 J,$J = \Omega + N$,如图 3.5.1(a)所示。注意,本节转动角动量量子数用 N 而不是以前所用的 J,以便与总角动量量子数 J 区分。由于 Ω 是 J 的轴向分量,N 可取值 $0,1,2,\cdots$,因此 $J \geqslant \Omega$,有

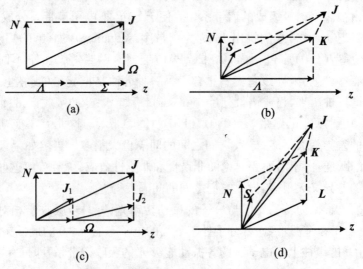

图 3.5.1 分子转动与电子运动的耦合

$$J = \Omega, \Omega+1, \Omega+2, \cdots \tag{3.5.6}$$

由于量子数 S、Σ 和 Ω 可能是半整数,因此 J 也可能是半整数,并且由于 Ω 可以大于零,电子态的转动能级 J 值可能不从 0 开始。如 $^2\Pi$ 态的 $\Lambda = 1$,$\Sigma = \pm 1/2$,$\Omega = 3/2, 1/2$,在自旋轨道耦合作用下,Π 分为两支,J 分别从 3/2 和 1/2 开始,如图 3.5.2 所示。图中虚线能级表示消失的。

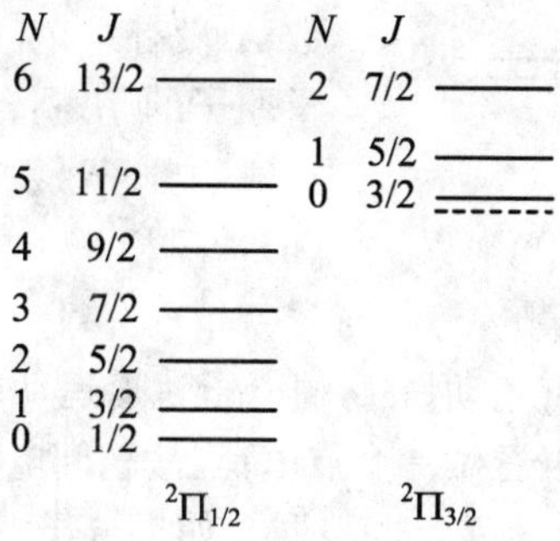

```
  N    J              N    J
  6   13/2 ———        2   7/2 ———
                      1   5/2 ———
  5   11/2 ———        0   3/2 -------
  4    9/2 ———
  3    7/2 ———
  2    5/2 ———
  1    3/2 ———
  0    1/2 ———
       ²Π_{1/2}            ²Π_{3/2}
```

图 3.5.2 洪特情况(a)

转动能量公式要对电子绕对称轴的转动作修正,在仅计及原子核的转动且不考虑离心畸变情况下,不修正的转动能量由式(3.2.9)决定,可以证明:在计及电子角动量即有 $J = N + \Omega$ 情况下,一定电子态 Ω 的考虑到振动态影响的转动能为

$$E_r(J, \Omega) = hcB_{ev}[J(J+1) - \Omega^2] \tag{3.5.7}$$

由量子数 J 和 Ω 决定,即由 N 和 Ω 决定。

(2) 洪特情况(b)

核的轴对称电场很强,而电子轨道运动在核的轴对称方向上产生的磁场很弱,以致电子自旋不再与核轴耦合,Σ 和 Ω 不再有意义。当核转动较强时,也会产生磁场,使电子运动与核转动运动耦合较强,这适合于 $\Lambda = 0$ 的 Σ 电子态,某些有较少电子的 Π、Δ 态也有此种耦合。这时 $\mathbf{\Lambda} + \mathbf{N} = \mathbf{K}$,然后与 $\mathbf{S}$ 耦合,$\mathbf{K} + \mathbf{S} = \mathbf{J}$,如图 3.5.1(b)所示,在这种情况下,有

$$J = K + S, K + S - 1, \cdots, |K - S| \tag{3.5.8}$$

式中 K 由 Λ 和 N 决定。当 $\Lambda = 0$ 时,$K = N$;当 $\Lambda \neq 0$ 时,有

$$K = \Lambda, \Lambda+1, \Lambda+2, \cdots \tag{3.5.9}$$

如 $^2\Sigma$ 态的 $S = 1/2$,$\Lambda = 0$,因此 $K = N$,$J = K \pm 1/2$,除 $K = 0$ 外,每个 K 均分裂为两条,如图 3.5.3 所示。转动能量由量子数 J 和 K 决定。而 $^2\Pi$ 态的 $S = 1/2$,$\Lambda = 1$,能级与 $^2\Sigma$ 类似,只是缺少 $K = 0$ 的能级。

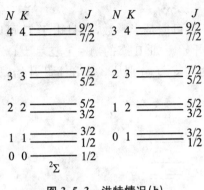

图 3.5.3 洪特情况(b)

(3) 洪特情况(c)

电子的自旋轨道耦合很强,核的轴对称电场较弱,不足以破坏各个原子的电子的 LS 耦合,两个原子的 l_i 和 s_i 先各自耦合成电子总角动量 J_1 和 J_2,它们在对称轴方向的分量相加成 Ω,最后 Ω 与 N 合成 J,量子数 Λ 没有意义,如图 3.5.1(c)所示。像较重原子的 jj 耦合一样,这种情况在重原子组成的分子激发态中存在,转动能量公式与(a)情况相同。

(4) 洪特情况(d)

为分子里德伯态。具有角动量 L 的电子轨道运动的半径比核间距大很多,分子的所有核与内层电子可以看做一个点电荷,故核间电场对电子的作用很弱,使得 L 和 S 均不与它耦合,L 和 S 耦合也很弱。如果分子的转动较强,则 L 与 N 耦合成 K,$L + N = K$,由于 L 不一定垂直于 N,可以有不同的方向,K 取值为

$$K = N + L, N + L - 1, \cdots, |N - L| \qquad (3.5.10)$$

K 再与 S 合成分子总角动量 J,如图 3.5.1(d)所示。但由于自旋轨道耦合作用很弱,能级分裂可忽略。分子电子态基本按 L 值像原子物理一样标记为 S、P、D 态。这种情况主要发生在轻核分子的高激发态。

以上几种情况均是极端理想化条件,前两种最普遍。当分子转动较小时,L 和 S 与核间对称轴有很强的耦合,这是洪特情况(a);当分子转动较大时,分子转动与 L 和 S 的相互作用增强,当使 S 不与核间对称轴耦合时,则过渡到洪特情况(b);当使 L 和 S 都不与对称轴耦合时,则过渡到洪特情况(d)。实际情况往往是复杂的,处在这几种极端情况的过渡区,会使能级和谱线变得更复杂。

3.5.3 弗兰克－康登原理

电子谱带中振动结构不像转动结构那样复杂,它没有矢量耦合问题。现在讨论电子谱带中振动结构的强度分布,它存在一定的规律性,反映电子态的影响,如图 3.5.4 所示的从 $v = 0$ 往上跃迁的吸收谱。它有三种情况,一种是 0←0 带最强,随末态 v' 增大,1←0,2←0,$\cdots$ 谱带强度迅速下降,如图(a)所示,O_2 的 $E\ ^3\Sigma_u^-$ 就是这种情况。另一种是有一极大值分布,如图(b)所示,CO 的 $A\ ^1\Pi$,H_2 的 $B\ ^1\Sigma_u^+$、$C\ ^1\Pi_u$,N_2 的 $b\ ^1\Pi_u$ 就是这种情况。第三种是强度逐渐增强,在短波方向谱带越来越密,最后达连续区,最强的 v' 可以很大,如图(c)所示。发射谱的振动谱带列中各

谱带的相对强度常有两个极大,如图(d)所示[3]。

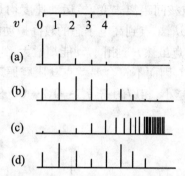

图 3.5.4　电子吸收谱带(a,b,c)和发射谱带(d)中振动谱的强度分布

对这些电子谱带的振动结构的强度分布可用弗兰克-康登(Franck-Condon)原理加以解释[3,10],弗兰克是经典解释,如图 3.5.5 所示,康登为量子力学说明,如图 3.5.6 所示。

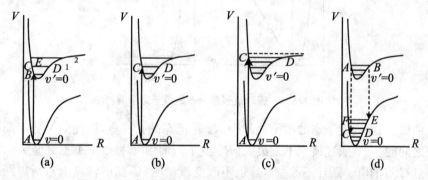

图 3.5.5　电子谱带中振动谱强度分布的势能曲线解释

根据经典考虑,由振动能 $h\nu \approx 50$ meV 可估计核的振动周期为 $T=1/\nu \approx 10^{-13}$ s,而电子跃迁时间或电子重新分布时间 $t \approx s/v \approx a_0/ac \approx 2.4 \times 10^{-17}$ s。弗兰克-康登原理的经典表述为:电子跃迁时间比核振动远快得多,因此在电子跃迁前后核间距离和核的速度几乎不变。核间距离不变意味着上下两条势能曲线之间的竖直跃迁概率最大。因振子处于振动回转点(如图上势能曲线上的 $v'=1$ 的 C、D 点)的速度为零,在振动一周期内所占时间最长(C、D 之间有一定动能,通过得快),因此核的速度不变意味在上下两条势能曲线的回转点之间(速度不变,均为 0)的跃迁概率最大。由这个弗兰克-康登原理可理解上述吸收谱的三种情况对应于图上三种势能曲线。曲线(a)中两条势能曲线的极小值位于几乎相同的核间距 R_e。室

温下分子处在振动 $v=0$ 基态上,按弗兰克-康登原理,从回转点 A 点垂直向上跃迁到 $v'=0$ 的回转点 B 点核间距离未变,核运动速度均是很小,未变,跃迁概率最大,$0\leftarrow 0$ 谱带强度最大。从 A 点到高电子态的较高振动能级 $v'=1$ 上的跃迁也是可能的,但竖直向上到 E 点虽然 R_e 相同,动能却增大,到回转点 C 或 D 点虽动能相同,均为 0,但 R 又不同,因而不符合弗兰克-康登原理,跃迁概率小。v' 越大,不符合越大,跃迁概率就越小,相应的谱带 $1\leftarrow 0,2\leftarrow 0,\cdots$ 的强度迅速减小,即吸收谱(a)情形。

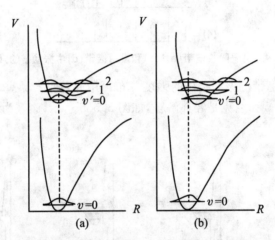

图 3.5.6 振动谱强度分布的量子力学解释

曲线(b)的高电子态的平衡核间距 R_e 比低态的大一些,因此两个势能曲线极小点之间的 $0\leftarrow 0$ 跃迁概率不是最大(R_e 变了),而由 $v=0$ 的 A 点到竖直向上的回转点 C 点的电子跃迁不改变 R_e,也不改变核动能(C 在回转点上),所以跃迁概率最大,也即 $v'_C\leftarrow 0$ 谱带最强,v' 较大或较小的谱带强度都减小,如吸收谱(b)情形。

曲线(c)的高态 R_e 比低态偏离更远,使从 A 到 C 的垂直跃迁所对应的 v' 值很大,甚至到连续区,谱带 $v'_C\leftarrow 0$ 最强,比 v'_C 小的振动能级很多,比 v'_C 大的振动能级相距很小,强度相差不多,吸收谱如(c)情形。

曲线(d)是发射谱情况,高电子态 v' 的回转点为 A 和 B,由弗兰克-康登原理,从 A 或 B 处垂直向下跃迁的概率大,因此末态相应于振动能级 v 为 CD 和 EF 的跃迁强度最大,比 CD 低的 v(即 v 更小)的跃迁强度比到 CD 的小,在 CD 与 EF 间的跃迁强度有一极小值,大于 EF 只能是斜跃迁,强度又比 EF 的小,即 v 有两个极大。

弗兰克-康登原理也可以用量子力学表述。由初态 i 到末态 f 的电偶极跃迁矩阵元 d_{if} 定义为

$$d_{if} = \langle f | d | i \rangle = \int \psi'^* d\psi d\tau \tag{3.5.11}$$

在积分表达式中末态波函数用"'"表示，d 是电偶极矩算符，在忽略转动运动的情况下，它包括电子贡献的偶极矩 d_e 和核贡献的偶极矩 d_N 两部分，$d = d_e + d_N$。$d\tau = d\tau_e d\tau_N$，$d\tau_e$ 和 $d\tau_N$ 分别为电子和核空间中体积元，双原子分子振动情况下，$d\tau_N = dR$。

另外，由玻恩-奥本海默近似，忽略转动时，分子总波函数 ψ 为电子与振动波函数乘积：$\psi = \psi_e \psi_v$。设 v 与 v' 是初、末态振动量子数，$\psi_{v'}$、ψ_v 与 d_N 均是 R 函数，与电子坐标无关，可以从对电子坐标的积分中拿出。因此

$$d_{if} = \iint \psi'^*_e \psi'^*_v (d_e + d_N) \psi_e \psi_v d\tau_e dR$$

$$= \int \psi'^*_v \left[\int \psi'^*_e d_e \psi_e d\tau_e \right] \psi_v dR + \int \psi'^*_v d_N \psi_v dR \int \psi'^*_e \psi_e d\tau_e$$

不同电子态的 ψ_e 是正交的，所以上式第二项为零。第一项方括号内是电子跃迁的电偶极矩，由于分子的 ψ_e 虽然与 R 有关，但跃迁过程中核的坐标来不及改变，对 R 的依赖关系相当小，对 R 的积分可近似看做常数，因此可用平均值 $\bar{d}_e$ 代替而提出积分号：

$$d_{if} = \bar{d}_e \int \psi'^*_v \psi_v dR \tag{3.5.12}$$

由式(2.3.2)知，电偶极跃迁强度正比于电偶极跃迁矩阵元 d_{if} 的平方，因此重叠积分因子

$$q_{v'v} = \left| \int \psi'^*_v \psi_v dR \right|^2 \tag{3.5.13}$$

称为弗兰克-康登因子，不同电子振动态之间的跃迁相对强度与此因子成正比，而此因子决定于两个振动波函数重叠程度，如图 3.5.6 所示。图(a)表示高、低电子态的最低振动态有相同 R_e 的情形，$v' = 0$ 和 $v = 0$ 的振动波函数重叠最好，重叠积分值最大，(0,0)带最强。随 v' 增加，波函数节点增多，重叠积分变小，(1,0)、(2,0)谱带越来越弱。图(b)表示高、低态的 R_e 有相对位移，可见 $v' = 0$ 和 $v = 0$ 的波函数重叠较少，$v' = 2$，$v = 0$ 的重叠最多，因而(2,0)带最强，v' 较大和较小的重叠均少，即图 3.5.4(b)吸收谱情形。由此可见，用量子力学表述的弗兰克-康登原理是：不同电子振动态跃迁的强度与跃迁前后两个振动波函数的重叠积分平方成正比。

3.6 双原子分子波函数的对称性和电子跃迁选择定则

3.6.1 空间反演对称性

在 2.2 节和 3.3 节中已经给出用空间反演宇称 P_V 描述波函数在空间坐标反演下的对称性行为：

$$P_V \psi(X, Y, Z) = \psi(-X, -Y, -Z) \quad (3.6.1)$$

由前面讨论知道，在玻恩-奥本海默近似下，分子总波函数包括双原子质心的平动波函数 ψ_t，质量为折合质量 μ 的原子核的转动和振动波函数 ψ_r 和 ψ_v，电子波函数 ψ_e（包括电子自旋）和核自旋波函数 ψ_I。如果忽略它们之间的耦合，总波函数可写为

$$\psi = \psi_t \psi_r \psi_v \psi_e \psi_I \quad (3.6.2)$$

经典物理中轨道角动量是粒子坐标与动量的矢量积，在空间反演下两者都变号，因而角动量不变号，因此核自旋波函数 ψ_I 在空间反演下不变。一般来说平动不影响分子的能量和光谱，在坐标反演下可认为 ψ_t 是不变的。简谐振动的能量仅与分子的核间距 R 有关，因而振动波函数只是 R 的函数，在坐标反演下也是不变的。这三种核波函数的空间反演均可认为是偶宇称：

$$P_I = P_t = P_v = +1 \quad (3.6.3)$$

以后不再考虑。于是 ψ 的空间反演宇称仅需要考虑原子核转动波函数和电子波函数的空间反演宇称[3]。

在 2.2 节中已证明，原子的空间反演宇称变换相当于球谐函数的 $\theta \to \pi - \theta$，$\varphi \to \varphi + \pi$，宇称 $P_r = (-1)^l$。3.2 节中已给出，分子的转动波函数也是球谐函数，因此，原子的电子角动量规律对核转动角动量也适合，即转动波函数的宇称是

$$P_r = (-1)^J \quad (3.6.4)$$

转动量子数 J 为偶数时转动波函数 ψ_r 为偶宇称，J 为奇数时 ψ_r 为反对称的奇宇称。

现在讨论分子的电子波函数的空间反演宇称。由于自旋角动量在空间反演下不变，因此电子波函数只需考虑与空间坐标有关的部分。需要指出的是，通常电子波函数与核波函数所用的坐标是不同的：描述电子运动用的是固定于分子的坐标

系,记为 xyz,它随分子平动并随分子转动,通常取分子的核对称轴方向为 z 方向;描述核运动用的是固定于空间的坐标系,记为 XYZ,它随分子平动但不随分子转动。我们讨论的宇称特性是指固定于空间的坐标反演。一般情况下电子波函数的宇称较复杂,只有线形分子才比较简单,这儿的讨论适用于双原子分子和线性多原子分子。可以证明[3], ψ_e 在固定于空间的体系 XYZ 中的反演相当于在固定于分子上的以对称轴为 z 轴的 xyz 坐标系中相对 xz 平面的反映操作 σ_v。前面已给出 σ_v 操作的本征值有两种:$+1$ 和 -1,只有 Σ 电子态才有这种平面反映对称性,需特别标出,Σ^+ 为偶态,Σ^- 为奇态。$\Lambda \neq 0$ 的电子态没有这种对称性。注意,这儿的空间反映操作与前面给出的 i 变换有差异,这儿是相对于固定空间 XYZ 坐标系的空间反演,i 变换是相对于分子坐标系 xyz 的空间反演。

于是可以得到分子波函数在空间 XYZ 坐标反演下的宇称为核转动波函数宇称与电子波函数宇称的乘积:

$$P_V \psi = \psi_t \psi_v \psi_I (-1)^J \psi_r P_V \psi_e = \begin{cases} (-1)^J \psi & (\text{对}\ \Sigma^+\ \text{态}) \\ (-1)^{J+1} \psi & (\text{对}\ \Sigma^-\ \text{态}) \end{cases} \quad (3.6.5)$$

即 Σ^+ 电子态的分子波函数宇称为 $(-1)^J$,Σ^- 电子态的分子波函数宇称为 $(-1)^{J+1}$,与转动量子数 J 有关。每个转动能级有 $2J+1$ 个简并态,它们均有相同宇称。通常在转动能级上用 + 或 - 标记 ψ 态的偶或奇宇称。电子态上符号 +、-(即 Σ^+、Σ^-)表示的是电子波函数 ψ_e 在固定于分子的 xyz 坐标系中 σ_v 平面反映的对称性,而转动能级上符号 +、- 表示的是分子波函数 ψ(包括电子波函数和核波函数)在空间坐标 XYZ 系反演下的对称性,即宇称偶奇。

3.6.2 核交换对称性

上面讨论的空间反演宇称对同核与异核分子都适用,下面讨论核交换对称性问题[3]。核交换对称性与宇称是两个概念,它描述两个原子核在坐标交换后波函数的对称性行为,只对全同粒子体系才成立,因此这一段的讨论只适用于同核双原子分子。

分子总波函数包括空间部分与自旋部分,设 q_a 和 q_b 分别是核 a 和 b 的坐标,包括空间和自旋坐标,核交换算符 P_{ab} 对分子波函数的作用相当于两个坐标交换:

$$P_{ab} \psi(q_a, q_b) = \psi(q_b, q_a) \quad (3.6.6)$$

由于核交换包括核的空间坐标交换和自旋坐标交换,设除核自旋波函数 ψ_I 外的分子波函数为 ψ_k,则有 $\psi = \psi_k \psi_I$,核交换作用可以看成是分别作用于 ψ_k 和 ψ_I 的结果。先考虑 ψ_k 对核交换的贡献。由于 ψ_k 包括平动、振动、转动和电子波函数,与宇称反演情况相同,在核交换时不影响平动和振动波函数,仅考虑转动和电子波函数。由于转动 ψ_r 已不包含核自旋坐标，$P_{ab}\psi_r$ 只与核的空间坐标交换有关。对核空间波函数来说，同核双原子分子两个核的空间交换相当于坐标反演，因此由前面给出的 ψ_r 的空间反演结果，有

$$P_{ab}\psi_r = (-1)^J \psi_r \quad (3.6.7)$$

至于电子波函数，如前段所述，只需考虑空间坐标有关部分，它是在固定于分子上的 xyz 坐标系中描述的。可以证明[3]：在固定于空间的 XYZ 坐标系中，核交换对 ψ_e 的作用相当于在固定分子上的 xyz 坐标系的 σ_v 变换后再接着空间反演 i 变换。前者有 + 和 − ，后者有 g 和 u 偶态与奇态之分。因此 P_{ab} 对 ψ_k 作用总效果为两者相乘：

$$P_{ab}\psi_k = (-1)^J \psi_r P_{ab}\psi_e = \begin{cases} (-1)^J \psi_k & (\text{对} \Sigma_g^+, \Sigma_u^- \text{态}) \\ (-1)^{J+1} \psi_k & (\text{对} \Sigma_g^-, \Sigma_u^+ \text{态}) \end{cases} \quad (3.6.8)$$

即对 Σ_g^+ 和 Σ_u^- 电子态，$J = 0, 2, 4, \cdots$ 的转动能级对核交换是对称的，记为 s；$J = 1, 3, 5, \cdots$ 的是反对称的，记为 a。而对 Σ_g^- 和 Σ_u^+ 电子态，则正相反。这与空间反演宇称 P_V 不完全相同，两者均画在图 3.6.1 上。

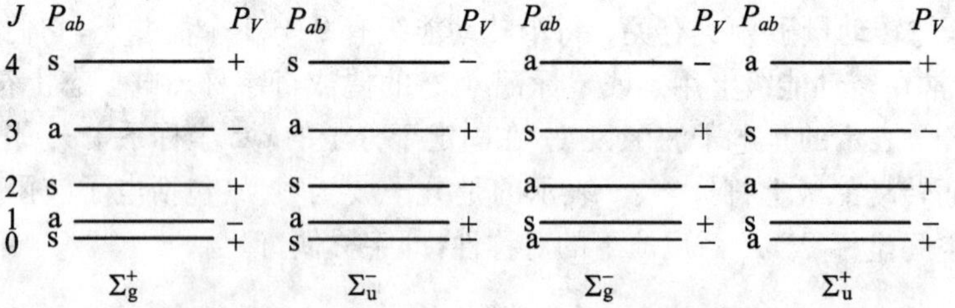

J	P_{ab}	P_V	P_{ab}	P_V	P_{ab}	P_V	P_{ab}	P_V
4	s	+	s	+	a	−	a	−
3	a	−	a	−	s	+	s	+
2	s	+	s	+	a	−	a	−
1	a	−	a	−	s	+	s	+
0	s	+	s	+	a	−	a	−
	Σ_g^+		Σ_u^-		Σ_g^-		Σ_u^+	

图 3.6.1 同核双原子分子的转动能级的空间反演宇称和核交换宇称

下面考虑核自旋波函数对核交换对称性的贡献。类似原子中对电子交换对称性的名称，在核交换时核自旋波函数是对称的分子称为正类分子，反对称的称为仲类分子。自旋量子数为 I 的核有 $(2I+1)$ 种可能的取向，即有 $(2I+1)$ 个能量简并的核自旋函数。同核双原子分子的总核自旋角动量 $T = I + I$，大小为 $T\hbar$，量子数 T 可能取值 $2I, 2I-1, \cdots, 0$，总共有 $(2I+1)^2$ 个核自旋函数。可以证明：$T = 2I, 2I-2, \cdots$ 对应的是对称的核自旋波函数，共有 $(2I+1)(I+1)$ 个，是正类分子；$T = 2I-1, 2I-3, \cdots$ 对应的是反对称核自旋波函数，共有 $(2I+1)I$ 个，是仲类分子。两类分子数相对含量正比于两类分子的统计权重即核自旋态数，因而有

$$\frac{N_\text{正}}{N_\text{仲}} = \frac{I+1}{I} \quad (3.6.9)$$

对于给定的 T 值，在磁场方向有 $(2T+1)$ 个取值，不管是对称的或反对称的核自旋

波函数的数目都是$(2T+1)$个。例如,H原子核的$I=1/2$,H_2分子的总$T=0$和1,$T=1$相应于对称的核自旋波函数(两个核的自旋平行),有三个对称态;$T=0$相应于反对称的核自旋波函数,有一个反对称态,由(3.6.9)式也得到两种态数的比为3:1。

于是分子总的核交换对称性为

$$P_{ab}\psi = (P_{ab}\psi_k)(P_{ab}\psi_I) \tag{3.6.10}$$

ψ_k和ψ_I的交换对称性是相互联系的,这种联系取决于ψ的交换对称性。由泡利原理,如果组成分子的核为费米子,即$I=1/2,3/2,\cdots$,是半整数,则同核分子是交换反对称系统,$P_{ab}\psi=(-1)\psi$,则ψ_k与ψ_I的对称性相反,s转动能级有反对称的ψ_I,a转动能级有对称的ψ_I。如果组成分子的核为玻色子,即$I=0,1,\cdots$,是整数,分子是交换对称系统,$P_{ab}\psi=\psi$,则ψ_k与ψ_I的对称性相同,s转动能级有对称的ψ_I,a转动能级有反对称的ψ_I。

从这里可以得到一个选择定则:对同核双原子分子,由于核自旋波函数ψ_I是交换算符的本征函数,不同对称性的ψ_I是正交的,有不同的本征值$+1$或-1,分别对应于转动能级s和a,因此,s和a转动能级之间的跃迁是禁戒的,这个禁戒无论对辐射跃迁还是非辐射跃迁如碰撞跃迁都成立,即

$$\text{s} \leftarrow\!\!/\!\!\rightarrow \text{a} \tag{3.6.11}$$

下面举几个例子。

$^4He_2$、$^{12}C_2$和$^{16}O_2$分子的核自旋$I=0$,是玻色子,ψ是交换对称的。由于分子的总核自旋T也为0,核自旋波函数ψ_I为对称的,不存在反对称的ψ_I(因为$(2I+1)I=0$),因此,只能存在对称的转动能级s,不存在反对称的转动能级a。根据这一要求,$^4He_2$和$^{12}C_2$分子的基态为$^1\Sigma_g^+$,只能存在$J=$偶数的转动能级,$^{16}O_2$分子的基态为$^3\Sigma_g^-$,只能存在$J=$奇数的转动能级,不能发生$\Delta J=\pm 1$的跃迁,因而不存在普通的满足$\Delta J=\pm 1$的转动光谱和振转光谱,只能有满足$\Delta J=0$或± 2的拉曼谱。这一点从宇称守恒也可得到,因为$\Delta J=\pm 1$的两个转动能级的宇称P_V相反,不能发生辐射跃迁。

$^1H_2$分子的$I=1/2$,是全同费米子系统,总波函数ψ交换反对称。分子的核自旋$T=0$和1。当$T=1$时,核的自旋波函数ψ_I交换对称,是正氢分子,核的空间波函数ψ_k交换一定是反对称的a。H_2分子电子基态为$^1\Sigma_g^+$,因此要求ψ_k是反对称的a意味J只能取奇数。当$T=0$时,ψ_I反对称,J为偶数,是仲氢分子。

$^2D_2$和$^{14}N_2$分子的$I=1$,是全同玻色子系统,ψ交换对称,$T=0,1,2$。当$T=0$和2时,ψ_I对称,是正类分子,ψ_k也应是对称的s,D_2和$^{14}N_2$基态为$^1\Sigma_g^+$,因此要求ψ_k是对称的即要求J为偶数。当$T=1$时,ψ_I反对称,是仲类分子,J为

奇数。

与上面的 ^{4}He$_2$、^{12}C$_2$ 和 ^{16}O$_2$ 分子一样，^{1}H$_2$、^{2}D$_2$ 和 ^{14}N$_2$ 分子也不能产生普通的 $\Delta J = \pm 1$ 的转动光谱和振转光谱，而只能有 $\Delta J = \pm 2$ 的拉曼光谱。这与我们从定性观点说明同核双原子分子是非极性分子，没有电偶极矩，不能发生转动光谱的结论是一致的。但它们与 ^{16}O$_2$ 分子不同的是奇偶转动能态均能存在，即使这样也不能发生 $\Delta J = \pm 1$ 的跃迁，这是因为宇称守恒限制这类辐射跃迁，而由于碰撞非辐射跃迁也需满足交换对称性，使不能发生奇态-偶态跃迁，只能发生偶态-偶态或奇态-奇态跃迁。因此，如果把 H$_2$ 分子在低温下放置，原来处于 J 为偶数的 H$_2$ 均落到 $^1\Sigma_g^+$ 的 $v=0, J=0$ 的仲态($T=0$)，J 为奇数的 H$_2$ 落到 $v=0, J=1$ 的正态($T=1$)。如长时间放置，由于核自旋与电子之间弱的耦合作用造成上述奇偶转动能级不能跃迁规则的破坏，相互碰撞使最后只剩下能量较低的 $J=0$ 的仲态，加少量顺磁物质可加速这一过程。这种 H$_2$ 分子可以保存几个星期，如加热只能得到 $J=0,2,4,\cdots$ 的仲氢。用同样的方法到 D$_2$ 分子得到的是正氘分子。

^{1}H^{2}D 分子的 $T=1/2$ 和 $3/2$，由于不是全同核，不存在交换对称性，因此没有上述限制，$T=1/2, 3/2, J=0,1,2,\cdots$ 均可取。

3.6.3 电子跃迁选择定则

前面已提出，电偶极辐射强度正比于电偶极跃迁矩阵元 d_{if} 的平方，类似 2.3 节中确定原子的电偶极跃迁的选择定则方法，由对称性判断或计算这个积分不为 0 的条件就得到分子的两个能级之间能发生电子辐射跃迁的选择定则。下面给出一些普遍的和局部成立的电偶极辐射的量子数选择定则[1,3]，它们在分子光谱研究中很有用：

(1) $\Delta J = 0, \pm 1 (0 \leftrightarrow 0\ \text{禁戒})$ （3.6.12）

这是由角动量守恒定律得到的普遍成立的定则，对磁偶极辐射也成立。

(2) $+ \leftrightarrow - (+ \leftrightarrow +\ \text{和}\ - \leftrightarrow -\ \text{禁戒})$ （3.6.13）

注意，这里 +、- 是属于电子态的转动能级的宇称，表示空间反演下分子总波函数的奇偶性，而不是电子态对 σ_v 变换的宇称。这也是普遍成立，与耦合情况无关，由宇称守恒定律而来。由于电偶极矩($-er$)对空间反演是奇函数，跃迁前后的波函数必须是宇称相反的才能使跃迁矩阵元不为 0，即两个电子态的转动能级的宇称要相反。

(3) $g \leftrightarrow u (g \leftrightarrow g\ \text{和}\ u \leftrightarrow u\ \text{禁戒})$ （3.6.14）

这种宇称只对同核(包括同位素异核)分子的电子跃迁才有，由于电偶极矩在空间反演下为奇(u)，因此宇称守恒要求跃迁前后的波函数相应于 i 变换必须是奇偶相反。如 $\Sigma_g \leftrightarrow \Sigma_u, \Pi_g \leftrightarrow \Pi_u$。

(4) s↔s, a↔a(s↔a 禁戒)   (3.6.15)

这种宇称只对同核分子的跃迁才有,是由交换对称性而来,这是由于偶极矩在核交换下是对称的(s)。不过对同一电子态的振转跃迁,因同核双原子分子没有永久电偶极矩而被禁止,能发生的是不同电子态的转动能级之间满足此选择定则的拉曼跃迁。

(5) $\Delta\Lambda = 0, \pm 1$ (3.6.16)

这仅对 3.5 节中电子转动耦合洪特情况(a)和(b)成立,即要求分子的轴对称电场较强,另两种情况 Λ 没有意义。这相当于原子中 $\Delta L = 0, \pm 1$。例如 $\Sigma \leftrightarrow \Sigma$, $\Sigma \leftrightarrow \Pi, \Pi \leftrightarrow \Pi, \Pi \leftrightarrow \Delta$ 是允许的,$\Sigma \leftrightarrow \Delta$ 是禁戒的。

(6) $\Sigma^+ \leftrightarrow \Sigma^+, \Sigma^- \leftrightarrow \Sigma^- (\Sigma^+ \leftrightarrow \Sigma^-$ 禁戒)   (3.6.17)

这由群论得到,洪特情况(a)和(b)成立,但 $\Sigma \leftrightarrow \Sigma$ 电子态跃迁中,Σ 态常包含 σ 轨道,有 $\sigma \leftrightarrow \sigma$ 禁戒。

(7) $\Delta S = 0$ (3.6.18)

这是电子交换效应要求,仅对洪特情况(a)和(b)成立,只有多重态相同的电子态才能跃迁。当自旋轨道耦合强时不成立。

(8) $\Delta\Sigma = 0$ (3.6.19)

即自旋 S 的对称轴向分量量子数不变。这仅对洪特情况(a)成立,如 $^2\Pi_{1/2} \leftrightarrow {}^2\Pi_{1/2}, {}^3\Pi_2 \leftrightarrow {}^3\Delta_3, {}^3\Sigma_1 \leftrightarrow {}^3\Pi_2$ 是允许的,它们的两边左上角 S 相同,即 $\Delta S = 0$;右下角为 $\Lambda + \Sigma$,两边 Σ 也相同,即 $\Delta\Sigma = 0$。

(9) $\Delta\Omega = 0, \pm 1$(对 $0 \leftrightarrow 0, \Delta J \neq 0$,即转动结构中没有 Q 支)   (3.6.20)

这仅对洪特情况(a)成立,相当原子中 $\Delta M_J = 0, \pm 1$。

(10) $\Delta N = 0, \pm 1$(对 $\Sigma \leftrightarrow \Sigma, \Delta N \neq 0$)   (3.6.21)

这仅对洪特情况(b)成立。

(11) $\Delta L = 0, \pm 1$ (3.6.22)

这仅对洪特情况(d)成立。

以上选择定则仅适用于单光子电偶极允许跃迁,对于吸收双光子跃迁,选择定则是:$\Delta J = 0, \pm 1, \pm 2$;相应的 $\Delta\Lambda = 0, \pm 1, \pm 2$;能级总宇称 + ↔ + 或 − ↔ −;g↔g 或 u↔u。

下面举几个例子:

H_2 分子的基态 $X\,{}^1\Sigma_g^+$ 到几个低激发态 $A\,{}^1\Sigma_g^+$、$a\,{}^3\Sigma_g^+$、$B\,{}^1\Sigma_u^+$、$b\,{}^3\Sigma_u^+$、$C\,{}^1\Pi_u$、$c\,{}^3\Pi_u$ 跃迁中,由选择定则(7)和(3),到三态和 g 宇称的均禁戒,只有在 13 eV 附近观察到很强的 $C\,{}^1\Pi_u$ 偶极允许跃迁,以及在 12.5 eV 附近有较弱的 $B\,{}^1\Sigma_u^+$ 吸收光

谱,如图 3.6.2(a)[19]。

CO 分子的基态 $X^1\Sigma^+$ 到低激发态 $a^3\Pi$、$a'^3\Sigma^+$、$d^3\Delta$、$e^3\Sigma^-$、$I^1\Sigma^-$、$A^1\Pi$、$D^1\Delta$、$b^3\Sigma^+$ 和 $B^1\Sigma^+$ 跃迁中,由选择定则(7),到三态的禁戒,由选择定则(5)和(6),到 $D^1\Delta$ 和 $I^1\Sigma^-$ 禁戒,只观测到 8.5 eV 附近很强的 $A^1\Pi$ 谱,在 10.7 eV 看到弱的 $B^1\Sigma^+$ 谱,后者发生在 $5\sigma \to 6\sigma$,是禁戒,但由于有轨道混合,因此有弱谱,为半禁戒,如图 3.6.2(b)。实验上也观测到介于这两个态之间的更弱得多的到前三个态的能谱[20]。

N_2 分子的基态 $X^1\Sigma_g^+$ 到激发态 $A^3\Sigma_u^+$、$B^3\Pi_g$、$W^3\Delta_u$、$B'^3\Sigma_u^-$、$a'^1\Sigma_u^-$、$a^1\Pi_g$、$w^1\Delta_u$、$C^3\Pi_u$、$E^3\Sigma_g^+$、$C'^3\Pi_u$、$a''^1\Sigma_g^+$、$b^1\Pi_u$、$b'^1\Sigma_u^+$、$c^1\Pi_u$、$c'^1\Sigma_u^+$、$o^1\Pi_u$ 的跃迁中,观测到强的 $b^1\Pi_u$、$c^1\Pi_u$、$c'^1\Sigma_u^+$、$o^1\Pi_u$ 和弱的 $b'^1\Sigma_u^+$ 偶极允许跃迁,其他的跃迁均由于选择定则(7)、(3)、(5)、(6)的限制而不能发生偶极允许跃迁[21]。

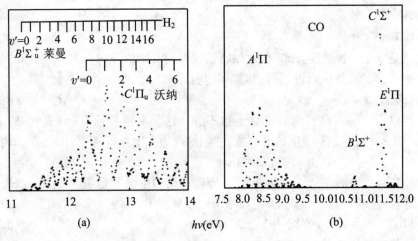

图 3.6.2 H_2 和 CO 分子的价壳层激发谱

3.7 分子的对称性和点群表示

多原子分子涉及 3 个或 3 个以上原子,它们的转动、振动和电子运动比双原子分子复杂得多,虽然可以用量子力学近似方法求解薛定谔方程,但处理是复杂和困难的。运用分子的对称性和群论方法可以使处理变得容易得多,在某些情况下,还可以定性地得到分子的某些重要性质。本节先简略介绍分子的对称性和对称群,详细内容可参考有关文献[1,10,13,14],然后介绍用群论方法来表示分子的轨道和电子态,具体对多原子分子的转动、振动和电子态的应用将在后两节给出。

3.7.1 对称元素和对称操作

分子的对称性是指其中的原子核排列的对称性,这与核的种类和空间位置有关。对称性中最重要的概念是对称操作和对称元素。对称操作是指对分子进行某种空间变换,变换前后的分子在空间位置不变,或者说几何图形不变。对称操作的实现必须借助于一定的几何实体,如对称点、对称轴或对称平面,它们被称为对称元素。在 3.3 节中已介绍了双原子分子的两种对称操作,多原子分子有 4 种对称元素和对称操作。

(1) 对称平面 σ 和 σ 操作。具有对称平面 σ 的分子在 σ 操作下(即对 σ 平面作一反映)自己变为自己。一个分子可以有多个对称平面。如 H_2O 分子有两个互相垂直的 σ 平面,一是分子平面,另一是与分子平面垂直的平分两个 OH 键夹角的平面,如图 3.7.1(c)。按相对于对称轴的位置,σ 也可以分为 σ_h、σ_v 和 σ_d 三种,σ_h 是垂直于对称轴的对称平面,σ_v 和 σ_d 是通过对称轴的对称平面,后面还要介绍。

(2) 对称中心 i 和 i 操作。具有对称中心 i 的分子在 i 操作下(即对中心作一反演)自己变为自己。一个分子最多只能有一个对称中心,如图 3.7.1(l)中的 C_6H_6 分子。

(3) n 重转动对称轴 C_n 和 C_n 操作。具有 n 重转动对称轴的分子在 C_n 操作下(即绕此轴转 $360°/n$)自己变为自己。显然转过它的任何整数倍角 $(360°/n)k$,分子也自己变为自己。对应于 $k=1,2,\cdots,n-1$ 的操作记为 $C_n, C_n^2, \cdots, C_n^{n-1}$。一个分子可以有多根以及多种转动对称轴。例如,$H_2O$ 有一根二重轴 C_2;C_6H_6 有一根六重轴 C_6 通过中心且垂直分子平面,通过这根轴还有 C_6^2、C_6^3、C_6^4 和 C_6^5 操作,还有六根二重轴 C_2 位于分子平面内。线形分子有一根无穷重对称轴 C_∞,如图 3.7.1(m)中的 CO_2 分子。

(4) n 重象转轴 S_n 和 S_n 操作。S_n 操作是转动和反映联合操作,先绕分子 S_n 轴转过 $360°/n$ 后接着对垂直于该轴的平面反映,使分子自己变为自己,因而 S_n 也叫转动反映轴。$S_1 = \sigma, S_2 = i$,如图 3.7.1(f)所示。

此外,还有一种恒等操作 I,它就是维持分子不动的操作,因此没有实际意义,只是运算上需要而引进。

3.7.2 分子的点群种类

满足数学上一定条件的若干元素的集合被称为群。在原子分子物理化学中，一个分子所具有的全部不重复的对称操作就满足数学上群元素的条件，它们就构成一个群，我们称这种集合为分子的对称操作群。由于分子的各种对称操作至少保持分子图形中一个点不动，故分子的对称群又被简称为点群。图 3.7.1 给出了一些典型分子的点群结构例子[1]。分子点群只有 14 种，它们包括只含有一根对称轴的循环群 C_n、C_{nv}、C_{nh} 和 S_n，含一根对称轴及更多与之垂直的对称轴的非循环群 D_n、D_{nd} 和 D_{nh}，以及含多个对称轴的正多面体群 T、T_d、T_h、O、O_h、I 和 I_h，分别讨论如下：

(1) C_n，是循环群，只有一根 n 重转动轴 C_n，如 H_2O_2 属 C_2 群，它的 C_2 轴在两个 O 核连线中点的垂直平面内，是两个 O 核和两个 H 核连线中点相连的直线，见图 3.7.1(a)。C_1 是没有对称性的点群，仅有的对称操作是 I，任何分子都有 C_1，因为任何形状转 $360°$ 就是自己，空间转动 $360°$ 是周期。

(2) C_{nv}，除有一根 n 重转动轴 C_n 外，还有通过此轴的 n 个互成 $360°/2n$ 的均匀分布的对称面 σ_v。C_{1v} 记为 C_s，只有一个对称面，如图 3.7.1(b) 中平面 HDO 分子。平面 H_2O 分子属 C_{2v}，见图(c)，除有一根穿过 O 的 C_2 轴外，还有两个互相垂直的平面，一个是分子平面 σ_v，另一个是垂直于它且平分两个 OH 键的平面 σ_v。NH_3 属 C_{3v}，4 个原子在三棱锥的 4 个顶点上，见图(d)，有一根通过 N 的 C_3 轴，绕它转 $120°$ 和 $240°$ 对称，即有 C_3 和 C_3^2 操作，还有三个 σ_v 平面通过它、N 及一个 H，互相夹 $60°$。PCl_3、CH_3Cl、CHF_3 也是。所有非中心对称线形分子属 $C_{\infty v}$，通过对称轴任何转动角度均对称，且通过对称轴的任何平面均是对称平面。

(3) C_{nh}，除有一根 n 重转动轴 C_n 外，还有一个垂直于它的对称平面 σ_h，图 3.7.1(e) 平面反式二氯乙烯 $C_2H_2Cl_2$ 为 C_{2h}，分子平面为 σ_h，垂直 σ_h 过二 C 连线中点的直线为 C_2。

(4) S_n，只有一根 n 重象转轴 S_n，n 为偶。n 为奇归入 C_{nh} 类，如 $S_3 = C_{3h}$。图 3.7.1(f) 中为 S_2，通过两个 C 的直线为 S_2，过对称中心点 i 与 S_2 垂直的平面为 σ_h，显然分子对 i 变换对称。

(5) D_n，是二面体群，除一根 n 重转动轴 C_n 外，还有垂直于它且互成等夹角的 n 根二重转动轴 C_2，$D_1 = C_2$，只有一根二重对称轴，归到 C_n 群，D_2 实际上是三根互相垂直的二重轴，如局部旋转型乙烯分子 C_2H_4，见图 3.7.1(g)，通过二 C 的是一根 C_2，另两根在垂直于它的平面上，且互相垂直。

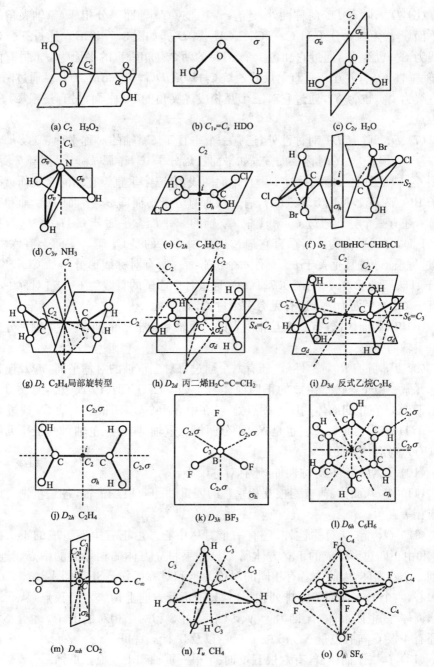

图 3.7.1 某些典型分子的对称点群结构

(6) D_{nd}，除有 D_n 对称性外，还有 n 个通过 C_n 轴而等分相邻 C_2 轴夹角的对称平面 σ_d。丙二烯分子 $H_2C\text{—}C\text{—}CH_2$ 属 D_{2d}，如图 3.7.1(h)。通过三个 C 的直线为 C_2，也为 S_4，通过它和各 1 个 CH_2 的两个互相垂直的平面为 σ_d，另有两根 C_2 轴垂直于 S_4，并互相垂直。反式乙烷 C_2H_6 属 D_{3d}，如图 3.7.1(i)。通过两个 C 的直线为 C_3，也为 S_6，通过它有三个互相成等夹角的 σ_d 平面，另有三根 C_2 轴过中心点。

(7) D_{nh}，除有 D_n 对称性外，还有一个垂直于 C_n 轴的对称平面 σ_h 及 n 个通过 C_n 和一根 C_2 轴的对称平面 σ。如平面乙烯分子 C_2H_4 属 D_{2h}，见图 3.7.1(j)，三根 C_2 轴是图上二虚线及过 i 垂直平面的线，有三个垂直于它们的 σ 平面。平面分子 BF_3 属 D_{3h}，见图 3.7.1(k)，有一根垂直分子平面即 σ_h 平面的 C_3 轴和三根 C_2 轴，还有三个分别通过 C_3 和 1 根 C_2 轴的 σ 平面。平面苯 C_6H_6 属 D_{6h}，见图 3.7.1(l)，分子平面为 σ_h，垂直它通过反演中心 i 的是 C_6 轴，σ_h 面上有六根 C_2 轴，过每根 C_2 轴且垂直于 σ_h 面有六个 σ 平面。所有对称线形分子如 CO_2、N_2O、C_2H_2、H_2 都属于 $D_{\infty h}$，见图 3.7.1(m)，通过各个原子的直线为 C_∞，过对称中心且垂直于 C_∞ 的平面为 σ_h，还有无穷多个过 C_∞ 的平面 σ_v。

(8) T，四面体群，有三根互相垂直的二重轴和四根三重轴，各二重轴平分每两根三重轴的夹角。

(9) T_d，除有 T 对称性外，还有六个通过每对三重轴的对称平面 σ_d 及连带的对称元素。由正三边形组成的正四面体分子如 CH_4、CCl_4、P_4 属 T_d，见图 3.7.1(n)，四个 H 在正四面体的四个顶点处，C 在中心质心处，四根三重轴 C_3 通过 C 与某一个 H，三根二重轴 C_2（也是 S_4）平分两根三重轴，四根三重轴每两根排列组合成共有六对对称平面。

(10) T_h，除有 T 对称性外，还有对称中心。

(11) O，八面体群，有三根互相垂直的四重轴和四根三重轴，各三重轴与四重轴成相等夹角。

(12) O_h，除 O 对称性外，还有一个对称中心。由正三边形组成的正八面体 SF_6 和由正四边形组成的正立方体属 O_h，如果将立方体的相邻面的中点相连，则得到一个八面体，因此两者有相同的对称元素和对称操作。SF_6 见图 3.7.1(o)，S 在中心，六个 F 在四周等距排列在 x、y、z 轴正反方向上构成六个顶点，从而形成正八面体，三根四重轴 C_4 即为 x、y、z 轴，穿过 S 和两个相对的 F，C_4 也是 S_4，此外还有 4 根 C_3 轴（也是 S_6），6 根 C_2 轴，以及 3 个 σ_h 和 6 个 σ_d 平面。

(13) I，二十面体群，有六根五重轴、十根三重轴和十五根二重轴。

(14) I_h，除有 I 对称性外，还有对称中心。由正三边形组成的正二十面体和正五边形组成的正十二面体属这类,由二十个六边形环和十二个五边形环组成的三十二面体 C_{60} 也属 I_h。

3.7.3 分子点群的对称操作和不可约表示及在分子轨道和能级上的应用

群论是处理对称性的数学工具,它能把分子在外形上具有对称性这一表面现象与分子的各种内在性质联系起来。例如分子轨道,杂化轨道,转动和振动分析,电子态分类,能级的数目、次序和简并情况,跃迁选择定则的确定,矩阵元的计算,不可约表示基函数的构成等。我们这儿只就所关心的群论与分子的轨道和能级关系做一讨论。

如何通过群论方法求出分子的上述特性呢[10,13,14]?我们知道,所有这些分子特性是通过解量子力学方程得到的,群论应用于分子的量子力学是与薛定谔方程

$$H\psi = E\psi \tag{3.7.1}$$

在对称操作 R 的作用下的行为有关,方程内的哈密顿算符 H 是体系的动能和势能之和。一个对称操作不会改变分子内各原子的相对位置,只是使两个或更多原子交换,把体系变到等价构型,这两个构型在物理上不能区分。因此,在对称操作下势能和动能不变,即哈密顿量不变,哈密顿算符与对称操作算符是对易的:

$$RH = HR \tag{3.7.2}$$

用对称操作 R 作用到分子薛定谔方程,有

$$RH\psi = RE\psi = ER\psi \tag{3.7.3}$$

由上两式可以得到

$$H(R\psi) = RH\psi = E(R\psi) \tag{3.7.4}$$

表明 $R\psi$ 与 ψ 一样也是哈密顿量的本征函数,有同一能量本征值 E。

若 ψ_i 是非简并态,则 ψ_i 是薛定谔方程的唯一本征函数,$R\psi_i$ 与 ψ_i 只能差一个常数 c,$R\psi_i = c\psi_i$。为使 $R\psi_i$ 归一化,需 $c = \pm 1$,因而有

$$R\psi_i = \pm \psi_i \tag{3.7.5}$$

若 ψ_i 是简并度为 l 的简并态 $\psi_1, \psi_2, \cdots, \psi_l$,在对称操作下变为 $\psi_1', \psi_2', \cdots, \psi_l'$,它们仍然简并,也是能量本征值 E 的本征函数。因此它们中的每一个必是 l 个 ψ_i 的线性组合:

$$\psi_j' = R\psi_i = \sum_{i=1}^{l} r_{ji}\psi_i \quad (j = 1, 2, \cdots, l) \tag{3.7.6}$$

l 也称维数。可以把这 l 个方程合在一起写成矩阵形式,即把一组 l 维的波函数或者说轨道看做一个列向量,每一个对称操作即对称变换作用到一个列向量上会产生另一个列向量,这两个列向量之间的变换关系可以用一个 l 维的矩阵 (r_{ji}) 表示:

$$R \begin{pmatrix} \psi_1 \\ \psi_2 \\ \vdots \\ \psi_l \end{pmatrix} = \begin{pmatrix} r_{11} & r_{12} & \cdots & 2_{1l} \\ r_{21} & r_{22} & \cdots & r_{2l} \\ \vdots & \vdots & & \vdots \\ r_{l1} & r_{l2} & \cdots & r_{ll} \end{pmatrix} \begin{pmatrix} \psi_1 \\ \psi_2 \\ \vdots \\ \psi_l \end{pmatrix} = \begin{pmatrix} \psi'_1 \\ \psi'_2 \\ \vdots \\ \psi'_l \end{pmatrix} \tag{3.7.7}$$

前述分子的各种对称操作有不同的矩阵表示。例如,当主转动轴选为 z 轴时,则以三维坐标 x、y 和 z 为基的恒等操作 I、C_3 操作和对以极角 θ 通过主轴的对称平面的 σ_v 操作都不改变向量的 z 分量,这三种操作的矩阵表示分别为

$$I: \begin{pmatrix} 1 & 0 & 0 \\ 0 & 1 & 0 \\ 0 & 0 & 1 \end{pmatrix}, C_3: \begin{pmatrix} -1/2 & -\sqrt{3}/2 & 0 \\ \sqrt{3}/2 & -1/2 & 0 \\ 0 & 0 & 1 \end{pmatrix}, \sigma_v: \begin{pmatrix} \cos 2\theta & \sin 2\theta & 0 \\ \sin \theta & -\cos 2\theta & 0 \\ 0 & 0 & 1 \end{pmatrix} \tag{3.7.8}$$

一个分子点群的全部对称操作数目被称为阶,用 h 表示,阶为有限的称为有限群。它们逐一作用到一个向量上会产生一组矩阵,这些矩阵被称为点群的表示,被作用的 l 维空间向量 ψ_1,ψ_2,$\cdots$,ψ_l 称为该点群表示的基,在不同的应用场合基可以是波函数或坐标等。

一个群中的一部分元素的集合也满足这个群的数学条件,则它们被称为"子群"。如果一个群包含有较小的子群就是可约的,不能再包含的称为不可约群。如式(3.7.8)中三个三维矩阵都是方块对角形式,包含一个左上角 2×2 的二维子矩阵和一个右下角 1×1 的一维子矩阵,因此它们是可约的,而包含的两个子矩阵是不可约的。

一个对称操作群在选用不同基时可以得到不同的表示,因而一个分子点群的表示数目可以不止一种,这个点群的表示有可能是可约的。在实际应用中需要通过选择基使一个分子点群的表示数目最少,从而使这一群的表示成为不可约的。这使我们能用一定方案下群的不可约表示的基函数给出近似波函数的最佳模拟。

由于分子体系的对称操作与哈密顿算符是对易的,可以证明:一个分子的本征函数是该分子所属对称群的不可约表示的基,即是群分子轨道。例如,对一个分子点群取遍所有的对称操作,上述非简并态波函数 ψ_i 就衍生出一个一维不可约表示,而简并度为 l 的简并态波函数 ψ_1,ψ_2,$\cdots$,ψ_l 就衍生出一个 l 维表示,显然它是不可约的,能级的简并度就等于不可约表示的维数。

表 3.7.1 给出某些常用点群的除恒等操作外的所有不同种类对称操作,以及它们的不可约表示,并给出一些分子例子。大写字母 A、B、E、T、U、W 表示分子电子态,小写字母表示分子轨道,表中未给出。A 和 B 是一维不可约表示;E 是二维不可约表示,有二重简并态,在线形分子中即为 Π、Δ、$\cdots$;T 是三维不可约表示,有

三重简并态；U 和 W 分别是四维和五维不可约表示。A、B 的区别在于绕 C_n 轴转动是对称的用"A"标示，反对称的用"B"。下标"g"或"u"分别标示在反演操作下是对称的或反对称的。上标"'"或"″"分别标示在操作 σ_h 下是对称的或反对称的。如这些上、下标还不足以区分全部表示时，再加下标 1,2,…。A、B 的下标 1 或 2 分别标示对垂直主轴的一根 C_2 轴的操作是对称的或反对称的，如没有二重轴，则标示对操作 σ_v 是对称的或反对称的。E 和 T 的下标 1 或 2 也有专门的规定，如 T 的下标 1 或 2 分别标示对四重轴操作的特征标为 +1 或 -1[1,10]。

表 3.7.1 常用的分子点群、对称操作及其不可约表示

群	对称操作	不可约表示	例 子
$C_s(C_{1v},C_{1h})$	σ_h	$A'A''$	HCO，HNO
C_2	C_2	AB	H_2O_2
C_{2h}	$C_2 i \sigma_h$	$A_g A_u B_g B_u$	$C_2H_2Cl_2$
C_{2v}	$C_2 \sigma(zx) \sigma(yz)$	$A_1 A_2 B_1 B_2$	H_2O, NO_2, SO_2
C_{3v}	$2C_3 3\sigma_v$	$A_1 A_2 E$	NH_3, PCl_3, CH_3Cl
D_2	$C_2(z) C_2(y) C_2(x)$	$AB_1 B_2 B_3$	局部旋转 C_2H_4
D_{2d}	$2S_4 C_2 2C_2' 2\sigma_d$	$A_1 A_2 B_1 B_2 E$	C_3H_4
D_{3d}	$2C_3 3C_2 i 2S_6 3\sigma_d$	$A_{1g} A_{1u} A_{2g} A_{2u} E_g E_u$	C_2H_6
D_{2h}	$C_2(z) C_2(y) C_2(x) i \sigma(xy) \sigma(yz) \sigma(zx)$	$A_g A_u B_{1g} B_{1u} B_{2g} B_{2u} B_{3g} B_{3u}$	平面 C_2H_4, B_2H_6
D_{3h}	$2C_3 3C_2 \sigma_h 2S_3 3\sigma_v$	$A_1' A_1'' A_2' A_2'' E' E''$	BF_3, CH_3, PCl_5
D_{6h}	$2C_6 2C_3 2C_2 3C_2' 3C_2'' i 2S_3 2S_6 \sigma_h 3\sigma_d 3\sigma_v$	$A_{1g} A_{1u} A_{2g} A_{2u} B_{1g} B_{1u} B_{2g} B_{2u} E_{1g} E_{1u} E_{2g} E_{2u}$	C_6H_6
O_h	$8C_3 6C_2 6C_4 3C_4^2 i 6S_4 8S_6 3\sigma_h 6\sigma_d$	$A_{1g} A_{1u} A_{2g} A_{2u} E_g E_u T_{1g} T_{1u} T_{2g} T_{2u}$	SF_6, UF_6, C_8H_8
T_d	$8C_3 3C_2 6S_4 6\sigma_d$	$A_1 A_2 E T_1 T_2$	CH_4, CCl_4, P_4
$C_{\infty v}$	$2C_\infty^\phi \cdots \infty \sigma_v$	$\Sigma^+(A_1) \Sigma^-(A_2) \Pi(E_1) \Delta(E_2) \Phi(E_3) \cdots$	CO，HCN，OCS
$D_{\infty h}$	$2C_\infty^\phi \cdots \infty \sigma_v i 2S_\infty^\phi \cdots \infty C_2$	$\Sigma_g^+ \Sigma_u^+ \Sigma_g^- \Sigma_u^- \Pi_g \Pi_u \Delta_g \Delta_u \cdots$	H_2, CO_2, N_2O, C_2H_2

特征标是一个矩阵的对角元素之和即迹。群论证明：① 群的不可约表示的数目 k 等于群中不同种类对称操作即共轭类的数目。② 共轭类对称操作的特征标

相同,因而在表 3.7.1 中只给出共轭类对称操作,在它前面的数字表示它的个数。
③ h 阶群的各个不可约表示维数 l_i 的平方和等于这个群的所有对称操作数目 h,而群的任一不可约表示的各个对称操作的特征标 χ_j 的平方和也等于 h。

$$l_1^2 + l_2^2 + \cdots + l_k^2 = \chi_1^2 + \chi_2^2 + \cdots + \chi_h^2 = h \tag{3.7.9}$$

④ 在可约表示约化成不可约表示过程中,可约表示的特征标 $\chi(R)$ 等于各个不可约表示的特征标 $\chi_j(R)$ 之和:

$$\chi(R) = \sum_j a_j \chi_j(R) \tag{3.7.10}$$

而第 j 个不可约表示在此可约表示中出现的次数 a_j 可以由不可约表示特征标的正交归一性求得

$$a_j = \frac{1}{h} \sum_R \chi(R) \chi_j(R) \tag{3.7.11}$$

从一种点群分子所具有的对称操作和这些关系可以得到这个分子能有的不可约表示和特征标,这对许多应用就足够了,用它们的特征标就可以刻画该表示的特征,无需知道这些不可约表示的矩阵元素。例如,C_{2v} 群的全部对称操作有 4 个:I,C_2,$\sigma_v(xz)$ 和 $\sigma_v(yz)$,它们是不同种类,$h=4$,不可约表示就是 4 种。因此,由式 (3.7.9) 各 l_i 必须为 1,C_{2v} 群有 4 个一维的不可约表示:A_1,A_2,B_1 和 B_2。再如,C_{3v} 群的全部对称操作有 6 个:I,C_3,C_3^2,σ_{v1},σ_{v2} 和 σ_{v3},$h=6$,它们以三维坐标 x,y 和 z 为基的三维矩阵表示都是 3×3 对角方矩阵形式(如式(3.7.8)所示)。前面指出它们是可约的,但由于 C_3 和 C_3^2 属于一类共轭,后 3 种属于一类共轭,不同共轭类对称操作只有 3 种,不可约表示也就只有 3 种。因此,各 l_i 必须为 1,1 和 2,选择不同于 (x,y,z) 的基如表 3.7.2 所给,可以使 C_{3v} 群有两个一维不可约表示 A_1,A_2 和一个二维不可约表示 E。由表可见,对应操作 I 的各个不可约表示的特征标的平方和等于 6,对应每一种不可约表示的各种操作的特征标的平方和也等于 6。

为应用方便,每一种点群已做出它的特征标表,给出它的所有对称操作和不可约表示,以及与它们相对应的特征标和所选择的基,可以方便地查找[3,10,13,14]。表 3.7.2 是 C_{3v} 群的特征标表。第一行给出所有对称操作,也是只给出不同共轭类的对称操作,在前面标出它的数目,如 C_{3v} 群的 C_3 和 C_3^2 就标为 $2C_3$。第一列给出全部不可约表示,特征标在表中第二列。可以看到,恒等元素的特征标等于该表示的维数,任何群都有一个在所有对称操作下是对称的一维表示,即特征标都是 1,如 C_{3v} 群的 A_1 表示。第三列给出所选择的基,常用的有空间坐标 i,j,k 以及沿 x,y 或 z 轴的转动 R_x,R_y,R_z。因函数 x,y,z 在对称操作下分别和 i,j,k 具有相同的变换性质,就用前者代替后者。由式(3.7.8)可以看出,C_{3v}群的三种矩阵操作都不使z和x或y混合,即z'永远只是z的函数,因此z本身构成C_{3v}群的一维独立表示的一个基,相应的6个矩阵都是(1),特征标都是1,这个一维不可约表示即为A_1。容易看出,操作I,C_3,C_3^2置R_z不变,而三个σ_v操作使R_z变号,因此R_z可以作为C_{3v}群的另一个一维表示的基,相应的6个矩阵为(1),(1),(1),(-1),(-1),(-1),特征标为1,1,-1,这个一维不可约表示即为A_2。可以证明:(R_x,R_y)与(x,y)具有相同的变换性质,它们可以作为C_{3v}群的第三个二维表示E的基。表中第四列给出坐标平方与二次乘积如$z^2,(x^2-y^2,xy)$和(xz,yz)作基,它们也可以作不可约表示 A,B,E 和 T 的基。

表 3.7.2 C_{3v}群的特征标表

C_{3v}	I	$2C_3$	$3\sigma_v$	所选择的基	
A_1	1	1	1	z	x^2+y^2,z^2
A_2	1	1	-1	R_z	
E	2	-1	0	$(x,y),(R_x,R_y)$	$(x^2-y^2,xy),(xz,yz)$

注意,在讨论分子的电子态能级结构时常常使用轨道波函数作基,因此需要知道原子轨道与坐标函数的对应关系。由表 2.1.2 可知,s 轨道为球形,对所有对称操作都保持不变;实波函数 p_x,p_y,p_z 分别与 x,y,z 成正比,比例系数相同且在对称操作下不变,因而 p_x 与 x,p_y 与 y,p_z 与 z 具有相同的变换性质;同样,波函数 $d_{z^2},d_{xy},d_{yz},d_{zx},d_{x^2-y^2}$ 分别和 $(3z^2-r^2),xy,yz,zx,x^2-y^2$ 具有相同的变换性质。因此,参考各种群的特征标表,可以得到各种原子轨道有可能归属的群的不可约表示,例如,s,p_z 和 d_{z^2} 属于 A 表示,p_x,p_y,p_z 属于 B 表示,(p_x,p_y),$(d_{x^2-y^2},d_{xy})$ 和 (d_{xz},d_{yz}) 属于 E 表示,(p_x,p_y,p_z) 属于 T 表示。

由以上所述可以得到如下有用的结论[10,13]。首先,一个能级的简并度等于其本征函数所属点群不可约表示的维数,因此不用解薛定谔方程,只要从分子点群的特征标表就可以简单地得到简并度。如 H_2O 分子属于 C_{2v} 点群,由 C_{2v} 群的特征标表或表 3.7.1 可知,它的所有不可约表示 A_1,A_2,B_1 和 B_2 都是一维的,因此 H_2O 分子的每一个振动能级和电子能级都是非简并的。其次,对称操作下哈密顿量是不变量,对称操作后原来的波函数仍是哈密顿量的本征波函数或轨道,它们构成了分子所属点群的某种不可约表示的基。在群的操作下,这些本征函数必然以一定方式存在和变换。如 NH_3 分子属于 C_{3v} 群,由 C_{3v} 群的特征标表可知它有的不可约表示为 A_1,A_2 和 E,若有一个形成 A_1 的基的本征函数,它应是非简并的,

且对 C_{3v} 群的任何操作都保持不变；若有一个形成 A_2 的基的本征函数，它也是简并的，且对 C_3 和 C_3^2 操作保持不变，但对 σ_{v1}，σ_{v2} 和 σ_{v3} 操作就改变符号；若有一个二重简并本征函数集合，则它的性质由不可约表示 E 的矩阵和方程(3.7.7)决定；其他类型如三重简并态是不可能有的。最后，属于同一本征能量的所有本征函数必定属于同一个不可约表示，属于不同的不可约表示的本征函数的能量必定不同，但属于同一不可约表示的几组波函数分属不同的能级。因此，用点群对称性的不可约表示可以简单清楚地描述具有一定对称性的多原子分子的轨道和能级结构。

在实际的分子物理化学研究中，分子的本征函数是由原子本征函数组成的，由分子的薛定谔方程近似解来得到分子的轨道能级特性需要运用群论方法以便简化，这通常有几个步骤[1,14~16,18]：首先，确定分子所属对称群，找到其不可约表示的特征标表。第二，如果以组成分子的原子的各个轨道为基函数集合形成分子轨道，通常形成的是群的可约表示，需要对这些原子轨道进行分类，并按这个群的不可约表示线性组合转换成对称性匹配函数即群原子轨道。原子内层轨道可以直接归属到群原子轨道，而对成键的价原子轨道，则要将对称性匹配的等价原子轨道（它们属于分子的同一个不可约表示）线性组合归属到群原子轨道。进一步可以将这个点群的各种对称操作作用在所选的原子轨道集合上，由(3.7.10)式和(3.7.11)式得到能形成的分子点群的不可约表示的特征标、数目和维数，由于上述变换是函数空间中两个基函数向量之间的变换，最后可用投影算符法得到对称性匹配函数[10,13,16]。第三，分子轨道和电子态是按点群的不可约表示进行分类，轨道用小写符号，电子态用大写符号，故只能将参与成键的各个原子的同一类不可约群原子轨道线性组合成为不可约群分子轨道。例如，NH_3 属于 C_{3v} 群，参与成键的原子轨道有 7 个：N 的 $2s$、$2p_z$、$2p_x$、$2p_y$ 和 H 的 3 个 $1s$，它们作为 C_{3v} 群的表示的基将衍生出一个七维的矩阵表示。但 C_{3v} 群只有一维和二维的三种不可约表示，故该七维表示必是可约的。用上述方法得到等价轨道 $2s$ 和 $2p_z$ 组合成两个不可约表示轨道 a_1 的基，等价轨道 $2p_x$ 和 $2p_y$ 组合成另两个不可约表示轨道 e 的基，3 个 $1s$ 组合成 a_1 和 e 两类不可约表示轨道的基。同一类的三个 a_1 不可约表示的群原子轨道再线性组合成三个 a_1 不可约表示的群分子轨道，两对 e 不可约表示的群原子轨道线性组合成两对 e 不可约表示的群分子轨道，电子占据最下面的三个 a_1，e 和 a_1 不可约表示的群分子轨道，如后面图 3.9.3 所示。由此可见，这些点群的不可约表示给出对波函数和能级的种种制约关系，使分子的结构和性质的关系得到合理的解释。

3.8 多原子分子的转动和振动结构与光谱

3.8.1 多原子分子的转动态和光谱

三维空间的多原子分子的转动可以近似地看做刚体的转动,这种转动在普通的笛卡儿坐标系(x,y,z)内,可以分解为绕三根互相垂直的、交于分子的质量中心的、各有确定转动惯量值$(I_x,I_y$和$I_z)$的轴x,y和z的转动。设想分子是一个有确定质量的质点绕质心转动,可以用一个椭球面来形象地描述分子的转动。但三个坐标轴如果任意选择,则这个椭球面方程除有坐标平方项外,还会有交叉项。可以通过转动坐标系到一个新系(a,b,c),使交叉项消失,仅有坐标平方项,即椭球面方程为:$I_a a^2 + I_b b^2 + I_c c^2 = 1$。这组新的坐标轴$a,b$和$c$就称为惯量主轴,仍交于分子的质量中心,椭球面即成为惯量椭球,相应的转动惯量I_a,I_b和I_c叫主转动惯量。在这种坐标系下,惯量椭球的描述就很简单,某个主惯量轴的半轴长就只由绕这个主惯量轴的转动惯量决定,a,b和c三个半轴长分别是$I_a^{1/2},I_b^{1/2}$和$I_c^{1/2}$。因此,绕某个主轴的转动惯量越大,椭球在这个轴的半轴就越短,惯量椭球形状与转动惯量之间就有很简单的关系[13]。

根据分子的这三个主转动惯量的不同可以把分子分成三类:
(1) 不对称陀螺。三个转动惯量都不相等:
$$I_a \neq I_b \neq I_c \tag{3.8.1}$$
(2) 球陀螺。三个转动惯量都相等:
$$I_a = I_b = I_c \tag{3.8.2}$$
(3) 对称陀螺。有两个转动惯量相等,如$I_a = I_b$。又分三种:
(a) 扁对称陀螺:
$$I_a = I_b < I_c \tag{3.8.3}$$
(b) 长对称陀螺:
$$I_a = I_b > I_c \tag{3.8.4}$$
(c) 线形分子:
$$I_a = I_b \gg I_c \approx 0 \tag{3.8.5}$$

一般情况下找惯量主轴在数学上是比较繁杂的,但对有对称性的分子可以由分子的对称性较容易找出惯量主轴[3]。如最高次 n 的转动对称轴 $C_n(n \geqslant 2)$ 必是分子的一个惯量主轴，当然反过来不一定对，惯量主轴不一定是对称轴。对于 $n=2$ 的 C_2 操作，要求绕 C_2 轴转 180°后惯量椭球在空间位置等价，相当于要求垂直于此主轴的平面 σ_h 与惯量椭球的相交截面是一个椭圆。但对于 $n \geqslant 3$ 的 C_n 操作，不是转动 180°，要求 C_n 操作后惯量椭圆在空间的位置等价，只有在截面是一个圆时才有可能，因而惯量椭球必定是一个回转椭球，即分子是有两个半轴相等的对称陀螺分子，有两个主转动惯量相同，如 $I_a = I_b$。因此具有一根 $n \geqslant 3$ 的 C_n 轴的分子必是一个对称陀螺分子。当分子具有两根或两根以上的 $n \geqslant 3$ 的 C_n 轴时，惯量椭球必是一个球，$I_a = I_b = I_c$，因而是球陀螺分子。另外，如果分子具有对称中心 i（即有反演操作），它必是分子的质心，且是三根主轴的交点。

四面体群 T、T_d 和 T_h 有四根 C_3 轴，八面体群 O 和 O_h 有三根 C_4 轴和四根 C_3 轴，二十面体群 I 和 I_h 有六根 C_5 轴和十个 C_3 轴，它们都属于球陀螺。例如，CH_4、CCl_4、SF_6 等分子是球陀螺分子，它们的三根主轴通过质心 C 或 S 原子并互相垂直，$I_a = I_b = I_c$。

当 $n \geqslant 3$ 时，二面体群 D_n、D_{nd}、D_{nh} 和循环群 C_n、C_{nv}、C_{nh} 是对称陀螺。例如，苯 C_6H_6 是平面分子 D_{6h} 群，如图 3.7.1(l)，有一根 C_6 轴垂直于分子平面，绕其转动的转动惯量 I_c 最大，围绕分子平面内过中心的两个互相垂直转轴的转动惯量相等，$I_a = I_b$，为扁对称陀螺。NH_3 属于 C_{3v} 群，由图 3.7.1(d)可见，通过质心和 N 原子的轴为 C_3 轴，绕其转动的转动惯量 I_c 最小，另两个 $I_a = I_b$，是长对称陀螺。

所有 C_2、C_{2v}、C_{2h}、D_2、D_{2d}、D_{2h} 群只有二重转动对称轴，为不对称陀螺。例如，H_2O 属于 C_{2v} 群，由图 3.7.1(c)可见，通过质心与 O 连线的 C_2 轴的转动惯量最小，两个 H 原子到两个 σ_v 面内转轴 a 和 c 不同，参见图 3.8.1。

现在来求多原子分子的转动能量[1,3,10]。

量子力学证明，任何刚性转子的总角动量 L 的平方 $L^2 = L_a^2 + L_b^2 + L_c^2$ 是量子化的，它的本征值与双原子分子一样，为

$$L^2 = J(J+1)\hbar^2, \quad J = 0, 1, 2, \cdots \tag{3.8.6}$$

J 为转动量子数。总角动量沿固定于空间坐标系 XYZ 的 Z 轴的分量也是量子化的，设量子数为 M，有

$$L_z = M\hbar, M = 0, \pm 1, \pm 2, \cdots, \pm J \tag{3.8.7}$$

线形多原子分子的各原子排成一直线，电子基态中绕核轴的角动量为零，像双原子分子一样是绕垂直于核轴的轴线转动的简单一维转子，转动光谱和转动能级均与 3.2 节中所给结果相同，考虑到非刚性项的转动能级的能量为

$$E_J = hcB_e J(J+1) - hcD_J J^2(J+1)^2 + \cdots, \quad J = 0,1,2,\cdots \quad (3.8.8)$$

转动惯量可由 $I_e = h/(8\pi^2 c B_e)$ 求出，但核间距不能从 $I_e = \sum m_i r_i^2$ 求出，因为不同的原子排列可以有完全相同的 I_e，这还需要参考别的数据。这里 B_e 是转动常数，D_J 是考虑非刚性转子的离心畸变常数，均与各个振动态有关。

非中心对称的线形分子的统计权重为 $2J+1$，中心对称的线形分子类似同核双原子分子，由于核交换对称性要求，它们的转动能级的统计权重受核自旋 I 的影响。如果分子中除对称中心上可能有的原子核外，所有原子核的自旋为零，则相邻转动能级中交替地有一能级不存在。例如，$C^{16}O_2$ 分子中 ^{16}O 的 $I=0$，基态电子态为 Σ_g^+，奇数 J 转动能级不存在。如对称中心两边的一对或几对核有一种核自旋 $I \neq 0$，则所有能级都存在。

通常属于 $C_{\infty v}$ 群的非中心对称线形分子有电偶极矩，是极性分子，而属于 $D_{\infty h}$ 群的具有中心对称的线形分子没有永久电偶极矩，是非极性分子。可以这样理解：对有中心对称的线形分子，对称中心即为质心，原子核两边电子的吸引力是对称的，因而电子的分布是对称的，正负电荷的重心也重合在质心处，电偶极矩 $\mu = \sum_i q_i x_i = 0$，q 为电荷量，x 为电荷重心与质心的距离，有一正 x_i 必有一负 x_i，因而这种非极性线形分子没有电偶极矩。非中心对称的极性线形分子才有电偶极矩。

非极性线形分子没有纯转动光谱，只有转动拉曼光谱。有永久电偶极矩的极性线形分子有偶极跃迁转动光谱，由于多原子分子质量较大，它们的光谱落在频率较小的远红外区或微波区，服从的选择定则与双原子分子相同，为

$$\Delta J = \pm 1 \quad (3.8.9)$$

球陀螺的 $I_a = I_b = I_c = I$，它的转动能量公式与线形分子公式(3.8.8)式相同。属于 T_d，O_h 群的球陀螺分子如 CH_4，几何上非常对称，也没有固有电偶极矩，并且转动时也不会有极化率的变化，所以既无纯转动光谱，也无转动拉曼光谱。

现在来讨论对称陀螺分子，它有一根 $n \geq 3$ 重的转动对称轴，令其为 c 轴，用 I_a 表示其两个相等的主转动惯量，I_c 表示第三个。可以证明，总转动角动量 L 在与分子固定的坐标系的主转动轴 c 上的分量 L_c 也是量子化的，以 $K\hbar$ 表示，$K = 0, \pm 1, \cdots, \pm J$，通常 $K = \pm J$ 为简并态，取正值。分子的转动能量本征值为角动量三个分量造成的和：

$$E_{JK} = \frac{L^2 - L_c^2}{2I_a} + \frac{L_c^2}{2I_c} = \frac{\hbar^2}{2}\left[\frac{J(J+1)}{I_a} + \left(\frac{1}{I_c} - \frac{1}{I_a}\right)K^2\right]$$
$$= hcB_e J(J+1) + hc(A_e - B_e)K^2 \quad (3.8.10)$$

其中，$B_e = h/(8\pi^2 c I_a)$，$A_e = h/(8\pi^2 c I_c)$。计及离心形变和振动的影响，则有

$$E_{JK} = hc[B_e J(J+1) + (A_e - B_e)K^2 - D_J J^2(J+1)^2$$
$$- D_{JK} J(J+1)K^2 - D_K K^4] \tag{3.8.11}$$

分子的转动常数 B_e 和 A_e 及离心畸变常数 D_J、D_{JK} 和 D_K 均与各个振动态有关。由式(3.8.10)可见，对长对称陀螺，$I_a > I_c$，因而 $B_e < A_e$，同一个 J 值的转动能级随 K 值增大而增高；而扁对称陀螺则相反，$I_a < I_c$，$B_e > A_e$，随 K 增大转动能量减少。

D_{nh} 群分子如 C_2H_2、BF_3、C_6H_6 是平面对称陀螺分子，也没有永久电偶极矩，因而没有纯转动光谱。其他对称陀螺分子如 C_3 群的 NH_3 有转动光谱。转动光谱的跃迁选择定则为

$$\Delta J = \pm 1, \quad \Delta K = 0 \tag{3.8.12}$$

大多数多原子分子是不对称陀螺分子，它们的 K 二重简并解除了，转动能级更复杂，不能给出一个统一的转动能级能量公式。大量的转动跃迁使光谱非常丰富，但分析更难。

分子的纯转动光谱在微波区（频率 $10^3 \sim 3 \times 10^5$ MHz，波长 $0.1 \sim 30$ cm），由微波谱仪测纯转动光谱可以确定三个转动常数，由此可得转动惯量 I_a、I_b 和 I_c，从而可确定分子的键长和键角。如图 3.8.1，不对称陀螺分子 H_2O 的质心 c 到 O 和 H 原子的距离分别为 r_O 和 r_H，a 和 b 线表示两个转动主轴，第三个 c 轴过 c 点垂直于图面。由此可得到各转动惯量与上述参量的关系：

$$I_a = m_O r_O^2 + 2m_H(r_H\cos\theta)^2, \quad I_b = 2m_H(r_H\sin\theta)^2, \quad I_c = m_O r_O^2 + 2m_H r_H^2$$

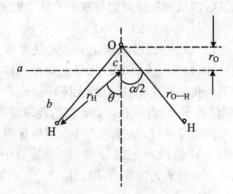

图 3.8.1 H_2O 分子的键长和键角

从 H_2O 分子的振动转动谱得到的转动惯量为 $I_a = 1.009 \times 10^{-47}$ kg·m，$I_b = 1.901 \times 10^{-47}$ kg·m，$I_c = 2.908 \times 10^{-47}$ kg·m。由质心定义关系 $m_O r_O =$

$2m_H r_H \cos\theta$,可得 $2m_H r_H^2 \cos^2\theta = m_O^2 r_O^2 / 2m_H$,代入上述转动惯量方程,得 r_O = 0.006 47 nm,r_H = 0.0898 nm,$\sin\theta$ = 0.840,所以 θ = 57.1°。由于键长一般是指成键原子之间的距离,这儿水分子的 O—H 键长 $r_{O-H} = (r_H^2 + r_O^2 + 2r_H r_O \cos\theta)^{1/2}$ = 0.0935 nm。由于键角一般是指成键原子联线之间的夹角 α,这儿 $\sin(\alpha/2)$ = $r_H \sin\theta / r_{O-H}$ = 0.807,水分子的两个 O—H 键的键角 α = 107.6°。

3.8.2 多原子分子的振动态和光谱

一个由 N 个原子组成的分子有 $3N$ 个自由度,其中有 3 个是分子的整体平动,对非线形分子有 3 个转动自由度,而线形分子只有两个垂直分子轴的转动自由度,因此,线形分子的振动自由度是 $3N-5$,其他分子的是 $3N-6$。例如,双原子分子有 $3\times2-5=1$ 个振动自由度,即改变两原子核之间距离 R 的相对振动。线形三原子分子有 $3\times3-5=4$ 个振动自由度,非线形分子只有 3 个振动自由度。

在普通的笛卡儿位移坐标系内,分子的振动势能和动能除分别与坐标平方和坐标对时间微分平方有关外,还与它们的交叉项有关。为了去除交叉项,仅保留平方项,类似转动情况也是将坐标系转换到简正坐标系,这些简正坐标是分子点群不可约表示的基[1,3],这儿不详细讨论。在简正坐标系内,在简谐振动近似下,分子的各个核以相同的频率和位相做简谐振动,它们同时通过各自的平衡位置,又同时到达各自的最大位移,虽然振幅可以不同[1,3]。具有这种特性的每个振动被称为简正振动,每一个简正振动称为一个模式,不同的简正振动对应不同的振动频率,简正振动的模式数目等于分子的振动自由度数目。当然在某些有对称性的分子中,可能出现 d 个振动模式对应同一简正振动频率的情况,称为 d 重简并振动。

现举两个例子来详细讨论。CO_2 是线形对称三原子分子,有 4 个振动自由度。它的 4 种简正振动模式如图 3.8.2,图中三个箭头表示原子的运动方向。(a)是线内对称伸缩振动,它对绕过 C 原子且垂直于 O—C—O 直线的 z 轴旋转 π 角是对称的;(b)是线内反对称伸缩振动,它对上述轴旋转是反对称的;(c)和(d)是线外弯曲振动,一个沿 x 轴方向,一个沿 y 轴方向,两者绕 z 轴旋转 π/2 是对称的,两者振动频率相同,是二重简并振动。(a)振动不改变分子偶极矩,仍为 0,因此没有红外振动谱,仅有拉曼谱,这一点与双原子分子相同。(b)、(c)、(d)有红外振动谱,这一点与双原子分子不同,因为双原子分子只有一种振动方式(a)。从实验谱给出 $\tilde{\nu}_1 = 1285.8 \text{ cm}^{-1}$,$\tilde{\nu}_2 = 2350.1 \text{ cm}^{-1}$,$\tilde{\nu}_3 = \tilde{\nu}_4 = 677.5 \text{ cm}^{-1}$。

H_2O 属于 C_{2v} 群对称性,是非线形对称三原子分子,有 3 个振动自由度。它的 3 种简正振动模式如图 3.8.3,(a)和(b)相对于 σ_x 和 σ_y 面的反映操作是对称的,对绕 C_2 轴旋转 π 角也是对称的,(a)是对称伸缩振动,(b)是对称弯曲振动;(c)对

σ_x 操作是对称的,但对 σ_y 是反对称的,对绕 C_2 轴转 π 角也是反对称的,是反对称伸缩振动。由于图(c)所画时刻两个 H 原子的动量和在 $-x$ 方向,因此 O 原子是向 $+x$ 方向运动。实验测得 $\tilde{\nu}_1 = 3600 \text{ cm}^{-1}$, $\tilde{\nu}_2 = 1595.4 \text{ cm}^{-1}$, $\tilde{\nu}_3 = 3758.35 \text{ cm}^{-1}$。

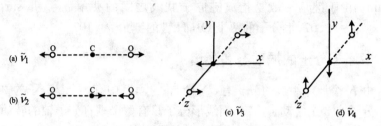

图 3.8.2 CO_2 分子的简正振动模式

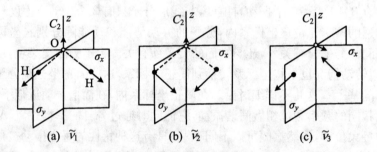

图 3.8.3 H_2O 分子的简正振动模式

知道分子的各简正频率 ν_k 后,可得分子的总的振动能量为[3]

$$E_v = \begin{cases} \sum_k \left(v_k + \frac{1}{2} \right) h\nu_k, & v_k = 0,1,2,\cdots \\ \sum_i \left(v_i + \frac{d_i}{2} \right) h\nu_i, & v_i = 0,1,2,\cdots \end{cases} \quad (3.8.13)$$

式中,$k = 1,2,\cdots,3N-6$(或 $3N-5$),用来标记振动模式,$v_k = 0,1,2,\cdots$,为第 k 个振动模的振动量子数,$h\nu_k$ 是它对应的能量。第二个式子适用于简正振动有简并的情况,$h\nu_i$ 是对应第 i 个振动频率 ν_i 的简正振动的能量,v_i 是它的振动量子数,d_i 是它的模式简并度。

多原子分子的振动能级用符号 $(v_1,v_2,\cdots,v_s)$ 来表示,有时也可简写为 $(v_1 v_2 \cdots v_s)$。显然有许多种组合,所有的 $v_k = 0$ 的最低能级称为振动基态能级,或基能级,如 H_2O 分子的基能级为 $(0,0,0)$,或 (000)。只有一个 $v_k = 1$ 而其他都为零的叫基频能级,如 (100)、(010)、(001)。只有一个 $v_k > 1$ 而其他都为零的叫泛频能级,如 ν_1 的基频能级为(100),第一泛频能级为(200),ν_2 的第二泛频能级为(030)。有几个量子数不为零的能级叫合(或组)频能级,如(110)、(121)。图 3.8.4 即为 H_2O 分子的谐振子近似振动能级图[1],能级的能量按(3.8.13)式由基频能级能量算得。由图可见,振动基态的能量即零点振动能 $\sum_k \frac{1}{2}h\nu_k$ 相当高,H_2O 分子为 4636 cm^{-1}。注

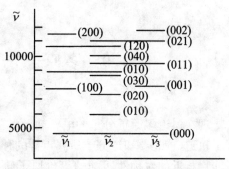

图 3.8.4 H_2O 分子的振动能级图

意,如果分子的所有简正模都是非简并的,则各种组合对应振动能级的能量一般不相同,各个能级非简并;如果简正模中有简并,则该模的量子数不为零的能级都是简并的,且能级的简并度大于振动模式的简并度。

在简谐振动近似下,在同一电子态上两个不同振动模的能级 k 和 j 之间能发生跃迁并产生红外光谱至少要满足如下选择定则:

$$\Delta v_k = \pm 1, \quad k = 1,2,\cdots,s$$
$$\Delta v_j = 0, \quad j \neq k$$
(3.8.14)

也就是要求第 k 个模式的振动量子数变化 1,其余振动量子数不变。当然,像双原子分子一样,由于存在非简谐效应,上述选择定则并不严格成立,不满足它的跃迁也可能存在,只是跃迁概率较小。

对于振动跃迁所产生的振动谱带,如果只涉及一个振动模式,如 H_2O 的第一个对称振动模式跃迁(200)-(100)可以写为 1_0^2 带。如果涉及两个振动模式的合频激发,如($20n_2$)-(100)振动带系,则可以写为 $1_1^2 3_0^n$ 带系。0_0^0 带是振动带系的源头,称为带源,即没有任何振动模式被激发,只有电子转动激发。

群论方法对多原子分子振动处理是很有用的,利用它将简正振动与不可约表示联系起来,可确定不同基频个数、它们的简并度、红外与拉曼光谱选择定则,可计算简正振动方式和振动频率,这儿不再具体讨论。

3.9 多原子分子的电子态结构

现在讨论多原子分子的电子轨道和电子态结构。由 3.7 节内容可知,要得到分子轨道,首先要知道分子所属点群的种类及它的各种不可约表示,然后将各个原子能量相近的对称性匹配的等价原子轨道组合成点群的不可约表示的群原子轨道,在这一过程中有的原子轨道还要考虑杂化。再后把参与成键的各个原子的同一类不可约表示群原子轨道线性组合成不可约群分子轨道,那些不参与成键的群原子轨道就成为分子芯轨道或孤对分子轨道。当不同原子的同一种不可约表示群原子轨道不多于两个时,组合得到的是它们的简单成键和反键或保持原子轨道形式的非键分子轨道。理论上通过解久期行列式就可以获得分子的轨道及其能级能量。最后再根据分子轨道的界面行为和原子能级的固有顺序判断出分子的能级次序和电子组态,并使用不可约表示的乘积规则得到分子的电子态[10,13,14,16]。本节运用上述方法和群论知识在不做繁琐计算的情况下,讨论若干典型分子的轨道能级次序和分子电子态。

3.9.1 线形多原子分子的轨道、电子组态和电子态

线形多原子分子较为简单,具有轴对称电场,电子轨道角动量的轴向分量是守恒的,像双原子分子一样可按 $\Lambda = |M_L| = 0, 1, 2, 3, \cdots$,把分子轨道记为 $\sigma, \pi, \delta, \cdots$,把电子态记为 $\Sigma^+, \Sigma^-, \Pi, \Delta, \cdots$。一般的非对称线形多原子分子和异核双原子分子属于 $C_{\infty v}$ 群,就用这些不可约表示符号。至于有对称中心的线形分子的电子态还有 g、u 对称之分,属于 $D_{\infty h}$ 群,这类分子的电子轨道符号用 $\sigma_g, \sigma_u, \pi_g, \pi_u, \cdots$ 这些不可约表示。对某种分子,同一种轨道可能出现若干次,在轨道符号前加数字以表示能量的高低,$1\sigma_g$ 代表能量最低的 σ_g 轨道,2 代表次低的那种轨道。

由群对称性可以推得组成分子的原子轨道所能给出的上述分子轨道种类。例如,有对称中心的线形三原子分子 XY_2 属于 $D_{\infty h}$ 群,它的中心 X 原子的 ns 轨道给出的分子轨道是 σ_g^+,两个 Y 原子的 ns 轨道给出的分子轨道是 $\sigma_g^+ + \sigma_u^+$,X 原子的 p 轨道给出的分子轨道是 $\pi_u + \delta_u^+$,两个 Y 原子的 p 轨道给出的分子轨道是 $\pi_u + \delta_u^+ + \delta_g^+ + \pi_g$。实际的分子轨道,特别是价轨道常常是各个原子的杂化轨道线性组合而成,因不同原子组合而有差异。

进一步像双原子分子一样，多原子分子的电子组态由分子中各电子占据的分子轨道组成，分子轨道的次序按分子的原子轨道次序 1s,2s,2p,… 组合成的分子轨道相关图的顺序，考虑到泡利原理、能量最低原理和洪特规则，由低到高写出。这种轨道相关图类似图 3.3.2 双原子分子的，也与核之间距离有关，对称线形多原子分子的类似同核双原子分子的符号排列，非对称线形多原子的类似异核的。当轨道充满电子时合成的总轨道角动量、总自旋角动量和总角动量为 0，即电子态为 $^1\Sigma$。因此，由电子组态合成电子态只要考虑最后未占满的电子轨道，按双原子分子的等效与非等效电子组态合成电子多重态的规律就行[1,3]。下面举几个例子。

CO_2 基态电子组态是 $(1\sigma_g)^2(1\sigma_u)^2(2\sigma_g)^2(3\sigma_g)^2(2\sigma_u)^2(4\sigma_g)^2(3\sigma_u)^2(1\pi_u)^4(1\pi_g)^4$，其中，$1\sigma_g$ 和 $1\sigma_u$ 是 O 的 1s 电子形成的非键芯轨道，$2\sigma_g$ 是 C 的 1s 电子形成的非键芯轨道。O 原子 Z 大，1s 电子形成的轨道在最内层。后面的是 C、O 的 2s 和 2p 电子形成的价轨道，其中 $3\sigma_g$ 和 $2\sigma_u$ 是 O 的 2s 电子形成的孤对轨道，$4\sigma_g$ 是 C 的 2s 电子形成的孤对轨道，$3\sigma_u$、$1\pi_u$ 和 $1\pi_g$ 是 C 和 O 的 2p 电子形成的成键轨道。为闭壳层，分子谱项为 $^1\Sigma_g^+$。前两个电子激发态为 $\cdots(3\sigma_u)^2(1\pi_u)^4(1\pi_g)^3(2\pi_u)$ 形成的 $^3\Sigma_u^-$，$^3\Sigma_u^+$，$^3\Delta_u$，$^1\Sigma_u^-$，$^1\Sigma_u^+$ 和 $^1\Delta_u$，以及 $\cdots(3\sigma_u)^2(1\pi_u)^4(1\pi_g)^3(5\sigma_g)$ 形成的 $^3\Pi_g$ 和 $^1\Pi_g$。实际上激发态已是弯曲非线形，要用后面的表示法。

CO_2^+，BO_2，N_3 的基态电子组态为 $(1\sigma_g)^2(1\sigma_u)^2(2\sigma_g)^2(3\sigma_g)^2(2\sigma_u)^2(4\sigma_g)^2(3\sigma_u)^2(1\pi_u)^4(1\pi_g)^3$，形成的分子的电子态为 $^2\Pi_g$，前两个电子激发态为 $\cdots(4\sigma_g)^2(3\sigma_u)^2(1\pi_u)^3(1\pi_g)^4$ 形成的 $^2\Pi_u$ 和 $\cdots(4\sigma_g)^2(3\sigma_u)(1\pi_u)^4(1\pi_g)^4$ 形成的 $^2\Sigma_u^+$。

多原子分子的电子态次序表示法与双原子分子类似，只是字母上面加一波纹号，即用 $\tilde{X}$ 表示电子基态，$\tilde{A}$，$\tilde{B}$，$\tilde{a}$，$\tilde{b}$，… 表示激发态，大写或小写字母表示与基态多极性是相同或不同，加"~"号是为避免与点群对称性操作的不可约表示符号混淆。

线形多原子分子的跃迁选择定则与双原子分子相同。例如，CO_2^+ 的基态到上述两个激发态的跃迁是允许的，也即有 $\tilde{A}^2\Pi_u \leftarrow \tilde{X}^2\Pi_g$(350 nm) 和 $\tilde{B}^2\Sigma_u^+ \leftarrow \tilde{X}^2\Pi_g$(290 nm)，但两个激发态之间跃迁禁戒(u↔u 禁戒)。

C_2H_2(乙炔) 也是具有对称中心的线形分子，基态电子组态按同核双原子分子轨道相关图为 $(1\sigma_g)^2(1\sigma_u)^2(2\sigma_g)^2(2\sigma_u)^2(3\sigma_g)^2(1\pi_u)^4$。其中，$1\sigma_g$ 和 $1\sigma_u$ 是两个 C 的 1s 电子形成的非键芯轨道，其余的是 C 的 2s、2p 和 H 的 1s 的组合价轨道。$2\sigma_g$、$2\sigma_u$ 和 $3\sigma_g$ 是两个 C 的 2s 和 $2p_z$ 分别生成的两个 sp 杂化 σ 轨道与两个 H 的 1s 轨道线性组合成的 σ 轨道，它们形成 C—C 单键和两个 C—H 单键，$1\pi_u$ 是两个 C 的 $2p_x$ 和 $2p_y$ 轨道组合成的 C═C 双键成键轨道。基态电子填满壳层，电子态

为 $\tilde{X}^1\Sigma_g^+$,第一电子激发态是 1 个 $1\pi_u$ 电子激发到 $1\pi_g$ 轨道,形成的电子态为 $^1\Sigma_u^+$,$^1\Sigma_u^-$,$^3\Sigma_u^+$,$^3\Sigma_u^-$,$^1\Delta_u$ 和 $^3\Delta_u$。

HCN 分子是非对称线形,属 $C_{\infty v}$ 群,C、N 和 H 的 s 电子各给出一个 σ 轨道,取分子轴方向为 z 轴,则 C 和 N 的 $2p_z$ 各给出 1 个 σ 轨道,它们的 $2p_x$ 和 $2p_y$ 共给出两个 π 轨道。这样,HCN 分子的基态电子组态为 $(1\sigma)^2(2\sigma)^2(3\sigma)^2(4\sigma)^2(5\sigma)^2(1\pi)^4$,其中,$1\sigma$ 和 2σ 是 N 和 C 原子的 1s 电子形成的非键芯轨道,其余的是 10 个价电子形成的组合价轨道,形成的分子电子态为 $\tilde{X}^1\Sigma^+$。最低的激发组态为 $\cdots(5\sigma)^2(1\pi)^3(2\pi)^1$,给出的电子态为 $^1\Sigma^+$,$^1\Sigma^-$,$^1\Delta$,$^3\Sigma^+$,$^3\Sigma^-$ 和 $^3\Delta$。按选择定则,$\Delta S=0$,$\Delta \Lambda = 0$,± 1,只有 $^1\Sigma^+$ 态到基态 $^1\Sigma^+$ 的跃迁是允许的,实验上得到的一个强吸收带系 135~150 nm 即对应这一允许跃迁。不过实际上激发态已是弯曲线形,在后面讨论。

3.9.2 非线形多原子分子的轨道、电子组态和电子态

非线形多原子分子不能简单地用一个量子数 λ 来标记轨道和电子态,从而直接给出原子轨道与分子轨道的关系。由于对称操作是与哈密顿量对易的,因此,具有某种对称性的非线形多原子分子可用分子所属点群的不可约表示来把轨道和电子态分类,然后根据 3.7 节和本节开头所述原则,将具有相同对称性的原子轨道线性组合成不可约群分子轨道。各种分子点群的不可约表示在前面表 3.7.1 中已给出。就轨道来说,它们大致分成非简并的轨道 a 和 b、二重简并轨道 e 和三重简并轨道 t,这些轨道按各种对称性又可以细分成很多。

多原子分子各轨道的能量由量子力学计算得到,能量间隔也像双原子分子的轨道相关图一样,随原子之间距离变化而变化。对于非线形弯曲分子,能量间隔还与分子的键角有关,这种轨道相关图称为沃尔什(Walsh)图,如图 3.9.1 所示,上图为 XO_2 分子的键角 $\angle OXO$ 从 90°(C_{2v} 群,平面)变化到 180°($D_{\infty h}$ 群,线形),下左图为 XH_3 分子的键角 $\angle HXH$ 从 90°(小于 120°为 C_{3v} 群,锥形)变化到 120°(D_{3h} 群,平面),下右图为 HYZ 分子的键角 $\angle YHZ$ 从 90°变化到 180°(线形)[1,3],当然,每一种具体分子的曲线形状还会有变化。

非线形多原子分子的电子组态也像线形多原子分子一样,由分子中电子占据的各分子轨道按分子轨道相关图的顺序,并考虑到泡利原理、能量最低原理和洪特规则,在轨道符号前加数字按能量由低到高写出。

现在来看如何由分子的电子组态形成电子态。非简并轨道 a,b 可容纳 2 个电子,简并 e 轨道可容纳 4 个电子,简并 t 轨道可容纳 6 个电子。当轨道充满电子时,

各个电子的自旋两两相反,总轨道角动量、总自旋角动量和总角动量为0,电子态为单重态$^1A_1$,如a_1^2,b_2^2,e^4,t^6 均形成电子态$^1A_1$,它们对分子的电子态没有贡献,不用考虑。分子的电子态仅考虑满壳层外的那些轨道电子的贡献。轨道上填充单个电子则变为二重态,如 a_1 形成$^2A_1$,b_2 形成$^2B_2$,e 和 e^3 形成^2E,t 和 t^5 形成^2T。

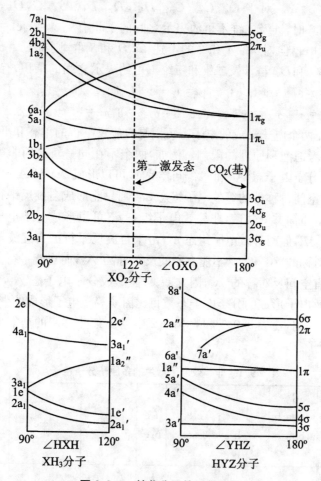

图 3.9.1 某些分子的沃尔什图

填充两个或两个以上电子特别是处在不同轨道时需要解决它们如何形成分子电子态这一问题,这就涉及直积表示,即在对称操作下两个本征波函数分别得到两个不可约表示,它们的乘积波函数在对称操作下应如何表示。已经证明,乘积波函数在对称操作下得到的表示通常是可约的,可以简单地由群的不可约表示的直接乘积表来约化成不可约表示[1,16]。下面是一些不可约表示乘积的重要规则,也适用于电子态。对于所有的群涉及一维不可约表示的乘积,有一般规则 aa = bb = a, ab = b, ae = be = e, at = bt = t。涉及表示的下标和上标,有 g×g = u×u = g, g×u = u; ′×′ = ″×″ = ′, ′×″ = ″; 1×1 = 2×2 = 1, 1×2 = 2,但对 D_2 和 D_{2h} 群则有 1×2 = 3, 2×3 = 1, 1×3 = 2。对于 C_n, C_{nv}, C_{nh}, D_{nd}, D_n, D_{nh}, S_n, O, O_h, T, T_d 和 T_h 群,当 n = 3 和 6 时,涉及二维不可约表示之间的乘积有 $e_1 e_1 = e_2 e_2 = a_1 + a_2 + e_2$, $e_1 e_2 = b_1 + b_2 + e_1$;但对 n = 4 和 2 的上述 C, D 和 S 群,则有 ee = $a_1 + a_2 + b_1 + b_2$。对于 T_d, O 和 O_h 群涉及二维和三维不可约表示之间的乘积,有 $et_1 = et_2 = t_1 + t_2$, $t_1 t_1 = t_2 t_2 = a_1 + e + t_1 + t_2$, $t_1 t_2 = a_2 + e + t_1 + t_2$。对于线形分子有 $\sigma^+ \sigma^+ = \sigma^- \sigma^- = \sigma^+, \sigma^+ \sigma^- = \sigma^-, \sigma^+ \pi = \sigma^- \pi = \pi, \sigma^+ \delta = \sigma^- \delta = \delta, \pi\pi = \sigma^+ + \sigma^- + \delta$。

此外,填充两个电子形成的电子态可以是自旋反平行的单态和平行的三态,但能形成的态要考虑泡利原理的限制。例如,两个不在同一轨道的非等效电子组态 $a_1 a_1$ 可以形成分子电子态 $^1A_1$ 和 $^3A_1$,同样 $a_1 a_2$ 可以形成 $^1A_2$ 和 $^3A_2$,但两个在同一轨道具有相同空间对称性的等效电子组态 a_1^2 则只能形成自旋反平行的分子电子态 $^1A_1$。再如双重简并 e 轨道,非等效电子组态 ee 可以形成分子电子态 $^1A_1$, $^1A_2$, ^1E 和 $^3A_1$, $^3A_2$, ^3E,但对等效电子组态 e^2,由于自旋反平行的自旋波函数为反对称的,必有空间对称的 $^1A_1$ 和 ^1E,不能有空间反对称的 $^1A_2$,而自旋平行的自旋波函数为对称的,必有空间反对称的 $^3A_2$,因此 e^2 只能形成分子电子态 $^1A_1$, ^1E 和 $^3A_2$。由此可见,由等效电子形成的分子电子态数目比由非等效电子形成的少。

根据以上规则,在表 3.9.1 和表 3.9.2 中给出某些常用的非等效和等效电子组态形成的分子态。

表 3.9.1 非等效电子产生的多原子分子电子态

电子组态	$a_1 a_1$ $b_1 b_1$ $a_2 a_2$ $b_2 b_2$	$a_1 a_2$ $b_1 b_2$ $a_2 b_1$ $a_2 b_2$	$a_1 b_2$ $a_2 b_1$	$a_1 b_1$ $a_2 b_2$	$a' a''$	$a_1 e$ $a_2 e$ $b_1 e$ $b_2 e$	$e_1 e_1$ $e_2 e_2$	$a_2'' e'$ $b_1'' e'$	ee	$a_1'' e' e''$	$a_1 t$ $a_2 t$ $b_1 t$ $b_2 t$	$t_1 t_1$ $t_2 t_2$
电子态	$^1A_1$ $^3A_1$	$^1A_2$ $^3A_2$	$^1B_2$ $^3B_2$	$^1B_1$ $^3B_1$	$^1A''$ $^3A''$	^1E ^3E	$^1A_1, ^1A_2$ $^1E_2, ^3E_2$ $^3A_1, ^3A_2$	$^1E''$ $^3E''$	$^1A_1, ^1A_2$ $^1B_1, ^1B_2$ $^3A_1, ^3A_2$ $^3B_1, ^3B_2$	$^2A_1'(2), ^4A_1'$ $^2A_2'(2), ^4A_2'$ $^2E'(2), ^4E'$	^1T ^3T	$^1A_1, ^1E$ $^1T_1, ^1T_2$ $^3A_1, ^3E$ $^3T_1, ^3T_2$

表 3.9.2 单电子和等效电子产生的多原子分子电子态

电子组态	a_1	a_2	a_1^2 a_2^2	b_1^2 b_2^2	e e^3	e^2	e^4	e_1^2 e_2^2	e' e'^3	e'^2 e''^2	e'^4 e''^4	e'' e''^3	t_1 t_2	t_1^6 t_2^6	t_1^2, t_1^4 t_2^2, t_2^4
电子态	$^2A_1$	$^2A_2$	$^1A_1$	$^1A_1$	^2E	$^1A_1, ^1B_1$ $^3A_2, ^3B_1$	$^1A_1$	$^1A_1$ ^1E $^3A_2$	$^2E'$	$^1A'_1$ $^1E'$ $^3A'_2$	$^1A'_1$	$^2E''$	$^2T_1$	$^1A_1$	$^1A_1, ^1E$ $^1T_2, ^3T_1$

非线形多原子分子的电子跃迁选择定则决定于电偶极跃迁矩不为零的条件,除因基本的宇称守恒和自旋角动量守恒要求而有的 g↔u 和 $\Delta S = 0$ 外,还可以由群的对称性对波函数的要求得到。但这比较复杂,不同群不一样,如 A_1 与 A_2 和 B_1 与 B_2 之间的跃迁为禁戒的。

下面举几个例子.

平面型的 C_{2v} 分子 H_2O 有 10 个电子。O 的 1s 内层电子形成 $1a_1$ 非键群分子芯轨道。O 的 2s 和 $2p_z$ 形成的杂化群原子轨道 a_1 和 a'_1,与两个 H 的 1s 组合成的 a_1 群原子轨道再组合成 $2a_1$ 成键和 $4a_1$ 反键群分子轨道,以及不成键的孤对分子轨道 $3a_1$。O 的 $2p_x$ 和 $2p_y$ 组合成的 b_2 群原子轨道与两个 H 的 1s 组合成的 b_2 群原子轨道再组合成 $1b_2$ 成键和 $2b_2$ 反键分子轨道,群分子 $1b_1$ 轨道为 O 的 $2p_x$ 和 $2p_y$ 组合的另一群原子轨道 b_1 形成的孤对轨道。电子占据 $1a_1$、$2a_1$、$1b_2$、$3a_1$ 和 $1b_1$ 群分子轨道,为满壳层。$2a_1$ 和 $1b_2$ 是两个 O—H 单键生成的轨道,它们上已各有一对成键电子。$3a_1$ 和 $1b_1$ 上各有一对孤对电子,不成键,它们的能量较高,且一端裸露容易生成氢键,使水分子呈缔合状态[1,4]。基态电子组态为 $(1a_1)^2(2a_1)^2(1b_2)^2(3a_1)^2(1b_1)^2(4a_1)^0(2b_2)^0$,电子态是 $\tilde{X}^1A_1$。图 3.9.2 是 H_2O 的能级图。H_2O 的第一电子激发组态为 $(1a_1)^2(2a_1)^2(1b_2)^2(3a_1)^2(1b_1)(4a_1)$,1 个电子由 $1b_1$ 跃迁到 $4a_1$ 轨道,它的 $1b_1$ 和 $4a_1$ 轨道均未占满,电子态谱项由表为 $^3B_1$ 和 $^1B_1$。$\tilde{a}^3B_1 \leftarrow \tilde{X}^1A_1$ 是禁戒的,允许跃迁为 $\tilde{A}^1B_1 \leftarrow \tilde{X}^1A_1$。类似能级结构的分子还有 NH_2、CH_2、BH_2 等,只是电子数少些,电子从下面的能级先填充[3]。

CO_2、NO_2 和 SO_2 属于另一类 C_{2v} 群分子,它们的能级结构由图 3.9.1 上面的沃尔什图决定[1]。CO_2 分子有 22 个电子,其中有 16 个价电子,基态为线形,第一激发态已是弯曲非线形,由上面的沃尔什图知电子组态为 $(1a_1)^2(1b_2)^2(2a_1)^2$ $(3a_1)^2(2b_2)^2(4a_1)^2(3b_2)^2(1b_1)^2(5a_1)^2(1a_2)^2(4b_2)^1(6a_1)^1$。两个 O 的 1s 形成 $1a_1$ 和 $1b_2$,C 的 1s 形成 $2a_1$,其他轨道是 O 和 C 的 2s 和 2p 组合形成的,两个 O 的 2s 主要形成 $3a_1$ 和 $2b_2$,C 的 2s 主要形成 $4a_1$。未占满轨道是 $6a_1$ 和 $4b_2$,形成 $^1B_2$ 和 $^3B_2$ 电子态。$\tilde{a}^3B_2 \leftarrow \tilde{X}^1\Sigma_g^+$ 是禁戒的,实验给出在 134 nm 处存在强吸收允许跃

迁 $\tilde{A}^1B_2 \leftarrow \tilde{X}^1\Sigma_g^+$，测得 $\tilde{A}^1B_2$ 电子态分子的键角（弯曲）为 122°，如图 3.9.1 上图所示。

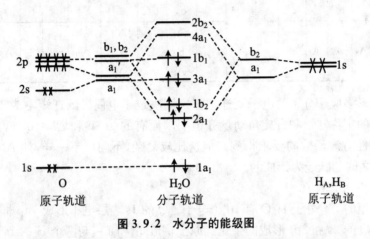

图 3.9.2 水分子的能级图

NO_2 分子有 23 个电子，其中 17 个价电子，由上面沃尔什图，基态电子组态为 $(1a_1)^2(1b_2)^2(2a_1)^2(3a_1)^2(2b_2)^2(4a_1)^2(3b_2)^2(1b_1)^2(5a_1)^2(1a_2)^2(4b_2)^2(6a_1)^1(2b_1)^0(7a_1)^0(5b_2)^0$，因此，电子态为 $^2A_1$。第一电子激发态应是 $\cdots(1a_2)^2(4b_2)^2(2b_1)^1$，即电子从 $6a_1$ 跃迁到 $2b_1$ 轨道，电子态为 $^2B_1$。跃迁 $\tilde{A}^2B_1 \leftarrow \tilde{X}^2A_1$ 的波长是 440 nm，再上面两个电子激发态为电子从 $4b_2 \rightarrow 6a_1$ 的 $\cdots(1a_2)^2(4b_2)^1(6a_1)^2$ 和 $1a_2 \rightarrow 6a_1$ 的 $\cdots(1a_2)^1(4b_2)^2(6a_1)^2$，电子态分别为 $^2B_2$ 和 $^2A_2$，$^2A_2 \leftarrow \tilde{X}^2A_1$ 是禁戒的，$\tilde{A}^2B_2 \leftarrow \tilde{X}^2A_1$ 跃迁的波长是 250 nm。

属于 C_s 点群的 HYZ 分子只有一个对称平面，群的表示为 A' 和 A''，因此存在轨道 a'、a'' 和电子态 A' 和 A''。分子内壳层是 Y 和 Z 原子的 1s 轨道形成的 2 个分子 a' 轨道，Y 和 Z 的 2s 和 H 的 1s 又给出 3 个 a' 轨道，Y 和 Z 的平面外分量 $2p_z$ 给出两个 a'' 轨道，平面内分量 $2p_x$、$2p_y$ 给出 4 个 a' 轨道。例如 HNO 分子有 12 个价电子，由沃尔什图 3.9.2 右下图，基态电子组态为 $(1a')^2(2a')^2(3a')^2(4a')^2(5a')^2(1a'')^2(6a')^2(7a')^2(2a'')^0$，电子态为 $^1A'$，第一电子激发组态为 $\cdots(7a')^1(2a'')^1$，电子态为 $^1A''$、$^3A''$，$\tilde{a}^3A'' \leftarrow \tilde{X}^1A'$ 是禁戒的，$\tilde{A}^1A'' \leftarrow \tilde{X}^1A'$ 跃迁产生 760 nm 的光谱[1]。

前面给出的分子 HCN，在基态是线形，实际上第一激发态已不是线形分子，键角 125°，电子组态为 $(1a')^2(2a')^2(3a')^2(4a')^2(5a')^2(1a'')^1(6a')^2(7a')^1$，电子态为 $^1A''$ 和 $^3A''$，前述强吸收带对应的应是 $\tilde{A}^1A'' \leftarrow \tilde{X}^1\Sigma^+$ 跃迁[1]。

注意，有的分子在基态是弯曲的，但到激发态反而变成线形的了。如自由基

NH_2 基态键角 103°23′,第一激发态为线形。HCO 基态键角 124.95°,第一激发态变为 180°[1]。

C_{3v} 群的 NH_3 分子的表示为 A_1、A_2 和 E,存在轨道 a_1、a_2 和 e。它有 10 个电子,由图 3.9.1 左下图左边可知,基态电子组态为 $(1a_1)^2(2a_1)^2(1e)^4(3a_1)^2$,N 的 1s 电子形成 $1a_1$ 芯轨道,N 的 2s 和 $2p_z$ 组合成 sp 杂化群原子轨道 a_1 和 a'_1,其中 a_1 形成 $3a_1$ 孤对电子轨道,a'_1 与 3 个 H 原子的 1s 组合成的 a_1 群原子轨道再组合成 $2a_1$ 成键轨道和 $4a_1$ 反键轨道。N 的 $2p_x$ 和 $2p_y$ 轨道组合成的轨道 e 与 3 个 H 的 1s 组合成的 e 轨道再组合成二重简并 1e 成键轨道和 2e 反键轨道。电子占据 $1a_1$、$2a_1$、1e 和 $3a_1$ 群分子轨道,是满壳层,电子态是 $\tilde{X}\ ^1A_1$,见图 3.9.3[1]。当然也有用 sp^3 不等性杂化轨道解释的[16,15]。三个价轨道的能量分别是 -31.3、-17.1 和 -11.6 eV,与光电子能谱给出的电离能数据 27.0、15.0 和 10.2 eV 相近。

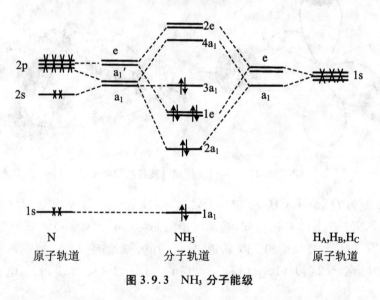

图 3.9.3 NH_3 分子能级

下面再从波函数和电子云的观点来讨论 NH_3 分子的形成。在形成的 4 个占据的分子价轨道中,$3a_1$ 由 N 原子的两个孤对电子占满,不参与成键,其上的孤对电子只受 N 核的作用,应较多地分布在 N 核周围,因此 $3a_1$ 杂化轨道含有较多的 s 轨道成分,p 轨道成分较少。而与 H 原子成键的另外三个轨道($2a_1$ 和 1e)则含有较多 N 原子的 p 轨道成分和较少的 s 轨道成分,因而性质更接近 p 轨道。由第 2 章介绍的 N 原子的知识,N 的外层 3 个 2p 电子根据洪特定则,分别处在 $2p_x$、$2p_y$ 和 $2p_z$ 三个态中,图 3.9.4[15]左图中白色棒槌形即表示 N 原子的三个 2p 波函数分

别沿 x、y 和 z 轴方向。本来波函数应画成图 2.1.8 那样的双球形,这儿为显示清楚而画成 6 个棒槌形。在形成分子时,三个 H 原子的 1s 电子波函数就与 N 原子的一个 2p 态波函数分别在 x、y 和 z 轴方向叠加增强,成为两个原子共享的电子而构成共价键。右图是形成分子后的电子云图。当 2p 态的双球形分布中的一边与 1s 态叠加增强时,另外一边的数值明显缩小。此外,由于电子间的排斥作用而使波函数更向外分开一些,再加上靠近 N 核的 $3a_1$ 孤对电子(图上未画)的排斥,从而使三个共价键的夹角由原来的 90° 扩大到 107.3°,这与图 3.7.1(d) 是一致的。

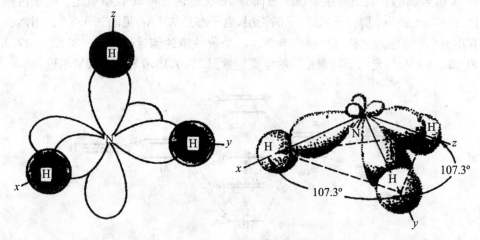

图 3.9.4 NH_3 分子的成键波函数和电子云

平面型的 D_{3h} 分子 CH_3 存在分子轨道 a'_1、a''_1、a'_2、a''_2、e' 和 e''。它有 9 个电子,由图 3.9.1 左下图右边可知,基态电子组态为 $(1a'_1)^2(2a'_1)^2(1e')^4(1a''_2)^1$,C 的 1s 和 2s 分别形成 $1a'_1$ 和 $2a'_1$ 轨道,分子的电子态谱项为 $^2A''_2$。前两个激发电子组态为 $(1a'_1)^2(2a'_1)^2(1e')^3(1a''_2)^2$ 和 $(1a'_1)^2(2a'_1)^2(1e')^4(3a'_1)^1$,电子态分别为 $^2E'$ 和 $^2A'_1$[3]。

BF_3 分子有 32 个电子,也属于 D_{3h} 群,基态电子组态为 $(1a'_1)^2(1e')^4(2a'_1)^2$ $(3a'_1)^2(2e')^4(4a'_1)^2(3e')^4(1a''_2)^2(4e')^4(1a''_1)^4(1a'_2)^2$。即 6 个 F 的 1s 电子形成 $1a'_1$ 和 $1e'$ 芯轨道,2 个 B 的 1s 电子形成 $2a'_1$ 芯轨道,其余是价电子轨道,是满壳层,电子基态为 $^1A'_1$。

平面型点群 D_{6h} 分子 C_6H_6 的不可约表示很多,如表 3.7.1 所给。C_6H_6 基态的电子组态为 $(1a_{1g})^2(1b_{1u})^2(1e_{1u})^4(1e_{2g})^4(2a_{1g})^2(2e_{1u})^4(2e_{2g})^4(3a_{1g})^2(2b_{1u})^2$ $(1b_{2u})^2(3e_{1u})^4(1a_{2u})^2(3e_{2g})^4(1e_{1g})^4$,前 4 个轨道为 C 的 1s 形成,后面是 C 的 2s、

2p 与 H 的 1s 组合轨道。其中 C 原子的 4 个价电子 $(2s)^2(2p)^2$ 中的 2 个 2s 电子和 1 个 2p 电子与相邻的两个 C 原子和 1 个 H 原子的各一个电子形成 σ 键,6 个 C 原子之间的 σ 键相连形成环形结构。C 原子剩下的 1 个未成对的 2p 电子与相邻的 C 原子的未成对 2p 电子在键轴的横向重叠形成 π 键,它们形成最外层价轨道,是满壳层,形成电子基态 $^1A_{1g}$。第一激发态为 $\cdots(1e_{1g})^3(1e_{2u})$,即一个空穴态 E_{1g} 和一电子态 E_{2u} 直接乘积,形成电子态 $^1E_{1u}$、$^1B_{2u}$、$^1B_{1u}$,其中基态 $^1A_{1g}$ 到 $^1E_{1u}$ 跃迁是允许的,到后两个是禁戒的(第二个弱禁戒)。

具有 t 表象的点群 O 和 T 型分子的 t 轨道是三重简并的,最多可容纳 6 个电子。例如,点群 O_h 型分子 SF_6 的基态电子组态为 $(1a_{1g})^2(2a_{1g})^2(1t_{1u})^6(1e_g)^4$ $(3a_{1g})^2(2t_{1u})^6(4a_{1g})^2(3t_{1u})^6(2e_g)^4(5a_{1g})^2(4t_{1u})^6(1t_{2g})^6(3e_g)^4(1t_{2u})^6(5t_{1u})^6(1t_{1g})^6$ $(6a_{1g})^0(6t_{1u})^0(2t_{2g})^0(4e_g)^0$,是满壳层,形成电子基态 $^1A_1$,前 6 个轨道分别是 S 的 1s,F 的 1s 和 S 的 2s、2p 内层电子形成的芯轨道。

点群 T_d 型分子甲烷 CH_4 的不可约表示为 A_1、A_2、E、T_1 和 T_2,有轨道 a_1、a_2、e、t_1 和 t_2,它也有 10 个电子,基态组态为 $(1a_1)^2(2a_1)^2(1t_2)^6$,能级如图 3.9.5 所示[14]。C 原子的 1s 电子形成 $1a_1$ 芯轨道,前面指出 C 原子的 2s 和 2p 组合成 4 个 sp^3 等性杂化轨道,在这儿就是群原子轨道 a_1 和 t_2,它们与 4 个 H 原子的 1s 组合的群原子轨道 a_1 和 t_2 再分别组合成非简并的 $2a_1$ 成键轨道和 $3a_1$ 反键轨道,以及三重简并 $1t_2$ 成键轨道和 $2t_2$ 反键轨道。C 和 H 原子的各 4 个价电子分别占据 $2a_1$ 和 $1t_2$ 成键轨道,是满壳层,形成电子基态 $\tilde{X}^1A_1$。CH_4 的光电子能谱证实了这两个价轨道的存在。利用第 6 章讨论的电子动量谱方法,通过测量 CH_4 的电子动量谱可以看出,$1t_2$ 是 p 型轨道,$2a_1$ 是 s 型轨道,证明上述分析正确。硅烷 SiH_4 电子基态组态为 $(1a_1)^1(2a_1)^2(1t_2)^6(3a_1)^2(2t_2)^6$,也是满壳层,形成电子基态 $\tilde{X}^1A_1$。

从波函数和电子云的观点来看,C 原子的 4 个新的叠加杂化轨道构成 4 对非常对称的棒槌。如果把 C 原子核放在一个正六面体的中心,则 8 个棒槌分别处在相对中心对称的两个顶点的 4 条连线的两边,如图 3.3.7(c)所示。在形成甲烷 CH_4 分子时,4 个 H 原子的每一个 1s 电子波函数分别与 C 原子的一条杂化轨道作增强叠加而形成共价键,使它们靠近的一端变大,反方向一端变小。4 个突出的大端互相成 109.5°夹角,好像 4 条"腿"伸出去[15],与图 3.9.4 NH_3 分子类似,这与图 3.7.1(n)所示 CH_4 的正四面体结构也是一致的。

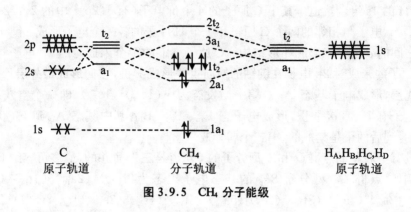

图 3.9.5　CH₄ 分子能级

参 考 文 献

[1] 王国文.原子与分子光谱导论(第二篇):分子光谱学[M].北京:北京大学出版社,1985:97-380.

[2] 朱正和,俞华根.分子结构与分子势能函数[M].北京:科学出版社,1997:1-21,97-105,125-144.

[3] 张允武,陆庆正,刘玉中.分子光谱学[M].合肥:中国科学技术大学出版社,1988.

[4] Weiguo Sun, et al. J. Phys. B,1999,32:5109.
Mol J. Spectroscopy,2000,204:80;2002,215:93.

[5] 徐克尊,陈向军,陈宏芳.近代物理学:第五章[M].合肥:中国科学技术大学出版社,2008.

[6] 夏慧荣,王祖赓.分子光谱学和激光光谱学导论[M].上海:华东师范大学出版社,1989.

[7] G·赫兹堡.分子光谱与分子结构:第一、二卷[M].王鼎昌,译.北京:科学出版社,1983,1988.

[8] Barruw G M. Introduction to Molecular Spectroscopy[M]. McGraw-Hill Book Company, Inc. ,1992.

[9] Svanberg Sune. Atomic and Molecular Spectroscopy[M]. Springer-Verlag,1992.

[10] 徐光宪,王祥云.物质结构[M].2版.北京:科学出版社,2010.

[11] 龚昌德.热力学与统计物理学[M].北京:高等教育出版社,1982:182-192.

[12] 郑能武,张鸿烈,赵维崇.化学键的物理概念[M].合肥:安徽科学技术出版社,1985:8-81.

[13] 李俊清,何天敬,王俭,刘凡镇.物质结构导论[M].合肥:中国科学技术大学出版社,1990.

[14] 江元生.结构化学:第三、四、五章[M].北京:高等教育出版社,1997.

[15] 喀兴林.量子力学与原子世界[M].太原:山西科学技术出版社,2000.

[16] 刘靖疆.基础量子化学与应用[M].北京:高等教育出版社,2004.

[17] M·奥钦,H·H·雅费.对称性、轨道和光谱[M].徐广智,译.北京:科学出版社,1980.
[19] Zhong Z P, et al. J. of Electron Spectroscopy and Related Phenome,1998,94:127.
[20] Zhong Z P, et al. Phys. Rev. A,1997,55:1799.
[21] 徐克尊,等.中国科学 A,1995,24:1115.
[22] J·I·斯坦菲尔德.分子和辐射:近代分子光谱学导论[M].北京:科学出版社,1983.

第4章 能级和谱线宽度及谱线线形

在原子或分子的两个具有能量 E_i 和 E_k 的能级之间发生跃迁时,测量到的光谱线或能谱线不可能是严格的单色或单能。减本底后的谱线强度围绕中心能量 $E_0 = E_i - E_k$ 附近的分布函数 $I(E)$ 叫线形(line profile),一般情况下,有一个极大值或极小值 E_0,定义为它的能量;中间主体部分的线形叫线身,两边部分叫线翼,如图 4.0.1 所示[1]。使 $I(E_1) = I(E_2) = I(E_0)/2$ 的能量间隔 $\Delta E = |E_2 - E_1|$ 称为谱线的半高度全宽度(FWHM,full width at half maximum),常简称为半高宽或线宽或分辨。如果谱线是对称分布,则有 $\Delta E = 2|E_2 - E_0|$。

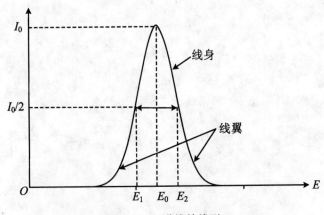

图 4.0.1　谱线的线形

谱线除有能谱外,还有光谱和频谱等,因此谱线宽度也常常用波长 λ、频率 ν 或角频率 ω 表示。由于 $\nu = E/h$、$\omega = 2\pi\nu$、$\lambda = c/\nu$,各种谱线宽度如能量分辨、频率分辨和波长分辨之间的关系分别为

$$\Delta\nu = \frac{\Delta E}{h}, \quad \Delta\omega = 2\pi\Delta\nu, \quad \Delta\lambda = -\frac{c}{\nu_0^2}\Delta\nu = -\frac{hc}{E_0^2}\Delta E \quad (4.0.1)$$

但同一谱线用不同物理参量表示的相对宽度即分辨率是同样的：

$$\left|\frac{\Delta E}{E_0}\right| = \left|\frac{\Delta \nu}{\nu_0}\right| = \left|\frac{\Delta \omega}{\omega_0}\right| = \left|\frac{\Delta \lambda}{\lambda_0}\right| \tag{4.0.2}$$

本章讨论产生有限线宽的各种起因以及它们的基本特性[1~4]。

4.1 自然宽度和洛伦兹线形

4.1.1 跃迁速率、寿命和能级宽度

首先讨论自发发射情况，即原子体系不存在外界电磁场干扰和碰撞无辐射跃迁，每个原子或分子(本章以后凡只提及原子或分子都是指两者)都是彼此孤立地存在的。在低气压气体中近似为这种情况。这时每个原子的退激发是独立进行的，与其他原子无关，也不受外界影响，它的存在时间可长可短，完全是偶然的。但如果处在激发态的同种原子很多，彼此无关地退激发，那么大量统计的结果，在 dt 时间内从态 i 退激发到态 k 的原子数 dN_{ik} 显然正比于初态 i 的原子数 N_i 和 dt 时间，写成等式为

$$dN_{ik} = A_{ik}N_i dt \tag{4.1.1}$$

比例系数 A_{ik} 就是爱因斯坦自发发射系数，也是一个原子在单位时间内的自发发射跃迁概率即跃迁速率 λ_{ik}：

$$\lambda_{ik} = A_{ik} = \frac{dN_{ik}}{N_i dt} \tag{4.1.2}$$

现在来讨论态 i（或能级 i）的跃迁速率与寿命的关系[3]。如果只是一个两能级系统，态 i 只能跃迁到态 k，则发生跃迁的原子数 dN_{ik} 也就是态 i 中原子的减少数，$dN_{ik} = -dN_i$，有

$$\frac{dN_i}{N_i} = -\lambda_{ik}dt \tag{4.1.3}$$

积分后得到一个原子分子从上能态到下能态的跃迁公式为

$$N_i(t) = N_{i0}e^{-\lambda_{ik}t} \tag{4.1.4}$$

即上能态 i 中原子数目随时间增长按指数规律减少。

这样，有些原子留在态 i 的时间长，有些短，它们是否发生跃迁由或然率决定，理论上可用平均寿命 τ 来表示。在 t 时刻 dt 时间内有 $(-dN_i)$ 个原子从态 i 跃

迁到态 k，它们处在激发态 i 的总时间为 $(-dN_i)t$，$t=0$ 时刻的 N_{i0} 个原子处在态 i 的总时间为积分 $\int_{N_{i0}}^{0} t(-dN_i)$，因此原子态 i 的平均寿命为

$$\tau = \frac{1}{N_{i0}} \int_{N_{i0}}^{0} t(-dN_i) = \lambda_{ik} \int_{0}^{\infty} t e^{-\lambda_{ik} t} dt = \frac{1}{\lambda_{ik}} \quad (4.1.5)$$

态 i 原子平均寿命为跃迁速率的倒数，τ 大即态稳定，不易跃迁，跃迁速率小；反之则相反。通常原子基态是稳定的，寿命是无穷大。如果基态也不稳，跃迁称为衰变。

跃迁公式或衰变公式中代入 τ 即得到跃迁公式的另一形式：

$$N_i(t) = N_{i0} e^{-t/\tau} \quad (4.1.6)$$

当 $t=\tau$ 时，$N_i(\tau) = N_{i0}/e$，因此平均寿命也可以理解为激发态原子数目减少到原来的 $1/e$ 时所需的时间，因而 τ 就变为能够测量的物理量。

现在再来求能级寿命与能级宽度的关系。由含时间薛定谔方程可以得到不存在外界势场情况下的自由粒子的波函数为

$$\psi(\mathbf{r},t) = \psi(\mathbf{r}) e^{iEt/\hbar} \quad (4.1.7)$$

$\psi(\mathbf{r})$ 是定态波函数。当激发态能级的能量 E 是实数时，t 时刻找到粒子的概率

$$|\psi(\mathbf{r},t)|^2 = |\psi(\mathbf{r})|^2$$

不随时间变化，是定态，不衰变。为了得到不稳定态的自发发射衰变公式的指数规律，可使能量附加一个小的虚部：

$$E = E_0 - \frac{i\Gamma}{2}$$

于是波函数变为

$$\psi(\mathbf{r},t) = \psi(\mathbf{r}) e^{-iE_0 t/\hbar} e^{-\Gamma t/\hbar} \quad (4.1.8)$$

概率变为

$$|\psi(\mathbf{r},t)|^2 = |\psi(\mathbf{r})|^2 e^{-\Gamma t/\hbar} \quad (4.1.9)$$

若令

$$\Gamma = \lambda \hbar = \frac{\hbar}{\tau} \quad (4.1.10)$$

那么式(4.1.9)就变成衰变公式(4.1.4)式和(4.1.6)式。显然式(4.1.10)与不确定关系 $\Delta E \cdot \Delta t \geqslant \hbar/2$ 也是一致的。现在的问题是这个小的能量虚部有什么物理意义？这只要将作为时间函数的波函数式(4.1.8)通过傅里叶变换到作为能量函数的波函数就可以得到。这就是著名的布赖特-维格纳(Briet-Wigner)公式：在激发能态上发现粒子处于能量 E 的概率密度为[2,5]

$$P(E) = \frac{\Gamma/2\pi}{(E-E_0)^2 + (\Gamma/2)^2} \quad (4.1.11)$$

由式可见,当 $E = E_0$ 时,概率出现最大值,当 $E - E_0 = \pm \Gamma/2$ 时,$P(E)$ 减小一半,因此,Γ 就是能态的能量分布中半高度处的全宽度,即 FWHM = Γ。也就是说,表征不稳定激发态的能级不是一条横线,而是有一定的分布宽度,分布宽度 Γ 被叫做这个能级的能级宽度。这个宽度是量子力学导出的,是原子能态本身固有的,因此称为自然宽度,能级的自然宽度与它的寿命和跃迁速率的关系由式(4.1.10)确定。通常基态是稳定的,跃迁速率 $\lambda = 0$,寿命 $\tau = \infty$,因而能级宽度 $\Gamma = 0$;激发态寿命有限,有一定大小的跃迁速率,由式(2.3.2)决定,与跃迁能量的三次方和矩阵元的平方成正比,能级有一定宽度。例如,能够进行允许跃迁的原子分子价壳层电子低激发态通常的能级寿命 $\tau = 10^{-8} \sim 10^{-9}$ s,自然宽度 $\Gamma = 10^{-8} \sim 10^{-7}$ eV。至于高激发态,禁戒跃迁和跃迁能量很小的能级的 Γ 就小得多了。

4.1.2 自发发射谱和吸收谱的洛伦兹线形和宽度

现在来讨论一个激发态原子把它的激发能以自发发射形式发射时的谱分布[2,1]。用经典的具有阻尼的谐振子模型描述激发电子,它的运动微分方程为

$$\ddot{x} + 2\pi\gamma\dot{x} + 4\pi^2 \nu_0^2 x = 0 \tag{4.1.12}$$

第二项是增加的阻尼项,$\gamma = \pi e^2 \nu_0^2 / (3\varepsilon_0 c^3 m_e)$,为阻尼常数,给出衰减速率,$m_e$ 为电子质量。不过在真实原子情况下,阻尼特别小,阻尼常数 $\gamma \ll$ 振动频率 ν_0。在初始时刻 $x(0) = x_0$ 和 $\dot{x}(0) = 0$ 下,求解方程得到振幅 $x(t)$ 的解比较简单,在 $t < 0$ 时为 0,$t \geq 0$ 时是一个振幅随时间减小的有确定频率的周期振荡:

$$x(t) = x_0 e^{-2\pi\gamma t/2} e^{-i2\pi\nu_0 t} = x_0 e^{-i2\pi(\nu_0 - i\gamma/2)t} \tag{4.1.13}$$

这里振荡频率 $\nu_0 = (E_i - E_k)/h$,相应于跃迁中心频率。谐振子振荡要向周围空间辐射电磁场 $A(t)$,它也有相似的时间依赖关系。但一个振幅随时间减小的振荡,经傅里叶变换到频率空间,就不是单色的振荡,振幅随频率有一个分布:

$$A(\nu) = \frac{1}{\sqrt{2\pi}} \int_0^\infty A(t) e^{i2\pi\nu t} dt = \frac{1}{\sqrt{2\pi}} \int_0^\infty x_0 e^{i2\pi[(\nu-\nu_0)+i\gamma/2]t} dt$$

$$= \frac{A_0}{\sqrt{2\pi}} \frac{-1}{i2\pi[(\nu - \nu_0) + i\gamma/2]}$$

$$= \frac{A_0}{(2\pi)^{\frac{3}{2}}} \frac{\gamma/2 + i(\nu - \nu_0)}{(\nu - \nu_0)^2 + (\gamma/2)^2} \tag{4.1.14}$$

辐射谱线强度随频率的分布 $I(\nu)$ 正比于 $A(\nu)A^*(\nu)$,因而得到洛伦兹线形:

$$I(\nu) = A(\nu)A^*(\nu) = \frac{A_0^2}{(2\pi)^3} \frac{1}{(\nu - \nu_0)^2 + (\gamma/2)^2} \tag{4.1.15}$$

为了比较谱线的各种线形,需要对谱线进行归一。有两种归一方法。一种是

对频率积分即线形的面积使之为 1,得到积分归一的正则化洛伦兹线形为

$$F_L(\nu - \nu_0) = \frac{\gamma/2\pi}{(\nu - \nu_0)^2 + (\gamma/2)^2} = \frac{2}{\pi\gamma}\frac{(\gamma/2)^2}{(\nu - \nu_0)^2 + (\gamma/2)^2} \quad (4.1.16)$$

另一种方法是使线形的峰值为 1,峰值归一的正则化洛伦兹线形为

$$F_L^*(\nu - \nu_0) = \frac{(\gamma/2)^2}{(\nu - \nu_0)^2 + (\gamma/2)^2} \quad (4.1.17)$$

由此得到用两种方法归一洛伦兹线形的发射谱强度随频率的分布为

$$I(\nu) = I_0' F_L(\nu - \nu_0) = I_0 F_L^*(\nu - \nu_0) \quad (4.1.18)$$

其中,I_0' 是发射谱强度对频率的积分值,由于自然宽度很窄,通常实验测得的就是这个总发射谱强度。对式(4.1.15)积分可得 $I_0' = A_0^2/((2\pi)^2\gamma)$。$I_0$ 是发射谱强度分布在 $\nu = \nu_0$ 处的最大值,$I_0 = (2/\pi\gamma)I_0'$,两者差一个常数。

两种方法确定的洛伦兹线形如图 4.1.1 所示[2],这是一个围绕 ν_0 为中心的对称线形,它的半高宽 $\Delta\nu = \gamma$,相对应的能谱宽度 $\Delta E = h\Delta\nu = h\gamma$。与式(4.1.11)对照有 $h\gamma = \Gamma$,即能谱宽度与能级宽度 Γ 一致,自发发射固有的线宽等于能级的自然宽度 Γ_n。由此可见,用经典方法推导出的原子分子的自发发射谱公式与用量子力学不确定关系推导出的能级自然宽度公式(4.1.11)式是一致的,都是洛伦兹线形。正是由于能级有一定宽度,它往下跃迁产生的自发发射谱才有一定宽度,而不是严格单色的,激发态的能级位置和宽度可以通过测量发射谱或吸收谱来确定。注意,原子分子的能级宽度不一定等于自然宽度,它们与自发发射谱宽度是不同的物理量,下面各节会讨论。

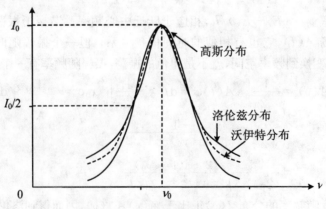

图 4.1.1　洛伦兹线形和高斯线形

现在来讨论吸收谱情况。在 5.1.4 节中会指出频率为 ν、强度为 $I(\nu)$ 的辐射在 z 方向通过厚为 dz 的吸收样品后的减弱 $-dI(\nu)$ 正比于 $I(\nu)$ 和 dz,写为等式有

$$-\mathrm{d}I(\nu) = \alpha I(\nu)\mathrm{d}z \qquad (4.1.19)$$

比例系数 α 被称为吸收系数。对于一个确定的从态 i 到态 k 的吸收跃迁过程,吸收系数 α_{ik} 依赖二能级布居差 ΔN 和原子吸收截面 σ_{ik},有关系[3]:

$$\alpha_{ik}(\nu) = \sigma_{ik}(\nu)\Delta N = \sigma_{ik}(\nu)\left[N_i - \left(\frac{g_i}{g_k}\right)N_k\right] \qquad (4.1.20)$$

式中 N_i 和 N_k 分别是态 i 和态 k 单位体积内的原子数,g_i 和 g_k 是它们的统计权重,即能级简并度。在入射光强较小,即线性吸收情况下,α 和 σ 不依赖入射光强 I,这时吸收量相对很少,即有 $N_k \ll N_i$,近似认为 N_i 是常数,上式简化为

$$\alpha_{ik}(\nu) = \sigma_{ik}(\nu)N_i \qquad (4.1.20a)$$

于是有

$$-\mathrm{d}I(\nu) = \sigma_{ik}(\nu)N_i I(\nu)\mathrm{d}z \qquad (4.1.21)$$

因此,在线性吸收情况,吸收系数或吸收截面只与频率有关,与辐射强度 I 无关,原子数 N_i 吸收过程中近于不变。这时辐射的减弱量或者发生吸收跃迁的原子数与入射光强有线性正比关系。如果能调节光强 $I(\nu)$ 不随 ν 变化,吸收谱的强度分布可以用吸收系数或吸收截面与 ν 的关系来表征。

仍然可以用经典的具有阻尼的偶极振子模型推出振子的吸收系数与频率的关系[2,1],只是这时由式(4.1.12)描述的振子运动方程多了一项电子电荷 e 受到的入射平面波驱动力 $eE_0 e^{i2\pi\nu t}$。得到的结果与用量子理论得到的相似,类似发射谱也有洛伦兹线形,吸收截面要乘以正则化因子 $F_L(\nu - \nu_0)$:

$$\sigma_{ik}(\nu) = \sigma_0 F_L^*(\nu - \nu_0) = \sigma_0 \frac{(\gamma/2)^2}{(\nu - \nu_0)^2 + (\gamma/2)^2} \qquad (4.1.22)$$

其中 σ_0 是 $\sigma_{ik}(\nu)$ 的频率分布积分截面值。当然吸收系数的线形还与 ΔN 有关,将在 4.4 节中讨论。由此可见,吸收跃迁的吸收截面的线形与自发发射的线形相同,也是洛伦兹线形,它的半宽度与能级自然宽度相同,有

$$\Gamma_n = h\gamma = \frac{\hbar}{\tau} \qquad (4.1.23)$$

4.1.3 多能级系统的跃迁速率、能级宽度和寿命

以上给出的谱线宽度等于能级的自然宽度的结论是假设辐射只在二能级之间发生,且下能级是稳态,如基态情况。对于稳态能级,其寿命为无穷大,因而能级自然宽度为零,辐射宽度仅由上能级宽度决定。在一般情况下,自发辐射可能发生在二激发态之间,或基态不是稳态,牵涉多能级,这时情况就比较复杂。

如果存在几种跃迁可能,即存在几个不同的下能级(称为跃迁道),类似的考

虑，处于激发态 i 的原子减少数 $-\mathrm{d}N_i$ 应等于各个跃迁的数目之和，当跃迁过程中跃迁的原子数相对较少，即 N_i 近似为常数时，得到

$$-\mathrm{d}N_i = \sum_k \lambda_{ik} N_i \mathrm{d}t = \lambda_i N_i \mathrm{d}t$$

原子处于能态 i 的总跃迁速率 λ_i 等于各个跃迁道的跃迁速率 λ_{ik} 之和：

$$\lambda_i = \sum_k \lambda_{ik} \tag{4.1.24}$$

i 能级的宽度 Γ_i 为

$$\Gamma_i = \hbar\lambda_i = \sum_k \hbar\lambda_{ik} = \sum_k \Gamma_{ik} \tag{4.1.25}$$

能态总宽度等于各个跃迁道的辐射宽度 Γ_{ik} 之和，Γ_{ik} 也可叫能级分宽度。注意，Γ_{ik} 不等于能级 i 或 k 的宽度 Γ_i 或 Γ_k，也不等于两者之和 $\Gamma_i + \Gamma_k$，而是只涉及这两个能级之间的跃迁速率：

$$\Gamma_{ik} = \hbar\lambda_{ik} \tag{4.1.26}$$

实际上是这两个能级之间的辐射谱线宽度，与其他能级无关。而能级宽度则涉及该能级往下面各能级的跃迁速率，能级宽度与发射谱线宽度是不完全相同的概念。

i 能态的寿命 τ_i 为

$$\tau_i = \frac{1}{\lambda_i} = \frac{1}{\sum_k \lambda_{ik}} = \frac{1}{\sum_k \frac{1}{\tau_{ik}}} \tag{4.1.27}$$

由此可见，某个原子态 i 的总的跃迁速率和能级宽度是由各个跃迁道的跃迁速率和辐射宽度相加而得，但是总的能级寿命不是各个跃迁道的寿命相加，而是变短了。一个能级的总跃迁速率、总宽度和总寿命满足(4.1.10)式关系。通常数据表中给出的能级寿命就是指这一考虑到各个跃迁道后的寿命。实际上，这种情况下只有各个跃迁道的跃迁速率有意义，能直接测量，它们的能级分宽度 Γ_{ik} 和分寿命 τ_{ik} 已没有实际意义了。

4.2 多普勒增宽和高斯线形及沃伊特线形

上节讨论的能级宽度和辐射谱线宽度指的是自然宽度，是能态固有的特性，只与能态的自发发射跃迁速率有关，测量到的能谱不可能比这一自然宽度小。实际上这是假设原子分子是静止的和孤立的，如果考虑它们的运动以及各种外在因素

的影响,测量到的能谱要比它宽。下面几节就来讨论各种造成谱线增宽的原因以及它们对谱形的影响。

4.2.1 高斯线形和多普勒宽度

现在来讨论一个重要的谱线增宽因素——多普勒(Doppler)增宽。与声学中的多普勒效应一样,在光学中也存在多普勒频移现象。先讨论发射辐射情况,设处于激发态 i 的静止质量为 M 的分子或原子相对静止观测者即光子探测器运动,发射一个能量为 $h\nu$、动量为 $\hbar k$ 的光子跃迁到下能态 k,设分子在 i 和 k 态分别有能量 E_i 和 E_k、速度 v_i 和 v_k,则发射前后的非相对论动量和能量守恒关系为

$$Mv_i = Mv_k + \hbar k \tag{4.2.1}$$

$$E_i - E_k = \frac{1}{2}M(v_k{}^2 - v_i{}^2) + h\nu \tag{4.2.2}$$

其中,ν 和 k 分别是发射光子的频率和波矢,动量 $\hbar k = h\nu/c$。如果选择坐标系的 z 轴为光的发射方向,设分子速度在发射光方向分量为 v_z,分子静止时发射光子能量为 $h\nu_0$,近似有

$$h\nu_0 \cong E_i - E_k = h\nu - \hbar v_k \cdot k - \frac{(\hbar k)^2}{2M} = h\nu_0 - \frac{h\nu v_z}{c} - \frac{(h\nu)^2}{2Mc^2} \tag{4.2.3}$$

式中第二项是运动分子的线性多普勒频移效应(一次多普勒效应),第三项是原子的反冲能量,比多普勒频移部分小几个数量级,可以忽略。当然严格推导还可以得到二次多普勒效应的四极多普勒频移部分为 $-h\nu_0 v_i{}^2/(2c^2)$,它不依赖原子的速度方向,因此不能用下一章讲的无多普勒技术消除,但它也很小,通常也可忽略。于是得到观察者测到的分子发射的光子频率 ν 相对分子静止时发射线中心频率 ν_0 的多普勒频移公式为

$$\nu \cong \frac{\nu_0}{1 - v_z/c} \cong \nu_0 \left(1 + \frac{v_z}{c}\right) = \nu_0 + \frac{k \cdot v}{2\pi} \tag{4.2.4}$$

由此可见,由于分子具有一定的速度会造成分子发射的光子频率有一个多普勒频移,当分子向着观测者即光子探测器运动时,$k \cdot v > 0$,频率 ν 随 v_z 增大而增加;反之,当分子离开观察者运动时,$k \cdot v < 0$,则频率减小。

吸收辐射与发射情况不同。在能量和动量守恒公式中,光子的能量或动量应加在吸收前的分子运动的能量或动量一边,而不是在发射情况中加在发射后的分子一边。反映在上述公式中,需要将"+"号换为"-"号,由此得到分子吸收光子情况下的多普勒频移公式为

$$\nu \cong \frac{\nu_0}{1 + v_z/c} \cong \nu_0 \left(1 - \frac{v_z}{c}\right) = \nu_0 - \frac{k \cdot v}{2\pi} \tag{4.2.5}$$

因而在吸收辐射情况,当分子即观测者向着光源运动时,辐射方向 k 与分子运动速度 v 方向相反,$k \cdot v < 0$,则频率 ν 仍增加;反之,当分子顺着辐射方向即离开光源运动时,$k \cdot v > 0$,则频率减小。因此,不管分子是发射辐射还是吸收辐射,都存在同样的多普勒频移效应。当分子向着光子探测器(对于发射辐射)或光源(对于辐射吸收)运动时,得到的辐射频率增加;反之,当分子顺着运动时,频率则减小。

由于气体分子处在无规则的热运动中,不同分子的运动速度和方向是不同的,造成 v_z 不同,它们的多普勒频移也不相同,从而使谱线宽度增加和线形变化。

现在以发射辐射情况来讨论谱线的线形。在一定温度 T 热平衡下,质量为 M 的气体分子速度遵循麦克斯韦分布,单位体积内具有速度分量在 v_z 到 $v_z + \mathrm{d}v_z$ 之间的分子数为[6]

$$\mathrm{d}N(v_z) = \frac{N_0}{\sqrt{\pi}\, v_p} \exp\left[-\left(\frac{v_z}{v_p}\right)^2\right] \mathrm{d}v_z \tag{4.2.6}$$

式中 $v_p = (2k_B T/M)^{1/2}$ 是最概然速度,k_B 是玻尔兹曼常数,$N_0 = \int \mathrm{d}N(v_z)$ 是单位体积内的分子数。因 $\mathrm{d}\nu = \nu_0 \mathrm{d}v_z / c$,由此得到单位体积内能够发射频率在 ν 到 $\nu + \mathrm{d}\nu$ 之间的分子数为

$$\mathrm{d}N(\nu) = \frac{N_0 c}{\sqrt{\pi}\, \nu_0 v_p} \exp\left\{-\left(\frac{c(\nu - \nu_0)}{\nu_0 v_p}\right)^2\right\} \mathrm{d}\nu \tag{4.2.7}$$

由于单位频率间隔的辐射强度 $I(\nu) \propto \mathrm{d}N(\nu)$,与辐射频率有关,因此分子热运动造成的谱线强度随频率的分布是指数形式的高斯线形。高斯线形的半高度全宽度称为高斯宽度,在气体分子热运动情况下,由于多普勒效应造成的谱线展宽又叫多普勒宽度 γ_D:

$$\gamma_D = \frac{2\sqrt{\ln 2}\, \nu_0 v_p}{c} = \nu_0 \sqrt{\frac{8\ln 2 \cdot k_B T}{Mc^2}} = \nu_0 \sqrt{\frac{8\ln 2 \cdot RT}{Ac^2}} \tag{4.2.8}$$

其中,$A = N_A M$ 是摩尔质量,即原子量或分子量,$R = N_A k_B$ 是摩尔气体常数。由此可见,多普勒宽度只与分子量和分子所处温度有关,与分子的能级特性无关,处于不同能级的分子有同样的多普勒增宽。同样也可得到分子的速度分布是围绕 $v_z = 0$ 的高斯线形。

由能量和频率之间的关系可以得到能谱强度分布的多普勒宽度为

$$\Gamma_D = h\gamma_D = E_0 \sqrt{\frac{8\ln 2 \cdot k_B T}{Mc^2}} = E_0 \sqrt{\frac{8\ln 2 \cdot RT}{Ac^2}} \tag{4.2.9}$$

类似上节洛伦兹线形的归一方法,由于 $\nu_0 v_p / c = \gamma_D / (2\sqrt{\ln 2}) = 0.6 \gamma_D$,可以得到用多普勒宽度表示的积分归一和峰值归一的正则化的高斯线形分别为

$$F_G(\nu - \nu_0) = \frac{2\sqrt{\ln 2}}{\sqrt{\pi}\gamma_D}\exp\left[-\left(\frac{\nu - \nu_0}{0.6\gamma_D}\right)^2\right] \quad (4.2.10)$$

$$F_G^*(\nu - \nu_0) = \exp\left[-\left(\frac{\nu - \nu_0}{0.6\gamma_D}\right)^2\right] \quad (4.2.11)$$

高斯线形也被画在图 4.1.1 上,这也是一个围绕 ν_0 为中心的对称线形。图中洛伦兹线形和高斯线形有相同半宽度,且峰值归一到 I_0。多普勒相对宽度为

$$\frac{\Gamma_D}{E_0} = \frac{\gamma_D}{\nu_0} = \left(\frac{8\ln 2 \cdot RT}{Ac^2}\right)^{1/2} = 7.16 \times 10^{-7}\left(\frac{T}{A}\right)^{1/2} \quad (4.2.12)$$

下面给出几种典型例子,以便比较在这些情况下的自然宽度和多普勒宽度大小:

(1) H 的 2s→1s 偶极禁戒跃迁,它是双光子允许跃迁,已知 $E_0 = 10.2$ eV,2s 能级寿命 $\tau = 8.23$ s,由式(4.1.10)可求得能级自然宽度 $\Gamma_n = 8.00 \times 10^{-17}$ eV。

(2) H 的 2p→1s 偶极允许跃迁,已知 $\lambda = 121.6$ nm,$\nu_0 = 2.47 \times 10^{15}$ Hz,$E_0 = 10.2$ eV;$\tau = 1.596$ ns,可求得 $\Gamma_n = 4.12 \times 10^{-7}$ eV;$A = 1$,在 $T = 1000$ K 放电条件下,$\gamma_D = 5.56 \times 10^{10}$ Hz,$\Gamma_D = 2.30 \times 10^{-4}$ eV。

(3) Na 的 3p→3s 偶极允许跃迁,已知 $\lambda = 589$ nm,$\nu_0 = 5.1 \times 10^{14}$ Hz,$E_0 = 2.12$ eV;$\tau = 16$ ns,可求得 $\Gamma_n = 4.14 \times 10^{-8}$ eV;$A = 23$,在 $T = 500$ K 下,$\gamma_D = 1.70 \times 10^9$ Hz,$\Gamma_D = 7.03 \times 10^{-6}$ eV。

(4) CO_2 的振转光谱,已知 $\lambda = 10$ μm,$\nu_0 = 3 \times 10^{13}$ Hz,$E_0 = 0.124$ eV;$\tau \approx 10^{-3}$ s,可求得 $\Gamma_n = 6.58 \times 10^{-13}$ eV;$A = 44$,在 $T = 300$ K 下,$\gamma_D = 5.58 \times 10^7$ Hz,$\Gamma_D = 2.32 \times 10^{-7}$ eV。

由此可见,由于多普勒宽度只与温度及分子质量有关,在室温情况下,原子分子价壳层电子激发的光谱通常在可见与紫外区域,多普勒宽度超过自然线宽约二个数量级;但在远红外与微波段,即振动和转动光谱,随着能量很快下降,能级寿命增长很快,自然线宽减小很多,因而多普勒效应的相对作用大得多。至于偶极禁戒跃迁,能级寿命很长,自然宽度很小,多普勒宽度更是远远超过自然宽度。只有在特殊情况下,如在第 7 章介绍的极低温度下,或下一章介绍的各种消多普勒展宽效应情况下,多普勒增宽才会小于自然宽度。

4.2.2 沃伊特线形

以上我们分别考虑了两种不同因素对谱线宽度的贡献,实际上它们通常是同时作用。自然宽度与两个能级之间的跃迁速率有关,是原子分子固有的,多普勒宽度与原子分子能级无关,只取决于原子分子的速度大小,它是叠加在自然宽度之

上,使测量到的谱线宽度增加,这种谱线增宽称为多普勒增宽。因此,观测到的线形既不是简单的洛伦兹线形,也不是简单的高斯线形。

由于能级有限的寿命(具有自然宽度),具有确定速度 v'_z 的所有分子不是都以同一多普勒频率 $\nu' = \nu_0(1 + v'_z/c)$ 辐射,而是围绕 ν' 为中心的洛伦兹线形分布辐射。再考虑到分子具有多普勒热运动速度分布,通常多普勒宽度比自然宽度大很多,因而在多普勒线形轮廓中每一点 ν' 的很窄的频区有一个自然宽度展宽,如图 4.2.1 中虚线所示[1]。因而总的强度线形要用热分布的高斯线形来平均,也即是洛伦兹线形和高斯线形卷积,称为沃伊特(Voigt)线形,按积分为 1 归一得到

$$I(\nu, \gamma_L/\gamma_G) = \int_0^\infty \frac{\gamma_L/2\pi}{(\nu-\nu')^2 + \gamma_L^2/4} \frac{2\sqrt{\ln 2}}{\gamma_G \sqrt{\pi}}$$

$$\times \exp\left[-\frac{4\ln 2(\nu'-\nu_0)^2}{\gamma_G^2}\right] d\nu' \qquad (4.2.13)$$

其中,γ_L 为洛伦兹线形半宽度,γ_G 为高斯线形半宽度。沃伊特线形由 γ_L/γ_G 比确定。不幸,沃伊特线形不能用分析式子表示,但它们已制成表可用。现在,已经很容易用计算机进行数值计算,从不同比例的洛伦兹线形和高斯线形得到沃伊特线形,或由实验得到的谱形解谱分离出不同线形。显然,当 $\gamma_L \ll \gamma_G$ 时,沃伊特线形变成高斯线形,当 $\gamma_L \gg \gamma_G$ 时,成为洛伦兹线形,一般情况下介于两者之间。图 4.1.1 中也给出了沃伊特线形,以便与洛伦兹线形和高斯线形比较,图中假设洛伦兹线形和高斯线形的半宽度相等,即 $\gamma_L = \gamma_G$。由图可见,高斯线形在两边下降更快,因此,在极外边线翼主要是洛伦兹线形贡献,沃伊特线形介于两者之间。

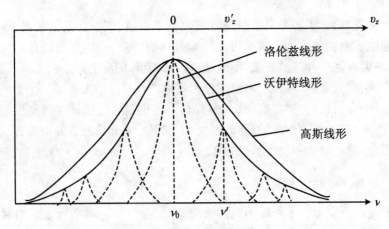

图 4.2.1 沃伊特线形

4.3 碰撞增宽

4.3.1 气体中碰撞增宽

现在来讨论另一种谱线增宽现象——碰撞增宽,它来源于原子或分子之间的碰撞即相互作用。当一个具有能级能量为 E_i 和 E_k 的原子 A 接近另一个原子 B 时,由于 A、B 之间的相互作用,A 的能级会发生移动。这个移动 ΔE 依赖 A 和 B 的电子组态和它们之间的相互作用力与距离 $R(A,B)$。能级移动可以是正值,也可以是负值,如果 A、B 之间是排斥作用,则 ΔE 是正的,吸收则为负。类似两个原子形成分子一样,画原子之间的作用势能 $E(R)$ 与 R 的关系则得势能曲线,如图 4.3.1 是 A 原子的两个能级的势能曲线[1],以 $R \to \infty$ 的势能曲线值为此曲线相应的原子能量 E_i 和 E_k。势能曲线的具体形式取决于作用力的情形,一般说来是较复杂的,不同原子和分子有不同的形状。

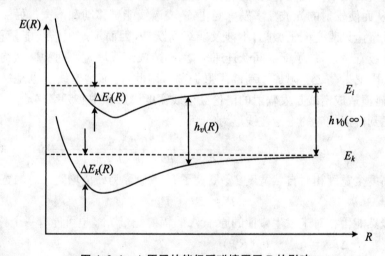

图 4.3.1 A 原子的能级受碰撞原子 B 的影响

由于原子 A 的两个能级所处的原子态不相同,它们受到 B 原子的作用也会不同,因而,两原子态的势能曲线 $E_i(R)$ 和 $E_k(R)$ 随 R 的变化一般说来也会不同,它们之间的差值随 R 会改变。如果原子 A 在碰撞时发生辐射跃迁,吸收或发射的

辐射能量 $h\nu(R) = E_i(R) - E_k(R)$ 将依赖跃迁时的距离 $R(t)$。假设辐射跃迁发生的持续时间比碰撞时间短很多,即原子的电子跃迁速度比原子的运动速度快很多,以至于跃迁时两原子距离不改变,在图上即表现为辐射跃迁是垂直方向,因此,测得的谱线能量会随两原子距离改变而发生移动。

在实际气体中,原子做无规则运动,两个原子 A 和 B 之间的距离是偶然起伏的,围绕最概然平均值 R_m 有一分布,R_m 决定于压力和温度。因而辐射能量除了固有的自然宽度以外,还会围绕最概然值 $h\nu(R_m)$ 有一分布,从而造成测得的谱线分布增宽。

由于碰撞而造成增宽和移动的谱线强度 $I(\nu)$ 应正比于与 B 相距 R 处的原子 A 的两个能级的能量差 $E_i(R) - E_k(R)$,跃迁的自发辐射速率 $A_{ik}(R)$ 和单位时间内 A、B 之间距离处于 R 到 $R + dR$ 范围内的概率 $P(R)$ 的乘积对 R 的积分:

$$I(\nu) \propto \int A_{ik}(R) P(R) [E_i(R) - E_k(R)] dR \tag{4.3.1}$$

但是要具体算出来是很困难的。有许多简化假设下的经典和量子力学计算,但至今还没有形成一套碰撞展宽的完整理论[1,2,4],这儿给出一个经典解释。类似自然线宽用阻尼谐振子模型,认为弹性碰撞(碰撞中碰撞原子没有辐射内能转移)不改变阻尼振子的振幅,而只改变相位,两次碰撞时间间隔的偶然变化会造成不同的相位变化,从而使发射的光波频率发生变化,造成谱线能量移动和增宽。另一种无辐射非弹性碰撞只改变振子振幅,不涉及能级间跃迁,因而不产生谱线能量移动,但它减小能级寿命,增加了能级间跃迁速率,因而造成谱线增宽。两种碰撞均是在自然线宽的阻尼振荡之上附加了新的阻尼振荡。因此,碰撞增宽线形也是一种洛伦兹线形,碰撞造成谱线自发辐射的洛伦兹谱线宽度增加和中心频率移动。

考虑到碰撞效应的洛伦兹线形为

$$I(E) = I_0(E) \frac{(\Gamma_n + \Gamma_c)^2/4}{(E - E_0 - \Delta h\nu)^2 + (\Gamma_n + \Gamma_c)^2/4} \tag{4.3.2}$$

它的半高度全宽度相对自然宽度 Γ_n 展宽了 Γ_c,Γ_c 称为碰撞增宽。总的宽度

$$\Gamma = \Gamma_n + \Gamma_c \tag{4.3.3}$$

最概然能量相对未发生碰撞的原子 A 的辐射能量 $h\nu_0$ 也可能有一个移动:

$$\Delta h\nu = h\nu_0 - h\nu(R_m)$$
$$= [E_i(\infty) - E_k(\infty)] - [E_i(R_m) - E_k(R_m)] \tag{4.3.4}$$

显然,这个移动取决于两个能级在最概然距离 R_m 的相对移动大小。图 4.3.2 给出原子 A 的辐射谱线由于这种碰撞而造成的增宽和移动。若 R_m 很大,相当于稀薄气体情况,A、B 相互作用小,则相应于各个距离的能量移动很小,能量增宽很

小,能量最概然值移动 $\Delta h\nu$ 也很小,这是软碰撞情况。若 R_m 很小,A、B 相互作用大,在 R_m 附近二能级 E_i 和 E_k 相对变化很大,因而各个 R 值的辐射能量移动很大,增宽也很大,但能量最概然值移动视 A、B 相互作用的具体情况而定,这是硬碰撞情况。这种情况是在气体压力较大时发生,因此,碰撞增宽又叫压力增宽。

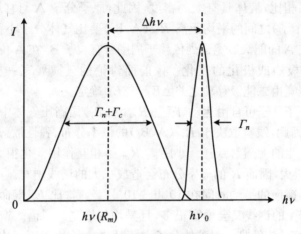

图 4.3.2 辐射的碰撞增宽

在远红外和微波区域即分子纯转动光谱和振动光谱情况下,碰撞也可能造成谱线缩窄而不是增宽,这种现象称为 Dicke 缩窄(Dicke narrowing)[1,7]。例如,当上能级(如电子基态的激发振动能级)寿命长到比接连两次碰撞的平均时间还长,或者比样品原子扩散出激光束的时间还长(线宽由后者确定),就会产生这种缩窄现象。这是由于分子处在激发态的时间远大于两次碰撞的平均时间,则在退激发过程中可以发生多次碰撞,而碰撞方向是无规则的,造成的多普勒频移可正可负,平均结果使谱线多普勒增宽减小,这儿不再详细介绍。

最后要指出一点,在自发发射和碰撞增宽过程中,样品所有的分子有着相同的效应,即对整个线形内的任一频率都有贡献,而且对给定的频率贡献相同,称为均匀增宽机制。造成均匀增宽的跃迁 $E_i \to E_k$ 中,各个分子有相同的概率吸收或发射频率为 ν 的辐射。因此,自然线宽是均匀增宽,碰撞增宽一般也是均匀增宽机制,它们均有洛伦兹线形。反之,如果每个分子有不同的效应就是不均匀增宽。例如,具有高斯线形的多普勒增宽是不均匀增宽,不是所有的分子都能发射某一确定频率的辐射,只能是在某个方向上运动的分子才能发射这一频率的辐射,或者对具有确定频率的入射光,只有具有某个速度和方向的分子才能被吸收,不同速度的分子贡献不同。

4.3.2 液体和固体中谱线增宽

在原子分子物理中常常会使用液体激光或涉及液体样品的实验,因此,这儿简略地介绍一下液体中光学跃迁的谱形[1]。

与气体样品相比,液体具有大的密度,因此,原子分子 A 与它周围的粒子 B_j (注意已不是一个了)之间的平均距离 $R_m(A,B_j)$ 要比气体分子小很多,相互作用强得多。这造成 A 的能级展宽强烈依赖于周围所有粒子 B_j 在 A 位置产生的总电场以及 A 的偶极矩或极化的变化。像前面讨论的碰撞展宽一样,$A^*(E_i) \to A(E_k)$ 跃迁的线宽由二能级移动之差 $\Delta E_i - \Delta E_k$ 确定。

在液体中原子分子可自由运动,距离 $R_m(A,B_j)$ 像高压气体中一样显示出有大的偶然起伏,因此,线宽取决于 $R_m(A,B_j)$ 的概率分布、弹性散射产生的相移以及非弹性散射产生的无辐射跃迁。小距离 R_m 下相互作用变化很大,使势能曲线随 R 的变化也很大,因而 R 的概率分布会造成很大的谱线增宽。液体密度很大,接连两次非弹性碰撞的平均时间在 $10^{-11} \sim 10^{-13}$ s,通常比 E_i 寿命短得多,因此,跃迁 $E_i \to E_k$ 产生的谱线又会增宽很多,且是均匀增宽。当谱线增宽大于不同谱线分离时,形成宽的连续带。对液体分子谱情况,在一个电子跃迁内有很多间隔很小的转动-振动线带,这种展宽常常大于这些谱线分离,不可避免地形成宽的真正的连续光谱,任何高分辨仪器也不能分开。在激光光谱学一章中介绍的染料激光器若丹明 6G 就是一个例子,由于非弹性碰撞使发射的荧光光谱比泵浦吸收光移向长波,且为连续光谱。

像在液体中一样,原子分子物理中也常涉及固体激光和固体样品实验,这时发光的工作原子 A 常以离子形式掺杂于晶体或玻璃介质 B_j 中。固体也有大的密度,原子分子 A 与其周围粒子 B_j 之间平均距离更小,相互作用更强。因而 A 的能级移动和展宽很大,依赖于周围所有粒子 B_j 在 A 位置产生的总电场及 A 的偶极矩及极化的变化,往往形成连续光谱带。当然这儿讨论的是 A 与 B 粒子不同类情况,即 A 占的浓度很小。

但固体情况又与液体不一样,原子分子不能随便移动。在晶体中,原子形成周期性排列,激发原子 A^* 所在位置 R 的电场对晶格位置有一个对称的依赖性。由于晶格原子存在声子振动,其振幅依赖温度 T,因此电场也跟着变化,能级移动和展宽很大,且时间平均值依赖温度和晶格结构。由于振荡周期比 $A^*(E_i)$ 平均寿命短,这些振动引起原子 A 发射或吸收谱线均匀增宽。如果所有原子都被放置在理想晶格的完全相同的晶格点,则从 $E_i \to E_k$ 跃迁的总发射或吸收是均匀增宽。

但实际上不同原子 A 常放在不相同晶格点,因而有不相等电场,在存在晶格缺陷以及在非晶或超冷液体如玻璃中就是这种情况。这时不同原子 A 的均匀展宽线的中心是不同的,总发射或吸收形成宽度较大且不均匀展宽线形。这完全类似于气体中的多普勒展宽,只不过固体中造成的线宽要大几个量级,例如,钕玻璃激光器中激发钕离子的发射是不均匀增宽。低温下振动减小,线宽变窄。

4.3.3　等离子体中谱线增宽

等离子体是大量电子、离子和中性粒子的集合,它们处于无规则的气相运动中,正、负电荷大致平衡成中性。与中性气体原子和液体、固体不同,等离子体还存在离子与离子、电子与电子以及电子与离子之间的库仑相互作用。这种库仑作用不同于中性原子分子之间的碰撞,是作用力大得多的带电长程作用,而且一般来说发生的碰撞是多体过程,很复杂。碰撞增宽和能量移动在等离子体以及气体放电和离子碰撞这一类有带电粒子的碰撞中特别大,造成它们的光谱线的线形和位置与自由原子分子有很大的不同。

带电粒子间作用引起的谱线碰撞增宽本质上来源于电场的斯塔克效应,最初有两种近似理论:准静态理论和碰撞理论。准静态理论使用微场近似,认为某个粒子是处于其他带电粒子形成的平均微弱静电场中缓慢运动,从而求解斯塔克效应的平均。碰撞理论使用二体碰撞近似,假设辐射体只是在碰撞的瞬时与一个带电粒子发生作用,其他时间完全不受任何扰动,从而计算谱线碰撞增宽。这两种理论是两种极端,由于离子与电子质量的巨大差异,使准静态理论适用于慢运动的离子,而碰撞理论适用于快运动的电子。现在已将两种理论结合起来,并仍在不断地发展中。

对于稀薄等离子体,即两离子之间的距离远大于它们的半径之和,离子之间的相互作用可用微场近似处理。如果稀薄等离子体是弱电离的,则中性粒子与中性粒子、带电粒子与中性粒子之间的二体碰撞过程占主导,这类似于中性气体的碰撞增宽。对于高温强电离稀薄等离子体,谱线增宽起主要作用的是自由电子与离子的相互作用造成的电子碰撞增宽。这时电子与离子的作用时间远小于离子激发态的平均寿命,相互作用过程中离子的状态不发生变化,离子所处的微场也不发生变化,可以近似地用经典碰撞处理。因此,等离子体谱线的总的线形可以通过电子碰撞近似并在微场下取平均得到,离子的动力学效应可以通过考虑离子运动对微场的影响得到。

对于稠密等离子体,例如在强激光下产生的,两离子之间的距离已经接近相互作用的两个离子半径之和,其密度可以接近甚至超过固体,等离子体中某个离子已不能用微场近似描述,离子主要受最近邻离子的影响,类似液体和固体情况,但不同的是量子效应如电子转移、电子交换效应将起重要作用，必须用量子力学描述。对于低温稠密等离子体，离子空间结构还可以近似地看做是有规律的周期排列，电子能级可以近似用固体模型处理。对于高温稠密等离子体，电子能级的改变机理更接近固体中原子的分离能级演变成规则的能带，但最近邻离子的相对位置是在变化中的，具有随机分布性，离子的空间结构不再是稳定规则的排列，束缚电子和电离阈附近的电子不可能像在晶体中那样形成宽的能带，而是和最近邻离子形成有一定宽度分布的局域电子能级，使稠密等离子体的谱线中显示出很强的压致增宽、谱线重叠和红移。

因此，等离子体的谱线线形包括谱线形状、展宽、峰位移动，其与等离子体的电离度的强弱、密度的大小、温度的高低和不透明度等状态关系很大。反过来，通过对等离子体谱线的精密测量，可以对等离子体的状态给出诊断。例如，通过测量等离子体谱线宽度和谱线位置移动相对自由原子的变化，可以给出等离子体的密度信息，通过测量等离子体谱线的相对强度可以给出等离子体的温度信息。另外，等离子体中的光辐射的传输、光子平均自由程和平均辐射不透明度也与等离子体的光谱线强度和宽度有密切关系。因此，等离子体光谱已经成为等离子体物理、天体物理和高温聚变研究的一种诊断手段，并成为一个有意义的研究方向[8~11]。

4.4 饱和增宽

4.4.1 爱因斯坦辐射理论和饱和吸收

根据爱因斯坦的辐射理论，对一个图 4.4.1 所示的具有能量 E_i 和 E_k 的两能级原子或分子体系，当入射光子能量满足 $h\nu = E_k - E_i$ 时，它们之间的跃迁相互作用有三个相互竞争的过程：受激吸收、受激发射和自发发射。受激吸收是处于下能级的原子吸收外界辐射场的一个光子到达上能级的过程，而自发发射和受激发射分别是不受和受外界辐射场作用下处于上能级的原子发射一个光子返回下能级的过程。如果假设 N_i 和 N_k 分别为单位体积内能级 i 和 k 上的原子数即布居密度，光子通量 $I(\nu)$ 为单位时间内通过单位面积的入射光子数，则跃迁速率即单位时间内的受激吸收、受激发射和自发发射的跃迁概率 dN_i^{IA}/dt、dN_k^{IE}/dt 和 dN_k^{SE}/dt 分别为

$$\frac{dN_i^{IA}(\nu)}{dt} = B_{ik}(\nu)I(\nu)N_i = \sigma_{ik}(\nu)I(\nu)N_i$$

$$\frac{dN_k^{IE}(\nu)}{dt} = B_{ki}(\nu)I(\nu)N_k = \sigma_{ki}(\nu)I(\nu)N_k \tag{4.4.1}$$

$$\frac{dN_k^{SE}}{dt} = -A_{ki}N_k = -\lambda_{ki}N_k$$

其中,B_{ik}、B_{ki} 和 A_{ki} 分别是爱因斯坦受激吸收、受激发射和自发发射系数,截面 σ_{ik} 和 σ_{ki} 是单位面积内入射一个频率为 ν 的光子被这个面积内的一个分子吸收而发生跃迁 $i \rightarrow k$ 或使分子发生 $k \rightarrow i$ 跃迁产生一个受激发射光子的概率,两者相等,σ_{ik} 即是 4.1 节中的吸收截面,$A_{ki} = \lambda_{ki} = 1/\tau_k$ 是上能级的自发发射跃迁速率,τ_k 是它的寿命。

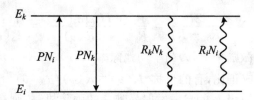

图 4.4.1 二能级系统的辐射和吸收

饱和增宽是另一种重要的谱线增宽现象,在激光产生机制和激光光谱学中很重要。在 4.1 节中讨论的线性吸收是在辐射场光强较小时发生,这时吸收跃迁的激励率 P(即单位时间内一个分子由于辐射场存在而发生此跃迁的概率)远小于弛豫率 R(单位时间内一个分子自发发射跃迁概率加上碰撞诱导跃迁概率),处于吸收能级的分子数目变化不大,发生跃迁的分子数与入射光强成线性正比关系,吸收系数为常数。但在足够大的激光强度下,吸收跃迁的激励率增大到能够与弛豫率比较时,会造成吸收能级布居显著减少,从而使得辐射吸收系数减小,这就是饱和吸收现象,它也能产生附加的谱线增宽[1,2]。

我们以纯两能级系统为例来讨论这种增宽。由于 $\sigma_{ik} = \sigma_{ki}$,产生跃迁 $i \rightarrow k$ 和 $k \rightarrow i$ 的辐射场的激励率相等,为 $P = \sigma_{ik}(\nu)I(\nu)$,在不考虑能级简并度情况下,单位时间内从能级 i 上由于受激吸收被激励到能级 k 上的分子数为 PN_i,弛豫上去的分子数为 R_iN_i,从 k 上由于受激发射被激励到 i 上的分子数为 PN_k,弛豫下来的分子数为 R_kN_k。单位时间内能级 i 的布居密度变化为

$$\frac{dN_i}{dt} = -PN_i - R_iN_i + PN_k + R_kN_k \tag{4.4.2}$$

同样可得 k 能级的布居密度变化率,记 $N = N_i + N_k$,在平衡条件下($dN_i/dt = $

$dN_k/dt = 0$),有

$$N_i = N\frac{P+R_k}{2P+R_i+R_k}, \quad N_k = N\frac{P+R_i}{2P+R_i+R_k} \quad (4.4.3)$$

在没有辐射场($P=0$)情况下的热平衡布居密度为

$$N_{i0} = N\frac{R_k}{R_i+R_k}, \quad N_{k0} = N\frac{R_i}{R_i+R_k} \quad (4.4.4)$$

记 $\Delta N = N_i - N_k, \Delta N_0 = N_{i0} - N_{k0}$。注意,由于 σ_{ik} 与频率 ν 有关,导致 P 和 ΔN 与 ν 有关,而 ΔN_0 与 ν 无关。于是存在与不存在辐射场情况下的两能级的热平衡布居密度差之间有关系:

$$\Delta N(\nu) = \frac{\Delta N_0}{1+2P/(R_i+R_k)} = \frac{\Delta N_0}{1+S(\nu)} \quad (4.4.5)$$

其中

$$S(\nu) = \frac{2P}{R_i+R_k} = \frac{P}{\overline{R}} = \frac{I(\nu)\sigma_{ik}(\nu)}{\overline{R}(\nu)} = \frac{I(\nu)}{I_S(\nu)} \quad (4.4.6)$$

称为饱和参量,代表激励率 $P(\nu)$ 与平均弛豫率 $\overline{R}(\nu) = (R_i+R_k)/2$ 的比值,与光子通量 $I(\nu)$ 或光强成正比,有的也称 $I_S(\nu) = \overline{R}(\nu)/\sigma_{ik}(\nu)$ 为饱和参量。如不存在碰撞诱导跃迁,上能级 k 的自发发射是唯一的弛豫机制,则有 $R_i = 0, R_k = \lambda_{ki}$, $\overline{R}(R) = \lambda_{ki}/2$。

由式(4.1.20)的吸收系数和吸收截面之间的关系和式(4.4.5)可以得到饱和吸收系数 $\alpha_S(\nu)$ 与不考虑辐射场对能级布居密度影响的不饱和吸收系数 $\alpha_0(\nu)$ 的关系为

$$\alpha_S(\nu) = \sigma_{ik}(\nu)\Delta N(\nu) = \frac{\alpha_0(\nu)}{1+S(\nu)} = \frac{\alpha_0(\nu)}{1+I(\nu)/I_S(\nu)} \quad (4.4.7)$$

显然,饱和参量 $I_S(\nu)$ 可以理解为布居密度差或吸收系数比无光照时小一半的入射光强值。

在弱辐射场下,光强小,$S \to 0, \Delta N(\nu) \to \Delta N_0$,能级布居密度和吸收系数不随光强变化,这是不饱和吸收情况。随着光强变大,激励率和饱和参量增大,光强对能级布居密度和吸收系数的影响变大,这是饱和吸收情况。光强越大,饱和参量就越大,吸收能级上的布居数就越少,吸收系数也就越小。在极端强辐射场达到完全饱和情况下 $I(\nu) \gg I_S(\nu)$,则有 $\Delta N = 0, N_i = N_k$,表示上、下态粒子布居数相等,介质不再吸收入射光而变得完全透明。

4.4.2 均匀增宽情形

以上饱和吸收讨论中未考虑谱线宽度和线形,而它们对饱和吸收会有较大影响,现在分两种情况讨论:均匀增宽和不均匀增宽。

先讨论只有均匀增宽洛伦兹线形情况。考虑线形后分子的吸收截面 $\sigma_{ik}(\nu) = \sigma_0 F_L^*(\nu)$,$\sigma_0$ 是 $\sigma_{ik}(\nu)$ 分布的峰值,代入(4.1.17)式得到光强较小时的不饱和吸收系数 $\alpha_0(\nu)$ 和截面 $\sigma_{ik}(\nu)$ 与频率的关系为

$$\alpha_0(\nu) = \sigma_{ik}(\nu)\Delta N_0 = \alpha_0 \frac{(\gamma/2)^2}{(\nu-\nu_0)^2+(\gamma/2)^2} \tag{4.4.8}$$

$\gamma = \gamma_i + \gamma_k$ 是上、下能级自然线宽之和,$\alpha_0 = \sigma_0 \Delta N_0$ 是 $\alpha_0(\nu)$ 在 $\nu = \nu_0$ 处的最大值。

光强变大后考虑饱和吸收,此时设光强在洛伦兹线形频率内为常量 I_0,由式(4.4.6),饱和参量也是洛伦兹线形:

$$S(\nu) = \frac{\sigma_0 I(\nu)}{R} F_L^*(\nu-\nu_0) = S_0 \frac{(\gamma/2)^2}{(\nu-\nu_0)^2+(\gamma/2)^2} \tag{4.4.9}$$

其中饱和参量分布的中心峰值 S_0 为

$$S_0 = S(\nu_0) = \frac{\sigma_0 I_0}{R} \tag{4.4.10}$$

将式(4.4.9)和式(4.4.8)代入到式(4.4.7),得到饱和吸收系数为

$$\alpha_s(\nu) = \frac{\alpha_0 (\gamma/2)^2}{(\nu-\nu_0)^2+(\gamma/2)^2} \cdot \frac{1}{1+S(\nu_0)} = \frac{\alpha_0 (\gamma/2)^2}{(\nu-\nu_0)^2+(\gamma_S/2)^2} \tag{4.4.11}$$

其中考虑饱和的洛伦兹线形半宽度为

$$\gamma_S = \gamma\sqrt{1+S_0} \tag{4.4.12}$$

由此可见,均匀增宽情形下的饱和吸收系数仍是洛伦兹线形;但由于饱和吸收效应,使谱线原来的线宽 γ 变成 γ_s,增加了一个因子 $\sqrt{1+S_0}$;同时饱和也减小了吸收系数 $\alpha_0(\nu)$ 一个因子 $(1+S(\nu))$。后面的因子不是常数,饱和参量 $S(\nu)$ 本身又是一个洛伦兹线形,在线中心这个因子最大,为 $(1+S_0)$,随着向两翼过渡而趋于1,以致吸收系数不减小。因此,在线中心饱和最强,吸收系数减小的因子最大,这就是为什么饱和线形的半宽度增加的原因。图 4.4.2 给出了饱和与不饱和吸收系数的洛伦兹线形[1,2],可清楚地看出饱和的影响。

4.4.3 不均匀增宽情形

现在来讨论不均匀增宽线形对饱和吸收的影响。由于它是在自然宽度造成的均匀增宽基础上增加的,它比只有均匀增宽线形情况复杂得多。以典型的多普勒展宽为例,由于多普勒效应,一个沿 z 方向传播的频率为 ν 的单色光波通过

气体分子样品时,只有那些速度 v_z 能使在运动分子坐标系内多普勒频移后的频率 $\nu' = \nu(1 - v_z/c)$ 落在静止分子中心吸收频率 ν_0 附近的自然宽度 γ 内(即 ν' 在 $\nu_0 \pm \gamma$ 内)的分子才能显著地贡献到吸收内。因此,考虑到多普勒频移后的中心频率变为 $\nu_0(1 + v_z/c)$,则洛伦兹线形 $F_L(\nu)$ 变为 $F_L(\nu, v_z)$,由式(4.1.22),具有速度分量 v_z 的分子发生跃迁 $i \rightarrow k$ 的不饱和吸收截面仍是洛伦兹线形:

$$\sigma_{ik}(\nu, v_z) = \sigma_0 F_L(\nu, v_z) = \sigma_0 \frac{(\gamma/2)^2}{(\nu - \nu_0 - \nu_0 v_z/c)^2 + (\gamma/2)^2} \tag{4.4.13}$$

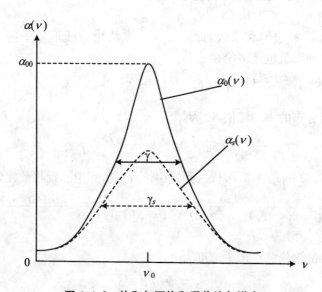

图 4.4.2 饱和与不饱和吸收均匀增宽

多普勒效应除造成中心频率移动外,还会产生高斯分布。设 v_p 是分子的最概然速度,单位体积内速度分量在 v_z 到 $v_z + \mathrm{d}v_z$ 之间的分子数是 $\mathrm{d}N(v_z)$,分子总数 N_0 是它对 v_z 的积分,因而分子的布居密度 $N(v_z)$ 随分子速度 v_z 的分布是以 $v_z = 0$ 为中心的高斯分布。例如,由(4.2.6)式,有

$$N_i(v_z) = \frac{N_{i0}}{\sqrt{\pi} v_p} F_G^*(v_z) = \frac{N_{i0}}{\sqrt{\pi} v_p} \exp\left[-\left(\frac{v_z}{v_p}\right)^2\right] \tag{4.4.14}$$

图 4.4.3 中和上图不计及凹凸部分的即为在下和上能级的分子布居密度 $N_i(v_z)$ 和 $N_k(v_z)$ 随分子速度的分布。

现在考虑入射光对分子布居密度的影响。在速度 $v_z = v_z' = c(1 - \nu/\nu_0)$ 处的自然线宽 γ 即速度间隔 $c\gamma/\nu_0$ 内,对入射光的吸收造成 i 到 k 的跃迁,从而使下能级 i 的布居密度 $N_i(\nu, v_z)$ 减少而出现一个洞,上能级 k 的 $N_k(\nu, v_z)$ 增加而出现

一个峰,如图 4.4.3 的中和上图实线所示。考虑到多普勒频移和式(4.1.17)洛伦兹线形修正,能级 i 和 k 的分子不均匀增宽的布居密度分别为

$$N_i(\nu, v_z) = \frac{N_{i0}/(\sqrt{\pi}v_p)}{1 + (\nu - \nu_0 - \nu_0 v_z/c)^2 + (\gamma_s/2)^2} \exp\left[-\left(\frac{v_z}{v_p}\right)^2\right]$$
(4.4.15)

$$N_k(\nu, v_z) = \frac{N_{k0}/(\sqrt{\pi}v_p)}{1 - (\nu - \nu_0 - \nu_0 v_z/c)^2 + (\gamma_s/2)^2} \exp\left[-\left(\frac{v_z}{v_p}\right)^2\right]$$
(4.4.16)

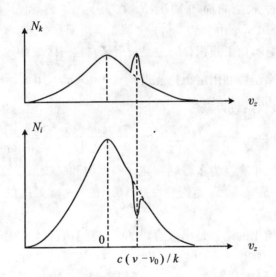

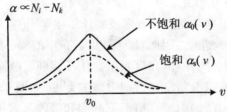

图 4.4.3　饱和吸收不均匀增宽

由此可见,虽然整个速度分布是高斯线形,但在 $\nu = \nu_0 + \nu_0 v_z/c$ 处分子布居密度 $N_i(\nu_0, v_z)$ 会出现一个洛伦兹线形极小,称为贝立特洞(Bennet hole),这一现象被称为入射束在速度分布中"烧孔"。上式已考虑到入射光较强存在饱和吸收,贝立特洞的洛伦兹线形宽度 γ_s 已比自然宽度 γ 增加 $(1 + S_0)^{1/2}$ 倍,幅度减小 $1 + S(\nu)$ 倍。

综合考虑以上洛伦兹自然分布和高斯速度分布及饱和吸收,对分子所有的各种速度进行积分后得到分子的不均匀增宽的吸收系数为

$$\alpha_s(\nu) = \int_{-\infty}^{\infty} \sigma_{ik}(\nu) \Delta N(\nu, v_z) \mathrm{d} v_z \tag{4.4.17}$$

其中 $\Delta N_i(\nu, v_z) = N_i(\nu, v_z) - N_k(\nu, v_z)$。显然,这又是一个由洛伦兹线形和高斯线形卷积而成的沃伊特线形,一般情况下不能有分析解,它的宽度由多普勒宽度 γ_D 和洛伦兹饱和宽度 γ_s 的相对大小决定。当 $\gamma_D \gg \gamma_s$ 时,总宽度由 γ_D 决定;当 $\gamma_D \ll \gamma_s$ 时,总宽度由 γ_s 决定;一般情况下较复杂。

下面讨论一种常见的简单情况:$S_0 \ll 1$、$\gamma_D \gg \gamma_s$ 和分子都在下能级即 $\Delta N_i(\nu, v_z) = N_i(\nu, v_z)$。由于 $\gamma_D \gg \gamma_s$,多普勒线形函数在速度 $v_z = c(\nu - \nu_0)/\nu_0$ 附近区域内变化很少,而上式积分的主要贡献来自这一区域,因而多普勒函数可以从积分中提出,剩余函数利用定积分公式 $\int_{-\infty}^{\infty}(v_z^2 + a^2)^{-1}\mathrm{d}v_z = \pi/a$,于是得到不均匀增宽的饱和吸收系数为

$$\alpha_s(\nu) \cong \frac{\sigma_0 N_0 c}{\sqrt{\pi} v_p \nu_0 \sqrt{1+S_0}} \exp\left[-\left(\frac{\nu-\nu_0}{0.6\gamma_D}\right)^2\right] = \frac{\alpha_0(\nu)}{\sqrt{1+S_0}} \tag{4.4.18}$$

这是一个高斯线形,半宽度为多普勒增宽 γ_D,但饱和吸收系数比不饱和吸收系数减小一个系数 $(1+S_0)^{1/2}$。S_0 是饱和参量 $S(\nu)$ 在 $\nu = \nu_0$ 处的值,当入射束流强度恒定时,S_0 是常数。

$\alpha_s(\nu)$ 表达式给出的结果是出人意料的。虽然具有确定频率 ν 的单色激光可以在速度分布 N_i 中烧出一个中心在 $\nu_0 + \nu_0 v_z/c$ 的窄贝立特洞,但各种速度的所有分子吸收系数的频率分布 $\alpha_s(\nu)$ 仍是沃伊特线形,在 $\gamma_D \gg \gamma_s$ 情况下是高斯线形,没有洞。这是由于贝立特洞能被入射波的任何频率产生,只是中心对应不同的 v_z,调频的总效果是看不到洞。因此,这个速度分布中的洞不能只是用调谐激光通过吸收线形而被探测到。此外,饱和吸收系数比不饱和吸收系数减小一个常数因子 $(1+S_0)^{1/2}$,它不依赖 ν,饱和没有特别再增加宽度,如图 4.4.3 下图所示。这一点与均匀增宽情形不一样,均匀增宽情形下的饱和吸收系数比不饱和吸收系数减小的因子 $(1+S(\nu))$ 不是常数,从而使饱和的线宽比原来的增宽。

由于贝立特洞的宽度远小于多普勒宽度,如果贝立特洞能用特殊技术探测,就可以减少多普勒增宽效应的影响,实现高分辨率激光光谱学,现在已能做到。例如,用两束激光,一束是强的饱和泵浦激光,其频率 ν_1 固定,从而烧出一个洞;另一束是弱的探测激光,不会产生更多饱和,其频率 ν 可调节通过多普勒高斯线形,可以近似计算出它的吸收系数为

$$\alpha_s(\nu_1,\nu) = \alpha_0(\nu)\left[1 - \frac{S_0}{\sqrt{1+S_0}} \frac{(\gamma/2)^2}{(\nu-\nu_s)^2 + (\gamma_s'/2)^2}\right] \quad (4.4.19)$$

这是一个由不饱和吸收系数 $\alpha_0(\nu)$ 决定的多普勒线形，但在探测频率 ν 等于

$$\nu_s = \nu_\pm = \nu_0 \pm (\nu_1 - \nu_0) \quad (4.4.20)$$

处具有一个洛伦兹线形的饱和洞，如图 4.4.4(a) 所示[1]。"±"号中"+"表示两束激光是同向共线的，"−"表示反向共线传播，在这儿画在一张图上。这个洞的总半宽度

$$\gamma_s' = \gamma + \gamma_s = \gamma[1 + (1+S_0)^{1/2}] \quad (4.4.21)$$

等于强激光束的饱和洞 γ_s 与弱激光束均匀吸收宽度 γ 之和，显然比多普勒宽度小很多。由于在洞处吸收系数减小，测量到的探测光强度就增加而成倒贝立特峰。因此，用此特殊技术测量到贝立特洞，从而实现了无多普勒增宽的高分辨激光光谱测量。

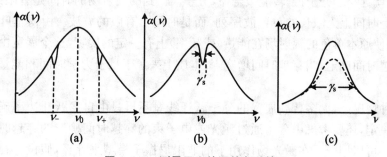

图 4.4.4 测量贝立特洞的各种情况

用一束激光和它的反射束通入样品池作泵浦束和探测束也可以探测贝立特洞。如果使反射束与入射束强度相同，反向共线即形成驻波场，两者频率同时调谐通过多普勒线形，也可以产生一个多普勒增宽的吸收线形，在中心频率 $\nu = \nu_0$ 处有一个洞。这种在中心频率处产生的洞称为兰姆洞(Lamb dip)。这是因为两束强度相同频率为 ν 的反向激光会在具有多普勒分布的 N_i 的 $v_z = \pm c(\nu-\nu_0)/\nu_0$ 处各产生一个贝立特洞，如图 4.4.4(a) 所示。如果激光频率调谐通过这个吸收线的多普勒宽度，则两个洞在 $\nu = \nu_0$ 处即 $v_z = 0$ 处重合。在 $\nu = \nu_0$ 处饱和的总强度是单个的两倍，贝立特洞要比 $\nu \neq \nu_0$ 处的洞深，因而调谐的总效果是只在 $\nu = \nu_0$ 处能看到洞，在其他频率处看不到洞，如图 4.4.4(b)。当然对于均匀增宽线形，由于饱和也是均匀的，不会出现兰姆洞，如图 4.4.4(c)。

所有这些情况是很复杂的，而且彼此差异也很大，我们不再推导给出公式。至于具体的饱和吸收激光光谱学技术在激光光谱学一章再做介绍。

4.5 其他增宽和线形

4.5.1 穿越时间增宽

在许多实验中,分子与辐射场的作用时间小于激发能级自发寿命,这在分子的转动-振动能级跃迁中最突出,它们的自发辐射寿命在 ms 量级。由于速度为 v 的分子穿过厚度为 d 的激光或电子束的穿越时间 $T=d/v$,通常 $d\approx 0.1$ cm,室温下 $v\approx 5\times 10^4$ cm/s 分子的 $T\approx 2$ μs,分子与辐射场的作用时间(也即使分子受激跃迁的时间)就远小于分子振-转能级寿命,分子"看"到的辐射场的时间是有限的,辐射场不再是时间上无限长的单色波序列,而是时间上有限的方波。由傅里叶变换可知,这将使原本单色的辐射场在能量(或频率)上有一定的展宽,这个展宽由原子分子的穿越时间确定,叫穿越时间增宽[1],本质上来源于量子力学时间和能量的不确定关系。

这种情况下,无多普勒展宽的分子跃迁线宽不再只由自发跃迁速率确定的自然宽度决定,还要考虑由分子通过激光或电子束的穿越时间确定的穿越时间增宽的贡献。可以用分子在激光场作用下的非阻尼振子模型来计算,假设它在时间间隔 T 内是等幅余弦振荡 $y(t)=y_0\cos(2\pi\nu_0 t)$,振子振幅 y_0 正比于激光场的强度 $E(x)$,然后由于辐射作用结束而突然停止振荡,则从傅里叶变换可得频谱为

$$A(\nu)=\frac{1}{\sqrt{2\pi}}\int_0^T y(t)e^{-2i\pi\nu t}dt=\frac{1}{\sqrt{2\pi}}\int_0^T y_0\cos(2\pi\nu_0 t)e^{-i2\pi\nu t}dt \quad (4.5.1)$$

如果激光束为矩形强度线形,如图 4.5.1 左图所示,在宽度 d 内激光场幅度为恒定值,$E(x)=E$。由于在积分限 0 到 T 内,$E(x)=E_0$ 为常数,因此,在失调频率 $\Omega=\nu-\nu_0\ll\nu_0$ 下,解式(4.5.1)可得吸收谱的强度线形 $I(\nu)=A^*A$ 为

$$I(\nu)=C\frac{\sin^2[2\pi(\nu-\nu_0)T/2]}{(\nu-\nu_0)^2} \quad (4.5.2)$$

它的半高度全宽度(FWHM)γ_T 可用式(4.5.2)由其定义而近似求得,为 $0.89/T$,底宽度为 $2/T$,即有频率增宽

$$\gamma_T\approx\frac{0.89}{T}=\frac{0.89v}{d}$$

或者能量增宽

$$\Gamma_T = h\gamma_T = \frac{0.89h\nu}{d} \tag{4.5.3}$$

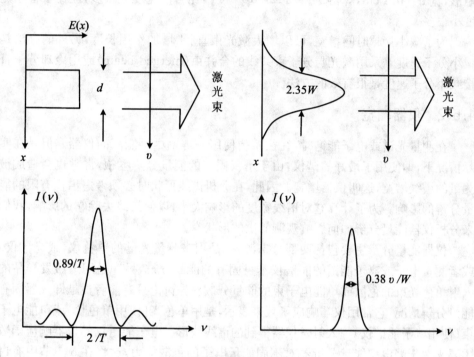

图 4.5.1 穿越时间增宽

如果激光束是如图 4.5.1 右图所示高斯线形：

$$E(x) = E_0 e^{-(x-x_0)^2/(2W^2)}$$

其中，W^2 是它的分布的均方差值，它的半高度全宽度是 $2\sqrt{2\ln 2}\, W = 2.35W$。解式(4.5.1)可获得高斯型激光束所产生的谱线强度线形为

$$I(\nu) = I_0 \exp\left[-\frac{2\pi^2(\nu-\nu_0)^2}{(v/W)^2}\right] \tag{4.5.4}$$

则谱线的穿越时间导致的频率增宽（EWHM）为

$$\gamma_T = \frac{\sqrt{2\ln 2}\, v}{\pi W} \cong \frac{0.38 v}{W} \tag{4.5.5}$$

或者能量增宽

$$\Gamma_T \cong \frac{0.38 h\nu}{W} \tag{4.5.5a}$$

以 CO_2 分子为例,振转光谱的自然宽度 $\Gamma_n = 6.6 \times 10^{-13}$ eV,室温下多普勒宽度 $\Gamma_D = 2.3 \times 10^{-7}$ eV,最概然速率 $v_p = (2kT/M)^{1/2} = 3.3 \times 10^4$ cm/s,若激光束为矩形,宽 $d = 0.1$ cm,算得 $\Gamma_T = 1.2 \times 10^{-9}$ eV,比自然宽度大很多,但比多普勒宽度小很多。

为了减小穿越时间增宽,可以增大激光束直径,增加作用长度,另外的办法是减小分子速度。采用激光与分子束共线的合并束(merged beam)或用冷却分子直接减小分子速度是很有效的方法。

4.5.2 仪器增宽

在测量光谱或电子能谱时,往往希望使用分辨率尽可能高的仪器。但是在实际情况下,即使用了最好的谱仪,由于谱仪固有的能量分辨本领,常常也会造成被测量的谱线增宽,这叫仪器增宽。因此,在分析谱线形状时必须考虑谱仪有限的能量分辨的影响。为了计算它对谱线宽度的影响大小,以便最终去除它的影响,我们来分析仪器能量分辨如何影响观测的谱的形状[2]。

仪器能量分辨主要包括两部分来源,一是用来测量光谱的单色仪(或光谱仪)或者测量电子或离子能谱的能谱仪本身固有的能量分辨,另一是用来激发样品的入射单色光束的色散或单能电子束的能量分散。先讨论只有前者贡献即仪器固有能量分辨情况,它常用仪器响应函数来表示,是用单色光(使用单色仪)或单能电子束(使用电子能谱仪)等入射时仪器得到的谱线线形。电子能谱仪的仪器响应函数主要来源于静电型能量分析器对不同能量电子的色散能力,这将在 6.1 节中有讨论,通常宽度在十至几百 meV,形状大致是高斯线形或高斯线形加少量洛伦兹线形。

光栅单色仪的入射狭缝较宽时,单色仪对单色光的仪器响应函数是一个矩形函数:

$$T(\nu - \nu_P) = \begin{cases} T_0, & -\Delta\nu/2 \leqslant \nu - \nu_P \leqslant +\Delta\nu/2 \\ 0, & \nu - \nu_P < -\Delta\nu/2 \text{ 或 } > +\Delta\nu/2 \end{cases}$$

式中,ν_P 是单色波 ν 在放置于 P 点的探测器上产生最大强度的频率,矩形宽度 $\Delta\nu$ 正比于狭缝宽度。而一个入射狭缝很窄的光栅单色仪的仪器响应函数由光栅衍射图案给出:

$$T(\nu - \nu_P) = T_0 \left\{ \frac{\sin[(\nu - \nu_P)/\Delta\nu]}{N\sin[(\nu - \nu_P)/N\Delta\nu]} \right\}^2$$

其中 N 是光栅刻线总数,$\Delta\nu$ 反比于光栅的宽度。一般情况下单色仪的仪器响应函数可能是各种线形或者是混合线形。

事实上用来激发样品的入射光不是严格单色,入射电子束也不是严格单能,激发源的能量分散或频率分布 $I(\nu)$ 有一定的宽度。例如,电子束的能量分散主要来源于发射电子的能量起伏,若用高温加热灯丝,发射的电子速度即能量遵循麦克斯韦分布,因而是高斯线形。降低灯丝温度可以减小这部分能量起伏,如普通钨灯丝的线宽为 1 eV 多,用较低温度的钍钨灯丝可降低到 0.5 eV 左右。入射光如用激光,线宽很小,可到 1 MHz 即 $4×10^{-9}$ eV 以下,通常不用考虑它的贡献。

因此,通过测量探测器上不同位置 P 处的讯号强度所得到的能谱或频谱强度 $S(\nu_P)$ 应是单色仪或能谱仪的仪器响应函数和入射激发源的能谱或频谱分布两者之卷积:

$$S(\nu_P) = \int_0^\infty T(\nu - \nu_P) I(\nu) d\nu \tag{4.5.6}$$

设测量仪器本身由于仪器响应函数带进的仪器增宽为 γ_I,当入射激发源的频谱分布 $I(\nu)$ 的宽度远小于仪器响应函数 $T(\nu)$ 的宽度 γ_I 时,如激光光谱和光电子能谱实验中,测量谱的宽度仅由仪器增宽 γ_I 决定,由测量谱的宽度就得到仪器增宽。当 $I(\nu)$ 宽度远大于 $T(\nu)$ 宽度时,如电子能谱实验中,测量谱的宽度仅由激发束的宽度决定,由测量谱的宽度就得到激发束的宽度。一般情况下还要考虑两者的卷积。当然这儿的公式没有考虑样品的各种物理分辨,如自然线宽、碰撞增宽和多普勒增宽等,否则还要考虑它们的贡献。

因此,为要从观测谱的形状得到频谱或能谱分辨中各种因素的贡献,常常借助于计算机,或者已知仪器响应函数,对若干假设的光谱或电子能谱分布线形进行卷积,直到得到的结果与观测谱符合,或者假设仪器响应函数近似是洛伦兹线形或高斯线形或者两者混合,由观测谱再进行计算机反卷积处理,得到真正的入射激发源的谱线线形。

在做卷积时要注意两条法则:

① 两个宽度分别为 γ_{L1} 和 γ_{L2} 的洛伦兹线形的卷积仍然是洛伦兹线形,其总宽度为

$$\gamma_L = \gamma_{L1} + \gamma_{L2} \tag{4.5.7}$$

② 两个宽度分别为 γ_{G1} 和 γ_{G2} 的高斯线形的卷积仍然是高斯线形,其总宽度为

$$\gamma_G = (\gamma_{G1}^2 + \gamma_{G2}^2)^{1/2} \tag{4.5.8}$$

当然如前所述,洛伦兹线形与高斯线形的卷积为沃伊特线形。由此可见,如果谱仪固有分辨率很小,如激光光谱测量中可能有的情况,当我们采取各种方法消除多普勒展宽的影响(如第 5 章中介绍的各种消多普勒展宽技术)后,可以得到原子

分子价壳层跃迁中的具有纯自然宽度的洛伦兹线形谱线。如果没有采取消多普勒增宽技术,得到的谱线是具有多普勒展宽性质的沃伊特线形。当然对于原子内壳层跃迁,由于能量大很多,跃迁速率很大,谱线的自然宽度很大,往往超过多普勒宽度。如果谱仪的固有分辨较差,比谱线的自然宽度和多普勒宽度还大很多,得到的谱线的线形由仪器响应函数确定。一般情况下则用式(4.5.6)由两者卷积确定。

下面讨论谱线由于某种原因造成精细分裂的情况。在仪器的固有分辨较好时,这些精细分裂能被测量出来而显示出多峰。但如果仪器的固有分辨不是好到足以分辨这些精细分裂,那么测量的结果仍是一个峰,但这个峰已被展宽了,它的线形由仪器响应函数和分裂谱分布决定。例如,在测量分子的电子态跃迁的谱线时如果存在振动谱,谱仪不能分辨开振动结构,那么测出的电子跃迁谱线就会伴随有许多振动谱而造成增宽,它的谱线的线形由仪器响应函数与弗兰克-康登因子卷积决定。同样的情况也发生在分子的振动跃迁谱线上,转动结构也会带来附加的增宽[12]。此外,在自旋-轨道耦合造成的精细分裂中,以及在某些电离能谱中由于Jahn-Teller效应造成的精细分裂(在第1章中讨论过)中也存在类似的情况。

4.5.3 法诺线形

在第2章组态相互作用一段中讨论了在自电离态情况下,由于分立束缚态与连续态之间相互作用,不仅使原来处于束缚态的原子有一定概率处于连续态,而且使在连续谱能区本底上叠加的分立峰的谱形发生变化,甚至可能出现谷。这种谱形首先被法诺(Fano)在1961年讨论,称为法诺线形[13,14],在电子碰撞或光激发形成的自电离态中常会见到。

法诺给出:在原子和分子电离连续区存在单个自电离态情况下,如不考虑谱线增宽效应,当分立态与连续态发生作用时,系统波函数是未扰动分立态波函数和连续态波函数的线性组合叠加,因而总的吸收截面显示有明显的相干效应,是如下两部分之和:

$$\sigma(E) = \sigma_a(E) \frac{(\varepsilon + q)^2}{\varepsilon^2 + 1} + \sigma_b(E) \tag{4.5.9}$$

其中,σ_a 和 σ_b 分别代表相应于到连续态的跃迁中分别与束缚自电离共振态发生作用和不发生作用的截面,而

$$\varepsilon = \frac{E - E_r}{\Gamma/2} = \frac{\Delta E}{\Gamma/2} \tag{4.5.10}$$

描述对理想的共振能量 E_r 的偏离(以 $\Gamma/2$ 为能量单位),E 是光子能量或电子碰撞实验中的电子能量损失值,Γ 是自电离共振态的自然线宽。因此,自电离前束缚

态的平均寿命为 h/Γ。Γ 大表明自电离共振态寿命小,通过各种通道的退激发概率大。如果自电离态只能以电离形式退激发,Γ 大就表明从束缚态到束缚态跃迁过渡到束缚态到连续态的概率大。q^2 代表从初始束缚态到受连续态扰动的束缚态的跃迁概率与到和分立束缚态不发生相互作用的连续态的跃迁概率的比值,确定吸收截面形状。

实际上 $1/(\varepsilon^2+1)$ 就是自发辐射或吸收的洛伦兹线形(4.1.16)式,$(\varepsilon+q)^2$ 就给出对洛伦兹线形的偏离。因此,在电离连续区存在单束缚态时的共振吸收线形由式(4.5.9)决定的如下法诺线形给出:

$$F(\varepsilon) = \frac{(\varepsilon+q)^2}{\varepsilon^2+1} \tag{4.5.11}$$

这个式子的值永远不小于零。由它的微分为零可以得到两个极值,第一个极值位置 ε_1 或能量位置相对共振中心能量移动 $\Delta E_1 = E_1 - E_r$ 分别为

$$\varepsilon_1 = -q \quad \text{或} \quad \Delta E_1 = -\frac{q\Gamma}{2} \tag{4.5.12}$$

对应的是 $F(\varepsilon)$ 的最小值零:

$$F_1(\varepsilon = \varepsilon_1) = 0 \tag{4.5.13}$$

这时,$\sigma = \sigma_b$,只剩下束缚态到连续态跃迁中与自电离束缚态不发生作用的部分。另一个极值位置是

$$\varepsilon_2 = \frac{1}{q} \quad \text{或} \quad \Delta E_2 = \frac{\Gamma}{2q} \tag{4.5.14}$$

对应的是 $F(\varepsilon)$ 的最大值。最大值高度是

$$F_2(\varepsilon = \varepsilon_2) = q^2 + 1 \tag{4.5.15}$$

由此可见,对法诺线形来说,无论是最大值位置还是最小值位置,都不在共振中心,相对共振中心能量均有移动。共振中心 $\varepsilon = \varepsilon_0 = 0$ 在最大值位置和最小值位置之间,可以从最大值位置或最小值位置通过式(4.5.14)或式(4.5.12)得到。

当 $\varepsilon \to \pm\infty$ 时,对应的 $F(\varepsilon)$ 值为 1:

$$F(\varepsilon = \pm\infty) = 1 \tag{4.5.16}$$

相应于连续电离本底 $\sigma = \sigma_a + \sigma_b$,这时不存在束缚态到束缚态的跃迁。

注意,法诺线形一般情况下不是单方向变化,而是双向振荡。由式(4.5.12)和式(4.5.14)可知,当 q 为负值时,$\varepsilon_1 > 0$,$\varepsilon_2 < 0$,它的谱形相对连续电离本底 $\sigma = \sigma_a + \sigma_b$(即线形函数为 1)来说,随能量增加先增加到极大值 $q^2 + 1$,然后下降到极小值 0 位置,再回复到连续态本底。当 q 为正值时,$\varepsilon_1 < 0$,$\varepsilon_2 > 0$,法诺线形有相反的变化,即随能量增加先下降到 0,然后上升到极大值,最后回复到连续本底,

如图 4.5.2 所示[13]。

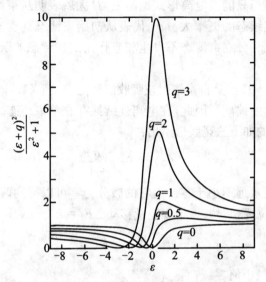

图 4.5.2　不同 q 值的法诺线形

法诺线形有三种典型情况。第一种是 $|q|\gg 1$ 的情况，这时是正常的朝上峰形，当 $q\to\pm\infty$ 时，峰形完全对称，相应于束缚态到束缚态的跃迁中进入束缚态的概率远大于进入连续态的概率，也就是说不存在自电离束缚态与连续态的相互作用。第二种是 $|q|\approx 1$ 的情况，峰形不对称，朝上与朝下都有，对应于束缚态到束缚态的跃迁与束缚态到连续态的跃迁的概率不是差很多。第三种是 $q\to 0$ 的情况，峰形朝下，称为窗共振(window resonance)，对应于束缚态到束缚态的跃迁中进入连续态的概率远大于进入束缚态的概率，也即自电离束缚态与连续态的相互作用最强。图 4.5.3 是中国科学技术大学原子分子物理实验室测到的 Ar 的 $3s^23p^6(^1S_0)$ $\to 3s3p^6(^2S_{1/2})np(^1P_1^o)$ 自电离态跃迁的快电子能量损失谱，纵坐标已刻度为绝对光学振子强度密度[15]。对 $n=4$ 谱形，算得 $\Gamma=76.1$ meV, $q=-0.31$, $\rho^2=0.87$，表明到电离连续态的跃迁与内价壳层自电离束缚态的相互作用部分是主要的。

当然，还有一些因素会造成谱线增宽或线形变化。例如，激光功率很强会产生功率增宽[16]。这是由于强激光电场强度 ε 与原子分子激发态的电偶极矩 D 作用会造成它以拉摩频率 $\nu_R=D\varepsilon/h$ 进动，周期为 $h/(D\varepsilon)$，因此，不确定关系使谱线产生功率增宽 $\Gamma=D\varepsilon/(2\pi)$。显然，入射激光越强，谱线功率增宽越大。例如，脉宽为 10 ns, 能量为 10 mJ 的激光脉冲相当于峰值功率 1 MW，电场强度 $\varepsilon=3.1\times10^7$ V/cm，功率增宽为 25 000 MHz 或 0.1 meV，比多普勒宽度还大。此外，在低气压下，粒子两次碰撞之间的平均时间间隔主要由粒子与容器壁的碰撞所决定,而不是由粒子之间的碰撞决定,这就是器壁碰撞增宽。再如,在碰撞后作用(参见1.6.4小节)中,后出射电子如俄歇电子的线形有类似于法诺线形的线形:$F(\varepsilon) = k(\xi,\varepsilon)/(\varepsilon^2 + 1)$,函数 $k(\xi,\varepsilon)$ 代表俄歇线形偏离洛伦兹线形的畸变,ξ 是对称参量[17]。这里就不再更多地介绍。

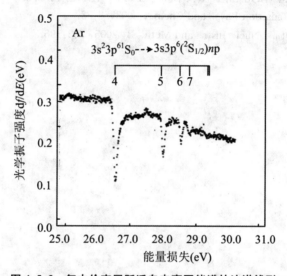

图 4.5.3　氩内价壳层跃迁自电离区能谱的法诺线形

参 考 文 献

[1] Demtroder W. Laser Spectroscopy[M]. Springer-Verlag,1996.

[2] A·科尼.原子光谱和激光光谱学:第四、八、十三章[M].北京:科学出版社,1984.

[3] 徐克尊,陈向军,陈宏芳.近代物理学[M].合肥:中国科学技术大学出版社,2008.

[4] 夏慧荣,王祖赓.分子光谱学和激光光谱学导论[M].上海:华东师范大学出版社,1989:11-17.

[5] Weisskopf V, Wigner E. Z. Phys.,1930,63:54.

[6] 张玉民,阮耀钟.热学[M].北京:高等教育出版社,1991.

[7] Eng R S, et al. Appl. Phys. Lett.,1972,21:303.

[8] Griem H R. Plasma Spectioscopy[M]. McGraw-Hril,1964.

[9] 项志遴,俞昌旋.高温等离子体诊断技术[M].上海:上海科学技术出版社,1982.

[10] 曾交龙,袁建民. Phys,Rew. E,2002,66:016401.

[11] 靳奉涛,袁建民. Phys,Rew. E,2005,72:016404.

[12] Zhong Z P, et al. Phys. Rev. A,1999,60:236.

[13] Fano U. Phys. Rev. ,1961,124:1866.

Fano U, Cooper J W. Phys. Rev. A, 1965,137:1364.

[14] 方泉玉,颜君.原子结构:碰撞与光谱理论[M].北京:国防工业出版社,2006.

[15] Wu S L, et al. Phys. Rew. A,1995,51:4494.

[16] 陈杨骎,杨晓华.激光光谱测量技术[M].上海:华东师范大学出版社,2006.

[17] Paripás B. Radaition Phys. and Chem. , 2003,68:33.

Paripás B, et al. Nucl. Instr. and Meth. B, 2005, 233:196.

第5章 激光和同步辐射光谱学

本章主要介绍当前原子分子物理实验研究中使用的激光和同步辐射光谱方法,特别是高分辨激光光谱方法和同步辐射实验技术。在介绍这些方法之前,先讲解光与物质的各种相互作用,主要是吸收和散射效应。同时在5.2节和5.5节中分别介绍常用的几种激光器和同步辐射技术。

5.1 光子的吸收和散射

普通光线、X射线和γ射线都是光子流,只是能量大小不同。当它们通过物质时,有可能与物质原子不发生作用直接穿过,也有可能与原子的核外电子或原子核发生电磁作用而被吸收或散射。这些作用主要包括激发、光电效应、电子对效应、瑞利散射、拉曼散射和康普顿散射[1~3]。下面我们从微观机制出发分别来进行讨论,最后给出宏观效应。高能光子产生电子对效应和与原子核作用在原子核物理和粒子物理中有重要意义,这儿不再讨论,有兴趣的读者可参阅有关书籍[1~3]。

5.1.1 光电效应

光子被物质的吸收包括使原子和分子激发(光激发)、电离(光电离或光电效应)或解离(光解离)。这几种情况下的光子能量 $h\nu$ 都被原子或分子吸收掉了,光子本身消失。光激发使原子的电子从低能级 E_i 跃迁到高能级 E_k,激发能量为 $E_k - E_i = h\nu$。光解离使分子解离成两个离子或多个离子,也可以解离成中性原子或分子。光电离使电子脱离原子或分子的束缚,习惯上把这个电子叫光电子。光电子可以从原子的各个壳层发射出来,这一段讨论光电离情况。

设主量子数为 n 的壳层电子的结合能为 ε_n，则光电子的动能为
$$T_e = h\nu - \varepsilon_n \tag{5.1.1}$$
各元素不同壳层电子的结合能已被实验测量和理论计算，有表可以查找，附录Ⅲ给出原子 K、L 和 M 壳层的电子结合能。如果电子是从内壳层 n 发射出来，较外的 m 壳层的一个电子会跃迁进去填补空缺，从而发射一个 X 射线，由这些数值可以算出相应的 X 射线能量。用玻尔量子理论并考虑到电子的屏蔽效应，由莫塞莱经验公式，也可以粗略地得到 X 射线的能量为
$$E_X \approx hcR(Z-\sigma_n)^2\left(\frac{1}{n^2}-\frac{1}{m^2}\right) \tag{5.1.2}$$
其中，R 是里德伯常数，Z 是原子核电荷数，σ_n 是屏蔽因子，反映核电荷被较内壳层电子的屏蔽效应，$(Z-\sigma_n)$ 即为有效核电荷数。$hcR \approx 13.6\,\text{eV}$，$\sigma_1 \approx 1$，$\sigma_2 \approx 7.4$。

由 X 射线能量公式也可大致看出 n 壳层的电子结合能 ε_n 为
$$\varepsilon_n \approx \frac{hcR(Z-\sigma_n)^2}{n^2} \tag{5.1.3}$$
因此，可得 $n=1$ 的 K 壳层的 $\varepsilon_K \approx 13.6(Z-1)^2\,\text{eV}$，$n=2$ 的 L 壳层的 $\varepsilon_L \approx 3.4(Z-7.4)^2\,\text{eV}$，电子的结合能随量子数 n 的增大而很快减小。

下面证明，为满足动量守恒，必须是在原子核束缚下的电子才能产生光电效应，自由电子不能完全吸收掉光子能量而产生光电子。用反证法，如果没有第三者参加，设光子与静止的自由电子作用，光子消失，电子获得动能 T_e。考虑到相对论的一般情况，若要求满足作用前后能量守恒：
$$h\nu = T_e = (\gamma-1)mc^2$$
则光子的动量
$$p_\gamma = \frac{h\nu}{c} = (\gamma-1)mc = \frac{\gamma-1}{\gamma}\frac{c}{v}p_e = (1-\sqrt{1-\beta^2})\frac{1}{\beta}p_e < p_e$$
就不守恒。式中，洛伦兹因子 $\gamma = 1/\sqrt{1-\beta^2}$，$m$ 为电子的静止质量，电子的动量 $p_e = \gamma mv$，$\beta = v/c$。由此可见，如果没有原子核参加，保持了能量守恒就不能保持动量守恒，要产生光电效应必须有第三者参加。

因此，只要光子的能量足够大，束缚较为紧密的内层电子容易发生光电效应，产生光电效应的概率随电子束缚的紧密程度而很快增加。当光子能量比 K 壳层电子的结合能 ε_K 大时，K 壳层电子对光电效应的贡献最大；当光子能量比 K 壳层电子的结合能小而又比 L 壳层电子的结合能大时，K 壳层电子不能发生光电效应，L 壳层电子起主要作用。可见光通常只能产生外层电子的光电效应。

高能光子与原子发生光电效应的截面可用量子力学玻恩近似方法计算。对于

光子能量比 K 壳层电子的结合能稍大的情况下，K 壳层电子发生光电效应的截面为[1,4]

$$\sigma_K \cong 2^{5/2} \alpha^4 \varphi_0 Z^5 \left(\frac{mc^2}{h\nu}\right)^{7/2} \tag{5.1.4}$$

其中，$\alpha = e^2/(4\pi\varepsilon_0 hc)$ 是精细结构常数；φ_0 是汤姆孙散射截面，为

$$\varphi_0 = \frac{8}{3}\pi r_e^2 = 6.651 \times 10^{-29} \text{ m}^2 \tag{5.1.5}$$

$r_e = e^2/(4\pi\varepsilon_0 mc^2)$ 是电子的经典半径。由此可见，光电效应截面正比于原子序数的 5 次方，随光子能量减小很快增加。因此，重元素的光电效应比轻元素的强得多，而低能光子又比高能光子的光电效应截面大得多。当光子能量等于电子的结合能时，光电效应的截面最大，光子能量小于电子的结合能时，不能产生该壳层的光电效应，只能产生更外壳层电子的光电效应，它的光电效应截面随光子能量减小也有同样很快增加的情况。图 5.1.1 给出铅的光电效应吸收系数随光子能量的变化关系[3]，式(4.1.20)已给出吸收系数与吸收截面有正比的关系。

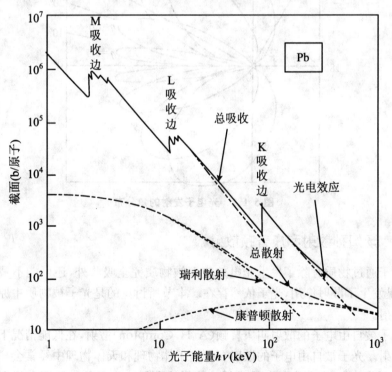

图 5.1.1 铅的吸收系数与入射光子能量的关系

由图 5.1.1 可见,有明显的吸收峰,称为吸收边,图上有 K 吸收边、L 吸收边、M 吸收边,对应于不同壳层的电子结合能。由于以前讲过的壳层能级分裂情况,L 吸收边又精细地分为三个:L_I,L_{II} 和 L_{III};M 吸收边分为 5 个。

实际上吸收曲线在吸收边附近还更复杂,形成吸收曲线的精细结构,这已经在第 1 章中讨论过了。

图 5.1.2 给出光电子发射的角分布随入射光子能量的变化关系[2],使用极坐标,0°方向为入射光子方向,光子能量用 $\eta = h\nu/(mc^2)$ 表示。由图 5.1.2 可见,在光子能量很低时,光电子的发射方向主要是在垂直于入射光子方向;随着光子能量增大,向前方向发射的光电子数增多;当光子能量很大时,光电子将沿着光子入射方向发射。

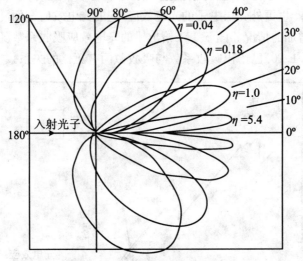

图 5.1.2 光电子发射的角分布

5.1.2 汤姆孙散射和康普顿散射

光子通过物质时除了发生光电效应而被物质完全吸收外,还可能不被物质吸收,只是发生了散射作用,光子依然存在。本节所讨论的是光子被物质中原子的电子的散射。

光子被自由电子的散射叫康普顿(A. H. Compton)散射,在低能情况下又叫汤姆孙散射。光子被自由电子的散射在等离子体物理和天体物理中经常会碰到。在原子物理范畴内,它们实际上是光子的能量比原子中电子的束缚能大很多时所发生的光子与束缚电子的散射,这时可近似地把这个束缚电子看做自由电子。

康普顿效应是 1923 年由康普顿和我国物理学家吴有训一起首先在实验中发现的,他们用波长 $\lambda_0 = 0.07126$ nm 的钼的特征 X 射线入射在石墨散射体上,在不同散射角 θ 处测量散射光强的波长分布。图 5.1.3 给出 0°,45°,90° 和 135° 的测量结果[3]。实验发现,在散射光中除了有与入射光波长 λ_0 相同的成分之外,还有波长更长的新成分 λ,两者差 $\Delta \lambda$ 只与散射角有关,与散射物质和入射光波长无关。

康普顿散射需要用光量子理论来处理,把光子看做粒子,与初始为静止的电子发生碰撞,利用相对论的能量和动量守恒定律可以得到以下有用的公式:

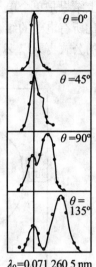

图 5.1.3 康普顿散射与角度关系

$$h\nu = \frac{h\nu_0}{1 + \eta(1 - \cos\theta)} \tag{5.1.6}$$

$$\Delta\lambda = \lambda - \lambda_0 = \frac{h}{mc}(1 - \cos\theta) \tag{5.1.7}$$

$$T_e = h\nu_0 - h\nu = \frac{h\nu_0(1 - \cos\theta)}{1 - \cos\theta + 1/\eta} \tag{5.1.8}$$

式中 $\eta = h\nu/(mc^2)$ 是用电子静止能量表示的光子能量,$h/(mc)$ 叫电子的康普顿波长。

用量子力学狄拉克公式计算,当入射光子是非极化时,克莱因(O. Klein)和仁科(Y. Nishina)得到了康普顿散射的微分截面公式[1,5]:

$$\frac{d\sigma_c}{d\Omega} = \frac{r_e^2}{2} \left\{ \frac{1}{[1 + \eta(1 - \cos\theta)]^2} \left[1 + \cos^2\theta + \frac{\eta^2(1 - \cos\theta)^2}{1 + \eta(1 - \cos\theta)} \right] \right\} \tag{5.1.9}$$

图 5.1.4 给出对不同 η 值算得的康普顿散射电子发射的角分布的极坐标曲线[1,2],0°方向为入射光子方向。由图可见,在光子能量很小时,出射电子的发射方向接近各向同性;随着光子能量增大,向前方向发射的电子数会增多;当光子能量很高时,电子将沿着光子入射方向发射。

对立体角积分可以得到总截面[1]:

$$\sigma_c = 2\pi r_e^2 \left\{ \frac{1+\eta}{\eta^2} \left[\frac{2(1+\eta)}{1+2\eta} - \frac{1}{\eta}\ln(1+2\eta) \right] + \frac{1}{2\eta}\ln(1+2\eta) - \frac{1+3\eta}{(1+2\eta)^2} \right\}$$

$$\tag{5.1.10}$$

以上结果是单个电子的截面公式,一个原子有 Z 个电子,如果假设入射光子的能量比所有电子的结合能都大很多,那么一个原子的康普顿散射截面近似地等于上面的公式再乘以 Z。

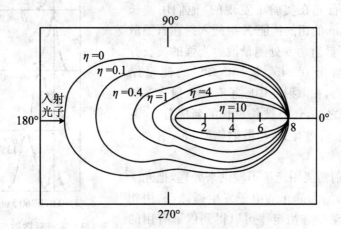

图 5.1.4 康普顿散射电子发射的角分布

比较式(5.1.4)和式(5.1.10)可见,康普顿效应对原子序数和能量的依赖远不如光电效应那样强烈。它与 Z 的一次方成正比,与能量关系复杂,大致在低能时很小,随能量增加而增大,高能时又变小,如图5.1.1中虚线所示。

在入射光子能量较低并满足 $\eta \ll 1$ 的情况下,康普顿散射截面和散射光子的能量表达式可以简化为

$$\begin{cases} \dfrac{d\sigma_c}{d\Omega} = \dfrac{1}{2} r_e^2 (1+\cos^2\theta) \\ \sigma_c = \dfrac{8\pi}{3} r_e^2 \\ h\nu \approx h\nu_0 \end{cases} \quad (5.1.11)$$

这些就是汤姆孙散射情况下所得到的公式。

汤姆孙散射和康普顿散射的区分是历史原因形成的,前者用经典波动理论处理,后者用现代量子理论处理,因而康普顿散射是普适的,光子被自由电子的散射可统一地用康普顿散射解释[6],汤姆孙散射是康普顿散射的低能极限,在 θ 为小角度散射情况下两者也趋于一致。

注意,前面给出的散射光子能量公式是假设初始电子是静止的,如果电子初始有速度,这对康普顿散射影响较小,但对低能汤姆孙散射却有一定影响,散射光子不再近似等于入射光子能量。在等离子体物理实验中,可以利用测量散射光谱的

能量的宽度来诊断等离子体的状态参数和电子温度[6]。

以上的讨论实际上是光子包括较高能量的光子与低能电子的散射，这种光子通常是 X 射线或 γ 射线，当然，也可以是普通的可见光与紫外光子。由于激光束的出现，我们可以研究低能光子与高能加速器产生的电子束的相互作用现象。在这种情况下，散射光子的能量不是减少而是增加，有时也把这种情况称为逆康普顿散射[7]。

为此，可以先在与电子一起运动的"电子静止系"中处理逆康普顿散射，这时仍可以用上述康普顿散射公式，然后通过洛伦兹变换再由电子静止系回到实验室系，这就会得到相应的关系式。当洛伦兹因子 $\gamma \gg 1$（即 $\beta \approx 1$）并且 $\gamma h\nu_0 \ll mc^2$ 的情况下，散射光子能量为[7]

$$h\nu = h\gamma^2 \nu_0 (1 - \beta\cos\psi)(1 + \cos\psi') \tag{5.1.12}$$

式中，ψ 为实验室系中入射光子方向与入射电子方向的夹角，ψ' 为在电子静止系中散射光子方向与入射电子方向的夹角。在光子与电子的 0°对撞情况下，$\psi = 0$，因而 $h\nu \approx 0$；在光子和电子的 180°对撞和光子背散射情况下，$\psi = \pi, \psi' = 0$，因而有

$$h\nu = 4\gamma^2 h\nu_0 \tag{5.1.13}$$

散射光子的能量有最大值。例如，光子能量为 2 eV 的激光束与能量为 1 GeV 的电子对头撞，背向康普顿散射光子的能量为 32 MeV。这是一种产生单能高能光子束的方法。

5.1.3 瑞利散射和共振散射

在图 5.1.3 的康普顿实验中的波长不变成分主要是光子与束缚电子的弹性散射，称为瑞利散射。实验发现，如果改变散射物质的种类，随着散射物质原子序数 Z 的增大，不变波长成分的弹性散射强度增加，改变波长成分的非弹性散射的强度减少。从两种散射机制的不同很容易理解这个现象。对于较轻的原子和重原子中结合较松的外层电子，如果它们的结合能比入射光子的能量小很多，我们可以近似地当做是光子与自由电子的作用，这部分是康普顿散射成分；而入射光子与结合能大的内层电子作用产生的则是瑞利散射成分。但随着 Z 增大，电子的结合能增大，具有较大能量的内层电子的数目增多，因而与束缚电子的散射增强，瑞利散射成分增大。

当然，实际情况不是这样截然分开的。一般情况下，原子中的电子都是被束缚的，康普顿散射只是光子被原子中电子的非弹性散射的高能极限，改变波长成分的非弹性散射也应该考虑电子被束缚的影响。光子与束缚电子作用的理论计算是相当复杂的，可以把它看做是二次过程。一个光子被原子吸收，电子跃迁到虚激

态,然后返回初态,放出另一个光子,这就是瑞利散射,散射光子的能量与入射光子的相同,是弹性散射过程,光子的动量变化被原子作为整体吸收了,总散射强度是被原子中各个电子散射的辐射振幅相加后平方。如果作用后电子未返回初态,电子吸收某些动量后到达连续态,因而散射光子的能量变小,并且可以是连续变化的,这就是康普顿散射;如果电子回到某个激发态或比初态能量更低的分立态,则散射光子的能量也要变小或变大,这就是拉曼散射,将在5.3节详细讨论。上述非弹性散射中被各个电子散射的辐射之间没有位相关系,总的散射强度是原子中各电子的散射强度相加。不过所有这些计算都是困难的,要用近似计算[1,8,9]。

理论计算和实验结果表明,随着散射角度 θ 的减少、散射体原子序数 Z 的增加和入射光子能量 $h\nu$ 的减少,瑞利散射截面很快增加。因此,与康普顿散射比较,光子能量较低时,瑞利散射截面将超过康普顿散射截面,重散射体和小散射角情况下,瑞利散射更加重要。

当光子能量很小时,可以用类似推导汤姆孙公式的方法得到经典的瑞利散射截面公式。这时电子可以看做是束缚在原子内的谐振子,其固有频率为 ν_0。设入射电磁波频率为 ν,则有公式:

$$\frac{d\sigma_R}{d\Omega} = \frac{d\sigma_T}{d\Omega}\left[\frac{\nu^4}{(\nu_0^2 - \nu^2)^2}\right] \tag{5.1.14}$$

在高频率 $\nu \gg \nu_0$ 情况下,就回到了汤姆孙公式。在低频率 $\nu \ll \nu_0$ 情况下,就导致光学中的瑞利散射的 $1/\lambda^4$ 依赖性公式:

$$\frac{d\sigma_R}{d\Omega} = \frac{d\sigma_T}{d\Omega}\left(\frac{\nu}{\nu_0}\right)^4 = \frac{d\sigma_T}{d\Omega}\left(\frac{\lambda_0}{\lambda}\right)^4 \tag{5.1.15}$$

还有一种特殊的不改变能量的散射是共振散射[9,10],这时入射光子能量正好等于原子基态与共振能级的能量差,当原子基态电子吸收入射光子到达激发态后,很快就会发射相同能量的光子回到基态,这个重新发射的光子就是共振散射光子。共振散射与瑞利散射的区别:瑞利散射激发到原子虚能级,而共振散射激发到实能级。我们知道,许多元素的简单光谱主要是一条或两条很强的谱线,例如最熟悉的钠黄光是 589.0 nm 和 589.6 nm,它们一般是从受激态跃迁到基态的允许电偶极辐射中波长最长的光谱线,称为共振谱线,相应的激发能级就是共振能级。如果用钠黄光照射与金属钠达到平衡的钠蒸气时,加热温度达到 100 ℃后,将会发现有散射光,它们主要集中在与入射光垂直的方向上,这就是共振散射引起的共振荧光。随着加热温度提高,共振荧光迅速增强;达到 200 ℃时,整个钠蒸气泡都会发出共振荧光。

瑞利很早就发现,用偏振光激发时,产生的共振荧光也是偏振的[10]。之后汉勒(W. Hanle)等人发现弱磁场(几高斯)可以破坏此种偏振性,称为汉勒效应。所加的磁场使偏振信号减小到一半处的磁场全宽度 ΔB 满足关系:

$$g_J \mu_B \Delta B = \Gamma = \hbar/\tau \tag{5.1.16}$$

式中,μ_B 是玻尔磁子,g_J 是受激能级的朗德因子,Γ 和 τ 分别是这个能级的宽度和寿命。使用汉勒效应方法已经成为测量原子和分子的受激能级寿命的最可靠方法之一。

除了上述光子与原子中电子的各种散射之外,在光子能量大于 1 MeV 以上时,光子与原子核作为整体且依赖核能级的核共振散射和不依赖核能级的核汤姆孙散射、与物质作为整体且依赖核能级的无反冲核共振散射(即穆斯堡尔效应)以及和个别核子的核康普顿散射等,也会重要起来[1,2]。

总体来看,康普顿散射是瑞利散射不考虑束缚能效应的极限。当光子的能量比电子的束缚能大很多时,主要是康普顿散射;当光子能量逐渐减小时,瑞利散射的作用逐渐增强,在图 5.1.3 所示的散射能谱上可以同时看到不改变能量的瑞利峰和改变能量的康普顿峰;当光子能量正好与原子的共振激发能量相等时,共振散射变得重要起来。

5.1.4　吸收定律

在光学中用指数减弱规律描述一束光通过物质时的吸收情况,上一章中也用了吸收定律,现在从原子作用观点来推导这一公式。一束平行光实际上是由许许多多的光子组成,设这束光通过吸收层前有 I_0 个光子,通过吸收层厚度 x 后有 I 个光子。光子数目的减少或者是由于光电效应或电子对效应而消失,或者是由于散射偏离原来的方向而丢失。这种作用造成光子一个一个地从光束中移走。由于一个光子究竟与哪一个原子或分子作用完全是偶然的,在时间上互相没有关联,当光束平行入射,光子的数目足够多,通过的物质厚度 dx 足够小时,被移去的光子数($-\Delta I$)统计上正比于 Δx 和 I,写为等式即为

$$-\Delta I = \alpha I \Delta x \tag{5.1.17}$$

α 是比例系数,称为吸收系数,与光子的能量有关,与原子序数 Z 也有关,不同物质的数值不同。如入射光强较小,4.4 节指出吸收能级的原子数目不随 I 变化,即为线性吸收,这时对于一定能量的光子和确定的物质来说,α 为常数。α 的单位用 m^{-1},有时也用质量吸收系数 $\alpha' = \alpha/\rho$,单位是 m^2/kg。由式(5.1.17)可得 α 的物理意义:

$$\alpha = -\frac{\Delta I}{I \Delta x} \tag{5.1.18}$$

$(-\Delta I/I)$ 表示一个光子通过物质距离 Δx 而与物质发生作用的概率，α 即为一个光子通过物质单位厚度与物质发生作用的概率。截面 σ 是一个光子通过单位面积物质内与一个原子的作用概率，如果单位体积内有 N 个原子都处在基态，不考虑拉曼散射和共振散射造成的吸收，在线性吸收情况下可以得到 α 与 σ 的关系为

$$\alpha = N\sigma = N(\sigma_\text{光} + \sigma_\text{对} + \sigma_\text{康} + \sigma_\text{瑞}) \tag{5.1.19}$$

这里 $\sigma_\text{光}$、$\sigma_\text{对}$、$\sigma_\text{康}$ 和 $\sigma_\text{瑞}$ 分别是光电效应、电子对效应、康普顿散射和瑞利散射的截面。它们各乘以 N 即为各自的吸收系数，因而有

$$\alpha = \alpha_\text{光} + \alpha_\text{对} + \alpha_\text{康} + \alpha_\text{瑞} \tag{5.1.20}$$

由于平均自由程 λ 表示光子通过物质时与原子发生一次作用所走过的平均值距离，因此有关系：

$$\lambda = \frac{1}{\alpha} = \frac{1}{N\sigma} \tag{5.1.21}$$

上面讨论的几种效应是相互竞争的，反映在公式中总截面和总吸收系数是各部分贡献的相加，它们的相对重要性取决于 Z 和 $h\nu$，图 5.1.1 给出铅的总吸收系数和各种效应的吸收系数与光子能量的关系。粗略地说，光电效应在低能高 Z 区占优势，康普顿效应在中能特别是低 Z 区占优势，而瑞利散射在很低能量和较高 Z 物质中尤其是在小散射角情况下才起重要作用。

在线性吸收情况下 α 不依赖 I，对于确定的吸收物质和光子能量，α 为常数，将式(5.1.17)积分就得到了指数吸收定律，也叫朗伯-比尔(Lambert-Beer)定律：

$$I = I_0 \mathrm{e}^{-\alpha x} = I_0 \mathrm{e}^{-N\sigma x} \tag{5.1.22}$$

或

$$\ln \frac{I_0}{I} = \alpha x = N\sigma x \tag{5.1.22a}$$

根据前面的讨论，指数吸收规律仅对平行入射光子束才成立，它已经在实际工作中得到很多应用，当选用一定能量的辐射时，确定的工作物质的吸收系数是常数，如果测量经准直的射线通过工作物质的减弱，就可以由公式确定射线穿过的物质厚度或密度，从而制成利用 X 射线或 γ 射线的厚度计、浓度计、料位计等。

图 5.1.1 吸收曲线上的吸收边也常被用来制成 X 射线的过滤片，图上的 K 吸收边能量相应于使 K 电子电离的入射 X 射线能量，它比该元素的 K 壳层 X 射线（即 KX 射线）能量大。也就是说，某元素的 KX 射线能量正好落在该元素 K 吸收边左边的吸收系数较小的区域。因此对于某元素产生的 X 射线，通常除含有它的 KX 射线外，还有连续谱，如果使它通过用该元素制成的薄片后，它的 KX 射线容易通过，而它的连续谱很大部分被吸收而大大减弱。

5.2 激光光谱学中常用的激光器

激光由于单色性能好和单色亮度高而使经典的用常规灯的吸收光谱和荧光光谱等应用范围大大扩展,并发展了许多新的激光光谱学技术,从而使常规灯不能激发和测量的能级能被研究,大大扩展了原子分子物理学许多领域的研究工作范围。

在2.7节中讨论的X激光和5.5节中将要讨论的自由电子激光是两个极端例外,本节讨论的激光器在原子分子物理化学的激光光谱学研究领域中普遍使用,其工作原理与前两者也不尽相同。这里最重要的是要求频率能在较宽范围内连续可调,因此着重讨论普遍使用的液体染料激光器和固体钛宝石激光器以及它们所用的泵浦光源,之前先介绍激光器的基本工作原理。

5.2.1 产生激光的基本条件

在4.4节中讨论了爱因斯坦的辐射理论,激光(Laser)是辐射的受激发射的光量子放大(light amplification by stimulated emission of radiation)的缩写,它的光强度通过辐射的受激发射而被增强。激光器的主要功能就是将各种形式的能量通过适当方式转变为原子的激发能,然后通过受激发射使光能在频谱上集中于很窄的频率范围内,在空间传播方向上集中于很小的立体角内,形成光子简并度极高的相干光,采用适当技术还可以将这个相干光能量在时间上集中,形成峰值功率很高的脉冲激光。因此,激光的主要特点是具有高的单色性、准直性、相干性和高亮度。为达到这些要求,形成激光需要有三个基本要素:合适的能实现上下能级之间粒子数反转的工作介质、使受激发射放大的谐振腔以及能使工作介质被激发到激光上能级的强大泵浦源[9~14],下面详细讨论它们。

上激发能级既可以通过自发发射也可以通过受激发射跃迁,通常自发发射是主要的。自发发射产生的光子的发射方向是杂乱无规则的,因而自发发射会偏离轴线。而受激发射产生的是处于同一量子态的相干光子,它的发射方向与激发光子的方向一致。如果用一个足够长的在一头放全反射镜、在另一头放部分透射的反射镜的谐振腔,则可使受激发射在两镜之间来回反射,多次通过激活介质产生更多的激发原子和受激发射,从而提供光学正反馈放大并限制辐射场的模式数目,导致激发原子从以自发发射为主转变为以受激发射为主,最终形成激光输出。

处于热平衡状态的介质的粒子数在各个能级上的布居服从玻尔兹曼分布,由式(3.2.21)决定。在涉及电子态跃迁的情况,由于能级间隔远大于kT,通常原子分子处在它的能量最低的基态上,上能级的粒子数N_k远小于下能级的粒子数N_i。由于受激辐射和受激吸收系数相同,它们的作用截面就正比于初态粒子数。$N_k \ll N_i$使介质不可能成为辐射的放大器,光子通常被吸收。产生激光的一个基本条件是激光跃迁的上下能级之间必须实现粒子数反转,即$N_k/g_k > N_i/g_i$。为了实现粒子数反转,激光介质能级的粒子数必须具有非热平衡分布。非热平衡体系会自发地趋向于热平衡状态,为了维持粒子数反转,需要有外界能源不断地泵浦介质,使之保持在非热平衡状态,它称为泵浦源。所有的激光器都需要合适的泵浦机制,有效地把外部能量耦合到激光介质中,作为激光上能级的激发能量存储于介质中,再经由受激辐射过程变成相干辐射能量以激光形式输出。

下面来讨论实现粒子数反转的必要条件。如图5.2.1所示,设两个能级的平均寿命为τ_k和τ_i,由式(4.1.2)和式(4.1.5),处于上能级的一个粒子往下的跃迁速率$1/\tau_k$是由到较低各能级j的自发跃迁概率A_{kj}对j求和确定。如果考虑到粒子与电子或其他粒子碰撞而进一步改变此能量状态的速率,则总跃迁速率或称弛豫率还要加上此因素造成的结果。

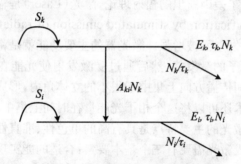

图5.2.1 两能级的粒子数平衡

通常由于碰撞造成的弛豫很小,入射束流很弱不造成饱和,跃迁速率可以忽略这两个因素。现在以简单的两能级系统来讨论,并考虑另一个因素即上、下能级的原子的总产生率为S_k和S_i,由此上、下能级的总粒子数密度的变化速率为

$$\frac{dN_k}{dt} = -\frac{N_k}{\tau_k} + S_k \tag{5.2.1}$$

$$\frac{dN_i}{dt} = -\frac{N_i}{\tau_i} + S_i + A_{ki}N_k \tag{5.2.2}$$

系统处于平衡稳态时的上、下能级的粒子数密度的变化速率为零,由此得到上、下

能级的粒子数密度为

$$\begin{cases} N_k = S_k \tau_k \\ N_i = (S_i + S_k A_{ki} \tau_k) \tau_i \end{cases} \tag{5.2.3}$$

因此，要达到稳态粒子数反转 $N_k/g_k > N_i/g_i$ 的条件是

$$\frac{N_k g_i}{N_i g_k} = \frac{S_k \tau_k g_i}{(S_i + S_k A_{ki} \tau_k) \tau_i g_k} > 1 \tag{5.2.4}$$

我们来分析这个条件。当下能级的泵浦产生速率 S_i 远小于上能级自发衰变下来的速率 $A_{ki} N_k$ 时，有 $(1/A_{ki}) > (g_k/g_i) \tau_i$，大体上产生粒子数反转的条件就是上能级的寿命 τ_k 必须大于下能级的寿命 τ_i。另一方面，如果 $A_{ki} N_k \ll S_i$，则有 $S_k \tau_k g_i > S_i \tau_i g_k$，大体上要求 $\tau_k > \tau_i$ 以及 $S_k > S_i$。因此，产生连续稳定激光的条件是选择有利的寿命比和激发机制，使大体上上能级寿命大于下能级寿命，上能级的泵浦产生速率大于下能级的泵浦产生速率，后者要求使用强大的泵浦源。大得越多越容易产生稳定激光。当下能级寿命比上能级寿命长时，常常只能产生能级瞬时反转，此反转很快被下能级原子的积累破坏。

在 4.4 节中已证明，纯二能级系统即使入射光强很大，到完全饱和，也只能使上、下两能级的原子布居数相同，不可能达到粒子数反转 $N_k > N_i$ 的要求。因此，纯二能级系统不能用作激光介质，必需使用三能级或四能级系统。一种三能级系统的最低能级是原子基态，用作激光下能级 i，最上面是寿命很短的宽带能级 j，使用泵浦源如闪光灯使原子从态 i 激发到 j 后，很快就通过弛豫到达中间的寿命较长的亚稳态激光上能级 k。这样的介质能级结构满足上述两个条件，只要泵浦源足够强，原子就能够很快地从能级 i 累积到能级 k 上，从而实现两能级粒子数反转。对于这种激光下能级是原子基态的三能级系统，由于介质所有的原子几乎都处在基态，为获得粒子数反转，要求泵浦源功率很强，因而效率不高。如果在基态之上再加一个激发态作为激光下能级，就可以克服这个缺点而大大降低泵浦阈值，这就是四能级系统。

5.2.2 液体染料激光器

在激光光谱学中，一般要求使用的激光器的频率应能连续可调。由于原子分子的能级分布很宽，要求激光器的调频范围也应很宽。但普通激光器输出的是单色光，只能在多普勒增宽的增益曲线带内连续调频，而这一调频范围太窄，并不适用于光谱学应用。激光光谱学中最常用的调频激光器是染料激光器和新近发展的掺钛蓝宝石激光器或叫钛宝石激光器。它们能提供从近红外到紫外范围内的调频相干激光，借助于光学谐波和激光差频还可使光谱区域扩展到真空紫外和远红外。

它们既可以用脉冲方式输出,又可以在连续波状态输出。

染料激光器使用有机染料分子溶液,1966年发现[9~15]。这种溶液有覆盖很宽的强吸收光谱和荧光光谱,如图5.2.2右图所给的激光染料若丹明6G乙醇溶液的吸收光谱和荧光光谱所示。它们不完全重叠,这是由它们的能级特性决定的。左图为典型的染料分子能级示意图,S_0,S_1,S_2,…为单态,T_1,T_2,…为三重态,图上画出振动能级,转动的未画。强的吸收光谱和强荧光光谱发生在多重性相同的态间跃迁,由于电子态跃迁也包含振动和转动跃迁,因此形成的是宽的连续能带,宽度达几十到上百 nm,如右图所示。吸收带由 $S_0 \rightarrow S_1$ 确定,当染料被波长在吸收带中的泵浦光照射后,分子从 S_0 基态的某个热布居振转能级 S_{00} 激发到 S_1 的某个振动能级 S_{1k} 后,该分子与其他分子在 $10^{-11} \sim 10^{-12}$ s 弛豫时间内迅速碰撞而把多余振动能量耗散掉无辐射跃迁到 S_1 态的最低振动能级 S_{10},然后通过自发发射(寿命约为 10^{-9} s)跃迁到基态 S_0 的任意某个振动能级 S_{0i},由于泵浦上去布居的能级一般在 S_{10} 上,而经辐射下来的能级又在较高的振动能级,因而与泵浦辐射相比,发射光的能量较小,波长较长,发生红移,如右图所示。最后非辐射弛豫使分子回到电子基态 S_0 的 $v = 0$ 最低振转能级 S_{00}。

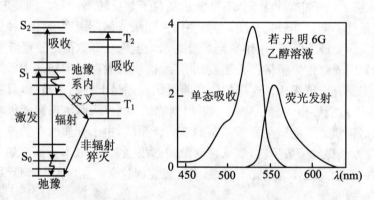

图 5.2.2 染料分子的能级和吸收与发射光谱[12]

由于染料分子通常由几十个原子组成,它们的振动模式很多,并伴有转动结构,溶液中分子之间有强烈作用,如上一章讨论的,这些间隔很小的振转能级被碰撞而大大增宽,以致不同的荧光线完全重叠,因此,吸收和荧光谱均是由一个宽的连续带组成,它们是均匀展宽。

如果泵浦辐射的强度很高,超过约 $100\ \text{kW} \cdot \text{cm}^{-2}$,则在 S_1 的 S_{10} 和 S_0 的某个较高振转能级 S_{0i} 间可以达到粒子数反转,这是因为 S_{10} 的寿命大于 S_{0i} 的寿命。于是除被分子的吸收带有效地重叠部分外,激光振荡几乎在整个荧光带中都是可能的。这是四能级系统,能量转换效率较高。当无频率选择反馈时,染料激光器将在荧光曲线的峰附近宽 1~5 nm 的带中振荡,当采用波长选择反馈的激光腔时,则可得到波长在上述振荡带中连续调节的窄频单色激光。

但情况并不是如此理想,有些过程会猝灭此分子荧光跃迁,从而降低激光器效率。其中最重要的是 S_1 到基态的非辐射弛豫 $S_1 \rightarrow S_0$ 和不同多重态间交叉 $S_1 \rightarrow T_1$。三重态 T_1 为亚稳态,寿命 $\tau_T = 10^{-3} \sim 10^{-7}$ s,使大量分子聚积在上面。如 $T_1 \rightarrow T_2$ 的允许跃迁吸收带与 $S_1 \rightarrow S_0$ 荧光带重叠,则此吸收又可引起附加的腔损耗,从而猝灭激光。为此常加入少量化合物,通过自旋交换碰撞造成非辐射 $T_1 \rightarrow S_0$ 跃迁,减小 T_1 寿命。

改变有机染料种类、浓度、溶液 pH、温度、液槽长度时,可以改变染料激光器的波长范围,使从近紫外到近红外,即 300 nm~1.2 μm。用倍频和混频技术还可以使可调范围扩大到 100 nm~4 μm。但方便、成本低的范围是 520~710 nm 可见光区。如常用的若丹明 6G 的输出激光波长为 589.7~642.7 nm,紫外的染料寿命较短,且要用紫外激光泵浦或通过倍频得到,因而价格昂贵,如 E392E 染料(输出波长 375~410 nm)的工作寿命仅 40 W·h。

5.2.3 钛宝石和半导体等固体激光器

除了常用的可调频的液体染料激光器外,可调谐的固体激光器也可用在原子分子物理研究中,特别是 20 世纪 90 年代后固体钛宝石可调激光器得到很多应用。它是在蓝宝石中掺入钛离子 Ti^{3+},成分是 $Ti:Al_2O_3$,调频范围是红外 600~1100 nm,线宽在 500 kHz 以下,可以用脉冲或连续波方式工作,脉冲宽度可以小于 10 fs,在室温下工作,输出能量很大,连续工作可达几十 W。特别是对波长范围大于 700 nm 的情况,它比染料激光器优越。这是由于它有高的输出功率、好的频率稳定性和小的线宽[9,11,13~16]。

晶体和非晶体能调频是由于在它们里面加入原子或分子离子杂质,这些离子和基质晶格强烈相互作用而引起离子能级展宽和移动。光学泵浦使从基态 S_0 进入激发态 S_1,如图 5.2.3 所示。由于声子耦合作用,激发态是一条能带,它一般跃迁到比较低的振动能级 S_2 上而产生许多重叠的荧光带,然后由于离子声子作用很快弛豫到原来基态。如果这些荧光带足够重叠,就是连续可调激光。

半导体也可以作激光器,一般是重掺杂的,使 PN 结禁带宽度 ΔV_d 变大,若把结两端抛光成反射面就形成谐振腔,当在 PN 结上加正偏压 $V = V_d$ 时,大量的电子和空穴分别从 N 区或 P 区进入 PN 结,经复合而产生辐射,当电流超过阈值后,自发发射转变为受激发射,从而产生激光。现在大量用作光盘(CD,compact disc)

的固定波长光源,在原子分子物理中用半导体激光器作用在 GaAs 晶体上可以产生极化电子束。20 世纪 90 年代后,也被大量用到连续波可调谐激光光谱实验中,线宽很窄,功率为几 mW 至 1 W,用阵列还可更大。半导体激光器可在室温下工作,光谱范围由半导体种类决定,通常在红光和红外,例如,AlGaAs/GaAs 异质结激光器是 780 nm 红外光源,InGaAlP 是红光源。现在用Ⅲ-Ⅵ族 GaN 和Ⅱ-Ⅵ族半导体 ZnO 等作蓝光和绿光半导体激光器。目前商用半导体激光器的每个激光二极管的波长可从几 nm 到 50 nm 连续调节,还可根据要求更换激光材料,波长覆盖范围 385～1750 nm[9,14,15,17]。

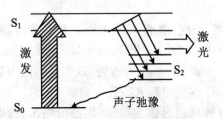

图 5.2.3　固体调频激光器的能级图

固体激光器的调频范围由掺杂离子和基质种类决定,基本在红光和红外,大多运行在脉冲方式,少数也能连续波工作,如钛宝石激光器和某些半导体激光器。还有一些固体激光器的输出波长是固定的,如下面介绍的 Nd∶YAG 激光器。

5.2.4　其他激光器和泵浦光源

要使可调频激光器工作还需要泵浦光源,最常用的泵浦光源有闪光灯、半导体激光器、Nd∶YAG 激光器、准分子激光器和氩离子激光器。当然,用作泵浦的激光器也可以直接用在某些不用连续调频的激光光谱实验中。

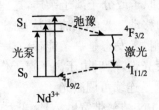

图 5.2.4　Nd∶YAG 晶体的能级图

闪光灯一般用脉冲氙灯,输出连续光谱 300～800 nm,脉冲重复频率 1～100 Hz,脉冲宽度较大,为 0.3 μs～1 ms,脉冲能量也很大,可达 5000 mJ,它的峰值功率较小,为 10^2～10^4 W。

Nd∶TAG 激光器[9,11-15]是掺钕的钇铝石榴石激光器,利用如图 5.2.4 所示的钕离子(Nd^{3+})的能级。这类激光器一般是脉冲式工作,过去用氙灯作光泵激励,现在用半导体激光器泵浦,使从基态 $^4I_{9/2}$ 激发到 S_1 能带,然后迅速弛豫到上激光能级 $^4F_{3/2}$。$^4F_{3/2}$ 是亚稳能级,寿命较长,满足激光形成条件。激光输出波长为 1.06 μm,一般工作是用二倍频 532 nm、三倍频 355 nm 和四倍频 266 nm。

但脉冲激光器的应用常要求有很高峰值功率,因此常采用调 Q 装置[9,12~15]。Q 是谐振腔的品质因子,表示腔损耗大小:

$$Q = 2\pi\nu \cdot \frac{腔内储存能量}{每秒损失的能量} \tag{5.2.5}$$

式中 ν 是激光频率。如果有意在腔内加一个可变化的损耗,例如一个快速转动的镜子,在光激发初期把它调得很大,即调 Q 值很低,使激光振荡不能形成,可造成较大的粒子数反转。当粒子数反转达最大值时,突然减小损耗,增加 Q 值,即镜子表面法线与共振腔轴符合,积累的能量在极短时间内释放出来,从而可得到很大的激光功率。采用调 Q 技术,激光脉冲时间可压缩到 1~20 ns,输出峰值功率可达 10^9 W。另外调 Q 激光器固有的短脉冲长度(5~100 ns)有效地消除了染料激光器的三重态吸收问题(在这么短时间内三重态来不及积累很多),因而效率可高达 50%,使输出激光功率很大。

准分子已在 3.1.2 节中介绍过,它一般是由双原子形成的,平衡解离能 D_e 很小,基态不稳定而自动解离成两个原子,有一个稳定的激发态,它的两个基态原子 A+B 以及一个基态原子与一个激发态原子 A^*+B 形成分子的势能曲线如图 5.2.5 所示。基态的解离速率很快,寿命很短,在 10^{-12}~10^{-13} s 内解离,因此它本身就是一种理想的形成可调谐激光的介质。输出功率决定于稳定的上能级的激发率,这通常是用高压大电流电子束源或快横向放电泵浦去激发产生准分子,准分子的形成过程很复杂,可能是电子与原子碰撞使激发形成,或电离后再与另外的原子、分子或离子碰撞而形成准分子。作为真空紫外激光器,准分子激光器工作在脉冲方式,波长范围在 157~357 nm,决定于下能级排斥势的斜率和上能级核间距,重复频率 1~200 Hz,脉冲宽度一般 5~200 ns,用它泵浦染料激光器,峰值功率可达 10^7 W。现在常用的准分子激光器[9,12,14]有 KrF(248 nm)、ArF(193 nm)、F_2(157 nm)和 XeCl(308 nm),如 KrF 激光器的工作介质是 90% 的 Ar、9.5% 的 Kr 和 5% 的 F_2 的混合气体。

氩离子激光器[9,14]利用 Ar^+ 的 $3p^44p \rightarrow 3p^44s$ 跃迁产生,波长在蓝和绿范围,最强的两条输出波长是 514.5 nm 和 488.0 nm,连续波工作方式。要泵浦连续运转的染料激光器要求有很高的强度才能造成粒子数反转,这是用氩离子激光器的紧聚焦光束实现的。用它泵浦染料激光器可达平均输出功率 0.1~5 W。气体氩离子激光器像氦-氖激光器一样,本身的粒子数反转泵浦是靠高电压气体放电实现的。

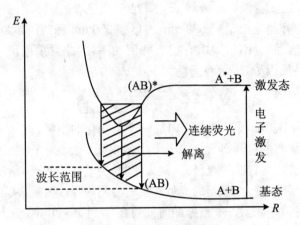

图 5.2.5 准分子的势能曲线

以上只是给出几种最常见的泵浦光源,不同的泵浦光源对调频激光器性能有相当的影响。例如,染料激光器的波长范围与泵浦源种类有关,泵浦源还影响它的其他性能。表 5.2.1 给出了不同泵浦源的染料激光器的典型工作状况。

表 5.2.1 不同泵浦源的染料激光器的典型工作状况[10,11]

泵浦源	可调波长范围 (nm)	脉冲宽度 (ns)	脉冲功率 (W)	脉冲能量 (mJ)	重复频率 (s^{-1})	平均输出功率 (W)
准分子激光器	157～985	5～200	$\leqslant 10^7$	$\leqslant 300$	1～300	0.1～10
N_2 激光器	370～1020	1～10	$\leqslant 10^5$	$\leqslant 1$	$\leqslant 10^3$	0.01～0.1
闪光灯	300～800	300～10 000	10^2～10^4	$\leqslant 5\,000$	1～100	0.1～200
Ar^+ 激光器	300～1 100	—				0.1～5
Nd:YAG 激光器	400～920	5～20	10^5～10^7	10～100	10～30	0.1～1
铜蒸气激光器	530～890	30～50	10^4～10^5	≈ 1	10^4	$\leqslant 10$

5.3 常用的激光光谱学方法

5.3.1 激光光谱学特点

能量为 $h\nu$ 的光子与原子分子 A 作用可以使它们激发或电离,称为光吸收或光电离:

$$光吸收: h\nu + A \rightarrow A^*$$
$$光电离: h\nu + A \rightarrow A^+ + e$$

由于光子动量很小,一般情况下原子反冲动能可忽略,设光电子动能为 T_e,则原子激发能 E_j 和电离能 E_i 分别为

$$E_j = h\nu \tag{5.3.1}$$
$$E_i = h\nu - T_e \tag{5.3.2}$$

通常使用吸收光谱学方法通过测量吸收峰的能量 $h\nu$ 值得到激发能,为了得到电离能,常使用下一章讨论的电子能谱方法,通过测量入射光子能量和光电子动能得到。为了说明激光光谱法的优点,先简略地介绍经典光谱学方法,如图 5.3.1 所示。光源是宽带连续白光源,如高压汞灯、氙闪光灯等。它经由透镜 L_1 准直成平行光后通过样品吸收池,透射光经透镜 L_2 聚焦进入光谱仪或单色仪。可以通过直接测量透射光强 $I_T(\lambda)$ 与波长 λ 的关系得到吸收谱,也可以通过测量 $I_T(\lambda)$ 和入射光强 $I_0(\lambda)$(或参考光强 $I_R(\lambda)$)之差与 λ 的关系曲线得到吸收谱:

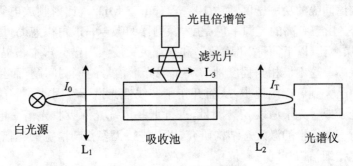

图 5.3.1 经典光谱学方法

$$I_A(\lambda) = a[I_0(\lambda) - I_T(\lambda)] = a[bI_R(\lambda) - I_T(\lambda)] \tag{5.3.3}$$

其中 a 和 b 是考虑到 I_R 和 I_T 的损失（如室壁反射）后的与波长无关的常数。由吸收谱可得到一系列的吸收峰，相应于原子的各个激发能，这就是吸收光谱法。也可以在其他方向（如 $90°$ 方向）用滤光片和光电倍增管测量被激发原子放出的荧光或拉曼光，这就是荧光光谱法和拉曼光谱法。

在可调频的激光发现之前，通常使用白光源，它要对原子或分子的单个能级做有选择性的激发是很困难的，特别是分子能级。只有在少数情况才行，如用原子的共振线，但它的波长又不可调。因此使用普通光源的光谱方法来研究原子或分子能级结构是相当困难的。

由于激光具有的特点，用可调频的单色激光光源代替普通的连续谱白光源或确定波长的线光源的激光光谱方法具有常规光谱方法无法比拟的优点，最主要有三点：

（1）不用单色器就具有很高的光谱分辨本领 $10^{-5} \sim 10^{-6}$，采用各种消多普勒增宽技术，甚至可以达到 $10^{-8} \sim 10^{-12}$，最好的可达 10^{-14}。因此用激光光谱方法可以使光谱测量的分辨达到并超过自然线宽给出的极限，可以对单个原子分子能级做有选择性的激发，用于原子分子能级的超精细结构研究具有很好的优越性。

（2）有高的时间分辨本领。采用各种压缩激光脉冲宽度的方法，不但可以做到 $10^{-11} \sim 10^{-12}$ s 时间分辨，称为皮秒（$1 \text{ ps} = 10^{-12}$ s）激光技术，还可以做到飞秒（$1 \text{ fs} = 10^{-15}$ s），甚至达到几十阿秒（$1 \text{ as} = 10^{-18}$ s）。超短脉冲技术与激光调频技术相结合，可以进行超快过程光谱学研究，例如原子分子激发态寿命、振动和转动传能过程、电子转移过程等的研究，阿秒激光甚至已用于实时跟踪并控制原子中的电子运动[18]。

（3）有高的光源单色亮度和高的探测灵敏度。由于单色性很好，激光的单色亮度即单位谱间隔的功率密度常达 10^3 W/($cm^2 \cdot $MHz)，比射频放电管线光源的可高 10^9 倍。由于有高的光源单色亮度，探测器的噪声一般可以忽略，因而有高得多的讯号-噪声比（以下简称"讯噪比"）和探测灵敏度。当谱分辨本领提高后，讯噪比更大大提高。这不仅相当程度地解决了弱光谱信号的探测问题，而且强场的非线性作用项已大到可探测地步，从而开拓了非线性光谱学。因此我们能够做原子分子的双光子或多光子激发光谱测量，进行那些传统光源吸收光谱受电偶极选定则限制而不能发生的激发态结构研究，以及进行无多普勒增宽的光谱测量，研究激发态的超精细结构和同位素位移。

自从 1970 年发现了可调频的染料激光器之后，可以提供从近红外到近紫外的整个波长范围的调频相干光。此外，借助于光学谐波和激光差频等非线性光学技术,可以达到的光谱区域能扩大到真空紫外和远红外。这些使激光光谱学获得飞速发展。布洛姆伯根(N. Bloembergon)和肖洛(A. L. Schawlow)正是因为对激光光谱学的贡献而获得1981年诺贝尔物理学奖的。

已经发展了许多种普通的激光光谱学方法[9~11,13,14,19],除光电子能谱方法将在第6章介绍外,其他在这一节介绍。接着又发展了许多种不受多普勒增宽限制的高分辨激光光谱学方法,将在下节介绍。

在这节介绍的普通激光光谱学方法均存在多普勒增宽对能量分辨的限制,不过对通常的测量特别是应用来说,普通激光光谱学方法已经具有足够高的精度,目前仍被经常使用,后来发展的许多无多普勒增宽限制的激光光谱学方法大多是在现有方法基础上改进或组合而成。

5.3.2 吸收光谱

设光强为$I_0(\nu)$的入射激光束通过样品吸收池后的透射光强为$I_T(\nu)$,吸收光谱方法测量两者随频率ν的变化关系。由5.1节给出的指数吸收定律

$$I_T(\nu) = I_0(\nu)\exp[-\alpha(\nu)L] \tag{5.3.4}$$

已知吸收路径长度L,从吸收谱强度$I_T(\nu)$或$I_0(\nu)-I_T(\nu)$差值可以确定吸收系数$\alpha(\nu)$:

$$\alpha(\nu) = \frac{\ln[I_0(\nu)/I_T(\nu)]}{L} \tag{5.3.5}$$

对于$\alpha(\nu)L\ll 1$情况,$\exp[-\alpha(\nu)L]\approx 1-\alpha(\nu)L$,因此

$$\alpha(\nu) = \frac{I_0(\nu) - I_T(\nu)}{I_0(\nu)L} \tag{5.3.6}$$

这儿$I_0(\nu)$和$I_T(\nu)$在实际测量中均要作吸收池室壁反射等因素的修正(如上段给的修正常数a、b)。若密度为N_i的原子分子发生$i\rightarrow k$跃迁,吸收截面σ_{ik}与α_{ik}有式(4.1.20)关系。因此,通过吸收谱的测量,不仅可从吸收峰得到能级结构,从吸收系数还可得到吸收截面,从而得到动力学信息。

一个典型的激光吸收光谱学方法如图5.3.2所示,可调谐激光经过一个50%的分束器后,分出一束光I_0被光二极管PD2探测,另一束光I_0经吸收池中样品吸收后被光二极管PD1探测,两者输出被差分放大器相减,输出$\Delta I(\nu)=I_0(\nu)-I_T(\nu)$被记录,当然也可以简单地只记录$I_T(\nu)$,只是会受到激光输出不稳的影响。

注意,由于吸收系数可直接从测量$\Delta I(\nu)$随激光器频率ν的变化得到,因此不需要用光谱仪或单色仪作为透射光分析器,只要用简单的光二极管PD1和PD2分别测量$I_0(\nu)$和$I_T(\nu)$即可。记录器最后给出的是二者差$\Delta I(\nu)$,即为图上右边下

面曲线,上面的实线为入射光强谱 $I_0(\nu)$,虚线为吸收谱 $I_T(\nu)$。

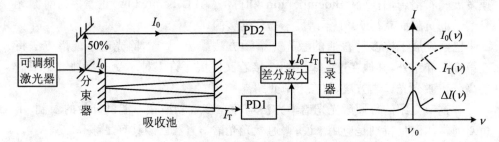

图 5.3.2　激光吸收光谱法

由于激光束有很好的准直性能,因此可以利用在吸收池腔内的多次反射得到很长的吸收路径 L,如中国科学技术大学的一台 L 达到 100 km 量级。如此长的吸收路径可以测量很小吸收系数的跃迁,也可以用低气压而减小压力增宽效应,这在红外区域是特别重要的,因为那儿多普勒增宽已经很小,而压力增宽成为限制光谱分辨的主要因素。测量的气体样品池比较简单,金属样品往往要用具有加热和恒温系统的密封玻璃或石英吸收池来产生蒸气。

从吸收谱峰面积 $I_0(\nu)-I_T(\nu)$ 可以得到各个能级跃迁的相对吸收截面或光学振子强度。为得到绝对光学振子强度,从式(5.3.6)和式(4.1.20)可知,还需要知道光束强度、吸收长度和原子分子密度。光束强度一般是随波长变化,样品密度常常不是均匀的,要准确知道这些参量是有一定困难的。

5.3.3　激光诱导荧光光谱

原子分子被激光诱导处于激发态之后可以自发发射荧光,通过在其他方向(如 90°)测量这些荧光光子来研究原子分子激发态的方法就是激光诱导荧光光谱方法(laser-induced fluorescence,缩写为 LIF),如图 5.3.3 所示。

第一种激光诱导荧光方法不用光谱仪,用光电倍增管测量诱导的荧光光子数随激光频率的变化来直接监测被吸收的激光光子数。这是因为有下列关系:

$$n_{Fl} = \delta\varepsilon N_k A_k = \delta\varepsilon n_a \eta_k = \delta\varepsilon \eta_k N_i n_L \sigma_{ik} L \tag{5.3.7}$$

其中 N_i 和 N_k 是探测体积内分别处于 i 态和 k 态的分子数;n_a 和 n_L 是该探测体积内单位时间吸收的激光光子数和入射的激光光子数;n_{Fl} 是单位时间内测量到的荧光光子数;η_k 是激发态的发光概率,即激发态已发出荧光为退激发所占的百分比,有 $\eta_k = A_k/(A_k + R_k)$,A_k 和 R_k 是自发发射率和碰撞诱导非辐射(弛豫)率;δ 是几何收集效率;ε 是探测效率。由于荧光发射过程来源于分子吸收激光光子被激发过程,通常发射谱的形状与吸收谱相似,峰位相同,因此,探测器测量到的荧光光子数正比于样品发出的荧光光子数 $n_a\eta_k$,也即正比于吸收的激光光子数 n_a。这一方法实际上是代替测量两个大数(入射和透射激光光强)之差而直接测量这个小差数以提高测量灵敏度。由于使用光电倍增管来测量单光子计数,如果使荧光接受立体角尽量做大,则它的探测灵敏度可以很高,比通常的吸收光谱方法高许多数量级。例如,有人在钠蒸气密度低到 $10^2\ cm^{-3}$ 时仍能用这一方法测量。

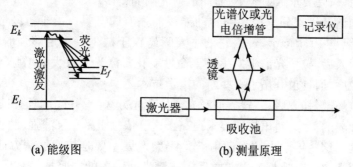

(a) 能级图 (b) 测量原理

图 5.3.3　激光诱导荧光光谱法

在实际测量中,保持激光器的输出光强不变,调谐激光波长 λ 使通过吸收线的谱范围,用光电倍增管直接测量总的荧光强度 $I_{Fl}(\lambda)$ 作为 λ 的函数,由于 $I_{Fl}(\lambda)\propto n_L\sigma_{ik}N_i$,当 λ 达到共振值时,σ_{ik} 有最大值,因而 I_{Fl} 也有最大值,测量到的函数就代表了吸收谱,我们叫它激发谱。这一方法又叫激光诱导荧光激发谱方法。

激光诱导荧光的第二种方法是使激光器调谐到所选择的激发跃迁的中心频率后固定不变,然后用一个单色仪或光谱仪测量这个能级所发射的荧光谱来获得这个能级跃迁后的各终止分子能级信息,因此,第二种方法又叫激光诱导荧光色散谱或荧光分辨谱。

显然,激光诱导荧光光谱类似吸收谱方法,可以用来获得原子分子的激发态的能级结构信息和用于碰撞过程研究,如激光激发的分子由于碰撞而转移到其他振动能级,则从这个碰撞布居能级的荧光谱就给出碰撞截面定量信息。当然也可以用来确定化学反应的分子产物的内能态分布等。激光诱导荧光光谱方法比吸收谱的灵敏度和分辨率高得多,但要求激发态有足够高的荧光产额。

5.3.4　激光拉曼光谱

拉曼散射是印度人拉曼(C. V. Raman)在 1928 年发现的,可以看做是一个入射光子 $h\nu$ 与一个处于初态能级 i 的分子的非弹性碰撞。碰撞后分子可以处于较

高的能级 f，散射光子具有比 $h\nu$ 较小的能量 $h\nu_s$，称为斯托克斯线。如果分子初态 i 是振动转动激发态，则碰撞后分子也可以回到较低的能级，入射光子可以获得能量，因而散射光子有较高能量 $h\nu_a$，这称为反斯托克斯线。

在能级图上，散射过程中系统的中间态 $E_v = E_i + h\nu$ 常常被描述为虚能级，而不必是一个分子实本征态。如果虚能级与分子的一个本征态符合，就叫共振拉曼散射，它会导致拉曼散射共振增强。当然也可以发生双光子吸收的拉曼散射，称为超拉曼散射，只是要求入射光更强，而散射光则弱得多。

拉曼光谱是研究分子振动和转动能级的强有力工具。由于拉曼散射截面很小，典型量级是 10^{-30} cm^2，过去它的主要障碍在于缺少一个足够强的辐照光源。自从激光引入后，拉曼光谱学发生了革命性变化。激光不仅大大增强了自发拉曼光谱的灵敏度，而且也开拓了一些新的谱学技术。

激光拉曼散射的测量装置类似激光诱导荧光方法。不过由于是在强本底照射下测量极微弱的信号，对讯噪比要求很高。这既依赖于激光泵浦强度，也依赖探测器的灵敏度。这些年激光拉曼散射获得很大发展主要是依靠这两方面技术的进步，例如，用多次反射吸收池和把样品放在激光器腔内的内腔技术，以及用光学多道和 CCD 阵列象增强器等。

除了上述自发激光拉曼散射外，当入射激光很强并产生相当大的自发拉曼散射时，分子将同时与两个电磁波作用，一个是频率为 ν_L 的激光波，一个是频率为 $\nu_s = \nu_L - \nu_{ik}$ 的斯托克斯波或频率为 $\nu_a = \nu_L + \nu_{ik}$ 的反斯托克斯波，两个波被频率为 ν_{ik} 的分子振动相耦合，产生能量交换，从而造成非线性拉曼散射，称为受激 (stimulated) 拉曼散射。

这种非线性受激拉曼散射的一个主要特点是与通常的激光受激辐射过程相同，被诱导的辐射与诱导的辐射在相同的方向上，这一点与自发拉曼散射不同，后者发射的辐射 ν_s 或 ν_a 是向各方向传播的。另一个特点是存在一个相当高的泵浦激光强度阈，只有激光强度超过这个阈值才能产生，这是由于必须产生一个很强的自发拉曼散射来诱导，因此这个阈值依赖拉曼介质的增益和泵浦范围的长度。一旦超过阈值，沿泵浦光束方向传播的受激斯托克斯或反斯托克斯线的强度可以与泵浦波强度比较，而比线性拉曼散射大若干个量级。因此受激拉曼散射又叫增强拉曼散射。由于非线性效应，仅有一二条斯托克斯线存在 $\nu_L - \nu_{ik}$ 关系，其他的相对于频率 $\nu_L - n\nu_{ik}$ 已有移动，不再是泛频。

也可以用两台激光器组合线性和非线性拉曼散射以克服非线性拉曼散射的高阈值缺点，一个激光是泵浦波，另一个相应于受激拉曼散射中的斯托克斯波，调谐它们的差 $\nu_1 - \nu_2 = \nu_{ik}$ 使符合所要研究的分子拉曼振动。

5.3.5 共振增强多光子电离光谱

共振增强多光子电离光谱 REMPI(resonance-enhanced multiphoton ionization)通过测量分子被激光泵浦到共振激发态后又被电离的离子或电子来研究原子分子激发态结构。在这种实验中,分子激发是用一台激光器调谐到刚好共振吸收一个或多个光子 $h\nu_1$ 实现的,激发态分子电离可以使用光子、碰撞或外电场方法,要用一个离子或电子探测器代替激光诱导荧光光谱方法中的光子探测器。使用激光光子电离就是多光子电离,图 5.3.4 所示是两步光电离情况。如果扫描激光器的频率就可以得到共振增强多光子电离光谱,它反映了原子分子激发态结构。

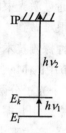

图 5.3.4 双光子两步光电离

光电离可以是普通的束缚态到自由态电离,也可以是束缚态到自电离束缚态电离(如阈上高位里德伯态,它的截面可以比前者大),或非共振双光子电离:

$$M + h\nu_1 + h\nu_2 \rightarrow M^* + h\nu_2 \rightarrow M^+ + e^-$$
$$M + h\nu_1 + h\nu_2 \rightarrow M^* + h\nu_2 \rightarrow M^{**} \rightarrow M^+ + e^-$$
$$M + h\nu_1 + 2h\nu_2 \rightarrow M^* + 2h\nu_2 \rightarrow M^+ + e^-$$

用来电离的光子可以与用来激发的光子来自同一台激光器,也可以来自另一台激光器,视具体情况而定。

碰撞诱导电离主要是由气体放电中的电子碰撞产生。对于处于高激发态的分子,也可以被其他原子分子 A 热碰撞而电离,或者若激发能 E_{ex} 大于 A 的电离限,也可能经历彭宁电离:

$$M^* + e^- \rightarrow M^+ + 2e^-$$
$$M^* + A \rightarrow M^+ + A + e^-$$
$$M^* + A \rightarrow M + A^+ + e^-$$

如果激发能级紧靠电离限之下,外静电场也会造成电离,这特别对长寿命高激发里德伯态有效。如第 1 章中图 1.7.1 所示,当外电场强度与分子本身的库仑势叠加,使分子的有效势能曲线降低到低于场电离能级时,电子可以脱离分子而产生电离。

电离的离子或电子能在 4π 立体角内被收集,因而收集效率 δ 可接近 1;使用通道电子倍增器或微通道板,只要加速到足够高能量,它们的探测效率 ε 也能达到

1;如果分子激发态 k 的电离率 P_{kI} 远大于弛豫率 R_k,则信号计数率 S_I 可以接近到使分子从态 E_i 激发到态 E_k 的光子吸收率 n_a:

$$S_I = n_a \frac{P_{kI}}{P_{kI} + R_k} \delta \cdot \varepsilon \approx n_a \quad (5.3.8)$$

也即单个吸收光子能以接近 100% 的效率被探测。如果第一个作激发用的激光器能把所有通过激光束的原子或分子激发,这意味单个原子或分子能被探测。当然,这一点是很难做到。因此,只要激发级容易电离,电离光谱方法是激光光谱中最灵敏的一种探测技术,是超高灵敏痕量元素分析和检测的重要手段。

1.2 节中的 Mg 原子实验是两束激光 4 光子三步电离的一个例子,用双光子激发,然后两个光子分两步电离,这是 (2+1+1) 共振多光子电离光谱,主要用在高激发态研究中。用共振方法,效率高。清华大学 1994 年用一台准分子激光泵浦五台染料激光器,产生五束不同波长的同步激光束,使用飞行质谱仪和共振多光子电离方法得到了 Yb 原子双电子高激发里德伯态[20]。Yb 原子基态电子组态为 $6s^2$,某一种激发过程如下:

$$6s^2 \xrightarrow{\lambda_1} 6s6p \xrightarrow{\lambda_2} 6snd \xrightarrow{\lambda_3} 6pnd \xrightarrow{\lambda_4} 7snd \xrightarrow{\lambda_5} NLnl$$

这里 $NLnl$ 表示双电子激发里德伯态(在 1.2.3 节中已给出定义)。为了消除离子共振本底,采用脉冲电场-直流电场顺序电离方法,即先用脉冲电场使离子共振本底 Yb^+ 变为 Yb^{++},这时由于 $\lambda_3, \lambda_4, \lambda_5$ 滞后 30 ns,因而 Yb 未电离,Yb^{++} 先走了一段距离,然后用极高的直流电场使来自双电子里德伯态而退激到较低单里德伯态的 Yb^+ 电离为 Yb^{++}。利用两者飞行时间的差别把双电子激发里德伯态(后走的 Yb^{++} 离子)与离子共振本底(先走的 Yb^{++} 离子)分离开来。例如,他们得到了来自 $6s80d$ 的双里德伯态的峰讯号,由这些峰的有效量子数 n^* 标记可得量子数亏损 δ_{nl},实验表明,在某些情况下,δ_{nl} 值偏离变大,表明电子关联强烈。

在共振多光子电离光谱中最通用和灵敏的是单光子共振两步电离光谱 (1+1) 和三步电离光谱 (1+1+1),以及双光子共振两步电离光谱 (2+1) 和三步电离光谱 (2+1+1) 等。它们与质谱仪组合起来甚至可以将不同同位素混合的重叠谱线分离出来,这在分子同位素中尤其重要。一般说来,脉冲激光器配合飞行时间质谱仪,可同时但分离地记录不同同位素的谱。连续波激光器通常配四极质谱仪,可以有效利用测量时间,对一些截面很小的微弱信号的测量有利。

5.3.6 时间分辨光谱和快过程研究

快过程的研究对于原子分子的动力学性质和化学反应过程以及相关的物理、

化学、生物学等具有重要意义,例如,原子分子碰撞和激发中电子的跃迁、弛豫、辐射和振动等运动过程,激发能怎样以及如何快地在分子内或分子之间转移,激发分子的预解离,分子键的断裂与重组,化学反应的中间过程,视觉过程的理解等。利用超快激光脉冲的极高峰值功率,还可以开展各种强场物理研究。为了从实验上研究这些过程,测量手段的最小时间分辨 τ 必须小于过程的时间标度 T。现在,由于超短脉冲激光和新的探测技术的发展,使时间分辨已经从纳秒范围发展到皮秒甚至飞秒(10^{-15} s)、阿秒(10^{-18} s)范围,已经有了脉冲宽度小于 4 fs 的商品钛宝石激光器,实验室也实现了 80 as 的脉冲激光,从而可利用时间分辨激光技术[9,11,13,14,18,30]开辟许多新的研究领域。例如,2 fs 光脉冲仅是 $\lambda = 600$ nm 可见光的 1 个振荡周期,显然,它与原子分子的相互作用会有许多新的现象发生。当然,由不确定关系,10 fs 宽的激光脉冲的能量不确定为 0.03 eV,虽然 fs 和 as 脉冲激光时间分辨很快,可以用到各种快过程的研究中,但已经不能用到高能量分辨的激光光谱实验中。

时间分辨光谱测量有许多种方法,最常用的是在前述激光诱导荧光谱方法(LIF)基础上加上各种时间分辨技术。这里以测量激发原子、离子或分子的能级寿命为例讨论。如果 k 能级通过发射荧光衰变到较低的各个能级 m,则它的绝对跃迁概率 $A_k (=\sum_m A_{km} = 1/\tau_k)$ 可以通过寿命测量而确定。再测量各个跃迁 $k \to m$ 的相对强度 I_{km},则可确定各个绝对跃迁概率 A_{km},从而获得偶极跃迁矩阵元$\langle k|er|m\rangle$,它们灵敏于上、下态的波函数,对各种理论模型是一个很好的检验。

时间分辨技术可以分为时域和频域两种。时域测量方法采用脉冲激光激发样品产生荧光,测量荧光强度随时间的演变关系。它用宽度比激发态寿命短的激光脉冲来选择性地激发,测 k 能级到较低能级 m 的激光诱导荧光光谱,当然也不能短得很多,这样会减弱荧光强度。时间测量可以用时间多道或延迟符合(单道)法。时间多道激光诱导荧光方法用能量大的脉冲激光激发,一次脉冲可以使许多分子激发产生大量荧光,当脉冲宽度远小于荧光寿命时,用瞬态记录仪等各种技术[9,13]记录荧光强度的时间依赖关系曲线。延迟符合单光子计数方法用能量低的激光脉冲,使每个激光脉冲产生的荧光光子的探测概率比 1 小很多,用时间-幅度变换器(TAC)和幅度-数字变换器(ADC)测量荧光脉冲相对激光脉冲的延迟时间,在用许多个激光脉冲测量之后,便可得到延迟符合计数率与延迟时间关系曲线。两种方法得到的应是相同的曲线,一般是由式(4.1.6)表示的指数衰减曲线,由此可得激发态寿命。图 5.3.5 为延迟符合法单光子技术测量装置和用它测量的 Na_2 的 $B^1\Pi_u$ 的 $v'=6$、$J'=27$ 能级的延迟符合曲线[11]。频域测量方法采用强度为正弦调制的连续激光束激发样品产生荧光,荧光强度也以相同频率被调制,但它与激发光有相位移动。荧光寿命越长,相移越大,通过测量相位差可以计算出寿命,因而也被称为相移法。

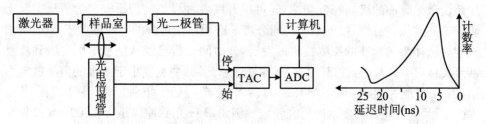

图 5.3.5　时间分辨激光诱导荧光法及其测量结果

至于小于 10^{-10} s 的时间分辨光谱,即使有超短脉冲激光器,除了条纹照相机(streak camera)外,大多数探测器已不够快了。这要求发展新的泵浦和探测技术,从而实现更快时间分辨过程的测量[11]。

5.4　高分辨激光光谱学方法和技术

上节讨论传统激光光谱方法,只是简单地用激光器代替传统的光源,虽然由于激光器的单色性好和单色亮度高,可以大大提高能量分辨率和检测灵敏度,但由于样品原子分子无规则运动带来的多普勒效应展宽使能量分辨率的提高受到很大限制。例如,室温下原子分子的平均热运动能 $kT = 0.0258$ eV,以 Na 原子为例,它们的平均速度为 470 m/s,它们的速度大小是按玻尔兹曼速度分布律展开的,方向也是无规则的各向同性分布,在室温下多普勒展宽为 5.5×10^{-6} eV,远大于电子态的自然宽度。虽然激光器本身可以得到比这高多个量级的单色光,如线宽 500 kHz 相当 2×10^{-9} eV,但样品的多普勒效应限制了激光光谱学能量分辨率的进一步提高。下面介绍的各种高分辨激光光谱学方法[9~11,13,14,19]的一个主要中心课题就是在传统激光光谱学方法基础上,如何减小或消除样品的多普勒能量展宽效应造成的对能量分辨率进一步提高的限制。

5.4.1 饱和吸收光谱

饱和吸收光谱法的基本原理是基于多普勒展宽的分子跃迁中速度选择饱和，这在 4.4 节中已做了详细介绍。这种方法要求激光的线宽远小于样品的多普勒宽度，谱线分辨率已不再受多普勒宽度限制，而仅仅被更窄的兰姆洞的宽度决定。即使两个跃迁的能量很靠近，以至于它们的多普勒线形完全重叠，只要它们的兰姆洞宽度小于两条谱线间隔，就可以把它们清楚地分开，因此，饱和光谱常常也叫兰姆洞光谱。

一种可能实现的方案如图 5.4.1 所示，可调频激光束由部分反射镜分成两束后以相反方向通过样品，一束强光 I_2 泵浦样品使饱和，另一束弱光 I_1 作探测光束，它通过样品池后的强度作为激光频率的函数给出一个多普勒展宽吸收线形，其中心有一个兰姆洞。为去除多普勒展宽本底，在饱和光束上加一个以一定频率斩波的斩波器。当斩波器让饱和光束通过时，在样品的共振吸收附近，由于饱和光束与原子分子的相互作用已饱和，它们已不能再大量吸收相同频率的光子，于是通过样品的探测光束只是稍稍被减弱，因而光电探测器记录到较强的信号。相反，当斩波器切断饱和光束的瞬间，样品吸收不再饱和，探测光被样品吸收增加，探测器接收到较弱的信号。当斩波器交替地打开和切断时，探测器接收到的探测光束强度也就以斩波频率调制。但由于多普勒效应，与光束同向或反向运动的原子分子将会感受到光的频率红移或紫移，如果两束光共线反方向同时作用到样品上，由于两束光频率 ν_0 是相同的，原子分子感受到的光子频率已经是 $\nu_0 + \Delta\nu$ 和 $\nu_0 - \Delta\nu$，因而沿光束方向有运动速度的原子分子不可能同时与两束相向运动的光共振，上述调制只有在两束光与那些静止的或在光束方向上分速度为零的原子分子相互作用才能发生。通过调谐激光波长可以得到饱和吸收光谱。如 4.4.3 节指出的，尽管单个饱和光束和探测光束的吸收讯号是多普勒频率展宽的，但这样得到的光谱已经对原子分子进行了速度挑选，因而是无多普勒加宽的，它仅由兰姆洞的宽度决定。图 2.1.3 下图就是用这一方法测量的氢的第一条巴尔末谱线的精细结构分裂，它是在 $n=2$ 与 3 能级之间跃迁产生的，上图是用普通方法测量的冷却气体放电的发射谱线，还不能区分兰姆移位，显然下图用饱和吸收光学方法已经可以分开兰姆移位，精度达到 10^{-8}。

上述方法饱和光与探测光不是严格反向，会产生一定的剩余多普勒展宽背景，为解决这一问题并提高灵敏度，一种改进装置是将探测光束分成两部分，一部分通过被饱和光束饱和的样品区，另一部分通过未饱和样品区，如图 5.4.2 所示。两个探测束的输出讯号 D_1 和 D_2 加到差分放大，给出饱和信号。D_3 监测饱和束强度以归一饱和讯号。光隔离器是为了避免当两束光严格反平行时探测光反馈回激光器而造成不稳。

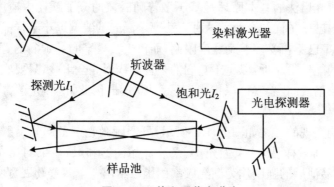

图 5.4.1 饱和吸收光谱法

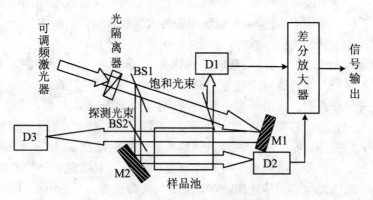

图 5.4.2 一种改进型饱和吸收光谱法

但是这种饱和吸收速度选择方法也存在一个问题,就是在具有一个共同能级的两个跃迁的能量正中间会出现交叉(cross-over)共振假峰。这是由于当多普勒展宽比这些超精细分裂大时,分子在光束方向上正好具有某个分速度使多普勒频移能量等于两个被跃迁能级的能量差的一半,即 $h\Delta\nu = h(\nu_1 - \nu_2)/2$,它从反方向或正方向来的饱和光束获得的能量分别为 $h\nu + h\Delta\nu/2$ 或 $h\nu - h\Delta\nu/2$,于是当 $h\nu = (h\nu_1 + h\nu_2)/2$ 时,饱和光束将使样品分子发生 $h\nu_1$(能量较大的)跃迁或 $h\nu_2$(能量较小的)跃迁,从而使样品吸收饱和,发生假共振,如图 5.4.3 左图。图 5.4.3 右图给出 ^{87}Rb 原子的 $5^2S_{1/2}(F=2) \rightarrow 5^2P_{3/2}(F'=1,2,3)$ 的饱和吸收谱,可以看到三个峰(标记为 L_1, L_2, L_3)之间出现三个假峰,它们分别在 L_1 与 L_2,L_1 与 L_3 和 L_2 与 L_3 的中间。为消除这一假共振现象,可以用两台激光器从同方向照射,这儿不再详细介绍。

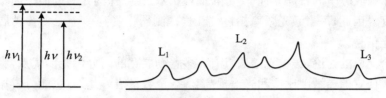

图 5.4.3 饱和吸收光谱中的交叉共振假峰

5.4.2 饱和吸收偏振光谱

在饱和光谱法中加入偏振元件,可以优先激发某些特殊取向的分子,还可以提高讯噪比。这就是偏振光谱法。

类似饱和光谱法,一束单色调频激光的输出劈裂成一个弱探测束(强度 I_1)和一个强泵浦饱和束(强度 I_2),与饱和光谱法图 5.4.1 中不同的是在泵浦束中放一个 1/4 波长片,在探测束中样品室之前放一个线性起偏器 P_1,在样品室之后放第二个与 P_1 正交的检偏器 P_2。当没有泵浦激光时,样品分子取向是各向同性的,探测器受正交检偏器阻挡,仅接收到很小的剩余透射探测光讯号。在泵浦束通过 $\lambda/4$ 波片产生例如 σ^+ 左旋圆偏振光从反方向通过样品室后,当激光频率 ν 调到使分子发生跃迁 $(J, M) \rightarrow (J', M')$ 时,这个 σ^+ 圆偏振光诱导的跃迁满足 $M = M' + 1$,即选择定则 $\Delta M = +1$。如 $J = 1, M = \pm 1, 0, J' = 2, M' = \pm 2, \pm 1, 0$,则由选择定则只有磁量子数跃迁 $+1 \rightarrow +2, 0 \rightarrow +1, -1 \rightarrow 0$ 才能发生,没有 $M' = -1$ 和 -2 的能级布居被选中。因此,由于饱和而使能级 J' 的简并的子能级 M' 变成部分或完全退简并。退简并度依赖泵浦强度 I_2、$(J, M) \rightarrow (J', M')$ 跃迁的吸收截面和可能的导致重新布居 (J, M) 能级的弛豫过程。这意味着泵浦过程产生了 M' 子能级不相等的饱和,从而导致 M 子能级不均匀布居,等价于相对角动量 J 取向的各向异性分布。这样的各向异性样品会产生法拉第效应,使入射线偏振探测束发生双折射现象,即对线偏振光分解的左旋和右旋偏振成分的吸收不同,这儿就是左旋探测成分的吸收变弱,右旋成分吸收不变,此外两者的色散也不同,造成它们的相位变化不同。这样,入射束通过它后偏振平面要稍微转动,就变成椭圆偏振光了。

前面已经指出,饱和吸收光谱对分子的速度做了选择,多普勒展宽不起作用,当激光频率 ν 等于分子跃迁中心频率 ν_0 时,在激光束方向上没有速度的分子才能产生共振吸收。考虑到分子跃迁存在自然线宽,只有那些在激光束方向的速度在范围

$$v_z \pm \Delta v_z = 0 \pm \frac{c\gamma}{\nu_0} \tag{5.4.1}$$

内的分子才能产生共振吸收,也就是产生了一个无多普勒增宽的兰姆洞。并且探测光由于吸收分子的各向异性 M 分布而经历双折射,探测光的偏振平面稍微转动一个角度。因此,每当激光频率扫过 ν_0 时,探测器接受到一个无多普勒展宽的椭圆偏振光信号。

综合上面的讨论,偏振光谱法具有无多普勒展宽的高分辨光谱优点,利用偏振信号测量使它的灵敏度比饱和光谱提高 2~3 个数量级。此外,它能分辨振转光谱中的 P、R 和 Q 支,从而对复杂分子光谱的识别是很有利的。

5.4.3 多光子吸收光谱

一个原子或分子可以吸收一个光子也可以同时吸收两个或多个光子而发生满足 $E_f - E_i = \sum_k h\nu_k$ 的跃迁 $i \rightarrow f$,后者就是多光子吸收光谱。这些光子可以来自一个激光束,它们的能量相同;也可以来自一个或几个激光器产生的两个或多个束,它们的能量可以相同,也可以不同。

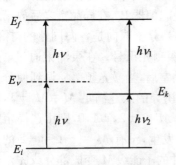

图 5.4.4 双光子吸收能级图

最简单的是用一台激光器的双光子吸收跃迁,它是初能级 i 经过一个中间虚能级 ν 到达终能级 f 的两步过程,如图 5.4.4 所示。这是一个非共振过程,满足 $2h\nu = E_f - E_i$。虚能级越靠近中间实能级 k,跃迁概率越大。因此实际上也常使用两台激光器,选择它们的 ν_1 和 ν_2 使中间经过的是实能级,这就是双光子共振吸收,满足 $h(\nu_1 + \nu_2) = E_f - E_i$。共振双光子跃迁有最大的吸收概率。

4.4 节中对单光子情况讨论了能级布居密度变化率,在那儿给出单位时间内从能级 i 上由于受激吸收被激励到能级 f 上的分子数为 $P_{if}(\nu)N_i$,这里激励率 $P_{if}(\nu)$ 与截面 σ_{if} 和光子通量 $I(\nu)$ 有如下关系:

$$P_{if}(\nu) = \sigma_{if} I(\nu) \tag{5.4.2}$$

这里 σ_{if} 表示单位面积入射一个频率为 ν 的光子被这个面积内的一个分子吸收而发生跃迁 $i \rightarrow f$ 的概率,$I(\nu)$ 表示单位时间内通过单位面积的光子数。

非线性多光子吸收与单光子吸收情况有本质的不同,激励率不是与光强或光子通量 $I(\nu)$ 成正比的线性关系,而是与每个激励光源的光强 I_k 的乘积成正比:

$$P_{if}^{(n)}(\nu) = \sigma_{if}^{(n)} I_1 I_2 \cdots I_n \tag{5.4.3}$$

这里 $\sigma_{if}^{(n)}$ 是吸收 n 个光子发生跃迁 $i \rightarrow f$ 的吸收截面。它的单位和大小与单光子吸收截面 σ_{if} 不相同。通常,$\sigma_{if} \approx 10^{-18}$ cm^2,而 $\sigma_{if}^{(2)} \approx 10^{-51}$ cm^{4}s,$\sigma_{if}^{(3)} \approx 10^{-81}$ cm^{6}s^2。

从这个表达式可知,多光子吸收概率与光源强度的关系是非线性的,由于多光子吸收截面非常小,在光源强度较小时,多光子吸收可以忽略。但随光强增加,单光子吸收概率是一次方增长,多光子是高次方增长,因而多光子吸收概率很快增加,这就是为什么只有激光出现之后才能做多光子吸收实验的原因。显然,多光子吸收中双光子吸收最重要。对于双光子吸收来说,两束激光的强度越大,跃迁概率也越大,因此,往往使用峰值功率大的脉冲式激光器来产生双光子吸收。

在双光子吸收中,经过的中间能级与初、末能级之间应满足偶极光学允许跃迁的选择定则,也即 i 和 k 以及 k 和 f 之间应有相反的宇称。虚能级 v 应是中间所有允许单光子跃迁的实能级的非共振激发的线性组合。因此,双光子跃迁的两个能级 i 和 f 必须有相同的宇称,例如,原子中的 s→s,s→d 跃迁,双原子分子的 $\Sigma_g \rightarrow \Sigma_g$ 跃迁是允许的。

一个有确定速度的分子的双光子跃迁谱线形状精确地类似于它的单光子跃迁的谱形,即洛伦兹线形,它的中心频率为 $\nu_{if} = \nu_1 + \nu_2 + \boldsymbol{v} \cdot (\boldsymbol{k}_1 + \boldsymbol{k}_2)/2\pi$。各种速度的分子跃迁所产生的谱线是考虑多普勒增宽的 Voigt 线形,其宽度决定于 $\boldsymbol{k}_1$ 和 $\boldsymbol{k}_2$ 的相对取向。两束光平行时,多普勒增宽最大;两束光相向运动且 $\boldsymbol{k}_1 = \boldsymbol{k}_2$,即 $\boldsymbol{k}_1 = -\boldsymbol{k}_2$ 时,则多普勒增宽消失。

因此,实现双光子无多普勒增宽吸收的最简单的一种方法是利用同一激光器产生的相向的两束激光照射样品池,如果原子分子从两光束中各吸收一个光子,发生吸收的条件是 $E_f - E_i = h\nu(1 - v_x/c) + h\nu(1 + v_x/c) = 2h\nu$,与速度有关的项相互抵消,因而多普勒频移也不起作用。当激光调谐到输出频率的两倍等于原子分子的某两个能级的共振频率时,原子分子实现双光子共振跃迁,这时用滤光片与光电倍增管或光谱仪在 90°方向可以检测到起始于上能级的荧光,如图 5.4.5 所示。由此可见,由于所有发生这种双光子吸收的分子,不管它的速度如何,都贡献到双光子无多普勒增宽信号中,因而抵消了低的双光子跃迁概率的缺点,有时甚至超过饱和吸收法。

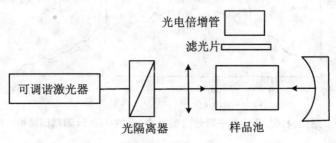

图 5.4.5 双光子吸收诱导荧光光谱法

双光子吸收诱导荧光光谱法除了是无多普勒增宽,可以得到高分辨率和可以用可见光激光器研究紫外波段相关的高激发态之外,还可以研究终态与初态具有相同宇称的能态,这在单光子跃迁中是禁戒跃迁。图 5.4.6 用这种方法测量 Na 的 3s→5s 双光子跃迁,用 5s→3p 荧光监测这一跃迁[10]。由测得的两峰可以看到能很好地分辨超精细分裂,峰半宽度 24 MHz 已接近自然宽度,峰下较宽的连续谱是同时吸收两个同向光子造成的多普勒增宽本底。由于第一激发能级 3P 离中间虚能级不远,激发概率很大,实验好做。多原子分子苯(C_6H_6)的无多普勒双光子激发真空紫外区的转动分辨吸收谱是另一个典型例子。过去一直当做是真正的连续谱,现在终于测到了密集的但是分裂的转动线谱。

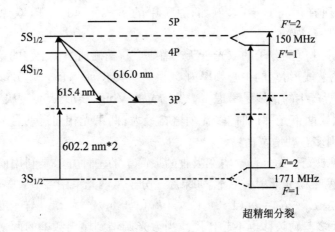

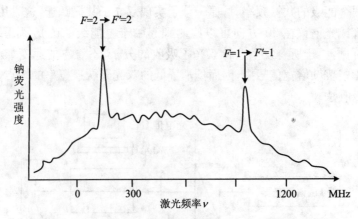

图 5.4.6 用双光子吸收法测得的 Na 的 3s→5s 超精细结构

同时吸收几个光子的跃迁也是可能的,在无多普勒展宽情况下,除要求能量守恒 $\sum h\nu_k = E_f - E_i$ 外,动量也要求守恒: $\sum \boldsymbol{p}_k = h \sum \boldsymbol{k}_k = 0$。这里 $h\nu_k$ 为各个光子的能量,$\boldsymbol{p}_k$ 和 $\boldsymbol{k}_k$ 为它的动量和波矢。这种情况下,多光子吸收后的分子速度没有任何改变,这一点不依赖分子的初始速度,所有分子的跃迁都是无多普勒展宽。不过跃迁概率更小,实验也更难做。例如,将一台激光器的光分成三束相交于样品室,相对方向均为 120° 即为无多普勒展宽三光子吸收谱仪。

5.4.4 超声射流分子束光谱

处在高压气室中的气体通过很细的喷嘴 A 进入真空时就形成超声射流,如图 5.4.7 所示。在高压气室中,只要出口孔径很小,分子频繁地碰撞,作无规则的运动,在射流 z 方向的速度分布就遵从麦克斯韦分布:

$$N = N_0 \exp\left[-\frac{M}{2kT_0} v_z^2\right] \tag{5.4.4}$$

如图左边所示,温度 $T_0 = Mv_p^2/2k$,v_p 是分子的最概然速度。由于超声束膨胀可以认为在气体与壁之间不存在热交换,是一个绝热膨胀过程,会大大减少分子的振动和转动内能 U 并降低温度 T,同时保持气相状态[9,11,13,14,19,21]。可以这样理解,初始时在气室内的分子在射流 z 方向的平均速度 $u_0 \approx 0$,当超声束绝热膨胀进入真空后,所处的气压 $p \approx 0$,因而势能 $p_0 V_0$(p 气压,V 体积)和内能 U_0($= U_{转动} + U_{振动}$,不包括平动能)大大变小,从能量守恒观点看,这会使出射前的大部分内能和势能转变为超声束的射流平动能 $Mu^2/2$,u 是平均速度。此外,在射流刚进入真空而离喷嘴 A 很近的一段路径上,由于分子剧烈地两体碰撞,在射流 z 方向较快运动的分子和前面较慢的分子碰撞会转移动能给它,从而减小分子间相对速度,降低 z 方向平均温度。注意,这儿已经不是平衡态,平衡态的温度定义已经不能用,A 和 B 处分子在 z 方向的速度分布变为

$$N = N_0 \exp\left[-\frac{M}{2kT_t}(v_z - u)^2\right], \tag{5.4.5}$$

温度是分子无规则热运动的度量,这儿平动温度 T_t 定义为

$$T_t = \frac{M(\Delta u)^2}{2k}$$

Δu 是速度起伏($v_z - u$)的最概然值,反映速度在 z 方向的起伏大小。

在膨胀过程中速度起伏逐渐减小,B 处的分布比 A 处更窄,因而 B 处的平动温度比 A 处低,沿超声射流方向温度逐渐降低。另外,由于在超声束中碰撞分子的部分振动和转动能转变为射流动能,从而也降低振动和转动能,以及振动和转动温

度。不过由于弹性碰撞截面大于碰撞诱导的转动跃迁截面,后者又大于振动跃迁截面,因此,虽然在热平衡条件下,分子的各个自由度的温度相同,但在绝热膨胀后,振动温度 T_v 大于转动温度 T_r,而转动温度又比平动温度 T_t 大。例如,在气室几个大气压下的超声束中,能获得的这些温度的典型值为:$T_t \approx 0.01 \sim 1 \text{ K}$,$T_r \approx 0.2 \sim 5 \text{ K}$,$T_v \approx 10 \sim 100 \text{ K}$,均比室温小很多。

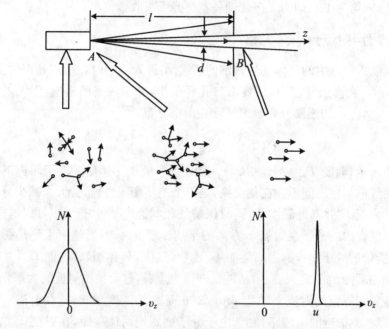

图 5.4.7 超声射流分子束工作原理

由于惰性气体之间以及惰性气体与其他气体之间的束缚能很小,通过它们之间组合成准分子,再被第三者碰撞分离而使冷束加热效应(冷束中一个分子给出能量使它分离,从而加大冷束分子间速度起伏)很小。因此,用惰性气体作载体的超声束有最低的平动温度,通常是在它里面加入少量"种子"(即要研究的)气体,而不是直接使用"种子"气体来大大降低后者的转动温度和振动温度,从而使分子处于它的最低几个振动和转动能级上,并大大减小多普勒展宽。这些特点将大大提高激光光谱的分辨率和大大简化分子吸收光谱并使分子光谱的辨认和能级的安排更容易和可靠,还可以用于解离能很小的范德瓦尔斯分子、团簇分子和复合物分子的光谱研究。

垂直于射流方向的速度和温度也会大大降低,这是因为有较大的垂直分量速度的分子或碰撞后在垂直方向获得较大速度的分子会逐渐离开射流,通不过远处

距离为 l 的狭缝 B，因而在超声射流下游不存在这类分子。因此，如果激光束垂直于射流方向与原子分子作用，一方面分子布居会处于最低的振动转动态，另一方面，若正常多普勒展宽为 Δ_D，在 B 处狭缝宽为 d，束流发散角为 θ，则垂直于分子束方向的剩余多普勒展宽变为[13]

$$(\Delta_D)_{\text{res}} = \Delta_D \sin\theta \cong \Delta_D \cdot \frac{d}{\sqrt{2}l} \tag{5.4.6}$$

当 $d \ll l$ 时，光谱的多普勒展宽也会很小，从而使这一技术在高分辨光谱中得到应用。当然如果不用高压气室，不是超声射流，而是普通的分子束，在束流方向不存在超声束降低平动温度和减小多普勒展宽的优点，但在垂直方向加激光束时，多普勒展宽大大减小的优点仍存在。常常把这种交叉分子束技术与激光诱导荧光光谱、饱和吸收光谱或多光子吸收光谱等结合起来使用。

5.4.5 激光泵浦双共振

利用一台可调频激光器来泵浦分子，造成上能级 k 与下能级 i 有选择的布居或抽空，然后用调谐第二个电磁波使发生与 i 或 k 能级相联系的另一跃迁（如 $i \to j$）来探测这个布居的变化，这种泵浦激光和探测波同时与原子或分子的两个相耦合的跃迁发生共振的技术称为双共振，如图 5.4.8 所示。在这里与探测波共振的能级可以是同一能级的不同磁量子数亚能级，不同的超精细分裂能级，同一振动态的不同转动能级，不同振动态的振转能级，也可以是不同电子态之间的跃迁。因此探测波可以是射频场、微波或另一个激光束，分别叫光学-射频双共振（ORFDR）、光学-微波双共振（OMDR）、光学-光学双共振（OODR）（即 optical-optical double-resonance）[9~11,14]。

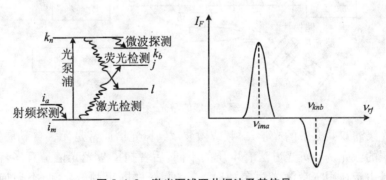

图 5.4.8 激光泵浦双共振法及其信号

在实际使用双共振技术时，常常用测量荧光方法来检测双共振发生，如测量

$k \to l$ 的荧光。当然使用偏振激光器作磁亚能级有选择的泵浦也可以作偏振光谱。

三种探测波运用的频段不同,所用器件也就不同。射频场能级最小,主要用于超精细结构测量,电、磁偶极矩测量等;激光束能量最大,在红外和可见光区,主要用于涉及电子跃迁的情况;微波在中间,涉及电子跃迁的精细和超精细结构测量,多原子分子参数测量等。下面主要以光学-射频双共振为代表来讨论。

设初、末态能级可以分裂为许多很靠近的子能级 i_m 和 k_n,例如,它们是一个分子两个不同电子态的两个振动-转动能级或原子电子态的超精细成分或塞曼亚能级。如果调谐激光束使达到 $i_m \to k_n$ 共振跃迁,i_m 能级布居将会耗尽。由于在通常情况下,i_m 和 i_a 有相似的布居数,当样品放在射频场内,调谐射频场 ν_{rf} 使下能级发生 $i_m \leftrightarrow i_a$ 共振时,即有 $\nu_{rf} = \nu_{ima} = [E(i_a) - E(i_m)]/h$ 时,i_m 的布居数又会增加,导致激光泵浦束吸收增加,因而相应的用作监测的激光诱导荧光强度 I_{Fl} 也增加,$I_{Fl}(\nu_{rf})$ 将产生双共振信号,如图 5.4.8 右图所示。同样,当调谐射频场使上能级发生 $k_n \leftrightarrow k_b$ 共振时,也会产生双共振,不过这儿由于 k_n 的布居数减少而使 I_{Fl} 减少。不仅极性相反,而且偏振性和空间分布也会改变,在光电倍增管前放一块偏振片可以监测到。图 5.4.9 即为典型的测量上能级的塞曼能级的装置,射频场用围绕样品室的线圈提供,直流磁场用一对亥姆霍兹线圈产生。实验上常常是用调直流磁场电流代替调谐射频频率,这样可使射频产生器与线圈有最佳阻抗匹配。在用光电倍增管来测量激光诱导荧光强度 I_{Fl} 时,由于荧光测量的分辨率不要求很高,用简单的滤光片代替单色仪可以大大地提高探测灵敏度。

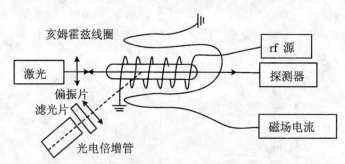

图 5.4.9　测量塞曼能级的激光-射频双共振方法

激光泵浦双共振中的光学-射频或微波双共振光谱通常是无多普勒展宽的,这与单共振的激光诱导荧光方法有本质的不同,后者扫描激光光谱是有多普勒展宽的。这是由于在用窄带激光束泵浦时,一旦调好就固定频率 ν,而不扫描泵浦激光,只有那些速度 $v_z = 2\pi(\nu - \nu_0 \pm \gamma)/k$ 的分子才能吸收激光光子能量 $h\nu$ 而发生具有能量 $E_k - E_i = h\nu_0$ 的跃迁。当然在双共振中还要考虑扫描窄带探测波频率造成的多普勒增宽,由于多普勒增宽是正比于频率,当探测波使用射频或微波时,由于射频或微波频率比激光频率小许多个数量级,因此光学-射频或微波双共振的剩余多普勒宽度可以忽略而不考虑。

激光-射频双共振谱仪也可以用来模拟分子束磁共振技术而不需要磁场。拉比磁共振方法在大学原子物理中有简单介绍,本书最后一章要详细介绍,主要是将原子分子束通过两个不均匀磁场,使具有不同磁亚能级的原子分子受不同的偏转力而分离,在它们之间加上射频场后就会实现专门的两个能级间共振。

激光-射频双共振分子束磁共振方法如图 5.4.10 所示。激光被分成两束 1 和 2 垂直穿过分子束以代替两个不均匀磁铁。如果激光频率调到使分子发生跃迁 $i_m \rightarrow k_n$,则下能级 i_m 在分子束第一次穿过交叉点 1 后被部分耗尽,在穿过第二个交叉点 2 时吸收将减少,这通过激光诱导荧光探测器可以监测,如果在 1,2 中间加以射频场,调谐诱导发生 $i_a \leftrightarrow i_m$ 跃迁,则 i_m 布居增加,因而荧光讯号增加。

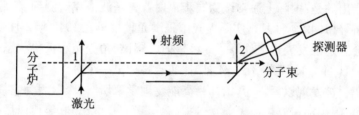

图 5.4.10 激光-射频双共振分子束磁共振方法

5.5 同步辐射技术

激光虽然具有非常好的光谱分辨率特点,但它能达到的光谱范围有一定的限制,即使用非线性光学倍频技术通常也只能达到 97 nm,这是用氩离子激光器或 Nd∶YAG 激光器二倍频来泵浦若丹明 6G 染料激光,再倍频产生 307~292 nm 波段光,然后用脉冲 Ar 气喷流作为三次倍频介质,从而产生 102.5~97 nm 波段光。虽然可以产生这么短波长的单色激光,但由于效率较低,几次倍频后激光强度已经很弱。此外,若用短波长的染料,则使用寿命很短,使用是不方便的,受限制的。用多光子激发技术,一般也只适用到真空紫外区,更短波长很难实现。幸好同步辐射光源[22~28]是一种补充。

5.5.1 同步辐射光源和自由电子激光器

同步辐射是高速带电粒子在磁场作用下,即使不通过介质,只是在真空中,由于运动速度和方向的改变(即有加速度)而产生的一种电磁辐射。虽然早在1940年和1944年苏联物理学家波密郎克已经讨论过这种现象,但着眼点是"在地面上测到的宇宙线电子能量上限"和"电子回旋加速器可能达到的最大能量"。真正引起重视的是在1947年实验上的一次偶然发现。在美国纽约州的通用电气公司实验室内,在为检验新提出的同步加速器原理而建造的一台70 MeV电子同步加速器上,在4月27日的一次调机中发现电子枪出现打火现象,波洛克让一位助手哈贝尔进去用放在水泥防护墙的转角处的一面大镜子观察,意外地发现由于同步加速器环中的电子束流而引起的很亮的光斑,即使关掉电子枪也有。起先还以为是切伦柯夫辐射,但很快弄清楚这是同步辐射。

需要指出的是:国际上通常认为同步辐射首先是波洛克观测到,然后由美国许温格加以解释(1949年6月),实际上我国朱洪元教授早在1948年2月4日在英国皇家学会会志上已发表论文计算了此种辐射的频谱、角分布和极化状态的表达式,文章收到的日期是1947年3月24日,比实验日期早一个月。

同步辐射被发现以后,一开始却为高能物理学家所"讨厌",因为它损耗了高能粒子的能量,阻碍加速器内粒子能量的提高。直到20世纪60年代以后,人们才开始认识到同步辐射在非核物理领域中应用的可能性和重要意义,做了一些探索性研究。70年代以后进入它的实际应用阶段。至今,同步辐射光源的建造及研究、应用经历了三代发展,世界上已经建造了超过70台装置,有代表性装置的主要参量见表5.5.1[23~25]。

第一代同步辐射光源是在那些为高能物理研究建造的储存环和加速器上"寄生地"运行的。如美国斯坦福SPEAR储存环,康乃尔大学电子同步加速器及中国北京高能物理研究所的e^+e^-对撞机(BSRL)等。它们不是为同步辐射应用专门造的加速器,而是利用储存环中电子束不适于做高能对撞的空闲时间使用。尽管用户很多,但两种应用对储存环的要求是不一致的。在高能物理实验中探测器就在正负电子束对撞点周围,因此,对电子束团的"发射度"(横截面长度×发射角,这里指的是一维发射度)要求不是那么高,通常几百 nm·rad。而同步辐射实验站要做的是低能粒子实验,必须远离有强磁场的储存环,中间经过较长的单色器束线,希望发射度越小越好,这样同步辐射光谱亮度(这儿定义为同步辐射光某波长处千分之一带宽内单位时间在某一方向单位立体角发出的光通量(即光强)通过单位面积的光子数)就高。于是专门为同步辐射应用而设计的第二代同步辐射光源在80年代应运而生。

表 5.5.1 三代同步辐射光源的主要参量

代数	名称(地点)	E (GeV)	E_c (keV)	发射度 (nm·rad)	典型光谱亮度 (光子/s/mm²/mrad² /0.1%·BW)
第一代	SPEAR(美) ADONE(意) DORIS(德) BSRL(中国北京)	3.0~3.5 1.5 3.7~5.5 1.6~2.8	4.7 1.5 9.2~23 0.88~4.7	450 200 270/560 390/76	10^{12}
第二代	NSLS(美) RF(日) SRS(英) HLS(中国合肥)	2.5 2.5 2.0 0.8	5.0 4.1 3.2 0.51	100 130 110 166	10^{14}
第三代	ESRF(欧洲,法) ELEKTRA(意) SPRING-8(日) APS(美) SRRC(中国台湾) SSRF(中国上海)	6 2 8 7 1.5 3.5	14 3.2 28.3 19.7 1.4 10.4	7 7.1 5.6 8 19.2 4	2×10^{18} 3×10^{18} $10^{17}\sim10^{20}$

比较著名的第二代同步辐射光源有美国 Brookhaven 的 NSLS、日本筑波的光子工厂(PF)、英国 Daresbury 的 SRS,以及在 1989 年建成的中国科学技术大学的合肥同步辐射光源(HLS)。它们的发射度大约在 100 nm·rad,有了较大改善,光强也提高了几百倍。随着第二代同步辐射光源的投入使用,出现了在一个实验设施上聚集大量学科和应用部门的科研人员日夜工作的独特壮观场面。

图 5.5.1 是合肥同步辐射光源和实验站的示意图[22,26,27],同步辐射光源的主体是一台 200 MeV 电子直线加速器和一台 800 MeV 储存环;加速到 200 MeV 的电子被注入到储存环中,然后再加速到 800 MeV,之后电子在环中稳定地回旋,储存束流 100~300 mA,寿命大于 8 小时,除了在直线段运动外,在弯曲处产生同步辐射,强度随环内束流缓慢减少而衰减,直到下一轮输入,同步辐射经带有单色器的光束线到达实验站。产生的同步辐射特征能量 E_c 由环中电子弯曲能量 E 和电子弯曲轨道曲率半径 ρ 决定:

$$E_c = \frac{3}{2}\frac{\hbar c E^3}{m^3 c^6 \rho} = \frac{2.218\times 10^{-24} E^3}{\rho} \tag{5.5.1}$$

与 ρ 成反比,与 E 的三次方成正比。这里 E_c 和 E 的单位是 eV,ρ 的单位是 m。

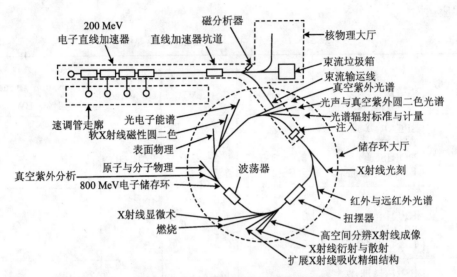

图 5.5.1　合肥同步辐射光源和实验站

合肥同步辐射光源的 $E = 800$ MeV，$\rho = 2.2$ m，代入算得特征能量 $E_c = 0.51$ keV，特征波长 $\lambda_c = 2.4$ nm，主要工作在真空紫外和软 X 射线区。现有 15 条光束线和相应的实验站：X 射线光刻、红外与远红外光谱、高空间分辨 X 射线成像(LIGA)、X 射线衍射与散射、扩展 X 射线吸收精细结构(EXAFS)、燃烧、X 射线显微术、真空紫外分析、原子与分子物理、表面物理、软 X 射线磁性圆二色、光电子能谱、真空紫外光谱、光声与真空紫外圆二色光谱、光谱辐射标准与计量。从这些站名我们已经可以看到所涉及的学科已经不仅是物理学各分支学科，还有化学、生物学、计量学，同时还有微电子学、微加工、新材料合成等在工业上有应用背景的学科。目前正在对储存环进行升级改造，预计 2013 年完成，将使同步辐射发射度减小几倍，从而提高光谱亮度几倍。

由于研究工作要求有更好的空间分辨、时间分辨、动量分辨和能量分辨，这推动了第三代同步辐射光源的诞生。第三代的标志是有更小的发射度和大量插入件的应用。一般发射度均小于 10 nm·rad。因此，它的光源亮度(光强)又提高了几个数量级，达到 $10^{16} \sim 10^{20}$ 光子/s/mm^2/mrad^2/0.1%·BW，这已经是 20 世纪 90 年代的事了。几个著名的已经运行的第三代同步辐射光源是：欧洲法国的 ESRF，日本的 SPRING-8，美国芝加哥 ANL 的 APS 以及我国台湾新竹同步辐射研究中心的 SRRC。2009 年建成的中国科学院上海应用物理研究所的上海光源(SSRF) 是一台中能第三代同步辐射光源，光谱覆盖从远红外到硬 X 射线，主要工作在 X

射线能区[25]。它由一台 150 MeV 电子直线加速器、一台 3.5 GeV 增强器、一台 3.5 GeV 电子储存环和一系列光束线及相应的实验站组成。储存环平均流强 200～300 mA,最小发射度为 4 nm·rad,束流寿命大于 10 小时。SSRF 具有安装 26 条插入件光束线、36 条弯铁光束线和若干红外光束线等六十多条光束线的潜力,它可以同时为近百个实验站供光。首批建造的 7 条光束线站包括 5 条基于插入件的光束线站:生物大分子晶体学、XAFS、硬 X 射线微聚焦、X 射线成像及生物医学应用、软 X 射线谱学显微,以及 2 条基于弯转磁铁的光束线站:X 射线衍射和小角散射。实际上世界上的第一、二代装置大多经改造使性能接近第三代,如合肥同步辐射光源。我国台湾的 SRRC 也正在改造提升性能,使电子能量高达 3 GeV、亮度更大。

插入件(insetion device)是一系列南北极交互周期地排列的磁铁,其周期数为 N,周期长度为 λ,插入在储存环两个弯转磁铁组件之间的直线段。当电子经过插入件时,在磁场的作用下,电子轨迹发生偏转而沿一条近似为正弦曲线的轨道摆动,摆动的次数为 $2N$,摆动的曲率半径反比于磁场峰值 B_0。它的性能用偏转参数 K 描述:

$$K = \frac{eB_0\lambda}{2\pi mc^2} = 0.934\lambda B_0 \tag{5.5.2}$$

其中,λ、B_0 的单位分别为 cm、T。这种摆动前进的电子束沿途会产生性能不同于前述同步辐射的光,方向在以电子运动方向为中心的一个小角度范围。当 $K>10$ 时,插入件叫扭摆器,用来使同步辐射波长向更短方向移动。当 $K<1$ 时,插入件叫做波荡器,用来大大增加光强,并使同步辐射变为相干光。

扭摆器(wiggler)使用较高磁场 B_0 和较长周期 λ 的插入件,使 K 很大。大的 B_0 使电子运动轨道曲率半径 ρ 变小,从而使同步辐射光谱向高能方向移动,强度也增强 $2N$ 倍。例如,在合肥同步辐射光源上所加的扭摆器使用 6 T 超导磁铁,使同步辐射特征波长由 2.4 nm 减小到 0.58 nm。

波荡器(undulator)使用短周期的稀土永磁体磁铁,λ 到几厘米,N 可以很大。另外,所用磁场较低,因此,电子在其中运动时,轨道只有轻微起伏,偏转角很小。这样在摆动磁场中,当电子能量、摆动周期和光波长满足一定条件时,电子与光之间发生共振能量交换,从不同磁场上发射的光子会相干叠加,产生干涉效应,使同步辐射光谱中出现一系列相干单色峰,且它们的强度要增强 N^2 倍。相干的结果不仅强度增加,而且发射角也减小,近似为原来的 $1/\sqrt{N}$。两者合起来使同步辐射光强增加 2～4 个数量级。不过由于使用较低磁场,工作在较低能区。

不同于普通激光是原子分子的束缚电子在能级间跃迁产生的,自由电子激光

(FEL)是高能电子束通过波荡器,在联合的摆动磁场和光辐射场的作用下产生的相干辐射[29],实际上从波荡器出来的同步辐射已具有自由电子激光的特点。自由电子激光具有与一般激光不同的一系列优点:波长范围很宽,从远红外到真空紫外和软X射线,且可连续调节;具有ps量级光脉冲宽度结构且可精确控制;峰值功率和平均功率大且可调;准连续运转;相干性好且高度偏振。其中许多是已有激光和同步辐射光源无法替代的。因此,特别适合研究光与原子、分子和凝聚态物质的相互作用,在原子核工程、军事、医学和工业上都可以应用。现在除在同步辐射装置上寄生运行外,也建造了许多独立的自由电子激光器。目前主要工作在远红外和红外区,在真空紫外区也取得大的进展,如21世纪初德国电子同步加速器已产生80~120 nm可调谐、GW级功率、30~100 fs激光脉冲,其峰值亮度比第三代同步辐射光源高8个数量级。

今后的主要研究方向是:向远红外和短波硬X射线区拓展,进一步提高峰值功率及平均功率,发展小型化专用装置,提高功率转换效率。实际上这样的自由电子激光器已经就是亮度超过10^{22}光子$/s/mm^2/mrad^2$的第四代光源了。

5.5.2 同步辐射的特点

同步辐射有以下特点:

(1) 具有很宽波段的连续光谱,加单色器后可得波长连续可调的单色光。

作圆周运动的单能电子产生的同步辐射像轫致辐射一样是连续光谱,因此,同步辐射本身是一种具有很宽波段的连续光,从远红外、可见、紫外、真空紫外、软X射线,一直到硬X射线,具体的光谱分布范围由电子能量、电子轨道曲率半径和插入件等决定。图5.5.2是中国已有的几台同步辐射装置的光谱亮度[25],其中1,2和3是合肥同步辐射光源分别用普通弯转磁铁、超导扭摆器和波荡器产生的,4和5是北京同步辐射光源分别用普通弯转磁铁和超导扭转器产生的,6是台湾新竹同步辐射光源用普通弯转磁铁产生的,7,8,9,10是上海同步辐射光源分别用普通弯转磁铁、超导弯转磁铁、扭摆器和波荡器产生的。如果在同步辐射输出光路上加上可调波长的单色器,就可以得到各种波长的可调频单色光,谱线宽度决定于单色器的分辨率,通常$\lambda/\Delta\lambda = 10^3 \sim 10^5$。因此,用同步辐射光源研究原子的能级结构、机制和各种动力学问题有很大的优越性,特别是对原子分子内壳层(包括内价壳层)的激发和电离更具有特色。

同步辐射光源的特征波长λ_c或特征能量E_c定义为在λ_c两边谱功率相等。由于短波端光子能量大,因此,特征波长在光谱分布中靠近短波端,用它可以表征同步辐射光源在短波方面的工作能力,最短可用的波长约在$\lambda_c/5$处。例如,合肥

同步辐射光源的 λ_c 为 2.4 nm(相当于能量 0.51 keV),最短可用波长为 0.48 nm (2.5 keV),加超导(6 T)扭摆磁铁后 $\lambda_c = 0.58$ nm,减小为 $\frac{1}{4}$,最短可用波长为 0.12 nm(10 keV),达到硬 X 射线范围。另一方面,长波方向则平缓下降,可延伸到 $10^4 \lambda_c$,即红外。特征波长 λ_c 对一台固定的同步辐射光源是确定的,但光谱分布的峰值却依赖强度的定义。在实际实验情况下,同步辐射要经过单色器到实验站,单色器的能量分辨率是波长的缓变函数,在一定波段内可以近似看做常数,而谱分布随波长的变化却很剧烈。因此,更合理和实际一些的光强表示方法是以 1% 或 0.1% 带宽确定的光通量。例如,合肥同步辐射光源以 1% 带宽确定的光谱分布的峰值在 9 nm 处(15 eV),两边下降为 2/3 的带宽为 2.5~100 nm。

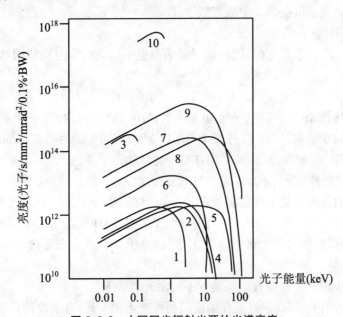

图 5.5.2　中国同步辐射光源的光谱亮度

1,2,3. 合肥同步辐射光源(弯铁,超导扭摆器和波荡器);
4,5. 北京同步辐射光源(弯铁和超导扭摆器);
6. 台湾新竹同步辐射光源(弯铁);
7,8,9,10. 上海同步辐射光源(弯铁,超导弯铁,扭摆器和波荡器)

(2) 光强大。

作圆周运动的一个高度相对论电子每回旋一圈辐射的能量为

$$u = \frac{4\pi e^2 E^4}{3m^4 c^8 \rho} = \frac{8.85 \times 10^{-32} E^4}{\rho} \tag{5.5.3}$$

E 是电子能量(eV),ρ 是电子运动曲率半径(m),u 的单位也是 eV。在合肥同步辐射储存环中,电子的回旋周期 T 为 209 ns,一个电子的辐射功率为

$$P = \frac{u}{T} = \frac{4.2 \times 10^{-25} E^4}{\rho} \tag{5.5.4}$$

P 的单位是 eV/s。考虑到储存环平均束流强度为 I 的总辐射功率以 W 为单位是

$$P = \frac{8.85 \times 10^{-32} IE^4}{\rho} \tag{5.5.5}$$

合肥同步辐射光源的 $E = 8 \times 10^8$ eV,$I = 0.2$ A,$\rho = 2.2$ m,于是 P 可达 3.3 kW,比 X 光机(10~100 W)强 30~300 倍。峰值光强可达 1.8×10^{13} 光子/s/mrad^2/100 mA/1%带宽,通过单色器后在实验站内通常有 $10^{10} \sim 10^{11}$ 光子/秒,使用波荡器后光通量可提高 3 个数量级。

(3) 方向性好。

当电子速度接近光速时,同步辐射是沿着电子运动的方向发射的,辐射方向的半张角为

$$\theta_{1/2} = 1/\gamma = mc^2/E \tag{5.5.6}$$

因此,同步辐射功率集中在电子运动方向上极小的立体角内,电子能量越大,张角越小。合肥同步辐射光源的半张角为 0.511 MeV/800 MeV≈0.6 mrad。

(4) 是完全线偏振光,偏振平面在电子运动轨道平面内。

(5) 具有脉冲时间结构,有高的时间分辨性能。

同步辐射光源通常工作在多束团模式,合肥同步辐射光脉冲宽度约 60 ps,周期为 5 ns(一周分布 45 个束团)。如用单束团运行,周期可到 0.2 μs。因此,像激光方法一样,可做超快过程光谱学研究工作,如原子分子激发态寿命、分子反应动力学、生命过程等。

目前同步辐射光源也有一些地方不如激光器:

(1) 不是相干光源,不过现在用波荡器可产生相干光,有了改善;
(2) 光谱线宽不如窄线宽激光器;
(3) 单色亮度不如高功率激光器;
(4) 脉冲宽度指标不如锁模激光器。

5.5.3 原子分子物理实验站

从同步辐射的以上优缺点可以看出,同步辐射在原子分子物理中的应用[29]主要集中在激光器难于达到的远紫外(真空紫外和软 X 射线)和远红外波段,和激光光源互为补充。主要作吸收光谱、光电子能谱、荧光光谱、分时光谱和离子质谱。

另外,由于激光不具有偏振性,用同步辐射做偏振或极化实验还是有其优点的。

同步辐射的缺点是分辨率远不如激光器好,在短波段尤其差。同步辐射在短波段分辨率还不够高的主要原因是单色器中光学元件造成的,特别是低的反射率造成辐射严重衰减,分辨率也受到实际限制,不过目前这些问题正在积极解决中。自1989年后,用在100~1000 eV能量范围内的光束线上的新的单色器的能量分辨率几乎提高了一个量级,达到2000~5000,即能量分辨20~500 meV,因而使短波方面原子分子研究得以更好地进行。

由于具有以上这些特点,目前国际上主要的同步辐射光源所研究的领域中,原子分子物理和化学物理方面所占的比重为10%~40%不等。有的如日本分子科学研究所的UVSOR储存环基本上是为这方面的研究而造的,日本光子工厂上有四条束线专门用来作原子分子物理研究,其中三条半在软X射线能区,一条能量分辨率最好达5000,用波荡器,其他两条是3000以下,他们主要用光吸收法、飞行时间法高分辨离子谱仪、高分辨静电半球电子能谱仪、阈光电子能谱仪、各种符合谱仪、角分辨谱仪、单色仪测光谱法、极化实验等方法来研究原子分子、离子内壳层激发、电离和解离过程,从而对能级结构、截面、各通道分支比和各种物理现象进行研究。

下面以图5.5.3所示的合肥同步辐射光源上的原子与分子物理光束线和实验站为代表具体介绍其工作情况,它专为原子分子物理和化学建造,主要做真空紫外同步辐射与原子分子作用的实验。光束线前端对储存环提供真空保护,同时给实验站提供标准接口。前置和后置镜系统用来调节光路,聚焦光束线。光栅单色器是光束线的核心部件,有三块光栅,分别是370 l/mm,740 l/mm和1250 l/mm,能量范围分别是7.5~22.5 eV,15~45 eV和36~124 eV,能量分辨分别是5000,4000和3000,样品处最大通量分别是2.0,5.5和8.5×10^{12}光子/s/0.1A,样品处光斑尺寸<0.5×0.8 mm^2。

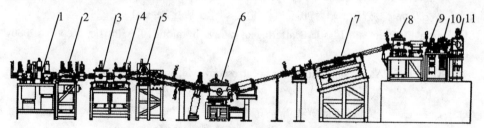

图5.5.3 合肥同步辐射光源原子分子物理光束线和实验站
1.前端;2.位置探测器;3.柱面镜;4.球面镜;5.平面镜;6.光栅室;
7.后狭缝;8.后置镜;9.差分系统;10.气体吸收池;11.实验站

由于在同步辐射储存环和光束线中真空要求很高,在 10^{-8} Pa 量级,而在实验站中使用气体样品,气压远远大于它,静态真空度为 2×10^{-5} Pa,工作时在 $10^{-4}\sim 10^{-3}$ Pa 量级,因此在单色器和实验站的真空室之间要求有一级差分抽气系统。根据实验要求不同,可以在实验站主体设备上连接气体吸收池、直管式飞行时间质谱、反射式飞行时间质谱以及多极光电离吸收设备,也可根据用户需要,适当改造安装自己的探测设备[27]。

原子分子物理站的具体工作过程大致为:利用超声分子束技术,将气相原子或分子(或固体物质经汽化后由载气载带)经超声膨胀和 skimmer 后形成准直的分子束;分子束与单色后的同步辐射垂直相交产生激发、电离、解离等过程,产物用飞行时间质谱仪、阈值光电子谱仪、荧光光谱仪及多级光电离室等测量。这些仪器的单独或组合使用可以得到光电离质谱、阈值光电子谱、吸收谱、荧光谱或各种符合谱等。从这些谱可以得到原子分子的激发态和电离、解离通道的能量和结构、吸收截面、电离和解离截面、能量转移、反应通道及分支比等信息。

参 考 文 献

[1] Siegbadn K. α, β, γ Ray Spectroscopy: Chapter II [M]. North-Holland Publishing Company, 1965.

[2] Ajzenberg-Selove F. Naclear Spectroscopy[M]. New York and London: Academic Press, 1960: 211-277.

[3] 徐克尊,等. 粒子探测技术:第一章[M]. 上海:上海科学技术出版社,1981.
徐克尊,陈向军,陈宏芳. 近代物理学:第六章[M]. 合肥:中国科学技术大学出版社,2008.

[4] Heitler W The Quantum Theory of Radiation[M]. Oxford: Clarendon Press, 1954.

[5] Klein O, Nishina Y. Z. Physik, 1929, 52: 853.

[6] Segre E. Nuclei and Particles[M]. W. A. Benjamin Inc., 1997: 54-61.
郑坚、俞昌旋. 汤姆孙散射:等离子体参数诊断的强大工具[J]. 物理,2008,37:573.

[7] 尤峻汉. 天体物理中的辐射机制[M]. 北京:科学出版社,1983: 185-226.

[8] Kana P. P, el al. Elastic Scattering of γ-rays by atoms[J]. Physics Reports, 1986, 140: 75.

[9] Svanberg S. Atomic and Molecular Spectroscopy[M]. Springer-Verlag, 1992: 37-64, 195-340.

[10] A·科尼. 原子光谱学和激光光谱学:第十一、十三、十五章[M]. 北京:科学出版社,1984.

[11] Demtroder W. Laser Spectroscopy[M]. 3rd. Springer-Verlag, 2003.

[12] 郭光灿,庄象萱. 光学:第七章[M]. 北京:高等教育出版社,1997.

[13] 陈杨骎,杨晓华. 激光光谱测量技术[M]. 上海:华东师范大学出版社,2006.

[14] 路同兴,路铁群.激光光谱技术原理及应用[M].合肥:中国科学技术大学出版社,2006.
[15] 张国威.可调谐激光技术[M].北京:国防工业出版社,2002.
[16] 中国激光网.掺钛蓝宝石激光器介绍[EB/OL].www.chinalaser.com.cn,2005,4,21.
[17] 王启明.半导体激光器的进展:(Ⅰ)、(Ⅱ)[J].物理,1996,25:69,140.
柯炼等.Ⅱ-Ⅵ族半导体激光器的新材料:ZnO量子点[J].物理,1999,28:30.
陈良惠,叶晓军,种明.GaN基蓝光半导体激光器的发展.物理[J],2003,32:302.
[18] Baltuska A, et al. Nature, 2003, 421:611.
韩海年,魏志义,苍宇,张杰.阿秒激光脉冲的新发展[J].物理,2003,32:762.
霍义萍,曾志男,李儒新.阿秒脉冲测量的研究进展[J].物理,2004,33:907.
[19] 夏慧荣,王祖赓.分子光谱学和激光光谱学导论[M].上海:华东师范大学出版社,1989:230-370.
王祖赓.分子激光光谱学的进展[J].物理,1991,20:273.
[20] Huang W, et al. Phys. Rev. A,1994,49:R635.
[21] 邱元武,刘颂豪.超声分子束激光光谱[J].物理学进展,1986,6:209.
[22] 何多慧.神灯初放:中国科学技术前沿[M].北京:高等教育出版社,2000:203-242.
[23] 洗鼎昌.同步辐射应用的发展[J].物理,1995,24:642.
姜晓明,梁屹如.中国光源及其科学目标[J].物理,1995,24:665.
[24] Winik H, Doniach S. Synchrotron Radiation Research: Chapter 2, 3[M]. New York: Plenem,1980.
[25] 上海光源工程经理部.上海光源[J].物理,2009,38:511.
[26] 张新夷.合肥国家同步辐射实验室的现状与发展[J].物理,1995,24:665.
[27] NSRL 二期工程初步设计报告·实验线站建设子项目:3.3.4节原子分子物理线站(内部报告);中国科学技术大学国家同步辐射实验室网(www.nsrl.ustc.edu.cn).
[28] 张立敏,张允武.同步辐射在原子、分子物理中的应用[J].物理学进展,1992,12:198.
[29] 杜祥琬,丁武.自由电子激光及其新近发展[J].物理,1992,21:487.
杜祥琬.激光发明50周年的几点启示[J].物理,2010,39:462.
[30] 王艳梅,等.超高速分子摄影术:飞秒泵浦探测方法在分子超快动力学研究中的应用[J].物理,2010,39:273.

第6章　电子能谱学和电子动量谱学

　　原子分子的能级结构和动力学问题一直是原子分子物理学自20世纪初建立以来的最基本问题。自20世纪70年代以来，由于两方面原因使原子分子物理又有了很大新发展。一是原子分子物理作为微观世界的第一个层次，已经成为许多学科的交叉点，对推动这些学科和应用技术的发展起了重大作用。21世纪，建立在原子分子层次的测控（探测、识别、搬迁，甚至进一步重构、加工和控制）基础上的人类梦寐以求的原子分子工程将成为现实。二是原子分子物理中使用的两个主要手段（光子和电子探针）有本质的重大发展：激光用于光谱测量使能量分辨率提高了几个数量级；同步辐射的应用使光谱范围扩大到真空紫外和软X射线能区；电子能量损失谱仪在原子分子物理中的应用使能级结构和动力学测量的范围及精度大大提高；(e,2e)电子动量谱仪的成功使用使我们能够从实验上研究原子、分子甚至是生物分子能壳分辨的以及固体能带分辨的电子轨道和波函数。这些推动了原子分子物理学科本身向高分辨、高激发态、内壳层、动量谱和波函数、环境影响等更深层次的研究内容发展，并开辟出新的研究领域。

　　上一章着重介绍了使用光子探针的各种谱学方法，本章介绍使用电子探针的各种谱学方法。分为电子能谱技术，散射截面和电离、解离截面，振子强度，电子动量谱学和波函数成像以及固体电子动量谱学五部分。其中也给出了电子碰撞方法与光子碰撞方法的比较。

6.1 电子能谱技术

6.1.1 碰撞实验概述

要研究原子分子,必须使它们发生变化,例如使原子分子激发和电离,而为使它们激发和电离,必须给它们能量,通常是使用光子束、电子束和离子束来提供能量。因此,光子束碰撞实验和带电粒子束碰撞实验是进行原子分子结构和动力学研究的基本实验方法。光子束碰撞实验中使用各种类型的光子束,除了使用各种光源灯来激发原子分子外,随着技术的进步,现在已经发展了多种光源,如红外光、微波、X射线和γ射线。不过对于原子分子激发态研究来说,普遍使用的是激光光谱方法和同步辐射光谱方法,这在上一章已介绍。带电粒子束碰撞实验主要使用电子束和离子束。由于离子质量远大于电子,要使原子分子中电子激发,需要较高的离子能量,因此,离子束通常要使用较为昂贵的加速器得到各种类型和能量的离子。20世纪70年代以后,不少小型加速器的主要研究领域逐步从核物理转向原子物理,特别是进行离子的能级结构研究具有很大的优越性。90年代以后更是专门建造了一些高剥离电荷态的离子束源,用来研究原子、分子和离子的特性。离子束源和离子探测谱仪将在下章介绍,一些专门的离子碰撞方法在1.6节中已讨论,许多离子碰撞也使用光子和电子碰撞技术,离子碰撞不再单独列章讨论。

由于电子的质量轻,不需要很大能量就可以使原子分子激发和电离,因此,碰撞实验中最有用的是电子碰撞方法。与靶电子的轨道速度相比,按入射粒子的能量可以分为慢电子与快电子。平常所说的慢电子是指速度可以与所研究的原子分子壳层的电子速度相接近的电子,如果用于价壳层研究的电子的能量在几十电子伏特以下就属于慢电子范围。速度远大于壳层电子速度的电子称为快电子,快电子包括中能电子与高能电子,能量在 $100\ \text{eV} \sim 10\ \text{keV}$ 的电子称为中能电子。我们这儿讨论的快电子是在中能区。几百电子伏特的电子对价壳层研究来说是快电子,几千电子伏特的电子对低原子序数的内壳层原子研究来说是快电子,至于重元素的K壳层激发和电离要用高能电子。原子分子的价电子激发态和电离态能量一般不超过 20 eV,低能慢电子碰撞实验主要用来研究原子分子的价壳层电子激发态;快电子碰撞除了可用作价电子激发,得到绝对的振子强度之外,还用于研究原子分子内壳层激发和电离。

按运动学组合与电子散射角度范围分类,电子碰撞实验有三种普遍使用的模式。阈(threshold)式相应于入射电子能量刚好足够产生非弹性散射以及敲出电子具有近零能量;偶极(dipole)式是小角电子散射,特别是零度角电子散射,入射电子能量较大,但动量转移很小,来源于光吸收和小角电子散射之间的紧密联系;双体(binary)式是大角电子散射,相应于入射电子和一个靶电子之间靠近碰撞使其电离,剩余离子作为旁观者,从而有大的动量转移,即发生大角散射。

电子碰撞方法是研究原子分子结构和动力学的最重要方法之一。1914年弗兰克和赫兹电子碰撞实验首次证实了玻尔的原子能级结构假说,推动了原子物理的发展。1925年晶体的电子衍射实验证实了微观粒子的波粒二重性,推动了量子力学的发展。20世纪70年代以来,特别是凯·西格班(K. Siegbahn)发展了光电子能谱方法,首先用测量光电离电子能谱代替测量X射线发射或吸收能谱的方法来研究原子壳层电子结合能,得到高得多的精度,并发现了结合能的化学位移,从而开辟了用电子能谱方法研究原子分子能级结构的方法,他因此于1981年获得诺贝尔物理学奖。在西格班之后,各种电子能谱仪迅速发展,开辟出一些新兴前沿研究领域,其中电子能量损失谱学和电子动量谱学是两个最杰出的研究领域[1]。

在电子碰撞方法中,最重要的一种是电子能量损失谱(EELS)方法,它得到原子分子的激发态能级结构、微分散射截面、广义振子强度和光学振子强度。此外,还有电子碰撞总截面测量,以及测量散射电子与原子分子碰撞产生的各种次级粒子的符合实验,例如,电子与光子符合,电子与电子符合(e,2e),以及电子与离子符合等。特别是(e,2e)方法除了能得到原子分子电离能谱和三重微分电离截面之外,快电子的(e,2e)电子动量谱仪还能测量各个壳层的电子动量谱,得到原子分子内的电子轨道,或者说电子的动量密度和位置密度分布,目前是实验上进行原子分子占有和未占有壳层的电子波函数研究的唯一手段,是支持量子化学分子轨道理论的实验基础。它们已经成为研究原子分子能级结构、能态分辨波函数、化学键和化学反应活性、动力学以及获得绝对数据的新方法,有显著特色。再有,用极化电子束的实验这些年也得到很大发展,通过测量散射电子、电离电子和退激发光子来研究散射和电离过程中的自旋相关效应,如电子-电子交换效应、自旋-轨道和自旋-自旋耦合作用,它可以减少非极化电子束中较强的库仑作用影响。目前用圆极化的二极管830 nm激光在GaAs晶体的(100)表面产生的光电子的极化度一般可达到30%,使用应变GaAs也已达到76%[2]。因此,电子与原子分子和离子的碰撞实验和理论获得了飞快的发展。世界上有专门的电子和原子碰撞物理国际会议(ICPEAC),现在已发展为"光子、电子和原子碰撞国际会议",仍用ICPEAC简称,与原子物理会议相间,每两年举行一次,自 1959 年以来到 2011 年已举行了 27 届。

碰撞实验中常用的基本设备是测量电子能量的能量分析器和谱仪。在原子分子物理中测量电子能谱常用静电型能量分析器,而不像核物理和高能物理中,由于电子能量较高而用磁谱仪。这是由于在低能电子情况下要使用和控制低磁场并有高的精度且要消除外界杂散磁场是很困难的,而静电型分析器使用高导磁 u 合金屏蔽罩和 Helmholtz 线圈,可以比较容易地屏蔽杂散磁场。下面分几段介绍几种静电型能量分析器和能谱仪。

6.1.2 筒镜型和圆柱面型能量分析器

静电型能量分析器有许多种[3],除了简易的利用克服两个电位差形成的势垒高度来分析能量的减速场分析器外,最常用的都是偏转型分析器。它们分为两类:电子穿越等电势线运行的平板和筒镜型,以及电子基本沿着等电势线运行的圆柱型和球型。

平板分析器由两块平行板组成,分别加电压 V_1 和 V_2,两板之间是均匀电场,方向垂直于板平面。如果在一块板 V_1 开两个狭缝,在 V_1 大于 V_2 情况下,电子从一个缝以 45°角入射,则只有一定能量的电子才能以抛物线形运动从另一个缝出来而被探测。但它们只有空间一维聚焦作用,探测效率很差,一般不用。

筒镜分析器(cylindrical mirror analyzer)简称 CMA,如图 6.1.1 所示,它由两个同轴圆筒组成。设内、外筒半径分别为 R_1 和 R_2,所加电压分别为 V_1 和 V_2,内外筒之间的轴对称静电场强度 $\mathscr{E}$ 沿径向,当 V_2 大于 V_1 时方向由 V_2 指向 V_1,大小为

$$\mathscr{E} = \frac{1}{\ln(R_2/R_1)} \cdot \frac{V_2 - V_1}{r} \tag{6.1.1}$$

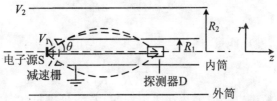

图 6.1.1 筒镜分析器

在 V_1 内筒开两个环缝,带电荷为 q 的粒子在内筒内运动不受电场作用,由源 S 进入入口环缝后在两圆筒之间受轴对称电场作用,沿轴线 z 方向不受力,保持速度不变,沿 r 方向先受电场的排斥作用减速,达到零速度后又折向内筒加速运动,

通过出口环缝后被探测器 D 记录。由于带电粒子受力 $F = q\mathscr{E}$ 的方向即电场方向，上述要求需要受力指向对称轴，因此，在分析电子时 V_2 要小于 V_1，在分析正电荷粒子时 V_2 要大于 V_1。

通过建立轨迹方程可以证明，如电子源和探测器都置于中心对称轴线上，电子从源 S 以相对轴线偏离角度 $\alpha_0 = 42.3°$ 入射，在轴线上成像点 D 距源 $L_0 = 6.13R_1$ 处，筒镜分析器对相同能量入射但有不同 α 角且相差不大的电子有聚焦特性。此外，由于电场是旋转轴对称的，不同 φ 角的电子也会聚到一点，因此筒镜分析器具有二维的点对点聚焦特性。

可以证明，满足二维聚焦条件的电荷为 q 的带电粒子的通过能 E_p 为

$$E_p \approx \frac{1.31}{\ln(R_2/R_1)} q(V_2 - V_1) \tag{6.1.2}$$

筒镜分析器有较好的色散性。可以证明，从源 S 出发，以固定的 α_0 角入射，有不同能量 $\Delta E = E - E_p$ 的电子回到轴线上的距离变化 L_0 为

$$L_0 = L_{\text{out}} - L_{\text{in}} \approx 5.60 R_1 \frac{\Delta E}{E_p} \tag{6.1.3}$$

也就是说，出射距离与能量有线性关系，筒镜分析器是能量色散型分析器，可以用作能量分析。过去它与半球分析器用得均比较多，但后来的工作表明，在低能量分辨时，它的灵敏度比半球分析器高；能量分辨率提高后，还是半球分析器的灵敏度高，使用半球分析器的逐渐多起来，筒镜分析器主要用在电子碰撞俄歇谱仪。

现在讨论图 6.1.2 所示的圆柱面分析器，它也是由两个圆筒组成，只不过电子是在垂直对称轴的一个平面内沿等势线运动。实际上图是筒镜分析器在垂直于对称轴的一个剖面，因而其内部电场强度公式与式(6.1.1)相同。在电场方向指向圆柱轴的两圆柱面之间作圆周运动带电粒子所受的电场力 $q\mathscr{E}$ 即为向心力 Mv^2/r，r 为轨道半径，得到关系：

$$r = \frac{Mv^2}{\mathscr{E}q} = \frac{2E}{\mathscr{E}q} \tag{6.1.4}$$

将式(6.1.1)代入，发现能量与偏转半径无关，只与电荷有关：

$$E = \frac{q(V_2 - V_1)}{2\ln(R_2/R_1)} \tag{6.1.5}$$

也就是说，当带电粒子沿任何等势线入射时，只有能量满足(6.1.5)式的粒子才能沿等势线即以固定半径通过圆柱面分析器。因此，圆柱面分析器可以用来选择具有确定能量与电荷比的带电粒子。但由于与偏转半径无关，不能用作多道能量测量。

圆柱面分析器有一维空间聚焦作用。可以证明，从入射口膜孔一点沿等势线

在纸平面内有一小角度分散进入静电场内的粒子束,经过 $\theta = \pi/\sqrt{2} = 127.2°$ 后可以会聚于一点,探测器放在这个角度就是 127°柱偏转分析器,用在 7.2 节介绍的静电磁场质谱仪中。

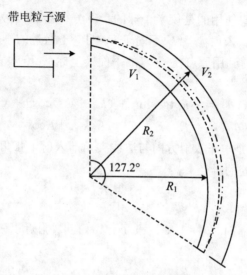

图 6.1.2　圆柱面分析器

6.1.3　半球型和鼓型能量分析器

现在讨论类似图 6.1.3 所示的球分析器,它由两个同心球面组成,内、外球面的半径分别为 R_1 和 R_2,所加的电位分别为 V_1 和 V_2,电场方向要求指向球心,因而在分析电子时,V_2 要小于 V_1,半径 r 处的电场强度大小为

$$\mathscr{E}(r) = \frac{R_1 R_2}{R_2 - R_1} \frac{V_2 - V_1}{r^2} \quad (6.1.6)$$

在两球面之间作圆周运动的带电粒子应满足与(6.1.4)式相同的关系,代入式(6.1.6)后,发现与圆柱面分析器不同,偏转半径反比于能量与电荷之比,球分析器出口 r 处的带电粒子的能量 $E(r)$ 和通过中心轨道 $r = R_0 = (R_1 + R_2)/2$ 的能量 E_p 即通过能分别满足关系:

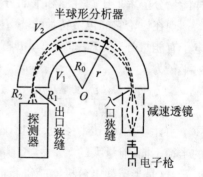

图 6.1.3　半球分析器

$$E(r) = \frac{R_1 R_2}{2(R_2 - R_1)} \frac{q(V_2 - V_1)}{r} \tag{6.1.7}$$

$$E_p = \frac{R_1 R_2}{R_2^2 - R_1^2} q(V_2 - V_1) \tag{6.1.8}$$

球分析器中普遍使用的是仅半个球的半球分析器,简写为 180°-SDA。现在讨论它的聚焦特性。入射能量 E 不同于 E_p 的电子通过的不是圆形轨道,由理论力学比耐公式可以得到用原点在 O 点的平面极坐标系 (r,θ) 表示的半球分析器内的一般轨迹方程为

$$k(\theta) = -k_0 \mathrm{tg}\alpha \sin\theta + (k_0 - C^2)\cos\theta + C^2 \tag{6.1.9}$$

其中,$k(\theta) = R_0/r(\theta)$,$k_0 = R_0/r_{\mathrm{in}}$,$C^2 = E_p k_0^2 / [E\cos^2\alpha - 2E_p(1 - k_0)]$,$r_{\mathrm{in}}$ 是电子入射半径,α 是电子入射方向与法线夹角即入射半张角。将 $\theta = 180°$ 代入,得到电子离开出口处的半径 r_{out}:

$$r_{\mathrm{out}} = \frac{R_0}{2C^2 - k_0} \tag{6.1.10}$$

当 $E = E_p$ 和 $r_{\mathrm{in}} = R_0$ 时,$k_0 = 1$,$C^2 = 1/\cos^2\alpha$,在 0°附近以一小角度 α 进入的电子出射半径为

$$r_{\mathrm{out}} = \frac{R_0}{2\sec^2\alpha - 1} \approx \frac{R_0}{1 + 2\alpha^2} \approx R_0(1 - 2\alpha^2) \tag{6.1.11}$$

由此可见,当 α 很小时,在一级近似下,$r_{\mathrm{out}} = R_0$,在半球中心轨道入口处同一点以不同小角度进入半球的电子,均在中心轨道出口处同一点出射。此外,电场是球对称的,不同极角 φ 入射的电子也会聚焦到同一点,形成空间二维的点对点的聚焦。因此,同一能量不同发射角的电子会聚焦在出口处一点,球静电分析器在同样能量分辨率下比圆柱面和平面分析器有高得多的传输率。

现在讨论它的色散特性。当 $\alpha = 0$,$r_{\mathrm{in}} = R_0$ 时,$k_0 = 1$,$C^2 = E_p/E$。考虑入射电子有能量分散 ΔE,即在 $E = E_p$ 附近,$E = E_p + \Delta E$,代入式(6.1.10),相应的出射半径为

$$r_{\mathrm{out}} = \frac{R_0(E_p + \Delta E)}{E_p - \Delta E} \approx R_0\left(1 + \frac{2\Delta E}{E_p}\right) = R_0\left[1 + \frac{2(E - E_p)}{E_p}\right] \tag{6.1.12}$$

由此可见,偏转半径 r_{out} 正比于入射粒子的能量 E,不同能量的粒子到达出口的半径不同,能量大的 r_{out} 大,入射能量不同于 E_p 的电子将在 180°偏转后沿径向展开,这是半球静电分析器能进行能量测量的关键。只要在出口中心轨道狭缝或膜孔处放置通道电子倍增器并扫描补偿电压或在出口处放置位置灵敏探测器就能够得到电子的能谱,前者是单点式扫描测量,后者是多道能谱测量。

能够测量的能谱范围 ΔE_W 受出口间隙 $(R_2 - R_1)$ 的限制,由式(6.1.7)和式(6.1.8)可以得到:

$$\Delta E_W = \frac{q(V_2 - V_1)}{2} \approx \frac{E_p(R_2 - R_1)}{R_0} \qquad (6.1.13)$$

现在讨论半球分析器的能量分辨特性。由式(6.1.12)得到能量分散与位置分散的关系:

$$\Delta E \approx \frac{E_p}{2R_0} \Delta r_{\text{out}} \qquad (6.1.14)$$

如果出口有直径为 d 的膜孔,它的径向宽度会造成测量的电子出射位置有不确定性,即有 $\Delta r_{\text{out}} = d$,因而测量的出射电子能量会带来不确定性,从而造成固有能量分辨。再考虑入射张角引起的角度分散造成电子出射位置的不确定性也会增加能量分辨,由式(6.1.11)可得 $\Delta r_{\text{out}} \approx 2R_0 \alpha^2$。由此得到静电半球分析器的谱线底部能量分辨 Γ_b 为

$$\Gamma_b \approx E_p \left(\frac{d}{2R_0} + \alpha^2 \right) \qquad (6.1.15)$$

如果入口和出口都有膜孔,直径为 d,则第一部分的贡献还要加倍,当然如果出口使用位置灵敏探测器,出口的影响不用考虑,但入口膜孔的贡献还要考虑,上式仍成立。实际情况更复杂,由于谱线底部比较弥散,通常用半高度的全宽度来定义能量分辨 Γ。对于入口和出口都是直径 d 的圆孔情况,可以用下面的近似公式[3]:

$$\Gamma = E_p \left(\frac{0.86d}{2R_0} + 0.25 \alpha^2 \right) \qquad (6.1.16)$$

因此,能量分辨与电子通过能成正比,与膜孔直径成正比,与半径 R_0 成反比。电子通过能越小,入射和出射的膜孔越小,电子束入射张角越小,球半径越大,能量分辨越小。当入射能量 E_0 低时,电子直接入射,$E_0 = E_p$,Γ 与 E_0 有关。如 $R_0 = 200$ mm,$d = 1$ mm,$E_p = 15$ eV 时,保证最大出射亮度时的 $\alpha = 0.045 = 2.6°$,$\Gamma \cong 40$ meV。若 $E_p = 1500$ eV,增大 100 倍,则 $\Gamma = 4.0$ eV,也大 100 倍。因此,在高入射能量时,如果电子束直接进入半球分析器,则能量分辨会很差。为了减小能量分辨,须用小 E_p,常在半球分析器前加一个减速透镜,使电子先通过减速透镜成为低能电子进入半球分析器。当使用减速透镜后,半球静电分析器的能量分辨就与要分析的电子能量关系不大,只与分析器的参量 R_0,d,α 和 E_p 有关。

注意,半球分析器内电子的运动轨迹基本上是在图6.1.3所示的径向平面内,实际上用不着造一个半球,通常把距离电子运动平面较远的部分切去。

半球分析器是球分析器的一个特例,虽然有空间二维的点对点聚焦能力,但只能测量有很小张角的带电粒子,并没有充分利用球形的优点来同时测量不同发射

极角 φ 的电子。随着二维位置灵敏探测器和相应的数据获取技术的发展,在球分析器基础上发展出的鼓型分析器已得到应用。

鼓型分析器(Toroid)是无限薄半球分析器绕对称轴旋转一周而成的,但对称轴不在入口和出口连线上(如在则是一个球),而是与它相距 a,因而实际上中心是一个半径为 a 的空心圆柱,周围是一圈中心轨道半径为 R_0 的环状球分析器,类似鼓形。图中电子源在圆柱中心对称轴上,通过它垂直对称轴的平面叫探测平面,环状球形分析器的入口圆环就在这平面上。入口圆环实际上是一个圆柱形狭缝,电子源与样品作用产生的所有沿探测平面各方向的次级电子均可进入鼓型分析器的入口狭缝,因此,测量的已经不是一个 φ 角入射电子,而是整个 φ 角 2π 多道收集,因而其探测效率比球分析器高得多。当然,为了能放置入射电子束和出射电子探测器,常常在球的入口或出口处切去若干 θ 角度,图 6.1.4 就是一个在出口切去 $45°$角的 $\theta = 135°$ 的鼓型分析器[4],这样便于放置出口聚集系统和二维位置灵敏探测器。由于实验和结构的需要,可以不是完整的球,φ 角小于 2π。

鼓型分析器的电子光学聚焦条件决定于它的几何结构:比值 $c = a/R_0$ 和电子偏转角 θ。除有通过对称轴的径向平面内与半球分析器相同的点对点的二维聚焦性能外,还有通过探测平面内的平行对点的聚焦性能,即此平面内具有相同出射方向的电子偏转后,有相同能量的聚焦到出口处一点,不同能量的沿径向散开。这是两条不同曲线,要同时满足即工作在两曲线的相交处就限制了鼓型分析器的几何尺寸,这一点与半球分析器不同[5]。

图 6.1.4 所示鼓型分析器的 $a = 60$ mm,$R_0 = 75$ mm,因而 $c = 0.8$,$\theta = 135°$,入射电子光学透镜使 2φ 角内不同小入射角的带电粒子聚焦在入口狭缝环,出口是圆锥面,出射电子光学透镜由三层圆锥体 O_1、O_2 和 O_3 以及垂直于对称轴的平面型微通道板电子探测器 MCP 的入射阴极 K 以及在它周围与它同一平面用来固定它的圆环电极 M 组成,它能够将圆锥面内同一能量不同 φ 角位置的出射带电粒子加速而不交叉地输运到尺寸较小的探测平面 K 上形成一个缩小的圆环。不同能量的色散带电粒子是经过交叉聚焦再色散的,靠近外球的轨道走到内圈,因而圆环的径向分布为能谱,但外圈的能量反而小。为能够多道能量输出,三圆锥沿径向开孔需要较大,从而获得入射 φ 角接近 2π 的多角度多道能谱测量。微通道板 MCP 的入射阴极所加电压要使带电粒子能量被加速到 400 eV,以便有大的探测效率。为了进行 φ 角和能量的二维多道测量,使用二维电阻阳极板(RAP)收集微通道板输出的电荷。因此,鼓型分析器既能保持半球分析器好的能量分辨、多道能量测量和二维聚焦性能,而且有平行对点的聚焦性能,还能对带电粒子进行空间 φ 角度多道收集,实现能量和角度多道同时测量,使其探测效率比半球分析器和筒镜

分析器高 2~3 个量级,从而获得越来越多的应用。

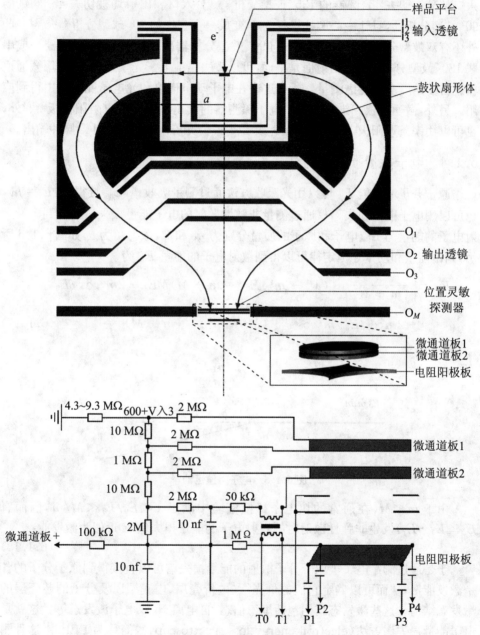

图 6.1.4 鼓型分析器和微通道板的输出与供电

除了出口部分被切去45°圆锥的135°鼓型分析器[4,16]外,还有一些其他类型:入口部分被切去45°圆锥的135°鼓型分析器[53];入口和出口均被切去45°圆锥的90°鼓型分析器,且让中心圆柱半径为0,变成一个真正的90°球型分析器[15,52]。此外还有双鼓型分析器,将一个反方向90°鼓型分析器串联135°鼓型分析器[53]或串联180°鼓型分析器[54],出射面是平面,可以省去出射电子光学透镜,直接用微通道板进行多角度多道能谱测量。所有这些在电子动量谱仪和光电子能谱仪中得到应用。另外,微通道板二维位置灵敏电子探测器的读出系统除了电阻阳极板[4,16]外,也可以用锲条形阳极[15,53]、二维延迟线[52,54]或荧光屏配CCD照相[12]脉冲输出。

6.1.4 电子能量损失谱方法

原子分子激发能 E_j 可以用光吸收方法通过测量吸收谱峰直接得到:$E_j = h\nu$,也可以用电子能量损失谱仪通过测量非弹性散射的电子能量损失谱而得到。设入射电子的能量为 E_0,电子和原子的质量分别为 m 和 M,散射角为 θ,如图6.1.5所示,则由能量和动量守恒定律可以得到散射电子的能量 E_a 为

$$E_a = \left[\frac{1}{(m+M)^2}\right]\Big\{(M^2 - m^2)E_0 - (m+M)ME_j + 2m^2\cos^2\theta E_0$$
$$+ 2m\cos\theta E_0\left[m^2\cos^2\theta + (M^2 - m^2) - (m+M)\frac{ME_j}{E_0}\right]^{1/2}\Big\} \quad (6.1.17)$$

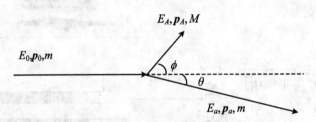

图 6.1.5 电子碰撞运动学

由于 $m \ll M$,在通常的快电子碰撞实验中满足 $1 \ll E_0/E_j \ll M/m$,因而有 $E_a \cong E_0 - E_j$,发生非弹性散射时的入射电子的能量损失值 E 近似为激发能:

$$E = E_0 - E_a \approx E_j \quad (6.1.18)$$

于是通过测量电子被原子分子散射的能量损失谱可以直接得到原子分子的各个激发能量,从而可以确定它们的价壳层、内价壳层、内壳层以及分子的芯壳层的激发态结构。这些激发态结构包括里德伯态、自电离态、双电子激发态等。这就是电子能量损失谱方法(electron energy loss spectroscopy),简称为EELS。这种测量装置称为电子能量损失谱仪。在快电子条件下,利用式(6.1.18)测量的精度可

以很高,例如,当 $E_0 = 2.5$ keV 时,仅由于用式(6.1.18)带来测量 He 的第一允许激发能($E_j = 21.217$ eV)的误差小于 0.1 meV。

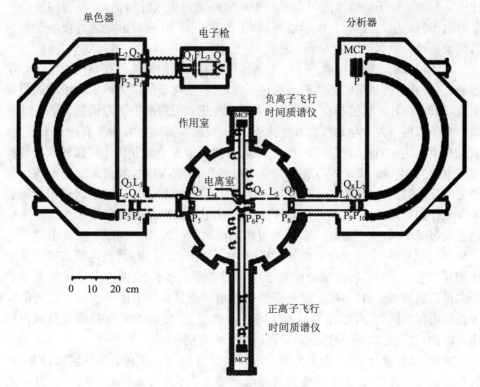

图 6.1.6　电子能量损失谱仪

图 6.1.6 是在中国科学技术大学研制成功的一台高能量分辨快电子能量损失谱仪结构图,它由电子枪、单能器、作用室和能量分析器以及一系列电子光学系统、高低压供电系统、计算机在线数据获取和控制系统、磁屏蔽系统及真空系统组成,主要的前四部分各处在独立的不锈钢高真空室内。电子枪产生一定能量(1~5 keV)的电子束,灯丝热发射的电子能量服从玻尔兹曼分布。普通钨丝电子脱出功较大,约 4.52 eV,工作温度较高,大于 2500 K,能量分辨约 1 eV。加入少量 ThO_2 的钍钨丝的电子脱出功较小,约 2.63 eV,加热温度低一些,在 2000 K 以下,能量分辨减小到约 0.5 eV,仍嫌大。但使用寿命较长,发射电流较大。能量分辨更小的是 LaF_6 灯丝,它的电子脱出功为 2.66 eV,工作温度仅为 1600 K,能量分辨约 0.3 eV,其缺点是容易被氧化[6]。单能器用来减小电子束的能量和能量分散以提高能量分辨,该装置使用静电型半球能量分析器。在电子枪和单能器之间有减速

比为 100 的电子光学减速透镜。作用室用来通入待测原子分子气体或蒸气与电子发生作用，单能器出来的电子经 100 倍加速恢复到原来的能量 1～5 keV 后，进入作用室与原子分子碰撞。散射电子经 100 倍减速后进入分析器，分析器用来测量散射电子的能量，其结构与单能器相同，工作完全对称，最后由微通道板电子倍增器记录通过分析器到达的电子[7]。

在能量分析器输入前面加了一个电压可自动扫描的作能量补偿用的电子光学透镜，由于分析器与单能器的工作点完全对称，补偿电压值即为散射电子的能量损失值，因此，由计算机控制自动扫描这个补偿电压就可得到电子能量损失谱。

电子能损谱方法与光吸收方法比较，在测定激发态能级方面各有所长。首先，激光光谱能达到的光谱范围有一定的限制。使用多光子激发和非线性光学倍频技术产生短到 97 nm(12.8 eV) 波长的激光已经很困难，因此，激光光谱法很难应用到更高能量的价壳层激发态以及内价壳层和内壳层激发态的研究中。用同步辐射可以工作到很短的波长，但需要若干个工作在不同波段范围的复杂单色器。而快电子通过原子时，相当于有一个时间很短的电磁场脉冲作用到原子上。由傅里叶分析，时域中的一个快脉冲对应的是频域中的平坦分布。因而，快电子与原子分子作用相当于一个有各种能量的虚光子场作用到原子分子上，能够在很宽的能量范围内得到能量损失谱，而确定虚光子能量的电子能量损失值由一台简单便宜的直流稳压电源提供，它可以很容易地实现从红外直到 X 射线很宽的能量范围内扫描。因此，它既可以用于价壳层，又可以用于内壳层研究。

其次，从能量分辨看，激光光谱有最好的能量分辨。在真空紫外区域，同步辐射有好的能量分辨，但由于单色器的能量分辨 ΔE 不是常数（$\Delta E = E \cdot \Delta\lambda/\lambda$），随光子能量增加而线性或更高次方变坏；在原子分子物理研究中，使用的是气体靶，要求光束强度较大，单色器的狭缝不可能很小，在软 X 射线能区，若设通常所用的单色器的分辨本领 $\lambda/\Delta\lambda$ 为常数，在 1000 左右，这相当于假设 ΔE 与 E 为线性关系，因而光子能量为 80 和 800 eV 时对应的能量分辨 ΔE 分别为 80 和 800 meV。当然，近几年单色器的能量分辨本领有很大提高，已可达到几千，甚至几万。而快电子能损谱仪的能量分辨主要决定于静电分析器，近于常数，与激发能量关系不大，现在做到 50 meV 已经不是很难，最好已达到 14 meV。因此，尽管同步辐射可用于研究原子分子高激发能态的能级结构，但在激发能达到几百 eV 的软 X 射线能区，电子能量损失谱仪的能量分辨是最好的。

由于电子碰撞跃迁过程不涉及光子吸收和发射，存在动量转移过程，因此，在光学方法中涉及单光子的吸收和发射所要遵循的跃迁选定则在电子碰撞中不适用；电子能损谱仪的另一个优点是一般说来它不受电偶极辐射跃迁选择定则的限制,可以在较大动量转移条件下(如在非 0°散射角)研究非偶极作用即禁戒跃迁所涉及的能级特性,例如涉及单光子的磁偶极跃迁、电四极跃迁,甚至光学方法中涉及单光子过程中由于角动量守恒而严格禁戒的电单极跃迁。这些通常不能被光学方法探测,除非用多光子吸收方法。

除此之外,电子能量损失谱仪在测量微分散射截面、绝对光学振子强度方面的优越性在后面讨论。

在能谱测量中需要进行能量绝对定标。电子能量损失谱仪的能量线性(即能量损失电压测量值与激发能之间的线性关系)刻度较简单,由于两者单位都只涉及电压,当电压值能够精确测量时,只需要利用一个能量点就可以刻度。例如,用弹性散射峰对应的多道道数作为能量零点,用某个原子或分子的已精确知道能量的能级(可以在原子分子数据库中找到)来刻度,后者对于内壳层尤其重要。

总之,低能电子能损谱仪的分辨率虽不如光学方法好,但由于可以研究禁戒跃迁以及测量微分散射截面,因而在原子分子物理中仍然是一种常用方法,在表面物理中也得到了巨大的应用。中能电子能损谱仪具有以上几个优点,已成为光吸收方法在价壳层高激发态和电离态,特别是内壳层研究方面的一个有力竞争对手,被称为"穷人的同步辐射装置",这些年得到了长足的发展。

从 20 世纪 60 年代末到现在已经测量了许多种气态原子和分子的能量损失谱,包括惰性气体原子、普通气体分子、有机分子和蒸气原子分子。早期大量使用几十 eV 入射能量的低能电子能量损失谱仪,能量分辨较好,在几十 meV,大量测量的是价壳层低激发电子态。1972 年第一次用能量分辨为 500 meV 的快电子能量损失谱仪测量原子分子内壳层激发能谱。到 1984 年在加拿大 UBC 大学 C. E. Brion 组建起了一台高分辨快电子能量损失谱仪,主要测价壳层光学振子强度。由于它在保持高分辨率情况下又有较大的透射率,因此可以用来测 0°角价壳层和内壳层能量损失谱。经过几年调试,到 1987 年开始陆续发表物理测量结果,能量分辨在 48~270 meV 之间可调,最大入射电子能量为 3.7 keV[8]。他们还有一台最高入射能量为 8 keV 的能量损失谱仪,但能量分辨差,仅为 1 eV,不过加了一个飞行质谱,可作散射电子与正离子符合测量[8]。这两台谱仪均只能在 0°角测量。

巴西里约热内卢大学的 G. G. B. Souta 组在 1985 年后建成一台最大入射能量为 1.3 keV,能量分辨为 600 meV,最小散射角 1°~2°的电子能量损失谱仪[9]。日本有两台,电气通讯大学的一台最大入射能量为 500 eV,能量分辨为 40 meV,最小散射角为 2°;上智大学的一台能量分辨为 80 meV,可以转到 0°角[10]。

美国 Indiana 大学 Bonham 组在 1991 年建成一台高入射能量(25~28 keV)、低能量分辨(2~4 eV)和角分辨为 0.6°~4.2°的快电子能量损失谱仪,作内壳层广义振子强度测量。加拿大 McMaster 大学 A. P. Hitchcook 组[11]在 1995 年建成一台角分辨快电子能量损失谱仪,最大入射能量为 2.5 keV,用交叉束方法,能量分析器用静电半球型,转动角度范围为 -10°~110°。能量分辨到 0.6 eV,用来作价壳层和内壳层微分散射截面和广义振子强度测量。澳大利亚国立大学 M. Vos 组在 2009 年建成一台快电子能量损失谱仪[12],最大入射能量为 3 keV,使用半球静电能量分析器,电子枪用 BaO 阴极,谱仪能量分辨 0.3 eV,微通道板二维探测器读出是电荷耦合脉冲成像。当然在日本和澳大利亚也还有一些较低能量 10~300 eV 的能量损失谱仪,能得到微分散射截面和表观广义振子强度。

1993 年在中国科学技术大学建成的一台类似的高分辨快电子能量损失谱仪的能量分辨已达到 50 meV,最大入射能量为 5 keV,转动角度范围 -5°~ +15°。利用它已经测量了 He、Ne、Ar、CO 等多种原子分子的能量损失谱,如图 1.2.3 和图 1.2.4 所示,是世界上综合性能最好的一台[7]。2000 年后在作用室垂直电子束两边加上正、负离子飞行质谱,将通道电子倍增器改为微通道板一维位置灵敏探测器作多道能谱测量,建成快电子多道能量损失符合谱仪,如图 6.1.6 所示,可作原子分子的激发、电离和分子解离研究。

6.1.5 光电子能谱和电子束电子能谱

电子能量损失谱仪测量的是入射电子被样品原子分子散射后的能量损失,而不管原子分子是否被电离和发射出电子。当然它主要用来研究原子分子的激发态结构,而不是电离信息。通常所谓的电子能谱仪则是探测样品在入射粒子作用下发射出来的电子,分析这些电子的能量分布、强度和角分布,也就是通过研究原子分子的电离过程来了解样品的组成和原子分子的电子结构。

电离信息中最重要的物理量是电离能,在第 2、3 章已经详细地讨论了原子和分子各种电离能的概念,实验上主要是用电子能谱仪通过测量电离电子的能量来得到电离能。电子能谱仪的入射粒子可以是光子,也可以是电子[13]。目前应用最多的是用光束激发样品,即光电子能谱[14]。对于光电子能谱来说,原子分子的电离能 ε_f 与入射光子能量 $h\nu$ 和光电子能量 E_e 之间有如下关系:

$$\varepsilon_f = h\nu - E_e \quad (6.1.19)$$

有两种主要的光电子能谱:X 射线光电子能谱 XPS(X-ray photoelectron spectroscopy)和紫外光电子能谱 UPS(ultraviolet photoelectron spectroscopy)。它们都使用静电型能量分析器来测量样品发射出来的电子,只是激发源不同。XPS 用 X 射线激发,X 射线源主要由灯丝、栅极和阳极靶构成,灯丝发射的电子被阳极高压电场加速打到阳极靶上而产生 X 射线,X 射线能量由靶材料决定,依赖于研究工作的要求。常用的 $MgK\alpha_{1,2}$、$AlK\alpha_{1,2}$ 和 $CuK\alpha_1$ 的 X 射线能量分别为 1254，1487 和 8048 eV，它们的谱线自然宽度分别为 0.7，0.9 和 2.5 eV。可以看出谱线较宽，且随能量增加而变宽。这对高分辨光电子能谱是不利的。为了提高谱仪的能量分辨率，类似电子能量损失谱仪加单色器一样，还要进一步使 X 射线单色化，常用的办法是加弯晶谱仪。

近十年同步辐射光源有了很大的发展。同步辐射光源是一个能量连续可调、高强度和单色性好的紫外和 X 射线光源，在 keV 能区，其能量分辨可以好一个数量级，达 100 meV，因而是一种较理想的光电子能谱激发源，它的应用大大提高了电子能谱仪应用的深度和广度。

紫外光电子能谱使用紫外线源作激发源。最常用的紫外灯是冷阴极放电管，用石英玻璃做成，阴极和阳极加高压（1～5 kV），管内充惰性气体。当管内放电后电压降低并维持放电，使气体原子激发或电离，并产生紫外线。最常用的气体是 He，产生 HeⅠ的 2p→1s 的 21.21 eV 和一次电离的 HeⅡ的 40.8 eV 的紫外线。有时也用 NeⅠ产生的 16.8 eV 和 NeⅡ的 26.9 eV 紫外线。

除了光电子能谱仪可用来研究原子分子的电离过程之外，也可以用电子束碰撞方法来做电离实验，获得电离能谱，这就是电子束电子能谱。不过单纯使用能量损失谱仪不能得到电离能谱，因为在忽略离子的反冲动能情况下，能量损失值 $E = E_0 - E_a$ 应等于电离能 ε_f 加上电离出来的电子的动能 E_b。电离能满足关系：

$$\varepsilon_f = E_0 - E_a - E_b \qquad (6.1.20)$$

为了得到电离能，除了使用一个静电能量分析器来测量散射电子的能量 E_a 外，还需要再加一个电子能量分析器来符合测量 E_b，这就是 (e,2e) 装置。由于两个出射电子是不可区分的，习惯上将能量较高的电子称为散射电子，用 a 标示，能量较低的电子称为敲出电子，用 b 标示。当然，如果要进行双电离研究还可以用 (e,3e) 装置，例如，法国 Lahman-Benneni 组在 2007 年建成 (e,2e)/(e,3e) 装置，用两个孪生 135°鼓型静电分析器来多道角度和能量测量两个出射慢电子，用第三个鼓型分析器测量快散射电子，可以获得大量电子碰撞单和双电离事例的角分布[15]。

实验上常常是在一定 θ 角和 φ 角下固定测量 E_a 和 E_b，改变 E_0 值得到电离能谱，图 6.1.7 是中国科学技术大学用 (e,2e) 谱仪测得的 Ar 原子的电离能谱[16]。由图可以清楚地看到 Ar 原子基态 3p 壳层的 15.76 eV 和内价壳层 3s 壳层的 29.2 eV 的电离峰。从电离能谱不仅可以得到原子的束缚能信息，而且可以进行自电离效应和俄歇效应的细致研究，当使用较高分辨率的电子能谱仪时，还可以得到由于原子中电子的强关联而产生的在电离阈值附近的精细伴线结构，如图中能量在 40 eV 附近的 $3s^{-1}$ 伴线峰,这类似于光电离中的 EXAFS 实验。

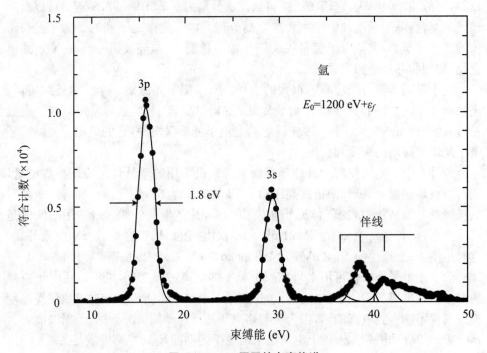

图 6.1.7 Ar 原子的电离能谱

由此可见,(e,2e)谱仪不仅可以得到原子分子的电离能谱和三微分截面信息,而且可以进行原子分子能级结构、作用机制和动力学研究,此外在某种特殊的运动学条件下,测量不同角度的电离能谱,还可以得到原子分子能壳分辨的电子动量谱和波函数信息,这些将在 6.2 节、6.4 节讨论。

有一种专门测量俄歇电子的电子能谱方法称为俄歇电子能谱 AES(auger electron spectroscopy),它常用电子枪作激发源,电子能量 2~5 keV,电子束打到原子分子上使内壳层电子电离从而产生俄歇电子。俄歇电子能谱呈线状谱,反映能级结构。研究也表明俄歇电子谱线也受原子所处化学态和物理态的很大影响,它们的化学位移常常比光电子线的化学位移大得多,因而也可用来鉴别化学态。

用电子枪激发俄歇电子谱主要用在低能俄歇线,如 100 eV 以下,产生高能俄歇线要用 X 射线源。这是由于电子和光子产生内壳层电离的截面随能量的变化关系不同造成的。

在电子入射情况,当入射电子的能量 E 大于某一壳层结合能 E_B 后,电离截面随入射电子的能量增加而增大。在 E 大致是 E_B 的 3~7 倍时有最大电离截面,E 再大时截面又缓慢减小,如图 6.2.2 上 Q_I 曲线所显示的那样。当 $E = 4E_B$ 时,L 与 K 壳层电离截面随 E_B 的变化有关系:

$$\sigma_L = 5 \times 10^{-15} E_B^{-1.56} (\text{cm}^2)$$

$$\sigma_K = 2 \times 10^{-14} E_B^{-2} (\text{cm}^2)$$

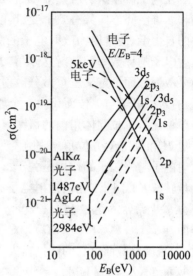

图 6.1.8 电子和光子的电离截面

如图 6.1.8 中实线所示[15]。如果 E 固定取 5 keV,当 E_B 小于 1 keV 时,σ 要偏离直线变小,截面对 E_B 的曲线应为图中虚线所示。但光子电离却相反,如图所示是用 AlKα 的 1487 eV 和 AgLα 的 2984 eV X 光子激发的电离截面,随电离能接近光子能量,电离截面迅速增大。因此,很明显,X 射线激发产生高能俄歇线的截面大,电子激发产生低能俄歇线的截面大。用电子束电离,主要电离外层。如用固体样品,由于电子散射而增加低能电子数,将更增强外层电离。

由于电子激发对低能俄歇电子有利,而且 X 射线光电子谱仪在 100 eV 以下的低能区在技术上存在较多困难,因此,用电子激发的低能俄歇电子有较大的重要性,也有较大的强度。联合运用俄歇化学位移和光电子化学位移,对于鉴别化学态是有很大好处的。现在公司卖的大型电子能谱仪通常用大尺寸的半球静电分析器来测量次级俄歇电子或光电子能谱,激发源既有 X 射线,也有电子束,因此是多用途的设备。

6.2 散射截面和电离、解离截面

利用能量损失谱仪不仅可以测原子分子的激发能量,而且可以测微分散射截面(DCS)、积分散射截面(ICS)和全截面(TCS)。

6.2.1 微分散射截面

在电子碰撞散射研究中,末态是散射电子和原子分子,在不考虑自旋取向时能量和二维空间方向共有 6 个变量,能量和动量守恒给出 3 个约束条件,应有 3 个独立的自由度,通常取为散射电子的立体角和能量。使用一个电子能量分析器测量散射电子的计数率随散射立体角 Ω 以及转移给靶粒子能量 E 的变化关系,就得到微分散射截面。定义三重微分散射截面 $d^3\sigma(E_0,E,\Omega)/(dEd\Omega)$ 是具有确定能量 E_0 的入射电子与单位面积内一个原子分子作用并损失能量 E 后被散射到 Ω 方向的单位能量单位立体角内的概率。如果取入射电子方向为 z 轴,三重微分截面是能量 E 和极角 θ、方位角 φ 的函数。对通常非极化杂乱运动的原子分子,可以假设入射电子与靶粒子的作用是关于 z 轴对称的,这时不同 φ 角的散射电子有相同的动量转移 K,不同 θ 角的散射电子有不同的动量转移,微分散射截面不依赖方位角 φ,实验上常常固定 φ 角,只改变 θ 角,有意义的是对能量 E 和极角 θ 的双重微分截面 $d^2\sigma(E_0,E,\theta)/(dEd\Omega)$。对一确定的散射过程,如到分立能级 j 的非弹性散射,双重微分截面对它的能量损失峰面积积分,就得到通常的随散射角 θ 变化的微分截面 $d\sigma(E_0,\theta)/d\Omega$。

低能时玻恩近似不能用,理论上需用其他方法处理,比较复杂。在快电子非相对论碰撞情况下,如图 6.1.5 所示,设 r 和 r_k 是入射电子和靶粒子中第 k 个电子相对靶质量中心的位置坐标,p_0 和 p_a 是电子散射前后的动量,K 是动量转移,动量转移和它的大小分别为

$$K = p_0 - p_a, \quad K^2 = p_0^2 + p_a^2 - 2p_0 p_a \cos\theta \tag{6.2.1}$$

入射电子与其他电子和核的库仑静电作用势为

$$V = \sum_{k=1}^{Z} \frac{e^2}{|r-r_k|} - \frac{Ze^2}{r} \tag{6.2.2}$$

考虑到初、末态波函数要正交,势函数中第二项给出的入射电子与原子核作用并不贡献到跃迁矩阵元中。由于入射快电子动能远大于库仑静电作用势能,玻恩近似成立,入射电子波函数可看做平面波。忽略交换效应,再利用关系:

$$\int \frac{e^{iK\cdot r}}{|r-r_k|} dr = \frac{4\pi}{K} e^{iK\cdot r_k}$$

则对一确定的散射过程 $i \to j$,Bethe 推得快带电粒子对靶粒子的微分散射截面为[17]

$$\frac{d\sigma_j}{d\Omega} = \frac{\mu^2}{4\pi^2 \hbar^4} \frac{p_a}{p_0} \left| \int e^{iK\cdot r} \psi_j^* V \psi_i dr_1 \cdots dr_Z dr \right|^2$$

$$\sim \frac{4\mu^2 e^4}{\hbar^4} \frac{1}{K^4} \frac{p_a}{p_0} |\varepsilon_j(\boldsymbol{K})|^2 \underset{\text{a.u.}}{=} 4K^{-4} \frac{p_a}{p_0} |\varepsilon_j(\boldsymbol{K})|^2 \quad (6.2.3)$$

式中,μ 是电子与靶粒子的折合质量,近于电子质量;ψ_i 和 ψ_j 分别是靶初态(基态)和末态波函数;$\varepsilon_j(\boldsymbol{K})$ 为靶粒子从 i 态到 j 态的跃迁矩阵元:

$$\varepsilon_j(\boldsymbol{K}) = \int \psi_j^* \sum_{k=1}^{Z} e^{i\boldsymbol{K}\cdot r_k} \psi_i dr_1 \cdots dr_Z = \left\langle \psi_j \left| \sum_{k=1}^{Z} e^{i\boldsymbol{K}\cdot r_k} \right| \psi_i \right\rangle \quad (6.2.4)$$

求和对靶所有 Z 个电子进行,在原子单位 a.u. 中,动量取 $\hbar/a_0$,$d\sigma/d\Omega$ 取 a_0^2 作单位。

此微分截面是两个因子乘积,前一个是运动学因子,仅与入射电子的可观测量 p_0、p_a 和 θ 有关,与靶粒子结构无关;后一个 $|\varepsilon_j(\boldsymbol{K})|^2$ 是动力学因子,仅与靶粒子的初、末态波函数有关,因而实验能清楚地给出靶粒子的结构信息,这正是快电子碰撞比慢电子碰撞好的优点之一。注意,由 2.3.1 节跃迁类型的讨论可知,$\varepsilon_j(\boldsymbol{K})$ 可展开包含电偶极跃迁、磁偶极跃迁和电四极跃迁等,因此,测量到的微分散射截面实际上是各种类型的跃迁截面之和。

要测量微分散射截面,必须使能量损失谱仪的能量分析器能围绕碰撞点转动,测量不同散射角 θ 的计数。在实验上要得到微分散射截面的最基本的考虑是得到测量讯号 N_j(单位时间内散射电子计数,对于分立跃迁,即为对应的能谱峰下面积)与相应截面之间的关系。由于电子束与原子束不是在空间一点碰撞,而是存在一定的碰撞区域,探测器在不同散射角度的不同能量下看到的原子分子数和电子数不同。精确关系为[18]

$$N_j(E_0, E, \Omega) = \int_r \int_{E'} \int_{E_0'} \int_{\Omega'(r)} n(r) I_e(E_0', r) F(E_0', E', r)$$
$$\times \left\{ \frac{d^3 \sigma_j [E_0', E', \Omega'(r)]}{dE' d\Omega'(r)} \right\} d\Omega'(r) dE_0' dE' dr \quad (6.2.5)$$

这里 $n(r)$ 是原子分子在作用区的空间密度分布;$I_e(E_0', r)$ 是电子束流的能量和空间分布;$F(E_0', E', r)$ 是测量仪器的响应函数,反映仪器的探测效率;r 是单个散射事例的位置矢量。这个关系给出探测器所看到的各个散射点出来的散射讯号之和,它们已对靶密度、电子能量、探测立体角、仪器响应函数和截面取权重平均。这里未考虑本底贡献。

当然要从这个关系得到微分截面是很难的。为得到它,需要做如下一些假设,它们在实验上通常也能做到。

(1) 仪器响应函数 F 与 r 无关,仅是散射电子能量 E_a 的函数:
$$F(E_0', E', r) = F(E_a)$$

(2) 截面在整个能量分辨范围 ΔE 和角度分辨范围 $\Delta\Omega$ 内不变,散射过程的能量损失宽度远小于仪器的能量响应范围,因而方程中截面不需要对 E' 积分。

(3) 入射电子束的能量 E_0 稳定且分散很小,可认为是单一的,对 E'_0 积分也不需要。

(4) 入射电子束流稳定,等于电流表读出的平均电流部分 I_0 乘以归一化的束流形状因子 $f_e(r)$:

$$I_e(E'_0, r) = I_0 f_e(r), \quad \int f_e(r) dr = 1$$

(5) 原子分子束流稳定,等于平均密度部分 n_0(与气体流量或气压成正比)乘以归一化的束流形状因子 $f_n(r)$:

$$n(r) = n_0 f_n(r), \quad \int f_n(r) dr = 1$$

(6) 截面对 φ 角是对称的,可以用 θ 代替 Ω。

在这些假设下,对一确定的散射过程 $i \rightarrow j$,散射强度能写为

$$N_j(E_0, \theta) = \frac{d\sigma_j(E_0, \theta)}{d\Omega} I_0 n_0 F(E_a) G(r) \tag{6.2.6}$$

在这儿几何因子 $G(r)$ 定义为

$$G(r) = \int f_e(r) f_n(r) \Delta\Omega(r) dr \tag{6.2.7}$$

微分散射截面测量中最困难的事是确定装置能量响应函数 $F(E_a)$ 和几何因子 $G(r)$。直接测量需要精确地确定靶束密度分布、电子束通量分布、散射几何条件和装置的响应函数,它们的测量是特别困难和花时间的,尤其对低、中能电子散射。况且在一组截面测量期间往往实验条件还要改变。

一个变通方法是利用一个实验上或理论上已很好确定的微分截面值作为二次标准以便消去 $F(E_a)$ 和 $G(r)$ 因子。尽量使标准样品 S 的 E_a^S 和待测样品 X 的 E_a^X 相近,它们在同样的 E_0 和 θ 条件下测量,因而两者的 $F(E_a)$ 和 $G(r)$ 近似相等;时间上紧接着,近似认为同时,因而有关系:

$$\frac{N_j^X(E_0, \theta)}{N^S(E_0, \theta)} = \frac{d\sigma_j^X(E_0, \theta)/d\Omega}{d\sigma^S(E_0, \theta)/d\Omega} \left[\frac{I_0^X n_0^X F(E_a^X) G^X(r)}{I_0^S n_0^S F(E_a^S) G^S(r)} \right]$$

$$\approx \frac{d\sigma_j^X(E_0, \theta)/d\Omega}{d\sigma^S(E_0, \theta)/d\Omega} \cdot \frac{I_0^X n_0^X}{I_0^S n_0^S}$$

公式右边只是在所谓相对流量技术的实验条件下才近似成立,这就是调节两种气体的压强使从毛细管进入作用区的平均自由程相同,这时的平均密度 n_0 与气体流量或气压成正比,通过测量相对流量或压强就可确定 n_0^X / n_n^S。

因此,用上式由已知的微分截面值,通过测量计数率之比就可得到待测的微分截面。最常用作标准样品的是 He,它的微分截面在很宽的 E_0 和 θ 范围内已被确定。对于弹性散射情况,$E_a^x = E_a^s = E_0$,上述条件满足,大部分样品的弹性微分截面测量精度小于 5%;对非弹性散射,除近似地直接用上述公式外,也可以分两步进行。首先用上述办法获得待测样品在希望的 E_0 下的绝对弹性微分截面,然后通过同时测量这种样品的非弹性与弹性微分截面,由相对散射强度比而确定非弹性散射微分截面:

$$\frac{\mathrm{d}\sigma_j(E_0,\theta)/\mathrm{d}\Omega}{\mathrm{d}\sigma_0(E_0,\theta)/\mathrm{d}\Omega} = \frac{N_j(E_0,\theta)}{N_0(E_0,\theta)} \frac{F(E=0)}{F(E)} \tag{6.2.8}$$

在这儿电子束能量分布和靶束密度分布可认为是相同的而消掉,下标 0 表示弹性散射。一个主要问题是扫描的能量损失值即激发能 E 范围较大,在这样大的范围内装置的能量响应函数 $F(E)$ 不能保证不变。对快电子碰撞,E_0 远大于 E,当能量分辨率要求不高时,调节电子光学系统容易做到 $F(E)$ 不随 E 变,但这对高能量分辨要求和低能电子就困难了。一个办法是刻度相对能量响应函数 $F(E)/F(E=0)$,常用 He 的近阈电离连续电子来刻度。它在 0~5 eV 内有均匀的方向和能量分布。对快电子还可用光学振子强度值来刻度,这将在下一节介绍。

上面的相对测量仍然需要知道各个角度的标准样品的微分截面,下面介绍一种方法只要知道一个角度的微分截面就行。由于探测器在不同角度下所看到的碰撞体积不同,碰撞体积由电子束、原子束和探测器张角的重叠部分决定,因此,一般情况下代表有效碰撞体积的几何因子与散射角 θ 有关。当电子束足够细、探测器的接受角足够小以及 θ 角不是太小的情况下,无论是交叉束碰撞,还是碰撞室情况,都相当于线碰撞,如图 6.2.1 所示,探测器膜孔限制的宽度为 a_1,在探测器距离 $R_2 \gg a_1$ 的情况下,测量的散射角 $\theta = \angle QAB$,由于有 $R_1/R_2 = a_1/a_2$,而 $\sin\theta = (a_2/2)/(l/2)$,于是探测器所看到的发生碰撞的电子束线长为

$$l = \frac{a_2}{\sin\theta} = \frac{a_1 R_2}{R_1 \sin\theta} \propto \frac{1}{\sin\theta}$$

探测器所看到的有效碰撞体积正比于 l,由于 a_1, R_1 和 R_2 是常数,l 与 θ 角有 $1/\sin\theta$ 关系,相对几何因子有如下关系:

$$G(\theta) = 1/\sin\theta \tag{6.2.9}$$

当 θ 较小(如交叉束 $\theta < 30°$,碰撞室 $\theta < 7°$)时,探测器所看到的碰撞长度超过能发生碰撞的线源长度 L,$G(\theta)$ 偏离这一关系而变小,必须对 $G(\theta)$ 进行校正。因此,在一般情况下,要对所用的测量设备进行几何因子刻度。这通常是用一个已知微分截面值的标准样品(如 He 的非弹性 $1^1S \to 2^1P$ 跃迁)来刻度。测量到的计数率角

分布除以相应角度的微分截面值即为相对几何因子。如果装置的几何因子被刻度之后,只要将被测样品的那个散射过程的角分布除以相应角度的几何因子,就得到那个过程的相对微分截面,这样只需要单点角度标定(即已知某一角度的绝对微分截面值)就可得到各个角度的绝对微分截面。

除以上仪器能量响应和几何因子修正外,还要减去本底谱,有时还要考虑其他一些修正,例如在密度较大和大散射角时的二次散射修正,电子束流不稳定修正以及谱仪的有限角分辨修正等。

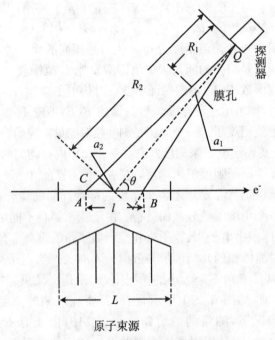

图 6.2.1　电子碰撞几何因子分析

在测量期间入射电子束流小的变化会造成测量系统误差,为修正这种误差,只要在每次测量一个角度的弹性和非弹性散射能量损失谱的前后,轮流测某一固定角度(一般选小角,计数率高,可节省测量时间)的弹性或某个显著的非弹性散射能量损失谱,将前者面积与后者前后两次平均面积相除即可认为是同一束流下的测量结果。

上面讨论 θ 角的电子计数率与微分散射截面之间关系时,无形中假设了记录到的只是一次作用后散射到 θ 角的事例数。实际上当气体密度较大时,特别是在碰撞室情况,其作用区较长,还存在二次散射效应使计数率增加。我们知道在 θ 角的弹性散射的二次散射是由于接连两次弹性散射而到 θ 角形成的,非弹性散射的二次散射主要有两种过程:一个电子先被弹性散射到 α 角,接着又被非弹性散射 $\theta-\alpha$ 角,或一个电子先被非弹性散射到 β 角,接着又被弹性散射 $\theta-\beta$ 角。更高次的多次散射可忽略。在快电子碰撞情况下,一种修正二次散射效应的方法是测量要研究的非弹性散射与弹性散射的比值的气压依赖关系[19]。由于单次散射强度与气压 P 的一次方成正比,二次散射强度与气压平方成正比,因此有下列公式:

$$I_{\text{inel}}(\theta) = AP + BP^2, \quad I_{\text{el}}(\theta) = CP + DP^2 \quad (6.2.10)$$

其中 I_{inel} 和 I_{el} 分别是实验所测 θ 角的非弹性与弹性散射强度,A,B,C,D 为比例系数,不同角度的数值不同,A,C 分别正比于 θ 角的非弹性与弹性散射截面 $\sigma_{\text{inel}}(\theta)$ 和 $\sigma_{\text{el}}(\theta)$,$B、D$ 分别正比于上述两连接散射截面的乘积。为了能做修正,实验上要求二次效应的影响远小于一次的,即 $BP \ll A, DP \ll C$,于是有

$$\left[\frac{I_{\text{inel}}(\theta)}{I_{\text{el}}(\theta)}\right]_P = \frac{A+BP}{C+DP} \approx \frac{1}{C}(A+BP)\left(1-\frac{D}{C}P\right)$$

$$\approx \left[\frac{I_{\text{inel}}(\theta)}{I_{\text{el}}(\theta)}\right]_{P=0} + E(\theta)P \quad (6.2.11)$$

其中 $[I_{\text{inel}}(\theta)/I_{\text{el}}(\theta)]_{P=0} = A/C$,系数 $E = B/C - AD/C^2$,可正可负。当弹性散射的二次效应较大(即 D 大)时,E 为负。通常大角弹性散射截面下降得远比非弹性散射的慢得多,且绝对值远大于非弹性散射的截面。只要在 θ 角几个不同气压 P 值下同时测量非弹性与弹性散射强度,由上式作 $I_{\text{inel}}(\theta)/I_{\text{el}}(\theta)$ 与 P 的拟合直线,外推到 $P=0$ 处即得 $(I_{\text{inel}}/I_{\text{el}})_{P=0}$,此比值也就是没有二次散射效应的非弹性与弹性散射强度比。此比值乘以弹性散射强度即得没有二次散射效应的非弹性散射强度。因此,二次散射修正也叫气压修正。当弹性散射中二次散射影响较大时,不能直接用此方法。

角分辨修正是因为测量到的 θ 角的微分截面是对分析器在 θ 角处所张立体角的平均,若 $A(\theta)$ 为分析器角分辨函数,则测量的表观(即平均)微分截面是真正的微分截面与仪器角分辨函数的卷积:

$$\left\langle \frac{d\sigma}{d\Omega} \right\rangle = \int_{-\infty}^{\infty} A(\theta) \frac{d\sigma(\theta)}{d\Omega} d\theta \quad (6.2.12)$$

一般情况下这种修正较小,且近于常数,可不考虑,只在小角度和 0°角测量时才需考虑[20]。图 1.6.1 给出的 He 原子的 $1^1S_0 \to 2^1P_0$ 和 2^1S_0 激发的绝对微分散射截面就是经过以上各种修正的结果.

6.2.2 积分截面和全截面

由于 $d\Omega = \sin\theta d\theta d\varphi$,在截面对 φ 角对称条件下,微分散射截面对所有散射角

度积分就得到激发到某个能级的积分散射截面：

$$\sigma_j(E_0) = \int_0^\pi \int_0^{2\pi} \frac{\mathrm{d}\sigma_j(E_0,\theta)}{\mathrm{d}\Omega} \sin\theta \mathrm{d}\varphi \mathrm{d}\theta = 2\pi \int_0^\pi \frac{\mathrm{d}\sigma_j(E_0,\theta)}{\mathrm{d}\Omega} \sin\theta \mathrm{d}\theta \tag{6.2.13}$$

在弹性散射情况下，动量转移截面可定义为

$$\sigma_0^M(E_0) = 2\pi \int_0^\pi \frac{\mathrm{d}\sigma_0(E_0,\theta)}{\mathrm{d}\Omega}(1-\cos\theta)\sin\theta \mathrm{d}\theta \tag{6.2.14}$$

积分截面也可以通过直接测量次级粒子而得到，如退激发光子、电离或解离的电子或离子，不过需要考虑一些作用的分支比等因素而将光子发射截面或离子（电子）产生截面转变为激发截面或电离（解离）截面。

将弹性和各种非弹性散射以及电离和解离的积分截面 σ_I 和 σ_d 相加即为全截面，或总截面（total cross-section），对一定样品，总截面只与入射电子的能量有关。

$$\sigma_T(E_0) = \sigma_0(E_0) + \sum \sigma_j(E_0) + \sigma_I(E_0) + \sigma_d(E_0) \tag{6.2.15}$$

在低碰撞能量下弹性散射起主要作用，在中和高碰撞能量下各种激发以及电离和解离作用将超过弹性散射，如图 6.2.2 所示为 He 原子的各种电子碰撞积分截面[21]，图中 Q_T 为全截面，Q_0 为弹性散射截面，$Q_{n=2}$ 是从基态跃迁到 2^1P 及 $2^3S + 2^1S$ 的非弹性散射截面之和，Q_I 是电离截面。由此可见，各种碰撞过程的积分截面随入射粒子能量增加的变化关系是不一样的。弹性散射没有阈值，随能量增加而减少。其他碰撞过程有阈能，并且还有一个极大值能量。

全截面测量早在 1921 年就被 Ramsauer 和 Townsend 分别开始进行，后来他们发现了某些气体原子在较低能量（约 10 eV）下全截面随能量减少不再增加，而是下降，然后又上升，称为 Ramsauer-Townsend 效应。随着理论上和应用上对原子分子数据日益增长的需要和对数据精度不断改进的要求，以及由于对各种理论检验的需要和实验技术的不断改进，直到今天仍不断有这方面工作的开展。过去实验集中在低能范围进行。1980 年以后，虽然低能方面还有不少实验组进行正电子和电子与原子分子散射的比较研究，但能量已向两个方向扩展，一是更低能量（<1 eV）下的全截面行为，另一方面开展了能量在 500 eV 以上中能电子碰撞全截面测量工作，数据精度目前一般已达到 3%。

测量快电子的全截面一般均用透射技术[22]。使电子枪、作用室与能量分析器排成一直线，静电分析器的入口直接对着入射电子束，未作用的电子进入分析器，其他的电子由于碰撞而被偏离掉。少数也用 Ramsauer 型磁聚焦分析器技术。

透射技术测量全截面的基本原理是基于式(5.1.22)给出的指数吸收定律，即朗伯-比尔（Lambert-Beer）定律：

$$I_c = I_0 e^{-\alpha L} = I_0 e^{-\sigma_T NL} \tag{6.2.16}$$

其中，I_0，I_c 是电子束流在碰撞前、后的大小，L 为碰撞区长度，α 和 N 为气体的线吸收系数和单位体积内原子数或分子数，σ_T 为全截面，$\alpha = \sigma_T N$。由此得

$$\sigma_T = \frac{1}{NL} \ln \frac{I_0}{I_c} \tag{6.2.17}$$

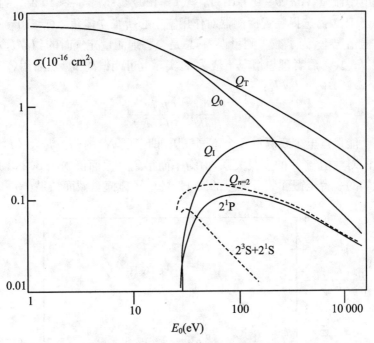

图 6.2.2　氦原子的各种电子碰撞积分截面

这一公式在束流无限窄和探测器接受立体角无限小的理想情况下才成立。实际上在有限立体角情况下，会有一部分在 0°角附近的弹性散射和非弹性散射电子进入探测器被记录而影响测量精度。为提高精度，要使束流尽可能细（直径小于 1 mm），接受立体角 $\Delta\Omega$ 尽量小。我们来估计这一影响，由于测量到的碰撞后的电子束流 I_c 中包括了上述散射到 0°角附近被探测器有限立体角 $\Delta\Omega$ 接受到的电子束，必须去除，因而有

$$\ln \frac{I_0}{I_c} = NL\sigma_T - N \int_0^L dx \int_0^{\Delta\Omega(x)} \frac{d\sigma}{d\Omega} d\Omega$$

在 $\Delta\Omega$ 很小情况下，$d\sigma/d\Omega$ 可认为是常数而提出积分号。在 0°角附近，弹性散射部分的电子的能量与入射束电子的能量相同，无法去除。为了去除非弹性散射部

分的贡献,使用能量分析器的甄别阈使探测器只记录能量与入射电子能量相同的电子,即只记录入射束和弹性散射电子。因此,上述公式第二项变为 $NL\Delta\Omega \cdot (d\sigma(\theta=0°)/d\Omega)_{el}$。测量 σ_T 的相对误差为

$$\frac{\Delta\sigma_T}{\sigma_T} = \frac{\Delta\Omega \cdot (d\sigma(\theta=0°)/d\Omega)_{el}}{\sigma_T}$$

通常对快电子碰撞,$(d\sigma(\theta=0°)/d\Omega)_{el} \approx (1\sim100)\, a_0^2 sr^{-1}$,$\sigma_T \approx 10\, a_0^2$。为使 σ_T 测量误差小于 1%,需选择装置探测器对作用室中心所张立体角 $\Delta\Omega < 10^{-3}$ sr。

在实验情况下,为了减少测量误差,总是交替地测量充气时的 $(I_0/I_c)_g$ 和抽真空时的 $(I_0/I_c)_v$。后者理想情况下应为 1,实际上可能偏离 1。然后用 $(I_0/I_c)_v$ 去归一式(6.2.17)中的 I_0/I_c:

$$\sigma_T = \frac{1}{NL} \ln \frac{(I_0/I_c)_g}{(I_0/I_c)_v} \tag{6.2.18}$$

并且对一个能量点至少要测量 6 个不同气压(即不同 N)的 $(I_0/I_c)_g/(I_0/I_c)_v$,通过拟合它的对数值与 P 的直线关系,由斜率而得到全截面值。图 6.2.3 是中国科学技术大学的一台全截面装置测量的 C_2H_2 的电子碰撞全截面结果[22]。

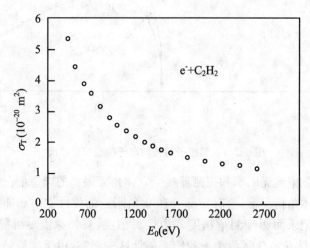

图 6.2.3 C_2H_2 的电子碰撞全截面

6.2.3 电离和解离截面

在电子碰撞电离研究中,末态是散射电子、电离电子和剩余离子,类似前述电子碰撞散射情况,应有 9 个变量和 6 个独立自由度,在测量散射电子和电离电子情况下,通常取为两个出射电子的立体角和能量,使用两个电子能量分析器测量散射

电子和敲出电离电子的符合计数率随两个出射电子 θ 和 φ 角及能量的变化关系,就得到微分电离截面。在快电子碰撞下可以忽略剩余离子反冲动能,则自由度为 5 个,即得到五重微分电离截面,但实际上常常固定 θ 或 φ 角,只改变一个角,即为三重微分电离截面。由于入射一个电子,出射有两个电子,通常用(e,2e)来表示这类反应。它的取原子单位的普遍表达式为

$$\frac{\mathrm{d}^3\sigma}{\mathrm{d}\Omega_a\mathrm{d}\Omega_b\mathrm{d}E_a} = (2\pi)^4 \frac{p_a p_b}{p_0} \Sigma_{av} |T_{fi}(\varepsilon_f, p_a, p_b, p_0)|^2 \quad (6.2.19)$$

其中,p_0,p_a 和 p_b 分别是入射电子、散射电子和敲出电子的动量;Σ_{av} 表示对末态所有简并求和,对初态所有简并求平均;矩阵元 T_{fi} 是靶从原子基态 i 至离子终态 f 的(e,2e)反应振幅,或称电离振幅。

理论上对微分电离截面公式(6.2.19)式的计算归结为对电离振幅 T_{fi} 的计算,但精确的计算目前还不可能,只能根据运动学条件和靶粒子体系做近似计算[23]。其中用得较多的是平面波近似、库仑波近似、扭曲波近似、冲量近似等。

对接近电离阈的低能电子入射,Wannier, Peterkop, Rou 用经典和量子力学方法推导出单电离截面的阈定律(threshold law),近阈总电离截面为

$$\sigma_1 \sim E^m, \quad m = [(100Z-9)/(4Z-1)]^{\frac{1}{2}}/4 \quad (6.2.20)$$

其中,E 为入射能量 E_0 超过电离阈 ε 的多余能量即 $E_0 - \varepsilon$,或两出射电子能量之和 $E_a + E_b$;指数 $m = 1.127$(当 $Z=1$)和 ~ 1(当 $Z \to \infty$),这已被实验证实[24]。

在入射电子能量比阈能高很多情况下,用扭曲波 $\chi^{(\pm)}(p)$ 近似描述入射、散射和敲出电子的运动,这时电离振幅可以表示为

$$T_{fi}(\varepsilon_f, p_0, p_a, p_b) = \langle \chi^{(-)}(p_a)\chi^{(-)}(p_b)f|\tau|i\chi^{(+)}(p_0)\rangle \quad (6.2.21)$$

$|i\rangle$ 和 $|f\rangle$ 分别表示原子分子初态和离子末态波函数,$\chi^{(\pm)}(p)$ 是各个电子的波函数,它们不再是平面波,分别受初态原子分子或末态离子作用而被扭曲,$(\pm)$ 表示入射/出射球面波边界条件,τ 为碰撞电离的作用算符。

除此之外,类似上节讨论,在小动量转移下,即高电子入射能量和散射角 θ_a 趋于 $0°$ 情况下,电子碰撞实验等效于光吸收过程。在跃迁到连续态时,非弹性散射即为电离过程。实验上符合测量前向散射快电子与适当角度的慢电子即可模拟可调能量的光电子谱仪(PES)实验而得到光电离截面。杨振宁以及 Cooper 和 Zare[25] 证明,在线偏振光入射情况下,向 θ 角方向发射的光电子微分截面为

$$\frac{\mathrm{d}\sigma_j}{\mathrm{d}\Omega} = \frac{\sigma_j}{4\pi}[1 + \beta P_2(\cos\theta)] = \frac{\sigma_j}{4\pi}\left[1 + \frac{3}{4}\beta\left(2\cos^2\theta - \frac{2}{3}\right)\right] \quad (6.2.22)$$

其中 σ_j 为积分截面,β 为非对称参量,与光子能量和电离通道有关,在 -1 到 2 之间。

在光电子发射方向与入射光方向之间存在这样一个角 $\theta_m = 54.7°$，使 $\cos^2\theta_m = 1/3$，称为魔角。在线偏振光的 $\theta = \theta_m$ 或一般垂直极化的偏振光的 $\theta_z = \theta_m$ 情况下，只要使电子探测器放在与光子入射方向成 $54.7°$ 方向探测，均可使测得的 $d\sigma_j/d\Omega = \sigma_j/4\pi$，与 β 无关，也就是与入射光子能量、电离通道情况以及极化偏振情况无关，从而很容易得到光电离积分截面和全截面。

在(e,2e)实验中，快电子入射产生的虚光子场是极化的，因此，如在 $0°$ 角方向放置一个电子探测器，在 $\theta = 54.7°$ 角方向放置另一个探测器（即放在魔角），它们的符合测量就相当于光电离实验，可以给出相对光电离积分截面，经刻度可得绝对光电离截面，也可得到各种光电离过程的相对部分偶极振子强度。

(e,2e)谱仪只能研究原子分子的电离过程。对于分子来说，情况复杂得多，光子或电子与分子 AB 作用，除了电子的弹性散射（对应光子的瑞利散射）以及使分子激发与电离之外，还可能产生超激发态，作用后产生的激发态或超激发态分子以及电离离子也会发生退激发、中性解离和带电解离。其中电离情况只有电离度 $n \geqslant 2$ 时，才会发生库仑爆炸，它和超激发态的带电解离过程均由于要克服较强的库仑引力而发生截面较小。下面用入射电子来表示这些主要过程，至于入射是光子时，只要在弹性散射中将 e 换成 $h\nu$，在其他的非弹性过程中将 e' 去掉就行了。

$e + AB \rightarrow e + AB$　　　　　　　　　　　　（弹性散射）

　　　　$\rightarrow e' + AB^*$　　　　　　　　　　　（激发）

　　　　　　$\rightarrow AB + h\nu$　　　　　　　　（退激发）

　　　　　　$\rightarrow A^* + B \rightarrow A + B + h\nu$　　（中性解离）

　　　　$\rightarrow e' + [AB^{n+}]^* + ne$　　　　　　　（直接电离）

　　　　　　$\rightarrow AB^{(n-1)+} + e$ 或 $AB^{n+} + h\nu$　（退激发）

　　　　　　$\rightarrow A^{n+} + B$　　　　　　　　（解离）

　　　　　　$\rightarrow A^{p+} + B^{q+}$　　　　　　（库仑爆炸）

　　　　$\rightarrow e' + AB^{**}$　　　　　　　　　（超激发）

　　　　　　$\rightarrow AB^+ + e$　　　　　　　　（自电离）

　　　　　　$\rightarrow A^* + B \rightarrow A + B + h\nu$　　（中性解离）

　　　　　　$\rightarrow A^+ + B^-$　　　　　　　　（带电解离）

　　　　　　$\rightarrow AB + h\nu$　　　　　　　　（退激发）

因此，涉及分子解离的电子碰撞过程就不能用(e,2e)谱仪研究，分子和团簇的解离过程需要使用离子测量装置，这就是模拟光子入射时的可调能量光电离质谱仪(PIMS)的散射电子与离子质谱的符合谱仪，即(e,eA$^+$)谱仪[14]。

在这种装置中,除使用一个静电型能量分析器测量散射电子能量外,还有一个飞行质谱仪能在接近 4π 接受立体角下,同时测量电离离子或解离碎片的质量谱和电荷态。这种谱仪不能得到电离能,因为电离电子的动能不知道。但这种谱仪对于确定电离和解离通道及各通道的分支比、微分截面和部分振子强度,以及它们随电子能量损失值(即光子能量)的变化关系等是很有用的。中国科学技术大学的那台快电子能量损失符合谱仪就是将快电子能量损失谱仪和 (e, eA^+) 谱仪结合起来,获得两者的优点。

由上面的分析可知,使用光吸收方法(激光或同步辐射光吸收谱或快电子零度散射的能量损失谱)得到的光吸收总截面 σ_a^T 包括了所有上述激发、电离和超激发过程,在超过电离阈能区,光吸收总截面包括由于直接电离和超激发过程产生的自电离、带电解离和中性解离。直接电离过程在光吸收能谱中表现为连续本底,在电离阈附近变化较快,远离电离阈则缓慢下降,如图 6.2.2 中 Q_1,自电离或超激发过程在光吸收谱中表现为连续电离本底上叠加的一系列峰。另一方面,使用光电离质谱方法(用激光或同步辐射的光电离质谱或快散射电子与离子质谱符合)得到的光电离总截面 σ_i^T 包括了由于电离和自电离或超激发过程产生的电离和带电解离,而不包括中性解离截面 σ_n,即有

$$\sigma_a^T = \sigma_i^T + \sigma_n \tag{6.2.23}$$

如果用快电子能量损失符合谱仪同时测量总的光吸收事例数 N_a 和总的光电离事例数 N_i,则可以得到总的光电离效率:

$$\eta = \frac{N_i}{N_n} = \frac{\sigma_i^T}{\sigma_a^T} \tag{6.2.24}$$

它随能量损失值(或光子能量)的变化即为光电离效率曲线。因此,通过测量吸收截面和光电离截面可以得到中性解离截面:

$$\sigma_n = \sigma_a^T - \sigma_i^T = (1 - \eta)\sigma_a^T \tag{6.2.25}$$

因此,通过电离和解离微分截面和总截面的测量可以研究电子与原子分子碰撞动力学作用机制和提供任何涉及电离和解离截面理论的实验检验。已经对许多种原子和分子的价壳层电离和解离过程进行了研究,20 世纪 80 年代后又对原子分子内壳层激发的电离和解离过程进行了研究,这些方面的工作许多年来不断深入和细致,一直长盛不衰。

6.3 振子强度

6.3.1 光学振子强度和广义振子强度

在光谱学中常常使用振子强度或光学振子强度这一物理量来表征原子在两个态之间的电偶极吸收或发射。它来源于经典电偶极子辐射理论,用振子强度描述具有一定简谐振动频率 ν_{ij} 的电偶极振子的个数(电子数)。设电子的质量为 m,量子力学给出原子从能量为 E_i 的初态 i 电偶极跃迁到能量为 E_j 的末态 j 的光学振子强度 f_{ij}(后面为简单起见改用 f_0)的定义为[26,27]

$$f_0 = \frac{2m}{\hbar^2 e^2}(E_j - E_i)\,|\,D_{ij}\,|^2 \xlongequal{\text{a.u.}} 2(E_j - E_i)\,|\,D_{ij}\,|^2 \xlongequal{\text{a.u.}} 2(E_j - E_i)\,|\,\langle \psi_j z \psi_i \rangle\,|^2$$

(6.3.1)

D_{ij} 是由 i 态到 j 态的一维 z 方向的电偶极跃迁矩阵元,若是三维 r 方向电偶极子,公式还要除以 3。如果初、末态有简并,还要对末态简并求和,对初态简并求平均。振子强度是一个无量纲的物理量,对光吸收情况,末态 j 是上能级,$E_j > E_i$,f_0 为正,称为吸收振子强度;对光发射,$E_j < E_i$,f_0 为负值,称为发射振子强度。例如,Na 原子的 3S 和 3P 能级之间跃迁的光学振子强度有如下值:$3^2S \to 3^2P$ 是 0.972,$3^2S_{1/2} \to 3^2P_{1/2}$ 和 $3^2P_{3/2}$ 的分别是 0.324 和 0.648,3^2P、$3^2P_{3/2}$ 和 $3^2P_{1/2} \to 3^2S_{1/2}$ 的都是 -0.324。这是因为 $^2S_{1/2}$ 的简并度为 $2J+1=2$,$^2P_{1/2}$ 和 $^2P_{3/2}$ 的简并度分别为 2 和 4。

由量子力学可知,光学振子强度与自发辐射跃迁速率 λ_j 之间以及光吸收截面 σ_j 之间有很简单的如下关系[27,28],知道光学振子强度就可以求出它们,由式(5.1.19)还可求出光吸收系数。

$$f_0 = \frac{m\hbar^2 c^3}{2e^2(E_j - E_i)^2}\lambda_j = \frac{mc}{2\pi^2 \hbar e^2}\sigma_j \qquad (6.3.2)$$

在电子碰撞情况,贝特(H. Bethe)类比光学振子强度描述原子吸收光子的跃迁截面,定义广义振子强度 $f(E_j, K)$ 来描述原子从初态 i 到激发态 j 的快电子碰撞跃迁,在玻恩近似下,它只与靶粒子本身的性质有关,而与入射粒子的能量无关。利用式(6.2.3)还可得到与微分截面的关系,在原子单位 a.u. 下为

$$f(E_j, K) \underset{\text{a.u.}}{\equiv} \frac{2E_j}{K^2}\,|\,\varepsilon_j(K)\,|^2 \underset{\text{a.u.}}{=} \frac{E_j K^2}{2} \frac{p_0}{p_a} \frac{\mathrm{d}\sigma_j}{\mathrm{d}\Omega} \qquad (6.3.3)$$

这里为了简化公式的表示,E_j 就是前面公式中的 $(E_j - E_i)$,或电子的能量损失,取哈特里单位 (2 R = 27.2 eV),如取里德伯能量单位,公式中还要除以 2。K 取 $\hbar/a_0$,$d\sigma/d\Omega$ 取 a_0^2 单位,K^2 由式 (6.2.1) 确定。$\varepsilon_j(K)$ 由式 (6.2.4) 确定,是原子从 i 态由于电子碰撞跃迁到 j 态的矩阵元,包括电偶极和其他种类的,不像光学跃迁中仅为电偶极跃迁矩阵元 D_j。式中前面部分的运动学因子称为贝特-玻恩 (Bethe-Born) 因子:

$$B(E_j, K) = \frac{E_j K^2}{2} \frac{p_0}{p_a} \tag{6.3.4}$$

后来 Inokuti 又推广到末态是连续区,将微分截面 $d\sigma_j$ 用每单位激发能内的微分截面 $d\sigma_j/dE$ 代替,引入广义振子强度密度[26],定义为单位激发能内的广义振子强度:

$$\frac{df(E,K)}{dE} = \sum_j \frac{2E_j}{K^2} |\varepsilon_j(K)|^2 \delta(E_j - E) \tag{6.3.5}$$

式中 E_j 是跃迁能量,E 是能量变量。当末态是束缚态时,只有当 $E = E_j$ 时,$\delta(E_j - E)$ 才等于 1,对于其他的 E,δ 均为 0,式 (6.3.5) 回到式 (6.3.3),只是对单位激发能区内的所有束缚态求和。当末态是连续态时,δ 函数为 1,求和变为积分。李家明发展了法诺 (Fano U.) 提出的多通道量子亏损理论[29],能对具有相同角动量特征的包括原子分子束缚-束缚跃迁及束缚-连续跃迁的各个通道,统一地计算随能量缓慢变化的量子数亏损 Δ_j 和相应的绝对广义振子强度密度 $df(E,K)/dE$。他定义的广义振子强度密度由式 (6.3.3) 束缚-束缚跃迁的广义振子强度乘以一个态密度因子 N_n^2 (即 dn/dE) 得到

$$\frac{df(E,K)}{dE} = N_n^2 f(E,K) \tag{6.3.6}$$

n 是主量子数,乘这一因子是因为 Inokuti 定义的束缚-连续跃迁的微分截面是单位激发能内的,因此末态波函数是能量归一,而 Bethe 定义的束缚-束缚跃迁的微分截面是对束缚峰面积积分,末态波函数是态归一,因此,束缚态的归一在能量归一与态归一之间差一个因子 N_n,其平方即为态密度。如在单通道情况下,对里德伯原子的能级能量公式 (1.2.2) 微分即得到 $N_n^2 = (n - \Delta_j)^3/2^{\frac{1}{2}} + (d\Delta_j/dE)E_j$。

类似将广义振子强度推广到连续区,同样可以将光学振子强度推广到连续区,从而引入光学振子强度密度 $df_0(E)/dE$。

在实际情况下,入射电子能量常常不很高,玻恩近似不成立,广义振子强度与 E_0 有关。用上述关系得到的是表观广义振子强度 $f(E_0, E_j, K)$ (对于束缚跃迁) 和表观广义振子强度密度 $df(E_0, E, K)/dE$ (对于束缚和连续跃迁),它们与 E_0 有

关。当入射电子能量 E_0 很高时,玻恩近似才成立,表观广义振子强度和表观广义振子强度密度趋于广义振子强度和广义振子强度密度,由此得到电子碰撞非弹性散射广义振子强度和微分截面以及广义振子强度密度和双微分截面之间用原子单位描述的如下 Bethe-Born 关系:

$$\lim_{E_0 \to \infty} f(E_0, E_j, K) = f(E_j, K) = \frac{E_j}{2} \frac{p_0}{p_a} K^2 \frac{d\sigma_j}{d\Omega} = B(E_j, K) \frac{d\sigma_j}{d\Omega}$$

$$\lim_{E_0 \to \infty} \frac{df(E_0, E, K)}{dE} = \frac{df(E, K)}{dE} = \frac{E}{2} \frac{p_0}{p_a} K^2 \frac{d^2\sigma}{dEd\Omega} = B(E, K) \frac{d^2\sigma}{dEd\Omega} \tag{6.3.7}$$

由于在小角度微分截面常常较大且变化很大,而广义振子强度变化较平缓,因而在用外推到零度角方法求积分截面时,式(6.2.13)常变换成如下广义振子强度描述积分散射截面:

$$\sigma_j = 2\pi \int \frac{d\sigma_j}{d\Omega} \sin\theta d\theta = \frac{\pi}{E_0 E_j} \int_{K^2_{\min}}^{K^2_{\max}} f(E_j, K) \frac{dK^2}{K^2} \tag{6.3.8}$$

一个电子的各振动态 v 的广义振子强度与微分截面之间有类似关系:

$$f_v(E_j, K) = \frac{E_{j,v}}{2} \frac{p_0}{p_a} K^2 \left(\frac{d\sigma_j}{d\Omega}\right)_v \tag{6.3.9}$$

这里 $E_{j,v}$ 是 v 振动态的激发能量。根据弗兰克-康登原理,有

$$\left(\frac{d\sigma_j}{d\Omega}\right)_v = q_v \left(\frac{d\sigma_j}{d\Omega}\right) \tag{6.3.10}$$

q_v 是振动态的弗兰克-康登因子。电子态激发能量 E_j 与 $E_{j,v}$ 间有如下关系:

$$E_j = \sum_v E_{j,v} q_v \tag{6.3.11}$$

由以上讨论可知,微分散射截面和广义振子强度密度是能量损失和动量转移的函数,它们的轮廓实际上是一个三维立体面。以 E 和 $\ln K^2$ 为 x, y 坐标画出的广义振子强度密度三维图形称为贝特面,它是一个适用于电子碰撞的特别有用的运动学表象。图 6.3.1 所示是氢原子的贝特面图[26],平面轴是 E 和 $\ln K^2$,纵轴是广义振子强度密度,均取原子单位,能量单位是 R。当 E 确定时,广义振子强度密度随 K 的变化是一条曲线,图上各条曲线分别相应于 $E/R = 3/4, 8/9, 1, 5/4, 3/2, 2, 3, 4, 5, 6, 7, 8$ 和 9。前两条曲线相当于到主量子数 $n = 2$ 和 3 的分立跃迁,包括允许的和禁戒的跃迁。

贝特面直接与跃迁矩阵元也即原子分子的初、末态波函数与相互作用性质有关,因此,通过测量贝特面或它的一条广义振子强度曲线的形状和绝对大小以及它们随入射能量的关系,来进行广义振子强度和微分散射截面的实验和理论研究,不仅对于激发动力学、跃迁多极性和性质,而且对于评估各种量子力学和量子化学理论模型和方法都有重要意义。

例如,图6.3.1所示的广义振子强度密度随动量转移变化的曲线就可以用来分析。从后面的讨论可知,在K很小即光学近似成立处,原子分子跃迁趋于光吸收情形,对应电偶极允许跃迁,广义振子强度密度变成光学振子强度密度。对于不为零的电偶极允许跃迁,随着K增加,广义振子强度密度先近于平行不变,然后变小趋于零,图上前两个$n=2$和3的曲线就是典型的电偶极允许跃迁形状。对于禁戒跃迁,当K很小时,广义振子强度密度为零;随着K增加,广义振子强度密度逐渐增加;在大K时出现一个极大值,然后变小趋于零,类似于图上激发能较高的曲线。极大值区称为贝特脊,图上脊下的虚线给出了它的位置,它最接近于两自由电子碰撞而剩余离子是旁观者这种双体模式。由图可见,随E减小,贝特脊逐渐弥散。再如,自旋-交换跃迁是在碰撞能量接近激发阈时才被激发,对快电子碰撞不重要;四极和更高级电多极激发是在中碰撞能量和大K时才被最大增强;原子分子里德伯分立态的非偶极跃迁的广义振子强度轮廓的第二次极值(极小和极大)的K位置可以用作谱标志。再有,从广义振子强度测量可推导出壳层特征的康普顿轮廓,从而可以确定原子分子价壳层电子密度的电荷与动量分布。因此,广义振子强度和微分散射截面的实验和理论研究对于激发动力学、跃迁多极性、理论模型和方法以及许多领域内的应用有重要意义。

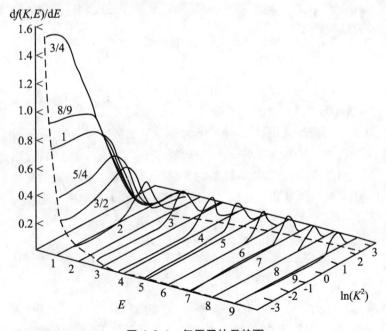

图6.3.1 氢原子的贝特面

已经测量和计算了许多种气态原子和分子以及一些固体原子蒸气的部分电子态跃迁的微分截面,包括光学允许跃迁和禁戒跃迁。大部分是用低能电子能量损失谱仪。也有少量允许跃迁的广义振子强度测量和理论计算。20 世纪 90 年代以来,在日本、巴西、美国、中国和加拿大有了不少气体和蒸气原子分子的中能电子碰撞的微分散射截面和广义振子强度的测量,涉及价壳层和内壳层激发。随着谱仪能量分辨率的提高,还有大量的工作要做。图 1.3.1 是用中国科学技术大学快电子能量损失谱仪在 1500 eV 电子入射下测量得到的 He 原子的 $1s^2\,^1S_0 \to 1s2p\,^1P_1$ 和 $1s2s\,^1S_0$ 激发的绝对微分散射截面和广义振子强度。用这台装置第一次系统测量了 CO 分子振动分辨的微分散射截面和广义振子强度,发现从基态到 $A\,^1\Pi$ 各振动态的跃迁的弗兰克-康登因子不随角度变化,但到 $B\,^1\Sigma^+$,$C\,^1\Sigma$ 和 $E\,^1\Pi$ 跃迁的弗兰克-康登因子却随角度变化,破坏了弗兰克-康登原理,这可以用两条势能曲线避免交叉来解释[30]。

6.3.2 光学近似和振子强度求和定则

现在来讨论广义振子强度和光学振子强度之间的关系,在什么条件下测量的广义振子强度等于光学振子强度。

根据 Bethe 理论,在小电子动量转移下,广义振子强度和广义振子强度密度可按 K^2 展开为级数[26,17]:

$$\begin{cases} f(E_j, K) = f_0(E_j) + f_1(E_j)K^2 + \dfrac{f_2(E_j)}{2}K^4 + \cdots \\ \dfrac{\mathrm{d}f(E,K)}{\mathrm{d}E} = \dfrac{\mathrm{d}f_0(E)}{\mathrm{d}E} + \dfrac{\mathrm{d}f_1(E)}{\mathrm{d}E}K^2 + \left[\dfrac{\mathrm{d}f_2(E)}{2\mathrm{d}E}\right]K^4 + \cdots \end{cases} \quad (6.3.12)$$

式中右边第一项 $f_0(E)$ 和 $\mathrm{d}f_0(E)/\mathrm{d}E$ 即为光学振子强度和光学振子强度密度,与电偶极矩阵元有关。其他系数与电多极矩阵元有关,如 f_1 与电偶极、四极和八极矩阵元有关。因此,在接近零动量转移的光学近似(即高的电子入射能量和 0°散射角)条件下,广义振子强度和广义振子强度密度分别趋于光学振子强度和光学振子强度密度:

$$\begin{cases} \lim\limits_{K \to 0} f(E_j, K) = f_0(E_j) \\ \lim\limits_{k \to 0} \dfrac{\mathrm{d}f(E,K)}{\mathrm{d}E} = \dfrac{\mathrm{d}f_0(E)}{\mathrm{d}E} \end{cases} \quad (6.3.13)$$

现在通过具体的数值计算来理解这一光学近似条件。先求动量转移 K 与入射电子动能 E_0 和激发能 E 的关系。由于电子与原子体系的折合质量 μ 近于电子质量,在原子单位下为 1,将 $p_0^2 = 2E_0$ 和 $p_a^2 = p_0^2 - 2E$ 代入式(6.2.4a),可得

$$K^2 = 4E_0 \left[1 - \frac{E}{2E_0} - \left(1 - \frac{E}{E_0}\right)^{1/2} \cos\theta \right] \quad (6.3.14)$$

当 $E \ll E_0$ 时,$(1 - E/E_0)^{1/2} = 1 - E/2E_0 - (1/8)(E/E_0)^2 - (3/48)(E/E_0)^3$,且 K^2 最小值与最大值分别在 $\theta = 0$ 和 π,因此

$$\begin{cases} K_{\min}^2 = \dfrac{E^2}{2E_0}\left(1 + \dfrac{E}{2E_0} + \cdots\right) \approx \dfrac{E^2}{2E_0} \\ K_{\max}^2 = 8E_0\left(1 - \dfrac{E}{2E_0} - \cdots\right) \approx 8E_0 \end{cases} \quad (6.3.15)$$

由此可见,当 $\theta \to 0°$ 时,K^2 有最小值,且当 $E \ll E_0$ 时,$K^2 \to 0$,这就是上面所说的光学近似条件。下面给出具体的计算来看看光学近似在怎样的条件下才满足。对 $\theta = 0°$,有 $K^2 = K_{\min}^2 = E^2/2E_0$。当 $E_0 = 1500$ eV 时,$E = 15$、30 和 150 eV 对应的 $K_{\min}^2$ 分别为 0.0028、0.011 和 0.28。$K^2 = 0.01$ 对应 $E = 29$ eV。因此,1500 eV 入射电子能量是可以测量价壳层激发的光学振子强度的。但对内壳层激发,如 $E = 250$ eV,当 $E_0 = 2.5$、10 和 100 keV 时,$K_{\min}^2$ 分别为 0.46、0.115 和 0.0115。也即满足 $K^2 \ll 1$ 的条件是 $E_0 \gg 2.5$ keV,实验上很困难。

Lassettre 等推广了上述广义振子强度光学近似即光学极限,他们在一定的理论模型和假设下,证明了不管第一玻恩近似是否成立,即电子碰撞能量可以不要很高,只要 $K \to 0$,这时表观广义振子强度(密度)均趋于光学振子强度(密度),不过现在已有理论和实验提出了争论,应用时最好还是能量高些[33,30]。

现在讨论振子强度的一个有用的性质——振子强度求和定则[27]。它在光谱学中经常用到,不仅可以给出原子跃迁行为的一般性结论,而且可以用来从一组相对值中确定绝对振子强度值,也可以用来检验实验结果与理论计算之间的一致性。

不同情况有不同的振子强度求和定则,这里只给出几个常见的。

对于单电子原子,若 i 是它的最低能级,由于电子从它往上跃迁到各个能级 j 的振子强度之和应等价于经典振子的个数,这儿即电子数 1,因而吸收振子强度 f_{ij} 值服从求和定则:

$$\sum_j f_{ij} = 1 \quad (6.3.16)$$

如果电子是在激发态 k,则从它往下的发射 f_{ki} 值和往上的吸收 f_{kj} 值之和应等于 1:

$$\sum_{i<k} f_{ki} + \sum_{j>k} f_{kj} = 1 \quad (6.3.17)$$

由于发射振子强度 $f_{ki} < 0$,吸收 $f_{kj} > 0$,由特定态 k 到所有末态的跃迁中吸收跃迁

占优势。

常用的是 TRK(Thomas-Reiche-Kuhn)求和定则:振子强度对所有末态求和等于靶原子中的电子数 N_e,如果测量的是价壳层激发,N_e 为所有价电子数。这一定则对任何原子都成立,不论原子的耦合方式是 LS 耦合还是 jj 耦合,但没有考虑原子不同电子组态之间的相互作用。如果该原子从基态往上跃迁,则所有分立跃迁的振子强度之和加上所有连续态的振子强度密度对能量损失值积分应等于 N_e:

$$\sum_j f_0(E_j) + \int_{\varepsilon_f}^\infty \frac{\mathrm{d}f_0(E)}{\mathrm{d}E}\mathrm{d}E = \int_0^\infty \frac{\mathrm{d}f(K,E)}{\mathrm{d}E}\mathrm{d}E = N_e + \delta \quad (6.3.18)$$

这里 ε_f 是电离能,δ 是对电子数 N_e 的修正。注意,公式适用于光学振子强度和光学振子强度密度,也适用于在某一动量转移 K 下的广义振子强度和广义振子强度密度。

6.3.3 电子碰撞方法测量广义和光学振子强度

绝对光学振子强度代表了原子分子的电子跃迁概率和光吸收截面,它对原子分子物理和量子力学理论也是很重要的。但是到现在为止,光谱学的研究重点是在确定跃迁能量而不是振子强度。这是因为无论对实验还是对理论来说,跃迁能量容易得到。已经有了很多原子分子的各种跃迁能量数据,但它们的绝对光学振子强度(或相应的反映跃迁概率的量如截面、寿命、线宽、消光系数等)的数据较少,尤其是分子的和内价壳层以及内壳层的更少。

从实验上看有三个主要原因限制了用光学方法得到光学振子强度。一是绝对测量本身带来的困难,例如,需要知道作用区的原子或分子绝对数目和光子强度,通常这是难于准确知道的。二是在真空和软 X 射线范围内光谱定量测量工作的固有困难。三是虽有许多光学方法可利用,但都存在种种困难和限制。例如,通过能级交叉技术和束箔技术测量寿命,测量等离子体或束的发射线形,测量共振展宽发射线形,测量自吸收或总吸收,以及光学相位匹配等方法,它们在技术上复杂,而且要求所涉及的原子跃迁是很强的,因此使它们的应用范围变得很窄。

其中一种普遍使用的光学方法是利用朗伯－比尔定律的光吸收测量,用一束单色光通过气体靶,扫描入射单色光波长而得到吸收谱,通过测得的吸收系数而得到光学振子强度。这一方法原则上可以容易地测量很宽的能谱范围内原子和分子的绝对光学振子强度,但实际上这一方法存在一些很严重的问题[31]。

首先,它是由式(5.1.22)通过测量靶密度 N、光通过靶路径长度 L 和入射与透射光通量 I_0 与 I 而得到吸收系数 a,要得到绝对光学振子强度就必须测量到 N、L、I 和 I_0 值,这是困难的。另外,在光吸收方法中,由式(5.1.19)光吸收截面 σ 正

比于吸收系数 α，因而 σ 和 α 与 I_0/I 是对数关系。当单色仪的带宽 ΔE 不够好，比测量的谱线宽度 Γ 大或接近时，在特征能量峰处测到的是两者的卷积，因而以峰高度表示的截面是一个带权重的平均截面，它比真实截面要小。这已被 Hudson 讨论，Chan 等进一步证明：对于非线性关系，不仅峰值变小，对数卷积的面积（谱线的剖面）也变小；谱仪分辨率 ΔE 越大，跃迁的自然线宽 Γ 越小，跃迁截面 σ 越大，NL 越大，变小越厉害；$\Delta E = 0$ 时不变小；在减小气体 NL 时，影响变小。这种"线饱和"带宽效应对于强的窄线特别严重，这在测量分子的价壳层跃迁光谱时更容易看到，因为分子存在振动转动光谱，它们的自然线宽很窄，不同跃迁的自然线宽和截面也不同，因而"线饱和"效应的影响较严重，也不同。在真空紫外和软 X 射线能区，由于低的光通量而要用宽的单色器狭缝，从而使带宽 ΔE 增大，这种效应尤其严重。图 6.3.2 给出用光吸收方法和电子碰撞方法得到的 N_2 的 12.4～13.2 eV 激发能量范围内光学振子强度谱的比较[32]，可以明显地看到光学吸收方法存在严重的带宽效应，尤其对 12.8～13.0 eV 内的 $b^1\Pi_u$ 电子态的三个振动强峰和 $c^1\Pi_u$、$c'^1\Sigma_u^+$ 的 $v = 0$ 振动峰更明显。

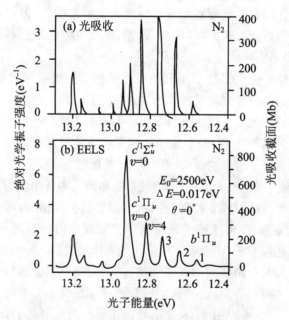

图 6.3.2 光吸收方法的"线饱和"带宽效应

上述带宽效应不仅造成了"线饱和"，而且这种"线饱和"的大小也与测量仪器、入射单色光的分辨率和气体靶有关，不同跃迁的带宽效应也不一样，因此，用基于朗伯-比尔定律的光吸收方法来精确获得原子分子的光学振子强度是很困难的，特别是对有较大截面的分立能谱窄峰更不可靠。

另一种常用的光学方法是通过测量寿命而计算出光学振子强度，但对分子来说，两者之间关系依赖于扰动和其他一些与分子能态有关的因素，因而由寿命算出的光学振子强度往往有很大差异而不准。

光学振子强度可以用另外一种不存在带宽效应的非光学方法得到，这就是利用光学近似条件在小动量转移下的快电子碰撞电子能量损失谱技术。6.1节已指出快电子与原子分子作用相当于一个有各种能量的强度是均匀的虚光子场作用到原子分子上，这个虚光子场的能谱是连续的平坦分布。因此，这种方法得到的光学振子强度谱本身就具有正确的相对强度分布。但在光学方法中必须对不同波长的入射光通量进行测量并校正，这种测量既要能在很宽的波长范围内进行，又要有高的精度是很困难的。此外，由于虚光子的能谱是连续的，这是一种非共振的激发方法。不像光吸收方法中在共振区的 σ 与未吸收的光子数 I 的关系是对数的（正比于 $\ln I_0/I$），电子碰撞方法中测量的散射电子计数 I 直接正比于吸收截面 σ，仪器的能量分辨与跃迁的自然宽度卷积后仅使测得的峰形增宽，但峰面积不变。不存在光学方法中带宽效应带来的"线饱和"误差，谱仪有限能量分辨带来谱线展宽只是使谱变模糊，但不影响峰面积和结果。

实验上利用能量损失谱技术得到绝对光学振子强度有两种方法[31]。第一种方法是外推广义振子强度到动量转移为零，它适用于可以改变散射角的装置，常用于测量分立激发跃迁。对于偶极允许跃迁，可以通过测量一系列小散射角的广义振子强度后外推到 $K^2=0$ 而得到，实验中为了在作绝对刻度时减少或消除仪器能量响应函数和几何因子带来的误差，要利用上节介绍的一些方法。例如，在确定的电子碰撞能量（远大于激发能量）下同期测量小角范围内各个散射角的待测跃迁和已知微分截面的弹性散射或非弹性散射跃迁的能量损失谱，由峰下面积比可得到强度比的角依赖关系，再由已知的各角度微分截面值得到待测跃迁的微分截面。如果已经修正了几何因子，则无需测强度比的角依赖关系，而只需测各角度待测跃迁的能量损失谱和某个角度的两者强度比，就可由单点刻度法从那个角度的跃迁的已知微分截面值得到待测跃迁的微分截面。再由式(6.3.3)得到各个散射角的广义振子强度，当然也可以用 TRK 求和定则得到。最后用最小二乘法拟合外推到 $K^2=0$ 处得到绝对光学振子强度。整个流程如方框图6.3.3所示。显然这一方法要求所测量的跃迁在小动量转移范围内的广义振子强度随动量转移是单调变化。常用的拟合多项式是[34]

$$f(E_0, E_j, K) = \frac{1}{(1+x)^6}\left[f_0 + \sum_{n=1}^{m} f_n\left(\frac{x}{1+x}\right)^n\right] \quad (6.3.19)$$

这里拟合出来的 f_0 就是光学振子强度,参数 $x=(K/\alpha)^2$,α 与第一电离能 I 和激发能 E_j 有关,$\alpha=(2I)^{1/2}+[2|I-E_j|]^{1/2}$,$f_n$ 是拟合常数。

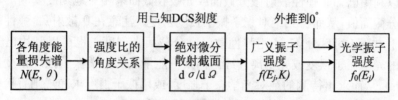

图 6.3.3 由小角广义振子强度外推到 0°角方法得到光学振子强度

第二种方法是偶极 (e,e) 方法,它适用于能在 0°散射角测量能量损失谱并具有较高碰撞能量的装置。在 0°角测量时,在角分辨较小、价壳层激发和入射电子能量较大(如 1.5 keV)的情况下,$K^2<10^{-2}$ a.u.,$K^2\to 0$ 的光学近似条件满足,由 (6.3.7)式计算的光学振子强度的误差小于 1%。这种方法也是一种能同时得到束缚区和连续区的光学振子强度密度的方法,将测得的能量损失谱转变为光学振子强度密度谱就可得到束缚区的(对束缚峰积分)和连续区的光学振子强度密度。这种方法的优点是避免了麻烦的外推程序,只要在一个 0°角测量,就能得到光学振子强度,比第一种方法节省大量时间。但要实现在 0°角测量,在技术上的困难是很大的,这是因为强的入射电子束在 0°角时与散射电子束相混合,会造成很大的本底,必须利用很好的电子光学系统来提高讯号本底比才能实现。另外的缺点是要求入射电子能量很高以满足光学近似。此外,它必须对谱仪的有限角分辨和能量响应做修正。

在实际测量中得到的是计数率,并不能直接利用式(6.3.7)得到光学振子强度密度,还必须考虑式(6.2.6)中能量响应函数和几何因子的影响,但在这儿由于只在 0°测量,几何因子不用考虑,$G(\theta)$ 为常数,但分析器的有效角分辨必须考虑。在 E_0 一定的实验条件下,如果分析器所张立体角恒定,则由式(6.3.4)确定的贝特-玻恩因子 $B(E)$ 就只是激发能 E 的函数。在低分辨条件下,谱仪能量响应函数一般与 E 无关,测量的能量损失谱只要做有限角分辨修正后就代表相对微分截面随能量的变化,乘以 $B(E)$ 因子后即为相对光学振子强度密度谱。但在高分辨条件下在较宽的能量损失值范围内测量时,还要考虑仪器能量响应函数与 E 有关,因此,可以定义一个只与 E 有关的贝特-玻恩转换因子 $B'(E)$,它包括贝特-玻恩因子、仪器能量响应函数和有限接受角修正的影响[31]。然后将测得的原子分子能量损失谱 $dN(E)/dE$ 乘上这个转换因子,就得到相对光学振子强度密度谱。

$$\begin{cases} f_0(E_j) = B(E_j) \dfrac{d\sigma}{d\Omega} = B'(E_j) N(E_j) \\ \dfrac{df_0(E)}{dE} = B(E) \dfrac{d^2\sigma}{dEd\Omega} = B'(E) \dfrac{dN(E)}{dE} \end{cases} \quad (6.3.20)$$

可以利用已知非弹性散射微分截面或光吸收截面来相对地刻度要测的非弹性散射微分截面值,从而得到绝对光学振子强度密度。注意在 0°散射角,弹性散射电子与入射电子不可区分,不能用弹性散射微分截面来刻度。也可以利用已知的分立能级的光学振子强度或光电离连续区内某一能量点的光学振子强度密度值来刻度 $B'(E)$,从而求出待测的绝对光学振子强度,或用振子强度求和规则直接得到绝对光学振子强度密度谱值,整个流程如图 6.3.4 所示。

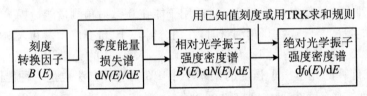

图 6.3.4 由 0°角能量损失谱得到光学振子强度密度

刻度 $B'(E)$ 因子常使用有简单价电子能谱且有精确数据的原子,例如 He,测量它的光滑电离连续区的电子能量损失谱 $dN(E)/dE$,然后利用它的已知的光学振子强度密度谱值或若干个能量点的光吸收截面值通过以下公式拟合而得:

$$B'(E) = \dfrac{df_0(E)}{dE} \Big/ \dfrac{dN(E)}{dE} = \dfrac{E}{a+cE} \left[\ln\left(1+\dfrac{\theta_0^2}{y^2}\right)\right]^{-1} \quad (6.3.21)$$

公式是考虑到有限角分辨修正后利用式(6.2.12)对分析器有限接受角积分而得,积分中代入式(6.3.7)和式(6.2.1)并假设角分辨函数为矩形,宽度为 $2\theta_0$,且 df/dE 在 $\pm\theta_0$ 范围内不变并等于 df_0/dE,即

$$\dfrac{dN}{dE} \propto \left\langle \dfrac{d^2\sigma}{dEd\Omega} \right\rangle = \int_{\Omega_0} A(\theta) \dfrac{d^2\sigma}{dEd\Omega} d\Omega = 2\int_0^{\theta_0} \dfrac{2p_a}{Ep_0 K^2} \cdot \dfrac{df_0}{dE} 2\pi\sin\theta d\theta$$

$$= \left(\dfrac{df_0}{dE}\right) \dfrac{\pi}{EE_0} \ln\left(1+\dfrac{\theta_0^2}{y^2}\right) \quad (6.3.22)$$

式(6.3.21)中 $a+cE$ 项是人为加入以修正谱仪能量响应函数与能量损失值有关的贡献。其中 a、c、θ_0 为拟合常数,θ_0 为分析器的半接受角,另有

$$y = \left(\dfrac{p_0^2 + p_a^2 - 2p_0 p_a}{p_0 p_a}\right)^{1/2} = \dfrac{E}{2E_0} \quad (6.3.23)$$

在这里，$B'(E)$可差一个常数因子而对结果无影响。

振子强度求和定则由式(6.3.18)给出，由于是快电子入射，某一 K 下振子强度密度近似为某一角度下振子强度密度，即在能量损失范围内，确定角度的 K 近似不变化。因此，只要将得到的能量损失谱经 $B'(E)$ 因子修正后转变为相对振子强度密度谱，然后将此曲线的高能端经最小二乘法按函数形式 eE^{-f} 拟合外推到 $E\to\infty$，并让谱的总面积归一等于电子总数 N_e，就可得到精确的绝对振子强度密度。在 0°角测量得到的就是绝对光学振子强度密度谱。这种方法无需测量束通量和靶密度。不过这一方法也有缺点，就是对于较大原子序数的原子分子，电子数 N_e 必须修正，N_e 等于价电子数加上从内壳层的泡利排斥跃迁的小贡献 δ，如 C_2H_2 的 $N_e=10$，$\delta=0.3$，CHF_3 和 $CHCl_3$ 的 $N_e=26$，$\delta=0.9$。目前只有靠理论计算给出这一修正[35]，因此，这一方法目前还不能应用到较重的原子分子上。

第一种方法在 1959 年首先被 Lassettre 认识，并在 1969 年在实验上用来确定分立能级的偶极光学振子强度[36]。后一方法已经在 1970 年被荷兰 FOM 研究所的 Van der Wiel 组在低分辨下实现[37]，Brion 组在 1981 年实现并在 1986 年完善了用 TRK 求和规则确定绝对光学振子强度密度，然后在 1991 年又在高分辨率下实现[38]。高分辨条件能够分辨窄峰，特别是价壳层激发的窄峰。中国科学技术大学的谱仪既能在 0°下用，又能转动角度，因此，可以用两种方法来得到绝对光学振子强度密度谱。

在这儿要指出一点，对某一确定跃迁，其光学振子强度是常数，由式(6.3.19)，快电子碰撞在 0°角的微分散射截面大致与入射电子能量成反比，入射电子能量 E_0 越大，截面越小。当 E_0 很大时，考虑对数项，截面正比于 $\ln E_0/E_0$，这种下降关系比一次方稍平缓些，比弹性散射下降缓慢得多，非弹性散射越来越重要，最后超过弹性散射，如图 6.2.2 所示。当然对于低能电子，玻恩近似不成立，截面有一个阈能，当 E_0 大于它时，截面迅速增加，当 E_0 是它的 3～5 倍时，截面有一最大值，然后随 E_0 增加而减小，总的变化趋势类似图 6.2.2 中 Q_1 和 $Q_{n=2}$ 曲线。另外要指出电子碰撞方法的一个缺点，那就是电子碰撞相当的虚光子虽然可以产生偶极允许跃迁，但毕竟不是真实光子场。电子能量损失谱方法是通过测量微分截面得到光学振子强度，与实光学实验之间差一个运动学因子 $B(E)=(EK^2/2)(p_0/p_a)$。由于 0°附近 $K^2=E^2/(2E_0)$，$B(E)\approx E^3/(4E_0)$，因此，在入射电子能量不变情况下，电子能量损失谱的相对强度，即微分散射截面的相对大小随能量损失值 E 的增加减小得比真实光吸收方法的快一因子 E^3。例如，对 $E_0=1.5$ keV，当 $E=15$ 和 150 eV时，$B(E)$因子为 0.000 75 和 0.75，差 1000 倍。因此，内壳层的激发截面比价壳层电子小很多，典型的快电子实验通常是在 $E<1$ keV 的情况下进行。注意，

这里 E 的单位是哈特里。

总之,用电子碰撞方法能得到准确的光学振子强度信息。目前虽然已经有了一些这方面的理论计算和实验测量值,但很多是相对光学振子强度或用相对方法得到的绝对光学振子强度,包括价壳层和内壳层的光学振子强度。也有一些低分辨的用求和规则得到的绝对光学振子强度实验值,不过它们很难分辨激发态。1991 年开始实现高分辨下绝对光学振子强度测量,1993 年 UBC 大学和中国科学技术大学同时第一个得到 N_2 分子的振动分辨的光学振子强度[39]。在这方面还需要进行工作,目前主要在 6.1.2 节介绍的中国、日本、加拿大和澳大利亚几个实验室进行。

6.4 电子动量谱学和波函数成像

6.4.1 氢原子的电子动量谱

在量子力学中波函数模的平方 $|\psi(r)|^2$ 表示电子在原子中处于位置 r 的概率密度,也就是在位置空间 r 点找到电子的概率密度,改变 r 就得到原子中电子在位置空间的概率密度分布,或简单说是电子的位置谱。

电子在原子中除了位置坐标这个力学量之外,还可以用其他物理量来描述,它们也会存在概率分布。本节讨论另一个力学量——动量的概率分布。设电子在动量空间的波函数为 $\varphi(p)$,$|\varphi(p)|^2$ 就代表电子在原子中具有动量 p 的概率密度,$|\varphi(p)|^2$ 随 p 的变化关系就是原子分子中的电子在动量空间的概率密度分布,或简单说是电子的动量谱。在量子力学中,$\psi(r)$ 是 $\varphi(p)$ 的傅里叶变换:

$$\psi(r) = \frac{1}{(2\pi\hbar)^{3/2}} \int \varphi(p) e^{ip \cdot r/\hbar} d\tau_p \tag{6.4.1}$$

$\varphi(p)$ 是 $\psi(r)$ 的傅里叶逆变换

$$\varphi(p) = \frac{1}{(2\pi\hbar)^{3/2}} \int \psi(r) e^{-ip \cdot r/\hbar} d\tau_r \tag{6.4.2}$$

显然,电子的状态既可用 $\psi(r)$ 描述,也可用 $\varphi(p)$ 描述。注意,由式(6.4.1)和(6.4.2)确立的 $\psi(r)$ 和 $\varphi(p)$ 的平方描述的是同一个电子态的概率分布,只不过前者给出的是电子的位置空间分布,而后者给出的是电子的动量空间分布。在量子力学中也就是用不同的表象来描述,当 $\psi(r)$ 的概率分布给定后,$\varphi(p)$ 的概率分布由式(6.4.2)也就确定了。但是,量子力学中遵循不确定原理,电子有确定的位置就不可能有确定的动量,因而在位置表象中的动量没有确定值,要知道电子的动量 $\varphi(p)$ 不能在位置空间,需通过式(6.4.2)变换到动量空间方可得到。

下面以对应于能量为 $-13.6\,\text{eV}$ 的氢原子的基态为例,来求它的电子动量的概率密度。由式(2.1.18)和式(2.1.23),氢原子基态电子的位置表象波函数为

$$\psi_{1s}(r,\theta,\varphi) = R_{10}Y_{00} = 2a_0^{-3/2}\mathrm{e}^{-r/a_0}\frac{1}{\sqrt{4\pi}} = \frac{1}{\sqrt{\pi}}\mathrm{e}^{-r}\,(\text{取原子单位})$$

这个波函数和它的位置概率密度随电子位置 r 的变化曲线如图 2.1.5 中的第一排所示。因此,取原子单位的氢原子基态 1s 轨道的电子以动量为自变量的波函数是

$$\varphi_{1s}(p) = (2\pi)^{-3/2}\int_0^\infty \frac{1}{\sqrt{\pi}}\mathrm{e}^{-r}r^2\mathrm{d}r\int_0^\pi \mathrm{e}^{-\mathrm{i}pr\cos\theta}\sin\theta\mathrm{d}\theta\int_0^{2\pi}\mathrm{d}\varphi$$

$$= (2\pi)^{-3/2}2\sqrt{\pi}\int_0^\infty \frac{1}{\mathrm{i}pr}(\mathrm{e}^{\mathrm{i}pr}-\mathrm{e}^{-\mathrm{i}pr})\mathrm{e}^{-r}r^2\mathrm{d}r$$

利用复变函数公式 $\sin z = (\mathrm{e}^{\mathrm{i}z}-\mathrm{e}^{-\mathrm{i}z})/2\mathrm{i}$ 并查积分表可得

$$\varphi_{1s}(p) = (2\pi)^{-3/2}2\sqrt{\pi}\frac{2}{p}\int_0^\infty r\mathrm{e}^{-r}[\sin(pr)]\mathrm{d}r$$

$$= (2\pi)^{-3/2}\frac{4\sqrt{\pi}}{p}\frac{2p}{(1+p^2)^2} = \frac{2\sqrt{2}}{\pi}\frac{1}{(p^2+1)^2} \tag{6.4.3}$$

同样可求出氢原子其他轨道的电子以动量为自变量的波函数,$n=2$ 的为

$$\varphi_{2s}(p) = \frac{\sqrt{2}(p^2-1/4)}{\pi(p^2+1/4)^3}$$

$$\varphi_{2p}^0(p) = -\frac{\mathrm{i}p_z}{\pi(p^2+1/4)^3}$$

$$\varphi_{2p}^{(\pm 1)}(p) = \frac{p_x\pm\mathrm{i}p_y}{\sqrt{2}\pi(p^2+1/4)^3}$$

图 6.4.1 上实线给出按式(6.4.3)计算的氢原子基态的电子波函数 $\varphi_{1s}(p)$ 和动量概率密度 $|\varphi_{1s}(p)|^2$ 随电子动量 p 的变化曲线,图上点是用 1200 eV 能量的电子入射测量到的数据[40],理论与实验符合得很好。从图和公式也可看出,s 型轨道在 $p=0$ 处有极大值,随 p 值增大而减小,而 p 型轨道的电子动量谱在 $p=0$ 处不为极大值,分布有一极大值点,这在后面的图 6.4.5 给出的 Ar 原子的 3s 和 3p 轨道的电子动量分布可以看出。

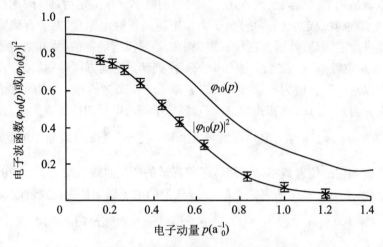

图 6.4.1　氢原子基态的电子动量谱

6.4.2　电子动量谱的测量原理和基本理论方法

自从建立量子力学以来,多电子原子在中心力场单电子近似下,分子在玻恩-奥本海默近似与单电子近似下,通过解非相对论薛定谔方程得到原子和分子的轨道,从而可以求得原子分子中电子的轨道能量和波函数。能量值可以从实验上测量到。过去实验上无法直接得到波函数信息,理论上算出的波函数无法直接通过实验进行检验,因此对理论的检验主要靠能量值的比较以及通过能量与截面的测量间接对波函数进行检验。

然而对波函数信息的直接实验获取一直是人们梦寐以求的愿望,特别是对量子化学家来说。1981 年的诺贝尔化学奖获得者 K. Fukui 曾经在 1977 年说过:"在当前的实验技术现状下,没有人能够实验地观测到轨道的形状。但到目前为止,也没有人能够断言这是完全不可能的,我们只要能够从实验上获得任何有关最高占有分子轨道(HOMO)和最低未占有分子轨道(LUMO)形状的知识,都会对化学产生深远的影响。"20 世纪 70 年代以来,人们发展了若干实验技术,试图通过测量原子分子中电子的动量分布得到波函数的详情。其中光子的康普顿散射轮廓、高能电子散射和正电子湮没技术不能给出束缚能信息,虽然也给出了电子动量分布信息,但给出的是对所有轨道积分动量分布,至少是全部价电子轨道的总和。光电子谱仪虽然能获得精确的电离能信息,但由于光子动量很小,动量转移实际上为零,不能得到电子的动量分布信息。(e,2e)电子动量谱既有能量分辨又有动量分辨,给出的电子动量值是在从零开始的合适所需范围内,因而目前是唯一一种能够获得原子分子不同轨道的动量空间电子密度分布的实验手段.从而可以直接评估由量子化学计算得到的波函数,并用于研究原子分子内电子关联效应、扭曲波效应、分子轨道排序和分子构型等[41]。例如,1977年实验上测到水分子价壳层 $1b_1$ 电子轨道比以前的理论预言要大,量子化学家开始不相信这样的实验结果,之后10年实验上多次重复测量,表明没有错,这迫使量子化学家考虑电子关联效应的影响,新的理论结果与实验相当一致[42]。

(e,2e)电子动量谱何以能得到这个信息呢?我们知道,用(e,2e)装置不仅从式(6.1.20)可以得到原子分子的电离能谱信息,而且如果测量不同角度的电离能谱,还可以得到动量谱信息,这就是运动学完全实验。(e,2e)反应运动学如图6.4.2所示,p_0,p_a 和 p_b 分别是入射、散射和敲出电子的动量,在一般的运动学条件下,(e,2e)反应涉及三个电子的能量和动量,还有靶原子和离子,在忽略靶粒子很小的热运动能量和动量的情况下,电子的动量转移 K 和电离离子的反冲动量 q 为

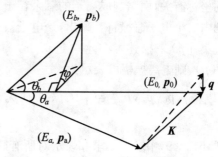

图 6.4.2 (e,2e)反应运动学

$$\begin{cases} K = p_0 - p_a \\ q = p_0 - p_a - p_b \end{cases} \quad (6.4.4)$$

可以得到的只是离子反冲动量,很难清楚地得到被电离的电子在原子中的动量 p。为要得到电子的动量分布,需要使用特殊的电子动量谱学运动学条件,即需要快电子入射,且动量转移 K 也较大。这时涉及的入射电子和两个出射电子能量均很高,相对来说,电子被核库仑势的束缚较弱,碰撞可看做是二自由电子间的强碰撞,束缚电子突然从靶中被击出,离子来不及响应,起旁观者作用,它所获得的反冲动量 q 也就是碰撞前离子所具有的动量。由于碰撞前靶可以认为是静止的,原子或分子动量为零,因此在冲量近似下,碰撞前电子在原子中的动量 p 与 q 大小相等,方向相反,(e,2e)实验通过对反冲离子动量的测量也就实现了原子分子中电子的动量测量:

$$p = -q = p_a + p_b - p_0 \quad (6.4.5)$$

如果(e,2e)装置能进行能量分辨,在测量动量的同时也确定了电子分离能,那么在一组不同角度(即不同反冲动量)的电离能谱的测量中,对应一定分离能峰下的两出射电子的符合计数率(即微分电离截面)与反冲动量的变化关系曲线称为对

应这一分离能的动量分布或电子动量谱,相应于有此分离能的靶电子的动量分布,也即动量空间波函数的绝对值平方随动量的变化。因此,由相对电离微分截面就可以直接得到能壳分辨的靶电子动量谱与波函数信息。当装置不能分辨能量时,则得到的是各个轨道的平均电子动量谱。

微分电离截面由式(6.2.19)表示,其中各电子用扭曲波描述的电离振幅由式(6.2.21)表示。一般情况下很难直接计算它,但在快电子碰撞下可以使用一系列的近似方法来求解[41]。最基本的是双体碰撞近似:作用算符 τ 只与两个出射电子的坐标有关,而与构成离子的剩余粒子无关。即认为动量为 p_0 的入射电子直接与靶内一个电子碰撞将其敲出,该电子被视为准自由电子,用平面波在动量空间的完备集 $|p\rangle$ 来描述。在这一近似下,τ 与离子态 $|f\rangle$ 对易,设电子的湮没算符为 $a(p)$,则电离振幅可表示为

$$T_{fi}(\varepsilon_f, p_0, p_a, p_b) = \int d\Omega_p \langle x^{(-)}(p_a) x^{(-)}(p_b) | \tau | p x^{(+)}(p_0) \rangle \langle f | a(p) | 0 \rangle \tag{6.4.6}$$

式(6.2.19)中求平均求和表示对所有简并的初态求平均,对所有简并的末态求和。在目前电子动量谱的实验能量分辨下,分子的振动和转动结构不能分辨,实验上已对它们的末态求和,只需考虑对初态求平均。振动初态主要在 $\nu=0$ 的基态上,求平均可以用靶分子的核平衡位置计算电子波函数来代替。由于通常实验靶粒子是非极化的,分子轴是偶然取向的,对分子转动态的平均等价于实验室坐标中对 p 方向 Ω_p 的平均,因此,当初态 $|i\rangle$ 是基态 $|0\rangle$ 时,求和求平均在式(6.4.6)中变成对所有分子初态的 p 方向 Ω_p 进行球积分。

进一步再用冲量近似:入射电子与原子分子的散射近似为两个动量分别为 p_0 和 p 的自由电子的短程瞬时作用。这样算符 τ 可以简单地用两个自由电子的作用算符代替。显然,在双体碰撞近似和冲量近似下,入射电子与原子分子的作用既不影响靶中原子核和其他电子,也不受它们影响,剩余离子只是旁观者,初态靶波函数是孤立靶波函数,末态离子波函数是孤立离子波函数。因此,作用算符只考虑入射电子与敲出电子间的作用,而不考虑与原子核和其他电子的作用。它们成立的条件是入射电子的能量要远大于靶电子的束缚能且动量转移要大,也就是入射电子和敲出电子的能量都很大,因而碰撞过程中动量变化只是与两个电子的碰撞相关,这与前述电子动量谱学要求的运动学条件是一致的。

如果入射电子和两个出射电子的能量足够高,扭曲波可以用平面波代替,在双体碰撞近似和平面波冲量近似 PWIA 下,电离振幅被因子化,微分电离截面可以求出并简化为

$$\frac{\mathrm{d}^3\sigma}{\mathrm{d}\Omega_a \mathrm{d}\Omega_b \mathrm{d}E} = (2\pi)^4 \frac{p_a p_b}{p_0} f_{ee} G(\varepsilon_f, \boldsymbol{p}) \tag{6.4.7}$$

它是两个因子的乘积。一个是电子-电子碰撞因子 f_{ee}，反映了动力学性质，由动量分别为 $\boldsymbol{p}_0$ 和 $\boldsymbol{p}$ 的二自由电子相碰，变成动量为 $\boldsymbol{p}_a$ 和 $\boldsymbol{p}_b$ 的自旋平均的莫特散射截面决定：

$$f_{ee} = \frac{1}{4\pi^4} \frac{2\pi\eta}{\exp(2\pi\eta)-1} \left\{ \frac{1}{|\boldsymbol{p}_0-\boldsymbol{p}_a|^4} + \frac{1}{|\boldsymbol{p}_0-\boldsymbol{p}_b|^4} \right.$$
$$\left. - \frac{1}{|\boldsymbol{p}_0-\boldsymbol{p}_a|^2 |\boldsymbol{p}_0-\boldsymbol{p}_b|^2} \times \cos\left[\eta \ln \frac{|\boldsymbol{p}_0-\boldsymbol{p}_b|^2}{|\boldsymbol{p}_0-\boldsymbol{p}_a|^2}\right] \right\} \tag{6.4.8}$$

式中 $\eta = 1/|\boldsymbol{p}_a-\boldsymbol{p}_b|$。显然，莫特散射截面只与入射和出射电子的动量有关，与原子分子的结构无关，不依赖电离电子的初态性质，即不管它是 s、p 或 d 轨道，或者局域、非局域，在一定的电子动量谱学实验条件下与 $\boldsymbol{p}$ 无关，近于常数。

第二个结构因子 $G(\varepsilon_f, \boldsymbol{p})$ 是截面公式中唯一重要的项，由动量表象中靶初态波函数与离子末态波函数间积分决定，描述靶粒子初态中一个动量为 $\boldsymbol{p}$ 的电子湮没形成末态离子的概率：

$$G(\varepsilon_f, \boldsymbol{p}) = (4\pi)^{-1} \int \mathrm{d}\Omega_p |\langle f|a(\boldsymbol{p})|0\rangle|^2 \tag{6.4.9}$$

为了计算结构因子，使用弱耦合近似，认为离子的单电子势与靶的相同，不因电子湮没而受影响，靶和离子有相同的组态波函数基组，可以将离子末态 $|f\rangle$ 弱耦合展开到靶形成的单电子湮没空穴态 $|\alpha\rangle$。因此，靶和离子波函数的重叠积分可以化简为

$$\langle f|a(\boldsymbol{p})|0\rangle = \langle f|\alpha\rangle\langle\alpha|a(\boldsymbol{p})|0\rangle = (S_f^{(\alpha)})^{1/2} \varphi_\alpha(\boldsymbol{p}) \tag{6.4.10}$$

其中，$\varphi_\alpha(\boldsymbol{p}) = \langle\alpha|a(\boldsymbol{p})|0\rangle$ 是未关联靶的动量为 $\boldsymbol{p}$ 的湮没电子 α 在动量空间的波函数，称为动量空间中的准粒子轨道或 Dyson 轨道；$S_f^{(\alpha)} = |\langle f|\alpha\rangle|^2$ 称为谱学因子，又叫极强度(pole strength)，表示初态 $|0\rangle$ 中一个动量为 $\boldsymbol{p}$ 的电子 α 湮没造成单空穴态 $|\alpha\rangle$ 从而形成离子末态 $|f\rangle$ 的概率，与多体电子关联和弛豫有关。如电子间有关联和弛豫，组态作用会造成离子末态形成多重态，除主态外，还会出现伴线结构，如图 6.1.7 中 Ar 原子的 $3s^{-1}$ 的主峰和它的伴线峰。由于各个离子末态的动量分布在形状和特征上与动量空间中单电子轨道 $\varphi_\alpha(\boldsymbol{p})$ 的电子动量分布相同，只是绝对大小不同，并正比于谱学因子 $S_f^{(\alpha)}$，因此，$S_f^{(\alpha)}$ 是形成各个离子末态的概率。属于 α 的各个离子末态的极强度遵循求和定则：

$$\sum_{f \in \alpha} S_f^{(\alpha)} = 1 \tag{6.4.11}$$

当然，在冻结靶近似即独立粒子模型下，电子间没有关联和弛豫，终态单一，

$S_f^{(a)} = 1$。

最后用靶 Hartree-Fock 近似，Dyson 轨道用 Hartra-Fock 轨道波函数 $\varphi_a^{\rm HF}(\boldsymbol{p})$ 描述。于是动量为 $\boldsymbol{p}$ 的电子湮没后（湮没态为 α）生成某个多重末态的 (e,2e) 反应的三重微分截面可表示为

$$\frac{{\rm d}^3\sigma}{{\rm d}\Omega_a{\rm d}\Omega_b{\rm d}E} = (2\pi)^4 \frac{p_a p_b}{p_0} f_{\rm ee} S_f^{(a)} (4\pi)^{-1} \int {\rm d}\Omega_p \mid \varphi_a^{\rm HF}(\boldsymbol{p}) \mid^2 \quad (6.4.12)$$

它正比于动量空间中轨道 $\varphi_a(\boldsymbol{p})$ 的电子密度的球平均。因此，实验的电子动量谱结果（三重微分截面）直接提供了动量空间电子轨道（即波函数）平方分布的测量。

在哈特利-福克近似计算中没有考虑电子之间的关联效应，交换效应只是通过电子的费米子性质而被考虑。密度泛函理论 DFT(density functional theory) 将除核与核的排斥能之外的电子能量和其他性质用单电子密度的广义泛函数来表示，单电子密度 $e\rho(r)$ 由单电子轨道波函数确定，电子能量项包括了电子的动能、电子与核的库仑吸引势、电子与电子的库仑排斥势、电子之间的交换势和关联势。这样体系基态能量仅仅是电子密度的泛函数，而电子密度只是三个变量的函数，复杂的多体问题（若有 N 个电子则有 $3N$ 个变量）被简化为一个没有相互作用的单电子在有效势场中运动的问题。DFT 不仅考虑了电子的交换和关联效应，同时具有计算效率高的优点，20 世纪 70 年代以来，DFT 在固体物理学中得到广泛应用，特别是 90 年代后已被用到电子动量谱学和量子化学中。类似 THFA，在靶 Kohn-Sham 近似(TKSA)下，只要将式(6.4.12)中的单电子 HF 轨道波函数用 Kohn-Sham 轨道波函数 $\varphi_a^{\rm KS}$ 代替就行。实验表明，选取合适的波函数和大的基组，用 DFT 计算可以比 HF 方法给出更好的结果[43]。

在 PWIA 中将入射和出射电子看成简单的平面波显得过于简单。在扭曲波冲量近似 DWIA 中，考虑了靶原子对入射电子和剩余离子对出射电子的局域中心势作用，即扭曲效应，电离振幅必须使用各个快电子的扭曲波，微分截面中结构因子 $G(\varepsilon_f, \boldsymbol{p})$ 变得更复杂。当然在实际计算和实验条件中，当入射电子能量大于 1 keV 时，微分电离截面能用 DWIA（对原子）和 PWIA（对原子和分子）计算。这时，微分电离截面仅依赖于靶-离子重叠，在 PWIA 下它还直接正比于电离电子在动量空间的轨道波函数的平方，在 DWIA 下靶-离子重叠受扭曲振幅影响，随 E_0 增加，扭曲效应减小。因此，实验上测出相对电离微分截面作为电子的束缚能和离子的反冲动量的函数，算出电子动量谱后与理论上由各种波函数通过 PWIA 和 DWIA 计算所得到的电子动量谱比较，就可以得到靶和离子波函数的详情。PWIA 计算能给出正确的动量分布形状直到动量 1.5 a.u.，但不是总能给出正确的不同多重态的截面的相对大小，即谱学因子。DWIA 计算的结果较好，直到动量

大于2 a.u.,还能给出正确的不同多重态的相对大小和形状,以及正确的绝对截面值,但计算复杂,目前还不能用到分子。

对于大动量转移 K 和能量转移 E 下的非弹性散射,在截面随 K 和 E 的变化图(即图 6.3.1 所给的 Bethe 面)中,存在一条极大值区域,称为贝特脊(Bethe ridge)。理论给出,它满足条件 $(Ka_0)^2 = E/R$(这里 a_0 是玻尔半径,R 是里德伯能量单位),如果取原子单位,能量用哈特里,极大值条件变为 $K^2 = E/2$。再结合式(6.4.4)、式(6.1.18)和式(6.1.20),可以得到如下关系:

$$K^2 = |q + p_b|^2 = E/2 = (\varepsilon_f + E_b)/2 \cong E_b/2 = p_b^2 \quad (6.4.13)$$

因此在贝特脊条件下有 $q=0$,也就是说,当 $E_b \gg \varepsilon_f$ 时,Bethe 脊条件相当于 $q=0$,这时电离截面有极大值。在电子动量谱测量中,由于截面较小,测量所需时间很长,为减少测量时间,除了前面提出的快电子碰撞(E_0 较大)和大动量转移条件(K 较大)外,一般都是选在 Bethe 脊附近,即在 $q=0$ 附近,而且这一条件也保证实验能测量到零电子动量。这三个条件合起来就是电子动量谱测量条件。它们之间是相关的、有联系的,但又是有区别的。

6.4.3 电子动量谱实验

(e,2e)电子动量谱实验主要有四种几何安排:共面对称、不共面对称、共面不对称和不共面不对称,如图 6.4.3 所示。目前绝大多数用的运动学条件是前两者即对称几何条件,这时 $E_a = E_b, \theta_a = \theta_b = \theta$,由能量和动量守恒可以得到离子反冲动量:

$$q = \left[(2p_a\cos\theta - p_0)^2 + \left(2p_a\sin\theta\sin\frac{\varphi}{2}\right)^2 \right]^{1/2} \quad (6.4.14)$$

这里 θ_a 和 θ_b 是两出射电子方向相对入射电子方向的夹角,φ 是两出射电子方向分别与入射电子方向组成的两平面之间的夹角。对称条件的实验结果对靶粒子结构学很敏感,对于检验原子分子的各种结构理论非常有利。在 $E_0 \gg \varepsilon_f$ 条件下,由于电子在原子中动量远小于入射电子动量 p_0,当 $\theta \approx 45°, \varphi = 0°$ 时,$q=0$,这就是 Bethe 脊条件,也满足电子动量谱的三个条件。通常在这一条件附近改变 θ(共面)或 φ(不共面)角以便进行电子动量谱测量。

共面对称条件是:$E_a = E_b, p_a = p_b, \varphi = 0, \theta_a = \theta_b = \theta$,有

$$p = |2p_a\cos\theta - p_0| \quad (6.4.15)$$

电子动量 $p=0$ 的地方是 $\theta = \pi/4(45°)$,如图 6.4.3(a)所示。通过围绕 $\theta=45°$ 同时改变两个电子的 θ 角来选择 p,这时测量三重微分截面随 θ 角的变化就可以得到原子中电子的动量分布,不过选出的 p 都是平行于入射电子方向的 p。

不共面对称条件是：$E_a = E_b, p_a = p_b, \theta_a = \theta_b = \pi/4, \varphi_a = 0, \varphi_b = \pi - \varphi$，有

$$p = \sqrt{2}\, p_a \sin\frac{\varphi}{2} \tag{6.4.16}$$

$p=0$ 的地方是 $\varphi=0$ 处，如图 6.4.3(b) 所示。通过固定一个电子 φ_a 角方向，改变另一个电子 φ_b 角使围绕 $\varphi=0$ 来选择 p，这时测量三重微分截面随 φ 角的变化就可以得到原子中电子的动量分布。由上式可见，在 $\varphi=0\sim\pi/6(30°)$ 内，p 近似正比于 φ。不过选出的 p 都是垂直于入射电子方向的 p。

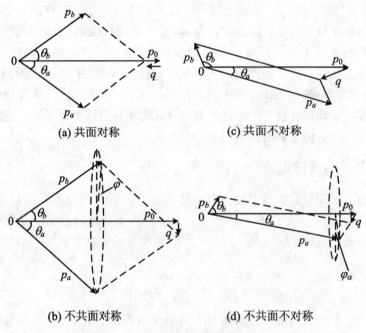

(a) 共面对称　　(c) 共面不对称

(b) 不共面对称　　(d) 不共面不对称

图 6.4.3　测量电子动量谱的几何安排

由于 (e,2e) 电离微分截面正比于动量空间初、末态重叠的绝对值平方，但又非常灵敏于 K，与 K^4 成反比，而 K 不依赖 φ 角，非常灵敏于 θ 角，因此，不共面对称测量的一个优点是 K 保持常数，不随 φ 角变化。单路计数率不随 φ 角变化的特点还可用来检验谱仪的各向同性好坏和监测束流 I 和原子分子密度 N 的变化，并用来做等计数测量以减小等时测量中 NI 变化造成的测量误差。而共面对称测量的截面随 K 也即随 θ 变化很快，必须小心地在实验上保证电子探测器所看到的作用区的体积 V 不随 θ 角变化。这一点使它不适合使用技术上较简单的气体靶室，必须用交叉束，也不能用做监测 NI 变化与做等计数测量。不共面对称测量的另一个实验上的优点是对于非极化电子和靶实验，截面必须是围绕共面位置

($\varphi_b = \pi$)对称的,且 V 不依赖φ。这允许我们简单地核查测量装置上任何不希望的各向异性(即电子探测器 b 的单路计数应不随 φ_b 角变化)和确定物理上的 $\varphi = 0$ 位置(即符合计数围绕 $\varphi = 0°$ 角两边应是对称的)。此外,不共面对称只需转动一个电子探测器,这在机械上和实验上都容易得多。这些都说明为什么不共面对称实验条件用得多。

第三种是共面不对称几何条件:$\varphi_a = 0, \varphi_b = \pi, E_a \gg B_b, p_a \gg p_b, \theta_a \ll \theta_b$。在共面不对称测量中,电离微分截面非常灵敏于 θ_a 角,实验结果对作用动力学很敏感,对于检验各种碰撞理论非常有利,常用于动力学研究。但在用于电子动量谱研究中,需满足 Bethe 脊条件,因而在 $q = 0$ 附近的动量守恒为 $\mathbf{p}_0 = \mathbf{p}_a + \mathbf{p}_b$,有关系 $p_b^2 = p_0^2 + p_a^2 - 2p_0 p_a \cos\theta_a$ 和 $p_a^2 = p_0^2 + p_b^2 - 2p_0 p_b \cos\theta_b$,可以得到

$$\cos\theta_a = \frac{(E_0 + E_a - E_b)}{p_0 p_a} = \frac{p_a^2 + \varepsilon_f}{p_0 p_a}, \quad \cos\theta_b = \frac{p_b^2 + \varepsilon_f}{p_0 p_b} \quad (6.4.17)$$

在电子动量谱测量中,通过选择合适的角度 θ_a 与 θ_b 以及能量 E_a 与 E_b 使满足式(6.4.17),然后固定 θ_a 改变 θ_b 来选择不同的 p,如图 6.4.3(c)所示,这时,测量三重微分截面随角 θ_b 的变化就可以得到原子中电子的动量分布。不过,选出的 p 都是在包含有入射电子方向 z 的平面内的 p。由于在这种几何条件下动量转移比对称的情况要小很多(θ_a 小),因而电离微分截面要大很多,对电子动量谱实验是很有利的。通常 E_0 较大,$E_b \approx 100$ eV,$\theta_a \approx 10°\sim 20°$,$K$ 也不算太小,而且由于 θ_a 固定,K 几乎不随 θ_b 变化,也具有不共面对称测量的优点。Avaldi 等在 1987 年从实验上证明[44],对 He 和 N_2 进行价轨道电子动量谱测量,平面波冲量近似条件在 $E_0 = 1.5$ keV 和敲出电子能量 $E_b = 100$ eV 以上成立。当选择贝特脊条件时,实验测量所需累积时间可以比对称测量小 40 倍。

第四种是不共面不对称几何条件,与共面不对称几何条件有类似的地方,即 $E_a \gg E_b, p_a \gg p_b, \theta_a \ll \theta_b$,选择两个出射电子的能量 E_a 和 E_b,以及散射角 θ_a 和 θ_b,使满足 $q = 0$ 的条件式(6.4.17)。但这种几何条件的 θ_b 也固定,通过固定 $\varphi_b = \pi$,围绕 $0°$ 改变 φ_a 或同时围绕 π 角也改变 φ_b 来选择不同的 p。对前者,有

$$p = 2p_a \sin\theta_a \sin\frac{\varphi}{2} \quad (6.4.18)$$

如图 6.4.3(d)所示。这种几何条件兼有共面不对称电离微分截面大和不共面对称两者的优点,1989 年后 Weigold 等已在固体情况下研制成功,得到应用,中国科学技术大学也在 2005 年研制成功,应用在原子分子研究中。

注意,虽然不同的几何条件测量的电子动量方向有一定的限制,但在通常实验条件下空间没有一个特殊方向,原子分子的取向是偶然的,它们的电子动量可以在

任何方向,因此,不同几何条件下测到的电子动量谱应相同,均为三维动量的球平均分布。

在实际情况下,目前第二种不共面对称条件测量用得较多。先固定一个 φ_b 角,测量得到两路电子探测器的符合计数与扫描电压关系,经必要的扣本底等处理即得到电离能谱,再考虑到谱仪固有能量分辨、分子的振动展宽和退简并展宽,解谱即可得到各个峰的中心位置和面积,它们就是该峰对应的电离能和动量谱上一点,画出不同方位角 φ_b 所对应的峰面积值即为角度动量谱,用(6.4.16)式将角度值转化为动量值,就可得到实验的电子动量谱。要揭示原子分子的电子结构还需要理论计算的配合,将理论计算得到的球平均的电子动量谱对谱仪的角分辨函数卷积后的结果与实验动量谱比较。注意,一般只做相对比较,只比较它们的形状。

最早的(e,2e)实验是在 1969 年做的,意大利 Amaldi 等[45]的共面对称实验表明电子动量分布的符合测量是可行的,而德国 Ehrhardt 等[46]的共面不对称实验用低能电子研究了 He 的电离机制。第一个动量分布实验是 1972 年用 9 keV 电子在共面对称几何条件下测到的 20 nm 厚碳膜的碳原子 1s 轨道的动量分布[47],其能量分辨 90 eV,很差。真正实用的较高能量分辨的电子动量谱实验是在 1973 年由澳大利亚 Weigold 等用 400 eV 不共面对称方法做的[48],他们测量到气体 Ar 原子的价电子 3s 和 3p 轨道的电子动量分布和它们的终态关联。现在用(e,2e)反应方法测量电子动量谱已得到很大发展,测量效率越来越高,测量时间越来越短。

最初第一代(e,2e)电子动量谱仪探测器用通道电子倍增器做单点式扫描,即测电离能谱时固定一个角度扫入射电子能量,然后再扫描角度得到动量谱。在某一时刻实际上只记录到一个能量和一个角度下的符合计数,绝大部分数据都未记录到,效率极低,测量一个样品的时间往往要几个月。第二代(e,2e)电子动量谱仪为了提高测量效率,同时测量一定范围内的能量和多个角度,使测量时间缩短到几周,能量分辨达到 1.5 eV 左右。多道能量色散电子动量谱仪是 1984 年被 Weigold 等发展起来的,将微通道板加一维阳极电阻条读出位置灵敏探测器放在静电型半球分析器的输出狭缝后,进行多道能量测量[49]。不过由于球大小的限制,这一方法只能在一定范围(即能量窗)内多道测量靶的束缚能,完全的束缚能谱还要扫描能量探测窗。最早的多道动量(不同 φ 角)色散电子动量谱仪是美国的 Moore 和 Coplan[50]用 10 个通道电子倍增器(CEM)放在球分析器出口处做成的。这一方案显然有许多缺点,对每个 CEM 的性能和稳定性要求很严。为克服这一缺点,1993 年加拿大 Brion 等[51]成功地使用了位置灵敏探测器,这是一个全圆柱对称的筒镜式电子能量分析器,用一个通道电子倍增器作固定位置的电子探测器,符合电子用微通道板加阳极电阻板读出二维位置灵敏探测器做多角度($\pm 30°\varphi$ 角)测量,θ 均为 45°，不过能量分辨不好，半高宽为 4.3 eV。以上两种方案均在不共面对称(e,2e)上实现。

第三代是多道能量和动量色散电子动量谱仪。为了实现高探测效率，使用6.1节中介绍的鼓型或球型分析器及二维微通道及位置灵敏探测器，在对称不共面几何条件下，发展了同时测量一定范围能量和角度的技术，使探测效率增加3个数量级。2002年日本东北大学组使用球型静电能量分析器[52]、2005年中国清华大学组[53]使用双鼓型静电能量分析器做能量和角度（动量）多道测量，实现高效率(e,2e)电子动量谱仪，虽然能量分辨没有提高，但测量时间大大缩短。1987年终于证明能够用共面不对称装置来测电子动量谱，可缩短测量时间一个多数量级[44]。中国科学技术大学组在通常两个半球分析器(e,2e)电子动量谱仪上增加入射电子束单色器以提高能量分辨，使用二维位置灵敏探测技术做能量和角度多道测量以提高效率，使用不共面不对称几何条件以增大反应截面，在2005年研制成功高能量分辨(e,2e)电子动量谱仪，选取 $\theta_a = 14°$，$\varphi_a = -4° \sim 36°$，$\theta_b = 76°$，$\varphi_b = 180°$，$E_0 = (4000 + \varepsilon_f)$ eV，$E_a = 3760$ eV，$E_b = 240$ eV 的工作条件，目前能量分辨已达到 0.5 eV[55]，装置如图 6.4.4 所示。

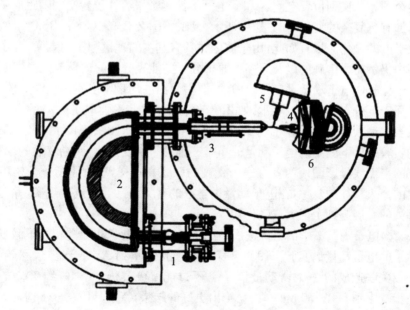

图 6.4.4 高分辨(e,2e)电子动量谱仪

1.电子枪；2.半球能量单色器；3.加速聚焦传输透镜；4.法拉第筒；5.慢电子减速透镜和半球能量分析器；6.快电子圆锥减速透镜和半球能量分析器

目前正在发展第四代全角度多道测量电子动量谱仪,试图开展高能量分辨和时间分辨的电子动量谱学研究。前述多道角度测量由于探测器制作的限制,测量电子的两块或四块探测器中的每块只能覆盖天顶角 φ 角范围 $40°$ 左右。两个电子的符合探测效率应是各自覆盖面积的卷积,如果探测器测量角度 φ 范围能达到 $180°$,则符合探测效率将提高一个量级。2011 年中国科学技术大学组[15]和日本东北大学组[56]都使用球静电能量分析器,在对称不共面几何条件下,在探测圆平面用一块微通道板后接两块 $180°$ 锲条形或三层延迟线读出系统,研制成功能 2π 角符合测量电子的探测器,建成全角度多道电子动量谱仪。下一步在此基础上正在开展高能量分辨和时间分辨装置的研究工作。

在化学中习惯于用位置空间,量子力学描述中动量分布由动量空间波函数绝对值平方给出,通过 Fourier 变换,可以得到位置空间密度,即位置空间波函数绝对值平方的分布。现在已经发展了上述电子动量谱波函数成像技术,测量了十多种原子和七十多种分子的电子动量谱。图 6.4.5 为 Ar 原子的 3s 和 3p 轨道的球平均动量分布和在 yz 平面的动量与位置密度图[15],从图上可见,s 电子的波函数平方在动量空间随动量 p 增加而减小,而 p 电子的则随动量增加先增加后减少,如左边两个图。变换到位置空间,s 和 p 电子的波函数平方在位置空间随距原子核距离的增加有更复杂的变化,如右边图所示,反映了图 2.2.5 中 3s 和 3p 电子的径向波函数平方的变化。尽管如此,由于波函数具有基本的理论和实用意义,量子化学和物理中仍然需要精确的以及更多种原子分子的能壳分辨的动量与位置密度图。

原子分子内电子动量是三维取向的,图中画出的动量密度不是三维立体分布,而是平面密度分布的等高线表示,如 2.1 节介绍。这儿平面取 $p_x = 0$ 的 yz 平面,等高线表示最大密度的百分之 0.2,0.4,0.6,0.8,2,4,6,8,20,40,60,80。虽然在目前的实验条件下测到的电子动量分布是三维动量密度函数 $|\varphi_a(\boldsymbol{p})|^2$ 的球平均,但密度的平面线投影图使两者有一个直观的联系。这样,观测原子分子中电子轨道形状的令人神往的梦想,在电子动量谱学家的努力下已经变成了现实,并对量子化学理论的发展起到了巨大推动作用。

(e,2e)电子动量谱学的另外进展是原子态高分辨电子动量谱和原子激发态和定向原子的电子动量谱实验。1989 年第一次直接测量到 Ar 原子态 3s 和 3p 组合初态 d 波关联造成的 $^2P^0$、^2D 动量谱[57]。不过能量分辨仍不够好,约 1 eV。如果能进一步减小到 500~50 meV,将会给出更好的结果,特别是用在分子情况。1990 年测量到用 σ^+ 激光抽运 Na 原子从 $3^2S_{1/2}(F=2)$ 到 $3^2P_{3/2}(F'=3)$ 跃迁后的激发态的(e,2e)电子动量谱图[58],激发原子在 $m_F = 3$ 态和轨道 $m_l = +1$ 态。除此之外,1994 年极化电子束的电子动量谱实验在共面不对称装置上也获得进展,用自旋极化度 0.24 的电子束测量了 Xe 原子的自旋分辨(e,2e)电离能谱[59]。另外，1995 年第一次测量到生物分子氨基酸的一种——甘氨酸（Glycine，NH_2CH_2COOH）的最高占有分子轨道（HOMO）的电子动量谱和相应的动量与位置密度图，如图 6.4.6 所示[60]。左图是球平均电子动量密度分布实验值（点）和几种理论值（实线），右上图是位置空间的 xy 平面的电子密度分布的等高图，右下图是位置空间这一平面密度分布的立体图。

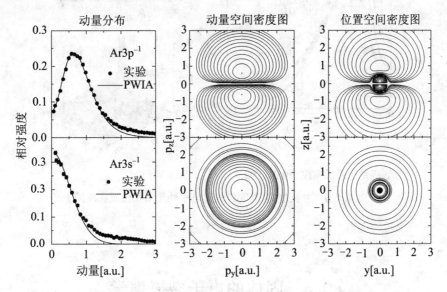

图 6.4.5　Ar 原子的 3s 和 3p 轨道的电子动量分布和动量与位置空间密度图

国际上建有不少(e,2e)装置，用来测量电离能谱、微分截面和电子动量谱。其中电子动量谱学研究在 20 世纪 90 年代以后有了飞快发展，用第三代装置发表了很多文章。但它们的符合计数率仍然较低，使测量时间较长，能量分辨仍不够好，在 1～2 eV 之间，因而限制了它们只能应用于测量原子和小的稳定分子的价轨道电子动量谱。随着新一代高效率、高能量分辨和时间分辨装置的陆续建成，使研究芯轨道、大分子和低密度样品如极化和激发态原子分子，以及研究原子碰撞过程和分子反应过程中波函数的变化成为可能。

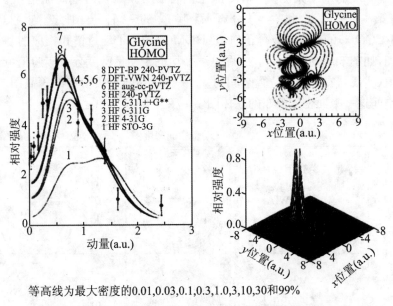

等高线为最大密度的0.01,0.03,0.1,0.3,1.0,3,10,30和99%

图 6.4.6　甘氨酸的 HOMO 轨道电子动量谱和位置密度图

6.5　固体的电子碰撞谱学

具有一定能量的入射电子与固体样品碰撞后,会发生一系列相互竞争的过程。电子可以被弹性散射或非弹性散射出射,在损失能量的非弹性散射中可以是产生连续谱的韧致辐射,也可以使固体原子激发或电离,从而产生次级的直接电离电子、俄歇电子、荧光或特征 X 射线,当然如果将价带或杂质能级的电子或空穴激发到导带或满带,则不产生次级电子,只形成样品的激发导电或电荷积累。在这些过程中,除了不产生次级电子以及产生次级连续谱的电离电子或韧致辐射的过程外,都可以被用来研究固体的一系列性质。产生特征 X 射线精细结构在 1.2.4 小节中已讨论,那是用 X 射线激发的,用电子碰撞同样能激发;产生荧光的光谱测量在上章已讨论;其他的过程下面分别详细讨论[3,6]。

6.5.1 固体激发态和电子能量损失谱与电子衍射

从 20 世纪 60 年代末 70 年代初开始,陆续有一些用电子碰撞方法研究固体(主要是金属)蒸气原子的工作,使用的方法有光谱方法、电子能量损失谱方法和电子-光子符合方法等,测量的物理量有原子的激发能结构、激发截面、总截面、弹性和非弹性微分散射截面以及广义振子强度,很少有光学振子强度及内壳层激发的数据。另外,用(e,2e)动量谱仪也测量了钠蒸气原子基态和激发态的电子动量谱。研究的金属原子主要是碱金属元素、碱土金属元素以及部分高 Z 金属元素的蒸气原子。

以研究得最多的钠蒸气原子为例,虽然从 1969 年开始就测量了它的能量损失谱、总截面、弹性散射微分截面、$3\,^2S \rightarrow 3\,^2P$ 非弹性散射微分截面,但是电子入射能量局限在 150 eV 以下,分辨率不高。1980 年能量分辨提高到 80 meV[61],1992 年提高到 50 meV[62]。1991 年首次用 1 keV 中能电子测量了弹性散射和 $3\,^2S \rightarrow 3\,^2P$ 以及内壳层 $2p \rightarrow 3\,^2D$ 的非弹性散射微分截面和广义振子强度[63]。1999 年,我们用中能电子能损谱仪得到 $3\,^2S \rightarrow 4\,^2P$ 和 $5\,^2P$ 的绝对光学振子强度的实验结果[64]。此外,用电子光子符合方法测量产生的共振荧光发射分布,用激光束研究未极化电子与自旋极化的钠原子的碰撞激发过程,以及用激光在 GaAs 晶体上产生强的极化电子束研究极化电子与极化靶的碰撞也都开展起来。

现在来讨论电子与固体的作用[65]。电子碰撞电离过程已经在 6.1 节讨论过,通常产生数量较多、能量较低的连续谱电离电子,但如在 1.2 节中所讨论的在电离阈吸收边附近的近阈精细结构则能提供原子特征、化学环境甚至电子的态密度信息。弹性散射在电子与固体碰撞中是一个重要过程,反映在电子能量损失谱中为零能量损失峰,或在次级电子谱中是与入射电子能量相同的峰,在固体情况下又叫弹性衍射。

非弹性散射会造成多种激发,最重要的是能量靠近基态的低激发态,可以看成是一些独立的基本激发单元的集合,这些基本激发单元称为元激发,也被称为准粒子,它们具有确定的能量,有时还有确定的动量。最重要的元激发有以下几种过程:

(1) 声子激发。这是晶体中诸原子(或离子)的集体振动,用简谐振动格波描述,声子是描述这种元激发的基本单元,在晶体中可以产生任意多个相同声子,它们是玻色子型的准粒子。晶格振动能量较小,约十至几十 meV 量级,产生光谱在红外。各种不同的晶体以自己特有的声子激发,当晶体表面吸附原子分子后,它的声子激发峰的能量会移动,并出现新峰,这可以被用来研究固体表面及吸附质性质。如果电子能谱仪的能量分辨率足够好,声子激发峰可以从弹性峰中分离出来。对快电子来说,由于离子很重,在短的作用时间内很难改变位置,因而快电子-声子作用可以忽略,但对慢电子来说,这种作用却很重要。

(2) 等离激元激发。固体中电子气作为整体相对正离子背景的集体振荡称为等离子振荡,产生等离子振荡的量子叫等离激元(plasmon),它的能量在 10 eV 量级,因结构和模式而不同,能量分布也较宽。例如,Na 为 5.7 eV,Al 为 10.3 eV (面)和 15.3 eV(体),Ag 为 3.4 eV(面)和 3.8 eV(体),石墨为 7.4 eV(π)和 27 eV ($\pi+\sigma$),Si 为 12 eV(面)和 16 eV(体)。由于等离激元能量远大于固体常温下的平均热运动能量 $k_B T \sim 0.025$ eV,因而是不能热激发的,也就是说它们被"冻结"在基态。只有当高速电子穿过固体薄膜,或是电子或光子在薄膜表面反射时,才能观测到等离激元的激发。与光子一样,等离激元也是玻色子型的准粒子。对 $1\sim 10$ keV 入射电子,产生等离激元而导致的能量损失峰是导体和半导体材料的一种最重要的非弹性散射过程。

(3) 自旋量子激发。在 2.7.2 小节中指出,$T=0$ K 时原子基态的电子自旋除成对抵消外是平行排列的,少数自旋反转相应于激发态。由于原子自旋之间的相互耦合,自旋反转不会局限在个别原子上,这种元激发实际上是另一种集体运动——自旋进动,这种进动在晶体内传播就是自旋波。自旋波的量子被称为自旋量子或磁振子,也有确定的能量,激发一个自旋量子相当于一个自旋的反转,固态材料存在不同的电子自旋量子态。同样自旋量子也是玻色子型准粒子。显然温度升高材料会由自旋量子基态跃迁到激发态,与温度有关。20 世纪 90 年代以来,由于对自旋量子态的深入研究,已开发出许多高性能的自旋电子学材料。

(4) 单电子的带内和带间激发。带内激发是一种自由载流子的光吸收,如在金属中的电子、半导体中导带的电子或价带的空穴在带内的跃迁,能量在 1 eV 以下。而带间激发是发生在能带之间(如从价带到导带)的激发,它可以形成较普遍的自由的电子和空穴,也可以形成束缚的电子空穴对,即激子态,能量在 $1\sim 10$ eV。前者是能量连续的,后者是分立跃迁。

(5) 芯能级激发。固体的内壳层能级又叫芯能级,芯能级激发是固体内层电子被激发到外层激发态,激发能接近电离能,因而较大,视原子种类和芯能级在原子内的位置而定,在几十 eV 到几 keV,通常还会存在自旋-轨道耦合精细分裂结构。如图 1.2.6 所示。

(6) 杂质能级激发。对于掺有少量杂质的半导体和绝缘晶体,还存在一些杂质原子形成的能级,有些杂质原子,如 Si 中的Ⅲ与Ⅴ族原子,受固体其他原子和电子影响较大,在禁带中形成能量小很多的类氢能级,有些杂质原子如绝缘晶体中的过渡与稀土元素原子的 d 和 f 电子受其他原子影响较小,成与杂质原子能级有密切关系的能量较大的紧束缚态能级。从这两种杂质能级基态可发生分立激发。

一般来说快电子的弹性散射自由程较短,散射角较大,入射电子的运动方向改变主要由它决定,而能量减小则主要由非弹性散射的等离激元激发和单电子激发决定。

低能(几十 eV 以下)高分辨(几至几十 meV)电子能量损失谱仪就是用上述前三种非弹性散射,特别是用声子散射过程以及吸附在表面的分子的振动激发测量电子经固体表面反射后的能量损失谱,在表面物理中已得到了很大应用,它是研究固体表面和吸附质原子分子的电子态和振动态以及固体表面结构的最重要工具之一,对研究表面原子化学键的键长与取向及吸附位置和状态有重要意义[66]。由于要测到声子谱和分子振动谱,能量分辨要求在 10 meV 以下,通常电子束要经过单色器后作用到固体表面,反射电子被能量分析。此种装置已有商品出售。

要进行固体本身性能的研究需要做透射实验,因而要用很高的电子入射能量、较好的能量分辨率和制备很薄的固体箔的技术。这是由于低能电子与原子分子的作用截面很大,通过物质的方向改变和电离损失值都很大,即使是很薄的金属膜也要遭受多次散射和电离而损失能量,使谱形畸变很大,给研究工作带来很大困难。例如,有人用碳膜实验研究电子散射角分布、电子速度最大值和分布随膜厚与入射能量的关系[67],结果表明,即使能量为 4800 eV 的快电子的电离损失也较大,$dE/dx = 8.1$ eV/nm,电子的弹性散射平均自由程为 8 nm,因此,主要是由非弹性散射造成的。即使是原子序数很小的碳膜,通过很薄的 35.5 nm($7.0\ \mu g/cm^2$)厚度也会遭受多次非弹性散射而损失很大能量(约 288 eV),使能量分辨变得很差(约 198 eV),角分布展宽,生成假峰。因此,要测量固体薄膜的电子能量损失谱需要用高能入射电子,可以大大减少多次散射,以便提高能量分辨。

通常用透射式扫描电子显微镜后接磁能量分析器做成透射式电子能量损失谱仪,或者与透射扫描电子显微镜联用。为了提高能量分辨率,入射电子能量在 20~200 keV,并使用很小的膜孔,使分析器对样品半张角小于 0.6 mrad,在 0°角测量,能量分辨好的能达到 0.25 eV。这已能分辨一般固体的等离激元激发和价电子与内壳层芯电子的电子态激发所形成的峰,在许多电子显微镜实验室都配套有此种商品装置。

在表面物理中还利用弹性散射电子的衍射现象[66]。由于样品晶体点阵的规则排列,使入射电子的弹性散射波在一定方向相互加强,其他地方则减弱,这样就产生一束或几束衍射电子波。若 d 为晶体的晶面距离,λ 为电子束波长,θ 为入射电子束与晶面夹角,n 为整数,则产生电子衍射的条件是满足 Bragg 方程:

$$2d\sin\theta = n\lambda \tag{6.5.1}$$

与 X 射线衍射相比电子衍射有以下一些特点:

(1) 散射强度与原子序数 $Z^{4/3}$ 成正比,而 X 射线是与 Z^2 成正比,因此,电子衍射容易发现样品中轻元素原子。

(2) 电子弹性散射截面随散射角增大迅速减小,比 X 射线快得多,因此,电子衍射往往用小角衍射。

(3) 电子比 X 射线有更大的散射截面,因此,电子衍射强度比 X 射线大得多,可到 10^4 倍。

(4) 电子束穿透本领比 X 射线弱得多,因此,电子衍射通常用反射式,透射方式必须用很薄的样品。

有三种使用电子衍射的方法:高能电子衍射(HEED)、反射高能电子衍射(RHEED)和低能电子衍射(LEED)。通常使用 10～200 keV 电子束做高能电子衍射,这个能量的电子束有较大的穿透深度,可对薄膜样品进行透射电子衍射研究。在透射电子显微镜中,可以观测薄膜样品的形貌和通过微区电子衍射研究样品的晶体结构。也可以用 3°～5°角电子束掠射样品表面,形成反射高能电子衍射,其入射深度一般小于 1 nm,但样品长度应大于 5 mm,对表面结构较为灵敏。反射高能电子衍射对样品表面平整度要求较高,随着分子束外延和原子或分子层外延技术的发展,越来越多的超高真空系统中用 RHEED 技术来监控高质量的人造超晶格材料的生长。

低能电子(10～600 eV)和固体原子相互作用截面很大,散射自由程仅 2～5 个原子层,因此,从低能电子衍射得到的信息仅是晶体表面 1～5 层原子的结构信息,现在也有商品出售。它采用正面入射,$\theta = 90°$,衍射图样非常直观地显示样品表面二维结构信息。因此,LEED 是研究晶体表面结构的重要技术。

6.5.2 固体的电子动量谱

在固体的(e,2e)实验中,有一些是用较低能量入射电子做反射测量,它们的兴趣是研究固体中的电子-电子碰撞物理。对于电子动量谱实验,由于要测量动量低到 $q = 0$ 的完全分布,要求测量透射而不是动量转移较大的反射电子,靶必须是很薄(≈ 10 nm)的箔,入射电子能量要很大,因而电子与靶经历的是单次作用,且在如此高能量下莫特散射截面很小,(e,2e)符合计数率比气体靶还低。由于对讯号本底比和样品晶体不被辐照损伤的要求,不能靠增大入射电子束流来提高讯号,相反要用很低的入射束流。最好是用截面较大的不对称几何条件和两维位置灵敏探测器,一维确定出射电子的不同天顶角,另一维确定能量。在高的能量和动量转移条件下,平面波冲量近似仍是好的近似,测量的(e,2e)微分截面正比于靶能带 α 的单电子在动量空间密度的球平均,因而能用(e,2e)方法直接确定固体中能带内电子动量分布,从而可以确定固体系统的许多电性能[68]。

不过对(e,2e)实验,由于符合计数率低,早期的第一代装置不能用很小的膜孔,因而能量分辨率难于做小。在 1972 年做的那个碳膜实验的能量分辨约为 90 eV[47]。自那之后,能量分辨有很大改善。1984 年用 25 keV 入射电子和石墨碳膜得到 6 eV 能量分辨[69],已经能得到固体的两个价带动量密度分布。1994 年 Weigold 等新建了一台固体(e,2e)电子动量谱仪[70],它用不共面不对称几何条件,入射电子能量为 20 keV,散射电子和敲出电子的能量和散射角分别为 $E_a = 18.8$ keV, $\theta_a = 14°, \varphi_a = -18°\sim 18°; E_b = 1.2$ keV, $\theta_b = 76°, \varphi_b = \pi \pm 6°$。电子探测器分别为半球型和鼓型。真空度为 2×10^{-7} Pa,能量分辨已达 1.3 eV,动量分辨 0.15 a.u.,入射电子束流 100 nA,符合计数率达 $6 s^{-1}$,一个样品测量要 4 到 5 天。图 6.5.1 是用这装置得到的非晶纳米碳膜(a)、非晶碳膜上蒸一层 3 nm 厚硅膜(b)和碳膜加温退火后形成的多晶碳化硅(c)的价带电子的能量-动量密度分布[71]。这是用透射方法测的,要研究的表面放在出射一边,因为敲出电子的逃逸深度只有 1～2 nm。由图可以清楚地显示三种材料的能带色散情形,非晶 C 的动量较宽,能量较深;非晶 Si 动量较窄,束缚能较浅;而 SiC 中 Si 和 C 不等势造成的不对称隙清楚可见(在大约束缚能 1.6 eV,动量 0.75 a.u.处)。2000 年他们在澳大利亚国立大学又新建了一台固体电子动量谱仪[72],使用共面对称条件,两个电子探测器用半球型静电分析器和二维多道能量与动量位敏探测器,入射电子能量为 50 keV,能量和动量分辨分别为 1.8 eV 和 0.1 a.u.,比原来的优点是大大减小了多次散射本底,并允许用更厚的样品。由此可见,固体的(e,2e)电子动量谱仪已经得到了长足的进步,能量分辨和统计性得到很大改善,已经开始开展非晶乃至晶体的能带结构和芯能级动量分布的研究[67]。

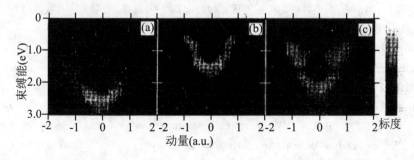

图 6.5.1 固体非晶碳(a)、非晶硅(b)和多晶碳化硅(c)的价带电子的能量-动量密度分布

尽管存在以上困难,但由于纳米材料的兴起,能量损失谱方法对它们的生成结构和性能的理解有很大的意义,进一步研究适合固体薄膜的具有较高能量分辨的电子能量损失谱仪和(e,2e)电子动量谱仪以及开展相应的物理研究工作是很有必要的。

参 考 文 献

[1] 徐克尊.电子能量损失谱学和电子动量谱学[J].物理,1998,27:737.
Datz S, et al. Atomic Physics IV, Fundamental Measurements in Atomic Collision Physics[J]. Rev. Mod. Phys. ,1999,71:S226.
[2] Wiliams J F, Yu D H. Phys. Rev. Lett. ,2004,93:073201.
[3] 陆家和,陈长彦,等.表面分析技术:第五章[M].北京:电子工业出版社,1988.
Briggs D. X射线与紫外光电子能谱:第二章[M].北京:北京大学出版社,1984.
刘世宏,王当憨,潘承璜.X射线光电子能谱分析:第一章[M].北京:科学出版社,1988.
[4] van Boeyen R W, Williams J F. Rev. of Sci. Instr. ,2005,76:063303.
Zhou X, et al. J. Electron Spectrosc. Relat. Phenom,2008,165:15.
[5] Reddish T J, et al. Rev. of Sci. Instr. ,1997,68:2685.
[6] 薛增泉,吴全德.电子发散与电子能谱:第一章[M].北京:北京大学出版社,1993:52-59.
[7] Wu S L, et al. Phys. Rev. A,1995,51:4497.
王映雪等.化学物理学报,2001,13:33.
Xiaojun Liu, et al. Rev. Sci. Instr. ,2001,72:3357.
[8] Daviel S, Brion C E, Hitchock A P. ReV. Sci. Instrum,1984,55:182.
Carnovale F, Brion C E. Chem. Phys. ,1983,74:253.
[9] Bielschowsky C E, et al. Phys. ReV. A,1991,43:5975.
[10] Sakai T, et al. Phys. Rev. A,1991,43:1656.
[11] Ying J F, Leung K T . Phys. Rev. A,1996,53:1476.
[12] Vos M, et al. Rev. Sci. Instrum,2009,80:063302;J Chem. Phys, 2010,132:074306.
[13] 薛增泉,吴全德.电子发射与电子能谱:第四、六章[M].北京:北京大学出版社,1993.
[14] Briggs D. X射线与紫外光电子能谱:第七章[M].北京:北京大学出版社,1984.
Barrie A J. J. Electron Spectr,1975,7:75.
[15] Catoire F, et al. Rev. Sci. Instrum,2007,78:013108.
[16] Tian Q G, Wang K D, Shan X, Chen X. J. Rev. Sci. Instrum,2011,82:03310.
[17] Bethe H. Ann. Physics,1930,5:325;Z. Phys. ,1932,76:293.
[18] Trajmer S, McConkey J W. Benchmark Measurements of Cross Sections for Electron Collisions:Analysis of Scattering Electrons, in Atomic, Molecular, and Optical Physics: Vol. 33[M]// Inokuti M. New York:Academic Press,1994:63-96.

[19] Xu K Z, et al. Physical Review A,1996,53:3081.
[20] Li G P, et al. Phys, Rev. A,1988,38:1240.
[21] Trajmar S, Kanik I. Elastic and Excitation Electron Collisions with Atoms[M]// in Atomic and Molecular Processes in Fusion Edge Plasmas R. K. New York:Janev. Plenum Press,1995:31-58.
[22] Xing Shilin, et al. Physical Review A,1995,51:414.
[23] McCarthy I E, Weigold E. Rep. Prog. Phys. ,1991,54:789.
[24] Read F H. Electron Impact Ionization[M]// Dunn G, Mark T. Berlin:Springs, 1985:42.
[25] Yang C N. Phys. Rev. ,1998,74:764.
Cooper J W, Zare R N. J. Chem. Phys. ,1968,48:942.
[26] Inokuti M. Rev. Mod. Physics,1971,43:297.
[27] 尤峻汉.天体物理中的辐射机制:第二章[M].北京:科学出版社,1983.
A·科尼.原子光谱学和激光光谱学:第四章[M].北京:科学出版社,1984.
[28] Fano U, Rau A R P. Atomic Collisions and Spectra[M]. Academic Press,1986.
[29] 李家明.物理学报.1983,32:84;Lee C M(Li Jia Ming). Phys. Rev. A,1977,16:109.
田伯刚,李家明.物理学报,1984,33:1401;Fano U. Phys. Rev. A,1970,2:353.
Seaton M J. Reports on Progress in Physics,1983,46:167.
方泉玉,颜君.原子结构,碰撞与光谱理论:第15章[M].北京:国防工业出版社,2006.
[30] Zhong Z P, Feng R F, et al. Phys. Rev. A,1997,55:1799.
Zhong Z P, et al. Phys. Rev. A,1999,60:236.
[31] Chan W F, Cooper G, Brion C E. Phys. Rev. A,1991,44:186.
[32] Chan W F, et al. Chem. Physics,1993,170:81.
[33] Lassettre E N, Skerbele A, Dillon M A. J. Chem. Phys. 1969,50:1829.
钟志萍.博士论文[D].合肥:中国科学技术大学,1997.
[34] Lassettre E N. J. Chem. Phys. ,1965,43:4479.
Klump K N, Lassettre E N. J. Chem. Phys. ,1978,68:886.
[35] Inokuti M, et al. Phys. Rev. A,1981,23:95.
[36] Lassettre E N. Rad. Res.(Supp.),1959,1:530.
Lassettre E N, et al. J. Chem. Phys. ,1969,50:1829;1970,52:2797.
[37] Van der Wiel M. J. Physica,1970,49:411.
[38] Brion C E, Hamett A. Adv. Chem. Phys. ,1981,45:1.
Iida Y, et al. Chem. Physics,1986,105:211.
Chan W F, et al. Phys. Rev. A,1991,44:186;1992,45:1420;1992,46:149.
[39] Chan W F, et al. Chem. Physics,1993,170:81.
徐克尊,等.中国科学,A,1994,24:1115.

[40] Lohmann B, Weigold E. Phys. Lett. A,1981,86:139.

[41] McCarthy I E, Weigold E. (e,2e) Spectroscopy[J]. Physics Reports,1976,27:275; Wavefunction Mapping in Collision Experiments[J]. Rep. Prong. Phys. ,1988,51:299; Electron Momentum Spectroscopy of Atoms and Molecules[J]. Rep. Prog. Phys. ,1991,54:789;Electron Momentum Spectroscopy, Kulwer Academic[M]. New York: Plenum Publishess, 1999.
Coplan M A, et al. (2,2e)Spectroscopy[J]. Rev. Mod. Phys. ,1994,66:985.

[42] Bawagan A O, et al. Chem. Phys. ,1987,113:19.

[43] Duffy P, Chong D P, et al. Phys. Rev. A,1994,50:4707.

[44] Avaldi L, et al. J. Phys. B,1987,20:4163.

[45] Jr Amaldi U, et al. Rev. Sci. Instrum,1969,40:1001.

[46] Erhardt H, et al. Phys. Rev. Letters,1969,22:89.

[47] Camilloni R, et al. Phys. Rev. Letters,1972,29:618.

[48] Weigold E, et al. Phys. Rev. Letters,1973,30:475;Hood S T, et al. Chem, Phys. Lett. ,1976,39:252.

[49] Cook J P D, et al. J. Phys. B,1984,17:2329.

[50] Moore J H, et al. Rev. Sci. Instrum,1978,49:463.

[51] Todd B R, et al. Rev. Sci, Instrum,1994,65:349.

[52] Takahashi M, et al. Rev. Sci. Instrum,2002,73:2242.

[53] Ren X G, et al. Rev. Sci. Instrum,2005,76:063103.

[54] Lower J, et al. Rev. Sci. Instrum,2007,78:111301.

[55] 杨炳忻,等.物理学报,1997,46:862;Shan X, et al. J. Chem. Phys. ,2006,125:154307. Chen X J, Shan X, Xu K Z. High-Resolution (e,2e)Spectrometer Employing Asymmetric Kinematics[M]// in Nanoscale Interactions and Their Application: Essays in Honour of Ian Mc Carthy,Research Signpost, 2007:37.

[56] Yamazaki M, et al. Meas. Sci. Technol,2011,22:075602.

[57] Mccarthy I E, et al. Phys. Rev. A,1989,40:3041.

[58] Zheng Y, et al. Phys. Rev. Lett. ,1990,64:1358.

[59] Granitza B, et al. 6 th A,PPC,1994.

[60] Zheng Y, et al. Science,1995,270:786.

[61] Srivastava S K, Vuskovic L. J. Phys. B,1980,2:2633.

[62] Marinkovic B, et al. J. Phys. B,1992,25:5179.

[63] Bielschowsky C. E, et al. Phys. Rev. A,1991,43:5975.

[64] Zhang X J, et al. Chinese Phys. Lett. ,1999,16:882.

[65] 吴自勤.电子、X光与固体的相互作用[J].物理,1979,8:440,532;1980,9:77. 莫党.固体光学[M].北京:高等教育出版社,1996.

黄昆. 固体物理学:第九、十一章[M]. 韩汝奇,改编. 北京:高等教育出版社,1990.
[66] 王永瑞,邹骐,卢党吾. 电子能量损失谱学及其在材料科学中的应用[J]. 物理,1994, 23:30.
[67] Lencinas S, et al. Phys. Rev. A,1990,41:1435.
[68] Vos M, McCarthy I E. Observing electron motion in solids[J]. Rev. of Mod. Phys., 1995,67:713;(e,2e)Spectroscopy:from atoms to solids. J. of Electron Spectroscopy and Related Phenomena,1995,74:15.
[69] Ritter A L, et al. Phys. Rev. Lett.,1984,53:2054.
[70] Storer P, et al. Rew. Sci. Instium,1994,65:2214.
Vos M, et al. Phys. Rev. B,1997:1309.
[71] Cai Y Q, et al. Phys. Rev. B,1995,51:3449.
[72] Vos M, Corrish G P, Weigold E. Rev. Sci. Instrum,2000,71:3831.

第7章 其他一些重要研究手段

本章介绍当前原子分子物理实验研究中使用的除激光和同步辐射光谱方法以及电子碰撞方法之外的其他一些重要研究手段。主要是离子源、质谱仪、反应成像谱仪、原子分子束磁共振、离子阱、激光冷却和激光阱、各种扫描探针显微镜。它们有的是古老的手段，但新近有了很大发展，还有不少是20世纪末发展起来的，成为原子分子物理实验中很有用的研究手段。

7.1 离子束源

7.1.1 普通离子源

这儿的离子源通常是指离子束源。离子源在原子分子物理中主要有两方面应用，一是作为炮弹，如利用现有的大量核物理低能加速器产生的离子束与原子分子或离子碰撞，研究它们的能级结构和动力学问题。这与前一章电子束技术有相似之处。比较起来离子束的优点是由于质量大，韧致辐射本底很小，缺点是需要比要分析的原子能级能量大很多的能量，因而能量分辨也差很多。这可以用能量守恒和动量守恒定律到简单的经典二体碰撞上推出，设入射粒子的质量为 M、动能为 E_0，被碰撞静止电子的质量为 m、散射角为 φ、获得的动能为 E_a，则有如下关系：

$$E_0 = \frac{(m+M)^2}{4\,mM\cos^2\varphi} E_a \tag{7.1.1}$$

在入射粒子与原子作用情况下，可以近似假设 E_a 为原子的激发能或电离能 E 以便估算。散射角 $\varphi = 0°$ 时 E_0 最小。在入射电子情况下，$M = m$，最小的 $E_0 \approx E$；在入射质子情况下，$M = 1836\,m$，最小的 $E_0 \approx 460\,E$。如激发能 $E = 10.2\,\text{eV}$，则电子入射情况下只要 10.2 eV 以上就行,质子入射情况下必须有 4.6 keV 以上入射能量才能被用来研究非弹性碰撞问题,质量越重的入射粒子所需的能量越大,两者近似成正比关系。因此,这方面用的离子束主要是低能加速器。显然,这比电子碰撞情况所需设备复杂得多,费用较高,且由于能量较高,能量分辨也就比电子能谱差很多。

当然利用离子束的固有性质也可以做一些电子束无法做的研究工作。如带正电荷 q 的离子 A 与中性原子分子 B 的电荷交换作用:

$$A^{q+} + B \rightarrow A^{(q-1)+} + B^+$$

再如,用高能重离子与重靶原子近距离碰撞(核反应)可形成超重原子,目前最重的已产生到 $Z=118$,正式命名的到 $Z=112$,见附录 II

离子源的第二方面应用是作为靶,如用激光束或电子束与离子束源碰撞来研究离子的能级结构和动力学问题。这种情况要求离子源能量很低,束流很大,带电荷量在大的范围变化,现在已经研究成功多种专门的离子源,它们的能量不太高,但离子流很强,易于得到高 Z 高电荷态离子。研究它们与电子、原子、分子的碰撞在等离子体物理、受控聚变和 X 激光中有很大意义。

离子源除在研究碰撞问题中有用外,在下节讨论的质谱仪中,如果用来分析中性样品,中性原子和分子需要被电离后才能被电场或磁场用来分析,因此,在质谱仪的前级常常还有离子源部分。

对离子源最重要的要求有如下一些[1]:

(1) 电离效率要高,使只需要少量样品就可以进行分析,从而减少气体消耗。

(2) 有良好的引出聚焦系统,能尽量把离子流引出电离区,并聚焦到所要求到达的地方,形成足够强的离子束。

(3) 整个离子束所需要类型的离子占的百分比应尽可能大,剩余气体产生的本底离子以及上一次实验用的被吸附的剩余离子所形成的本底要尽可能小。

(4) 能量分辨要好,这根据实验的具体要求而定。

由上面的讨论可知,通常的离子束源大致可分成两部分:产生并维持密集电离的放电室部分和引出与聚焦离子的电极系统部分,它们被放在高真空室内。这两部分要求相互隔离,不发生干扰,即产生电离的电场、磁场或射频场不影响引出离子的运动和聚焦,而引出离子的电场不影响放电室的工作。由于电子碰撞只需很小能量就可使原子分子电离,通常都是用电子碰撞来得到离子源。为了得到高电荷态离子源,要用较高能量的电子通过多级电离来实现,一次碰撞打掉多个电子的概率很小。离子源大致是按产生电离或等离子体的机制不同来进行分类的,主要有彭宁离子源和射频离子源[1]。

彭宁源是在磁场中的放电离子源，图 7.1.1 是它的基本组成示意图。由处于负高压的阴极（如热灯丝阴极、冷阴极等）发射的电子被加速进入阳极放电室区，与待电离的气体原子碰撞而使其电离。为了提高电子的电离效率，在轴向方向加强磁场 B，主要作用是使电子以螺旋线方式紧绕磁力线和电力线方向前进，直到撞击处于负电位的反射阴极，然后以螺旋线方式返回阴极，这样使电子通过的路程大大增加，从而大大增加与原子的碰撞机会，而在放电室区产生大量电离的等离子体。当然磁场也可约束离子，减少逃逸损失，大大增加离子在放电室内的存在时间，从而大大增加高电荷态离子的产生效率。正离子在阳极管侧的狭缝被吸出电极引出，再被聚焦而形成离子束。

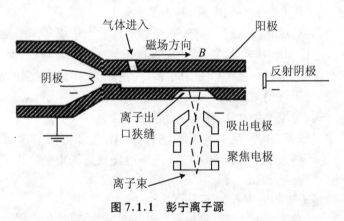

图 7.1.1　彭宁离子源

射频离子源用射频电磁场引起低气压气体放电而产生。它的放电室可以不用金属结构，而用硬玻璃或石英制成，外面套上螺旋线筒把射频功率输入产生射频场，使放电室内气体放电。为了提高电子的电离效率，也可以像彭宁源一样加一个轴向磁场把电子约束在放电室内。射频离子源的主要优点是能在低气压维持足够密集的等离子体，所需气体的流量可以较小。

为了得到负离子束，通常采用溅射离子源。它先产生 Cs^+ 正离子束，聚焦成细束后轰击靶材料，溅射出该材料元素的负离子，然后被吸出电极引出并聚焦而成负离子束。

从离子源导出的离子的速度大小和方向并不一样，速度大小除了产生时的起伏之外，还有导出电源不稳定所产生的分散。早期使用的简单气体高压放电型和高频火花离子源的能量分辨很坏，可以达到 1000 eV，而上面介绍的两种慢电子电离型离子源的能量分辨就好得多，达到 0.2 eV。不同速度大小和方向以及不同种类的离子可以用电场或磁场进行选择。

7.1.2 强流高电荷态离子源

在重离子加速器中,需要注入高电荷态离子作为炮弹,它们的核外电子相当部分甚至大部分被剥去,可以用来与原子分子碰撞,这需要很强的离子束流。另一方面,在做高电荷态离子靶的研究中也需要很强的离子束流。目前已经研制成功几种这类强流高电荷态离子源,都是使用电子束方法。主要的有以下两种[2]:

(1) 电子回旋共振源

电子回旋共振源 ECR(electron-cyclotron resonance)利用微波场使作回旋运动的电子被反复共振加速到较高能量,电子与工作气体不断碰撞,发生多次电离,形成等离子体,它们被约束在强磁场内以便其中的电子和离子有较长的寿命,从而有利于增加能量(由于电子寿命增加)和得到离子高电荷态(由于离子寿命增加),离子引出即可用作离子束或离子靶。ECR 源的微波频率 10~30 GHz,电荷态可以达到 +10(对轻原子)至 +28(对重原子),甚至更高,在 15 kV 引出电压下,N^{5+} 可达束流 5×10^{13} 粒子/秒。中国科学院兰州近代物理所已研制有多台 ECR 离子源。

(2) 电子束离子源和电子束离子阱

电子束离子源 EBIS(electron bombardment ion source)用几百 keV 高能强流电子束轰击原子或低电荷态离子而产生高电荷态离子,在一定的电磁场位形下,产生的离子被捕获在电子束中继续被电离,从而产生几到几十 keV 更高电荷态离子,引出形成离子束。这一方法比 ECR 源难做,但可以得到高得多的电荷态离子。

EBIS 的改进型是电子束离子阱 EBIT(electron bombardment ion trap),如图 7.1.2。它主要由电子束系统、漂移管、电子收集系统、超导线圈及相关的液氦冷却系统、高压电源、气体原子或低电荷离子输入系统和高真空系统等组成。电子束系统由电子枪、引出电极和聚焦电极组成,强流电子束被漂移管和电子枪之间的高电压加速,从而产生直径小于 0.1 mm、电流大于 100 mA、能量最大可到350 keV 的强流电子束进入离子阱中,离子阱由中间很短的三个漂移管组成,外加超导亥姆霍兹磁场线圈,在电子束方向产生强磁场。气态原子或低电荷态离子直接引入阱中,离子的捕获、加热和剥离主要发生在离子阱内,径向捕获和压缩靠强流电子束的空间电荷效应及强磁场的约束作用,轴向捕获由装置产生的静电势垒(漂移管 1 和 3 相对 2 为正电位)提供,低电荷态离子被阻挡在阱内往复运动,继续加热剥离,只有高电荷态离子具有更高能量才能通过势垒被引出。经过漂移管后漏出的电子被电子收集系统偏转收集。通常用 X 射线探测器在阱外直接观测阱区离子激发态跃迁,也可加离子抽取系统引出高电荷态离子束进行实验。目前在美国、德国和日本等已经有许多台这类离子源,有些高能量的还可以得到全剥离的铀离子U^{+91}。我国复旦大学一台具有电子束能量 200 keV、电流 200 mA、电子束半径 50 μm、磁场强度 5 T 的 EBIT 已于 2005 年建成。

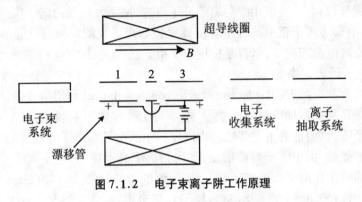

图 7.1.2　电子束离子阱工作原理

7.2　原子分子或离子的质量、动量和磁矩的测量和鉴别

在原子分子物理中,如何识别和分离不同种类的中性原子与分子或带电离子以及同一种原子分子的不同能态是一个经常会遇到的问题。在这儿我们讨论的不是指统计的识别,例如用吸收光谱、发射光谱、电子能谱等前面叙述过的方法,通过测量原子分子产生的次级粒子或入射光子的吸收和电子能量损失谱来识别原子分子,这些方法虽然可以识别原子分子种类,但不能分离它们,往往是大量统计的结果,并不能把不同种类的原子分子分离开来。在实际工作中,为了鉴别和分离不同种类的离子、原子与分子,常常使用各种质谱仪;为了能测量和分离入射粒子与原子分子或离子作用后产生的末态全部带电粒子的动量,使用反应成像谱仪;为了能识别和分离不同磁亚能态的原子与分子,使用原子分子束磁共振技术。下面介绍这三种技术。

7.2.1　质谱仪

质谱仪又称质谱计。中性原子分子先要被质谱仪电离,再通过同时选择电离离子的能量和动量(或速度)而达到质量鉴别。为此使用两种方法,一种用偏转聚焦系统,即电场或磁场使离子束偏转,偏转量随入射离子动量或能量而变化(称为空间色散作用),同时偏转场又有聚焦作用,使有同一动量或能量而有不同入射方向的离子聚焦到空间同一位置,从而达到识别和分离。另一种方法通过测量飞行时间而获得。

现在已经发展了多种质谱仪[3]。在核物理和粒子物理中,带电粒子的能量很大,常用各种磁谱仪,这儿介绍的是在原子分子物理中常用的质谱仪,包括静电磁场质谱仪、四极质谱仪和飞行质谱仪。

静电磁场质谱仪既使用电场又使用磁场,因而适用于能量较大的带电离子。首先用图 6.1.2 所示圆柱面静电分析器来分离不同能量的离子,如 6.1 节所述,当分析器的内、外半径 R_1 和 R_2 固定,选择不同的电位差 $V_2 - V_1$ 就可以选出一定能量与电荷比的离子。这个静电场还有一维空间聚焦作用,从入射膜孔一点进入静电场内有一小角度分散的离子束经过 127.2° 后可以汇聚于一点。

仅仅用静电分析器还不行,由于能量 $E = Mv^2/2$,不同质量的离子,只要它们的能量相同,均被聚焦在一起而无法分辨。为此还要用一扇形聚焦磁场选出一定动量(或速度)的离子。我们知道,以速度 v 垂直于均匀磁场 B 方向入射的带电粒子作圆周运动的条件是所受洛伦兹力 Bqv 等于向心力 Mv^2/R,因而有

$$R = \frac{Mv}{Bq} = \frac{p}{Bq} \tag{7.2.1}$$

正比于动量 p。将 $v = (2E/M)^{1/2}$ 和式(6.1.5)代入,就得到分离出的粒子质量为

$$M = \frac{BqR}{v} = \frac{B^2 q^2 R^2}{2E} = \frac{qB^2 R^2 \ln(R_2/R_1)}{V_2 - V_1} \tag{7.2.2}$$

注意,严格说质谱仪选择的是一定质荷比 M/q 的离子,也即可以选择出具有确定电荷态和质量的离子。

图 7.2.1 为扇形磁场分析器[3],扇形角为 φ,磁场是一种偶极均匀磁场,垂直于纸面。由于均匀磁场不仅对垂直磁场方向的平面内运动的带电粒子有动量选择作用,而且能把通过膜孔一点进入此平面但有一小角度 α 分散的离子束经过 $\pi = 180°$ 后会聚于一点,因此这种扇形磁场也有一维空间聚焦作用,像上一章静电球分析器一样,不管扇形角 φ 的数值多大,聚焦角度都为 $\pi = 180°$,即出射点 M' 与入射点 M 和扇形心 O 在一直线上。显然,扇形磁场比半圆磁场要节省许多磁铁。

还有一种质谱仪是使用交、直流电场的四极质谱仪[4]。它用四根相互平行的双曲线形电极构成,两两相对的顶点之间的间隔均为 $2r_0$,相对的一对有相同电位,两对之间加直流和射频电压 $V_0 + U_0 \cos 2\pi \nu t$,设电极之间的中心轴线为 z 方向,z

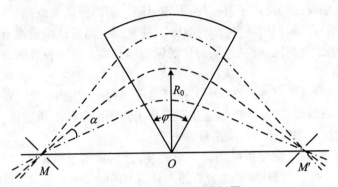

图 7.2.1　扇形磁场分析器

轴电位为零,如图 7.2.2 所示。类似下段讨论多极场给出的,在轴线附近弱电场区的电位正比于 r^2/r_0^2。离子沿 z 方向进入,在 z 方向不受力。但由离子运动方程得到:对一定质荷比 M/q 的离子,只有当交、直流电压幅度 U_0 与 V_0 和频率 ν、r_0 满足一定条件时,离子才会受幅度很小的往复电场摆动力作用形成聚焦,沿 z 方向通过,不满足条件的其余离子在运动中摆动幅度逐渐增大,最后都被四极场发散掉。通常是固定 V_0 和 ν 值,改变 U_0 值进行质量扫描。目前四极质谱仪在各种质谱仪中有最好的质量分辨。

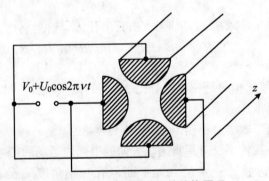

图 7.2.2　四极质谱仪的结构原理

在原子分子物理中常常碰到的是要鉴别电离或解离后所生成的各种离子。在光电离情况下,忽略光子的微小动量,原子初始静止,动量为零,则离子反冲动量与电离电子动量相等($Mv = mv_e$),两边平方后得到离子动能 T_M 和电子动能 T_e 的关系:$T_M = (m/M)T_e$。由此可见,由于离子质量 M 远大于电子质量 m,动量守恒要求离子获得的反冲速度 v 和动能很小,近似为 0,光子用于电离后的多余能量基本上给了电离电子作为它的动能。光解离和电子碰撞电离的情况也类似,离子碎片和离子的动能也不大。四极质谱仪和飞行时间质谱仪就适合这种能量很小的情况。

下面讨论飞行时间质谱仪。由于离子能量很小,在加以较大负电压 V 引出离子后,电荷为 q 的离子都具有近似相同的能量 qV,不用再加能量分析器了。这时,由于不同质荷比的离子速度 $v=(2qV/M)^{1/2}$ 不同,常常让离子在无电场的漂移管内通过足够长度 L 后,用微通道板探测器 MCP 收集,测量它们相对于产生时刻的到达时间:

$$t = \frac{L}{v} = \sqrt{\frac{M}{q}\frac{1}{2V}}L \tag{7.2.3}$$

就可以分辨不同速度的离子,从而近似地得到离子的质量,或质荷比:

$$\frac{M}{q} = \frac{2Vt^2}{L^2} \tag{7.2.4}$$

这种通过测量飞行时间对具有一定能量的离子实现质量分辨的装置称为飞行时间质谱仪,简称飞行质谱[5,4]。如用时间-幅度变换器(TAC)配合幅度分析器则是一种多道时间谱测量,不用扫描就可得到不同质量谱,严格说是质荷比谱。起始时刻由短激光脉冲、同步辐射脉冲、入射电子或离子束脉冲来确定。

上面的计算没有考虑在引出区产生的离子的初始动能和初始位置对飞行时间的影响,实际上它们存在且有起伏,会造成飞行时间的差异,从而使质量分辨变坏。前者直接影响飞行速度从而影响飞行时间,称为能量质量分辨;后者造成飞行轨道不同,也影响飞行时间,称为空间质量分辨。为了减小它们的影响,实际的飞行质谱仪通常把引出场分为两部分,前面是电离室拉出区,离子在里面的飞行距离和时间不同,后面是加速区,飞行距离相同,它们的长度分别是 L_1 和 L_2,所加电压分别是 V_1 和 V,如图 7.2.3 所示。分成两个区可以使不同初始动能的离子在通过拉出区时的飞行时间差异在通过加速区时得到补偿。要求参数 $V_1 \ll V$ 和 $L_1 \ll L_2 \ll L$,这样可以使拉出区场强较弱,引出区获得均匀电场强度,防止电场畸变导致离子动能展宽,此外也可以使离子在引出场内的飞行时间大大减少,这些都会减小引出场对飞行时间的影响,提高质量分辨。离子引出能量 qV 远大于初始动能也使具有一定质荷比的离子可近似认为具有相同能量,即具有相同的飞行速度和时间,从而减小初始动能不同的影响。

把引出场分为两部分还有另外的作用。可以证明:当拉出场和加速场的 V_1、V 和 L_1、L_2 以及漂移管的 L 满足一定的关系时,可以实现空间聚焦条件,而且这种空间聚焦与离子种类和能量无关,在拉出场和加速场之间加透镜电极则聚焦效果更好,这样初始电离位置即使有些差别的具有一定质荷比的离子,其飞行时间差异也会大大减小。总之,增大加速电压 V 和漂移长度 L 以及引入空间聚焦能够大大提高飞行时间质谱仪的质量分辨。例如,选取 $V_1 = 128$ V, $L_1 = 4$ mm, $V = 2048$ V, $L_2 = 16$ mm, $L = 455$ mm,可以很容易做到质量分辨 100 a.m.u.(原子质量单位)。更好的设计可以使质量分辨达到 500 a.m.u.。

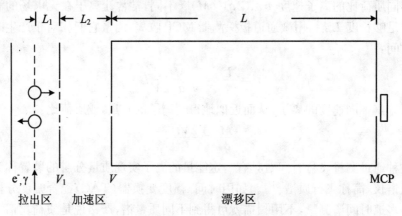

图 7.2.3 飞行时间质谱仪

如要求更高的质量分辨,就需要用更复杂的反射式飞行质谱仪了。它是在上述直线式的基础上,在离子漂移飞行路程上放置一个静电反射镜,使离子反向运动一段时间再进入探测器。由于能量较大即速度较快的离子比质荷比相同的能量较小的离子进入反射镜较深,在场中停留时间较长,反射电场选择合适可以补偿它的较短的飞行时间,因而能够提高质量分辨。现在一般已能达到 4000 a.m.u.,最好的达到万以上。

图 7.2.4 是用 25 fs 强激光脉冲电离 Ar 原子所得到的飞行时间谱[6],激光极化方向与拉出场方向一致,强度为 10^{13} W·cm^{-2},Ar$^+$、Ar^{2+} 和 Ar$_2^+$ 离子信号清楚地被分离。

飞行时间质谱仪是一种简便而快速的分析仪器,它可同时分析质量范围很宽的样品,这是其他种类质谱仪做不到的。另外,它的收集效率很高,由于采用拉出场和加速场分离技术,对 4π 出射的离子收集效率可达 100%。它的缺点是质量分辨不够好,但在反射式飞行质谱仪发展后,这一缺点也不重要了。它要求使用较复杂的快电子学符合技术,但现在这一技术已经变得较为普通,而且可以买到。因此,除了四极质谱仪以外,飞行时间质谱仪获得了越来越多的应用。

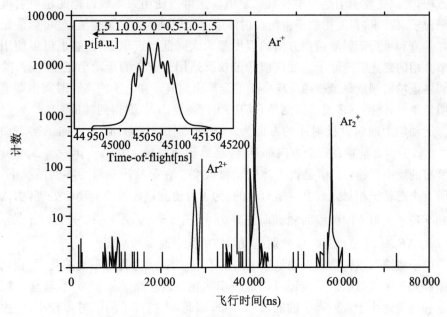

图 7.2.4　Ar 原子光电离后产物离子的飞行时间质谱

7.2.2　反应成像谱仪

反应成像谱仪(reaction imaging microscopy)除应用飞行时间谱技术外,还使用现代发展的超声射流冷靶或冷原子阱技术、超快脉冲入射粒子束技术(即毫微秒脉冲电子和离子束、千赫兹超快强激光束、第三代同步辐射光源的强光子束)、基于大面积二维位置和时间灵敏多击探测器的多粒子动量影像和投影技术以及高效率数据获取系统。使用这些技术最初发展了反冲离子动量谱仪,1994 年后又使用磁场对电子的约束技术,最终发展出能符合测量各种入射粒子与原子或分子碰撞反应后的末态多粒子(包括电子和离子)动量的反应成像谱仪[6],使研究各种原子分子反应的实验获得重大突破。

假设一个碰撞反应产生 N 个末态带电粒子,例如,Ne 原子被重离子的三重电离碰撞,它包括 $n=3$ 个被电离出来的电子,加上被散射的入射粒子和反冲核,则 $N=5$。对这样的反应,不考虑自旋的情况下,如果由投射体和靶组成的初态的能量和动量已知,则能量和动量守恒关系使末态只有 $3N-4$ 个独立的动量分量,若都被测量就是运动学完全实验,所有的微分截面都能被得到。但通常投射体初态的能量和动量是知道的,而靶粒子初态有较大的不确定性,为了能用能量和动量守恒方程,要求靶粒子动量为零或有确定值。这可以使用第 5 章讨论的超声射流冷却靶粒子束技术,并使靶粒子束与投射体束在作用区垂直交叉碰撞,就可以使靶粒子在垂直和平行于射流两个方向的温度都大大降低到近于零,当然也可以使用下一节介绍的磁光阱冷原子。反应成像谱仪就适用于这样的运动学完全实验,除了能够多道精密测量每个碰撞反应事例的全部出射离子和电子的飞行时间谱即能量和质量谱外,还能够多道精密测量它们的出射角度谱,从而得到动量谱。

运动学上通常设投射体的方向为 z 方向,则投射体只有 z 方向的初态动量 $p_\mathrm{p}^\mathrm{i} = p_{\mathrm{p}z}^\mathrm{i}$,但末态动量在三个方向都有,转移给靶的动量 $q = p_\mathrm{p}^\mathrm{i} - p_\mathrm{p}^\mathrm{f} = -\Delta p_\mathrm{p}$ 分配给所有的反应产物,Δp_p 是投射体的动量改变。在靶粒子动量为零的情况下,由于所有末态粒子相对入射方向是对称的,为了方便测量数据的运动学处理,引入垂直和平行于入射方向的横向和纵向动量 $(p_\perp, p_\parallel) = (\sqrt{p_x^2 + p_y^2}, p_z)$ 和 $(q_\perp, q_\parallel) = (q_\perp, \Delta E_\mathrm{p}/v_\mathrm{p})$,$\Delta E_\mathrm{p}$ 和 v_p 分别是投射体的能量改变和速度。

电子碰撞可以转移较大动量给电离电子,它的运动方程已不能简化,但快离子碰撞和光子吸收与散射反应还可以进一步简化。以快离子碰撞为例,转移给靶的能量和动量远小于入射离子的能量和动量,因此,入射粒子的散射角较小,产生的末态离子的横向动量远小于纵向动量,横向动量平衡与纵向动量平衡不耦合,横向动量守恒与纵向动量守恒分别成立,给出不同的物理信息。在反应成像谱仪中反冲离子的动量总是被测量的,由于初态横向动量为零,对于绝大多数非碎裂反应,电离电子的动量可以忽略,反冲离子的横向动量近似等于投射体的末态横向动量,但方向相反,因而反冲离子的横向动量测量直接给出投射体的散射角信息,即有 $\theta_\mathrm{p} = p_{\mathrm{p}\perp}^\mathrm{f}/p_\mathrm{p}^\mathrm{i} \approx p_{\mathrm{R}\perp}^\mathrm{f}/p_\mathrm{p}^\mathrm{i}$。现在散射角分辨在实验上已达到微甚至纳弧度这样小。反冲离子的纵向动量由测量飞行时间给出,主要由投射体俘获或损失电子以及靶电离等过程贡献,这些电子从投射体获得的能量与它们在投射体或靶内的结合能有关,因而反冲离子的纵向动量以及多粒子的纵向动量守恒包含碰撞反应的非弹性信息,即投射体或靶粒子的束缚能、激发能和结构信息。

反应成像谱仪的典型结构如图 7.2.5 所示[6],为了使靶粒子动量为零并提高能量和动量分辨,一个很好准直的冷原子或分子束与投射体束在反应区垂直交叉碰撞,投射体粒子可以是光子、电子或离子。为了得到飞行时间,除了测量反应末态粒子到达探测器的时间外,还需要知道投射体与靶粒子的作用时间作为起点,为此使用脉冲投射体束如同步辐射、脉冲激光、成串的电子或离子束,或使用连续束但单个投射体必须在碰撞后被时间灵敏探测器测量到。反应区加弱电场以便吸出反应末态的带正或负电粒子,它们分别向拉出静电场反或正方向运动,经过漂移区飞向各自的位置灵敏探测器。由于每次碰撞会产生多个不同种类的带电粒子,这就要求探测器能够记录击中的每个粒子的时间和位置,即除了具有较好的二维位置分辨能力外,还应具有多击响应能力,通常用延迟线阳极读出的大面积微通道板探测器作为多击响应位置灵敏探测系统。例如,在德国海德堡的 Max Planck 核物理研究所的电子碰撞(e,3e)双电离运动学完全实验就使用反应成像谱仪[6],它的入射束使用脉冲电子枪产生,方向沿吸出电场方向,频率 500 kHz、脉宽 1 ns、流强 10^4 电子/脉冲、入射能量 106 eV、在反应区被聚焦到直径 1 mm。使用的靶是直径 2 mm、密度 10^{12} 原子/cm³ 的三级超声射流冷却 He 原子束。

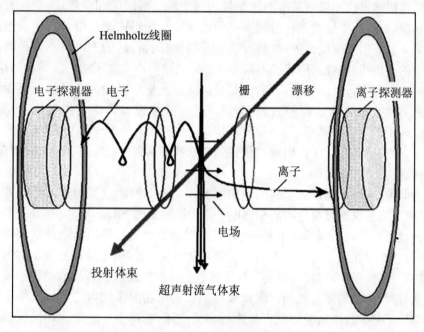

图 7.2.5　反应成像谱仪

为要测量末态离子的动量,如上段所讨论的不能使用强的拉出电场,大多数反应的反冲离子能量很小,在 meV 量级,几 V/cm 弱的拉出电场就可以获得 4π 探测效率。但在快碰撞中,出射电子能量较大,仅靠电场不足以约束电子运动使其拐向前方,出射角较大的电子会偏离探测器,从而使探测效率大大降低。为此,除了使用均匀弱静电场来拉出低能带电粒子外,还用两个亥姆霍兹线圈在平行于电场方向产生均匀弱磁场,来约束出射角较大的较高能量的电子,使它们通过螺旋运动到达探测器。例如,100 eV 电子在 10 G 磁场下的回旋半径是 3.3 cm,用 8 cm 直径微通道板探测器就可以使立体角探测效率接近4π,也使分辨率得到进一步提高。注意,通常电子和离子的回旋周期分别为几十 ns 和几百 μs,而飞行时间为 μs 量级。因此,电子的回旋周期远小于它的飞行时间,离子的回旋周期远大于它的飞行时间。对离子来说,磁场的作用只是使得离子相对探测器产生小的旋转,不影响动量的测量。而电子就不一样,当飞行时间是回旋周期的整数倍时,电子将回到旋转原点,电子的垂直方向动量信息会丢失,在实际使用中需要避免。此外,反应成像谱仪测量的出射电子能量一般低于 100 eV,因而还不能用于上一章给出的(e,2e)电子动量谱仪实验。

反应成像谱仪测量的是击中探测器的每个粒子的时间和位置,击中位置给出横向动量信息,而测量的飞行时间谱则给出离子初始纵向动量信息。前段给出的图 7.2.4 就是用反应成像谱仪测量的一个飞行时间谱,从图上可见不同种类的离子形成的分离峰,而峰的形状即不同的飞行时间差异给出离子初始纵向动量信息,即朝前运动的飞行时间短些,朝后的则长。从左上横坐标被放大的插图可以清楚地看到 Ar^+ 离子峰的这种前后展宽,还可看到叠加在展宽峰上的吸收不同数目 1.5 eV 光子的阈上电离峰,其动量分辨很高,已达到 0.1 a.u. 以下,能量分辨达到 2 μeV。这样从每个粒子的时间和位置信息就能得到它们的种类、能量、发射角、动量等信息。

由此可见,与仅测量一段时间内的所有作用事例的动量谱的速度影像方法不同,反应成像谱仪通过对出射离子和电子击中探测器的飞行时间和位置的测量,可以重建碰撞反应后的每个粒子径迹,并得到它们的动量矢量即纵向动量和横向动量,因而能够用在原子分子碰撞的运动学完全实验中,实时多道地测量出射的全部粒子的质量、能量和动量谱,得到靶粒子或投射体的束缚能、激发能、结构和反应过程信息,以及完全的微分截面。因此反应成像谱仪在同步辐射、强激光、电子和快离子与原子分子碰撞实验中获得越来越多的应用,在许多实验如多体反应动力学研究中起到关键作用,许多新颖研究变得容易。例如,反应成像谱仪除用在同步辐射多重电离和运动学完全实验外,由于时间分辨的光电子影像技术可以同时获得光电子的能量和角度随时间变化的信息,在越来越短的强脉冲激光光谱实验中,反应成像谱仪已成为研究化学变化实时动力学的强有力实验手段,可以实时观测化学反应过渡态,在分子层次上了解基元化学反应的过程和机理,从而深入了解化学反应的本质和历程[6]。再如,以往的(e,2e)和(e,3e)实验设备只能测量很小立体角的单个出射电子,反应成像谱仪则能够以很高的动量分辨同时测量接近 4π 立体角的所有出射电子,探测效率提高几个数量级,特别适合(e,3e)和激光协助的(e,2e)实验。同样,在重离子碰撞中可以较容易地做电子俘获和投射体电离实验,可以精确测定分子的库仑爆炸等。此外,反应成像谱仪也被用来测量固体表面出来的电子和离子,在固体物理和表面物理中发挥作用。

7.2.3 原子分子束磁共振和分离振荡场方法

能识别和分离不同的原子分子磁亚能态的最简单的装置是斯特恩-盖拉赫实验所用的不均匀二极磁铁,这就是所谓选态磁场。在斯特恩-盖拉赫实验中,原子束通过一维不均匀磁场时,那些在磁场方向上的磁矩分量具有不同数值的原子态会受到不同大小的偏转力作用从而分离开来[7]。

现代选态磁场已不是当初简单的二极磁铁,而是性能更好的多极磁铁,特别是六极磁铁[1,4,8]。六极选态磁铁结构的截面如图7.2.6所示,6个磁极的N、S极两两相间排列,极面为双曲线形,磁感应线从N极走向相邻的两个S极,磁场强度 B 沿径向是不均匀的。在中心轴线附近区域,离轴线距离为 r 处的场强近似为

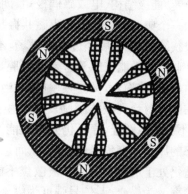

$$B(r) = B_0 \left(\frac{r}{r_0}\right)^2 \quad (7.2.5)$$

图7.2.6　六极选态磁铁截面的结构

r_0 为磁铁通过极顶的内切圆半径,B_0 为极顶的磁场强度。显然越往中心场强越弱,磁场和磁场梯度 dB/dr 都沿径向。具有磁矩的原子分子在此不均匀六极磁场轴线附近,受到的是一个谐振子势 $V(r) = -\mu_z B(r)$,其中 μ_z 是磁矩在磁场方向 z 即这儿的 r 方向的分量,$\mu_z = -M_j g_j \mu_B$,μ_B 是玻尔磁子,g_j 是朗德 g 因子,$M_j = \pm j$,$\pm(j-1)$,… 为磁量子数。原子分子受到的不均匀磁场的作用力沿 r 方向为

$$F_r = -\frac{dV}{dr}r = \mu_z \frac{dB}{dr} = -\frac{2M_j g_j \mu_B B_0}{r_0^2} r \quad (7.2.6)$$

由式可见,力的大小与 r 值成正比,粒子越偏离中心作用力越大;力的方向与 M_j 和 g_j 有关,若 g_j 为正,则 M_j 为正时逆 r 方向,M_j 为负时沿 r 方向。μ_z 是原子分子磁矩在磁场 z 方向即这儿的 r 方向分量。因此,当分子束从磁铁的一端沿轴线垂直于纸面射入,从另一端射出时,在磁铁极隙中,分子磁矩将沿 r 方向分裂,在 g_j 为正的情况下,那些磁矩方向与磁场方向平行的即磁量子数 M_j 为负值态的原子分子(记为↑态),在此不均匀磁场作用下,要受到一个在纸平面内逆径向指向磁铁轴线的回复磁力作用,即起聚焦作用;而那些磁矩方向与磁场方向反平行的、M_j

· 447 ·

为正值态的原子分子(记为↓态),要受到一个沿径向偏离磁铁轴线的磁力作用,即为散焦作用。因此原子分子束穿过六极磁铁以后,就得到一个聚焦在轴线附近的处于↑态的原子分子束。除用多极磁场外,多极电场如六极电场也有选态作用。

磁共振现象包括顺磁共振和核磁共振,揭示原子分子在磁场中按磁量子数分裂的能态之间,可以通过吸收能量为能级间隔的高频电磁波进行磁偶极跃迁这一共振吸收现象。由拉比(I. I. Rabi)在1938年创立的分子束磁共振技术[1,9]就是用选态磁场和磁共振装置组合而成的。这一方法特别适合在微波和能量更小的射频谱段($3\times10^{12} \sim 3\times10^{7}$ Hz)做原子分子的精细(顺磁共振)和超精细(核磁共振)劈裂、转动能级结构、电或磁偶极矩、朗德因子和兰姆移位等高精度测量。

一个典型的原子分子束磁共振装置如图7.2.7所示。加热的原子束从炉内出来被狭缝S_1准直后经过选态磁场,不同磁亚能态的原子有不同的偏转,因而分离开,例如,使低能态原子进入谐振腔,高能态原子被散焦偏离。谐振腔处于均匀磁场内,有微波输入,微波频率可调,当调到与原子的跃迁频率一致时,处于低能态原子在磁场内受到微波激励就会发生共振跃迁到所选择的高能态。如果频率不合适,不会发生跃迁,原子仍处于低能态。然后原子束再经过第二个选态磁场,使高能态的原子被聚焦经过狭缝S_3而选送到探测器,不是这种能态的原子,或频率不合适仍处于低能态的原子被散焦不能进入探测器,从而测量到增强的信号。以微波频率ν为横坐标,信号强度为纵坐标得到的共振曲线的最大值处对应的频率ν_0即为原子跃迁频率。拉比由于创立分子束磁共振方法并用来测原子核磁矩,从而获得1944年诺贝尔物理学奖。测g因子和兰姆移位以及铯原子钟均采用了此技术。

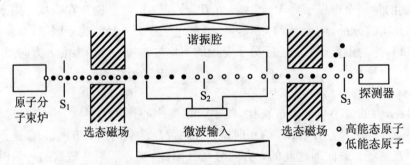

图 7.2.7 原子分子束磁共振测量原理

在原子钟高精度测量中,要求谱线宽度很窄,用常规的原子束磁共振方法出乎意料地遇到了困难。这是由于原子的跃迁概率正比于ν^3,在射频和微波场中跃迁概率特别小,因而谱线的自然宽度特别小,但这时谱线的宽度已经主要不由自然宽度决定,而由原子穿过场的穿越时间增宽决定。在线宽一章已介绍,穿越时间增宽与穿越时间 $T=L/v$ 成反比,v 为原子束通过谐振腔作用区的平均速度。为了压缩线宽,提高测量精度,必须增大谐振腔的振荡场区长度 L,这也使跃迁概率变大。为此要求在整个振荡场区所加的磁场均匀稳定。但实验表明,增加振荡场区长度后,很难保证磁场均匀,反而会使共振谱线变宽。此外原子束的强度也大大减小。

为此,拉姆齐(N. F. Ramsey)一直在思考解决的方法,他在哈佛大学教物理光学课时,受到了迈克尔逊测量干涉仪的启发:在望远镜前加几个反射镜使光成两路输入,若接受入射光的反射镜 M 和 M′ 相距 L,经它们及后随的另两个镜反射后进入物镜,物镜前二狭缝距离为 d,不加反射镜的分辨率为 $\theta = 1.22\lambda/(2d)$,若 $L \gg d$,加反射镜后使来自星体的两束平行光发生干涉,则使分辨率与 L 而不是 d 成反比,从而减小了几十倍 (L/d),大大提高了测量精度。

拉姆齐根据这个思想提出了分离振荡场方法,如图 7.2.8 所示[10,9],将有磁场的谐振腔作用区分为三部分,两个长度为 d 的短谐振腔放在两端,进入它们内部的频率为 ν 的高频电磁波是同位相的,两谐振腔之间是长为 L 的无作用漂移区。分子磁偶极子进入第一个谐振腔与场作用,造成的位相变化依赖作用时间 d/v 和失调 $\delta = (\nu_0 - \nu_L)$。进入漂移区后以拉摩频率 ν_L 进动,在用 L/v 时间以速度 v 通过漂移区进入第二个谐振腔时,积累了相角 $\Delta\beta = 2\pi\nu_L L/v$。同一时间射频场相位改变 $2\pi\nu_0 L/v$,因而分子的磁偶极子相对射频场的相位移为 $2\pi(\nu_0 - \nu_L)L/v$。只要这个相位移为零,漂移区就不影响分子在第二个谐振腔继续以同样作用规律运动,分子通过分离振荡场的作用就相当于分子通过的区域 L 整个充满振荡场。图 7.2.9 给出拉姆齐计算的讯号强度随场频率 ν_0 变化的结果,显示的振荡图案叫拉姆齐条纹(fringes)。共振谱线形状具有双狭缝衍射特征,窄峰在 $\nu_0 = \nu_L$ 附近为对称钟形曲线,共振的总线形宽度由腔宽度 d 决定,而共振的窄中心峰宽度却由两腔距离 L 决定,分离振荡场的作用就跟振荡场充满整个作用区一样。因此,可以尽量增加漂移长度 L 以减小中心峰宽度,同时又能减小静磁场不均匀性的影响,从而大大减小分辨率,提高测量精度。

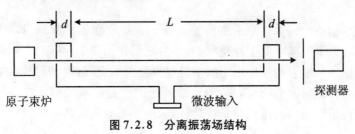

图 7.2.8 分离振荡场结构

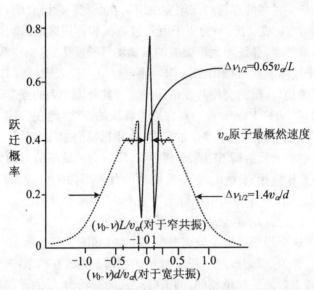

图7.2.9 拉姆齐计算的分离振荡场共振曲线(实线为近共振,虚线为宽共振)

分离振荡场方法为提高分子束磁共振法的测量精度开辟了新的途径,首先在美国国家标准局被实现,使^{133}Cs超精细结构测量精度提高了一个量级,达10^{-8}。之后,英国的埃森(L. Essen)进一步研究,做成第一台铯钟,1958年得到9.192 631 770(20) GHz,不确定度为2×10^{-9},在1967年被正式用来确定时间基准"秒"。因而量子频标工作飞速发展,如第1章介绍。拉姆齐由于发明分离振荡场方法,以及提出和建造了氢原子钟的工作而获得1989年诺贝尔物理学奖。

7.3 粒子囚禁和冷却技术

多年来,制备一种孤立原子或离子系统一直是物理学家梦寐以求的事情。在这种系统中,原子或离子处于静止状态,相互之间作用很小,甚至为零,且不受周围环境影响,原子与辐射相互作用中的多普勒频移与增宽、碰撞频移与增宽以及穿越时间增宽均将减至很小甚至消失,原子或离子的跃迁谱线极窄。在这种系统中测量,可以获得精度极高的微观粒子特性数据,由此可对广义相对论及量子电动力学等物理学基本理论进行实验验证和对基本物理参数(例如频率标准)进行精密测量。离子阱和激光阱就是这样的一种工具,离子阱可以囚禁带电的电子或离子,乃至单个电子与离子;离子阱与激光冷却结合,可以实现上述理想要求;激光阱可以冷却中性原子、分子和离子,也可以囚禁原子和分子。

7.3.1 离子阱和电子 g 因子测量

所谓离子阱就是利用电场、磁场对带电粒子的作用,将带电粒子局域在一个很小的空间内。最早出现的是彭宁(Penning)阱,它是在一个直流磁场内加上一个旋转双曲线形直流电场而形成的。后来发展了射频阱,即保罗(Paul)阱,它是在一个旋转双曲线形直流电场内加上一个射频场而形成的。

彭宁阱的基本结构如图 7.3.1 所示。一个环状电极和两个上、下盖电极围成的区域是陷阱区,电极内表面均制成旋转双曲线形。当盖电极相对环电极有一直流电压 V_0 时,会产生一个阱深约为 $V_0/2$ 的势阱。因此,当一个质量为 m_0 的带正电的粒子的能量小于 $eV_0/2$ 时,就会在 z 轴方向受到阻挡而被囚禁。彭宁阱在 z 方向还加有一个均匀磁场,则在 xy 平面内粒子也会受到约束而作回旋运动。这样带电粒子在彭宁阱中存在三种运动:轴向运动、回旋运动和磁控管运动[11,12]。

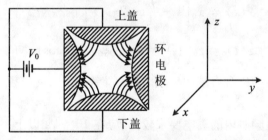

图 7.3.1 彭宁阱

(1) 在直流电压 V_0 形成的电势阱中沿 z 轴的简谐振动,若离子阱中心点距上、下盖和环电极的最小距离分别为 z_0 和 r_0,则频率为

$$\nu_z = \sqrt{\frac{eV_0}{\pi^2 m_0 d^2}}, \qquad d^2 = \frac{1}{2}\left(z_0^2 + \frac{r_0^2}{2}\right) \tag{7.3.1}$$

(2) 在直流磁场 B 作用下在垂直于磁场平面内的回旋圆周运动,频率为

$$\nu_c = \frac{eB}{2\pi m_0} \tag{7.3.2}$$

(3) 电场与磁场作用引起的对回旋运动的扰动——磁控管运动,使回旋中心轴偏离 z 轴很小方向,频率为

$$\nu_m \approx \frac{\nu_z^2}{2\nu_c} \tag{7.3.3}$$

三种运动的幅度和频率都相差很远。通常轴向振荡的幅度最大,峰值可达 0.1 mm,频率在几十 MHz。磁控管运动直径约 30 μm,频率最小,仅几十 kHz。而回旋运动的直径最小,大约是 60 nm,频率最大,在几十 GHz。

彭宁阱需要磁场,磁场会带来附加效应。射频阱不需要加磁场,它是在 20 世纪 50 年代末保罗发明的四极质谱计的工作原理基础上发展起来的,又叫保罗阱[4a],这在上一节已讨论。射频阱实际上是三维四极谱仪,结构上类似图 7.3.1 所示彭宁阱,由一个双曲面环状电极加上、下两个回转双曲线形盖组成,只是不加磁场。像四极质谱仪一样,在环电极与盖电极之间除加一直流电压 V_0 外,还加一交流电压 $U_0\cos2\pi\nu_0 t$。因此,只有具有某一确定范围 m_0/q 值的离子,其运动轨迹才有稳定解,在电极作用下趋向阱中心弱电场区域,被牢牢地囚禁在阱中心附近很小区域内。一般用电子碰撞中性原子使电离的方法直接在阱内产生离子。

射频阱内离子运动的稳定解可以用两个成分叠加成的周期性微运动来描述。一个成分是射频频率 ν_0,另一个是在 xy 平面内的频率 N 和在 z 方向的频率 $2N$ 的慢简谐运动。离子运动的 x 和 z 成分为

$$x(t) = x_0 \left[1 + \frac{b}{4}\cos2\pi\nu_0 t\right]\cos2\pi Nt \tag{7.3.4}$$

$$z(t) = z_0 \left[1 + 2\sqrt{\frac{N}{\nu_0}}\cos2\pi\nu_0 t\right]\cos4\pi Nt \tag{7.3.5}$$

由傅里叶分析知道频谱含有基频 ν_0 和谐振频率 $n\nu_0$ 以及边频带 $n\nu_0 \pm mN$,n 和 m 是正整数。

对彭宁阱和射频阱内的真空要求较高,应在 10^{-7} Pa 以上。真空越高,离子被囚禁的时间越长。在实际建造时,由于双曲线形不好加工,常常用圆柱形网状电极作环电极,上、下盖板是平面形,这样对中心附近电场形状影响并不大,又利于抽真空和更换。

我们知道,狄拉克相对论量子力学的一个直接结论就是电子具有内禀角动量和磁矩,电子自旋 g 因子严格等于 2,即 $g_e = 2$。因此,g 因子的测量对理论的检验和发展有很大意义,现在讨论利用彭宁阱测量电子 g 因子的实验[11,13]。用量子力学计算低温下电子在阱中的四种运动,得到的电子能量 E 满足以下关系:

$$\frac{E}{h} = m\nu_s + \left(n + \frac{1}{2}\right)\nu_c' + \left(k + \frac{1}{2}\right)\nu_z - \left(q + \frac{1}{2}\right)\nu_m \tag{7.3.6}$$

其中,$\nu_c' = \nu_c - \nu_m$,m、n、k、q 分别为自旋运动、回旋运动、轴向运动和磁控管运动

的量子数，$m = \pm 1/2, n、k、q = 0,1,2,\cdots$。在电子环境温度低到 4 K 时，主要布居在最低的 4 个 n 值上，图 7.3.2 给出了这样的一个能级例子。

$$h\nu_c' = h(\nu_c - \nu_m) = E(n,m) - E(n-1,m)$$
$$h\nu_s = E(n,1/2) - E(n,-1/2)$$
$$h\nu_a' = h(\nu_s - \nu_c') = h(\nu_s - \nu_c + \nu_m) = E(n-1,1/2) - E(n,-1/2)$$

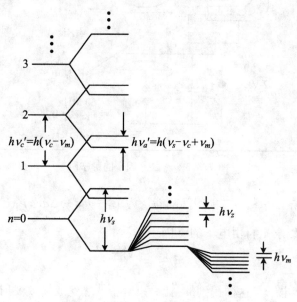

图 7.3.2 彭宁阱中最低的能级

具体测量装置如图 7.3.3 所示。磁场由超导线圈产生，电场由 9.2 V 直流标准电池供给。下电极接入频率为 60 MHz 的轴向射频驱动电压，回旋加速驱动功率是由 8.6 GHz 微波经波导管和二极管整流而产生的 51 GHz 谐波向离子阱输送的，上电极连到高阻共振电路，检测感生信号作为输出。在环电极的中部加一镍圈，由于镍的磁化，磁场产生微弱的不均匀性，形成"磁瓶"。它会促使电子自旋反转，并引起斯特恩－盖拉赫效应，对电子的轴向振荡产生一附加的恢复力，从而增加轴向振荡频率，使输出的轴向振荡频率与输入的轴向驱动频率有一位移：

$$\delta\nu_z = [m + n + 1/2 + (\nu_m/\nu_c)q]\delta$$

其中 $\delta \cong \mu_B \beta / 2\pi^2 m_0 \nu_z \cong 1$ Hz, $\beta = v/c$。这一位移与上述各种运动的变化有关，测量 $\delta\nu_z$ 的变化可以观测自旋跃迁和回旋加速跃迁。因此，通过改变微波输入频率和轴向驱动频率就可以测量出 ν_c' 和 ν_a'。由于在磁场下电子自旋磁矩引起能级分

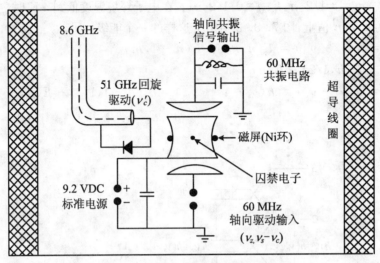

图 7.3.3 测量 g 因子的彭宁阱

裂为二，$m = \pm\dfrac{1}{2}$，$\Delta m = 1$，二能级间隔能量为 $E_s = h\nu_s = \Delta m g_e \mu_B B = g_e \dfrac{he}{4\pi m_0} \cdot B$。由式(7.3.2)可以求出自由电子的 g 因子 g_e：

$$\frac{g_e}{2} = \frac{\nu_s}{\nu_c} = \frac{\nu_c' + \nu_a'}{\nu_c' + \nu_m} \tag{7.3.7}$$

单个的囚禁电子是这样得到的：让一束电子从热丝或场致发射点发出，注入陷阱。它们在射频电压驱动下做往复的轴向运动，使感生的信号电压较大。由于热运动的起伏，个别电子获得较大能量后会逃出陷阱而使信号电压下降一些，随着电子一个一个消失，信号电压逐步下降，直到剩下最后一个电子，立即降低轴向驱动电压，使这个电子长期囚禁在陷阱内，甚至可以几星期而不消失。

最精密的 g 因子测量数据来自美国西雅图华盛顿大学的德默尔特领导的地球素实验小组。他们用上述离子阱和磁共振方法，不断改进技术，改善 g 因子的测量结果，使测量精度提高了几个数量级，1987 年得到的电子和正电子的 a 值 ($a = g/2 - 1$) 为

$$a_e(实) = 1\ 159\ 652\ 188.4(4.3) \times 10^{-12}$$
$$a_{e+}(实) = 1\ 159\ 652\ 187.9(4.3) \times 10^{-12}$$
$$a_e(理) = 1\ 159\ 652\ 232(31) \times 10^{-12}$$

由此可见，实验的电子 g 因子值不严格等于 2，比 2 大千分之一多，这表明相对论量子力学基本上是正确的，但还需发展，量子电动力学理论计算的 g 因子值就

与实验值符合很好,两者的差异$(g_e(理) - g_e(实))/g_e(实) = 1 \times 10^{-10}$ = 百亿分之一。世界上有人口60亿,要求误差不到1个人,社会学统计是绝对做不到的。用这一方法1986年测得$m_p/m_e = 1\,836.152\,701(37)$,不准确度为$2 \times 10^{-8}$。1990年测出质子与反质子的质量差小于$4 \times 10^{-8}$,即$m_{\bar{p}}/m_p = 0.999\,999\,977(42)$。这些数据是如此精确,不仅验证了量子电动力学,而且也证实了CPT理论。为了表彰德默尔特(H. G. Dehmelt)和保罗(W. Paul)在发明电磁阱,囚禁电子、正电子、离子等,并用于原子基本常数和光谱学的高精度测量而做出的杰出贡献,1989年诺贝尔物理学奖的一半授给了他们。

7.3.2 激光冷却

囚禁在阱中的离子或原子分子并非完全静止,存在热运动。实际上这种热运动的速度还很大,例如,室温下氢分子速度为1100 m/s,即使在3 K(-270 ℃)低温下,速度仍有110 m/s。要使速度达到1.1 cm/s,要求温度为30 nK。冷却除了减小运动速度之外,还有另一重要意义,就是减小运动速度的分散,使速度分布变窄,从而可以减小谱线的多普勒增宽、碰撞增宽和其他增宽效应。一般的降低温度冷却方法,容易使原子或离子在低温下凝结于器壁成液体或固体,原子间出现强烈的相互作用,即使不凝结的气体也不能得到很低速度。20世纪80年代以来发展的激光冷却是一种巧妙而有效的方法,它不仅能减小原子分子的动能,使它们的速度减小到甚至零,使它们保持相对独立,还可以减小它们的无序度[14,16]。现在激光冷却已经发展到能对中性原子分子进行减速、准直、反射、聚焦和捕陷,出现了一门专门的原子光学[17]。

V. S. Letokhov早在1968年就提出了用激光驻波来集中和引导原子的设想。到1975年,T. Hansch和A. Schawlow以及D. Wine和H. Dehmelt各自独立地提出用两束互相对射的共振激光束冷却原子和离子的方案。Ashkin等在1978年从实验上用激光光压梯度力聚焦了原子,Balykin等人在1979年在钠原子束上实现了激光减速。现在,在一维方向上可以把原子速度减到很低甚至负速度,在能够三维减速的激光原子阱中也得到了很低温度。

激光冷却原子的物理机制有多种,最基本的一种思想是利用激光的辐射压力阻尼原子的热运动,使原子的温度降低。原子所受的力来自原子吸收光束中的一个光子或发射一个光子过程中的线性动量交换。这种冷却机制叫多普勒冷却,可以用处于弱激光场或驻波场中的二能级原子模型来说明。

在4.2节中讨论多普勒频率移动和增宽时指出,由于能量守恒和动量守恒的要求,二能级原子发射或吸收辐射的光子能量不等于二能级的能量差,而要增加多

普勒频率移动项,由式(4.2.4)和式(4.2.5)确定。除了有频率移动项外,式(4.2.3)也给出还有反冲能量项。这是由于光子具有动量,在原子发射和吸收光子的过程中,动量守恒要求原子获得反冲动量,而原子二能级的能量差是确定不变的,原子获得的反冲动量只能源自光子的动量。对于吸收光子情况,设光子动量为 $\hbar k$,原子将获得反冲动量 $\hbar k$。其中 k 是光子的波矢,$|k|=2\pi\nu/c=\omega/c$,ν 和 ω 是光子的频率和圆频率。对于发射光子情况,设光子动量为 $\hbar k'$,原子将损失动量 $\hbar k'$,即获得反冲动量 $-\hbar k'$。因此,完成一次共振吸收一个光子和发射一个光子的循环后,原子的动量变化为

$$\Delta p = \hbar k - \hbar k' \tag{7.3.8}$$

现在来讨论激光冷却原子情况。假设原子向着激光束运动,质量为 M,如果激光是行波场即单方向运动的平面波,在激光束作用下,原子吸收的光子动量总是沿激光束方向即对着原子运动的方向,而自发辐射是各向同性的,则经过 n 次吸收-自发辐射的循环之后,各次发射损失的动量 $\hbar k'$ 相互抵消,各次吸收获得的动量 $\hbar k$ 相加,原子平均动量变化和速度变化都在激光方向上,与原子原来的动量和速度方向相反,会减小原子的动量和速度,总的动量变化即净减量为 $n\hbar k$,总的速度变化即净减量为 $n\hbar k/M$。因此,原子经历一次吸收-自发辐射的动量吸收循环后会受到沿激光传播方向的平均压力:

$$F = M\frac{\Delta v}{\Delta t} = \frac{\Delta p}{\Delta t} \approx \frac{\hbar k}{\tau_k} \tag{7.3.9}$$

其中 τ_k 是原子的激发态寿命。因此,力与光子运动方向一致,用一束激光对着原子束运动方向照射就会达到减速原子的目的,当然激光向着原子运动方向则会加速原子。

例如,Na 原子共振吸收一个能量为 $h\nu \approx 2.1$ eV 的光子发生跃迁 $3\,^2S_{1/2} \rightarrow 3\,^2P_{3/2}$ 后给出 $\Delta v = 3$ cm/s。为了使 Na 从温度 T 为 500 K 时的初始热速度 $v=600$ m/s 减少到 20 m/s(相应于 $T=0.6$ K),要求有 $n=2\times 10^4$ 次吸收-发射循环。由于自发辐射寿命 $\tau_k = 16$ ns,最少的冷却时间 $t_0 = n\times 2\tau_k \approx 600$ μs。由此加速度 $a\approx -10^6$ m/s^2,它是重力加速度 $g=9.8$ m/s^2 的 10^5 倍。在 t_0 时间内原子通过路程 $x=at^2/2=18$ cm,当然由于原子作无规则热运动,实际移动距离远小于它,在这个减速路径中它必须永远保持在激光束内。此外,由式(4.2.5),原子吸收一个光子发生共振跃迁所需的激光频率 ν_L 相对共振频率 ν_0 的相对移动即多普勒频移为负值,因而 ν_L 比 ν_0 小些,在上述 600 m/s 热速度下大致是 2×10^{-6},速度小时更小,在通常的激光器频宽之内,可以发生多次吸收过程。但在激光冷却实验中,需要大量次数的减速,共振吸收频率的移动会超过原子吸收的线宽,必须随着

原子速度的减小而相应地减小激光频率，以便仍能共振吸收，不断减速。

由此可见，用激光束对着原子束运动方向照射可以实现原子束减速。图 7.3.4 清楚地给出当用激光束对着 Na 原子束运动方向照射时，Na 原子束的平均速度从 840 m/s 减速至 210 m/s。不仅平均速度减小，而且速度分布也大大变窄[14]。

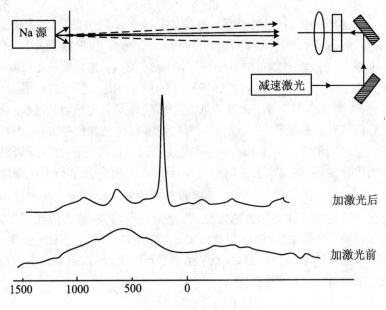

图 7.3.4　激光减速

但是行波场只能减速那些对着激光方向运动的原子，同向运动的原子反而会被加速。驻波场情况就不一样，它是由两个相向传播的行波场构成。在驻波场情况下，如果原子是静止的，则两个行波场作用于原子上的力大小相等，方向相反，作用在原子上的合力为零。但当原子以速度 v 沿驻波场运动时，它吸收的相向传播的两束激光会受到相反的多普勒频移：$\pm kv/2\pi$。当所用激光频率 ν_L 稍低于原子共振频率 ν_0（称为负失谐或光场红失谐）时，相对原子运动方向传播的光的频率有多普勒增加，接近于共振条件，而顺着原子运动方向传播的光由于多普勒频移减少而更偏离共振条件，因而前一种光容易发生共振吸收，施加于原子的辐射力比后一种强，运动原子受到一个纯粹的阻尼力 F，它的作用方向正好与原子的运动方向相反。同样，相反运动的原子共振吸收后一种光也受到阻尼力。因此，只要原子沿驻波场方向运动,不管它是哪个方向,在负失谐情况下都会受到阻尼力,这就是多普勒冷却过程。理论上算得驻波场中正反方向两束激光对速度为 v 的原子所形成的合阻尼力 F 和它的阻尼系数 α 分别为

$$F = -\alpha v \tag{7.3.10}$$

$$\alpha = \hbar k^2 \frac{(-\delta)\gamma \nu_R^2}{(\delta^2 + \gamma^2/4)^2} \tag{7.3.11}$$

$\delta = \nu_L - \nu_0$ 是激光频率 ν_L 相对于原子激发共振频率 ν_0 的失谐量,δ 为负值即为负失谐,这时 α 值为正,F 与 v 反方向,为阻尼力。激发共振线频率的自然线宽 $\gamma = \Gamma/h$,Γ 是原子激发态能量的自然线宽,k 是波矢,ν_R 是共振拉比(Rabi)频率,ν_R^2 与行波场的光强成正比。因此,原子受激光场的作用力随光强增加而增加。这也可以理解,因为这个力是原子多次吸收光子动量和发射光子动量过程的平均。

仔细分析可见,原子吸收一个光子获得的动量是在光波传播方向,而自发辐射一个光子获得的动量在时间上和方向上均是随机的,各向同性的自发辐射动量变化统计平均虽然为零,但每次发射时原子单个方向的横向分量却无规则地不断积累,其平均横向速度 $\bar{v}_\perp \approx \sqrt{n}\Delta v$。$n$ 为吸收和发射光子次数,Δv 为每次引起的原子速度变化。这使原子横向均方速度变大,速度分布增宽,称为激光束横向加热。激光横向加热使原子总的动量分布宽度 Δp 加宽,加热率也与激光强度成正比。当冷却速率与加热速率达到平衡时,原子达到平衡温度,可以用下式求得用三维正交对射激光束冷却原子的平衡温度:

$$k_B T = \frac{\hbar \gamma}{4}\left(\frac{2|\delta|}{\gamma} + \frac{\gamma}{2|\delta|}\right) \tag{7.3.12}$$

当负失谐量等于原子共振谱线的半宽度时,有最低温度:

$$k_B T_D = \frac{\hbar \gamma}{2} = \frac{\Gamma}{2} \tag{7.3.13}$$

其中 k_B 是玻尔兹曼常量。T_D 由原子谱线的自然线宽或共振能级的自然宽度 Γ 决定,称为多普勒极限温度。钠(^{23}Na)的共振能级 $\Gamma = 4.14 \times 10^{-8}$ eV,$T_D = 240\ \mu K$,铯(^{133}Cs)的 $T_D = 125\ \mu K$,氦(^{4}He)的 $T_D = 23\ \mu K$。

上述激光减速原子束方法不能得到很窄的原子束,相反在减速途径上原子束会不断扩大。这是因为从束源发出的原子束总有原始发散角,因而束截面随路径增长而增大,此外减速过程中存在上述横向加热现象。因此,即使把原子束的纵向速度降为零,横向速度反而加大,使原子束展宽,如图7.3.4中虚线所示。

激光也可以用来实现原子束的准直,也就是使原子束横向分布变窄。例如,使一对对射光形成的驻波激光束垂直照射原子束可以在一个方向压缩原子束宽度,

甚至可以使原子束宽度压缩到远小于原始发散宽度,从而实现原子束准直。

激光束纵向冷却横向加热效应不可能使原子速度减到零,而且原子会逐渐从横向逃离激光束。如果将纵向和横向减速结合起来,在 x、y、z 三个方向上都加上对射的六束激光,则可以将原子减速并囚禁于三束驻波光的交会处。在这个地方,多普勒冷却造成的三维阻尼力不仅使原子冷却,而且由于原子往任何方向运动都会受到阻尼力,因而对原子运动产生黏滞性约束,被称为光学黏团(optical molasses)。不过由于自发辐射光子的动量方向无规则而导致的横向加热,原子的速度均方根值不可能达到零,因而不能达到绝对零度,如前所述存在多普勒极限温度。这时原子在小区域里作类似布朗运动那样的无规则运动,从一处扩散到另一处。但在光学黏团内由于原子和光子不断吸收和发射,交换动量,原子在各方向都受到约束力,无法逃脱,原子之间处于互相胶着状态,就像一团糖浆一样。

1985年朱棣文小组的实验用三维激光冷却达到了钠的多普勒极限温度240 μK,但1987年菲利普斯(W.D.Phillips)小组重复做的实验发现激光冷却的温度大大突破了上述多普勒极限,钠原子黏团温度达到40 μK。这说明除了多普勒冷却机制外,还存在一些新的冷却机制。实际上,原子不是简单的二能级系统。每个能级按量子数 F 分裂为超精细结构,再按磁量子数 M_F 分出塞曼子能级,这导致冷却机制复杂化。这首先被科恩-达诺基(C.C.Tannoudji)和朱棣文认识到,他们提出了"激光偏振梯度冷却机制",更低冷却温度的获得可以基于光抽运和在偏振梯度光场下发生的频移现象解释。

以碱金属 ^{133}Cs 原子为例讨论,它的核角动量量子数 I 为 7/2,两个最低的能级是基态 $^2S_{1/2}$ 和激发态 $^2P_{1/2}$,它们的 F 和 F' 均有两个值 3 和 4,它们的 M_F 和 $M_{F'}$ 分别从 +3 到 -3 和 -4 到 +4,如图 1.3.1 所示。首先讨论光抽运,假设原子平均分布在 $F=3$ 的各个 M_F 能级上,如用角动量为 $\hbar$ 的左旋圆偏振光 σ^+ 使原子向 $F'=4$ 的各个 $M_{F'}$ 子能级激发,M_F 子能级只能跃迁到 $M_{F'}=M_F+1$ 子能级,选择定则要求它经自发辐射除回到 M_F 外,还可以回到 M_F+1 和 M_F+2 子能级。这样经过许多次吸收-自发辐射循环后,原子会自动集中到基态最低的子能级 $M_F=+3$ 上,这种现象称为光抽运。当然如用角动量为 $-\hbar$ 的右旋圆偏振光 σ^- 激发,原子则会自动集中到基态最高的子能级 $M_F=-3$ 上。再考虑偏振梯度,由于光波的电矢量方向决定激光的偏振态,在 6 束激光交汇的光学黏团处,两两对射的激光的偏振态不同,合成的光电场偏振方向在空间以波长为周期旋转变化,空间相邻点的偏振方向均不同,形成"偏振梯度"。原子感生电偶极矩 D 在光电场 $\mathcal{E}$ 中由于交流斯塔克效应作用而使原子附加的能量 $V=-D\cdot\mathcal{E}$ 与两者夹角也有关,从而产生光频移。在光强恒定且负失谐即 $\delta<0$ 条件下,若原子运动速度很低,感生电偶

极矩方向随电场变化，D 与 $\mathscr{E}$ 同向，V 不变且最小，原子仍处在光频移最低的塞曼子能级上；若速度较大，偶极矩方向来不及随电场变化，两者夹角增大，势能 V 增加，意味发生塞曼子能级间非缓变跃迁，如从 $M_F = +3$ 到 $M_F = +2$。原子势能的增加来源于它的动能损失，从而造成原子减速而冷却。之后原子又在光抽运作用下从这个较高能级激发而落到那个最低能态，在以后的移动中又在偏振梯度场中增加势能进一步丢失动能。如此往复，原子一次次在光势能场中爬坡、激发、下落到低能态，动能逐渐损失，使已经多普勒冷却的原子进一步冷却。

冷却极限温度 T_P 决定于加热速率和冷却速率的平衡，计算给出

$$k_B T_P \cong \frac{\hbar \nu_R^2}{\delta} \tag{7.3.14}$$

它不是常量，与激光强度和频率失调量有关，光强越小、失谐量越大，温度越低。以上两种冷却机制都包含了光子的吸收和发射，因而与交换光子的动量有关，原则上可以达到的极限由吸收和发射一个光子所带的反冲动量相对应，如光子的能量为 $h\nu_0$，即由式(4.2.3)中第三项确定：

$$kT_R = \frac{(h\nu_0)^2}{Mc^2} \tag{7.3.15}$$

这个最低温度 T_R 称为反冲极限温度，钠原子为 $2.4~\mu K$，铯原子为 $0.2~\mu K$，氦原子为 $4~\mu K$。当然还有其他一些机制绕过这种反冲极限方法，如磁感应冷却机制、速度选择相干态布居数捕陷机制、拉曼跃迁速度选择机制等。到 1995 年已经实现了在三维冷却装置中把铯的温度降到 2.8 nK、氦降到 180 nK，远小于反冲极限温度。通常将温度低于 1 mK 的原子称为冷原子，低于多普勒反冲极限温度的原子称为超冷原子，它们的应用在第 1 章已讨论。

7.3.3 激光阱和磁光阱

利用三束相互垂直并交会的驻波激光形成的光学黏团还不是真正的激光阱，不能够囚禁住原子，因为在光学黏团中原子受到的是与速度方向相反的阻滞力，而不是取决于空间位置的回复力，原子由于扩散运动还能跑出去。真正的激光阱除具有激光冷却机制外（原子受到的是与速度方向相反的阻滞力），还要形成激光势能区（原子受到指向阱中心的空间位置依赖力即回复力），如倒抛物面势能区，在该区域内部某处原子的势能最小，原子离开势能极小处总会受到迫使它返回的回复力，从而能把原子囚禁住[14~16]。激光阱用于囚禁原子时又叫原子阱。由于实际的激光阱的阱深都较浅，只能捕陷热速度较低的原子，常常需要将原子预先冷却成黏团，使势阱埋于黏团中，动能小于一定值的原子就被捕陷于势阱中。

激光势阱的形成是利用激光对原子的偶极力。即使没有永久电偶极矩的中性原子,由于在激光场作用下原子会产生极化,感生出电偶极矩,称为交流斯塔克效应,激光对原子也会产生电偶极力。这种力对原子是吸引还是排斥取决于激光频率是低于(负失谐)还是高于(正失谐)原子共振频率。在负失谐情况下,原子被吸引到光强最强处,也即原子在光场中势能最低处,这就形成了激光阱,也称偶极阱。但这种偶阱的势阱深度很浅,一般在 mK 量级,多用于已经冷却后的原子的囚禁。

磁光阱(magneto-optical trap,MOT)或称塞曼频移自发辐射力光学阱,它除了利用激光场对原子的电偶极矩作用之外,还利用了外磁场对原子的磁偶极矩的塞曼分裂作用,是四极磁阱和激光偏振失谐组合的联合阱。1988 年已能将减速到 20 m/s 的钠原子束注入磁光阱中而被捕陷,阱深达 0.4 K,在直径为 320 μm 的球形光学黏团区捕获 10^7 个原子,密度达 10^{11} cm^{-3},有效温度 600 μK,捕陷时间约 100 s[18]。

磁光阱的具体工作原理是这样的:在三对相向圆偏振激光作用的区域上加一对载有相反方向电流的反 Helmholtz 线圈产生弱四极不均匀磁场 $B_z(z) = bz$,使具有磁偶极矩的原子感受到线性的磁场梯度,在不同位置 r 有不同的塞曼频移,如 7.2.3 节所述,具有确定正或负值 M_J(取决于 g_J 正负)的原子受到向中心的力而被约束。图 7.3.5 以在 z 方向加一对线圈为例说明,原点处磁场为 0,向上下两边 z 方向磁场增强,但方向相反,三对沿 x、y、z 方向相向传播的 σ^+、σ^- 激光束交汇于坐标原点,σ^+ 沿坐标正方向,σ^- 沿负方向。设原子基态总角动量 $J=0$,激发态 $J=1$,在弱不均匀磁场作用下,激发态能级分裂 $\Delta E = -\boldsymbol{\mu}\cdot\boldsymbol{B} = bM_J z\mu_B$,如图上上边所示。当激光频率负失谐即低于无磁场时原子的共振频率时,由于在

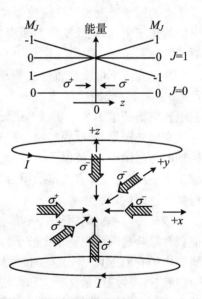

图 7.3.5 磁光阱及其中能级劈裂

$z>0$ 区,激光频率更接近 $M_J=0 \to M'_J=-1$ 的跃迁频率,即选择磁矩方向反平行于磁场方向的原子,像在塞曼效应中一样,由角动量守恒,原子将只能吸收 σ^- 光子发生动量交换,而不能吸收 σ^+ 光子。这时 σ^- 光子运动方向指向中心,所以原子受到指向原点即磁场最弱处的力作用。同理,在 $z<0$ 处,激光频率负失谐使激光频率更接近 $M_J=0 \to M'_J=+1$ 的跃迁频率,原子只能吸收向中心运动的 σ^+ 光子,也

产生向原点的力。因此，原子实际上除受一个四极磁阱的弱回复力作用外，还受这个阱的回复力作用，造成势阱较深，可以捕获比光学黏团更多的原子。又由于激光是负失谐的共振吸收，同时有激光偏振梯度的存在，产生的阻尼力可使原子减速到低于多普勒极限。同样，在 x、y 方向也可加线圈形成三维磁光阱。因此原子在磁光阱中既受回复力作用，又受激光冷却阻尼力作用。

如果在磁光阱中进一步提高背景真空度，缩小激光束直径，加大轴向磁场梯度，以便降低对原子的俘获率，甚至可实现少数原子乃至单原子的冷却和俘获。

实验上往往把磁光阱和蒸发冷却结合起来，先用磁光阱捕获较多的冷原子，然后在光学黏团中通过蒸发冷却技术进一步降温。这一技术的原理是这样的：在磁阱中，能量较大的原子可达到磁场较强的地方，产生的塞曼分裂也较大，外加一个射频场，可选择适当的射频场频率，使这些原子跃迁到非囚禁的自旋态而逸出磁阱，通过将射频场频率逐渐降低，迫使更多的能量较高的原子逸出磁阱，于是阱中低能态的原子密度和弹性碰撞概率增加，剩下的原子通过弹性碰撞重新达到温度更低的热平衡，如此反复可不断降低原子气体的温度，用这一方法可达到上述 Na 原子的捕获指标。

在磁光阱下可以放置一个静磁阱，它由两个载有相反方向电流的线圈（像图 7.3.5 一样）形成四极场或由一个大的载流线圈和 4 根垂直放置的载流棒形成。在磁光阱捕获了 1.8×10^7 个铯原子后，撤掉磁场梯度，逐渐降低激光光强，加大激光频率的失谐量，把捕获的原子在光学黏团中进一步冷却，然后把原子装入下半部同轴的静磁阱中，造成原子占有更大范围空间，这是"绝热膨胀冷却"，使原子能量减少而更冷，这种具有气室的组合磁光阱和静磁阱的技术，在获得 BEC 的实验中得到广泛的应用。

激光冷却和捕陷原子分子技术的一个直接应用是发展了激光光钳技术，它能捕获并结合显微镜观察单个分子，乃至细胞，成为生物学和医学以及其他一些学科研究中的有力工具[19]。这一技术也开创了原子分子和光物理研究和应用的新的可能性。一种应用是在低速和低密度下，克服了谱线的多普勒频移和增宽、碰撞频移和增宽以及穿越时间增宽对频率测量的影响，使原子钟的测量精度提高到 10^{-16} 数量级，这已在第 1 章讨论过，导致对原子分子许多能级特性的更精密谱学确定[15]。此外，它提高了元素痕量分析的精度，使原子阱痕量分析的精度超过了目前最好的加速器质谱方法，由于要用塞曼分裂的磁共振，它能选择性地测量特定核素的原子[20]。另一方面在如此低的温度下，例如 μK 以下，粒子的平均动量极小，它们的德布罗意波长已可达到与可见光可比或更长，粒子会呈现波动性，因而可使原子束呈现普通光束具有的反射、折射（偏转）、聚焦、衍射和干涉等现象，从而开辟

"原子光学"的新领域[17]。

在超冷原子气体中还发现了电磁诱导透明（electromagnetically induced transparency）EIT现象。对一个由下能级$|1\rangle$与上能级$|2\rangle$组成的二能级原子系统,在发生共振吸收的频率附近,入射光的线性极化率（正比于折射率）是虚数,虚部和实部分别对应吸收系数和色散系数。当一束探测光的频率调谐到共振通过时,在原子中心频率处有强烈的吸收,并伴随反常色散。但对于由一个激发态$|2\rangle$和两个基态$|1\rangle$和$|3\rangle$组成的三能级 Λ 型原子系统,例如下面的两个能级是碱金属原子基态的超精细分裂,除加一束探测激光调谐到能级$|1\rangle$与上能级$|2\rangle$的共振频率被吸收外,再同向加第二束强耦合激光,调谐到另一个下能级$|3\rangle$与$|2\rangle$的共振频率,这时超精细分裂两能级之间将发生量子相干作用,原子处于它们的叠加态,难以向上能级跃迁,形成"暗态"。这将导致原子对探测光线性吸收锐减,并伴随正常色散剧增。在超冷原子系统中,多普勒效应大大减弱,使用线宽很窄的激光器,在吸收峰的中心频率处吸收可以大大减弱,甚至导致零吸收和陡峭的正常色散,获得一个非常窄的几乎完全透明的 EIT 窗口,这就是电磁诱导透明现象。当然,二能级原子系统分裂成更多个超精细和塞曼子能级也可能有多个 EIT 窗口,且随磁场变化。

此外,由于色散变得非常陡峭,使探测光通过 EIT 介质的群速度变慢,因而增加了与介质的作用时间,利用这一效应已经在磁光阱内捕获的超冷钠原子云中把光的速度减少到 17 m/s,甚至完全停止在其中[21]。在存储实验中,上下二能级各有两个超精细结构的 Λ 型钠原子是在由耦合激光和探测激光场的振幅和相位确定的叠加态上,在突然关掉耦合激光后,探测激光脉冲被阻止在空间局域脉冲范围内;当耦合激光返回时,探测脉冲又被产生,储存约 1 nm 的相干信息又被读出。现在单光子在冷原子中被储存的寿命已达到 10 μs。虽然大多数上述工作是在原子气体中进行,但目前在凝聚态材料中也取得进展,在 Pr:YSO 晶体中已实现上述一些实验,可以预期今后在实现高效的非线性光学过程,如四波混频、可控光学双稳、光学存储、量子信息存储与处理等方面还会取得更多应用[22]。

再有,当原子冷却到足够低的温度时,原子的德布罗意波长大于它们之间的平均距离,原子群会进入一种特殊的玻色－爱因斯坦凝聚态（BEC）,在此基础上也研制出原子激射器,它们在第 1 章已讨论过。此外,单原子系统的量子测量具有基本意义,可以给出纯量子效应,例如,揭示一个原子是如何吸收和发射光的并显示这一行为,研究原子与光子的量子纠缠[23]。现在这已经用磁光阱在进一步缩小激光束直径,提高真空度和加大轴向磁场梯度条件下实现。鉴于激光冷却和捕陷技术所具有的重大意义,在发明这一技术中起了巨大作用的美籍华人朱棣文、美国人菲利普斯(W. D. Phillips)和法国人塔努吉(C. C. Tannoudji)获得了1997年诺贝尔物理学奖。

到目前为止,激光冷却技术、物理和应用在中性原子上获得了巨大成功,在中性分子的冷却上也有了相当的进展,用磁光阱方法和BEC已产生20 μK和0.1 μK温度的超冷同核双原子分子H_2、He_2、Na_2、Rb_2和Cs_2等。但一般的中性分子的激光冷却至今尚未取得突破性进展[24]。主要原因是由于分子能级相当复杂,不是简单的二或三能级系统,除电子能级外,还有大量的振动与转动能级,它们很难用一个或两个激光束来满足上述激光冷却所要求的吸收-自发辐射循环的封闭重复跃迁条件,将导致偏离共振荧光跃迁,此外,分子在近共振光场中又容易被光分解,因此仅在那些基态受核交换对称性限制,不能发生普通的$\Delta J = \pm 1$的转动能级跃迁和振转跃迁的同核双原子分子上取得进展。

7.4　扫描探针显微镜

在实空间对一个物体的结构观测和成像是人类有史以来一直追求的目标之一,显然,空间分辨率决定了能够观测的细微程度。人的眼睛的空间分辨约为0.1 mm,借助光学显微镜,受衍射极限的限制,最高空间分辨约为0.2 μm。现在经过特殊努力,在近场情况下,空间分辨已经能够达到2 nm,从光的衍射观点看,这已经是很难想象的了。为了观测更微小的物体,必须利用波长更短的波作为光源,例如,用X射线衍射方法测量各种晶体的结构。

除了X射线之外,由于电子具有波动性,根据德布罗意关系,50 keV能量的电子的波长为0.005 36 nm,远小于可见光波长,小于原子、分子和晶体晶格尺度,因而电子显微镜可以得到更好的空间分辨。电子显微镜的工作原理与光学显微镜类似,只不过用电子枪产生能量较高的电子束代替光源,采用磁透镜来聚焦电子束到nm量级,然后通过很薄的晶体样品后被电磁透镜一次成像,即为透射电镜TEM;或者从样品正面收集电子束与样品作用后产生的各种粒子,如二次电子、背散射电子、俄歇电子和X射线等,通过x和y二维方向逐点扫描电子束,可以得到各种次级粒子强度(主要是二次电子)的扫描图像,从而推得样品的形貌、结构、元素分布等信息,即为扫描电镜SEM。整个装置放在高真空中,通常真空度为10^{-3} Pa,甚至更高,电子加速电压在50~100 kV。自1933年鲁斯卡(N. Ruska)首先研制成功以来，至2005年横向空间分辨已做到少于0.1 nm，纵向空间分辨10 nm，可以清楚地看到病毒、细胞和晶体的原子结构图像等，在生物、医学、物理、化学、地质、冶金等各方面获得了广泛的应用[25]。但是所有的衍射手段都不是对样品的实空间进行直接观测，只能从衍射信息反推间接地得到样品的结构。

自1982年IBM公司苏黎世实验室的宾尼格（G. Binnig）与罗雷尔（H. Rohrer）发明扫描隧道显微镜以来，发展了一系列的由微悬臂及探针、压电陶瓷扫描器和计算机控制与数据采集系统构成的扫描探针显微镜SPM（scanning probe microscope）家族。它们不需要专门的电子枪和电子光学透镜系统，专门用来研究表面结构，非常简单。它们可以实时地得到在实空间中表面从原子级到 μm 级的三维图像；可以观察单个原子层的局部表面结构，而不需要样品是周期性的晶体结构，因而可以直接观察到晶体和非晶体的表面缺陷、表面重构、表面吸附体的形态和位置；可以在真空、大气、常温以及溶液等不同环境下工作，对样品的要求不高，因而能在接近生理条件下对生物样品的结构进行直接观测，由于它的视野（扫描范围）可从纳米到百微米，这种观测可以在接近原子水平、分子水平、亚细胞水平乃至细胞水平的不同层次上进行；配合扫描隧道谱（STS）还可以得到表面电子结构信息，如电子态密度、能隙结构、电荷密度、磁场分布；利用SPM还可对表面进行光刻、微区淀积和刻蚀等加工操作，这种微加工的尺度可小到nm，乃至原子分子尺度，有可能将目前大规模集成电路线条宽度从微米级降到纳米级。因此，它们在表面科学、材料科学、生命科学等领域的研究中有着重大的意义和广阔的应用前景。它使人类第一次能在实空间实时观测单原子在固体表面的排列状态、电子结构和与表面电子行为有关的物理、化学性质，这在1.8节中已给出例子。因此，在扫描探针显微镜出现不久之后，鲁斯卡、宾尼格和罗雷尔三人就获得了1986年诺贝尔物理学奖。

这一节将介绍几种主要的扫描探针显微镜（SPM）[26-34]，它们是：扫描隧道显微镜（STM）、原子力显微镜（AFM）、磁力显微镜（MFM）、静电力显微镜（EFM）、摩擦力显微镜（LFM）、化学力显微镜（CFM）和扫描近场光学显微镜（SNOM）与扫描近场微波显微镜（SNMM）。

7.4.1 扫描隧道显微镜

扫描隧道显微镜（scanning tunneling microscope）[26]使用一根经特殊工艺加工的金属针，针尖非常尖锐，具有接近单个原子大小的尺寸，当它与被研究的样品表面距离很近时（小到零点几nm），针尖原子和样品表面原子的电子波函数开始发生交叠，或者说电子云相接触。若在针尖与样品间加一小的电位差时，会由于量子隧道贯穿效应而产生隧道电流,电流方向取决于所加电位极性,若针尖相对样品为负,则电流从针尖穿过势垒面到达样品。电流大小由隧道效应穿透概率公式决定:

$$I \propto \exp\left(-\frac{2}{h}\sqrt{2m(V_0-T)}D\right) \propto V_b\exp(-A\varphi^{1/2}S) \tag{7.4.1}$$

式中,T是电子动能,V_0是势垒高度,D是势垒厚度,S为针尖与样品距离,φ是针尖和样品的平均功函数,V_b是它们之间所加偏置电压,A为常数,在真空条件下约等于1。

由此公式可知,电流大小随针尖与样品表面距离的增大而呈指数函数形式下降,因而对这一距离的变化特别敏感。典型情况下,间距增加0.1 nm,电流下降约一个数量级,因而具有nm甚至原子尺度的高分辨。目前横向分辨已经达到0.1 nm,达到原子分辨,纵向分辨达到0.01 nm以下。不仅具有原子分辨能力,还可用来实时地得到实空间中表面的三维图像,观察单个原子层局部表面结构。

当然为了能产生隧道电流,针尖和样品必须是导体或半导体,因此STM只能用来测量导体或半导体材料样品,观察半导体的效果就差于导体,绝缘体无法直接观察。针尖一般使用钨丝,少数用铂铱合金丝,直径小于0.5 mm,尖端要尖锐,如果针尖的最尖端只有一个稳定的原子而不是多重针尖,隧道电流就会很稳定,而且能获得原子级分辨图像。目前制备针尖的方法主要有电化学腐蚀法和机械成型法等。针尖在空气中很容易被氧化,为去除表面氧化层,以免它的电阻高于隧道间隙的阻值,通常在针尖被装入真空室后给针尖加高电压,在放电电流的加热下,表面氧化钨会与钨发生反应生成气体而被抽出。在针尖与样品间所加的偏压可以是直流,也可以是脉冲。通常加几伏直流电压就可以工作,电压太大会把样品或针尖表面原子吸出。

除了针尖和样品外,扫描隧道显微镜还包括扫描驱动器、电流放大器、反馈控制电路、计算机控制系统和图像显示等主要部分,如图7.4.1所示。针尖与样品间偏压由计算机数模转换通道控制。隧道电流经一系列放大及计算机控制线路反馈,分别控制x、y和z方向的三个压电陶瓷扫描驱动器,使安装在它上面的针尖能按设定的工作方式在样品表面作三维扫描运动,从而给出样品表面的电子云分布或原子分布状况,即样品表面的形貌。

扫描隧道显微镜的机械设计应满足在z方向机械调节范围达1 mm,精度0.1 μm,伸缩范围大于1 μm,精度0.001 nm;在x和y方向调节范围较大,扫描范围大于1 μm×1 μm,精度0.01 μm。除了粗调是用各种精密机械方法之外,对于这样高的伸缩和扫描精度要求是靠使用压电陶瓷材料作为扫描控制器件实现的,在这儿是用它的逆压电效应,就是在压电材料上施加一定的电场,材料会在某些方向发生变形,扫描隧道显微镜工作时利用这个变形,通过三个压电驱动器分别控制针尖或样品在表面上沿 x、y 和 z 三个方向扫描。

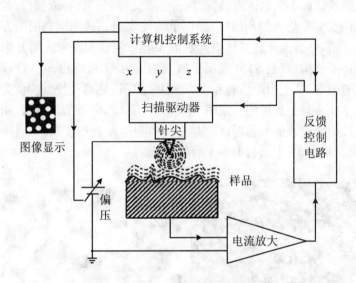

图 7.4.1　扫描隧道显微镜的工作原理

在表面形貌测量时有两种扫描工作模式:等高模式和恒流模式。在等高模式中,针尖在样品上方一个等高度的平面内运动(即保持 z 方向压电陶瓷的驱动电压恒定,使 z 方向不受控制),保持样品与针尖之间的偏压恒定,测量隧道电流随针尖沿 x 和 y 方向扫描的变化,就构成样品表面不同位置的形貌。在恒流模式中,仍固定样品与针尖之间的偏压,使被放大的隧道电流在反馈控制电路中与设定的电流值比较,从而控制 z 方向的压电驱动器改变针尖的高度而保持隧道电流为一常量,因此针尖高度变化就直接构成样品表面形貌数据,借助电子仪器和计算机可以将它们显示或存储。不管哪种扫描模式,x 和 y 方向扫描均按所需要的样品扫描区域由计算机控制 x 和 y 方向的压电驱动器完成。

两种模式各有优缺点。等高模式扫描速度较快,因而数据采集较快,可以减少噪音和热漂移对信号的影响,这是由于它不需要上下移动扫描器。但这种模式只适合测量表面起伏小于 1 nm 的样品,否则针尖很容易碰断。恒流模式可对凹凸不平的表面作精确测量,用得较多,但它的数据采集较慢。

扫描隧道显微镜对表面科学研究无疑是翻天覆地的。表面科学除研究理想无缺陷表面的原子排列外,主要研究与催化、防腐、润滑、材料生长等有关的各种表面缺陷,如台阶、折曲、增原子、空位、吸附物、位错等。但由于原有测量手段限制在几十纳米空间分辨,在 STM 发明以前,表面科学的发展似乎是主次颠倒的,表面要求经过严格的清洁加工制备,主要研究的是有很好长程序的表面。我们知道表面原子为了降低能量往往不能取体内的位置,而要重新排列(重构)或移位(弛豫),使表面原子周期性发生变化。如 Si(111) 表面重构使表面晶格周期在两个方向上都是体内周期的 7 倍,即表面元胞是体内元胞的 49 倍,但长期以来人们并不知道重构表面复杂的原子结构,直到 STM 发明后,它的第一张图就给出 Si(111)7×7 重构的每一个元胞内有 12 个山形凸起和 1 个深深的凹孔,之后很快就弄清楚这个表面的结构。图 7.4.2 就是这样的一张图[27],(a)是用计算模拟的顶视图,用从小到大的球来表示硅原子离表面的远近;(b)是用扫描隧道显微镜在 +2V 时得到的表面形貌图,表面元胞内 12 个凸起的原子清楚可见。

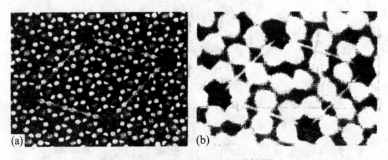

图 7.4.2　Si(111)7×7 重构图

除了在表面物理中的应用外,扫描隧道显微镜在化学中已用来研究表面吸附质的结构与表面反应等,在生命科学中已用来研究核酸和蛋白质的结构等,在表面微加工中可做到纳米级尺度上的各种表面刻蚀和修饰等。一个典型例子是观测到单个 DNA 分子的右手螺旋性双链结构,甚至可分辨出磷酸及较浅的碱基对的一些结构信息[27]。

以上讨论都是在假设样品极为理想情况下。严格说,隧道电流反映的是表面的局域态密度而不是物理形貌像。扫描隧道显微镜实际上测量了费米面附近的占据态或未占据态的电子密度,所测的能量范围取决于所加的偏压大小。因此,扫描隧道显微镜对局域结构的这种灵敏性会给表面形貌测量带来麻烦。例如,如果表面局部有氧化,当探针到达此处时,隧道电流会急剧下降而误认为是有凹下。再如,样品表面原子种类不同,或样品表面吸附有原子、分子时,由于不同种类的原子或原子团等具有不同的电子态密度和功函数,扫描隧道显微镜给出的等电子态密度轮廓不再对应于样品表面原子的起伏,而是表面原子起伏与不同原子的态密度组合后的综合效果。扫描隧道显微镜不能区分这两个因素。

然而我们也可以利用这一特性来给出扫描隧道显微镜的另一种工作模式：扫描隧道显微谱(STS)。它是将针尖置于样品表面所感兴趣的点上，关闭 STM 的反馈回路，即针尖保持固定位置和固定高度，测量隧道电流随所加偏压的变化关系即 $I-V$ 曲线。它给出局域态密度。如果扫描隧道显微镜在表面扫描，采集每点的 $I-V$ 曲线，这就是扫描隧道显微谱像。实际上隧道电流 I 还是比较复杂的，它包括几部分。一种是前述电子隧穿产生的弹性隧穿电流，由式(7.4.1)，它随所加偏压 V 增加而稳定地增长。另一种涉及非弹性激发产生的隧穿电流，它存在一个阈值 V_t，当 $V>V_t$ 后，I 才出现，并随 V 稳定增长，如图 7.4.3 上图中虚线。阈值的产生是由于为了激发分子的振动、固体的声子振动或电子能态，因而隧穿电子必须损失相应的能量 eV_t。图 7.4.3 上图实线给出的就是这

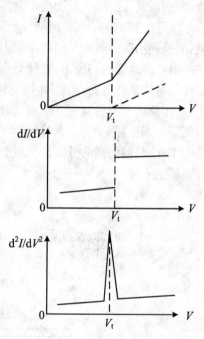

图 7.4.3 理想的隧道电流与电压关系

种 $I-V$ 曲线，I 包括弹性隧道和非弹性隧道电流之和，在 $V=V_t$ 处有一拐点。在中图一次微分谱 $dI/dV-V$ 中拐点变成一个台阶，反映电子局域态密度的能量分布。在下图二次微分谱 d^2I/dV^2-V 中则出现一个峰，反映非弹性隧穿过程。显然，这种曲线更容易找到能级结构，也常把 d^2I/dV^2 对 V 作图称为隧道谱。当然，图 7.4.3 是一个极端理想化的隧道结的结果，在实际测量中，常常是同时得到电流 I、电导 dI/dV 和 d^2I/dV^2 对 V 的隧道谱图，如果需要在表面扫描，还可以得到它们的谱像。除此之外，还可以得到电流随时间和 z 方向距离变化的 $I-t$ 和 $I-z$ 谱。因此，从扫描隧道显微谱数据中可以获得比一幅表面形貌图更丰富的关于表面电子占据态和空态的信息，还可得到样品表面能隙、能带弯曲效应、表面成键状态和吸附分子的振动态等内部结构及分子与表面的相互作用等的信息。

扫描隧道显微镜用到原子搬迁已在第 1 章中讨论并给出过例子。

7.4.2 原子力显微镜

扫描隧道显微镜只能用于导体或半导体材料，并且通常要在超高真空条件下

工作,这是由于除了极少数如碳外,几乎所有的表面在大气中都会发生氧化或被污染,而表面氧化层或污染物会影响隧道电流。原子力显微镜(atomic force microscope)是在 1986 年由 G. Binning 和 C. F. Quate 发明的[28,29],它不是利用隧道电流,而是利用探针与样品间的作用力。为了能测量出这种作用的大小,将探针固定在一根长的悬臂的一头上,悬臂另一头固定而不能移动,如图 7.4.4 所示。由于力的作用将使悬臂弯曲,当探针相对样品表面扫描时,样品表面不平造成作用力变化,从而使悬臂弯曲程度发生变化,使用某种方法测量这种变化就可产生表面形貌的图像。因此,原子力显微镜可用于绝缘体、半导体和导体样品,也可在空气和液体中工作,目前的横向分辨已经做到 0.1 nm,纵向分辨为 0.01 nm,接近扫描隧道显微镜的水平。

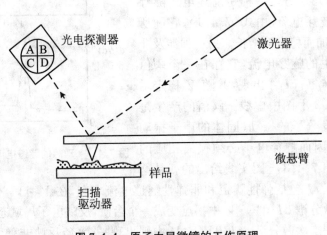

图 7.4.4 原子力显微镜的工作原理

原子力显微镜的悬臂长 100~300 μm,宽约 50 μm,厚约 3 μm,是一种微悬臂。探针长约几 μm,直径约 10 nm 以下。要求悬臂有低的弹性常数 k 和高的谐振频率(50~150 kHz),这是由于作用力 F 很弱,而 $F = -kx$,当 k 小时才能有较大的弯曲 x。现在通常是在 Si 片上用微电子加工技术(如物理气相沉积法、化学方法等)制作的 SiO_2 薄层作微悬臂。

对于原子力显微镜,通常有几种力作用于悬臂,最主要的是范德瓦尔斯力,它是针尖原子与样品表面原子间的作用力,它与针尖至样品间的距离 r 的关系曲线如图 7.4.5 所示。当两个原子相互靠近时,它们将首先相互吸引,这一引力将逐渐增大直至两个原子的电子云的相互排斥变得明显。随着 r 继续减小到 r_0(约零点几 nm)时,排斥力与吸引力达到平衡。我们定义范德瓦尔斯力表现为吸引(即

$r > r_0$)时是针尖与样品表面非接触;$r < r_0$ 为接触,这时排斥力随 r 减小急剧增大。

与范德瓦尔斯力平衡的可能有两种主要力:悬臂形变恢复力和表面吸附水膜并包围针尖引起的毛细张力。悬臂形变恢复力的符号及大小决定于悬臂弯曲方向和弹性系数,它们是可变的。毛细张力永远是吸引力,它的大小取决于针尖与样品的间距,通常在大气中两者接触时才存在,约 10^{-8} N。

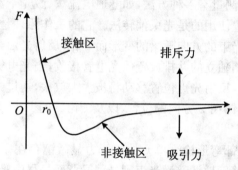

图 7.4.5　原子力显微镜的针尖与样品表面间范德瓦尔斯力曲线

根据工作时针尖与样品表面间距离不同,原子力显微镜分为接触式、非接触式和轻敲式三种。接触式工作在 $r < r_0$ 的接触区,作用在针尖上的力是斥力,大小常在 $10^{-9} \sim 10^{-10}$ N,探针与样品表面有轻微接触。接触式灵敏度较高,但在扫描过程中会造成样品破坏。

非接触式工作在 $r > r_0$ 的吸引区,通常在间距 r 为 $5 \sim 10$ nm 处扫描,探针始终不与样品表面接触,因而针尖不会对样品造成污染或产生破坏,避免了接触模式中遇到的一些问题。在非接触模式中,针尖与样品间作用力是很弱的长程范德瓦尔斯吸引力。直接测量悬臂形变的灵敏度较低,分辨率较差。为了提高灵敏度,必须借用调制技术,使梁在其一阶谐振频率处振动,振动的振幅和频率对力的变化,即对针尖与样品的间距变化很敏感,因而测量出它们可用来对样品形貌成像。

第三种是介于接触模式与非接触模式之间的轻敲模式。扫描过程中微悬臂也是在其一阶共振频率附近振动,但具有比非接触模式更大的振幅($20 \sim 100$ nm),针尖与样品周期性地接触,因而振幅受针尖与样品之间距离限制,振动振幅给出的表面形貌的分辨几乎与接触模式一样好。但因为接触是非常短暂的,因此剪切力引起的对样品的破坏很小,克服了常规接触模式的缺点,可以对柔软、易碎和黏附性较强的样品成像。

由此可见,在原子力显微镜中信号是梁的弯形、振动振幅或谐振频率。与扫描隧道显微镜一样,图像采集有两种扫描模式。一种是利用电子反馈系统使原子力显微镜信号保持恒定的恒信号模式(如恒弯形、恒振幅、恒频移模式),探针在 z 方向的位置被记录作为图像信号。这种模式要求反馈响应速度快,适合于大扫描范围,扫描区样品表面起伏可以较大。另一种是恒高度模式,随扫描点形貌变化的是梁的变形、振动的振幅或频移,原子力显微镜信号直接作为图像信号,适合于小扫描范围、表面起伏小而要求高扫描频率和高分辨的情况。

微悬臂梁弯形的测量有多种方法,如隧道电流法、激光干涉法、电容检测法、光纤检测法等,现在普遍使用的是光束偏转法。它的工作原理是这样的:激光束斜入射到梁的背面,反射光束的方向随梁的变形而变化,反射光由光位置灵敏探测器接收。例如,用 4 个互相独立的并排放置的光电管接收,当光电管与微悬臂之间距离远大于微悬臂长度时,反射光点位置移动将被大大放大,通过光电管之间光电流大小的变化即可控制探针在 z 方向的位置,以及测出梁的微小弯曲和扭转变形,如图 7.4.4 所示。

以上这种需要外部弯形检测单元的原子力显微镜存在一些严重缺点,特别是在真空中工作时,要精确地调整激光束到悬臂梁背面是很困难的,而且每次更换样品或针尖都要重做一遍,另外把这些测量部分放入真空也会造成困难。最新发展了一种自检测悬臂梁而不需要检测变形的外部系统。它有压阻式、电容式和压电式几种形式。例如,压电式微悬臂梁是一种多层结构,其中在 SiO_2 弹性层上包括一层压电薄膜,这样梁的变形量就可以从其压电层的压电输出大小来检测。当然为输出信号在压电层之上和之下还各有一层电极[28]。

7.4.3 其他扫描力显微镜

原子力显微镜是通过测量针尖与样品间范德瓦尔斯力来得到样品表面形貌,在原子力显微镜基础上还发展了一些基于测量针尖与样品间其他种作用力来获得样品的某种特殊特性的扫描力显微镜[29]。它们是磁力显微镜(magnetic force microscope)、静电力显微镜(electrostatic force microscope)、摩擦力显微镜(frictional force microscope)和化学力显微镜(chemical force microscope)等。

在磁力显微镜(MFM)中,针尖上镀有含镍或铁的磁性薄膜,类似一个条状磁铁。运行时采用非接触模式,探测由针尖与样品磁畴结构间磁力作用引起的微悬臂的共振频率变化,或者振幅和相位变化。此外,为获得较高分辨率,一般将针尖在其长度方向磁化,这样样品与远离针尖端部位的相互作用力很小。因此,磁力显微镜主要用来对样品表面自然的或人工制作的磁畴成像,观测样品磁场边界的清晰度、均匀性和强度等磁场结构信息。

但是由于磁性探针所产生的图像将同时含有表面形貌及磁学特性的信息,因此使磁力显微镜的应用变得复杂起来。两种信息的强弱取决于针尖至样品的距离,这是由于原子间的磁力比范德瓦尔斯力作用距离更长。如果间距较小,系统将以标准的非接触式原子力显微镜运行,所得图像主要为表面形貌的贡献;如果间距变大,形貌效应逐渐消失,磁力作用成为主要的。因此,如果在两种不同的针尖至样品间距条件下成像(例如一次扫描在 10 nm,另一次扫描在 100 nm),就能同时得到表面形貌和磁学特性分开的信息。因而可直接观测样品表面结构与磁畴结构的对应关系。同其他表征样品磁畴结构的方法相比,磁力显微镜具有更高的空间分辨,约为 25 nm,能够观测到样品表面的微磁结构。

静电力显微镜(EFM)与磁力显微镜类似,只不过不是用磁性针尖而是使针尖带有电荷。当针尖接近样品表面静电荷时,它们就像平行板电容器的两块极板一样,在它们之间的静电力会使悬臂发生弯曲,探针的共振频率发生变化,因而扫描时可以获得样品表面电荷载体(如电子或空穴)密度的空间分布,分辨在 100 nm 左右。现在静电力显微镜已用在半导体微电子器件的分析和设计研究中。

摩擦力显微镜(LFM)又叫横向力显微镜,是指接触式原子力显微镜对悬臂在垂直于探针方向的横向位移(扭曲)成像时的工作方式,信号的来源是悬臂所受到的平行于样品表面的切向力,通常是摩擦力。摩擦力显微镜可以用来研究多组分不同材料引起的表面摩擦力的变化,鉴别表面有机和其他污染物以及表面覆盖层。

在接触式工作条件下,悬臂的横向扭曲通常由两个因素造成:表面摩擦力的变化和表面形貌的变化。因此,摩擦力显微镜工作时为了区分这两种因素,需要同时获取表面形貌的信息。这不能像在磁力显微镜中那样用两种不同距离的测量实现,可以用位置灵敏光探测器的光束偏转法来探测悬臂的变化,如图 7.4.4 所示,在作为原子力显微镜使用仅测量悬臂纵向位移时,只要测量上下两部分光探测器的强度差,即

$$[(A+B)-(C+D)]/(A+B+C+D)$$

并用它作为探针 z 方向的反馈控制信号,扫描得到的结果是样品表面形貌三维图像。但要测量悬臂的横向位移时,只要测量左右两部分光探测器的强度差,即

$$[(A+C)-(B+D)]/(A+B+C+D)$$

它反映样品表面摩擦特性的变化。因此,使用 4 个象限的位置灵敏探测器,实时记录它们的数据,按上述两种方法处理就可同时得到样品表面形貌和摩擦特性的信息。

横向力显微镜的一种新的应用是化学力显微镜(CFM),它是将针尖用一种化学物质官能化并在样品上扫描,用来检测针尖上物质同样品表面上物质间黏附性

质的不同，可以研究聚合物和其他材料的官能团微结构以及生物体系中的结合、识别等相互作用。

7.4.4 扫描近场光学显微镜和扫描近场微波显微镜

传统的显微术是将某种形式的波动如光波作用于物体，然后通过探测被物体调制了的，并负载了物体信息的载波来重构物体某一物理性质的空间分布。普通光学显微镜通常在远场条件下工作，即成像用的镜头尺寸以及镜头与样品的间距均远大于所用光的波长。由于相互之间都在远场，成像的三个环节：波的发射、波与物体的相互作用和载波的探测是相互独立的，或者说物体的存在并不会影响到源的发射，而载波的探测也不会影响到波与物体的相互作用。在这样的系统中，能量和信息的流动是单方向的。这时光学成像的分辨受衍射极限的限制，不能小于半个波长，大约为 $\lambda/2$。在使用可见光的情况下，空间分辨极限在零点几 μm。但近代光学理论给出，在近场光学条件，即探头尺度和探头与样品的间距远小于入射光波长 λ 的情况下，在足够近的距离内会产生由于衍射的传导场分量和非辐射的瞬逝场分量，瞬逝场的衰减深度可以很小。正是由于瞬逝场的存在才使探测物体的透射、反射和衍射光时，衍射极限对分辨的限制不再是本质的了，空间分辨可以很小。但是，由于微区定位与扫描技术的限制，直到扫描隧道显微镜发展之后，瑞士的 D. Pohl 等在 1984 年才用微孔径作探针制成第一台近场光学显微镜，美国的 E. Betzig 等在 1986 年才用微管作探针制成扫描近场光学显微镜 (scanning near-field optical microscope, SNOM)[30]，目前分辨已能达到 $\lambda/1000$，获得 1 nm 的探测精度。

扫描近场光学显微镜的成像方式完全不同于普通光学显微镜[31]，它主要由光源、信号传输、信号接受、探针、扫描控制及信号处理系统等组成。用激光作为入射光源，信号传输一般用光纤，信号接受元件用光电倍增管，为了提高空间分辨使用微探针，它通常与光纤合为一体在光纤靠近样品的尖端部。工作时采用扫描隧道显微镜方法，由探针在样品表面逐点扫描并逐点记录后由数字成像，只是探针和信号处理均用光学方法。决定性能指标最重要的因素是探针的制作，探针尖端尺寸直接影响显微镜的分辨率。探针一般用细的单模石英光纤（如直径 125 μm），端部拉制成锥形，前端口径在 10~40 nm，外面镀一层厚 100 nm 的铝膜反光层。

扫描近场光学显微镜的测量光路有不同结构，可以用光纤探针导入激光提供近场光源，从针尖发出的微光束经样品反射或透射后用光探测器接收测量。图 7.4.6(a) 是透射-照射式的一个例子，表示测量的是透射光，光纤作导入激光照射样品用。也可以用光纤探针作近场光信号的接收器，在激光斜入射到样品表面时接收在垂直样品表面方向的反射或透射微光。图 7.4.6(b) 是透射-收集式的一个例子，入射光在界面内层产生全反射，在另一侧垂直于界面方向会产生一个场强随离界面的距离指数衰减的瞬逝场。当光纤探针进入这个场内，入射光的一些光子会穿过界面和光探针之间势垒进入光纤，最后被光电倍增管记录，即产生光子的隧道效应，这种工作方式的扫描近场光学显微镜又称为光子扫描隧道显微镜。当探针针尖距样品小于 100 nm 后，接收到的近场光的强度随间距减小而迅速增加，因此扫描近场光学显微镜常工作在探针距样品几十 nm 范围。距离近也可缩小发射或接收光场的范围，从而提高空间分辨率。图上两者均是测量透射光，在研究不透明样品及做光谱测量时也可测量反射光。由于使用了微光纤探针，无论测量的是透射光，还是反射光，都反映了光纤尖端部靠近的样品微区的光学性质，因此在扫描时就可以获得样品的光学性质的微区结构。

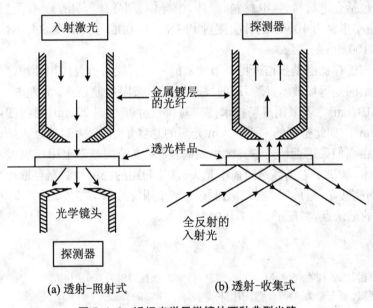

图 7.4.6 近场光学显微镜的两种典型光路

扫描近场光学显微镜像扫描隧道显微镜一样，也有等高度和等强度两种工作模式：前者控制探针在恒定高度进行扫描，测量样品近场区域光场的强度；后者控制探测的光场强度为恒定值，记录扫描时探针的高度。它们均可用来反映样品结构、折射率等性质。

扫描近场光学显微镜的出现使我们对光学性质的研究拓展到 10 nm 尺度，特别是对近场光谱学研究最具有吸引力。对于介观物理体系的器件，如量子线、量子点,其特征尺度为 10 nm 左右,以及尺度到这么大小的分子,它们的发光特征包括光谱是令人感兴趣的,常规光谱方法无法分辨这么小尺度的发光区域。因此,扫描近场光学显微镜及近场光谱在微纳米尺度的优势已经引起物理、化学、生物、材料等学科的重视,并应用到上述器件和生物细胞与大分子的成像和结构研究,荧光、拉曼和等离子体光谱测量,以及磁性和电性研究中[31,32]。

类似于扫描近场光学显微镜的工作原理,如果电磁波不是普通的光波,而是微波,则可以做成扫描近场微波显微镜 SNMM(scanning near-field microwave microscope)[33]。扫描近场微波显微镜是在 1996 年研制成功并获得实际应用的。它与扫描近场光学显微镜的工作原理是相似的,不同之处是近场微波显微镜的工作频率正好处在高速半导体芯片和光通信中超高频光调制器的工作波段。另外一点不同是近场光学显微术只适用于透明或半透明材料的研究,而近场微波显微术则适用于包括介电材料、铁电材料、导体、半导体、超导体等几乎所有类型的材料。例如,用曲率半径为 10 μm 的针尖测量 PMN 铁电功能材料薄膜的介电性质,得到分辨率达 100 nm 的图像。

超高密度存储也是扫描近场显微技术的一个可能的重要应用领域。目前使用的光盘采用的是远场技术,读写斑的尺寸被衍射极限控制在 1 μm 左右,存储密度约为 50 MB/cm^2。若采用近场技术使读写斑尺寸减小到 20 nm,则密度可提高到 125 GB/cm^2。如此密度的一张 30 cm 光盘的总容量达 10^{14} bit,接近人脑的总存储能力。现在人们采用近场光学显微术,在传统光盘结构基础上用三层膜超分辨近场结构技术,解决了近场高速扫描中光头-盘片间距的控制和数据存取速率低的问题,使超高密度存储成功地发展到接近产业化程度,在 12 cm 光盘上获得了 37.5 nm 的记录点,实现了 120 GB 的容量[34]。

参 考 文 献

[1] 梅镇岳.原子核物理学[M].3 版.北京:科学出版社,1983:100～140.
[2] 刘明海.硕士论文[D].合肥:中国科学技术大学,1994.
    Levine M A, et al. Phys. Scr. T,1988,22:157.
    Marrs R E. The electron beam ion trap[J]. Physics Today,1994,10:27.
    Nakamura N, et al. Rev. Sci. Instr.,1998,69:694.
    邹亚明.电子束离子阱及高电荷态离子相关物理[J].物理,2003,32:98.
[3] 梅镇岳.原子核物理学[M].3 版.北京:科学出版社,1983:154-162.
[4] 路同兴,路铁群.激光光谱技术原理及应用[M].合肥:中国科学技术大学出版社,2006:325-329.
    梅刚华.保罗与保罗阱[J].物理,1990,19:516.

Friedbwrg H, Paul W. Naturwiss,1951,38:159.

[5] 朱林繁.博士论文[D].合肥:中国科学技术大学,1999:6-29.
Wiley W C, Mclaren I H. Rev. Sci. Instrum,1955,16:1150.

[6] Ullrich J, et al. Recoil-ion and electron momentum spectroscopy:reaction-microscopes [J]. Rep. Prog. Phys. ,2003,66,1463.
Cao S P, et al. Phys. Rev. A,2008,77:062703.
王艳梅,等.超高速分子摄影术[J].物理,2010,39:273.

[7] 徐克尊,陈向军,陈宏芳.近代物理学:第三章[M].合肥:中国科学技术大学出版社,2008.

[8] 吕建钦.带电粒子束光学:第一、八章[M].北京:高等教育出版社,2004.

[9] A·科尼.原子光谱学和激光光谱学:第十八章[M].北京:科学出版社,1984.

[10] 邓金泉.原子钟与拉姆齐[J].物理,1990,19:513.
Ramsey N F. Phys. Rev. ,1949,76:996;1950,78:695.

[11] 郭奕玲.地球素实验的 g 因子测量[J].物理,1990,19:193.

[12] Paul W. Electromagnetic traps for charged and neutral particles[J]. Rev. Mod. Phys. ,1990,62:531.

[13] Dehmelt H. Experiments with an isolated subatomic particle at rest[J]. Rev. Mod. Phys. ,1990,62:525.

[14] 王义遒.原子的激光冷却与捕陷[J].物理,1990,19:389,449;激光冷却与捕陷原子的方法[J].物理,1998,27:131.
王育竹.激光冷却气体原子[J].物理,1990,19:641;王育竹,王笑鹃.激光冷却原子新机制[J].物理,1993,22:16.

[15] Phillips W D. Laser cooling and trapping of neutral atoms[J]. Rev. Mod. Phys. ,1998,70:721.
Metcalf H, Straten P. Cooling and trapping of neutral atoms[J]. Physics Reports,1994,244:203.
Balykin V I, et al. Electromagnetic trapping of cold atoms[J]. Rep. of Prog. Phys. ,2000,63:1429.
Wieman C E, et al. Atom cooling, Trapping, and quantum manipulation[J]. Rev. Mod. Phys. ,1999,71:S253.

[16] Steven Chu. The Manipulation of neutral particles[J]. Rev. Mod. Phys. ,1998,70:685.

[17] 吴晁.原子干涉仪和原子光学研究的最新进展[J].物理,1994,23:152.
Adams C S, et al. Atomic optics[J]. Physics Reports,1994,240:143.
Meystre P. Atom Optics[M]. Springer Verlag,2001.
印建平,王正岭.原子光子学讲座第一、二、三讲[J].物理,2006,35:69,151,330.

[18] Raab E L, et al. Phys. Rev. Lett. ,1987,59:2631;Opt. Lett. ,1988,13:452.

[19] 吉望西,王义遒.激光光钳在生物技术中的应用新进展[J].物理,1996,25:707.

[20] 杜旭,卢征天.原子阱,氪-81,撒哈拉的地下水[J].物理,2005,34:408.
[21] Hau L H, et al. Nature,1999,397:594;Liu C, et al. Nature,2001,409:490.
[22] 任尚芬,程伟.由相干制备原子系统构成的理想光学介质[J].物理,2007,36:667.
  李爱军,高锦岳.原子相干性的研究进展[J].物理,2008,37:144.
  Bergmann K, et al. Coherent population transfer among guantum states of atoms and molecules[J]. Rev. Mod. Phys.,1998,70:1003.
[23] 王婧,何军,张天才,王军民.单原子冷却及光学操控的实验进展[J].物理,2008,37:103.
[24] 印建平.分子光学及其应用前景[J].物理,2003,32:447.
[25] 李建奇.高分辨电子显微学的新进展[J].物理,2006,35:147.
[26] Binning G, Rohrer H. Scanning tunneling microscopy-from birth to adolescence[J]. Rev. Mod. Phys.,1987,59:615.
  Binning G, Rohrer H, et al. Phys. Rev. Lett.,1982,49:57;1983,50:120.
  徐春凯,陈向军,徐克尊.单原子分子测控的进展[J].物理学进展,2001,21.
[27] 白春礼.扫描隧道显微术及其应用[M].上海:上海科学技术出版社,1992.
  Tromp R M. J. Phys. D,1989,1:10211.
[28] 褚家如.博士论文[D].合肥:中国科学技术大学,1997.
  Binnig G, Quate C F. Phys. Rev. Lett.,1986,56:930.
[29] 白春礼,田芳.扫描力显微镜研究进展[J].物理,1997,26:402.
[30] Pohl D W, Donk W, Lanz M. Appl. Phys. Lett.,1984,44:651.
  Betzig E, et al. Biophys. J.,1986,49:269.
[31] 朱星.纳米尺度的光学成像与纳米光谱[J].物理,1996,25:458.
  李志远,杨国桢,顾本源.浅谈近场光学[J].物理,1997,26:396.
  Shinohara H. The physics of the near-field[J]. Rep. Prog. Phys.,2000,63:893.
[32] Rob van den Berg. Science,1998,281:629.
[33] 高琛,项晓东,吴自勤.新型扫描近场微波显微术[J].物理,1999,28:630.
[34] 李进延,干福熹.超分辨技术在光盘中的应用研究[J].物理,2002,31:22.
  刘前,曹四海,郭传飞.超分辨近场结构的研究进展及应用[J].物理,2009,38:804.

附录

附录 I 基本的物理化学常数*+

物理量	符号	数　　值
真空中光速	c	$2.997\,924\,58 \times 10^8$ m·s^{-1}（精确）
磁常数	μ_0	$4\pi \times 10^{-7} = 12.566\,370\,614\cdots \times 10^{-7}$ N·A^{-2}（精确）
电常数,$1/(\mu_0 c^2)$	ε_0	$8.854\,187\,817\cdots \times 10^{-12}$ A·s·V^{-1}·m^{-1}（精确）
牛顿引力常数	G	$6.673\,84(80) \times 10^{-11}$ m^3·kg^{-1}·s^{-2}
普朗克常数	h	$6.626\,069\,57(29) \times 10^{-34}$ J·s $= 4.135\,667\,516(91) \times 10^{-15}$ eV·s
	$\hbar$	$1.054\,571\,726(47) \times 10^{-34}$ J·s $= 6.582\,119\,28(15) \times 10^{-16}$ eV·s
	$\hbar c$	$197.326\,971\,8(44)$ eV·nm
基本电荷	e	$1.602\,176\,565(35) \times 10^{-19}$ C
磁通量子,$h/(2e)$	φ_0	$2.067\,833\,675\,8(46) \times 10^{-15}$ Wb
电导量子,$2e^2/h$	G_0	$7.748\,091\,7346(25) \times 10^{-5}$ S
精细结构常数,$e^2/(4\pi\varepsilon_0 \hbar c)$	α	$1/137.035\,999\,074(44) = 7.297\,352\,569\,8(24) \times 10^{-13}$
里德伯常数,$m_e c\alpha^2/(2h)$	R_∞	$1.097\,373\,156\,853\,9(55) \times 10^7$ m^{-1}
阿伏伽德罗常数	N_A	$6.022\,141\,29(27) \times 10^{23}$ mol^{-1}
标准大气压	P	$101\,325$ Pa（精确）
摩尔体积（理想气体）	V_m	$22.413\,968(20) \times 10^{-3}$ m^3·mol^{-1}
摩尔气体常数	R	$8.314\,462\,1(75)$ J·mol^{-1}·K^{-1}
法拉第常数,$N_A e$	F	$96\,485.336\,5(21)$ C·mol^{-1}
玻尔兹曼常数,R/N_A	k_B	$1.380\,648\,8(13) \times 10^{-23}$ J·K$^{-1} = 8.617\,332\,4(78) \times 10^{-5}$ eV·K^{-1}
约瑟夫森常数,$2e/h$	K_J	$483\,597\,870(11)$ GHz·V^{-1}
克里青常数,h/e^2	R_K	$25\,812.807\,443\,4(84)$ Ω
电子质量	m_e	$9.109\,382\,91(40) \times 10^{-31}$ kg $= 0.510\,998\,928(11)$ MeV/c^2

续表

物理量	符号	数值
质子质量	m_p	$1.672\,621\,777(74)\times 10^{-27}$ kg $= 938.272\,046(21)$ MeV/c^2 $= 1\,836.152\,672\,45(75)\,m_e$
中子质量	m_n	$1.674\,927\,351(74)\times 10^{-27}$ kg $= 939.565\,379(21)$ MeV/c^2
氘核质量	m_d	$3.343\,583\,48(15)\times 10^{-27}$ kg $= 1\,875.612\,859(41)$ MeV/c^2
μ子质量	m_μ	$1.883\,531\,475(96)\times 10^{-28}$ kg $= 105.658\,371\,5(35)$ MeV/c^2
电子荷质比	$-e/m_e$	$-1.758\,820\,088(39)\times 10^{11}$ C·kg^{-1}
玻尔半径,$4\pi\varepsilon_0\hbar^2/(m_e e^2)$	a_0	$0.529\,177\,210\,92(17)\times 10^{-10}$ m
经典电子半径,$e^2/(4\pi\varepsilon_0 m_e c^2)$	r_e	$2.817\,940\,326\,7(27)\times 10^{-15}$ m
电子的康普顿波长,$\hbar/(m_e c)$	λ_C	$386.159\,268\,00(25)\times 10^{-15}$ m
玻尔磁子,$\hbar e/(2m_e)$	μ_B	$927.400\,968(20)\times 10^{-26}$ J·T^{-1} $= 5.788\,381\,806\,6(38)\times 10^{-5}$ eV·T^{-1}
电子磁矩	μ_e	$-928.476\,343\,0(21)\times 10^{-26}$ J·T^{-1} $= -1.001\,159\,652\,180\,76(27)\mu_B$
核磁子,$\hbar e/(2m_p)$	μ_N	$5.050\,783\,53(11)\times 10^{-27}$ J·T^{-1} $= 3.152\,451\,232\,6(45)\times 10^{-3}$ eV·T^{-1}
质子磁矩	μ_p	$1.410\,606\,674\,3(33)\times 10^{-26}$ J·T^{-1} $= 2.792\,847\,356(23)\mu_N$
中子磁矩	μ_n	$-0.966\,236\,47(23)\times 10^{-26}$ J·T^{-1} $= -1.913\,042\,72(45)\mu_N$
原子质量单位,$m(^{12}C)/12$	u	$1.660\,538\,921(73)\times 10^{-27}$ kg $= 931.494\,061(21)$ MeV/c^2
哈特里能量,$e^2/(4\pi\varepsilon_0 a_0)$	E_h	$27.211\,385\,05(60)$ eV $= 4.359\,744\,34(19)\times 10^{-18}$ J
能量转换因子	eV	$1.602\,176\,565(35)\times 10^{-19}$ J $= 1.782\,661\,845(39)\times 10^{-36}$ kgc^2 $= 1.073\,544\,150(24)\times 10^{-9}$ uc^2

*:http://www.nist.gov./pml/data/中 Physical Constants/CODATA internationally recommended 2010 Values of the Fundamental Physical Constants, P. J. Mohr and B. N. Taylor.

+:括号内数字为误差。

附录 II 元素周期表和原子壳层结构与基态价电子组态*

周期 (Z)	填充壳层 (Z)	1 IA	2 IIA	3 IIIB	4 IVB	5 VB	6 VIB	7 VIIB	8 VIII	9 VIII	10 VIII	11 IB	12 IIB	13 IIIA	14 IVA	15 VA	16 VIA	17 VIIA	18 VIIIA
1 (1~2)	1s (1~2)	$1s^1$ H																	$1s^2$ He
2 (3~10)	2s (3~4) 2p (5~10)	$2s^1$ Li	$2s^2$ Be											$2p^1$ B	$2p^2$ C	$2p^3$ N	$2p^4$ O	$2p^5$ F	$2p^6$ Ne
3 (11~18)	3s (11~12) 3p (13~18)	$3s^1$ Na	$3s^2$ Mg											$3p^1$ Al	$3p^2$ Si	$3p^3$ P	$3p^4$ S	$3p^5$ Cl	$3p^6$ Ar
4 (19~36)	4s (19~20) 3d (21~30) 4p (31~36)	$4s^1$ K	$4s^2$ Ca	$3d^14s^2$ Sc	$3d^24s^2$ Ti	$3d^34s^2$ V	$3d^54s^1$ Cr	$3d^54s^2$ Mn	$3d^64s^2$ Fe	$3d^74s^2$ Co	$3d^84s^2$ Ni	$3d^{10}4s^1$ Cu	$3d^{10}4s^2$ Zn	$4p^1$ Ga	$4p^2$ Ge	$4p^3$ As	$4p^4$ Se	$4p^5$ Br	$4p^6$ Kr
5 (37~54)	5s (37~38) 4d (39~48) 5p (49~54)	$5s^1$ Rb	$5s^2$ Sr	$4d^15s^2$ Y	$4d^25s^2$ Zr	$4d^45s^1$ Nb	$4d^55s^1$ Mo	$4d^55s^2$ Tc	$4d^75s^1$ Ru	$4d^85s^1$ Rh	$4d^{10}$ Pd	$4d^{10}5s^1$ Ag	$4d^{10}5s^2$ Cd	$5p^1$ In	$5p^2$ Sn	$5p^3$ Sb	$5p^4$ Te	$5p^5$ I	$5p^6$ Xe

元素分布族

续表

元素分布族

周期(Z)	填充壳层	IA	IIA	IIIB	IVB	VB	VIB	VIIB	VIII			IB	IIB	IIIA	IVA	VA	VIA	VIIA	VIIIA
6 (55~86)	6s (55~56)	$6s^1$ Cs	$6s^2$ Ba																
	4f (57~70)			La-Lu 镧系*															
	5d (71~80)				$5d^26s^2$ Hf	$5d^36s^2$ Ta	$5d^46s^2$ W	$5d^56s^2$ Re	$5d^66s^2$ Os	$5d^76s^2$ Ir	$5d^96s^1$ Pt	$5d^{10}6s^1$ Au	$5d^{10}6s^2$ Hg						
	6p (81~86)													$6p^1$ Tl	$6p^2$ Pb	$6p^3$ Bi	$6p^4$ Po	$6p^5$ At	$6p^6$ Rn
7 (87~118)	7s (87~88)	$7s^1$ Fr	$7s^2$ Ra																
	5f (89~102)			Ac-Lr 锕系*															
	6d (103~112)				$6d^27s^2$ Rf	$6d^37s^2$ Db	$6d^47s^2$ Sg	$6d^57s^2$ Bh	$6d^67s^2$ Hs	$6d^77s^2$ Mt	$6d^87s^2$ Ds	$6d^{10}7s^1$ Rg	$6d^{10}7s^2$ Cn						
	7p (113~118)													$7p^1$ Uut	$7p^2$ Uuq	$7p^3$ Uup	$7p^4$ Uuh	$7p^5$ Uus	$7p^6$ Uuo
La-Lu *镧系		$5d^16s^2$ La	$4f^15d^16s^2$ Ce	$4f^36s^2$ Pr	$4f^46s^2$ Nd	$4f^56s^2$ Pm	$4f^66s^2$ Sm	$4f^76s^2$ Eu	$4f^75d^16s^2$ Gd	$4f^96s^2$ Tb	$4f^{10}6s^2$ Dy	$4f^{11}6s^2$ Ho	$4f^{12}6s^2$ Er	$4f^{13}6s^2$ Tm	$4f^{14}6s^2$ Yb	$4f^{14}5d^16s^2$ Lu			
Ac-Lr *锕系		$6d^17s^2$ Ac	$6d^27s^2$ Th	$5f^26d^17s^2$ Pa	$5f^36d^17s^2$ U	$5f^46d^17s^2$ Np	$5f^67s^2$ Pu	$5f^77s^2$ Am	$5f^76d^17s^2$ Cm	$5f^97s^2$ Bk	$5f^{10}7s^2$ Cf	$5f^{11}7s^2$ Es	$5f^{12}7s^2$ Fm	$5f^{13}7s^2$ Md	$5f^{14}7s^2$ No	$5f^{14}7s^27p^1$ Lr			

*:1. Lide D R. Handbook of Chemistry and Physics[M].89th ed.CRC Press,2009:封面内页.
2. http://www.nist.gov./pml/data:Periodic Table: Atomic Properties of the Elements,2010.
3. 各族分类符号1~18是根据IUPAC(International Union of Pure and Applied Chemistry)的推荐,ⅠA~ⅧA是根据CAS(Chemical Abstracts Service)的推荐.
4. 每个元素符号上面给出原子基态价电子组态.

附录Ⅲ 基态原子态和原子 K、L、M 与部分 N 壳层的电子结合能(eV)*

通常原子的内壳层和内价壳层的电子是填满的,结合能是一个电子被电离的能量,考虑电子有自旋及相应的自旋轨道作用后,原子的各个支壳层(除 $l=0$ 外)又分裂为两个,按主量子数 n、轨道角动量量子数 l 和总角动量量子数 $j=l\pm1/2$ 可以将原子的电子壳层分为 K;L_I、L_{II}、L_{III};M_I、M_{II}、M_{III}、M_{IV}、M_V;N_I、N_{II}、N_{III}、N_{IV}、N_V、N_{VI}、N_{VII} 等,各个能级的 n、l 和 j 量子数以及轨道电子分别为

	K	L_I	L_{II}	L_{III}	M_I	M_{II}	M_{III}	M_{IV}	M_V	N_I	N_{II}	N_{III}	N_{IV}	N_V	N_{VI}	N_{VII}
n	1	2			3					4						
l	0	0	1	1	0	1	1	2	2	0	1	1	2	2	3	3
j	$\frac{1}{2}$	$\frac{1}{2}$	$\frac{1}{2}$	$\frac{3}{2}$	$\frac{1}{2}$	$\frac{1}{2}$	$\frac{3}{2}$	$\frac{3}{2}$	$\frac{5}{2}$	$\frac{1}{2}$	$\frac{1}{2}$	$\frac{3}{2}$	$\frac{3}{2}$	$\frac{5}{2}$	$\frac{5}{2}$	$\frac{7}{2}$
	1s	2s	2p	2p	3s	3p	3p	3d	3d	4s	4p	4p	4d	4d	4f	4f

KX 射线是在 K 壳层失去一个电子、L 壳层中一个电子跃迁到 K 壳层的同时发出的 X 射线,LX 射线是电子从 M 壳层跃迁到 L 壳层发出的 X 射线,其他依此类推。根据选择定则 $\Delta l=\pm1$ 和 $\Delta j=0$、±1,KX 射线中只有 5 条比较重要,它们是:$K_{\alpha1}(L_{III}\rightarrow K)$,$K_{\alpha2}(L_{II}\rightarrow K)$,$K_{\beta1}(M_{III}\rightarrow K)$,$K_{\beta2}(M_{II}\rightarrow K)$ 和 $K_{\gamma_1,\gamma_2}(N_{III},N_{II}\rightarrow K)$。它们之间的强度比粗略地为

$$K_{\alpha1}:K_{\alpha2}:K_{\beta1}:K_{\beta2}:K_{\gamma_1,\gamma_2}\approx 100:50:20:10:5$$

随原子序数改变稍有变化。LX 射线中较重要的有 $L_{\alpha1}(M_V\rightarrow L_{III})$,$L_{\alpha2}(M_{IV}\rightarrow L_{III})$,$L_{\beta1}(M_{IV}\rightarrow L_{II})$,$L_{\beta2,15}(N_{V,IV}\rightarrow L_{III})$,$L_{\beta3}(M_{III}\rightarrow L_I)$,$L_{\beta4}(M_{II}\rightarrow L_I)$ 和 $L_{\gamma1}(N_{IV}\rightarrow L_{II})$ 等。它们之间的强度比粗略地为

$$L_{\alpha1}:L_{\beta1}:L_{\beta3}:L_{\beta2,15}:L_{\beta4}:L_{\gamma1}:L_{\alpha2}\cong 100:80:30:20:20:15:11$$

也随原子序数改变而略有变化。

下表中给出由 X 射线能谱和光电子能谱确定的原子 K、L、M 和部分 N 壳层电子的结合能数值,单位是电子伏(eV),内壳层电子的结合能主要由文献 1 和 2 并参考 3 给出,Kr 以前的轻原子的价电子的结合能和原子基态由文献 1 给出,内价电子的结合能是综合三个文献的数据和最新网站结果由我给出。由这些数值也可根据上面定义近似地得到相应的 X 射线能量。注意,这儿给出的结合能对气体和绝缘体来说是相对真空能级的,对金属导体来说是相对费米能级的,对半导体来说是相对价带顶部的,参见 2.3.3 节。

Z	元素	基态	K	L_I	L_{II}	L_{III}	M_I	M_{II}	M_{III}	M_{IV}	M_V	N_I	N_{II}	N_{III}
1	H	$^2S_{1/2}$	13.60											
2	He	$^1S_0$	24.59											
3	Li	$^2S_{1/2}$	54.75	5.4										
4	Be	$^1S_0$	111.5	9.3										
5	B	$^2P^0_{1/2}$	188.0	12.6	8.3	8.3								
6	C	$^3P_0$	284.2	18.0	11.3	11.3								
7	N	$^4S^0_{3/2}$	409.9	24.4	14.6	14.6								
8	O	$^3P_2$	543.1	28.5	13.6	13.6								
9	F	$^2P^0_{3/2}$	696.7	34.0	17.4	17.4								
10	Ne	$^1S_0$	870.2	48.4	21.7	21.6	5.1							
11	Na	$^2S_{1/2}$	1071.5	63.6	30.6	30.4	7.6							
12	Mg	$^1S_0$	1303.3	88.6	49.5	49.8	10.6							
13	Al	$^2P^0_{1/2}$	1559.5	117.9	72.7	72.9	12.8	6.0	6.0					
14	Si	$^3P_0$	1839.1	149.8	99.2	99.3	16.2	8.2	8.2					
15	P	$^4S^0_{3/2}$	2144.5	189.0	136.0	130.0	15.8	10.5	10.5					
16	S	$^3P_2$	2471.6	230.9	163.6	163.8	15.8	10.4	10.4					
17	Cl	$^2P^0_{3/2}$	2822.6	270.0	202.0	200.0	17.5	13.0	13.0					
18	Ar	$^1S_0$	3206.1	326.3	250.6	248.5	29.3	15.9	15.8					
19	K	$^2S_{1/2}$	3608.5	378.6	297.3	294.6	34.8	18.3	18.3			4.3		
20	Ca	$^1S_0$	4038.3	438.5	350.4	346.6	44.3	25.4	25.4			6.1		
21	Sc	$^2D_{3/2}$	4489.4	498.0	403.6	398.6	51.1	28.3	28.3	9.0	9.0	6.6		

续表

Z	元素	基态	K	L_I	L_{II}	L_{III}	M_I	M_{II}	M_{III}	M_{IV}	M_V	N_I	N_{II}	N_{III}
22	Ti	$^3F_2$	4964.9	561.1	460.0	454.0	58.7	32.6	32.6	9.3	9.3	6.8		
23	V	$^4F_{3/2}$	5464.4	626.9	519.7	512.2	66.2	37.2	37.2	9.2	9.2	6.7		
24	Cr	$^7S_3$	5989.2	696.4	583.6	574.4	74.1	42.2	42.2	8.9	8.9	6.8		
25	Mn	$^6S_{5/2}$	6537.7	769.5	649.9	638.9	82.3	47.2	47.2	10.1	10.1	7.4		
26	Fe	$^5D_4$	7110.9	848.6	719.8	706.9	91.3	52.7	52.7	10.8	10.8	7.9		
27	Co	$^4F_{9/2}$	7708.8	925.3	793.4	778.4	101.0	58.9	58.9	10.8	10.8	7.9		
28	Ni	$^3F_4$	8331.0	1008.4	870.0	852.7	110.8	68.0	66.2	10.4	10.4	7.6		
29	Cu	$^2S_{1/2}$	8980.5	1098.0	952.5	932.7	122.5	77.3	75.1	10.8	10.8	7.7		
30	Zn	$^1S_0$	9660.7	1196.7	1044.9	1021.8	139.8	91.4	88.6	10.2	10.1	9.4		
31	Ga	$^2P^0_{1/2}$	10368	1302.6	1143.6	1116.6	159.5	103.5	100.0	18.7	18.7	10.8	6.0	6.0
32	Ge	$^3P_0$	11104	1412.9	1248.1	1217.3	180.1	124.9	120.8	29.8	29.2	12.9	7.9	7.9
33	As	$^4S^0_{3/2}$	11866	1532.2	1359.7	1323.9	204.7	146.2	141.2	41.7	41.7	15.8	9.8	9.8
34	Se	$^3P_2$	12657	1653.6	1474.2	1434.2	229.6	166.5	160.7	55.5	54.6	15.8	9.8	9.8
35	Br	$^2P^0_{3/2}$	13474	1781.5	1596.3	1550.0	257	189	182	70	69	27.3	11.8	11.8
36	Kr	$^1S_0$	14327	1920.4	1730.9	1679.1	292.8	222.2	214.4	95.0	93.8	27.5	14.1	14.1
37	Rb	$^2S_{1/2}$	15202	2066.1	1865.9	1806.2	326.7	248.7	239.1	113.0	112	30.5	16.3	15.3
38	Sr	$^1S_0$	16106	2216.1	2007.4	1940.5	358.7	280.3	270.0	136.0	134.2	38.9	21.6	20.1
39	Y	$^2D_{3/2}$	17037	2370.8	2153.5	2078.3	392.0	310.6	298.8	157.7	155.8	43.8	24.4	23.1
40	Zr	$^3F_2$	17996	2530.9	2305.7	2221.3	430.3	343.5	329.8	181.1	178.8	50.6	28.5	27.1

续表

Z	元素	基态	K	L_I	L_{II}	L_{III}	M_I	M_{II}	M_{III}	M_{IV}	M_V	N_I	N_{II}	N_{III}
41	Nb	$^6D_{1/2}$	18984	2695.5	2462.5	2368.2	466.6	376.1	360.6	205.0	202.3	56.4	32.6	30.8
42	Mo	$^7S_3$	20001	2867.2	2626.0	2521.1	506.3	411.6	394.0	231.1	227.9	63.2	37.6	35.5
43	Tc	$^6S_{5/2}$	21046	3043	2793	2677.9	546.1	447.6	417.7	257.6	253.9	69.5	42.3	39.9
44	Ru	$^5F_5$	22118	3225.1	2967.5	2838.6	586.2	483.3	461.5	284.2	280.0	75.0	46.5	43.2
45	Rh	$^4F_{9/2}$	23220	3412.4	3146.4	3004.0	628.1	521.3	496.5	311.9	307.2	81.4	50.5	47.3
46	Pd	$^1S_0$	24351	3604.7	3330.7	3173.8	671.6	559.9	532.3	340.5	335.2	87.1	55.7	50.9
47	Ag	$^2S_{1/2}$	25516	3807.4	3525.2	3352.6	719.0	603.8	573.0	374.0	368.0	97.0	63.7	58.3
48	Cd	$^1S_0$	26713	4019.7	3728.5	3538.9	772.0	652.6	618.4	411.9	405.2	109.8	63.9	63.9
49	In	$^2P^0_{1/2}$	27947	4238.8	3938.7	3730.8	827.2	703.2	665.3	451.4	443.9	122.9	73.5	73.5
50	Sn	$^3P_0$	29201	4465.0	4156.2	3929.5	884.7	756.5	714.6	493.2	484.9	137.1	83.6	83.6
51	Sb	$^4S^0_{3/2}$	30492	4699.2	4381.2	4133.0	946	812.7	766.4	537.5	528.2	153.2	95.6	95.6
52	Te	$^3P_2$	31815	4939.7	4613.1	4342.4	1006	870.8	820.0	583.4	573.0	169.4	103.3	103.3
53	I	$^2P^0_{3/2}$	33170	5188.4	4852.0	4557.1	1072	931	875	631	620	186	123	123
54	Xe	$^1S_0$	34565	5452.6	5106.7	4786.5	1148.7	1002.1	940.6	689.0	676.4	213.2	146.7	145.5
55	Cs	$^2S_{1/2}$	35986	5719.8	5359.2	5013.0	1211	1071	1003	740.5	726.6	232.3	172.4	161.3
56	Ba	$^1S_0$	37440	5990.4	5623.3	5246.7	1293	1137	1063	795.7	780.5	253.5	192	178.6
57	La	$^2D_{3/2}$	38929	6267.2	5895.1	5487.1	1362	1209	1128	853	836	270.4	205.8	191.4
58	Ce	$^1G^0_4$	40445	6548.9	6165.8	5724.5	1436	1274	1187	902.4	883.8	291.0	223.3	206.5
59	Pr	$^4I^0_{9/2}$	41989	6832.0	6437.2	5962.4	1511	1337	1242	948.3	928.8	304.5	236.3	217.6

续表

Z	元素	基态	K	L_I	L_{II}	L_{III}	M_I	M_{II}	M_{III}	M_{IV}	M_V	N_I	N_{II}	N_{III}
60	Nd	$^5I_4$	43572	7129.5	6724.6	6211.2	1575	1403	1297	1003.3	980.4	319.2	243.3	224.6
61	Pm	$^6H^0_{5/2}$	45184	7428	7013	6459	1656	1471	1357	1052	1027	337	242	242
62	Sm	$^7F_0$	46834	7737	7312	6716	1723	1541	1419.8	1110.9	1083.4	347.2	265.6	247.4
63	Eu	$^8S^0_{7/2}$	48519	8052	7617	6977	1800	1614	1481	1158.6	1127.5	360	284	257
64	Gd	$^9D^0_2$	50239	8376	7930	7243	1881	1688	1544	1221.9	1189.6	378.6	286	271
65	Tb	$^6H^0_{15/2}$	51996	8708	8252	7514	1968	1768	1611	1267.9	1241.1	396.0	322.4	284.1
66	Dy	$^5I_8$	53789	9046	8581	7790	2047	1842	1676	1333	1292	414.2	333.5	293.2
67	Ho	$^4I^0_{15/2}$	55618	9394	8918	8071	2128	1923	1741	1392	1351	432.4	343.5	308.2
68	Er	$^3H_6$	57486	9751	9264	8358	2206	2006	1812	1453	1409	449.8	366.2	320.2
69	Tm	$^2F^0_{7/2}$	59390	10116	9617	8648	2307	2090	1885	1515	1468	470.9	385.9	332.6
70	Yb	$^1S_0$	61332	10486	9978	8944	2398	2173	1950	1576	1528	480.5	388.7	339.7
71	Lu	$^2D_{3/2}$	63314	10870	10349	9244	2491	2264	2024	1639	1589	506.8	412.4	359.2
72	Hf	$^3F_2$	65351	11271	10739	9561	2601	2365	2107	1716	1662	538	438.2	380.7
73	Ta	$^4F_{3/2}$	67416	11682	11136	9881	2708	2469	2194	1793	1735	563.4	463.4	400.9
74	W	$^5D_0$	69525	12100	11544	10207	2820	2575	2281	1872	1809	594.1	490.4	423.6
75	Re	$^6S_{5/2}$	71676	12527	11959	10535	2932	2682	2367	1949	1883	625.4	518.7	446.8
76	Os	$^5D_4$	73871	12968	12385	10871	3049	2792	2457	2031	1960	658.2	549.1	470.7
77	Ir	$^4F_{9/2}$	76111	13419	12824	11215	3174	2909	2551	2116	2040	691.1	577.8	495.8
78	Pt	$^3D_3$	78395	13880	13273	11564	3296	3027	2645	2202	2122	725.4	609.1	519.4

续表

Z	元素	基态	K	L_I	L_{II}	L_{III}	M_I	M_{II}	M_{III}	M_{IV}	M_V	N_I	N_{II}	N_{III}
79	Au	$^2S_{1/2}$	80725	14353	13734	11919	3425	3148	2743	2291	2206	762.1	642.7	546.3
80	Hg	$^1S_0$	83102	14839	14209	12284	3562	3279	2847	2385	2295	802.2	680.2	576.6
81	Tl	$^2P_{1/2}$	85530	15347	14698	12658	3704	3416	2957	2485	2389	846.2	720.5	609.5
82	Pb	$^3P_0$	88005	15861	15200	13035	3851	3554	3066	2586	2484	891.8	761.9	643.5
83	Bi	$^4S^0_{3/2}$	90526	16388	15711	13419	3999	3696	3177	2688	2580	939	805.2	678.8
84	Po	$^3P_2$	93105	16939	16244	13814	4149	3854	3302	2798	2683	995	851	705
85	At	$^2P^0_{3/2}$	95730	17493	16785	14214	4317	4008	3426	2909	2787	1042	886	740
86	Rn	$^1S_0$	98404	18049	17337	14619	4482	4159	3538	3022	2892	1097	929	768
87	Fr	$^2S_{1/2}$	101137	18639	17907	15031	4652	4327	3663	3136	3000	1153	980	810
88	Ra	$^1S_0$	103922	19237	18484	15444	4822	4490	3792	3248	3105	1208	1058	879
89	Ac	$^2D_{3/2}$	106755	19840	19083	15871	5002	4656	3909	3370	3219	1269	1080	890
90	Th	$^3F_2$	109651	20472	19693	16300	5182	4830	4046	3491	3332	1330	1168	966.4
91	Pa	$(4,3/2)_{11/2}$	112601	21105	20314	16733	5367	5001	4174	3611	3442	1387	1224	1007
92	U	$(9/2,3/2)^0_6$	115606	21757	20948	17166	5548	5182	4303	3728	3552	1439	1271	1043
93	Np	$(4,3/2)_{11/2}$	118678	22427	21601	17610	5723	5366	4435	3850	3666	1501	1328	1087
94	Pu	$^7F_0$	121818	23097	22266	18057	5933	5541	4557	3973	3778	1559	1372	1115
95	Am	$^8S^0_{7/2}$	125027	23773	22944	18504	6121	5710	4667	4092	3887	1617	1412	1136
96	Cm	$^9D^0_2$	128220	24460	23779	18930	6288	5895	4797	4227	3971	1643	1440	1154
97	Bk	$^6H^0_{15/2}$	131590	25275	24385	19452	6556	6147	4977	4366	4132	1755	1554	1235

续表

Z	元素	基态	K	L_I	L_{II}	L_{III}	M_I	M_{II}	M_{III}	M_{IV}	M_V	N_I	N_{II}	N_{III}
98	Cf	$^5I_8$	135960	26110	25250	19930	6754	6359	5109	4497	4253	1799	1616	1279
99	Es	$^4I^0_{15/2}$	139490	26900	26020	20410	6977	6574	5252	4630	4374	1868	1680	1321
100	Fm	$^3H_6$	143090	27700	26810	20900	7205	6793	5397	4766	4498	1937	1747	1366
101	Md	$^2F^0_{7/2}$	146780	28530	27610	21390	7441	7019	5546	4903	4622	2010	1814	1410
102	No	$^1S_0$	150540	29380	28440	21880	7675	7245	5688	5037	4741	2078	1876	1448
103	Lr	$^2P^0_{1/2}$	154380	30240	29280	22360	7900	7460	5710	5150	4860	2140	1930	1480

*：1. http://www.nist.gov./pml/data 中 Atomic Spectroscopy Data/Ground Levels and Ionization Energies/HTML Table 和 X-ray Transition Energies, 2010.
2. Lide D R. Handbook of Chemistry and Physics[M]. 89th ed.CRC Press, 2009:p10-228-233, 224-227.
3. 刘运祚. 常用放射性核素衰变纲图[M].北京:原子能出版社.1982:附录 3 和附录 4.

附录 Ⅳ 原子与不同价离子的电离能和原子的亲和能 (eV)*

Z	原子	原子亲和能	Ⅰ	Ⅱ	Ⅲ	Ⅳ	Ⅴ	Ⅵ	Ⅶ	Ⅷ	Ⅸ	Ⅹ	Ⅺ	Ⅻ	ⅩⅢ	ⅩⅣ	ⅩⅤ
1	H	0.754	13.59844														
2	He	不稳	24.58739	54.41776													
3	Li	0.618	5.39172	75.6400	122.45429												
4	Be	不稳	9.32270	18.21114	153.89661	217.71865											
5	B	0.280	8.29802	25.1548	37.93064	259.37521	340.22580										
6	C	1.262	11.26030	24.3833	47.8878	64.4939	392.087	489.99334									
7	N	不稳	14.5341	29.6013	47.44924	77.4735	97.8902	552.0718	667.046								
8	O	1.461	13.61805	35.1211	54.9355	77.41353	113.8990	138.1197	739.29	871.4101							
9	F	3.401	17.4228	34.9708	62.7084	87.1398	114.2428	157.1651	185.186	953.9112	1103.1176						
10	Ne	不稳	21.56454	40.96296	63.45	97.12	126.21	157.93	207.2759	239.0989	1195.8286	1362.1995					
11	Na	0.548	5.13908	47.2864	71.6200	98.91	138.40	172.18	208.50	264.25	299.864	1465.121	1648.702				
12	Mg	不稳	7.64624	15.03527	80.1437	109.2655	141.27	186.76	225.02	265.96	328.06	367.50	1761.805	1962.6650			
13	Al	0.433	5.98577	18.82855	28.44765	119.992	153.825	190.49	241.76	284.66	330.13	398.75	442.00	2085.98	2304.1410		
14	Si	1.390	8.15168	16.34584	33.49302	45.14181	166.767	205.27	246.51	303.54	351.12	401.37	476.36	523.42	2437.63	2673.182	
15	P	0.747	10.48669	19.7695	30.2027	51.4439	65.0251	220.421	263.57	309.60	372.13	424.4	479.46	560.8	611.74	2816.91	3069.842
16	S	2.077	10.36001	23.33788	34.79	47.222	72.5945	88.0530	280.948	328.75	379.55	447.5	504.8	564.44	652.2	707.01	3223.78
17	Cl	3.613	12.96763	23.8136	39.61	53.4652	67.8	97.03	114.1958	348.28	400.06	455.63	529.28	591.99	656.71	749.76	809.40
18	Ar	不稳	15.75961	27.62966	40.74	59.81	75.02	91.009	124.323	143.460	422.45	478.69	538.96	618.26	686.10	755.74	854.77
19	K	0.501	4.34066	31.63	45.806	60.91	82.66	99.4	117.56	154.88	175.8174	503.8	564.7	629.4	714.6	786.6	861.1
20	Ca	0.025	6.11316	11.87172	50.9131	67.27	84.50	108.78	127.2	147.24	188.54	211.275	591.9	657.2	726.6	817.6	894.5
21	Sc	0.188	6.56149	12.79977	24.75666	73.4894	91.65	110.68	138.0	158.1	180.03	225.18	249.798	687.36	756.7	830.8	927.5
22	Ti	0.079	6.82812	13.5755	27.4917	43.2672	99.30	119.53	140.8	170.4	192.1	215.92	265.07	291.500	787.84	863.1	941.9
23	V	0.525	6.74619	14.618	29.311	46.709	65.2817	128.13	150.6	173.4	205.8	230.5	255.7	308.1	336.277	896.0	976
24	Cr	0.666	6.76651	16.4857	30.96	49.16	69.46	90.6349	160.18	184.7	209.3	244.4	270.8	298.0	354.8	384.168	1010.6
25	Mn	不稳	7.43402	15.6400	33.668	51.2	72.4	95.6	119.203	194.5	221.8	248.3	286.0	314.4	343.6	403.0	435.163
26	Fe	0.151	7.9024	16.1877	30.652	54.8	75.0	99.1	124.98	151.06	233.6	262.1	290.2	330.8	361.0	392.2	457

续表 XV

Z	原子	原子亲和能	I	II	III	IV	V	VI	VII	VIII	IX	X	XI	XII	XIII	XIV	XV
27	Co	0.662	7.88101	17.084	33.50	51.3	79.5	102.0	128.9	157.8	186.13	275.4	305	336	379	411	444
28	Ni	1.156	7.6399	18.16884	35.19	54.9	76.06	108	133	162	193	224.6	321.0	352	384	430	464
29	Cu	1.235	7.72638	20.2924	36.841	57.38	79.8	103	139	166	199	232	265.3	369	401	435	484
30	Zn	不稳	9.39420	17.96439	39.723	59.4	82.6	108	134	174	203	238	274	310.8	419.7	454	490
31	Ga	0.43	5.99930	20.51515	30.7258	63.241	86.01	112.7	140.9	169.9	210.8	244.0	280.7	319.2	357.2	471.2	508.8
32	Ge	1.233	7.89943	15.93461	34.2241	45.7131	93.5	127.6	155.4								
33	As	0.814	9.7886	18.5892	28.351	50.13	62.63	81.7	103.0								
34	Se	2.021	9.75239	21.19	30.8204	42.9450	68.3	88.6	111.0	192.8							
35	Br	3.364	11.8138	21.591	36	47.3	59.7	78.5	99.2	125.802	230.85	268.2	308	350	391	447	492
36	Kr	不稳	13.99961	24.35984	36.950	52.5	64.7	84.4	106	136	150	277.1	324.1				
37	Rb	0.486	4.17713	27.2895	40	52.6	71.0	90.8	125	122.3	162	177	206	374.0	279.1	302.60	544.0
38	Sr	0.048	5.69485	11.0301	42.89	57	71.6	93.0	125.664	129	146.2	191					
39	Y	0.307	6.2173	12.224	20.52	60.597	77.0	102.057									
40	Zr	0.426	6.63390	13.1	22.99	34.34	80.348	68.8276		143.6	164.12	186.4	209.3	230.28			
41	Nb	0.893	6.75885	14.0	25.04	38.3	50.55										
42	Mo	0.748	7.09243	16.16	27.13	46.4	54.49										
43	Tc	-0.55	7.28	15.26	29.54												
44	Ru	1.05	7.36050	16.76	28.47												
45	Rh	1.137	7.45890	18.08	31.06												
46	Pd	0.562	8.3369	19.43	32.93												
47	Ag	1.302	7.57623	21.47746	34.83												
48	Cd	不稳	8.99382	16.90831	37.48												
49	In	0.3	5.78636	18.8703	28.03	54											
50	Sn	1.112	7.34392	14.6322	30.50260	40.73502	72.28	108	137								
51	Sb	1.046	8.60839	16.63	25.3	44.2	56										
52	Te	1.971	9.0096	18.6	27.96	37.41	58.75	70.7									
53	I	3.059	10.45126	19.1313	33												
54	Xe	不稳	12.12984	20.9750	32.1230												
55	Cs	0.472	3.89391	23.15744													

续表

Z	原子	原子亲和能	I	II	III	IV	V	VI	VII	VIII	IX	X	XI	XII	XIII	XIV	XV
56	Ba	0.145	5.21166	10.00383													
57	La	0.47	5.5769	11.059	19.1773	49.95	61.6										
58	Ce	0.955	5.5387	10.85	20.198	36.758	65.55	77.6									
59	Pr	0.962	5.473	10.55	21.624	38.98	57.53										
60	Nd		5.5250	10.72	22.1	40.4											
61	Pm		5.582	10.90	22.3	41.1											
62	Sm	0.864	5.6437	11.07	23.4	41.4											
63	Eu		5.67038	11.25	24.92	42.7											
64	Gd		6.14980	12.09	20.63	44.0											
65	Tb		5.8638	11.52	21.91	39.79											
66	Dy		5.9389	11.67	22.8	41.47											
67	Ho		6.0215	11.08	22.84	42.5											
68	Er		6.1077	11.93	22.74	42.7											
69	Tm	1.029	6.18431	12.05	23.68	42.7											
70	Yb	−0.020	6.25416	12.176	25.05	43.56											
71	Lu	0.34	5.42586	13.9	20.9594	45.25	66.8										
72	Hf	0	6.82507	15	23.3	33.33											
73	Ta	0.322	7.54957														
74	W	0.815	7.86403	16.1													
75	Re	0.15	7.83352														
76	Os	1.1	8.43823														
77	Ir	1.544	8.96702														
78	Pt	2.128	8.9588	18.563													
79	Au	2.309	9.22553	20.20													
80	Hg	不稳	10.4375	18.7568	34.2												
81	Tl	0.2	6.10819	20.4283	29.83												
82	Pb	0.364	7.41663	15.03248	31.9373	42.32	68.8										
83	Bi	0.942	7.2855	16.703	25.56	45.3	56.0	88.3									
84	Po	1.9	8.414														

续表

Z	原子	原子亲和能	I	II	III	IV	V	VI	VII	VIII	IX	X	XI	XII	XIII	XIV	XV
85	At	2.8															
86	Rn	不稳	10.7485														
87	Fr	0.46	4.07274														
88	Ra	0.10	5.27842	10.14715													
89	Ac	0.35	5.3807	11.75													
90	Th		6.3067	11.9	20.0	28.8											
91	Pa		5.89														
92	U		6.1939	10.6													
93	Np		6.2657														
94	Pu		6.0260	11.2													
95	Am		5.9738														
96	Cm		5.9914														
97	Bk		6.1979														
98	Cf		6.2817	11.8													
99	Es		6.3676	12.0													
100	Fm		6.50														
101	Md		6.58														
102	No		6.65														
103	Lr		4.9														
104	Rf		6.0														

* 1. Lide D R. Handbook of Chemistry and Physics[M]. 89th ed. CRC Press,2009:p10 - 203 - 205,156 - 157.

2. http://www.nist.gov./pml/data/ Atomic Spectroscopy Data/Ground Levels and Ionization Energies/HTML Table,2010.

附录 V 某些常见分子与自由基的第一电离能和亲和能(eV)*

分 子	电离能 (eV)	亲和能 (eV)	分 子	电离能 (eV)	亲和能 (eV)	分 子	电离能 (eV)	亲和能 (eV)
H_2	15.42593		H_2S	10.457		HCOOH	11.33	
D_2	15.468		CS_2	10.0685		CH_3OH	10.85	
C_2	11.4	3.269	SO_2	12.349	1.107	C_2H_5OH	10.43	
C_{60}	7.4	2.683	Li_2	5.1121		CH	10.64	3.269
N_2	15.5808	3.26	Na_2	4.894	0.430	CH_2	10.396	0.652
CN	13.5984	1.238	K_2	4.0637	0.497	CH_3	9.843	0.08
HCN	13.60		Rb_2	3.15	0.998	CH_4	12.61	
O_2	12.0697	0.450	Cs_2	3.2	0.469	C_2H_2	11.400	0.490
O_3	12.43	2.103	F_2	15.697	3.08	C_2H_3	9.4	0.667
OH	13.0170	1.828	HF	16.044		C_2H_4	10.5138	
H_2O	12.6206		BF_3	15.7		C_2H_5	8.4	
D_2O	12.6		PF_3	11.60		C_2H_6	11.56	
HO_2	11.35	1.078	SF_6	15.32	1.05	C_3H_6	9.73	
H_2O_2	10.58		Cl_2	11.480	2.38	C_3H_8	10.95	
CO	14.014		HCl	12.749		C_4H_2	10.2	
CO_2	13.773		BCl_3	11.60		C_4H_4	9.58	0.914
NO	9.26438	0.026	PCl_3	9.91		C_6H_4	9.6	0.560
N_2O	12.886	−0.03	CCl_4	11.47	1.14	C_6H_6	9.24378	
NO_2	9.586	2.273	Br_2	10.516	2.55	CH_2F	9.35	
NF_3	13.00		HBr	11.66		CH_3F	12.47	
NH	13.49	0.370	BBr_3	10.51		C_2H_3F	10.36	
NH_2	11.14	0.771	I_2	9.3074	2.524	CH_2Cl	9.32	
NH_3	10.070		HI	10.386		CH_3Cl	11.22	
BH	9.77		SiO	11.49		C_2H_3Cl	9.99	
BH_3	12.026	0.038	SiH_4	11.00		C_2H_5Cl	10.98	
PH_3	9.969		SiF_4	15.24		CH_3Br	10.541	
S_2	9.356	1.670	$SiCl_4$	11.79		C_2H_3Br	9.83	
HS	10.4219	2.314	$SnBr_4$	10.6		C_2H_5Br	10.29	
SO_2	12.349	1.107						

* 1. Lide D R. Handbook of Chemistry and Physics[M]. 89th ed. CRC Press,2009:p10-206-223,158-168.

2. 印永嘉.物理化学简明手册[M].北京:高等教育出版社,1988:381.

名 词 索 引

（给出英文名和所在的章、节、段）

A

鞍点　saddle point　　1.7.2, 3.1.2

B

巴耳末系　Balmer series　　2.1.1
靶－离子重叠　target-ion overlap　　6.4.2
饱和参量　saturation parameter　　4.4.1
饱和吸收　saturation absorption　　4.4
贝立特洞　Bennet hole　　4.4.3
贝特－玻恩因子　Bethe-Born factor　　6.3.1
贝特－玻恩转换因子　Bethe-Born transformation factor　　6.3.2
贝特理论　Bethe theory　　6.3.1, 6.4.2
贝特面　Bethe surface　　6.3.1
贝特脊　Bethe ridge　　6.3.1, 6.4.2
半高度全宽度　FWHM full width at half maximum　　4.1, 4.5
白矮星　white dwarf　　1.5.1
波荡器　undulator　　5.5.1
玻尔兹曼分布　Boltzmann distribution　　3.2.3
玻恩－奥本海默近似　Born-Oppenheimer approximation　　1.2.1, 3.1.1
玻恩近似　Born approximation　　6.2.1, 6.3.1
波函数　wave function　　2.1.3, 2.1.4, 3.1.1, 3.3, 3.6.1, 3.6.2, 3.9.2, 6.4, 7.4.1
　复波函数　imaginary wavefunction　　2.1.3
　实波函数　real wavefunction　　2.1.4
波函数成像　wavefunction mapping　　6.4.3
波函数塌缩　wavefunction collapse　　1.8.5
玻色－爱因斯坦凝聚　BEC Bose-Einstein condensation　　1.8.3, 1.8.4, 7.3.3
玻色－爱因斯坦分布　Bose-Einstein condensation　　1.8.3
玻色子　Boson　　1.8.3, 3.6.2
布居　population　　3.2.3, 4.4.1
布基球　Bucky-ball　　1.4.2

布基管　Bucky-tube　　1.4.3
布基洋葱　Bucky-onion　　1.4.3
布赖特－维格纳公式　Briet-Wigner formula　　4.1.1

C

超精细结构　hyperfine structure　　1.1.1, 1.3.2, 2.1.2, 5.4.5, 7.3.3
超激发态　superexcitation state　　1.2.3, 6.2.3
超声射流分子束　supersonic efflux molecular beam　　5.4.4, 7.2.2
超新星爆发　Supernova explosion　　1.5.1
插入件　insertion device　　5.5.1
长度标准　length standard　　1.3.1
场离子显微镜　FIM Field ion microscope　　1.8.2
粲偶素　charmium　　1.5.4
磁光阱　magneto-optical trap　　7.3.3
磁共振　magnetic resonance　　1.1.2, 2.1.2, 5.4.5
　核磁共振　NMR nuclear magnetic resonance　　1.8.5
　顺磁共振　electron spin magnetic resonance　　7.2.3
　原子分子束磁共振　atomic and molecular beam magnetic resonance　　1.3.2, 2.1.2, 7.2.3
磁量子数　magnetic quantum number　　2.2.1
弛豫　relaxation　　2.3.3, 3.1.2, 4.4.1
弛豫率　rate of relaxation　　4.4.1
冲量近似　ⅠA impulse approximation　　6.2.3, 6.4.2
　平面波冲量近似　PWIA plane-wave impulse approximation　　6.4.2
　扭曲波冲量近似　DWIA distorted-wave impulse approximation　　6.2.3, 6.4.2
储存环　storage ring　　5.5.1
窗共振　window resonance　　4.5.3

D

单重态　singlet　　1.5.4, 2.5, 2.6, 3.4, 3.9.2
单原子操纵　single atom manipulation　　1.8.1
单原子识别　single atom distinguish　　1.8.2
单色亮度　monochromatic brightness　　5.3.1, 5.5.1
单色器,单能器　monochromator　　5.5.2, 6.1.3
等离激元激发　plasmon excitation　　6.5.1
点群　point group　　3.7.2, 3.7.3
等效电子　equivalent election　　2.6.1, 2.6.2, 3.4.2, 3.9.2
电磁诱导透明　EIT elechomagnetically induced transparency　　7.3.3
电荷转移　charge transfer　　1.6.3
电子俘获　electron capture　　1.6.3

电子磁矩　electronic magnetic moment　　1.3.2
电子动量谱　electron momentum spectra　　1.6.1, 6.4, 6.5.2
　电子动量谱学　electron momentum spectroscopy　　6.4
　电子动量谱仪　electron momentum spectroscope　　6.4, 6.5.2
　电子动量谱测量条件　measurement condition for electron momentum spectroscopy　　6.4.3
电子-电子碰撞因子　electron-electron collision factor　　6.4.2
电子关联　electronic correlation　　1.2.3, 1.6.1
电子轨道　electronic orbit　　2.2.1, 3.3, 3.9
电子能谱仪　electron energy spectroscope　　6.1.2, 6.1.3
电子能谱学　electron energy spectroscopy　　6.1.1
电子能量损失　electron energy loss　　1.6.1, 6.1.4, 6.5.1
　电子能量损失谱仪　EELS electron energy loss spectrometer　　1.6.1, 6.1.4, 6.5.1
　电子能量损失谱　EELS electron energy loss spectroscopy　　1.6.1, 6.1.4, 6.5.1
电子结合能　electron binding energy　　2.3.3, 2.3.4, 3.1.2, 5.1.1, 附录Ⅲ
电子亲和能　electron affinity energy　　2.3.2, 附录Ⅳ和Ⅴ
电子偶素　positronium　　1.5.4
　正电子偶素　orthopositronium　　1.5.4
　仲电子偶素　parapositronium　　1.5.4
电子碰撞　electron impact　　1.6.1, 6.1.1
　阈式碰撞　threshold impact　　6.1.1
　偶极碰撞　dipole impact　　6.1.1, 6.3.2
　双体碰撞　binary impact　　6.1.1, 6.4.2
　快电子碰撞　fast-electron impact　　6.1.1, 6.2, 6.3, 6.4, 6.5
电子束电子能谱　electron-beam electronic energy spectra　　6.1.5
电子态　electronic state　　3.3.1, 3.4, 3.9
电子通过能　electron pass energy　　6.1.3
电子脱附　electron detachment　　1.6.3
电子显微镜　electron microscope　　7.4.0
　扫描电子显微镜　SEM scanning electron microscope　　7.4.0
　透射电子显微镜　TEM transmission electron mincroscope　　7.4.0
电子衍射　electron diffraction　　6.5.1
　低能电子衍能　LEED low-energy electron diffraction　　6.5.1
　高能电子衍射　HEED high-energy electron diffraction　　6.5.1
　反射高能电子衍射　RHEED reflecting high-energy electron diffraction　　6.5.1
电子振动转动光谱　electronic vibration-rotational spectra　　3.5.1
电子组态　electron configuration　　2.2, 2.3.3, 2.6.1, 2.6.2, 3.4.2, 3.9
　等效电子组态　equivalent electron configuration　　2.2.3, 2.6.1, 2.6.2, 3.4.2, 3.9
　非等效电子组态　nonequivalent electron configuration　　2.6.1, 3.4.2, 3.9
电离　ionization　　1.2.1, 1.6, 1.7.3, 3.1.2, 6.2.3, 7.1

隧道电离　tunneling ionization　1.7.3
阈上电离　above-threshold ionization　1.7.3
越垒电离　cross barrier ionization　1.7.3
转移电离　transfer ionization　1.6.3
电离激发　ionization excitation　1.6.4
电离能　ionization energy　1.7.2, 1.7.3, 2.3.3, 2.3.4, 2.4, 2.5, 2.6, 2.7.1, 6.1.5, 6.4.2
　垂直电离势　vertical ionization potential　3.1.2
　绝热电离势　adiabatic ionization potential　2.3.3, 3.1.2
　Koopmans电离能　Koopmans ionization energy　2.3.3
电离阈　ionization threshold　1.7.2, 2.6.3, 6.2.3
电离抑制　ionization restrain　1.7.3
电离振幅　ionization amplitude　6.2.3, 6.4.2
电压单位　voltage unit　1.3.1
电阻单位　resistance unit　1.3.1
狄拉克方程　Dirac equation　2.1.1
Dicke缩窄　Dicke narrowing　4.3.1
动量空间密度　momentum space density　6.4
动量转移　momentum transfer　1.6.1, 6.2.1, 6.4.2
多普勒宽度　Doppler width　4.2, 4.5.2, 5.4
多普勒移动　Doppler shift　1.3.1, 4.2.1, 7.3.2
多普勒极限温度　Doppler limited temperature　7.3.2
多普勒冷却　Doppler cooling　7.3.2
多光子电离　multi-photon ionization　1.7.3
多通道量子亏损理论　multi-channel quantum number defect theory　1.2.2, 6.3.1
多重态　multiplet　2.2.2, 2.6.1, 2.6.2, 3.4.2, 3.9
多重数　multiplet number　2.2.2
惰性气体原子，ⅧA族原子　inert gas atoms　2.3.4, 2.5.2, 2.5.3
独立电子近似　independent electron approximation　1.2.3, 2.2.1, 3.3.1, 3.3.3
对称性　symmetry　3.3.1, 3.3.3, 3.6, 3.7.1
　对称操作　symmetric operation　3.3.1, 3.7.1
　　不变操作　invariable operation　3.7.1
　　C_n操作　C_n operation　3.7.1
　　i操作　i operation　3.7.1
　　S_n操作　S_n operation　3.7.1
　　σ操作　σ operation　3.7.1
　对称点群　point group of symmetry　3.7.2, 3.7.3
　对称平面　plane of symmetry　3.7.1
　对称元素　elements of symmetry　3.7.1
　对称中心　center of symmetry　3.3.3, 3.7.1

对称(反对称)波函数　symmetrical (antisymmetrical) wavefunction　2.5.1, 3.3.4, 3.6.1, 3.6.2
Dyson 轨道　Dyson orbital　6.4.2

E

俄歇效应　Auger effect　1.6.4
　共振俄歇效应　resonant Auger effect　1.6.4
　双俄歇效应　double-Auger effect　1.6.4
俄歇电子　Auger electron　1.1.2, 1.6.3, 1.6.4
俄歇电子能谱　AES Auger electron spectroscopy　1.1.2, 6.1.5
(e,2e)谱仪　(e,2e) spectrometer　6.1.5, 6.2.3
(e,2e)反应　(e,2e) reaction　1.6.1, 6.2.3, 6.4.2
(e,eA$^+$)谱仪　(e,eA$^+$) spectrometer　6.2.3
ⅡB族原子　ⅡB family atoms　2.5.5
二次散射效应　double scattering effect　6.2.1
二重简并轨道　double degenerate orbital　3.3.1, 3.3.2, 3.4.1
二重态　doublet　2.1.1, 2.2.2, 2.4.2, 2.6.2, 2.6.3, 3.3.1, 3.4.2, 3.7.3, 3.9.2
二维组态　two-dimensional configuration　3.7.3

F

发射光谱　emission spectra　3.2.2
发射度　emission degree　5.5.1
反粒子　antiparticle　1.5.3
　反氢原子　antihydrogen atom　1.5.3
　反质子　antiproton　1.5.3
反冲极限温度　recoil limited temperature　7.3.2
反应成像谱仪　reaction imaging spectroscopy　7.2.2
范德瓦尔斯力　Van der Waals force　3.1.2, 7.4.2
非等效电子　nonequivalent electron　2.6.1, 2.6.2, 3.9.2
泛频　over-frequency　3.2.3
泛频能级　over-frequency level　3.8.2
非极性分子　non-polar molecule　3.8.1
非谐性常数　inharmonic constant　3.2.4
非谐性效应　inharmonic effect　3.2.2, 3.2.4
非刚性效应　non-rigid effect　3.2.4
分立态　discretet state　1.2.1
分离振荡场　separate oscillation field　1.3.2, 7.2.3
分离原子近似　separate atom approximation　3.3.2
分子谱项　mdecular term　3.4.2
分子态　molecular state　3.4.2, 3.4.3

分子轨道　molecular orbital　　3.3.2, 3.9
　　　分子轨道理论　molecular orbital theory　　3.3
　　　　原子轨道线性组合 LCAO　linear combination of atomic orbitals　　3.3.2, 3.3.4, 3.4.1, 3.9
　　　价键　valence bond　　3.3.3, 3.4.1
　　　杂化轨道　hybrid orbitals　　3.3.4, 3.4.1, 3.9
　　分子自旋轨道　molecular spin orbital　　3.3.2
　　成键分子轨道　bonding molecular orbital　　3.3.2, 3.3.4, 3.4.1, 3.4.3, 3.9
　　反键分子轨道　antibonding molecular orbital　　3.3.2, 3.4.1, 3.4.3, 3.9
　　非成键分子轨道　non-bonding molecular orbital　　3.3.2, 3.4.1, 3.4.3, 3.9
　　最低未占据分子轨道　LUMO lowest unoccupied molecular orbital　　3.4.1, 6.4.2
　　最高占据分子轨道　HOMO highest occupied molecular orbital　　3.4.1, 3.4.3, 6.4.2
　　σ 轨道　σ orbital　　3.3.3
　　π 轨道　π orbital　　3.3.3
　　δ 轨道　δ orbital　　3.3.3
Feshbach 共振　Feshbach resonance　　1.6.4
费米子　Fermion　　1.8.3, 3.6.2
弗兰克－赫兹实验　Franck-Hertz experiment　　1.1.1, 1.6.1
弗兰克－康登原理　Franck-Conden principle　　3.5.3
弗兰克－康登因子　Franck-Conden factor　　3.5.3, 4.5.2, 6.3.1
辐射复合,辐射重组　radiant recombination　　1.6.3
辐射功率　radiation power　　5.5.2
负失谐　negative detuning　　7.3.2, 7.3.3
富氏烯　fulerence　　1.4.2
封闭轨道理论　closed orbit theory　　1.7.1

G

刚性转子　rigid rotator　　3.2.1
刚性转动能　rigid rotation energy　　3.2.1
概率密度　probably density　　2.1.3, 2.1.4, 3.3.3, 3.3.4, 6.4.1
共价键　covalent bond　　3.3.4
共振态　resonance state　　1.6.4, 1.7.1, 1.7.2
过渡元素原子　transition element atoms　　2.7.1
光场强度　intensity of light field　　1.7.3
光电离　photoionization　　5.1.1, 5.3.1, 5.3.5, 6.1.5, 6.2.3, 7.2.1
光电离质谱仪　photoionization mass spectroscope　　6.2.3
光电效应　photoelecric effect　　5.1.1
光电子　photoelectron　　1.1.2, 1.7.3, 5.1.1
光电子能谱　photoelectron energy spectra　　6.1, 6.1.5
　　X 射线光电子能谱 XPS　X-ray photoelectron energy spectroscopy　　6.1.5

紫外光电子能谱 UPS ultraviolet photoelectron energy spectroscopy 6.1.5
光解离 photodissociation 5.1.1, 6.2.3
光激发 photoexcitation 5.1.1, 6.2.3
光镊 optic tweezer 1.8.1
光强 intensity of light 1.7.3, 4.1.2, 4.4.1, 5.5.1, 5.5.2
光通量 luminous flux 5.5.3, 6.3.3
光梳 optical frequency comb 1.3.3
光频标 optical frequency standard 1.3.3
光吸收 optical absorption 5.1.4, 5.3.2, 6.1.4, 6.2.3, 6.3.1, 6.3.3
光学近似 optical approximation 6.3.2
光学黏团 optical molasses 7.3.2
光学振子强度 OOS optical oscillator strength 1.6.1, 6.1.4, 6.3
 光学振子强度密度 OOSD optical oscillator strength density 6.3
广义振子强度 GOS optical oscillator strength 1.6.1, 6.3
 广义振子强度密度 GOSD optical oscillator strength density 6.3
惯量椭球 ellipsoid of inertia 3.8.1
惯量主轴 principal axis of inertia 3.8.1
轨道贯穿效应 orbital penetration effect 1.2.2, 2.4, 2.5.5
轨道角动量 orbital angular momentum 2.2.1, 3.3.1, 3.3.2, 3.4.2, 3.9.1
轨道相关图 orbital correlation figure 3.3.2, 3.9.2
硅基核磁共振 silicon-based nuclear magnetic resonance 1.8.5
国际单位制 international system of units 1.3.1

H

汉勒效应 Hanle's effect 5.1.3
哈特利-福克近似 Hatree-Focke approximation 2.2.1, 6.4.2
氦原子 helium atoms 2.5.2
 正氦 orthohelium 2.5.2
 仲氦 parahelium 2.5.2
核磁矩 nuclear magnetic moment 1.3.2, 2.1.2
核交换对称性 nuclear exchange symmetry 3.6.2
黑洞 black hole 1.5.1
合并束 merged beam 4.5.1
合频能级 sum-frequency level 3.8.2
化学位移 chemical shift 1.6.4
幻数 magic number 1.4.1
洪特定则 Hund's rules 2.2.2, 2.4.4, 2.5.3, 2.6, 3.4.2
洪特情况 Hund's case 3.5.2

I

i 变换　i inversion　　3.3.1

J

Jahn-Teller 效应　Jahn-Teller effect　　1.6.4, 4.5.2
角分辨函数　angular resolution function　　6.2.1
角量子数　angular quantum number　　2.1.3, 2.2.1, 2.4.2
角量子数混合区　mixed region of angular quantum number　　1.7.1
交换对称性　exchange symmetry　　3.6.2
交换效应　exchange effect　　1.5.4, 2.5.1, 2.5.2, 2.6.1, 2.6.2, 3.3.4
交换能　exchange energy　　2.5.1, 2.5.2, 3.3.4
键长　bond length　　3.8.1
键角　bond angle　　3.8.1, 3.9.2
键轴　bond axes　　3.3.3
碱金属ⅠA族原子　alkaline metal atoms　　2.4.2
碱土金属ⅡA族原子　alkaline earth metal atoms　　2.5.4
简正振动模式　normal mode of vibration　　3.8.2
　对称伸缩振动　symmetric stretch and contract vibration　　3.8.2
　反对称伸缩振动　antisymmetric stretch and contract vibration　　3.8.2
　弯曲振动　bending vibration　　3.8.2
简谐振动　harmonic vibration　　3.2.2, 3.5.1, 3.8.2
静电非中心力　electrostatic non-central force　　2.2.2, 2.2.3, 2.6.1, 2.6.2
静电型能量分析器　electrostatic energy analyzer　　6.1.3
　半球分析器　180°-SDA hemispherical analyzer　　6.1.3
　鼓型分析器　toroid analyzer　　6.1.3
　筒镜分析器　CMA cylindrical mirror analyzer　　6.1.2
　圆柱面静电分析器　cylindrical electrostatic analyzer　　6.1.2
节点　nodal point　　2.1.3
节面　nodal plane　　2.1.4, 3.3.3
极化电子束　polarized electron beam　　1.6.1, 6.5.1
极化靶　polarized target　　1.6.1, 6.5.1
极性分子　polar molecule　　3.8.1
极强度　pole strength　　6.4.2
极限谱项　limited term　　2.3.4
jj 耦合　jj coupling　　2.2.3, 2.2.4, 2.6.4, 2.7.3
$j'l$ 耦合　$j'l$ coupling　　2.2.4, 2.3.4, 2.5.3, 2.6.4
禁戒跃迁　forbidden transition　　2.3.1, 2.3.2, 6.3.1
近阈结构　near-threshold structure　　1.2.1, 1.2.4

精细结构　fine structure　　1.1.2, 1.2.4, 2.1.1, 2.2.4, 2.4.2, 2.6.1, 2.6.2
激发　excitation
　　单电子带内激发　single-electron inband excitation　　6.5.1
　　单电子带间激发　single-electron interband excitation　　6.5.1
　　等离子激元激发　plasmon excitation　　6.5.1
　　声子激发　phonon-excitation　　6.5.1
激光器　lasers　　1.1.2, 1.7.3, 1.8.4, 2.7.3, 5.2, 5.5.1
　　半导体激光器　semiconductor laser　　5.2.3
　　Nd:YAG 激光器　Nd:YAG laser　　5.2.4
　　染料激光器　dye laser　　1.1.2, 1.2.2, 5.2.2
　　钛宝石激光器　Ti-gem laser　　5.2.3
　　氩离子激光器　argon-ion laser　　5.2.4
　　准分子激光器　excimer laser　　5.2.4
　　X 射线激光　X-ray laser　　1.1.2, 1.7.3, 2.7.3
　　自由电子激光　free-electron laser　　2.7.3, 5.5.1
激光冷却　laser cooling　　1.3.2, 1.8.3, 7.3.2
激光偏振梯度冷却　laser polarization gradient cooling　　7.3.2
激光阱　laser trap　　1.8.3, 1.8.4, 7.3.3
激光光谱学　laser spectroscopy　　1.1.2, 5.3, 5.4
　　激光泵浦双共振　laser pump double-resonance　　5.4.5
　　　光学－射频双共振　optic-radio-frequency double-resonance　　5.4.5
　　　光学－微波双共振　optical-microwave double-resonance　　5.4.5
　　　光学－光学双共振　optical-optical double-resonance　　5.4.5
　　激光诱导荧光光谱　laser-induced fluorescence spectroscopy　　5.3.3
　　激光拉曼光谱　laser Raman spectroscopy　　5.3.4
　　饱和吸收光谱　saturation absorption spectroscopy　　5.4.1
　　多光子吸收光谱　multiphoton absorption spectroscopy　　5.4.3
　　共线快离子激光光谱　collinear fast-ion-beam laser spectrescopy　　1.6.3
　　共振增强多光子电离光谱　REMPI resonance-enhanced multiphoton ionizsation spectroscopy　　1.2.2, 5.3.5
　　超声射流分子束光谱　supersonic efflux beam spectroscopy　　5.4.4
　　偏振光谱　polarization spectroscopy　　5.4.2
　　时间分辨激光光谱　time-resolved laser spectroscopy　　5.3.6
激励率　excitation rate　　4.4.1, 5.4.3
基线系　fundamental series　　2.4.2
基能级　fundamental level　　3.8.2
基函数　fundamental function　　3.3.3
基频　fundamental frequency　　3.2.3
　　基频谱带　fundamental frequency spectrum band　　3.2.3

基频能级　fundamental frequency level　　3.8.2
基组　fundamental group　　3.3.3
纠缠态　entanglement state　　1.8.5
结构振幅　construction amplitude　　6.4.2
结合能　binding energy　　2.3.3, 2.3.4, 3.1.2
截面　cross section
　康普顿散射截面　Compton scattering cross section　　5.1.2
　电离截面　ionization cross section　　1.7.2, 6.1.5, 6.2.3
　动量转移截面　momentum transfer cross section　　6.2.2
　光电效应截面　photoelectron effect cross section　　5.1.1
　解离截面　dissociation cross section　　6.2.3
　积分散射截面　integrated scattering cross section　　6.2.2, 6.3.1
　莫特散射截面　Mott scattering cross section　　6.4.2
　全截面,总截面　total cross section　　1.6.1, 5.1.2, 6.2.2, 6.2.3
　瑞利散射截面　Rayleigh scattering cross section　　5.1.3
　汤姆孙散射截面　Thomson scattering cross section　　5.1.2
　微分截面　differential cross section　　1.6.1, 5.1.2, 6.2.1
　表观微分截面　apparent differential cross section　　6.2.1
　微分散射截面　differential scattering cross section　　1.6.1, 6.1.4, 6.2.1, 6.3.1
　微分电离截面　differential ionization cross section　　6.2.3, 6.4.2
　三重微分截面　triple cross section　　6.2.1, 6.2.3
　双重微分截面　double cross section　　6.2.1
解离　dissociation　　1.6.1, 3.1.2, 6.2.3, 7.2.1
解离能　dissociation energy　　3.1.2, 3.2.4
简谐振子　harmonic oscillator　　3.2.2
几何因子　geometrical factor　　6.2.1
绝热近似　adiabatic approximation　　2.3.3
聚变　fusion　　1.1.1, 1.2.3, 1.5.2
聚速效应　velocity bunching effect　　1.6.3
μ^-子催化核聚变　μ^- catalyzed nuclear fusion　　1.5.2

K

空间反演对称性　space inversion symmetry　　3.3.1, 3.6.1
扩展 X 射线吸收精细结构　EXAFS　extended X-ray absorption fine structure　　1.2.4
　Kossel 结构　Kossel structure　　1.2.4
　Kronig 结构　Kronig structure　　1.2.4
扩展能量损失精细结构　EXELFS　extended energy-loss fine structure　　1.2.4

L

兰姆移位　Lamb shift　　1.6.3, 1.3.2, 2.1.2

兰姆洞　Lamb dip　　　4.4.3
朗德间隔定则　Landé interval rule　　　2.2.2, 2.2.4, 2.5.2, 2.5.3
朗德 g 因子　Landé g factor　　　1.3.2, 2.3.4, 7.3.1
朗道能级　Landau energy-level　　　1.3.1, 1.7.1
朗伯-比尔定律　Lambert-Beer's law　　　5.1.4, 6.2.2, 6.3.3
赖曼系　Lyman series　　　2.1.1
类氢原子　hydrogen-like atom　　　1.2.2, 2.1.1
类氦离子　helium-like ion　　　1.6.3, 2.7.3
类氖离子　neon-like ion　　　2.7.3
类镍离子　nickel-like ion　　　2.7.3
连续态　continous state　　　1.2.1, 4.5.3, 6.3
量子比特，量子位　qubit　　　1.8.5
量子不可克隆定理　quatum no-cloning theorem　　　1.8.5
量子点　quantum dot　　　1.8.5
量子霍尔效应　quantum Hall effect　　　1.3.1
量子计算　quantum computation　　　1.8.5
量子计算机　quantum computer　　　1.8.5
量子数亏损　quantum number defect　　　1.2.2, 2.4.2, 6.3.1
量子围栏　quantum corral　　　1.8.1
量子通信　quantum communication　　　1.8.5
量子信息　quantum information　　　1.8.5
ⅥA族原子　ⅥA family atoms　　　2.6.1
联合原子近似　joint atom approximation　　　3.3.2
力常数　force constant　　　3.1.2, 3.2.2, 3.2.4
　谐性力常数　harmonic force constant　　　3.1.2, 3.2.2, 3.2.4
　非谐性力常数　inharmonic force constant　　　3.1.2, 3.2.4
离子阱　ion trap　　　1.3.2, 1.8.5, 7.3.1
　彭宁阱　Penning ion trap　　　7.3.1
　射频阱，保罗阱　radio-frequency ion trap　　　7.3.1
离子碰撞　ion impact　　　1.6.3
离子束源　ion beam source　　　7.1
　电子回旋共振源 ECR　electron-cyclotron resonance source　　　7.1.2
　电子束离子源 EBIS　electron bombardment ion source　　　7.1.2
　电子束离子阱 EBIT　electron bombardment ion trap　　　1.6.3, 7.1.2
　溅射离子源　splatter ion source　　　7.1.1
　彭宁离子源　Penning ion source　　　7.1.1
　强流离子源　strong-current high-charged-state ion source　　　7.1.2
　射频离子源　radio-frequency ion source　　　7.1.1
离心畸变常数　centrifugal distortion constant　　　3.2.4

零点能 energy of zero point   3.2.2
里德伯态 Rydberg state   1.2.2, 1.7.1, 3.5.2
里德伯原子 Rydberg atoms   1.2.2, 1.7.1
L－S 耦合 L-S coupling   1.2.4, 2.2.2, 2.2.3, 2.5.3, 2.6.4, 2.7.1

M

漫线系 diffuse series   2.4.2
麦克斯韦分布 Maxwell distribution   4.2.1, 5.4.4
脉冲宽度 pulse width   1.7.3, 1.8.2, 5.3.1, 5.5.3
密度泛函理论 density functional theory(DFT)   6.4.2
莫尔斯函数 Morse function   3.1.2
莫尔斯参量 Morse parameter   3.1.2
莫塞莱公式 Moseley'law   5.1.1

N

能级间隔 interval   2.3.4
能级宽度 energy-level width   4.1.1, 4.1.3
能级图 energy-level diagrams   2.3.4
能量分辨 energy resolution   1.2.1, 4.5.2, 6.1.3, 6.1.4, 6.4.2
能量响应函数 energy response function   4.5.2, 6.2.1, 6.3.3
内禀振动坐标 inherent vibration coordinate   3.1.2
扭摆器 wiggler   5.5.1
纳米工程 nanotechnology   1.4.3
纳米管 nanotube   1.4.3

O

偶极(e,e)方法 dipole(e,e) method   6.3.3
偶极允许跃迁 dipole allowed transition   2.3.1, 2.3.2, 2.5.3, 2.6.2, 6.3.2
偶极禁戒跃迁 dipole forbidden transition   2.3.1, 2.3.2, 2.6.2, 2.6.3, 6.3.2

P

泡利不相容原理 Pauli'exclusion principle   2.2.3, 2.5.2, 2.6.1, 2.6.2, 3.3.1, 3.4.2, 3.9.2
碰撞后作用 PCI post-collision interaction   1.6.4
彭宁电离 Penning ionization   1.6.4
  彭宁电离电子谱 PIES Penning ionization electronic spectroscopy   1.6.4
平衡解离能 equilibrium dissociation energy   3.1.2
谱带 spectral band   3.4.3, 3.5.1
  谱带系 spectral band series   3.5.1
  谱带列 spectral band progression   3.5.1

谱带序　spectral band sequence　　　3.5.1
谱线增宽　spectrum broadening　　　4.2, 4.3, 4.4, 4.5
　饱和增宽　saturation broadening　　　4.4
　不均匀增宽　inhomogeneous broadening　　　4.3.1, 4.4.3
　均匀增宽　homogeneous broadening　　　4.3.1, 4.4.2
　多普勒增宽　Doppler broadening　　　1.6.3, 4.2.1, 4.3.1, 5.4, 7.3.0
　穿越时间增宽　transit time broadening　　　4.5.1, 7.3.0
　碰撞增宽,压力增宽　collision (pressure) broadening　　　4.3, 7.3.0
　无多普勒增宽　Doppler-free broadening　　　4.5.1, 5.4
　仪器增宽　instrument broadening　　　4.5.2
谱项,光谱项　spectral term, term　　　2.2.2, 2.2.5, 2.6.1, 3.4.2
　分子谱项　molecular term　　　3.4.2
谱学因子　spectroscopic factor　　　6.4.2

Q

壳层结构　shell structure　　　2.2.1
强场效应　strong field effect　　　1.7
　强磁场效应　strong magnetic field effect　　　1.7.1
　强电场效应　strong electric field effect　　　1.7.2
　强激光场效应　strong laser field effect　　　1.7.3
氢分子　hydrogen molecule　　　3.3.4
氢分子离子　hydrogen molecular ion　　　3.3.3
氢原子　hydrogen atoms　　　1.7.1, 2.1
ⅦA族原子　ⅦA family atoms　　　2.6.3
奇特原子　exotic atoms　　　1.5.2
奇异原子　strange atom　　　1.5
求和定则　sum rule　　　6.3.2
全同性原理　identity principle　　　2.5.1, 2.5.2, 2.6.1, 2.6.2
全同粒子　identity particle　　　1.5.4, 2.6.1, 2.6.2

R

拉姆齐条纹　Ramsey fringes　　　7.2.3
冉绍尔－汤生效应　Ramsauer-Townsend effect　　　1.6.1
热带　thermal band　　　3.2.3
锐线系　sharp series　　　2.4.2

S

扇形磁场　fan magnetic field　　　7.2.1
闪光灯　flash lamp　　　5.2.4
散射　scattering

康普顿散射 Compton scattering   5.1.2
超弹性散射 superelastic scattering   1.6.4
非弹性散射 inelastic scattering   1.6.4, 4.3.1, 5.1.3, 6.1.4, 6.2.1, 6.2.2, 6.3.3, 6.5.1
共振散射 resonance scattering   5.1.3
逆康普顿散射 anti-Compton scattering   5.1.2
拉曼散射 Raman scattering   5.3.4
受激拉曼散射 stirnuleted Raman scattering   5.3.4
瑞利散射 Rayleigh scattering   5.1.3
弹性散射 elastic scattering   1.6.4, 4.3.1, 6.1.4, 6.2.1, 6.2.2, 6.3.3, 6.5.1
汤姆孙散射 Thomson scattering   5.1.2
散射态 scattering state   1.2.1
三重态 triplet   1.5.4, 2.5.2, 2.6.1, 3.4.2, 3.7.3, 3.9.2
三电子激发 trielectron excitation   1.6.1
三维组态 three-dimensional configuration   3.7.3
三维原子探针 Three-dimention atom prabe   1.8.2
ⅢA族原子 ⅢA family atoms   2.4.4
扫描隧道谱 STS scanning tunneling spectrum   1.8.2, 7.4.1
扫描探针显微镜 SPM scanning probe microscope   1.1.2, 7.4
  扫描近场光学显微镜 SNOM scanning near-field optical microscope   7.4.4
  扫描近场微波显微镜 SNMM scanning near-field microwave microscope   7.4.4
  扫描隧道显微镜 STM scanning tunneling microscope   1.8.2, 7.4.1
  磁力显微镜 MFM magnetic force microscope   7.4.3
  化学力显微镜 CFM chemical force microscope   7.4.3
  静电力显微镜 EFM electrostatic force microscope   7.4.3
  摩擦力显微镜 LFM friction force microscope   7.4.3
  原子力显微镜 AFM atomic force microscope   7.4.2
扫描质子微束(或微探针) Scanning proton microprobe   1.8.2
扫描俄歇谱仪 Scanning Auger spectiometer   1.8.2
塞曼效应 Zeeman effect   1.6.3, 1.7.1, 2.3.4
石墨烯 graphene   1.4.3
四极磁阱 quadrupole magnetic trap   7.3.3
四重态 quartet   2.6.2, 3.4.2
ⅣA族原子 ⅣA family atoms   2.6.1
时间分辨 time resolution   5.3.1, 5.3.6
时间标准 time standard   1.3
双电子复合 dielectron recombination   1.6.3
双电子激发态 doubly-excited state   1.2.1, 1.2.3
双体碰撞近似 binary encounter approximation   6.4.2
声子 phonon   6.5.1

势能函数　potential function　　3.1.2, 3.4.2
　势能面　potential surface　　3.1.2
　　势能面稳定点　stationary point of potential surface　　3.1.2
　势能曲线　potential curve　　3.1.2, 3.4.2, 3.5.3, 4.3.1
　　平衡点　equilibrium point　　3.1.2
势阱　potential well　　1.6.4, 1.7.2, 3.1.2
势垒　potential barrier　　1.6.4, 1.7.2, 1.7.3, 3.1.2
束缚态　binding state　　1.2.1, 2.2.5, 4.5.3, 6.3.1, 6.3.2
束箔光谱　beam-foil spectroscopy　　1.6.3
寿命　lifetime　　1.2.2, 1.6.4, 1.7.1, 4.1.1, 4.1.3, 5.3.6
　平均寿命　mean lifetime　　4.1.1
受激发射　induced emission　　4.4, 5.2
　受激发射系数　coefficient of induced emission　　4.4
受激吸收　induced absorption　　4.4
　受激吸收系数　coefficient of induced absorption　　4.4
烧孔　burnt hole　　4.4.3
水窗　water window　　2.7.3
隧道电流　tunneling current　　7.4.1
隧道效应　tunneling effect　　1.7.3, 7.4.1
衰变公式　decay formula　　4.1.1
斯塔克效应　Stark effect　　1.6.3, 1.7.2, 1.7.3

T

汤姆孙原子模型　Thomson's atomic mode　　1.5.1
碳 60　C_{60}　　1.4.2
　碳 60 团簇固体　C_{60} cluster solid　　1.4.2
　碳纳米管　Bucky-tube　　1.4.3
　碳纳米洋葱　Bucky-onion　　1.4.3
态密度　state density　　1.8.3, 6.3.1
弹性衍射　elastic diffraction　　6.5.1
特征波长　characteristic wavelength　　5.5.2
特征能量　characteristic energy　　5.5.2
特征 X 射线　characteristic X-ray　　2.3.4
同步辐射　synchrotron radiation　　1.1.2, 5.5
陀螺分子　top molecule　　3.8.1
　对称陀螺分子　symmetrical top molecule　　3.8.1
　不对称陀螺分子　asymmetrical top molecule　　3.8.1
　扁对称陀螺分子　flat symmetrical top molecule　　3.8.1
　长对称陀螺分子　long symmetrical top molecule　　3.8.1

球陀螺分子 sphere top molecule 3.8.1
透射技术 transmission technique 6.2.2
TRK 求和规则 TRK sum rule 6.3.2
团簇 cluster 1.4

W

沃尔什图 Walsh figure 3.9.2
ⅤA 族原子 ⅤA family atoms 2.6.2
微波激射器 maser 1.8.4

X

相对论质量修正 relativistic mass correction 2.1.1
相对流量技术 relative flow technique 6.2.1
形状共振 shape resonance 1.6.4
稀土元素原子 rare earth atoms 2.7.1
σ_v 变换 σ_v inversion 3.3.1
吸收边 absorption edge 1.2.4, 5.1.4
吸收光谱 absorption spectrum 3.2.2, 5.3.2
吸收截面 absorption cross section 4.1.2, 4.4.1
吸收系数 absorption coefficient 4.1.2, 4.4.1, 5.1.4, 5.3.2
 饱和吸收系数 saturation absorption coefficient 4.4.1
 不饱和吸收系数 non-saturation absorption coefficient 4.4.1
线饱和带宽效应 line-saturation band-broad effect 6.3.3
线性振动能 linear vibration energy 3.2.4
线身 line wing 4.1.0
线翼 line body 4.1.0
线形 line profile 4.1.0
 法诺线形 Fano line profile 1.2.3, 2.2.5, 4.5.3
 高斯线形 Gaussion line profile 4.2, 4.4.3, 4.5.2
  高斯宽度 Gaussion width 4.2, 4.5.2
 洛伦兹线形 Lorentz line profile 4.1.2, 4.2.2, 4.3.1, 4.4.2, 4.5.2
  洛伦兹宽度 Lorentz width 4.1.2, 4.2.2, 4.3.1, 4.5.2
 沃伊特线形 Voigt line profile 4.2.2, 4.4.3, 4.5.2
线形分子 linear molecule 3.7.2, 3.8.1, 3.9.1
X 射线 X-ray 1.2.4, 1.7.3, 2.7.3, 5.5
X 射线吸收精细结构 XAFS X-ray adsorption fine structure 1.2.4
虚光子 virtual photon 6.1.4, 6.3.3
虚能级 virtual lever 5.4.3
选择定则 selection rule 2.2.3, 2.2.5, 2.3.2, 2.4.4, 3.2.2, 3.5.1, 3.6.3, 3.8.1

选态磁场　selection state magnetic field　　7.2.3
薛定谔方程　Schödinger equation　　2.1.1, 2.2.1, 3.1.1, 3.3.1, 4.1.1

Y

荧光产额　fluorescent yield　　2.3.4
跃迁概率　transition probability　　1.1.2, 2.3.1, 4.1.1, 6.3.1
跃迁类型　transition type　　2.3.1
跃迁图　grotrian digram　　2.3.4
ⅠB族原子　ⅠB family atoms　　2.4.3
仪器响应函数　instrument response function　　4.5.2, 6.2.1
约瑟夫森效应　Josephson effect　　1.3.1, 1.8.5
原子分子碰撞　atom and molecule collision　　1.6.2
原子分子工程　atomic and molecular technology　　1.8.1
原子分子物理站　station of atomic and molecular physics　　5.5.3
原子分子束　atomic and molecular beam　　7.2.3
原子光学　atomic optics　　1.8.4, 7.3.3
　原子束减速　deceleration of atomic beam　　7.3.2
　原子束捕获　trap of atomic beam　　7.3.2
　原子束准直　collimation of atomic beam　　7.3.2
原子操纵　atom manipulation　　1.8
原子阱　atom trap　　7.3.1, 7.3.3
原子移动　atom moving　　1.8.1
原子搬迁　atom transport　　1.8.1
原子激射器　atom laser　　1.8.4
原子实　atomic core　　1.2.2, 2.4.2
原子态　atom state　　2.2.1, 2.2.2
原子态标示　designation of atomic states　　2.3.4
原子钟　atomic clock　　1.3.1, 1.3.2
　氢钟　hydrogen clock　　1.3.2
　铯钟　cesium clock　　1.3.2
　光钟（光频标）　optic clock　　1.3.3
原子频标　atomic frequency standard　　1.3.2
元素周期表　periodic table of elements　　2.0, 附录Ⅱ
宇称　parity　　2.2.2, 2.2.5, 3.6.1
　偶宇称　even parity　　2.2.2, 3.6.1
　奇宇称　odd parity　　2.2.2, 3.6.1
预解离　predissociation　　1.2.1, 3.1.2

Z

杂化　hybrid　　3.3.5, 3.4.1, 3.9.2

转动对称轴　rotational symmetry axis　　3.7.1
转动反演轴　rotational inversion axis　　3.7.1
转动常数　rotational constant　　3.2.1
转动惯量　rotational inertia　　3.2.1
转动量子数　rotational quantum number　　3.2.1
转动光谱　rotational spectra　　3.2.1, 3.5.2, 3.8.1
转动能级　rotational level　　1.2.1, 3.2.1, 3.5.2, 3.8.1
振动带系　series of vibratory band　　3.2.2, 3.2.3, 3.5.1, 3.5.3, 3.8.2
振动带源　source of vibratory band　　3.8.2
振动量子数　vibratory quantum number　　3.2.2, 3.8.2
振动光谱　vibratory spectra　　3.2.2, 3.8.2
振动能级　vibratory level　　1.2.1, 3.2.2, 3.8.2
振动转动光谱　vibration-rotational spectra　　3.2.2
振动转动耦合常数　vibration-rotational coupling constant　　3.2.4
振激　shake-up　　1.6.4
振离　shake-off　　1.6.4
振落　shake-down　　1.6.4
正电子　positron　　1.5.3, 1.5.4
正电子湮灭　positron annihilation　　1.5.4
正类分子　orthomolecules　　3.6.2
　正氢分子　orthohydrogen molecules　　3.6.2
　正氘分子　orthodeuterium molecules　　3.6.2
仲类分子　paramolecules　　3.6.2
　仲氢分子　parahyrogen moleculs　　3.6.2
　仲氘分子　paradeuterium molecules　　3.6.2
质谱仪,质谱计　mass spectrograph　　7.2.1
　飞行质谱仪　mass spectrograph of time of flight　　7.2.1
　静电磁场质谱仪　static electromagnetic mass spectrograph　　7.2.1
　四极质谱仪　quadrupole mass spectrograph　　7.2.1
自电离态　autoionization state　　1.2.3, 1.6.1, 2.2.5, 4.5.3
自发发射　spontaneous emission　　4.1, 4.4, 5.2.1
　自发发射系数　coefficient of spontaneous emission　　4.1, 4.4, 5.2.1
　自发发射跃迁概率　transition probability of spontaneous emission　　4.1, 4.4, 5.2.1
自然宽度　natural width　　4.1.2, 4.4.3, 7.3.2
自由基　free radical　　1.4.1
自旋多重性　spin multiplicity　　3.4.2
自旋轨道作用　spin-orbit interaction　　1.3.2, 2.1.1, 2.2.2, 2.2.3, 2.4.2, 2.5.2
自旋－自旋作用　spin-spin interaction　　1.5.4, 2.5.2
自旋角动量　spin angular momentum　　2.2.1, 3.4.2

自旋量子态 spin quantum stete 1.8.5, 6.5.1
支壳层 subshell 2.2.1
中空原子 hollow atom 1.2.3
中子星 neutron star 1.5.1
中心力场近似 central-field approximation 2.2.1
驻波场 standing wave field 7.3.2
主壳层 principal shell 2.2.1
主量子数 principal quantum number 1.2.2, 2.1.1, 2.2.1, 2.4.2, 2.2.5, 2.4.2
    主量子数混合区 mixed region of principal quantum number 1.7.1
主线系 principal series 2.4.2
最低能量原理 lowest energy principle 3.4.2
组态相互作用 CI configuration interaction 2.2.5
准分子 excimer 3.1.2, 5.2.4
准朗道振荡 quasi-Landau oscillation 1.7.1
准稳态 quasi-stable state 1.7.2